国际制造业先进技术译

面向制造及装配的产品设计

原书第3版

[美] 杰弗里·布斯罗伊德（Geoffrey Boothroyd）
彼得·杜赫斯特（Peter Dewhurst） 著
温斯顿·奈特（Winston A. Knight）
林 宋 译

机 械 工 业 出 版 社

本书全面介绍了面向制造和装配的产品设计方法，书中针对面向制造和装配的产品设计、材料和工艺的选择、面向手工装配的设计、电气连接和线束总成、面向高速自动装配和机器人装配的设计、面向制造和装配的印制电路板设计、面向制造的设计、面向注射成型的设计、面向钣金加工的设计、压铸模设计、面向粉末冶金加工的设计、砂型铸造设计、面向熔模铸造的设计和面向热锻的设计等作了详细的介绍，具有很高的参考应用价值。

本书可供机械工程技术人员参考，也可作为大专院校相关专业师生的教材或参考书。

图书在版编目（CIP）数据

面向制造及装配的产品设计/［美］布斯罗伊德（Boothroyd, G.）等著；林宋译. —北京：机械工业出版社，2015.3（2023.6 重印）
（国际制造业先进技术译丛）
书名原文：Product design for manufacture and assembly
ISBN 978-7-111-49569-7

Ⅰ.①面…　Ⅱ.①布…②林…　Ⅲ.①工业产品－产品设计
Ⅳ.①TB472

中国版本图书馆 CIP 数据核字（2015）第 046384 号

机械工业出版社（北京市百万庄大街 22 号　邮政编码 100037）
策划编辑：黄丽梅　　责任编辑：王春雨　　版式设计：常天培
责任校对：丁丽丽　张　薇　　封面设计：鞠　杨　　责任印制：李　昂
北京中科印刷有限公司印刷
2023 年 6 月第 1 版第 8 次印刷
169mm×239mm · 37.5 印张 · 839 千字
标准书号：ISBN 978-7-111-49569-7
定价：158.00 元

电话服务　　网络服务
客服电话：010-88361066　　机　工　官　网：www.cmpbook.com
010-88379833　　机　工　官　博：weibo.com/cmp1952
010-68326294　　金　书　网：www.golden-book.com
封底无防伪标均为盗版　　机工教育服务网：www.cmpedu.com

前　　言

《面向制造及装配的产品设计》一书第 3 版包括原书所有章节的数据更新。除此之外，每一章里都添加了一套思考题和作业。这是因为本书在过去已经被许多大学作为指定教材使用，这些加入的思考题已经使得本书新版本更适合于作为教科书使用。我们的全部目标不仅仅是向服务于制造业的设计师和制造工程师提供一本参考书，而且还可作为产品设计和面向制造的设计的大学课程基础教材。本书还提供了在制造业广泛应用的各种基本工艺中，影响产品的制造和装配难易程度的诸多参数的详细讨论。

在绪论部分，我们已经更新了面向制造和装配的产品设计技术在制造业中应用的最新研究实例，同时也说明了 DFMA 对美国制造业的总体影响。在第 3 章和第 5 章，加入了产品特征分类体系的有关内容，这部分内容对手工装配、高速自动化装配和机器人装配的搬移和插入难易程度有影响。还将实际的学生作业加入到这些章节中。有关印制电路板装配的第 6 章也已经更新，能够反映从上个版本以来在制造业所发生的变化，特别是强调了表面安装器件的使用。

余下的有关基本制造工艺的章节也更新了大量的最新数据，并且把思考题和作业添加到了每一章。随着粉末注射成型技术越来越广泛地在工业上运用，我们在有关金属粉末加工的第 11 章中，添加了粉末注射成型技术的讨论内容。

每章都包括了有关材料、人工和机器操作的成本信息，这个信息是书籍出版时的有代表性的典型成本数据，或许并不能够作为目前的成本应用的真实数据。成本在一段时期内会明显波动。这些数据里显示的相对成本可能适合于产品设计和生产方法之间的合理比较。

和先前的版本一样，我们感谢所有支持过在罗德岛大学开展 DFMA 研究工作的各家公司和对该项研究有过帮助的研究生们。从这项研究中开发的技术已经被广泛地运用到工业生产中，同时对于开发更多的有竞争力的产品有着重大的影响，这些产品不仅结构更加简单，同时更容易制造并且总体成本减少。

Geoffrey Boothroyd
Peter Dewhurst
Winston A. Knight

第 2 版前言

《面向制造及装配的产品设计》一书第 2 版包括了三个新章节，它们分别描述了砂型铸造、熔模铸造和热锻等工艺。这些章节和原有的面向制造的设计、塑料注射成型、钣金加工、压力铸造和粉末冶金等章节内容，涵盖了工业生产中使用的大部分基本成型工艺。

此外，在绪论一章增加了大量材料来说明 DFMA 对整个美国制造业的总体影响。第 2 章除了描述制造时的材料和工艺的选择之外，现在还包括了专门描述材料选择的更多内容，以及如何使用新的软件工具来进行工艺方法选择的经济排序。

第 3 章包括面向手工装配的产品设计，其中更新了专门的一节来介绍有关设计对产品质量的影响。最后，在第 15 节新增加一些内容来讨论有关计算机辅助设计实体模型和设计分析工具之间的联系。

和先前的版本一样，我们感谢那些支持在罗德岛大学研究 DFMA 的各个公司以及对研究工作有过帮助的研究生们。我们要特别感谢 Allyn Mackay 教授的帮助，我们新增的有关熔模铸造一章的内容很多出自于他的研究工作。

最后，我们还要感谢 Shirley Boothroyd 先生为增加的大量新内容所做的文字输入工作，感谢 Kenneth Fournier 先生准备的一些精美插图。

Geoffrey Boothroyd
Peter Dewhurst
Winston A. Knight

第 1 版前言

我们在面向产品制造和装配的设计领域已经工作了 20 多年，所开发的这些方法已经在工业中得到广泛使用——尤其在美国的工业中。事实上，可以说是这些方法的应用在产品设计领域开创了一场革命。它有助于消除设计与制造之间的障碍，同时也促进了并行工程的发展。

本书不仅总结了我们在面向产品制造和装配的设计研究中的大量工作，同时也为工科学生和实习工程师们提供了面向产品制造和装配的详细设计方法。

包括分析工具在内的很多方法都允许设计工程师和制造工程师在详细设计之前就能估算出产品的制造和装配成本。不同于相同研究的其他书籍，它们通常只作一般性描述。本书提供的基本公式和数据，可以用于制造和装配成本的估算。于是，在有限的材料和工艺条件下，工程师或学生就能够进行实际零件和组件的成本估算，进而熟悉所使用的方法和所作的假设的细节内容。

对于实习工程师和设计师来说，本书不能替代 Boothroyd Dewhurst 公司开发的 DFMA 软件，该软件包含了更详细的实验数据和运算法则。但是它可以作为一本参考书，帮助读者对使用方法加深理解。

对于工科的学生来说，本书适合作为面向制造和装配的设计的课程教材。事实上，本书部分内容是基于作者在罗德岛大学讲授的两门课程讲义编写而成。

面向装配的设计的初始工作是在马萨诸塞大学进行，并受到国家科学基金会的资助。在这个阶段研究中，来自于赫尔大学和萨尔福德大学的 K. G. Swift 教授和 A. H. Redford 博士分别与本书作者之一的 G. Boothroyd 教授进行了合作，同时也得到了英国科学研究理事会的支持。

这项研究过去一直在罗德岛大学进行，并主要得到美国企业界的支持。我们要感谢如下的公司在过去和现在对我们工作的一如既往的支持。他们是：Allied 公司、安普公司（AMP）、数据设备公司（Digital Equipment）、杜邦公司（Dupont）、美国电子资讯系统公司（EDS）、福特汽车公司（Ford）、通用电气公司（GE）、通用汽车公司（GM）、吉列公司、IMB 公司、美国英斯特朗公司（Instron）和施乐公司。

我们要感谢所有的研究生助理、助教和研究学者们这些年来对研究工作所做的工作，他们是：N. Abbatiello、A. Abbot、A. Anderson、J. Anderson、T. Andes、D. Archer、G. Bakker、T. Becker、C. Blum、T. Bassinger、K. P. Brindamour、R. C. Burlingame、T. Bushman、J. P. Cafone、A. Carnevale、M. Caulfield、H. Connelly、T. J. Consunji、C. Donovan、J. R. Donovan、W. A.

Dvorak、C. Elko、B. Ellison、M. C. Fairfield、J. Farris、T. J. Feenstra、M. B. Fein、R. P. Field、T. Fujita、A. Fumo、A. Girard、T. S. Hammer、P. Hardro、Y. S. Ho、L. Ho、L. S. Hu、G. D. Jackson、J. John Ⅱ、B. Johnson、G. Johnson、K. Ketelsleger、G. Kobrak、D. Kuppurajan、A. Lee、C. C. Lennartz、H. C. Ma、D. Marlowe、S. Naviroj、N. S. Ong、C. A. Porter、P. Radovanovic、S. C. Ramamurthy、B. Rapoza、B. Raucent、M. Roe、L. Rosario、M. Schladenhauffen、B. Seth、C. Shea、T. Shinohara、J. Singh、R. Stanton、M. Stanziano、G. Stevens、A. Subramani、B. Sulivan、J. H. Timmins、E. Trolio、R. Turner、S. C. Yang、Z. Yoosufani、J. Young、J. C. Woschenko、D. Zenger 和 Y. zhang。

还要感谢我的同事们，感谢已故的 C. Reynolds 教授曾在加工零件的早期成本估算领域方面所做的工作，感谢 G. A. Rusell 教授在印制电路板装配方面所做的工作。

最后，感谢 Kenneth Fournier 先生在插图方面做了大量工作。

Geoffrey Boothroyd
Peter Dewhurst
Winston A. Knight

作者简介

Geoffrey Boothroyd

Geoffrey Boothroyd 是美国金斯敦的罗德岛大学工业和制造工程专业退休名誉教授。

Boothroyd 教授是 100 多篇期刊论文的作者或合作者，他也是数本著名专著的共同执笔人或共同编著者，其中包括与 W. A. Knight 合作编辑的《机床和加工基础》第三版、《自动装配和产品设计》第二版、《自动化装配》《运用机械学》。除此之外，Boothroyd 教授还是 Taylor and Francis 系列丛书《制造工程和材料加工》的共同主编。他是美国制造工程师协会（SME）的特别会员，也是美国国家工程学院的会员。他还是其他一些专业学会的会员。Geoffrey Boothroyd 教授获得英国伦敦大学哲学博士学位（1962 年）和工程学专业理学博士学位（1974 年）。他获得的众多荣誉和奖励包括美国国家科技奖和 SME/ASME 商业奖。

Peter Dewhurst

Peter Dewhurst 是一名工业工程教授，也是罗德岛大学的机械工程教授。在他的工作生涯里，他在金属加工、金属切削理论、人工智能设计、最优化结构设计等领域都做出了很大贡献。在 2000 年之前，他主要从事于来自国家科学基金会和 Sandia 国家实验室的两项科研调查。他曾经获得过的奖项有：Sir Charles Reynold 奖学金，F. W Taylor 奖章和国家科技奖章。他已经在 URI 从事教学工业生产设计及组装约 20 年，同时因为他的杰出贡献，他两次被授予 URI Carlotti 奖章。

Winston A. Knight

Winston A. Knight 是一名在罗德岛大学从事工业化系统工程教学的退休教授。Knight 教授发表过 120 多篇专业学术性文章，也是《机械及其工具基础》第三版等几本专著的合著者。教授的研究兴趣涉及产品设计加工、再循环设计、环境工程、机械工具技术、新技术合作以及 CAD/CAM 等各个领域。教授也是人工自动化社科院的研究员和 CIRP 的研究员。他获得了伯明翰大学的理学学士学位（1963）和哲学博士学位（1967），还获得了牛津大学的文学硕士学位。

目　录

术语表

A 周长内包含的面积；封闭在一个非旋转体加工零件内的矩形包络长度

A_o 修剪模制造的基础时间允差

A_c 型腔板面积；模具底座的投影面积；未变形切屑的横截面积

A_f 型腔表面面积；插入的平均故障率

A_H 锻件的通孔面积

A_k 孔的横截面积

A_{hol} 孔修正面积，$A_{hol}=A_h/3$

A_m 已加工表面面积

A_p 一个零件或一块模样的投影面积

A_{pb} 修剪冲模块面积

A_{pl} 砂型铸造模样板面积

A_s 每个零件上所使用的金属板料面积；注射投影面积

A_t 粉末金属零件一层所有区域所封闭的总面积

A_{tb} 修剪模块面积

A_{tp} 模具里所有零件或模样的总投影面积

A_u 可使用的模具板面积

A_0 深拉深前的零件横截面积

A_1 深拉深后的零件横截面积

a_d 加工槽深度

a_e 卧铣切削深度；立铣切削宽度

a_p 车削、立铣和磨削的切削深度；卧铣切削宽度

a_r 旋转工件径向的粗磨余量

a_t 被切除材料的总深度

B 小批量规模；包含一个非旋转体加工零件的矩形棱柱宽度

B_o 锻模的基本工作台标准值

B_L 熔炉的放置零件长度

B_r 锻造设备的有效击打速率

B_s 零件的批量

b 还原指数；型腔铣削标准方程指数

b_w 被加工表面的宽度

C 封闭在一个非旋转体加工零件内的矩形棱柱包络的厚度

C_1 一对型腔和型芯插入件的成本

C_{1000} 1000lb 动力锤的每次运行成本

C_{20} 对于一层零件的 20t（196kN）压力机机床附件成本

C_{ab} 对于定制工作的模座成本

C_{ac} 标准模具零件或制动器的成本

C_{af} 模样装配夹具成本

C_{ap} 每个零件的编程成本（美分）

C_{AP} 压力机容量

C_b 模座成本；黏合剂的单位成本

C_{bo} 每个模组的拆解成本

C_{box} 砂型铸造的芯盒成本

C_{bu} 应用备用涂层成本

C_c 单位体积碳化钨成本；使用推荐条件的磨削成本；更换零件成本

C_{cl} 单腔模具成本

C_{cf} 每个模组切除的操作人工成本

C_{ol} 每个模组清洗或浸出成本；砂型铸造清理成本

C_{on} n腔模具成本
C_{co} 模组的切除成本
C_{cors} 型芯加工成本
C_{csd} 每个铸件的芯砂成本
C_D 每个零件的锻模成本
C_d 模具成本
C_{db} 脱脂系数
C_{DIE} 总锻模成本
C_{d1} 单腔模具成本；每板钻孔成本
C_{dm} 模具制造成本
C_{dman} 锻模制造成本
C_{dmat} 锻模块材料成本
C_{dn} n腔模具的成本
C_{ds} 成套模具成本
C_s 熔化金属的能量成本
C_{sn} 高炉能量成本
C_f 每个零件的输送成本；感应熔化装置的成本；给料单位成本
C_F 给料器成本
C_{fk} 单位重量金属的固定炉成本
C_{FL} 单位时间炉操作成本
C_{fp} 塑料模座固定板成本
C_{fs} 截断的设置成本
C_g 磨削操作生产成本
C_i 每个零件的自动插入成本；浸渗材料的单位重量成本
C_{ip} 每个模样或型芯的工艺成本
C_{it} 插入成本
C_{lk} 单位重量金属的炉劳动力成本
C_m 每个零件的高分子材料成本；材料成本；准备浇注的金属成本
C_{man} 锻模制造成本费率
C_{mat} 零件材料成本
C_{mf} 合金熔炉成本；加工后砂型铸件的金属成本
C_{mi} 铁炉成本
C_{min} 最低生产成本（C_{pr}的最小值）
C_{ml} 熔化金属的人工成本
C_{mp} 浇注成本；砂模铸造的工艺成本
C_{ms} 在炉喷口内的金属总成本
C_n n对相同的型腔和型芯插入件成本
C_{nh} 气动锤的每个模组操作成本
C_{ns} 气动锤的设置成本
C_o 浸渍油的单位体积成本；树脂或聚合物
C_{op} 锻造设备的每次操作成本
C_p 单位重量的粉末成本；使用最大功率时的磨削成本；一个零件的加工成本；电力成本
C_{pca} 每个零件组装成簇的成本
C_{pi} 成套模样凹模成本
C_{pm} 蜡材料成本；模样安装板成本
C_{po} 使用最大功率时的生产成本
C_{pr} 每个机加工零件的生产成本；施加底漆到模组上的成本；锻造时每个零件的生产成本；每个零件样式的编程成本
C_{pt} 砂型铸造模样的成本
C_{px} 钣金冲压复杂性因素
C_r 相对送料器成本
C_{rm} 原始合金成本；砂型铸造的原材料成本
C_{rp} 零件的材料成本
C_{rs} 锻模的修复成本
C_{ro} 相对于1000lb动力锤的锻造设备每次操作成本
C_{rw} 故障元件再使用的总成本
C_{rwc} 故障元件的返修成本
C_s 每种零件类型的设置成本
C_{sb} 每个电路板的加工成本
C_{set} 每个零件的锻造设置成本
C_{st} 一组相同封装样式的设置成本
C_t 提供新的或新刃磨刀具成本；单位重量的工具钢成本；每个零件的总体处

理和插入成本
C_{tca} 组装成模组的成本
C_{t1} 单孔径修剪工具成本
C_{tn} 多孔径修剪工具成本
C_{tp} 模样块的总成本
C_{tpa} 模样组装成本
C_{trim} 修剪工具的总成本
C_{trm} 飞边修整工具的材料成本
C_{tw} 每个模组的切除刀具磨损成本
C_{vp} 模座可变板的成本
C_{w} 磨削时砂轮磨损和换砂轮成本
c 销孔之间无量纲径向间隙；"个体"降低指数
c_{d} 紧凑态的剩余黏结剂平均浓度
c_{f} 模样间隙因素
c_{h} 手工间隙
c_{i} 黏结剂初始浓度
D 孔径；包围一个旋转体零件的圆柱体直径；零件直径；零件深度
D_{a} 有缺陷产品的概率
D_{bar} 锻件的等效棒料直径
D_{bs} 黏结剂的溶剂扩散系数
D_{c} 硬质合金刀片直径；型腔深度
D_{d} 模套直径
D_{e} 当量零件直径
D_{eh} 当量孔径
D_{h} 孔径或孔的外接圆直径
D_{i} 每个操作的装配缺陷平均概率
D_{li} 第 i 层外接圆直径（$i=1, 2, 3\cdots$）
D_{o} 整体零件的外接圆直径
D_{pi} 第 i 个冲头毛坯材料直径（$i=1, 2, 3\cdots$）
D_{pm} 模样材料的密度
D_{0} 深拉深坯料直径
D_{1} 深拉深杯口直径
d 销钉深度直径
d_{a} 刨削加工表面的外径
d_{ave} 锻造的平均型腔深度
d_{b} 刨削加工表面的内径
d_{c} 锻造型腔深度
d_{g} 手柄尺寸
d_{m} 已加工表面直径
d_{max} 最大截面直径
d_{t} 刀具直径
d_{w} 工件表面直径
E 零件的定向效率
E_{ct} 电力成本
E_{f} 所需的锻造设备功率容量
E_{m} 机床电动机和驱动系统的整体效率；熔化金属所需的最小能量
E_{ma} 手工装配效率
E_{o} 设备工厂的管理费用比例
e 作用在销子上力的偏心距；板料成形的应变
F_{fc} 单位体积金属的固定熔炉成本；锻造复杂性因素
F_{ff} 熔炉效率
F_{ins} 锻模的钳工系数
F_{lck} 修剪冲模锁系数
F_{lw} 计划面积修正系数
F_{m} 标准给料机的最大进给速度
F_{PWB} 印制电路板的基本成本因素
F_{trm} 修剪压力机去除飞边所要求的负载
F_{r} 所需的输送进给速率
f 刀具相对于工件的位移；工件或刀具每行程或每转的进给运动方向；分模力；输出的因子增加；压力
f_{d} 模板厚度的校正因子
f_{p} 分型面调整因子
G_{f} 砂型铸造模样的浇道因子
H 特征高度；比热容
H_{b} 黏合剂的比热容
H_{f} 熔化热；原料比热容
H_{F} 熔炉打开高度

H_p 粉末材料的比热容
H_s 比热容
H_{st} 最大堆叠高度
H_t 传热系数
h 壁厚或量具厚度
h_{cl} 最小间隙
h_{cm} 截面厚度
h_d 模板厚度；零件或模样块深度
h_f 粉末填充高度
h_{fp} 顶料板、冒口和脱模板厚度
h_{max} 最大壁厚
h_p 型芯和型腔板的组合厚度
h_{pt} 模座的高度或厚度
K 压实压力校正系数；在加工时间内刀具切削刃的选定点相对于工件移动的距离；型腔铣削标准公式系数
K_v 体积膨胀系数
k 导热系数
k_b 黏结剂的导热系数
k_f 原料的导热系数
k_1 磨削时单位金属去除率的砂轮磨损和更换砂轮成本的常数；机器的每小时加工费率系数
k_2 粗磨时间乘以金属去除率的常数
k_p 粉末材料的导热系数
k_r 粉末压缩比
L 零件或特征的长度；在孔截面上的销子长度；插入深度；包围一个旋转体零件的圆柱体长度
L_{blk} 锻模块的长度
L_b 折弯线总长度
L_D 锻模总寿命
L_e 等效零件长度
L_{FL} 熔炉总长度
L_h 电火花加工孔的长度
L_{HT} 熔炉烧结区长度
L_i 第 i 个下冲模长度（$i=1$，2，3…）
L_{plt} 锻模的板盘长度
L_s 夹紧行程
L_{tbas} 基本修剪工具寿命
L_{trm} 修剪工具寿命
L_v 寿命
L_w 线长
l 进给方向上零件的总长度
l_b 印制电路板长度
l_f 工具寿命
l_p 机床之间的路径长度；粉末冶金加工时的粉末损失；印制电路板的面板长度
l_{td} 响应请求叉车移动的距离
l_s 截面长度
l_t 拉刀长度
l_w 已加工表面长度
M 总的机床和操作人工费率；单位时间设备运营成本
M_1 生产一个项目的时间
M_{1n} n 个项目的每个平均生产时间
M_{bu} 备份涂层应用的机器和操作人工费率
M_{cp} 模样或型芯材料成本
M_{dl} 钻床运营成本（美元/h）
M_{ds} 模具的等效制造时间
M_e 制造点分数或顶杆系统时间
M_f 原材料质量
M_i 机器和操作人工费率
M_m 型腔内原料质量
M_{me} 最低熔化能量
M_n 制造 n 个项目的总生产时间
M_p 钣金模具制造点；修剪模的模块面积因子
M_{pc} 定制冲模的制造点
M_{pn} 弯曲数量和长度的制造模具点
M_{po} 基本钣金模具制造点；零件或模样尺寸的制造时间

M_{pr} 底漆应用时的机器和操作人员费率
M_{ps} 标准冲模制造点
M_{px} 几何复杂性制造点
M_r 在流道里的原料物质的质量
M_s 不平分型面的加工时间；锻模单位投影面积的表面补丁数量
M_{sl} 运营成本（美元/h）
M_t 修剪工具制造点
M_{to} 修剪工具的基本制造点
M_{tot} 模具制造的总生产时间
M_x 几何复杂性的生产时间
m 多型腔成本指数，通常是0.7
m_1 机器每小时费率系数
m_{rc} 截止速率
N_1 作用在点1的法向力
N_2 作用在点2的法向力
N_b 在一个模具里成型的弯曲数量；锻件需要锻打的或行程数量
N_c 接头的触点数；砂型铸造的凹槽或型腔数量；每个周期所生产的相同锻件数量
N_d 不同冲模的形状或尺寸数量；一个产品的装配误差数量
N_e 顶出销的数量
N_{fl} 锻件的压槽模数量
N_{fw} 熔炉宽度上所布置的零件数量
N_h 回转头压力机的点击次数
N_{hd} 孔或凹陷处的数量
N_{imp} 锻件凹槽的数量
N_{min} 零件的理论最小数量
N_{mw} 砂型铸造生产线的工人数量
N_p 定制冲模的数量
N_{pi} 模样板上相同凹模的数量
N_r 替代工具项目的数量
N_{tp} 封装样式的不同组件数量
N_{rs} 可能用于锻模粘接的合成树脂数量
N_{sp} 被加工的表面补丁数量
N_{st} 线束接头里的针数
N_t 零件类型的数量
N_w 同时组装到线束夹具的电线数量
n 零件数量；型腔数量；加工时的泰勒刀具寿命指标（或指数）；装配操作的数量
n_{bd} 所需弯曲模指标（1或0）
n_{bk} 所需预锻模指标（1或0）
n_c 每个模样块的型芯数量
n_{cb} 备份涂层数量
n_{cl} 要求的间隙数量
n_{cp} 打底漆层的数量
n_e 感应炉的效率
n_{edg} 所需修边模指标（1或0）
n_{fin} 所需精整模指标（1或0）
n_{fl1} 所需第一个压槽模指标（1或0）
n_{fl2} 所需第二个压槽模指标（1或0）
n_{gp} 每个铸件的浇道数量
n_l 引线数量
n_{lp} 每块面板长度的板数
n_L 印制电路板层数
n_p 每块面板的板数
n_{pa} 每个模样的块数
n_{pc} 每个模组的零件数量
n_{pd} 每个模具的模样（型腔）数量
n_{pl} 型芯和型腔板的数量
n_r 切削行程频率
n_{ps} 每个堆叠的面板数
n_{rs} 锻模可能修复的次数
n_s 零件或模样块表面补丁的数量
n_{sb} 所需尺度分离模指标（1或0）
n_{sf} 要求的半精加工模具指标（1或0）
n_{sm} 加工的印制电路板侧面数量
n_{so} 每个模组补充切削的数量
n_{sp} 每个模样块的侧抽芯数量
n_t 刀具转速
n_{ud} 每个模样块的拧松装置数量

n_w 工作台上工件的转速
n_{wp} 印制电路板面宽度的板数
P 压实压力；作用在销钉上的力；钣金件上受到剪切得的周边长度
P_b 回收期
P_{cm} 砂型铸造的型芯生产率
P_e 所需加工的电能
P_{ff} 砂型铸造工厂效率
P_i 推荐注射压力；未校正的压实压力
P_j 注射功率
P_l 金属损失率
P_m 加工所需功率
P_{mp} 砂型铸造生产率
P_p 定制冲头的周长；保压压力
P_{psr} 模块安装速度
P_r 投影面积周长
P_{rv} 流道体积的比例
P_s 单位时间去除的单位体积材料所需功率
P_v 生产批量
P_w 锻件通孔周长
Q 孔加工因子
Q 流动速率
Q_{lv} 锻件的寿命产量
Q_{mx} 最大蜡注射流动速率
Q_{rb} 锻模基本寿命
Q_{rs} 锻模基本寿命
q_c 浸渗剂材料的重量比例
q_o 浸渍油的体积比例
R_1 分层式烘炉的加热速率
R_2 分层式烘炉的冷却速率
Ra 表面粗糙度算术平均值
R_{cl} 清理砂型铸件的人工费率
R_{co} 截断的操作者费率
R_{ds} 模具制造费率
R_f 使用进给设备的成本
R_i 单件使用自动工作头的成本
R_{mp} 砂型铸造生产线的工人费率
R_{nh} 卸开的操作者费率
R_p 生产率（单位时间的零件个数）；重复次数
R_t 砂型铸造的工具制造速度
r 内弯曲半径；工具轮廓半径
r_c 刀具圆角半径
S 轮廓切削速度
S_a 金属的体积收缩
S_{bw} 锻件工作台标准
S_c 锻模的型腔标准
S_{ca} 模组组装的安装时间
S_{co} 截断的安装时间
S_d 锻造的型腔间距
S_{ds} 安装模具到注射机上的时间
S_e 锻造的型腔边缘距离
S_{lk} 锻模的锁模标准
S_g 砂型铸件的废品百分率
S_m 砂型铸造的废品率
S_{ml} 锻模的铣削标准
S_n 每天工作的换班制数量
S_{nh} 气锤的安装时间
S_{pa} 模样装配的安装时间
S_{sl} 锻件的氧化皮损耗（%）
S_z 熔炉容量
S_b 印制电路板面板上线路板之间的间隔
S_e 印制电路板面板上板边间隔
T 零件厚度，模具厚度，温度
T_1 第一个单元的生产时间
$T_{1,100}$ 假设的基本 DFA 时间值
$T_{1,B}$ 对应于批量 B 的调整 DFA 时间
$T_{1,x}$ x 单元生产的平均时间
T_B 烧化时间（燃尽时间）
T_{blk} 锻模块厚度
T_{bt} 锻模块准备时间的基准时间
T_{bw} 锻模的钳工加工时间
T_{cav} 锻模的型腔加工时间

T_{cl} 砂型铸件的清理时间
T_{dl} 锻模的燕尾榫加工时间
T_{edg} 锻模的磨边机加工时间
T_f 热锻的飞边桥厚度
T_{fl} 加工锻模的飞边槽时间
T_{int} 修剪模制造的初始时间余量
T_i 注射温度；单件插入时间
T_{lay} 锻模的布置时间
T_{lk} 锁模的修剪模制造的附加时间
T_{lp} 每块面板的装卸时间
T_m 模具温度
T_{mill} 锻模的型腔铣削时间
T_{pl} 锻模的模块设计时间
T_{pol} 锻模的型腔抛光时间
T_{prep} 锻模块准备时间
T_{rm} 脱焊或去除时间
T_{rs} 焊接替换元件的时间
T_s 烧结时间
T_{set} 锻压设备的安装时间
T_{sm} 每个电路板侧面的处理时间（s）
T_{tp} 制造一个飞边修剪冲模的时间
T_{trd} 飞边修剪模的制造时间
T_w 锻件加强筋厚度
T_x 注射温度；生产第 x 个单位的时间
t 机器周期时间；零件厚度；刀具寿命（刀片重磨或刀片换刀之间的加工时间）；粘接剂提取时间
t_a 零件的基本装配时间
t_b 将一个销子插入到一摞零件中所需要的基本时间；线路板厚度
t_c 磨削的非生产时间，包括砂轮修正时间和工件的装卸时间；最小成本加工时的刀具寿命；冷却时间
t_{c1} 施加第一层底漆所需要的时间
t_{ca} 安装模组时间
t_{cb} 施加一个加固层所需要时间
t_{cg} 切通单个内浇道的时间
t_{cl} 为切除而装载模组所需要时间
t_{co} 从模组中切除所有零件的时间
t_{cp} 申请应用每个后续底漆的时间
t_{ct} 换刀时间
t_d 穿线时间，干燥周期
t_{dc} 溶剂脱脂时间
t_{enl} 钻孔的进入膜层厚度
t_{enl} 钻孔的出口膜层厚度
t_f 充模时间；叉车的往返运输时间
t_{FB} 分层式烘炉的批次烧结时间
t_{FL} 单件的熔炉通过时间
t_{gc} 推荐条件下的磨削时间
t_{gf} 精磨时间
t_{gp} 使用最大功率时的磨削时间；从一个内浇道到另一个内浇道模组的重新定位时间
t'_{gp} 砂轮成本所允许的 t_{gp} 修正值
t_{gr} 粗磨时间
t_h 操作一个"轻质"零件的基本时间
t_i 将一个销子手工插入到孔里的时间；每个操作的平均装配时间；注射时间
t_l 发生在机床上每次工件的装卡和卸下或者装载与卸载的非生产时间
t_m 加工时间；将附着在连接器上的 N_w 根线束装配到线束夹具上的时间
t_{ma} 产品的总装配时间
t_{mc} 当使用最小成本切削速度时的加工时间
t_{mp} 使用最大功率时的加工时间
t_n 同时将 N_w 根线束安装到线束夹具上的时间
t_{nh} 气锤的爆发周期
t_{oc} 开闭时间
t_p 将一个销子插入到一摞零件中的时间损失；以压接接触将线束安装到连接器中的时间；保压时间
t_{pa} 模样组装时间

t_{pw}　由于重量所导致的附加零件处理时间
t_r　总重置时间；对应于切削速度 v_r 的刀具耐用度
t_s　无火花磨削时间；焊接触点连接器的装配时间
t_{sc}　浇道或直浇道的补充切割时间
t_{so}　模组再定位的补充切割时间
t_{st}　缠绕线束的时间
t_t　总循环时间
t_{tr}　单个工件的运输时间
t_o　最小脱脂时间周期
U　极限拉伸强度
U_i　上模模具 i 长度，$i=1$，2，3…
V　零件体积，要求的生产量
V_c　模腔体积
V_{fc}　铸件成品的金属体积
V_{fl}　溢料线上的单位长度的飞边体积
V_m　切削去除的材料体积
V_p　零件体积
V_r　流道里的材料体积
V_s　注塑量
V_{sc}　废料残值
V_{trd}　飞边修建模的材料容积
V_{trp}　飞边修建冲模的材料容积
v　切削速度（刀具与工件之间的相对速度）
v_{av}　平均切削速度
v_c　对应于最小成本加工的切削速度；压力机闭合速度
v_f　铣削进给速度
v_F　熔炉的带速或进给速度
v_{max}　最大切削速度
v_o　压力机开启速度
v_{po}　最大功率切削速度
v_r　对应于刀具寿命 t_r 的切削速度
v_{trav}　磨削移动速度
W　零件重量；零件宽度或特征宽度
$\dot{W}$　热流动速率
W_a　人工操作者费率
W_{blk}　锻模块厚度
W_c　工作头成本
W_f　热锻的飞边桥宽度
W_{max}　熔炉的单位面积最大重量
W_p　铸件浇注重量
W_{pa}　模样装配操作者费率
W_{plt}　热锻的压盘宽度
W_{pr}　注入到单个模具里的材料重量
W_r　相对工作头成本
W_{sm}　壳模的干重
w　内浇道厚度
w_1　销子上倒角宽度
w_2　孔上倒角宽度
w_b　印制电路板宽度
w_p　印制电路板的面板宽度
w_F　炉的带宽或炉的送料机宽度
w_s　断面宽度
w_t　砂轮宽度
X_i　内部复杂性指标值
X_o　外部复杂性指标值
x　相同的单元数
Y_1　超过10%应变的屈服应力
Y_d　铸件实收率
X_p　轮廓复杂性指标值
Y_s　材料的当量剪切屈服应力
Y_{sm}　壳模产量
Z_{pw}　当使用最大功率时的磨削金属去除率
Z_w　金属去除率
Z_{wc}　推荐条件下的磨削金属去除率
Z_{wmax}　最大金属去除率
α　热扩散性；零件的阿尔法对称
α_m　热锻的材料载荷因子
α_s　热锻的形状载荷因子

β_m 零件的贝塔对称；极限拉深比

β_s 热锻的形状模具寿命因子

θ 作用在销子上力的角度；钣金零件弯曲角度

θ_b 烧化温度

θ_s 烧结温度

θ_1 销子上的半圆锥形角倒角

θ_2 孔上的半圆锥形角倒角

μ 摩擦因数

ρ 零件密度

ρ_a 合金密度

ρ_f 粉末表观密度

ρ_i 给料理论密度；铁密度

ρ_o 浸渍油的密度

ρ_p 零件密度（包括浸渗剂）

ρ_t 工具钢密度

ρ_w 材料的当量锻造密度

Φ_c 临界给料固体负荷

Φ_m 固体质量负荷

Φ_v 粉末装载体积

Φ_{fl} 模块上的压槽模角度

第1章 绪　　论

1.1　什么是面向制造和装配的设计

在本章，我们所讲的“制造”是指产品或部件的某个零件的制造，“装配”是指把零件相互连接以形成完整的产品。因此，术语“面向制造的设计”（DFM）指的是易于制造并组装成产品的所有零件的设计；“面向装配的设计”（DFA）指的是易于装配的产品设计；而面向制造和装配的设计（DFMA）则是DFA和DFM的结合产物。

DFMA主要用于三项活动：

1）作为并行工程研究的基础，为设计团队在简化产品结构，减少制造和装配成本，并量化改进方面提供指导。

2）作为研究竞争对手产品的基准工具，可以量化制造和装配的难度。

3）作为成本工具，控制成本，帮助协商达成供应合同。

1.2　发展沿革

多年来，“易于制造的设计”或者说“可制造性”“可生产性”一直被认为很重要。但是一直到20世纪70年代，产品或者零件的可生产性一直没有被量化测量，设计者唯有等待供应商的评估。

设计者应该更多考虑到可能的加工难度的话题已经被强调了很多年。一个有能力的设计者应该熟悉加工工艺，以避免设计的时候增加不必要的加工成本。一直存在这样的呼声：工科学生应该学习一些工艺课程以熟悉制造过程。不幸的是，在20世纪60年代，美国大学中取消了工艺课，这些课不被计算学分。现在，那些刚就职于设计部门的工科毕业生通常对制造工艺还缺乏了解。

DFMA 的发展来自于对自动化装配的研究。在 20 世纪 70 年代早期，马萨诸塞大学出版了一本手册[1]，把小零件的进给和定向技术按目录分类。这本手册是集一系列研究精华之大成，这一系列研究开始于 1963 年英国索尔福德大学 Geoffrey Boothroyd 和他的研究生 Alan Redford，后来 Geoffrey Boothroyd 在马萨诸塞大学和他的同事 Crradi Poli 和 Laurence Murch 做了进一步研究。书中设计了一种基于成组技术的零件编码系统，对进给和定向的各种技术（图 1.1）解决方案做了整理归纳，其中 Boothroyd 的学生 C. Ho 做

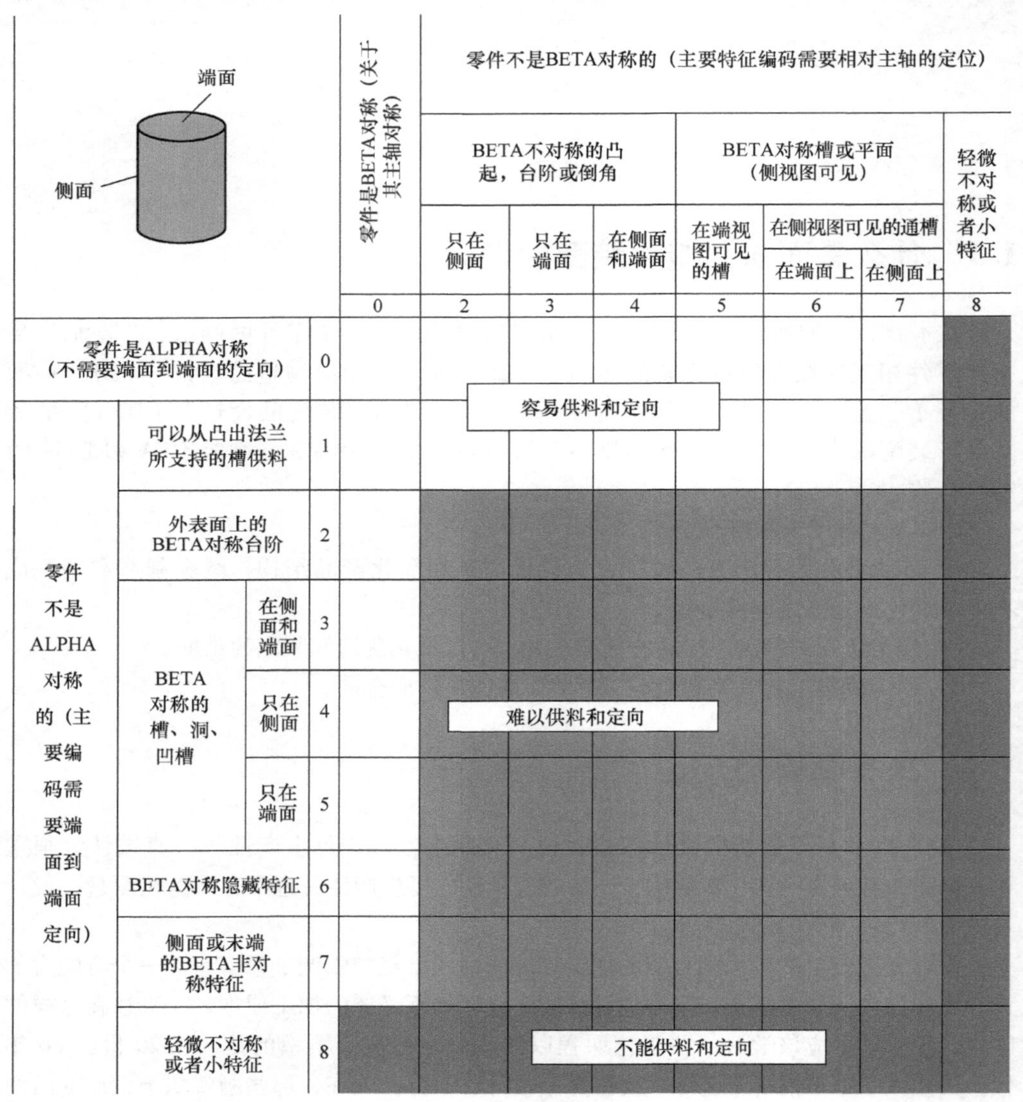

图 1.1　小回转零件自动进料和定向编码系统

（资料来源：Boothroyd，G. Assembly Automation and Product Design，2nd Ed，CRC Press，Boca Raton，FL，2005.）

了主要的工作[2]。数字编码不仅显示了书中的哪些页说明了自动进给的解决方案，还显示了哪些零件容易进给和定向，哪些零件进给和定向相对困难以及哪些零件通常不能完成自动进给和定向。

产品设计者可以使用编码系统来避免那些难以进给和定向的零件形状，或提供更有利于进给和定向的零件特征。使用研究中所开发的编码系统和数据，可以得出一个系统方案，向设计者提供一种技术方法，可以量化易于自动装配的产品设计。

于是，许多本科生、研究生、访问学者和夏季交换生为此做了大量的工作，建立和测试了140个进给和定向系统，最终促进了自动装配方法的设计发展。

后来，Boothroyd和他在马萨诸塞大学的同事Bill Wilson认为他们可以对更大范围内的“面向易于制造的产品设计”研究做出更多贡献。为此，他们造访了美国国家科学基金会（National Science Foundation：NSF），提出了这项研究计划并于1978年获得一个三年项目的资金支持，用于面向可制造性的设计的研究[3]。

作为他的研究项目职责，Boothroyd继续进行基于进给和定向研究的面向装配的设计（DFA）工作。他和他在英国的同事Alan Redford和Ken Swift一起合作研究零件的自动插入，他的英国同事过去一直利用资助进行面向自动装配的产品设计研究。作为在英国研究的一部分，他们对家用气体流量计的各种设计进行了比较。尽管这些仪器工作原理相同，并且有共同的基本元件，但它们的可制造性却区别很大，可制造性最小的设计的加工工作量是最好设计的六倍。

图1.2展示了气体流量计研究中出现的相同问题的五种不同解决方案。从图中可以看到，左边的设计，固定外壳的最简单办法只使用了一个简单的搭扣配合。在右边的例子中，不仅装配的时间变长，而且零件的数量和成本也增加了。这也说明了面向易于产品装配的设计的两个基本原则：通过减少零件的数量来减少装配操作，并让装配操作易于进行。

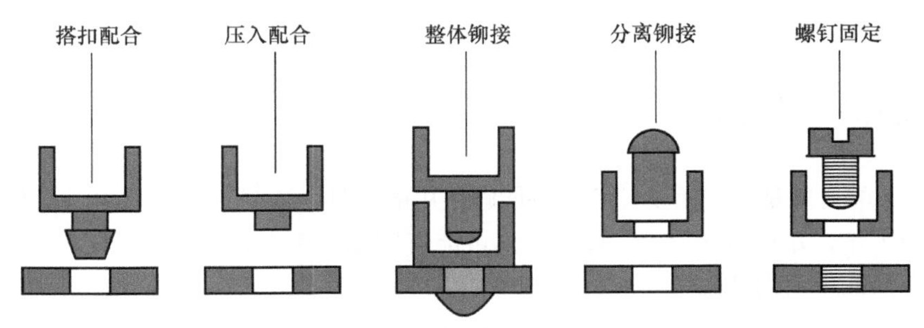

图1.2　影响装配的设计特征实例

为了让制造工程师有理由考虑自动化的运用，Boothroyd和他的学生开发了面向手工装配的分析方法。

Bill wilson对研究项目的贡献在于他对于材料的初始选择和零件制造工艺的研究，这涉及设计者在产品设计初期的重要决策[4]。

研究的第三个领域是零件的面向制造的设计（DFM）。在这个过程中，牛津大学的Winston Knight在他的学术休假期间来马萨诸塞大学，我们有幸与其和Poli合作此项研究。整个夏天，Knight一直在马萨诸塞大学和我们一起工作，他的主要工作是面向锻造的设计。

在DFA和DFM诞生后，逐渐就形成了DFMA。

整个研究项目的最初目的是得到能够指导设计者工作的分析方法。总的想法是设计出易于装配的产品和设计出易于制造的产品的零件（通常称为可制造性）。然而，很快发现这些目标是冲突的。可生产性规则给出的建议是，零件应分解成简单的形状。但是，正如后来被证明的那样，这不是个好办法。事实上，减少单个零部件数量不仅可减少装配费用，而且还可减少所有零件的总费用。

在DFA的工作中，开发了三个简单准则来决定一个零部件是不是应该被去除。这三个准则的应用关键在于利用产生的成本效益来简化产品结构。

手工装配和自动装配的DFA方法被写成一本活页小手册在马萨诸塞大学出版，便于企业小批量订阅。在不到四年的时间内，该活页小手册的订阅量达到2000份，并被用来支持DFA的研究工作。

DFA手册出版不久后，施乐公司旗下的Diablo打印公司开展了几项研究。这些关于小机电产品装配的研究催生了装配的重新设计，导致总制造费用大幅下降，这些下降大多来源于单个零件数量的减少。

包括施乐、通用电气、西屋电气、IBM和数字设备公司在内的大多数公司都很快应用DFA以简化产品设计。例如，据施乐公司的经理Sydney Liebson估计，如果DFA方法被完全应用，每年能够为公司节省数亿美元的开支。Sydney Liebson是当初美国国家科学基金会（NSF）在面向制造的设计方面开设项目的热情支持者。

自动装配和DFA领域的研究成果在作者的另一本著作《自动装配和面向装配的设计》中作了详细介绍[7]。

1.3 面向装配的设计的执行

DFMA的目的是向产品设计者提供能够使用的工具。这些工具可以指导设计者或设计团队的工作，并指出计划中的设计哪里可能有问题。然而，开发设计工具是一回事，让设计者们使用它们就是另一回事了。

Peter Dewhurst于1980年加入了Boothroyd在马萨诸塞大学的团队。他们很快合作做出DFA手册的计算机版本。他们使用了当时最新的计算机——Apple II Plus，并发行了“面向自动和手工装配的设计”软件包。看上去，不像欧洲和日本的同行，美国的设计者更喜欢用计算机而不是手算去分析他们的易于装配的设计。IBM公司和数字设备公司都进行了投资，让软件包能够在他们自己的计算机上运行，比如IBM。很明显，DFA分析软件的普及极大地促进了美国工业的成功增长。

这项工作促成了在1981年Boothroyd Dewhurst公司的成立。这家公司一直致力于开发用于DFA和估计各种工艺过程的制造成本的软件。

DFA应用方面的一个重大的突破发生在1988年，那一年福特汽车公司报告给出：DFA软件帮他们在T型车的生产线上节省了数十亿美元。后来通用汽车公司将位于堪萨斯州的费尔法克斯的装配M型车的工厂与位于亚特兰大附近的福特装配T型车的工厂进行了比较[9]。通用汽车公司发现一个很大的生产能力差距并做出结论：这差距中41%都可以归因于两种设计的可制造性能力。举例来说，福特汽车使用了更少的零件——前保险杠只用了10个零件，而通用汽车用了100个，于是福特汽车的各零件配合在一起就更加容易。

1.4 面向制造的设计

对于各种制造工艺过程成本估计的早期研究是在马萨诸塞大学进行的。之后从1985年到1996年，杰弗里·布斯罗伊德、彼得·杜赫斯特和温斯顿·奈特在罗德岛大学继续研究。奈特在1986年继布斯罗伊德和杜赫斯特之后也加入了罗德岛大学的团队。这本书内容大部分出自他们的研究工作。

应该被提及的是商业软件的开发都是基于科学研究。对于这项研究的支持大多来自于工业界的捐赠，而这些钱主要用来资助研究生，这些研究生后来大多又将这些研究成果应用于支持研究的那些公司。这些研究成果以马萨诸塞大学22篇研究报告和罗德岛大学超过100篇研究报告的形式免费提供给工业界。

1.5 生产能力准则

在20世纪60年代，开展了很多关于让设计产品更容易被加工的讨论。于是提出了通常被称为生产能力的建议。图1.3显示了一个出版于1971年的典型的设计准则，这份准则强调单个零件的简化[10]。这个准则的作者错误地假设：若干个简单形状的零件一定比制造一个复杂形状的零件要便宜，而且多出的装配成本会被在零件成本上的节省所抵消。其实这两个假设都错了。正如表1.1所指出的，即使忽略装配成本，“正确”设计中的两个零件的花销也远远大于“错误”设计中的一个零件——即使是单件成本（忽略工具成本）也是高得多。如果考虑装配成本，忽略储存、管理、质量控制和文书工作成本，“正确”的设计也要比“错误”的设计贵50%！

在20世纪70年代，分析装配难易程度的方法一经开发出来，就被发现生产能力和装配之间存在冲突。人们发现，使用DFA方法，通过减少单个零件的数量（平均50%左右）来简化产品，可使得装配成本大幅下降。更重要的是，还可使得产品成本也大幅减少。在产品设计前期估计装配和零件制造的成本是DFMA的精髓所在。本书作者在过去20年对DFMA领域作了很多的研究。这项工作的主要目标是依据产品设计信息，而且需要最低限度的制造相关知识，开发出一个制造过程的经济学模型[11,13]。

图1.3和表1.1就是这种情况的简单例子。如果对“正确”设计进行DFA分析，

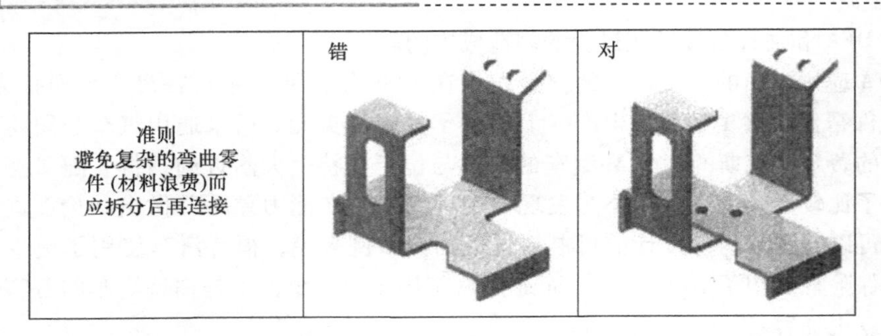

图 1.3　对于钣金件设计的使人误解的生产能力准则
（资料来源：Pahl，G. and Beitz，W. *Engineering Design*，English Edition，The Design Council，London，1984.）

会发现如果作为一个零件来制造，可以减少 0.2 美元装配成本。进一步的分析可以知道除此之外还会节省 0.17 美元的零件成本。

当然，“设计”这个词有很多不同的意思。对一些人来说，它意味着产品的美学设计，比如一辆汽车的外部形状或者一个开罐器的色彩、纹理和形状。事实上，在一些大学的课程表里，这些就是大学“产品设计”的课程内容。另一方面，设计也意味着建立一个系统的基本参数。举例来说，在考虑任何细节之前，电厂的设计就意味着建立各种单元的特征，比如发电机、泵、锅炉和连接管等。

表 1.1　图 1.3 中的两个例子的估计成本（单位：美元）

项　目	错	对
设置	0.015	0.023
工艺	0.535	0.683
材料	0.036	0.025
零件	0.586	0.731
工具	0.092	0.119
总制造	0.678	0.850
装配	0.000	0.200
总计	0.678	1.050

注：假设制造 100000 个零件。

然而，“设计”的另一个解释就是材料的细节、形状、产品里各个零件的公差。这是本书主要考虑的产品设计的方面。这是一项从绘制零件和部件草图开始的活动，逐渐发展到计算机辅助设计（CAD）工作站，在这个工作站可以绘制装配图和详细的零件图。这些图样将被传递到制造工程师和装配工程师手中，而他们的工作就是优化用于生产出最终产品的工艺。通常在这个阶段会出现制造和装配问题，这就要求对设计进行变更。有时候这类设计变更数量很多，将会导致推迟产品上市的时间。此外，变更越是在产品设计和开发周期中的后期，则成本越高。因此，在产品设计阶段就把制造和装配纳入考虑范围不仅重要，而且在设计周期中越早考虑就越好。

在图1.4中这种情况被量化地表现出来，在设计过程的早期所花费的额外时间都会被后来快速原型制造（RP）生产所节省的时间所补偿。因此，除了减少产品成本之外，DFMA的应用缩短了产品上市时间。据英格索尔·兰德公司报道，通过使用Boothroyd Dewhurst公司开发的DFMA软件，他们把产品开发周期从两年缩短到一年[14]。此外，并行工程团队减少了便携式压缩机散热器和油冷器装配所需零件的数量，从80件减少到29件；紧固件数量从38件缩减到20件；装配操作数量从159次缩减到40次；装配时间从18.5min减少到6.5min。于1989年6月开发的这项新设计已于1990年2月全面应用于生产之中。

制造和装配必须在设计前期就纳入考虑的另一个原因在于超过70%的产品成本是由设计所决定的，如图1.5所示。

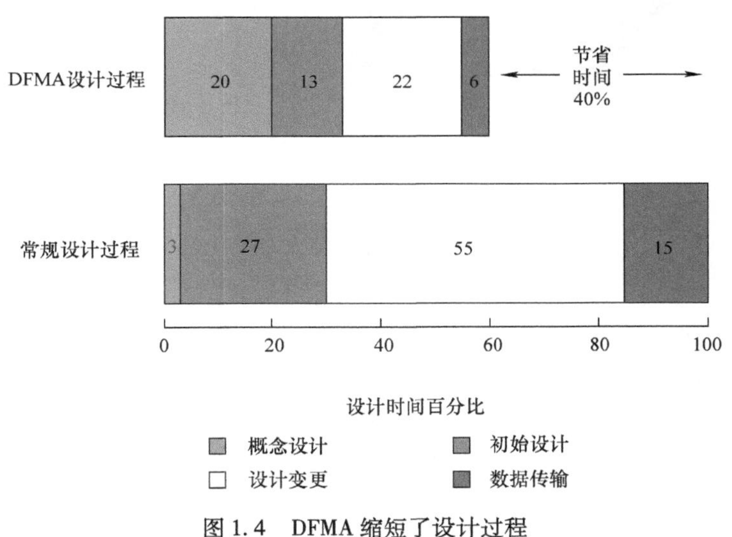

图1.4 DFMA缩短了设计过程

（资料来源：Bauer，L. *Team Design Cuts Time*，*Cost*，*Welding Design Fabrication*，September，1990，p. 35.）

从传统上讲，设计者的态度是“我们设计，你们生产”，现在这种方式被称为“扔过墙”式的设计，像图1.6那样，设计师坐在墙的一边把设计图扔到墙另一边的工艺工程师那里，而工艺工程师必须处理各种可能出现的加工问题，因为这些问题没有被纳入设计考虑范围。一个解决这个问题的办法就是在设计阶段就去咨询工艺工程师。这样的团队合作可避免很多问题。然而，这些团队，现在叫同时工程或并行工程团队，需要分析工具帮助他们研究提出的设计，从制造难度和成本的角度去对设计进行评估。

通过图表我们可以看出惠普公司在DFMA方面的努力始于20世纪80年代中期[16]，开始是现有产品的重新设计，后来应用到新产品的设计当中。在这些被证明成功的研究中，产品的开发会涉及1~3名制造工程师和研发团队成员密切互动。最终，直到1992

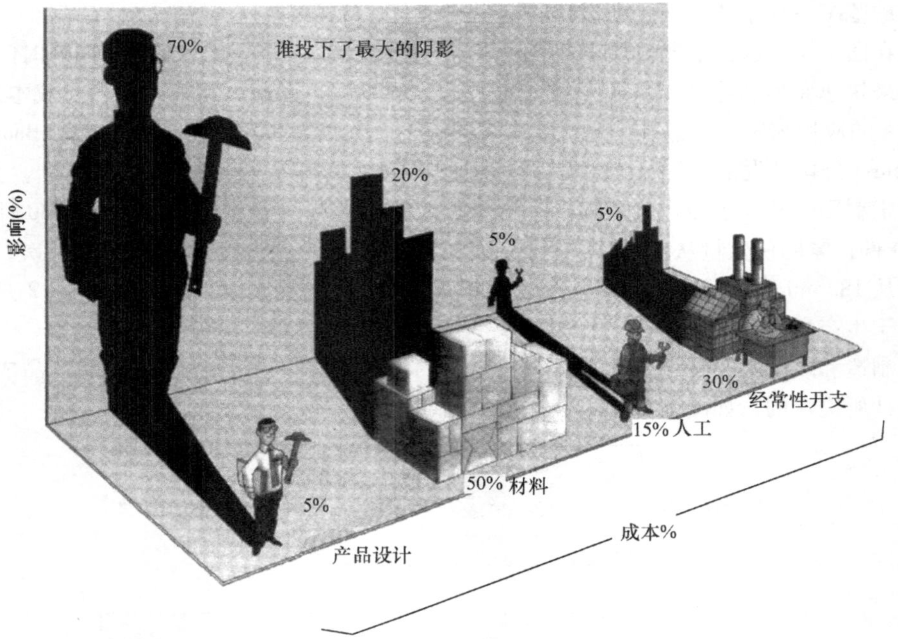

图 1.5 谁投下了最大的阴影
（资料来源：Munro and Associates，Inc.）

年惠普公司将 DFMA 融入到正式的并行工程方法中。他们产品制造和装配成本的不断改善可在图 1.7 中看出。

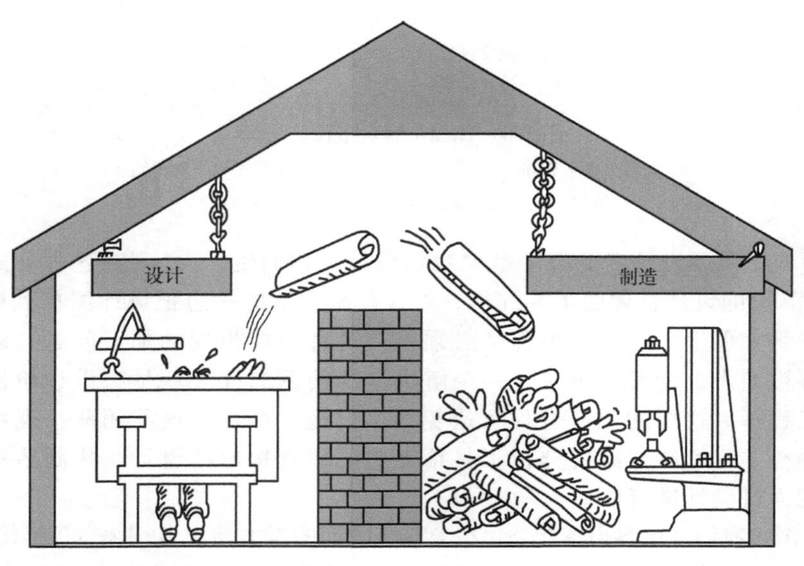

图 1.6 “扔过墙”式设计，历来做生意的方式
（资料来源：Munro and Associates，Inc.）

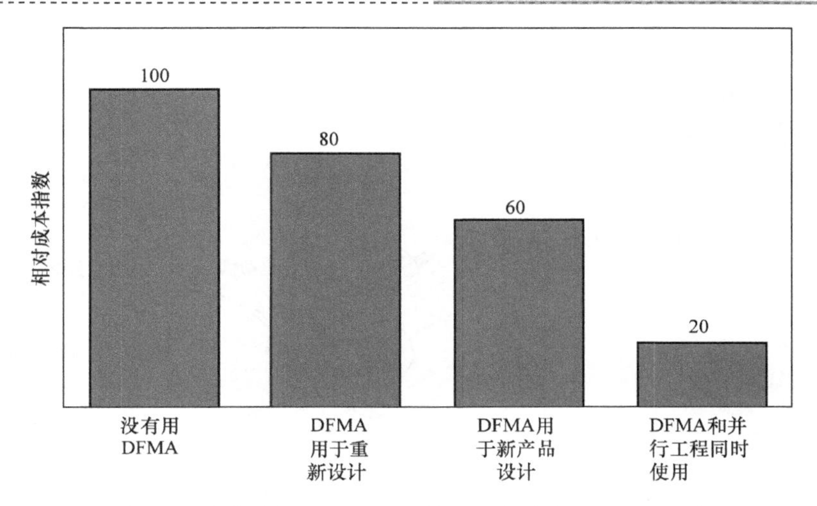

图 1.7 惠普公司中 DFMA 和并行工程对产品成本的影响

（资料来源：Williams，R. A. *Successful Implementation of Engineering Products and Processes.* Van Nostrand，New York，1994.）

1.6 DFMA 如何运作

首先让我们看一个来自于概念设计阶段的例子。图 1.8 显示了电动机驱动装置的初始设计，这种装置需要能够感知并且控制它的位置，保持其在双导轨上。电动机出于美学考虑必须完全封闭，并且要有一个可拆卸的盖，为以后调整位置传感器提供通道。设计的主要要求是要有一个刚性的基座，可以沿着滑轨上下滑动，起到支撑电动机并定位传感器的作用。电动机和传感器分别由电线、电源和控制单元连接。

基座附带两个套管，可以提供合适的摩擦和磨损特性。电动机用两个螺钉固定在基座上；一个孔用来插入圆柱形的传感器，传感器被一个固定螺钉固定。电动机基座和传感器是设备运行所必需的部分。为了提供要求的遮盖，一块端面板被拧在两个螺母柱上，而这两个压铆螺柱被螺钉固定到基座上。这个端面板和弹性套筒适配，电线从中穿过。最后，一个箱状外壳从基座底部滑过整个装配件，并用四个螺钉固定就位，两个穿入基座，另两个穿入端面板。

这里有两个组件：电动机和传感器，它们都是必需的元件。在初始设计中，还有 8 个额外的主要零件和 9 个螺钉，一共 19 个零件进行装配。

DFA 在 20 世纪 80 年代被重视并在随后优势被认可后，减少单个零件数量能够带来最大的产品简化已成为不争的事实。为了指导设计者减少零件的数量，DFA 方法给出了三个准则，每个将被添加到产品上的零件都必须接受这三个准则的检验：

① 在产品操作过程中，零件是否和其他已装配零件发生相对运动。只考虑总体运动，那种可以被整体中的弹性零件所缓冲的小运动不予考虑。

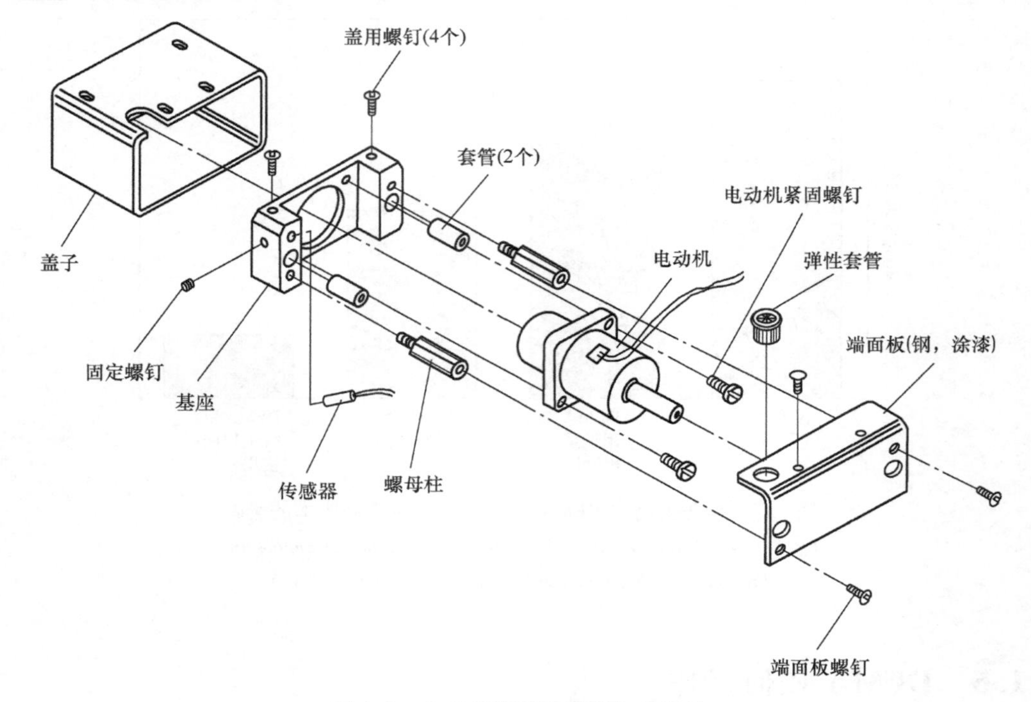

图 1.8 电动机驱动装置的初始设计

② 该零件可以换一种材料吗？可以和其他已装配零件隔离开吗？只有和材料性能有关的基本原因可以被接受。

③ 该零件可以与其他已装配零件分开，因为如果不是如此，其他零件的装配和拆卸将会变得不可能。

初始设计中这些准则的应用具体按以下方式执行：

① 基座：因为这是第一个装配的零件，没有其他零件需要和它组合，所以这是理论上需要的零件。

② 套管（2 个）：它们并不满足准则。因为从理论上来说，基座和套管可以是相同材料。

③ 电动机：电动机是标准部件，可以从供应商那里直接购买。因此，准则不适用于它，电动机是一个需要的独立的元件。

④ 电动机螺钉（2 个）：单独的固定件向来不满足准则，因为一个整体的固定安排在理论上总是可行的。

⑤ 传感器：这是一个标准部件，可以被当做一个必要的单独元件。

⑥ 固定螺钉：理论上不需要。

⑦ 螺母柱（2 个）：这些不符合准则，它们可以被合并入基座。

⑧ 端面板：因为装配的缘故，必须是独立的。

⑨ 端面板螺钉（2 个）：理论上不需要。

⑩ 弹性套管：可以和端面板采用相同材料，因此可以合并。

⑪ 盖子：可以和端面板合并。

⑫ 盖用螺钉（4个）：理论上不需要。

由这个分析我们可以看出，如果电动机和传感器部件被螺钉固定于基座上，塑料盖子被设计成搭扣式的，那么就只需要4个单独零件而不是19个零件。如果不考虑实际限制的话，这四个零件代表了理论上要满足产品设计所需的最小数量。

设计者或者设计团队现在需要去判断这些零件的存在是否符合准则。判断可能来自于操作或者技术上的考虑，也可能来自于经济上的考虑。在这个例子中，也可以认为两个螺钉需要用来固定电动机，一个固定螺钉要用来固定传感器，因为任何其他的选择对这样一个体积小的产品来说都是不切实际的。然而，给这些螺钉加上导向头能够使装配更加便利。

可以认为两个粉末金属套管是不需要的，因为该零件可以由其他材料（比如尼龙）加工而成，它们具有所需要的摩擦性能。最后，判断单独的螺母柱、端面板、盖子、弹性套管和六个螺钉是否需要是比较困难的。

现在，在考虑其他设计之前，需要先估计装配时间和成本。在考虑设计其他选择时应该将任何可能的节省都纳入考虑。使用本书提到的技术可以让我们能估计装配成本，并估计后续的零件成本和相关的工具成本，而不必先完成零件的详细图样。

表1.2给出了对电动机驱动装置的初始设计的装配分析结果，从结果中可以看到装配指数达到了7.5%。这个数字是通过比较估计装配时间160s和理论上的最小装配时间而获得的。而这个最小装配时间是由理论上的最小装配的零件数量（4个）乘以最小装配时间（每个零件3s）而得到的。应该注意的是，在这个分析中，标准子部件应算做一个零件。

表1.2 电动机驱动装置初始设计的DFA分析结果

装　置	数量/个	理论零件数/个	装配时间/s	装配成本/美元[①]
基座	1	1	3.5	2.9
套管	2	0	12.3	10.2
电动机组件	1	1	9.5	7.9
电动机螺钉	2	0	21.0	17.5
传感器组件	1	1	8.5	7.1
固定螺钉	1	0	10.6	8.8
螺母柱	2	0	16.0	13.3
端面板	1	1	8.4	7.0
端面板螺钉	2	0	16.6	13.8
弹性套管	1	0	3.5	2.9
导程	—	—	5.0	4.2

（续）

装　　置	数量/个	理论零件数/个	装配时间/s	装配成本/美元①
再定位	—	—	4.5	3.8
盖子	1	0	9.4	7.9
盖用螺钉	4	0	31.2	26.0
总计	19	4	160.0	133

$$装配指数 = \frac{4 \times 3}{160} = 7.5\%$$

① 人工费率按每小时 30 美元计。

先考虑那些在理论零件数栏里是 0 的零件，可以看出这些零件都不满足包括在总装配时间（120.6s）之内的最少零件数。这个数字应该被拿来与所有的 19 个零件装配时间 160s 进行比较。由表 1.2 也可以看到：涉及螺钉固定的零件的装配时间最长。我们已经讨论过去除电动机螺钉和固定螺钉可能是不实际的。然而，去掉剩下的那些不符合准则的零件将会导致图 1.9 中的再设计概念。在图 1.9 中，套管和底板结合在一起，还有螺母柱、端面板、盖子、弹性套管和六个螺钉被一个塑料盖单元所取代。去掉的部分总装配时间为 97.4s。新的盖子只要花费 4s 就装配完并可避免重新定向。此外，使用带有导向点的螺钉和重新设计的基座，可以让电动机自动对准。

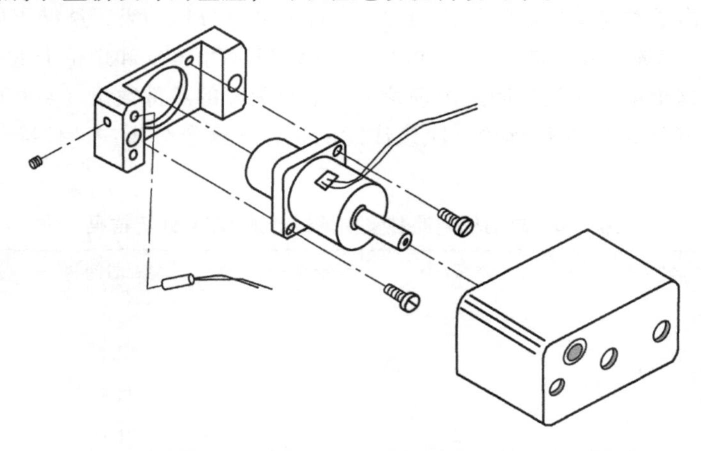

图 1.9　遵循 DFA 分析的电动机驱动装置装配的再设计

表 1.3 给出了新设计的装配分析结果，从中我们看出一共只需要 46s 的装配时间，还不及原先装配时间的三分之一。装配指数现在为 26%，在相对小体积的机电装置设计中，按照经验来说这是一个典型的成功设计。

表 1.4 比较了两种设计中各零件的成本，其中零件成本节省了 15 美元。然而，新盖子所需的工装费用估计为 6307 美元，但这是在开始就要进行的投资。这里描述了在使用这项技术后零件和工具的成本估计。

于是，这项研究的另一项成果是二次设计概念，它给出零件成本共节省了 15.95 美元，其中只有95美分是装配时间的节省。此外，装配指数被改善了约250%。

表1.3　电动机驱动装置再设计的DFA分析结果

零　　件	数量/个	理论零件数/个	装配时间/s	装配成本/美元①
基座	1	1	3.5	2.9
电动机组件	1	1	4.5	3.8
电动机螺钉	2	0	12.0	10.0
传感器组件	1	1	8.5	7.1
固定螺钉	1	0	8.5	7.1
导程	—	—	5.0	4.2
塑料盖	1	1	4.0	3.3
总计	7	4	46.0	38.4

$$装配指数=\frac{4\times3}{46.0}=26\%$$

① 人工费率为每小时30美元。

表1.4　电动机驱动装置装配的初始设计和再设计比较（不包含购买的电动机和传感器组件）

(a) 初始设计		(b) 再设计	
零　　件	成本/美元	零　　件	成本/美元
铝基座	12.91	尼龙基座	13.43
密封件（2）	2.40①	电动机螺钉（2）	0.20①
电动机螺钉（2）	0.20①	定位螺钉	0.10①
定位螺钉	0.10①	塑料盖	6.71
平衡物（2）	5.19	（包括工具）	
端面板	5.89		
端面板螺钉（2）	0.20①	总计	20.44
塑料套管	0.10①		
盖	8.05	塑料盖工具成本6307美元	
盖螺钉（4）	0.40①		
总计	35.44		

① 购买数量。

需要指出的是：在DFA分析中，通过应用最小零件数准则，在考虑了装配成本和零件成本之后比较最后成本，提出了再设计的建议。

分析的第二步是DFM。这要估计加工零件的成本，从而量化由于初始DFA分析而带来的任何设计改善的效果。在这个例子里，基座的DFM分析指出了用于提供每道特征加工的成本。有趣的是，去除基座侧边的两个钻孔和攻螺纹以及为螺柱提供两个钻孔和攻螺纹将会减少1.14美元的加工费用。因此，这些改变所节省的费用比起装配成本节省的费用（95 美分）要多。这告诉我们不仅知道一个项目的总的制造估计成本很重要，了解提供各种特征的加工费用更为重要。这个案例研究很典型，它告诉我们尽管 DFA 是面向装配的设计，但改善装配性的同时往往会使零件制造费用大幅降低。

图 1.10 总结了设计过程中使用 DFMA 的几个步骤。最初进行 DFA 分析导致了产品结构的简化，然后再使用 DFM，可以得到原始设计和新设计的前期成本估计，这些可以用来帮助作决策权衡。在这个过程中，应该考虑适用于不同零件的最合适材料和加工工艺。在这个例子中，在新设计中使用金属片材外壳是否会更好？一旦最终的材料和工艺选择好，就可以通过 DFM 分析来对各个零件的详细设计进行更深入的研究。这些步骤将在后面的章节讨论。

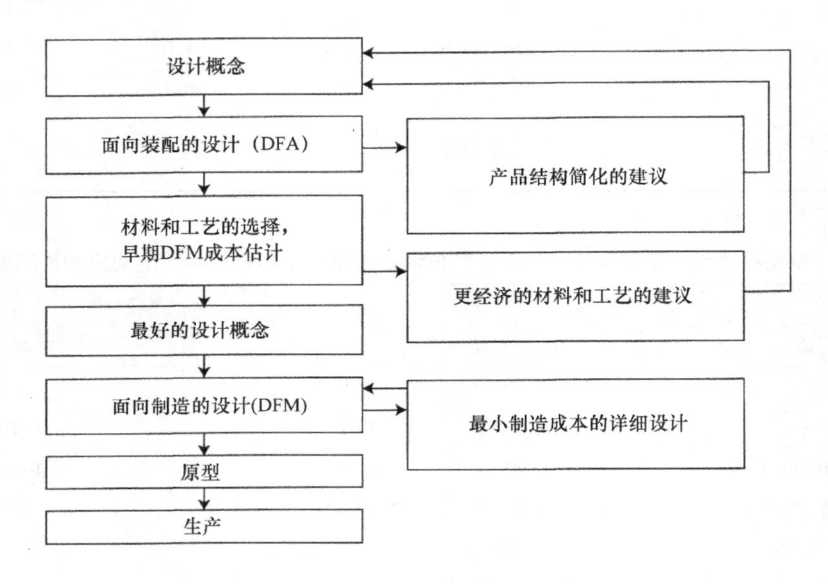

图 1.10 用 DFMA 软件进行 DFMA 分析的典型步骤

1.7 不使用 DFMA 的错误理由

1.7.1 没有时间

在进行 DFMA 演讲和举办研讨会的时候，笔者发现大多数设计者们经常抱怨他们没有足够的时间去进行这项工作。设计者一般都承受着要急切缩短新产品从设计到制造时间的压力。不幸的是，就和以前所证明（图 1.4）的那样，设计前期多投入的时间会在设计后期显现效果，减少了将不完善设计交给制造部门后需要修改设计的时间。公司的管理者和执行者必须认识到，前期设计的重要性在于它不仅决定制造成本，还决定了整个设计到制造的周期时间。

1.7.2 并非此处发明

当给设计者们提供新技术时总会遇到很多的阻碍。理想的情况是，应用 DFMA 的提议应该来自于设计师自己。然而，常见的情况是公司的管理者听说了 DFMA 的成功而希望他们的设计师去应用这个方法。在这样的情况下，必须关注设计师在是否愿意采用这些新技术问题上的决定，只有如此，设计师才会愿意支持并应用 DFMA。如果他们不支持 DFMA，这项技术也不会被成功地应用。

1.7.3 丑陋儿童综合征

当一个外部的设计团队或者公司内独立的设计团队进行面向易于制造和装配的设计分析时，会出现更大的困难。一般来说，当这种分析对某项设计有很大改进，而这些改进将人们的目光引向原设计的设计者时，就会出现很大的阻力。要告诉一个设计者，他的设计可以被改进时就好比告诉一个母亲她的孩子很丑！因此，让设计者参与到分析当中，给他提供更好设计的奖励是非常重要的。如果他进行了分析，他就不太可能把这种明显的问题当作对他的批评。

1.7.4 低装配成本

对 DFMA 应用的早期描述显示第一步是对产品或者部件进行 DFA 分析。经常有这样一种说法：既然对于特定产品而言，其装配成本只占其总制造成本的一小部分，那进行 DFA 分析就没有意义。图 1.11 显示的分析结果表明：装配成本与材料成本和制造费用相比少很多。然而，DFA 分析能够提出整个装配方案的替换建议，比如，一个加工的铸件至少可以减少总制造成本的 50%。

1.7.5 小批量生产

有一个经常被提到的观点，即 DFMA 只有在大批量工业生产中才能体现自己的价值。实际上 DFMA 的作用在小批量生产时显得尤为重要。这是因为，通常的情况下，小批量生产不会涉及对产品初始设计的重新考虑。图 1.11 的例子表明，在单件生产时，从零件设计到装配的过程中原型成为了生产模型。因此，当小批量生产时，DFMA 的价值就体现出来了，正所谓“一次设计成功”。其实，在这种情况下，零件合并的机会会更大，因为设计时的零件合并的情形并不常见。

1.7.6 我们已做这项工作多年

这种说法形成之初，面向生产能力的设计已经应用于公司的实践中了。然而，面向生产能力的设计通常指为了减小加工难度的具体零件的细节设计。有一点很早的时候就已明确：具体零件的细节设计是整个设计周期的最后一个环节。这一点可以认为是生产过程中的“微调”。影响制造总成本的重要决定应该在此之前就做出。事实上，这种设计过程的实施中存在一个很大的隐患。可以发现在具体零件的设计过程中存在类似于钣

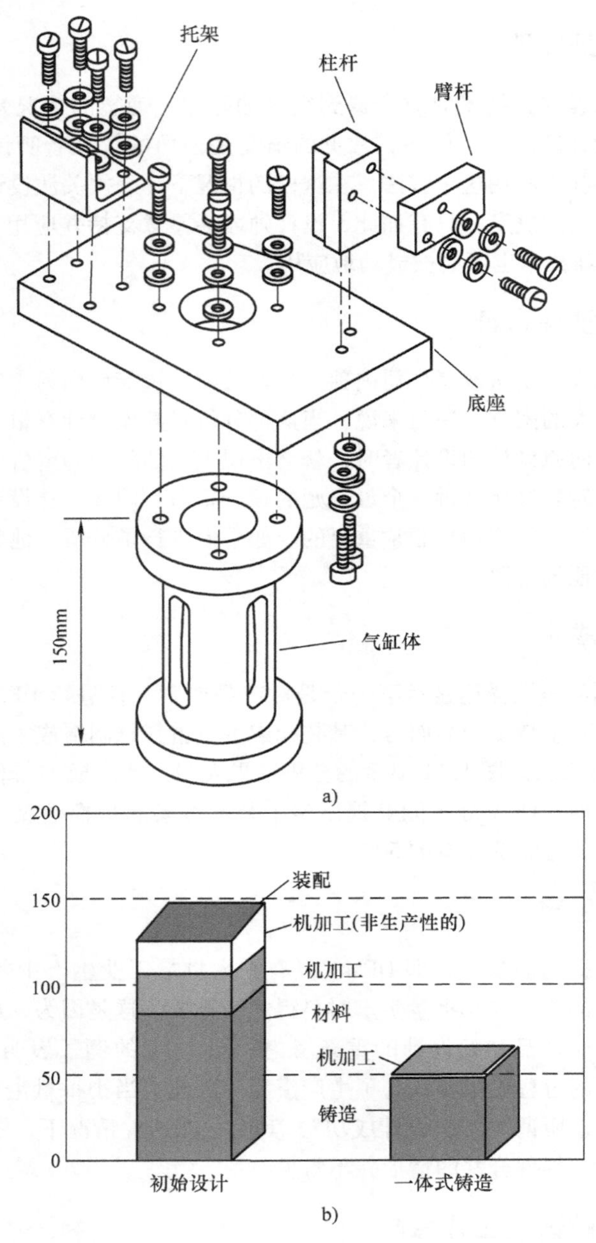

图 1.11 尽管装配成本很小，但是 DFA 分析仍可大幅降低总成本

金零件中限制弯角数量的问题。又如，经验表明，在一个零件中尽可能多地合并特征，这一点很重要。这样，各种制造工艺能力才能完全体现。

1.7.7 这仅是价值分析

有一点是确实存在的，即 DFMA 的目标和价值分析是一致的。我们应该意识到，DFMA 应用于设计周期的早期，而价值分析没有适当地注意产品的结构及其可能的简化。DFMA 有一个优势，即 DFMA 是一个系统的、一步接一步的流程，可以应用于设计的每一个阶段；促使设计人员或设计团队顾及所有零件的存在，综合考虑所有设计的可能性。经验表明，即使是在价值分析已经进行以后，DFMA 仍然可以对现有产品进行改善。

1.7.8 DFMA 只是多种手段之一

自从 DFMA 被提出后，多种其他技术也相继被提出。比如，面向质量的设计（DFQ）、面向竞争的设计（DFC）以及面向可靠性的设计等。许多人甚至提出，面向性能设计和 DFMA 一样至关重要，没人可以否认这一点。不过，当人们对面向性能的设计和面向外观的设计给予了足够关注时，DFMA 却被忽视了很长一段时间。

在适当考虑产品的制造和装配时，其他因素，诸如质量、可靠性等将会随之而来。图 1.12 表示了设计质量与其产生的产品质量之间的关系。设计质量用在执行 DFA 期间所获得的装配指数来进行度量，而产品质量用每百万零件装配缺陷个数来衡量。图中每个数据点代表着摩托罗拉公司设计和制造的不同产品。图中清楚表明：如果实行 DFA，将简化设计并随之改善质量。

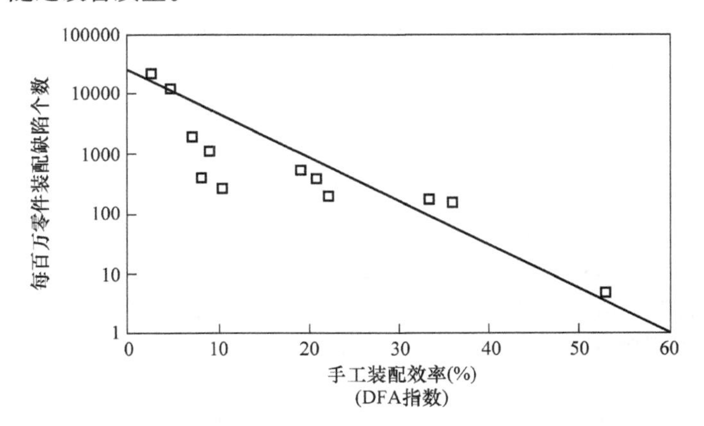

图 1.12 改善的装配效率可实现更好的可靠性

（资料来源：Branan，W. Six-Sigma quality and DFA DFMA *insight*，Boothroyd Dewhurst Inc，2（1），winter 1991，1-3.）

1.7.9 DFMA 带来更加难以服务的产品

这绝对不是事实。经验表明：容易装配的产品通常意味着容易拆卸和可以重装。实际上，需要连续服务的产品涉及移开检查盖、替换零件等工作，这将要求 DFMA 在设计阶段实施得更为严格。你见过几次拧掉数不清的螺钉，只为换外壳后面两个零件的事情吗？

1.7.10 我更喜欢设计规则

应用设计规则的时候存在一定危险：设计规则会把设计人员引向错误的方向。通常情况下，设计规则旨在使得设计人员去设计形式简单、易于加工的零件。先前的例子指出，这会导致更加复杂的产品结构和随之而来的总产品成本增加。另外，综合考虑新颖性和功能性，设计人员需要知道不遵循规则所带来的不利后果。基于这个原因，DFMA中的系统程序被发现是最好的方法，它可以指导设计人员得到更简化的产品结构，并对任何设计变更所带来的影响提供定量的数据。

1.7.11 我拒绝使用 DFMA

尽管设计人员不会这样说，但如果无人具有采用 DFMA 这种工具的动机，那么无论这种工具多么有用，其应用如何简单，人们都不会认为它有用。因此，在设计过程中，必须鼓励设计人员或设计团队使用 DFMA 综合考虑制造和装配过程的能力。

1.8 产品设计中应用 DFMA 的优点

DFMA 提供了一个从装配和制造的角度去分析已给定设计的系统方法。采用这种方法可以使得产品结构更简单、性能更可靠、装配和制造的成本更低。另外，装配过程中的任何零件数量的减少，将产生成本减少的“滚雪球”效应，相应的图样和说明书的减少、库存的减少对“管理费用”产生了重要影响。在许多场合，“管理费用”占到产品总成本的最大比例。

DFMA 工具促进了设计师、制造工程师和一些在设计早期阶段能对产品最终成本起到重要影响的人员之间的对话与交流。这可以促进团队协作，从并行工程中获益。

一个近期的案例来自于国际博弈技术公司（IGT）[17]，IGT 是一个设计、制造、运营电子游戏设备的公司，跻身世界财富 500 强。在经济危机影响客户和世界游戏业的情况下，他们的工程师接受一个挑战，就是如何减小成本，寻求设计创新和发展的新机遇。

大约四年前，一名叫 Sam Mikhail 有 DFMA 经验的员工肩负起 IGT 公司实行 DFMA 缩减成本的职责。DFMA 实施过程中遇到了一种态度：DFMA 在公司内推行没有必要，而且在公司已经实施的主要工艺中已经包含了任何潜在成本缩减的措施。典型回应有：“为什么？我们已经没时间做这些了”“我们不需要这些”“我们已经这么做了”。

最初，工程师们都认为 DFMA 耗费时间，而且收益也没有保证。同时，以公司的规模来看，执行起 DFMA 来肯定会遇到挑战。还有许多工程师认为公司已经或正在实行 DFMA 原理，所以没必要在公司里正式地引入 DFMA。

结果，Sam Mikhail 成功地在试点车间引进 DFMA。当被挑选出来的参与者进入 DF-

MA 试点车间时，他们的不情愿是可以预料的。这些都反映在图 1.13 的问卷调查结果上。

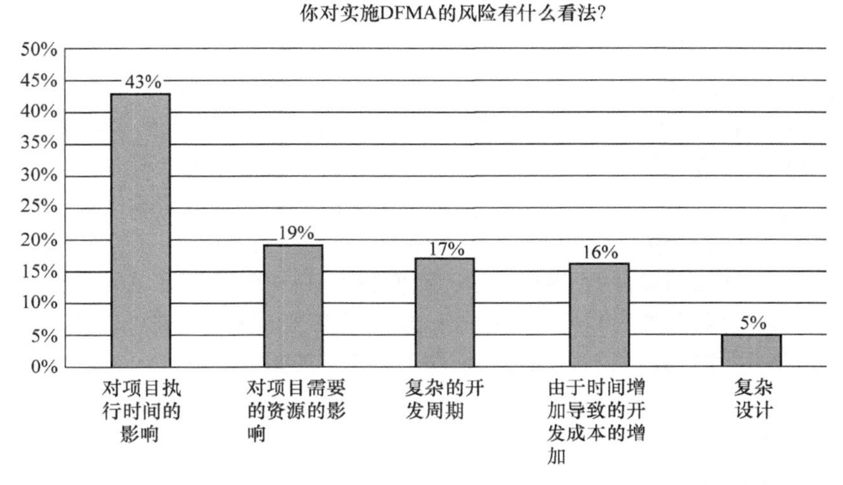

图 1.13 在引进 DFMA 之前，向 IGT 工程师做的调查问卷结果

（资料来源：Mikhail，S. *Decision-making Process for Implementing DFMA at IGT*，International Forum on DFMA，Providence，RI，June 2009.）

随着车间的试验开展，当 DFMA 应用于现有的设计时，参与者的热情明显高涨，改进设计的挑战受到空前欢迎。DFMA 的应用使得设计超越了现有的部门极限，涉及生产制造、机械、电子的开放性的交流与沟通促进了产品设计的革新。这个车间实施了 DFMA 以后，又做了一个调查，结果如图 1.14 所示，说明了参与者的态度转变。

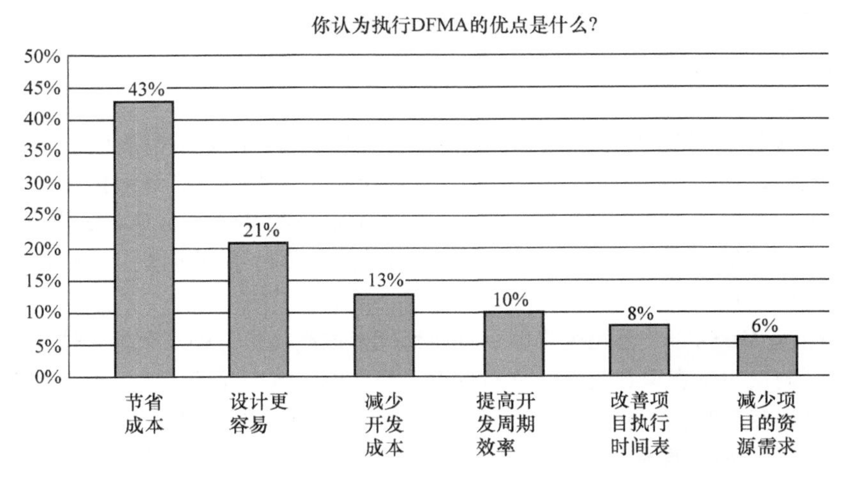

图 1.14 在实施了 DFMA 后，对试点车间 IGT 工程师做的调查问卷结果

（资料来源：Mikhail，S. *Decision-making Process for Implementing DFMA at IGT*，International Forum on DFMA，Providence，RI，June 2009.）

随着车间实施 DFMA 的成功，2008 年 6 月，公司管理层批准了 DFMA 发展计划，并继续训练工程师。结果，到 2009 年 6 月，公司就节省成本一百多万美元，并期待着更多的节省。

另一个近期案例来自 Aztalan Engineering 公司，这是一家为美国工业提供高品质零件的精密仪器公司。经理 Jim Hale 指出“所有的精密切削和铣削都要仔细计划和跟踪”。在一天的课程学习活动中，技术人员聚集在一起“分析给出的面向制造能力的零件设计，确立加工零件的工艺控制，与顾客和供应链厂商进行交流和沟通”。

2008 年，Jim Hale 找到一位有价值的助手来帮助他更高效地完成任务，它就是 DFMA 软件。据 Jim Hale 说，公司以许多方式使用了这套软件。

例如，客户送来新零件的 CAD 模型，我们将 CAD 中的几何形状转换到 DFMA 中。根据几何形状、材料和加工零件所选择的初始加工工艺，这款软件可以生成加工时间、零件的搬移和夹紧时间以及工具成本和辅助工艺成本的相应模块。

有时候，并不是加工工艺，而是零件的设计影响了成本。在这种情况下，Aztalan Engineering 公司和设计师分享了它的设计分析。“我们经常处理一系列来自于分析结果的问题” Jim Hale 说，“零件复杂吗？它能被做得更简单，或对机床友好吗？”

“标注的公差是否太小？有没有什么方法减少辅助加工的次数？能不能使用其他材料来制造零件，降低成本？”这些问题的答案有助于工程师在保证零件功能的情况下降设计成本。

一旦建立了基准，Aztalan Engineering 公司就能探讨零件加工的不同方法，寻找是否有一种潜在的、更节约的方法。此时，DFMA 工艺库显得尤其有用。Hale 指出，“虽然我们是专业机械师，但也不可能熟悉每一种工艺方法，比如熔模铸造或锻造。”在这个阶段，DFMA 软件提供了有价值的指导——先探讨哪一种工艺可以加工当前设计的零件，然后提供初步的时间和成本（包括任何工具成本）估算。“一旦决定了使用哪一种最经济的工艺，我们将向专家咨询相关工艺的更多信息。” Hale 说：“DFMA 软件可帮助我们关注我们的探索。”

那些实施了 DFMA 的公司节约的成本之大令人震惊。正如早前提到的，福特汽车公司对自己初始 Ford Taurus 汽车生产线实施 DFMA 后，从中节约数十亿美元。这是一个典型的大批量生产的例子。在另一方面，生产批量小的 Brown & Sharpe 公司通过 DFMA 开发了他们的旋转坐标测量仪——MicroVal，比竞争对手节约了一半成本，赢得了数百万美元的生意。

QSTAR 是 MDS Sciex 公司生产的一种质谱仪。该产品是一种复杂的、体积大、产量小的设备。制造团队意识到装配的难易将很大程度地影响产品的成本、加工效率和仪器性能。在最初建造时，原型机装配困难，需要很长时间去测试和调试。QSTAR 工程师应用 DFA 软件分析了现有的设计，用创新的方法加固零件，消除了装配困难。

DFA 软件标记了连接一串电阻和金属环的紧固件数量。在最初的设想中，32 个电阻中的每一个都由 4 颗螺钉紧固，这需要 8h 的装配时间。作为替代方案，工程师设计了一种连接头，允许技工把电阻直接嵌入金属基座里。

最后，QSTAR 团队设计了一种反射镜子部件，45min 就可以轻松装配，也可单独拆卸维护，不影响设备的其他部件。相比之下，原型机反射镜包含 289 个零件和 26 个独特元件，成型后的反射镜只有 144 个零件和 21 个独特元件，只需 3 个螺栓和螺母固定所有的 144 个零件。

DFA 实践在其他方面也节省了大量金钱。通过减少零件数量，QSTAR 工程师每一单位可减少材料成本 3500 美元，并降低了设计和制造出错的可能性。

最重要的是，DFA 可帮助缩短开发周期 20%。MDS Sciex 公司管理层计算过，DFA 的实施帮助他们得到市场，14 个月增加收入 2000 万美元，并使得 QSTAR 产品在第一年的销售中获得了全球市场的五分之一份额。

接下来的案例说明了 DFMA 可减少服务时间和装配时间。

在戴尔公司，PC Optiframe® 机箱的重新设计估计节省了约 3250 万美元的直接人工费用[22]。通过增加生产能力，从而推迟工厂搬迁，这为公司节省了数百万美元。在 1998 年，从机箱集成和相关的供应链优化程序中节省的材料成本是 1160 万美元，1999 年达到了 3500 万美元。

机械装配时间平均降低了 32%。

购买零件数量降低了 50%。

螺钉类型数量降低了 67%。

最小/最大螺钉数量降低了 55%。

平均服务时间降低了 44%。

这些削减导致戴尔公司生产率的大幅增长。工厂每小时每平方英尺（$1ft^2 = 0.093m^2$）的生产能力有了 78% 的改善。操作员生产率从每个操作员每小时 1.67 个单位增加到每小时 3.07 个单位，操作员生产率提升了 84%。

1.9 DFMA 对美国工业的总体影响

前面的案例研究描述了一些应用 DFMA 软件的成功范例。表 1.5 展示了来自不同公司公开发表的应用案例研究结果总结。由表 1.5 可知，零件数量平均减少约 53%。这个表中还展示了案例研究提到的 DFMA 应用的其他改进，例如，在 32 项研究报告中给出了产品成本平均减少 50%。

表 1.5 在 123 个发表的案例研究中应用 DFMA 软件的改善结果

项 目	平均减少值（%）	案例数量
人工成本	42	8
零件数	53	103
单独紧固件	57	21
重量	22	21
装配时间	59	68

（续）

项　　目	平均减少值（%）	案例数量
装配成本	45	20
装配操作	54	25
产品开发周期	45	2
总成本	50	32

根据我们的记录，从1990年以来，超过800家不同的美国公司已经使用了DFMA软件。当然，这个数字并不意味着包含个人用户的数量。例如在美国通用汽车公司，据报道有150个用户，而在另一些公司却只有一个用户。迄今为止，还没有其他类似的设计方法在整体上对美国工业产生了如此巨大的影响。在20世纪80年代早期，日立装配评价方法（AEM）曾被许可给几个主要的制造商使用，而现在，这些制造商都在使用DFMA软件。

当然，并不是所有DFMA的成功应用都被发表。一些公司通常不愿意披露他们的应用进展——肯定不是在有问题的产品出现在市场之前。因此，公布的研究只占应用DFMA的成功案例的一小部分。

在那些年收入超过30亿美元的《财富》500强公司中，其中60%的制造商有部门或自己公司已获得许可使用DFMA软件。这表明大约38%的制造商获得了DFMA的许可（图1.15）。

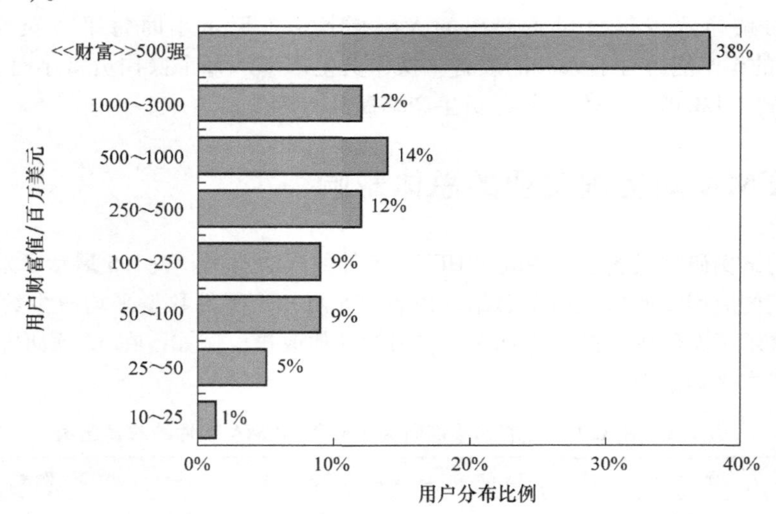

图1.15　DFMA软件用户年收入的百分比分布

激励实施DFMA或并行工程的原因是企业正面临降低生产成本、缩短新产品上市时间等竞争压力，这当然是20年前美国计算机设备和运输行业就要面对的事情。最近，美国航空航天和国防工业也处于这种压力下而变得更有竞争力。究其原因，这并不奇怪，它们的发展都反映在使用DFMA软件的行业上，如图1.16所示。

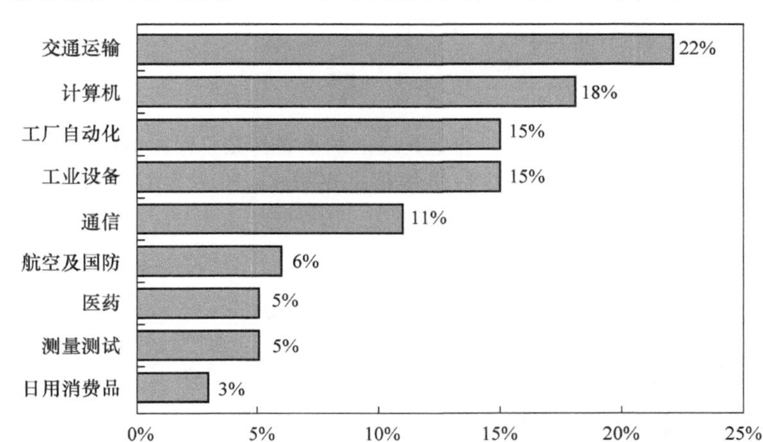

图1.16 DFMA软件用户的行业分布

1.10 结论

显然，当DFMA软件适当地应用在并行工程环境中时，它将会产生极大的影响。采用了DFMA设计的工作车间的经验表明：改进设计的大量想法一定会在短时间内不断涌出。不幸的是，小公司一直无法利用DFMA的巨大潜力。它们缺乏人力或资源以及必要的经验。即使是大公司，如果没有管理层的支持和承诺，一个部门成功实施DFMA，并不一定能延伸到公司其他部门。然而，我们不断收到美国的大批量产品制造商和小批量产品制造商由于使用DFMA软件所带来的持续的产品改进和惊人的成本节省的报道。

应该注意的是，在所有提及的发布案例中，使用了一个系统的、递进的DFMA分析和量化程序。然而，正如早些时候指出的那样，仍然有人声称，设计规则或指南（有时称为生产能力规则）本身就可以给出类似的结果。事实上，指南或定性程序表会增加产品的复杂性，因为它们通常旨在简化单独的零件，导致设计中零件数量庞大、质量下降和更多的管理费用，而且零件数量多会增加库存，需要更多的供应商和更多的记录。而我们的目标是：为了保持产品结构尽可能地简单，将每个生产工艺的能力发挥到最大限度。

在所有的成功案例里，妨碍DFMA实施的原因仍然是人类的惰性。人们抵制新的想法和不熟悉的工具，或声称他们一直在设计中考虑了制造问题。DFMA方法挑战了传统的产品设计层次结构，设计师通常在巨大压力下希望尽可能快地产生结果，从而导致DFMA成为另一个时间延迟。

事实上，通过使用早期制造分析工具可以缩短总体设计开发周期，因为设计师可以获得他们在概念阶段所依赖的设计决策结果的快速反馈。

总之，为了在将来保持竞争力，几乎所有制造厂商都已经采纳了DFMA的哲理，并在产品设计的早期阶段应用了成本量化工具。

习　题

1. 对于图1.17所示的每个例子，确定其理论最小零件数，同时给出考虑实际情况时的零件数。在图1.17b中，假设箱和盖是压铸件；在图1.17c中，假定目标是盖住基板上的洞。

a)　b)　c)　d)

图1.17　习题1的实例

2. 估计图1.18所示的门锁机构的理论最小零件数。

3. 图1.3给出了一个推荐设计，这已被证明是在较大范围条件下的误导。请列出若干推荐设计能导致较低的总制造成本的场合。

4. 做一个文献检索，检索有关DFA应用或DFMA类型研究导致产品简化或制造成本降低的报道，要求每个报告给出参考文献和简要总结。

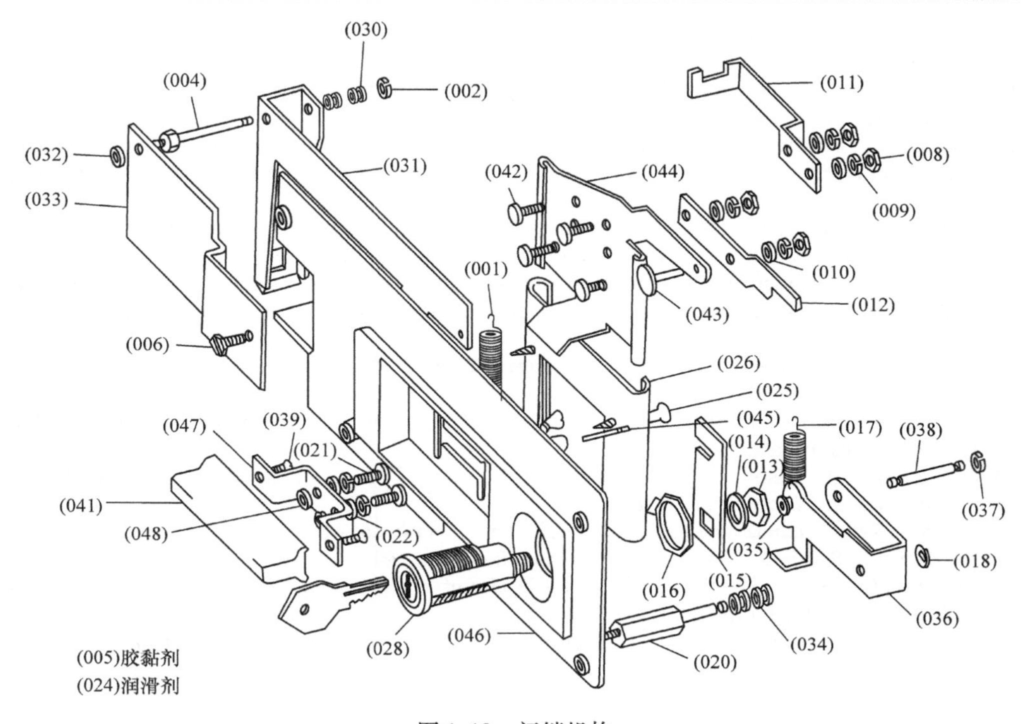

图1.18 门锁机构

参考文献

1. Boothroyd, G., Poli, C.R., and Murch, L.E. *Handbook of Feeding and Orienting Techniques for Small Parts*, University of Massachusetts, Amherst, MA, 1970.
2. Boothroyd, G. and Ho, C. Coding system for small parts for automatic handling, *SME paper ADR76–13*, Assemblex 111. Chicago, October 1976.
3. Boothroyd, G. and Wilson, W.R.D. *Design for Manufacturability*, NSF Final Report. University of Massachusetts, Amherst, MA, 1981.
4. Dargie, P.P., Parmeshwar, K., and Wilson, W.R.D. MAPS-1: Computer-aided design system for preliminary material and manufacturing process selection, *ASME Trans.*, 104, 126–136, 1982.
5. Boothroyd, G. *Design for Producibility—The Road to Higher Productivity*, Assembly Engineering, March 1982, p. 42.
6. Boothroyd, G. *Design for Assembly—A Designer's Handbook*, University of Massachusetts, Amherst, MA, 1979.
7. Boothroyd, G. *Assembly Automation and Product Design*, 2nd Ed., CRC Press, Boca Raton, FL, 2005.
8. Dewhurst, P. and Boothroyd, G. *Computer-Aided Design for Assembly*, Assembly Engineering, February 1983, p. 18.
9. Womak, J.P., Jones, D.T., and Roos, D. *The Machine that Changed the World*, Macmillan, New York, 1990.
10. Pahl, G. and Beitz, W. *Engineering Design*, English Edition, The Design Council, London, 1984.

11. Dewhurst, P. and Boothroyd, G. Early cost estimating in product design, *Journal of Manufacturing Systems*, 7(3), 1988, 183–191.
12. Boothroyd, G. and Dewhurst, P. Product design for manufacture and assembly. *Manufacturing Engineering*, April 1988, 42–46.
13. Boothroyd, G., Dewhurst, P., and Knight, W.A. Research program on the selection of materials and processes for component parts. *International Journal of Advanced Manufacturing Technology*, 6, 1991, 98–111.
14. Bauer, L. *Team Design Cuts Time, Cost, Welding Design Fabrication*, September, 1990, p. 35.
15. Munro and Associates, Inc., 911 West Big Beaver Road, Troy, MI 48084.
16. Williams, R.A. Concurrent engineering delivers on its promise: Hewlett Packard's 34401A multimeter. In S.G. Shina, ed., *Successful Implementation of Engineering Products and Processes*. Van Nostrand, New York, 1994.
17. Mikhail, S. *Decision-making Process for Implementing DFMA at IGT*, International Forum on DFMA, Providence, RI, June 2009.
18. Hale, J. *A Level-headed Approach to Costing and Machining*, International Forum on DFMA, Providence, RI, June 2009.
19. Burke, G.J. and Carlson, J.B. *DFA at Ford Motor Company, DFMA Insight*, Vol. 1, No. 4. Boothroyd Dewhurst, Inc., Wakefield, RI, 1989.
20. McCabe, W.J. *Maximizing Design Efficiencies for a Coordinate Measuring Machine, Des. Insight*, Vol. 1, No. 1, Boothroyd Dewhurst, Inc., Wakefield, RI, 1988.
21. Marunic, G. *Getting Faster through the Early Use of Innovative Tools*, International Forum on DFMA, Newport, RI, June 2001.
22. Dell computer builds a framework for success, *Computer-Aided Engineering*, February 2000.

第2章 材料和工艺的选择

2.1 引言

一个完整零件面向制造的设计就是对制造的零件早期材料和工艺选择的组合，然后可以根据不同的准则对这些零件进行归类。但不幸的是，设计师们往往倾向于按照他们最熟悉的工艺和材料来构想和设计零件。结果，他们可能没有考虑那些已被证明是更经济的工艺以及工艺和材料的组合。在产品设计的早期阶段，只采用有限的制造工艺和相关材料的选择可能会丢失改善制造的关键机会。在英国进行的一份调查结果很好地说明了这一点[1]，这项调查主要是针对设计师的制造工艺和材料知识来进行的，内容涵盖了各行业的广泛的设计部门。对生产工艺（图2.1），超过半数的被调查者声称对金属挤压的知识知之甚少，三分之二的人知道一点关于玻璃纤维增强成型知识，超过四分之三的被调查者对塑料挤出、烧结、使用热固性聚合物纤维增强的薄板成型化合物（SMC）和预制整体塑料（bulk-molding compound，BMC）的知识贫乏。对于热等静压 、金属嵌件成型和超塑性成型等不太常见的工艺，受访的设计者声称对其了解分别只占6%、7%和8%。类似的结果还可以在对设计师材料知识的调查中发现，图2.2给出了设计师对各种高分子材料了解的调查结果。这再次令人惊讶地显示出他们对一些常用材料尚不熟悉。这些调查说明由于材料和工艺的组合可能是从那些设计师最熟悉的方案中间选择，从而可能错过了使用其他效益更高的工艺的可能性。

2.2 早期材料和工艺选择的一般要求

为了具有真正的设计价值，早期材料/工艺组合及其排序的选择信息应该是基于新产品在早期概念设计阶段可获得的信息。这些信息可能包括：

- 产品寿命
- 许可的工具支出水平
- 可能零件形状类别和复杂性水平

- 服务或环境要求
- 表面因素
- 精度因素

对于许多工艺来说，产品和工艺之间的关系是如此密切，以至于产品设计必须使用预先考虑到的工艺作为一个起点，认识到这一点非常重要。出于这个原因，至关重要的是，当产品仍处于概念阶段时就要进行竞争性工艺的经济评价。当产品设计进行到成为具体过程的程度之前，这样的一个早期评价可确保每一个经济上可行的工艺被不断审核。

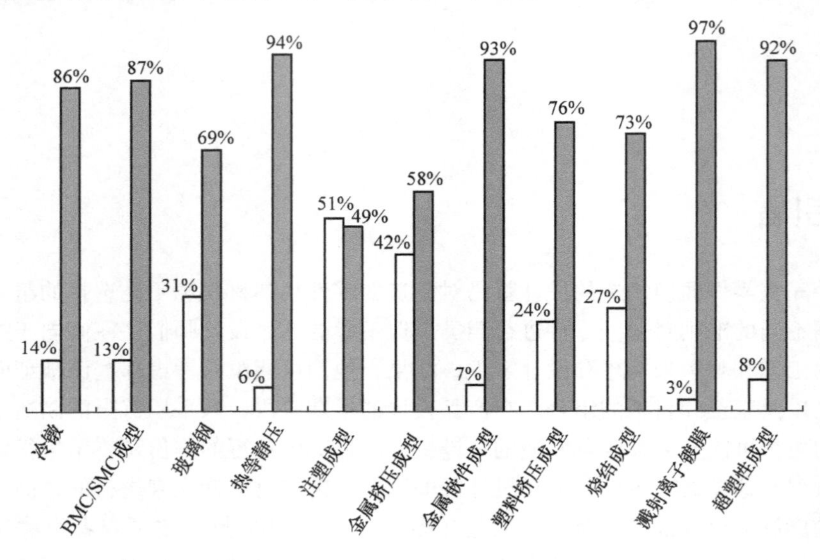

图 2.1 设计师的制造工艺知识调查

（资料来源：Bishop，R. Huge *Gaps in Designers' Knowledge Revealed*，Eureka，October 1985.）

随着设计从概念阶段发展到生产阶段，可以采用不同的方法来进行产品成本建模。在概念阶段，粗略比较相似尺寸和复杂性的产品成本也许就足够了。但这种方法包含一定程度的不确定性，它仅需要概念设计信息，对于早期的经济比较是有用的。随着设计的进行以及具体的材料和工艺的选择，也许还可以采用更先进的成本建模方法。它们可能是对于已经选定的工艺，建立设计特征和制造成本之间的关系特别有用。对不同工艺的若干成本估算方法的基础将在后面的章节阐述。

在工艺/材料组合和工艺规划的初始选择之间存在有明显的关系。在工艺设计期间，会确定加工操作和机器的次序上的详细内容。正是在这个阶段完成了加工零件的最后详细的成本估计。主要的工作已经在计算机辅助工艺设计系统的范围内实现[2-4]，虽然深入研究表明这项工作的大多数内容一直努力限制在加工工艺上。在零件的详细设计之

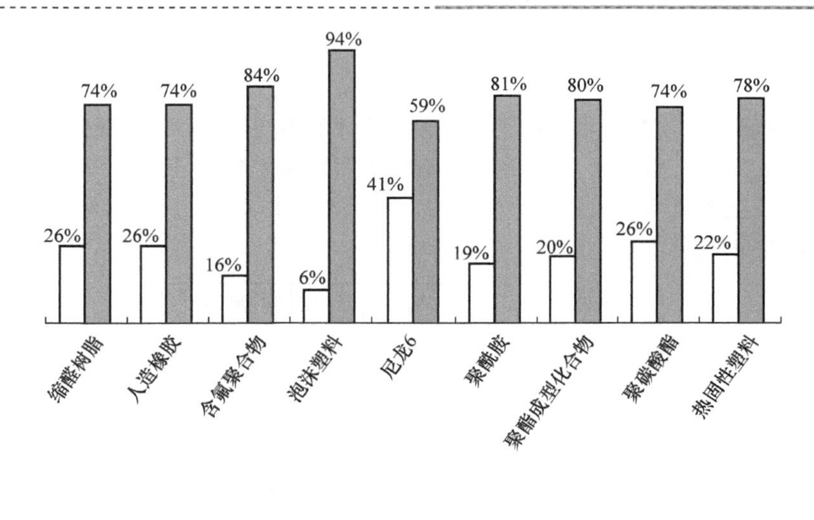

图 2.2 设计师的高分子聚合材料知识调查
（资料来源：Bishop，R. Huge *Gaps in Designers' Knowledge Revealed*，Eureka，October 1985.）

后，使用这些系统。制造工艺就明显了。材料和工艺组合的初始决定是最重要的，因为这决定了大多数随后的制造成本。在零件的详细设计以及工艺设计尝试进行之前，系统的早期材料和工艺的选择目标是影响这一初始决定，因为它决定了使用何种材料和工艺组合。

2.3 制造工艺的选择

制造特定零件的合适工艺的选择基于零件所要求的属性与各种工艺能力的匹配。一旦零件的整体功能确定下来以后，可以用一个目录列表来给出零件的基本几何特征、材料性能以及其他必需的属性。这表示为一个“购物单”，必须将材料性能及工艺能力填入其中。“购物单”上的属性与零件的最终功能相关，并由其几何形状和服务条件确定。

大多数零件都不是由一种单一工艺加工完成的，而是需要一系列不同的工艺来获得最终零件所需的所有属性。当初始的工艺采用成型工艺或成型加工，要求通过去除材料和精加工工艺来产生一些最终零件特征时尤为如此。即使使用可以产生极其复杂几何形状的模具成型或铸造工艺，它们仍有可能有一些特征不能形成而需要由后续的加工来完成。在其他情况下，一些特征可能被分配到不同的加工工序中，因为采用冲压和注塑模具是不经济的。然而，DFMA 分析的目标之一是产品结构的简化和合并。经验表明，充分利用初始制造工艺的能力通常是最经济的，它们能尽可能多地提供零件要求的属性。正如第 1 章所描述的那样，作为一种替代方法，遵守准则虽然能确保单个零件尽可能容易地制造，但通常会导致大量不必要的独立零件，其中一些零件对产品的价值毫无贡献。

在生产实践中，有数以百计的工艺和数以千计的不同材料。而且新的工艺和新的材料仍在不断发展。幸运的是，下面的意见有助于简化整体选择问题：

① 许多工艺和材料的组合是不可能的，图 2.3 给出了一个工艺和材料的类型选定范围的兼容性矩阵。

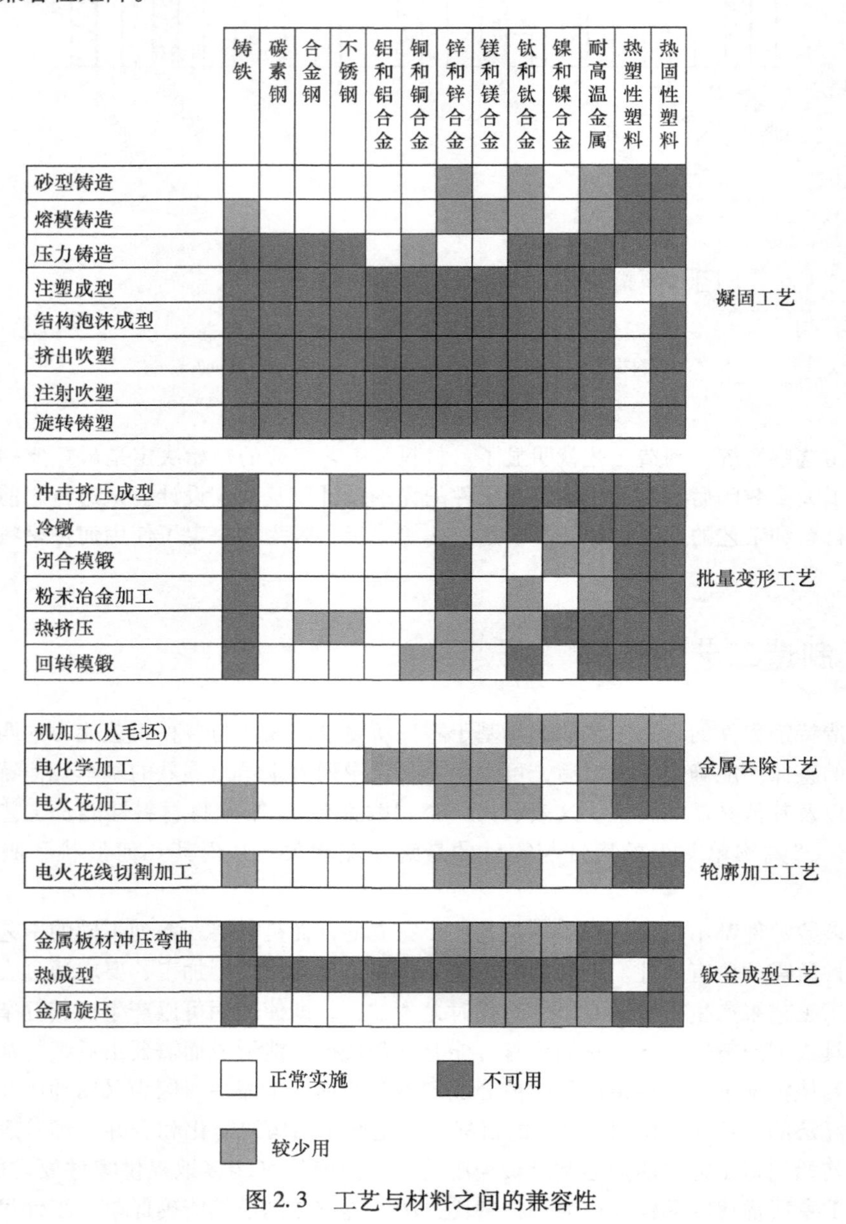

图 2.3　工艺与材料之间的兼容性

② 许多工艺的组合是不可能的，因此，不会出现在任何加工序列中。

③ 有些工艺仅影响零件的一个属性，特别是表面处理及热处理工艺。

④ 工艺序列有一个形状产生的自然顺序，紧接着是随着材料去除的特征添加或完善。从而提高材料性能和改善表面质量。

工艺可分为：

初级工艺；初级/次级工艺；三级工艺。

有些文献将初级工艺指那些为制造生产原材料的工艺。例如扁平孔型轧制、缩口和拔丝。在本文中，假设材料以适当的毛坯形式（如线材、管材、板材等形式）购买，初级工艺一词的意思是指主要形状的产生工艺。选择这些工艺是为了尽可能多地产生许多零件要求的属性，通常在操作序列中首先出现。铸造、锻造和注塑成型都是初级成型工艺的例子。

在另一方面，初级/次级工艺可以产生零件的主要形状，形成或改善零件上的特征。这些工艺出现在一系列工艺的开始或稍后位置。这一类工艺包括材料去除工艺，如机加工、磨削和拉削。

三级工艺不影响零件的几何形状，并且总是出现在初级和初级/次级工艺之后。这一类包括精加工工艺，诸如表面处理和热处理等工艺。三级工艺的选择可以简化，因为许多三级工艺只影响零件的单个属性。例如，研磨是用来获得很好的表面粗糙度的，而电镀往往是用来改善外观和耐蚀性的。

2.4　工艺能力

大量有关制造过程的一般信息可以在各种教科书、手册中获得。每种工艺都能按照它所生产的零件属性来分析确定其工艺能力的范围。这些能力包括有能被生产的形状特征、自然公差范围和表面粗糙度的能力等。这些能力可以用于确定一种工艺是否可以产生相应的零件属性。表 2.1 显示了一些常用工艺的一般能力范围，它们可以用来作为选择的指导。

2.4.1　一般形状属性

表 2.1 中描述的不同工艺的形状生成能力见表 2.2。表 2.2 中的各术语说明如下。

洼坑：在零件表面形成凹槽或沟槽的能力。表中洼坑下面分为两列。第一列是指在一个单一的方向形成洼坑的可能性；第二列是指在多于一个方向形成洼坑的可能性，这两列指在工具运动方向（例如，开模方向、切削介质的轴线重直方向、冲压方向）和在其他方向上的洼坑。

均匀壁：均匀壁厚。由工艺的自然倾向引起的任何非均匀性（例如离心过程由旋转引起的材料拉伸或堆积）可以忽略不计，壁厚仍然被认为是均匀的。

均匀截面：垂直于零件轴线的任何截面都相同。如果有需求的话，不包括模具轴线方向上的脱模斜度（轻微锥度）。

表 2.1 制造工艺的范围内的兼容性

工艺	零件参数	公差①	表面粗糙度	加工形状的兼容性②	工艺限制	典型应用	材料③	注释
砂型铸造	重量：0.2lb ~ 450t 最小壁厚：0.125in	通常：±0.02（1in），±0.1（24in）对于通过分模线的尺寸增加±0.03（$50in^2$），±0.04（$200in^2$）	500 ~ 1000μin	具有复杂几何形状的壁和内部通道的大型零件要求优良的振动阻尼特性	通常要求次级加工，生产率低于其他铸造工艺，公差和表面粗糙度比其他铸造工艺差，要求大的拔模斜度（大约3°）和半径（大约等于厚度）	发动机缸体 发动机歧管 机床床身 齿轮、带轮	1，2，3 4，5，6 7，8，12	按照可能的几何形状、零件尺寸和可能的材料来看，属于非常灵活的制造工艺 模样可重复使用，铸模是一次性的
熔模铸造	重量：1oz ~ 110lb 主要尺寸：至50in 最小壁厚：0.025（铁），0.060（非铁）	通常：±0.002（1in），±0.004（6in）	63 ~ 125μin	小的复杂零件要求低的表面粗糙度，好的尺寸控制和高强度	大部分熔模铸件长度小于12in，重量小于10lb。通孔 $L/D<4:1$，不通孔 $L/D<1:1$。工具成本和交付周期通常大于其他铸造工艺，压铸除外	涡轮叶片 燃烧器喷嘴 武器零件 锁部件 缝纫机零件 工业手动工具机身	2，3，4 5，6，8 9，12	模样和铸模都是一次性的 在材料选择或零件几何形状上比压铸更加灵活，但生产成本更高 与大多数铸造工艺相比不易受孔隙率影响 围绕中心浇道可同时浇注多个零件
压力铸造	最小壁厚：0.025in（Zn），0.05in（Al，Mg） 最小孔径：0.04in（Zn），0.08in（Mg），0.1in（Al） 最大重量：35lb（Zn），20lb（Al），10lb（Mg）	通常：±0.002（1in），±0.005（6in）（Zinc），±0.003（1in），±0.006（6in）（Al，Mg）通过分模线或移动型芯时增加±0.004	32 ~ 85μin	类似于注塑成型	需要对飞边和溢出进行微调操作 存在孔隙率模具寿命限制在：对于Al或Mg约20万次注射，对于Zn为100万次注射	在几何形状上与注塑成型类似，但特别适合高力学性能或要求没有蠕变的场合	5，6， 7，8	能产生所有铸造工艺中的薄壁，生产率接近100件/h（Mg），接近200件/h（Zn） 工具成本和交货时间与注塑成型类似但修整和表面处理会增加工艺成本

（续）

工艺	零件参数	公差[①]	表面粗糙度	加工形状的兼容性[②]	工艺限制	典型应用	材料[③]	注释
喷射成型（热塑性塑料）	外壳：$0.01in^3$ ~ $80ft^3$ 壁厚：0.03 ~ 0.250in	通常：±0.003（1in），±0.008（6in） 孔径：±0.001（1），±0.002（1个直径） 平面度：±0.002in/in对于每个额外的模腔增加公差5%，通过分模线的尺寸，增加公差±0.004	8 ~ 25μin	小中型尺寸，具有复杂细节和低的表面粗糙度	工装费用高，比大部分替代工艺的交货时间更长，不良设计将导致模内应力水平高，产生翘曲或破坏	应用广泛，经常替代压力铸造或钣金装配件	10，11	典型循环周期为20 ~ 40s 诸如活动铰链、嵌件注塑和单元特征等细节允许进行零件合并 热固性材料的注射成型也是可能的：更长的循环周期，无废料的再处理，通常较硬，较脆，但是较稳定的材料能被用于更高的使用温度
结构泡沫成型	重量：25 ~ 50lb 壁厚：0.09 ~ 2.0in	近似于注塑成型	差，通常要求涂料性能	大型，稍微复杂零件，要求高刚度和/或绝热或隔声性能	不可能有喷射成型那样锋利的细节。循环时间2 ~ 3min	托盘、外壳、抽屉、电视柜，风扇护罩	10	工装比注塑成型少约20% 实心壳厚约0.03 ~ 0.8in；整体的密度为材料密度的50% ~ 90% 工艺会产生低水平的内应力 RIM是利用热固性塑料（通常为聚氨酯）的一个相似发泡工艺

（续）

工艺	零件参数	公差[①]	表面粗糙度	加工形状的兼容性[②]	工艺限制	典型应用	材料[③]	注释
吹塑（挤出和注射）	外壳：容积可达800gal的容器（105ft³） 壁厚：0.015～0.125in	通常：±0.02（1in），±0.04（6in）壁厚：名义壁厚的±50%。颈部：±0.004（仅对于注射）	250～500μin	空腔零件，圆角薄壁零件，具有一定的不对称性	使用挤压吹塑，一些几何形状会产生较多的废料 整体式把手只能采用挤压吹塑生产，壁厚控制程度差	大多数5gal的聚合物容器 玩具 汽车加热器导管	10	注射吹塑：更小的零件，更精细颈部 挤压吹塑：更不对称零件，工装成本低，生产费率高，特别是注射吹塑（每个周期10s）
旋转成型	外壳：容积可达5000gal的容器（670ft³） 壁厚：0.06～0.40in	通常：±0.025（1in）±0.05（6in），±0.01（24） 壁厚：±0.015	差，零件通常有纹理	具有最小细节的大容器	壁的突然变化，长而薄的突起，零件相对表面之间的小间隙是不可能的	玩具 容器	10	循环周期8～20min 为确保插入或加强可能比用吹塑需要更少的细节
冲击挤压加工（向前/向后）	直径：0.075～2.5in 长度：3～4in	外径：±0.002（0.5in） 内径：±0.003（5in） 底径：±0.005（5in） 矩形零件的公差接近50%	20～63μin	直径约1～2in的零件，封闭端比侧壁厚（向后挤压），形成头部的零件长径比大，拔模斜度为零（向前挤压），通常向前/向后结合使用	平的内底部需要额外的加工 工装成本高 一些铝合金的向后挤压时最大L/D值为10；向前挤压时L/D值几乎不受限制 公差比机加工大	紧固件 套筒扳手的托座 带柄的齿轮毛坯	2，3，5 6，7，8	如果材料节省很大（约25%或更多），一般选择螺纹加工零件 由于采用冷加工，力学性能显著改善，允许进一步减少材料 可能有限的不对称

（续）

工艺	零件参数	公差[①]	表面粗糙度	加工形状的兼容性[②]	工艺限制	典型应用	材料[③]	注释
冷镦	柄径：0.03 ~ 2.0in 长度：0.6 ~ 9.0in	头部高度： ± 0.006（0.025 柄径）；±0.008（0.50 柄径） 头部直径：±0.01（0.25 柄径）；±0.018（0.50 柄径） 长度：±0.03（1in）	32 ~ 85μin	对称或接近对称，头部圆柱形的零件，并且柄长大于柄径	直径大于 1.25in 时很少使用 比机加工时允许更多的半径 显著不对称时困难	钉子 紧固件 火花塞罐 球形接头 轴	2，3，4 5，6，12	柄部直径最小，翻转体积很重要 生产率为每分钟35 ~ 120 个零件 工艺在高温（800 ~ 1200℉）下也可以进行
热锻（封闭模）	重量：0.1 ~ 500lb	垂直于模具运动：直径的 ±0.7% 平行于模具运动：± 0.03（$10in^2$），±0.12（$100in^2$）	125 ~ 250μin	中等复杂零件，尺寸范围广，使用时如出现故障，将导致灾难性后果	孔也许不能直接生产 必须去除飞边，经常需要二次加工 模具磨损和模具不匹配很明显 建议采用大的拔模斜度和半径	曲轴 飞机机架零件 工具 核部件 农业部件	2，3，4 5，6，8 9，12	通过控制材料流动，晶粒结构可以应用于主应力方向 在完成之前，闭模锻件几乎总要通过一系列凹槽 锻造能力的降序排列：铝，镁，钢，不锈钢，钛，高温合金
压制和烧结（粉末金属零件）	最小壁厚：0.06in 最小孔径：0.06in 最大长度（沿压制方向）：4.0in 最大投影面积：$40in^2$	垂直于压制方向：±0.15%（如果重复压制时为 ±0.05%）。平行于压制方向：尺寸的 ±0.30%	8 ~ 50μin	具有平行的、但相当复杂的壁，均匀高度的小零件	通常比锻造金属的机械性能更低 底切偏轴孔和螺纹不能直接加工 应当避免薄的截面积和特征边缘 最大长径比接近 3	小齿轮 锁机构 小型武器零件 过滤器 轴承	1，2，3 4，5，6 9，12	生产率接近每小时 700 件 润滑浸渍可获得自润滑性能 密度范围 75% ~ 95%（与原材料相比） 最大压缩比（压制和烧结前后的粉末体积之比）接近 2.5:1

（续）

工艺	零件参数	公差[①]	表面粗糙度	加工形状的兼容性[②]	工艺限制	典型应用	材料[③]	注释
回转模锻	直径：0.01 ~ 5.0in（棒材）；14in（管材）	直径：± 0.003（1in）	初始坯料表面粗糙度的20%	锥形圆柱棒料或管料	对于手工送料，滚锥≤6°，对于机器送料，滚锥可以大于14° 轴肩不可能垂直于零件轴线	管材：高尔夫球杆，桌腿，排气管 棒材：打洞器，螺丝旋具	2，3，4 5，6，7 8，12	工装成本通常小于冷挤压或冷镦 非回转体零件能在压模机上挤压成型 生产率范围：每小时100 ~ 3000件 曲线形状能在芯轴上采用锻管加工
热挤压	横截面积：0.1 ~ 225in^2（铝），0.5 ~ 4.0in^2（低碳钢） 最小壁厚：外切直径的1.5%	通常：± 0.01（1in）± 0.03（6in）（如果挤压后冷拉，±0.005）	63μin（铝），125μin 包含极微小（低碳钢）	带有相当复杂但均衡的恒定截面的直柱零件，但壁厚没有很大变化	尺寸精度和零件之间的一致性通常比其他同类工艺低 翘曲和扭曲可能会很麻烦 除铝合金和铝铜合金以外的材料使用会引起一些形状限制应避免刀刃和长的不受支持的凸起物	散热片 结构圆角和边缘构件 镶边装饰	2，3，4 5，6，7 8，9	塑性加工产生合适的晶粒结构 最大挤压比40:1（铝），5:1（低碳钢），与轧制加工相比，设置时间短，但生产率更低工具费用低，因此，如果考虑到零件合并和整体紧固，短时运行运程能经常被调整

（续）

工艺	零件参数	公差①	表面粗糙度	加工形状的兼容性②	工艺限制	典型应用	材料③	注释
机械加工（从毛坯开始加工）	仅受限于机器能力	车削：±0.001， 镗削：±0.0005， 铣削：±0.002， 钻削：±（0.008～0.002）， 拉削：±0.005， 磨削：±0.002（直径）；±0.008（表面），铰削：±0.001（ϕ1in）	车削 63～125μin 镗削 32～125μin 铣削 63～125μin 钻削 63～250μin 磨削 8～32μin 铰削 63μin	回转体：长径比≤3in的轴对称零件，并且主要直径≤2in 非回转体：在相同方向上所有特征都平行和敞开的矩形零件	零件合并机会很少 大部分零件需要一系列严格的操作和机器生产对多种操作的需要会影响零件质量刀具磨耗较大	广泛应用	1，2，3 4，5，6 7③， 8，9③ 10③，11③ 12③	比其他工艺更接近真正的CAD/CAM连接 制造工艺最灵活
电化学加工（ECM）	最小孔径：0.01in 最大孔深：50×直径	通常：±0.001	8～63μin	对于硬化材料或容易受到来自于热堆积的损害的材料，具有高度精确的复杂性或精细的形状，高深宽或无毛刺孔的生产，薄膜材料加工	一些锥形壁四围的最小半径0.002 材料必须导电体	各种喷气发动机零件	1④， 3，6④ 9，12	尽管工装、设备和能源成本高，但材料去除率远高于EDM（约每分钟5.3in），表面粗糙度不像EDM那样与去除率有密切联系 通常，对所有材料（除去最容易加工的材料以外）的成本效益要高于精密加工和磨制

（续）

工艺	零件参数	公差①	表面粗糙度	加工形状的兼容性②	工艺限制	典型应用	材料③	注　释
电火花加工（EDM）	最小孔径：0.020 最小槽宽：0.002in	通常：±0.001	8～250μin（取决于去除率）	与ECM相同	电极的磨损影响精度，需要定期更换。 材料去除率很低（0.01～0.5in^3/h） 其他限制与ECM相同	由于生产率低，EDM通常用于工具制造而非零件加工或者去刺（当其他方法不适合时）	2④，3④ 5④，6，9④ 12④	作为一种与常规电火花非常不同的变化，电火花线切割被用于切割高精度外形，有时可切割淬火材料厚度大于6in的复杂外形。这些零件经常用于拉丝，挤出或冲压模具
金属板材冲压/弯曲	材料厚度0.001～0.75in.（正常情况0.050～0.375in） 面积：转塔式压力机和折变机：80ft^2；成套模组：10ft^2	冲孔或冲压：材料厚度的±10%（2.0in） 折弯机：弯折，±2°；孔弯折，±0.015in	冷轧板或圈：32～125μin	在单个方向具有凸缘的恒定材料厚度的中等复杂零件	直径小于毛坯厚度的孔需要钻削由于材料厚度的1/2～2/3是破碎，而不是剪断，所以需要次级加工或精密冲裁以获得较低的边缘粗糙度或平行的侧面 精加工和材料废料成本经常很大	多数利用消费品和工业用品	2，3，4 5，6，7④ 8④，12④	机器往复压力机操作速度为每分钟35～500次 CNC转塔压力机达到在1ft的中心内，达到每分钟55～265次击打率 当模具成本超过零件的总成本时，模具的成本效益就差了（对于常见几何形状，大约为20000件） 如果它们能节省两道或多道需要在单独模具上进行的次级加工的话，采用步进模被证明是合理的

（续）

工艺	零件参数	公差[1]	表面粗糙度	加工形状的兼容性[2]	工艺限制	典型应用	材料[3]	注　释
热压成型	面积：$1in^2$ ~ $300ft^2$	通常：直径的±0.05% 壁厚：壁厚公称尺寸的±20%	60~120μin	大的、浅的且薄壁零件，并具有较大半径	零件复杂程度低 尺寸精度低 整体坚固或连接点的机会最小	各种消费品包装 汽车，航空器内部面板，冰箱内衬，招牌，船身	10	比其他塑性加工的工装费用低，可能达到较高的生产率（饮水杯：每分钟2000~3000件） 材料性能由于分子定向可被改善 可添加强化纤维以增加强度 适用于多种工艺（真空、压力、覆盖），真空最常用
金属旋压	直径：25in~26ft 材料厚度：（铝）0.004-1.5；（低碳钢），（0.025~0.05in最常见的）	直径：±0.01（1in），±0.03（24in） 角度：±3°	32~65μin	直径大于两倍深度的薄壁圆锥形状	硬化珠能够在外部而非内部形成，圆柱形截面和凹角是可能的，但成本更高，最小半径为厚度的1.5倍，手动旋压时最大厚度：0.25in（铝）0.187（低碳钢）0.125（不锈钢）	烹饪用具 灯座 前锥管 反射镜	2，3[4]，4 5，6，7[4] 8[4]，12[4]	常规旋转和替代旋转的不同在于：替代旋转沿着在形成部件细化晶粒结构的流动方向上向后移动材料 工装成本远低于冲击或深拉伸加工 即使数量非常少也可经济地生产 管材旋压可减少I.D，O.D，或加长管子或预成型体

（资料来源：Boothroyd，Dewhurst，Inc.，Wakefield，Rhode Island.）

① 显示的限制代表精密公差。更严格的要求将大大增加成本。

② 与其他工艺相比，零件的类型能以很好的成本效益来进行生产。

③ 材料。

④ 在一个有限的基础上使用：1，铸铁；2，碳素钢；3，合金钢；4，不锈钢；5，铝和铝合金；6，铜和铜合金；7，锌和锌合金；8，镁和镁合金；9，钛；10，热塑性塑料；11，热固性材料；12，镍和镍合金。

10z=28.35g，1g=0.0353oz

旋转轴：零件形状可以通过绕一个单轴旋转而产生，如回转实体。

规则截面：垂直于零件轴线的截面形状规则（例如，六角钢或花键轴）。截面以规则形状改变的情况也归为此类（例如，带六角头的花键轴）。

捕获型腔：形成具有凹角表面型腔的能力（例如，瓶子）。

封闭：空心并完全封闭的零件。

无斜度表面：表征在工具运动方向上产生恒定截面的能力。当小于理想限值的斜度被指定时，许多工艺可获得此能力，但这个指定适用于那些对于它们来说，这种能力是基本特征，并且不需要成本补偿就能获得无斜度表面的工艺。

最后三列为 DFA 指导原则，将其定为 1 ~ 5 级，5 指定的工艺是最容易纳入相应的指导原则中。

表 2.2 工艺的形状生成能力

	注坑		均匀壁	均匀截面	轴旋轴	规则截面	捕获型腔	封闭	无斜度表面	零件合并	对齐特征	集成紧固件	
砂型铸造	Y	Y	Y	Y	Y	Y	Y	N	N	4	3	1	凝固工艺
熔模铸造	Y	Y	Y	Y	Y	Y	Y	N	N	5	5	2	
压力铸造	Y	Y①	Y	Y	Y	Y	N	N	N	4	5	3	
注塑成型	Y	Y①	Y	Y	Y	Y	N②	N	N	5	5	5	
结构泡沫成型	Y	Y①	Y	Y	Y	Y	N	N	N	4	4	3	
挤出吹塑	Y	Y①	M	N	Y	Y	M	Y	N	3	4	3	
注塑吹塑	Y	Y①	M	N	Y	Y	M	N	N	3	4	3	
旋转铸塑	Y	Y①	M	N	Y	Y	N	M	N	2	2	1	
冲击挤出压	Y	N	Y	N	Y	Y	N	N	Y	3	3	1	批量变形工艺
冷镦	Y	N	Y	N	Y	Y	N	N	Y	3	3	1	
封闭模锻	Y	Y①	Y	Y	Y	Y	N	N	N	3	2	1	
粉末金属零件	Y	N	Y	Y	Y	Y	N	N	Y	3	3	1	
热挤压	Y④	N	Y	M	Y	Y	N	N	Y	2	2	3	
旋压	N③	N	N	N	M	N③	N	N	N	1	1	1	
机械加工	Y	Y	Y	Y	Y	Y	Y	N	Y	2	3	2	金属去除工艺
电化学加工	Y	Y③	Y	Y	Y	Y	N	N	N	3	4	1	
电火花加工	Y	Y③	Y	Y	Y	Y	N	N	N	3	4	1	
电火花线切割加工	Y④	N	Y	Y	Y	Y	N	N	Y	2	2	3	轮廓加工工艺
钣金冲压/弯曲	Y	Y	M	Y	Y	Y	N	N	N	4	3	4	

（续）

	注坑		均匀壁	均匀截面	轴旋轴	规则截面	捕获型腔	封闭	无斜度表面	零件合并	对齐特征	集成紧固件	
热成型	Y	Y①	M	N	Y	Y	N	N	N	3	3	3	钣金成型工艺
金属旋压	N	N	M	N	M	N	Y	N	N	1	1	1	

注：Y—能够加工具有这种属性的零件；N—不能加工具有这种属性的零件；M—用这种工艺生产的零件必须具有这种属性；下划线条目表示使用这种工艺的零件更容易形成这种属性。

① 在成本更高时可能。

② 没有很大的成本补偿情况下，浅的底切是可能的。

③ 采用专门设备和工具时是可能的。

④ 只有连续的、开放端是可能的。

2.4.2 DFA 的可兼容性

制造工艺有着不同程度的兼容性，这种兼容性蕴含着简化产品结构和便于装配的 DFA 基本目标，相对兼容性在表 2.2 中所列相对兼容性为关键领域里测量所得。

零件合并：把几个功能要求合并成为一个零件的能力，可以取消多个零件的装配。

对齐特征：易于合并到零件中的主动对齐或定位特征，定位特征有助于配合零件的装配。

集成紧固件：能设计到零件中去的紧固元件的成本效益和范围。对合并特征的能力并没有像捕捉功能那样给出那么多的考虑，合并特征，例如螺纹，它通常包括单独的紧固件。

2.5 材料的选择

满足所需性能的特定材料的系统建设应当给予相当大的关注。许多教科书和手册已专门讨论这一主题[5-8]。在过去，已经开发了材料选择的综合性的程序，例如，英国费尔默研究院的详细手册系统[9]。今天，我们还可使用在线的材料性能数据库，例如美国金属协会的合金中心数据库[10]、MatWeb 系统的 69000 个数据表[11]以及剑桥大学的材料选择和处理资源数据库[12]。此外，大部分主要聚合物制造商都有材料选择和详细材料特性的在线资源。特别应提及的是由格兰塔设计公司提供的材料选择综合商业软件[13]，它是由阿什比开发的基于强大的图形功能的材料选择程序[8]。所有这些程序对于产品设计的材料系统选择是极具价值的。然而，它们的效用在产品设计初期阶段，当对材料和工艺进行初选时受到一定的限制，其原因包括：

1）除格兰塔设计系统之外，这些程序旨在基于详细的材料性能规范来选择特定材料，但这些信息在设计初期还无法得到，此时仅可能确定一般范围的性能规范。

2）材料的选择是独立于可以使用的制造工艺的，而工艺和材料之间的兼容性却是非常重要的。在下面章节中，我们将探讨采用几种方法来合理地寻找合适的材料，并将其应用在产品设计初期。

2.5.1　将材料按工艺兼容的类别分组

因为一些工艺和材料之间不兼容，还因为通常工艺和材料的选择必须结合起来考虑，与其使用一个单一的综合材料数据库，还不如根据用于单个零件制造的主要形状生成工艺把材料数据库分类，这是必需的。

因为单个零件的制造材料都已经经过初级加工，与前期其他形状生产工艺相关的内容可以不列在数据库中。不过，应该包括单独的材料数据库，例如标准的金属毛坯形式（线材、棒材等）、型砂、模具铸造合金、压铸合金、金属粉末、热塑性颗粒、热塑性薄片和挤压坯状物等。

为了找到精确的金属合金、聚合物和粉末混合物等材料，去搜索大量的材料数据库也许是不适当的。这将导致搜索速度缓慢得令人无法接受，实际上这里面包含大量对于早期工艺/材料决策的无关信息。例如，在早期讨论替代工艺的相对优点时，列举适应特殊需要的所有热塑性树脂。它们需要工装投资、可能的尺寸和形状性能等。对于每个工艺，一个更有效率的流程是拥有一个关联的超级材料规格，它包括了在相应目录中所有材料可获得的最优性能。比如，如果添加了新的合金到压力铸造材料数据库，它的性能与压力铸造超级材料规格进行比较，如果需要的话必须更新数据。

选择初级工艺的途径是通过超级材料规格与早期设计工作的决策比较。一个典型的情境或许包括可能的形状、尺寸、一个或多个生产和性能参数的规范。下一步是改变输入规格或者添加规范表，或者调查进一步的工艺可接受的相关材料。

2.5.2　采用隶属函数选择材料

设计一个系统的关键是在设计的早期阶段对不明确的材料限制进行建模。举例来说，一个设计师也许想要使用屈服强度约2000psi（≈13.8MPa）、工作温度在90℃左右的材料。只在高于指定性能的材料数据库搜索将会排除那些性能接近要求值但是不在指定范围内的材料。

一些材料选择系统试图通过将材料性能值分散到一定范围来模拟不确定的设计者的要求。然而，一种可选择的方案是使用模糊逻辑来对诸如“大约”“在……左右”等模糊的限定词建模。模糊逻辑依赖于隶属函数的概念去确定一个对象与定义集的相适度。

由设计者指定的材料限制的模糊化可以通过向设计者提供不同等级的精度以更进一步地接近所指定的材料限制。这些等级将对应于比如“大约”“接近”“或多或少”等限定词，这些精度等级在图2.4中被绘出。这种对每种约束分配不同精度的能力是模糊逻辑的一个优点。

一个简单的例子也许有助于说明这种方法（图 2.5）的优点和灵活性。例如，如果压制和烧结被选为候选的初级工艺，并且使用者已经限定材料的抗拉强度为 25 ~ 30kpsi，然后，对包含 102 个条目的小数据库进行常规搜索，将输出 15 种候选材料。使用限制词“接近”的模糊搜索将输出 29 种候选材料，其抗拉强度为 21 ~ 29kpsi。限制词“大约”输出 38 种候选材料，其抗拉强度为19 ~ 36kpsi。当使用限制词“或多或少”时，将有 17 种抗拉强度在 16 ~ 39kpsi 之间的材料被选择。当其他材料限制排除了许多可以考虑的材料时，修改隶属函数来改变选择候补的材料也就变得越来越重要。

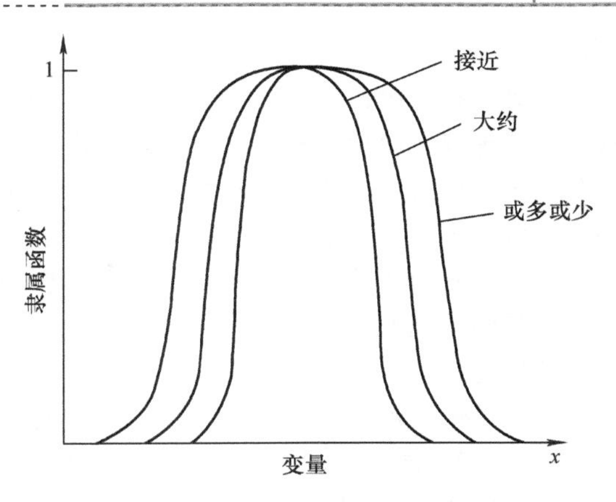

图 2.4　材料和工艺选择的隶属函数

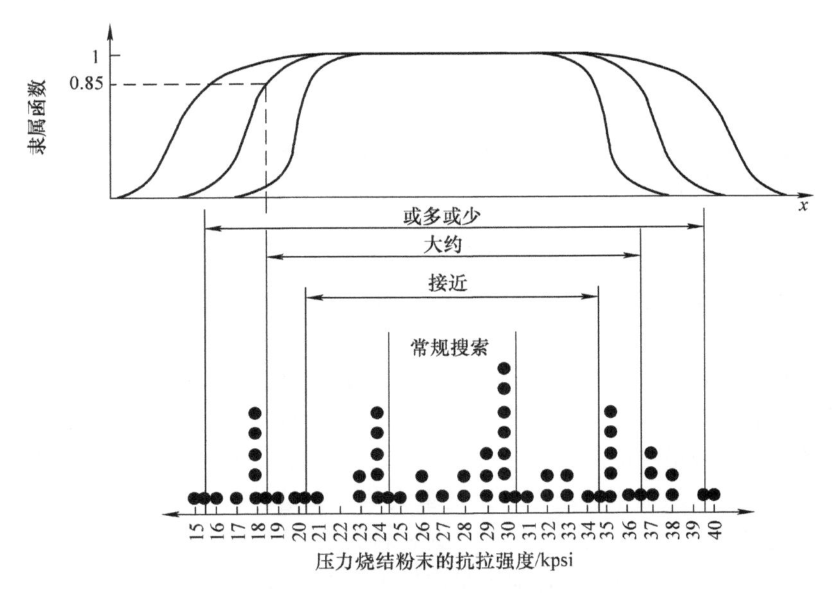

图 2.5　采用隶属函数修改的选择烧结粉末材料

2.5.3　采用量纲一排序的材料选择

选择材料的一个较困难的问题是材料数据库中给出的基本材料性能和实际设计需要之间的区别，而实际设计需要通常是基于不同性能值的组合。目前来说，单位重量的材料成本是一个很重要的因素，因此，设计的经济性就被认为是与重量、强度以及其他条件都需要考虑。不过对于航空产品的结构部件来说，设计师也许对材料的单位重量最大刚度感兴趣；而对于大批量消费产品，单位材料成本的最大刚度或许更要着重考虑。

在第一种情况，材料将根据弹性模量方程与密度进行比较。在第二种情况，比较时应综合考虑弹性模量、密度和单位重量成本的组合情况。参考文献［8，15］中确立了通常用于机械设计中的衍生参数。在本节，我们关注建立一种简单的程序用来比较材料，这种比较或是基于单个基础性能，或是基于衍生参数的一般形式来进行。

这种材料的比较也许是典型地要求在总体性能、单位重量的最优性能或单位成本的最优性能的基础上进行。在本节后面已经建立了一个程序，可以在无量纲数 0～100 内进行这些比较。

在着手建立通用材料比较系统之前，考虑两个机械设计的例子也许会有帮助。第一个例子是最简单的拉杆设计，它可以被考虑用于说明对于性能、重量和材料成本所采取的步骤。第二个例子考虑薄壁零件的刚度，它对于这种零件的材料和工艺的选择有很大关系。

对于拉杆来说，设计规范包括长度 l 和假设的最大力 F。设计要求应以最小的可能零件截面积来满足这些规格，从而占据最小的体积 V。在这个例子中，要求材料的单位体积的最大可能性能。如果拉伸屈服或破坏应力用 Y_t 表示，横截面积为 A，那么可以写成

$$V = Al \tag{2.1}$$

和

$$F = AY_t \tag{2.2}$$

事实上，横截面积随着不同材料选择而改变的，在概念设计阶段，我们希望避免指定它的值。因此，根据式（2.1）和式（2.2）消去 A，就得到：

$$V/F = l \times \frac{1}{Y_t} \tag{2.3}$$

这个方程的形式是重要的。目的是表现出设计意图，在本例中，即满足所需力的最小体积。

作为两项的乘积，第一项仅包含这样一些参数，它们是与设计规范固定的并且不随着不同的材料的选择而变化。第二项仅包含基本的材料性能。因为优化设计意图就涉及取第二项的最大值或最小值。因此，从式（2.3）中看出，用最小的体积去支撑所需要的力，要取（$1/Y_t$）的最小值或（Y_t）的最大值，这是显而易见的。但是在其他情况下，在这个过程中出现的准则可能包括一些材料的性能，这当然是不言而喻的。

如果用 ρ 表示材料密度，设计要求是用最小的重量去支撑所给的力，然后我们用零件重量的表达式替代式（2.1），

$$W = Al\rho \tag{2.4}$$

再一次消去 A，得到式（2.5），

$$W/F = l \times \frac{\rho}{Y_t} \tag{2.5}$$

材料选择的标准是 Y_t/ρ 的值尽可能最大。

最后，如果这是一个大的零件，它的材料成本是一个首要关心的问题，重点变化是包括单位重量的材料成本 C_m。在这种情况下，用零件材料的成本 C 代替零件重量 W，

可得到式（2.6）。

$$C = Al\rho C_m \quad (2.6)$$

消去 A，可得到式（2.7）

$$C/F = l \times \frac{\rho C_m}{Y_t} \quad (2.7)$$

现在，材料的选择要求是 $Y_t/\rho C_m$ 的最大值。

从拉杆这种简单的例子中，可以了解到对于特定设计要求的衍生参数确定的一般过程。第一步是去寻找或建立能确定设计意图的方程式或方程组。下一步是决定一个单一设计参数，其数值随着材料替换而改变。截面厚度或横截面积是最典型的这种设计参数。由于需要一个在决定参数值之前可以使用的衍生参数，所以这个设计参数必须通过代换来消除。这个参数有时能通过两个描述设计意图的方程消除。在这种情况下，衍生参数表示了绝对的性能。然而，最常见的情况是，必须引入一个零件体积的额外方程，并用零件体积公式来消除材料变量的设计参数，以建立最优可能性能的衍生参数。

如果要求单位重量最优性能或单位材料成本最优性能，则零件重量或零件材料成本的表达式当然会被引入到参数消除过程中。

对于薄壁件来说，主要的设计要求经常是壁的刚度。这可能是在产品使用时有关薄壁翘曲的工程要求，或可能是一个客户的感知问题，例如，一个塑料成型产品外壳必须得要与金属外壳一样结实耐用。观察板、壳、梁的挠度公式可以发现[8]：对于给出的一个作用力 F，壁厚 h、弹性模量 E 以及薄壁零件的任何区域的挠度 δ 取决于区域的形状和它的边界。然而，表达式通常能够简化成式（2.8）的形式。

$$\delta = C_0 F/(Eh^3) \quad (2.8)$$

式中　C_0——常数。

式（2.8）对聚合物零件的设计有很大的影响。例如，如果 A 和 B 两种材料对于同一薄壁零件设计提供相同的刚度，则要求：

$$E_A h_A^3 = E_B h_B^3 \quad (2.9)$$

另外，如果需要用材料 B 替换材料 A，则对于等效刚度的新零件壁厚是：

$$h_B = h_A(E_A/E_B)^{1/3} \quad (2.10)$$

这个简单的表达式说明了在消费类产品中，用注塑成型塑料零件替换钣金制造的零件也是可能的，即使这两类材料的弹性模量差异极大。例如，假定一个新产品的设计，用注射成型的扣合盖替换一个 1mm 厚的铝合金盖。铝合金的弹性模量是 70GPa，而替换物为玻璃纤维增强的聚碳酸酯，其弹性模量是 5.5GPa，仅为铝合金的弹性模量值的 8%。代入式（2.10）可得：2.5mm 的壁厚可以提供符合要求的等效刚度。塑料模塑件可以添加内部肋来增加刚度，甚至允许在设计中使用更薄的主要壁厚。但是由于空间上的原因或者是由于收缩会产生外表缺陷，在许多情况下它们的使用受到限制。

返回到式（2.8）来获得材料选择所需的衍生参数。需要用零件体积、重量或材料成本引入一个表达式，然后用代换去掉壁厚。假定我们感兴趣生产一个轻质刚性构件，写出一个以壁厚 h 为变量的重量表达式如下：

$$W = C_1 h\rho \tag{2.11}$$

从式（2.8）替换 h，可得：

$$W = \frac{C_1(C_0F)^{1/3}}{\delta^{1/3}} \times \frac{\rho}{E^{1/3}} \tag{2.12}$$

式中 C_1——对于给定的零件几何形状为参数。

在式（2.12）的表达式中，就像在式（2.7）中一样，被分解成为设计规格固定的参数与基本材料性能之积的形式。既然希望重量最小化，（$E^{1/3}/\rho$）的最大值即是衍生性能参数。

作者在他们的计算机辅助材料和工艺选择的研究中，已经观察到：当在一个对数刻度中，材料性能大致趋向于均匀分布。这个现象能够在参考文献［8］中将材料性能的参数用对数刻度绘制出来的工作中清晰地看出。比如绘制的屈服强度制约着密度，膨胀系数制约着导热性……在所有的例子中，材料组的性能可看出是以近似均匀的方式分布在对数坐标下。例如，图 2.6 表明了当表示为一个线性刻度时，不同类型的材料的弹性模量的分布。从中可以看到：在刻度开始处有一个材料拥挤的现象，因为刻度间数值较大，在这个区域很难反映出材料性能的区别。图 2.7 所示以对数刻度表示相同的数据，各类材料的性能值在对数刻度上大致均匀地分布，适用于衍生参数。这可从参考文献［8］中沿着斜线方向材料分布图可以看出，它表示了较大范围的各种衍生参数。

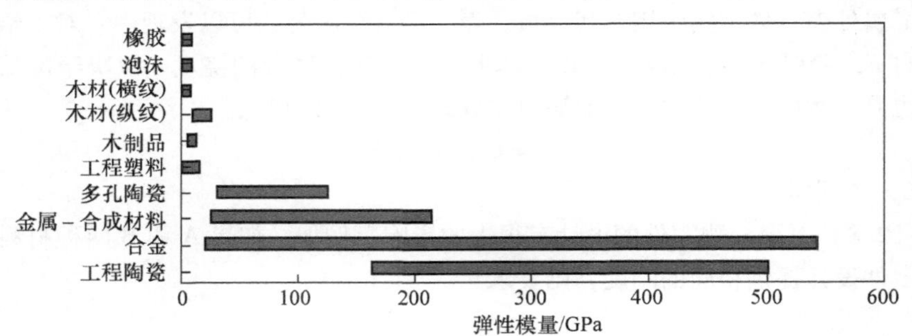

图 2.6 不同类型材料的弹性模量分布

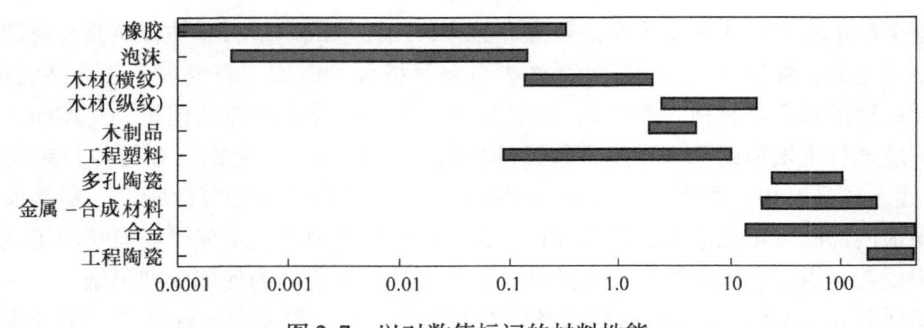

图 2.7 以对数值标记的材料性能

图 2.6 所示的特性分布形状能通过转换式（2.13）变成对数-线性刻度。

$$P = \alpha 10^{\beta N} \tag{2.13}$$

令人感兴趣的是使用式（2.13）来创建一些查找表格或电子表格，它里面的固定值的上下限可以提供材料性能比较的基准。这些材料性能的固定属性值被置于材料数据库中，设定0为最低值，100为最高值。如果一种新材料的性能值比现有材料的性能值更高或更低，将自动引入到数据库并进行更新。然而，这些极端材料在大部分情况下是不可能被超越的。

考虑特性P并令P_{max}和P_{min}为数据库中的最大值和最小值。于是，由式（2.13），分别取$N=0$和$N=100$时，可以得到下列关系：

$$\alpha = P_{min} \tag{2.14}$$

$$\beta = \lg(P_{max}/P_{min})/100 \tag{2.15}$$

将式（2.14）和式（2.15）代入式（2.13）可得

$$N = 100\frac{\lg(P/P_{min})}{\lg(P_{max}/P_{min})} \tag{2.16}$$

例如，对于弹性模量E，数据库中的最大值可能是金刚石的，即

$$E_{max} = 1.03\times 10^{6}\text{MPa}$$

而最小值可能是天然橡胶的，即，

$$E_{min} = 4.59\text{MPa}$$

从以上得到的E_{max}和E_{min}数值中，可以从式（2.16）得到在“100刻度”范围内的弹性模量值N为

$$N = 18.68\lg(0.21E) \tag{2.17}$$

式中，E的单位为MPa。

表2.3中给出了常用的小范围数据库的数值N。可以看到数值与工程师对材料刚度的感觉基本相同。特别是，大于50的值适用于在结构应用中发现的材料。

在表2.4中给出了主要基本材料性能的最大值和最小值。在表2.5中给出一个小数据库，其中包括了诸如金属、合金、聚合物、橡胶、泡沫、陶瓷等代表性材料，表格的最后一栏给出了邻近栏的衍生性能的“100刻度”评估值。它们将在下面进行讨论。

在表2.6中给出了一些机械设计中重要的衍生参数，它们可以用如下的一般形式表示：

$$D = P_1^{m_1}P_2^{m_2}P_3^{m_3}\cdots \tag{2.18}$$

例如，如果$P_1=\gamma_t$，$P_2=E$，$P_3=\rho$，$m_1=2$，$m_2=-1$，$m_3=-1$，则D是如图2.6所示的单位重量的最好弹性性能的衍生参数。

令P_1，P_2，$P_3\cdots$的指数关系分别为：

$$\begin{aligned} P_1 &= \alpha_1 10^{\beta_1 N_1} \\ P_2 &= \alpha_2 10^{\beta_2 N_2} \\ P_3 &= \alpha_3 10^{\beta_3 N_3} \\ &\cdots \end{aligned} \tag{2.19}$$

表 2.3 “100 刻度”估计的弹性模量

材料名称	N
金刚石	100
碳化钨	95
钢	87
镁	75
聚碳酸酯（33%玻璃制品）	64
松木	61
刨花板	51
高密度聚乙烯	42
聚氨酯泡沫	26
软木	12
天然橡胶	0

表 2.4 最大和最少材料性能值

性　能	材料名称	最大值	最小值	单　位
屈服强度	合金钢	1375	——	MPa
	软木	——	1.0	
抗压强度	碳化钨	4950	——	MPa
	软木	——	1.0	
弹性模量	金刚石	1.0×10^6	——	MPa
	软木	——	4.6	
密度	碳化钨	13300	——	kg/m^3
	软木	——	140	
成本	工业金刚石	725	——	美元/kg
	混凝土	——	0.13	

表 2.5 材料数据库和衍生参数排序

通用材料	成本/(美元/kg)	抗拉强度/MPa	弹性模量/MPa	抗压强度/MPa	密度/(kg/m^3)	衍生参数	N
灰铸铁	2.86E-01	2.93E+02	1.34E+05	2.93E+02	7.21E+03	7.08E-03	41
球墨铸铁	3.52E-01	4.48E+02	1.65E+05	3.10E+02	7.13E+03	7.67E-03	43
可锻铸铁	4.18E-01	3.45E+02	1.60E+05	3.45E+02	7.38E+03	7.33E-03	42
低碳钢（退火）	9.90E-01	2.62E+02	2.07E+05	2.62E+02	7.77E+03	7.58E-03	43
合金钢（高强度）	6.16E+00	1.38E+03	2.07E+05	1.38E+03	7.85E+03	7.50E-03	42
不锈钢	2.75E+00	2.48E+02	1.93E+05	2.48E+02	8.04E+03	7.16E-03	41
铝合金（高强度）	5.28E+00	1.93E+02	7.10E+04	1.93E+02	2.75E+03	1.50E-02	62
铍青铜	3.85E+01	1.10E+03	1.28E+05	1.10E+03	8.27E+03	6.07E-03	36
硬铜	2.86E+00	3.10E+02	1.17E+05	3.10E+02	8.96E+03	5.44E-03	33
镁	7.70E+00	2.34E+02	4.48E+04	2.34E+02	1.80E+03	1.96E-02	70

（续）

通用材料	成本 /(美元/kg)	抗拉强度 /MPa	弹性模量 /MPa	抗压强度 /MPa	密度 /(kg/m³)	衍生参数	N
钛	2.68E+01	9.45E+02	1.13E+05	9.45E+02	4.74E+03	1.02E-02	51
铅	2.86E+00	2.00E+01	1.52E+04	2.00E+01	1.14E+04	2.17E-03	7
环氧树脂（玻璃纤维增强）	5.28E+00	6.55E+01	3.10E+03	2.48E+02	1.91E+03	7.60E-03	43
聚乙烯（高密度）	7.48E-01	2.48E+01	8.27E+02	2.48E+01	9.71E+02	9.65E-03	50
聚碳酸酯（玻璃纤维增强）	3.52E+00	1.59E+02	1.16E+04	1.45E+02	1.53E+03	1.48E-02	62
橡胶（聚异戊二烯）	3.48E+00	2.76E+01	4.59E+00	2.76E+01	9.71E+02	1.71E-03	0
聚氨酯泡沫	1.76E+00	1.52E+01	1.08E+02	1.72E+01	4.99E+02	9.51E-03	49
刨花板（中密度）	3.52E-01	1.55E+01	2.93E+03	1.45E+01	6.10E+02	2.34E-02	75
松木	2.05E+00	7.93E+01	8.27E+03	3.31E+01	3.61E+02	5.59E-02	100
金刚石	7.26E+02	2.69E+02	1.03E+06	4.00E+03	3.52E+03	2.86E-02	81
碳化硅（烧结）	6.60E+01	6.90E+01	3.31E+05	1.03E+03	2.97E+03	2.32E-02	75
碳化钨	2.64E+02	8.96E+02	5.39E+05	4.95E+03	1.33E+04	6.09E-03	36
玻璃（碱石灰，通用）	3.30E-01	9.17E+01	7.31E+04	1.38E+03	2.47E+03	1.69E-02	66
陶瓷	6.60E-01	3.31E+01	7.03E+04	5.00E+02	2.22E+03	1.85E-02	68
混凝土	1.32E-01	1.65E+00	3.00E+04	2.48E+01	2.50E+03	1.24E-02	57
软木	1.50E+00	1.00E+00	2.00E+01	1.00E+00	1.39E+02	1.96E-02	70
索引值	0.000	0.000	0.333	0.000	-1.000		

表 2.6 最佳性能衍生参数 D

为了获得	最大性能	最小重量	最低成本
最强的张力构件	Y_t	Y_t/ρ	$Y_t/\rho C_m$
最强的受压构件	Y_c	Y_c/ρ	$Y_c/\rho C_m$
最强的梁或板	Y_t	$Y_t^{1.5}/\rho$	$Y_t^{1.5}/\rho C_m$
刚度最好的结构件	E	$E^{1/3}/\rho$	$E^{1/3}/\rho C_m$
最好的盘簧或拉簧	Y_t^2/E	$Y_t^2/(E\rho)$	$Y_t^2/(E\rho C_m)$
最好的膜片弹簧	$Y_t^{1.5}/E$	$Y_t^{1.5}/(E\rho)$	$Y_t^{1.5}/(E\rho C_m)$

注：Y_t—抗拉强度；Y_c—抗压强度；E—弹性模量；ρ—密度；C_m—单位重量材料成本。

衍生参数的一般形式就变成：

$$D=(\alpha_1^{m_1}\alpha_2^{m_2}\alpha_3^{m_3}...)10^{(m_1\beta_1N_1+m_2\beta_2N_2...)} \tag{2.20}$$

要求 D 按式（2.21）表示为：

$$D=\alpha 10^{\beta N} \qquad 0\leqslant N\leqslant 100 \tag{2.21}$$

于是，根据式（2.16），衍生参数的“100刻度”值由式（2.22）给出：

$$N = 100\frac{\lg(D/D_{min})}{\lg(D_{max}/D_{min})} \tag{2.22}$$

式（2.22）可以通过取消以对数表达的因子（$\alpha_1^{m_1}\alpha_2^{m_2}...$）来进一步简化，因此，我们定义参数 W 为：

$$W = m_1\beta_1 N_1 + m_2\beta_2 N_2... \tag{2.23}$$

将 W 代入式（2.22），得：

$$N = 100\times\frac{\lg(10^{W-W_{min}})}{\lg(10^{W_{max}-W_{min}})} = 100\times\frac{W-W_{min}}{W_{max}-W_{min}} \tag{2.24}$$

将单个参数的“100刻度”值转变为任何衍生参数的“100刻度”值可通过使用式（2.23）和式（2.24）在一个电子表格上轻松完成。表2.5就是一个用excel写出的电子表格。电子表格的下面一行包含有衍生参数索引值 m，最后两列中分别包含有 W 值和衍生参数的“100刻度”N 值。

注意到进入到最后一行的索引值是对应于最小重量的梁刚度。可以看出，对于这个应用程序（没有任何其他设计约束），松木是最好的选择（$N=100$），橡胶是最坏的选择（$N=0$）。松木100分表明为什么对于小特技飞机结构直纹木材仍然是一个不错的材料选择。注意，制造可行性并不是这个选择过程的一部分。因此，尽管金刚石的得分81是可信的，但它的使用将明显地被限制在非常小的范围和非常昂贵的设备上。如果在表2.5中，我们把成本指标从0改变为 -1，则衍生参数改变为表示最小成本的梁刚度。最好的选择改变为混凝土。刨花板以96分接近排行第二，而金刚石和碳化钨因为其高成本和高密度的组合而分别成为6和0。

混凝土和刨花板的高分数的原因是它们分别使用了低成本梁和底板结构。“100刻度”法的主要目的是对于材料不同应用场合相对优势很容易做到可视化。该方法可以扩展到包括两个或两个以上衍生参数的组合。例如，汽车面板上的主要要求可能是最小成本的弯曲刚度。然而，膜片弹簧质量是一个有价值的附加材料属性，因为这使得材料抗凹陷能力更强。“100刻度”法可以通过使用两个衍生参数的加权几何平均值来扩展，以便适用这种情况[16]。

有时，材料的选择是基于其一种基本特性的逆特性来进行的。这种例子包括用比体积来表示轻盈而不是用密度代表沉重，用柔性而不是用刚度、用柔软而不是用抗压强度等参数来表示。假设我们的兴趣在于某种逆特性（$1/P$），这里 P 可由式（2.13）表示，并令

$$\frac{1}{P} = \alpha 10^{\beta M} \tag{2.25}$$

从式（2.14）和式（2.15），对于逆特性，α 和 β 的值可由式（2.27）、式（2.28）给出。

$$\alpha = \frac{1}{P_{max}} \tag{2.26}$$

$$\beta = \frac{\lg[(1/P_{min})/(1/P_{max})]}{100} = \frac{\lg(P_{max}/P_{min})}{100} \tag{2.27}$$

所以，M 的值成为如下［式（2.16）］：

$$
\begin{aligned}
M &= 100\,\frac{\lg[(1/P)/(1/P_{max})]}{\lg(P_{max}/P_{min})} \\
&= 100 \times \frac{\lg(P_{max}/P_{min}) - \lg(P/P_{min})}{\lg(P_{max}/P_{min})} \\
&= 100 - N
\end{aligned}
\tag{2.28}
$$

这个结果简单地源自于“100 刻度”表中从最小值到最大值的量程，而当考虑逆向特性时，需要交换最大值和最小值的位置。然而，事实上，不仅仅只是“100”和“0”改变位置，而是“95”也要变成为“5”，“90”变成为“10”……

2.6 初级工艺/材料的选择

可以开发出系统的程序用于初级工艺/材料组合的选择。

当遇见一个更详细的要求零件属性的规范时，这样的程序通过排除有关工艺和材料来进行操作。这样的选择程序的元素可以通过将图 2.8 所示的烤箱支架作为一个例子来说明。这个例子以前在参考文献［17，18］中已经被使用，并且在这里被再一次用来作为一个说明性的例子。按照表2.2中列出的形状加工能力，该零件被指定如下：

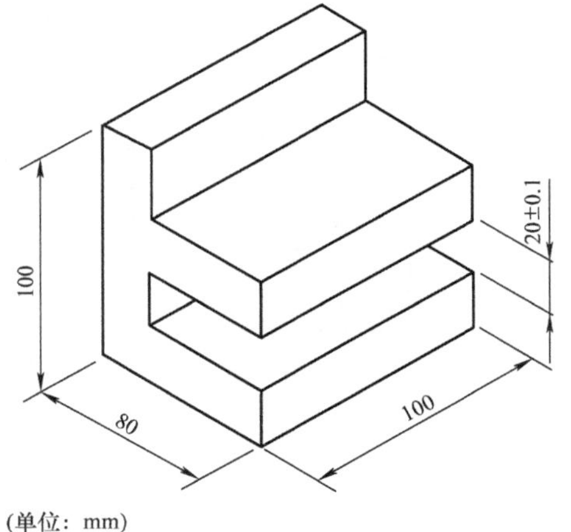

图 2.8　烤箱支架

形状属性：

① 洼坑　是
② 均匀壁　是
③ 均匀截面　是
④ 旋转轴　否
⑤ 规则断面　否
⑥ 捕获型腔　否
⑦ 封闭　否
⑧ 无斜度表面　是

材料要求：

① 最高温度：500℃
② 对于弱酸和弱碱的良好耐腐蚀性

在这个表中，形状属性是“是”的，可排除那些不能生产这些特征的工艺。形状属性是“否”的，可消除那些目前只能生产这些特征的零件的工艺。逐步地应用这些要求到如图 2.3 所示的基本工艺/材料兼容性矩阵里，将产生从图 2.9 到

图 2. 11 所示的结果。图 2. 9 显示了上面列出的前四个形状属性所消除的那些工艺。

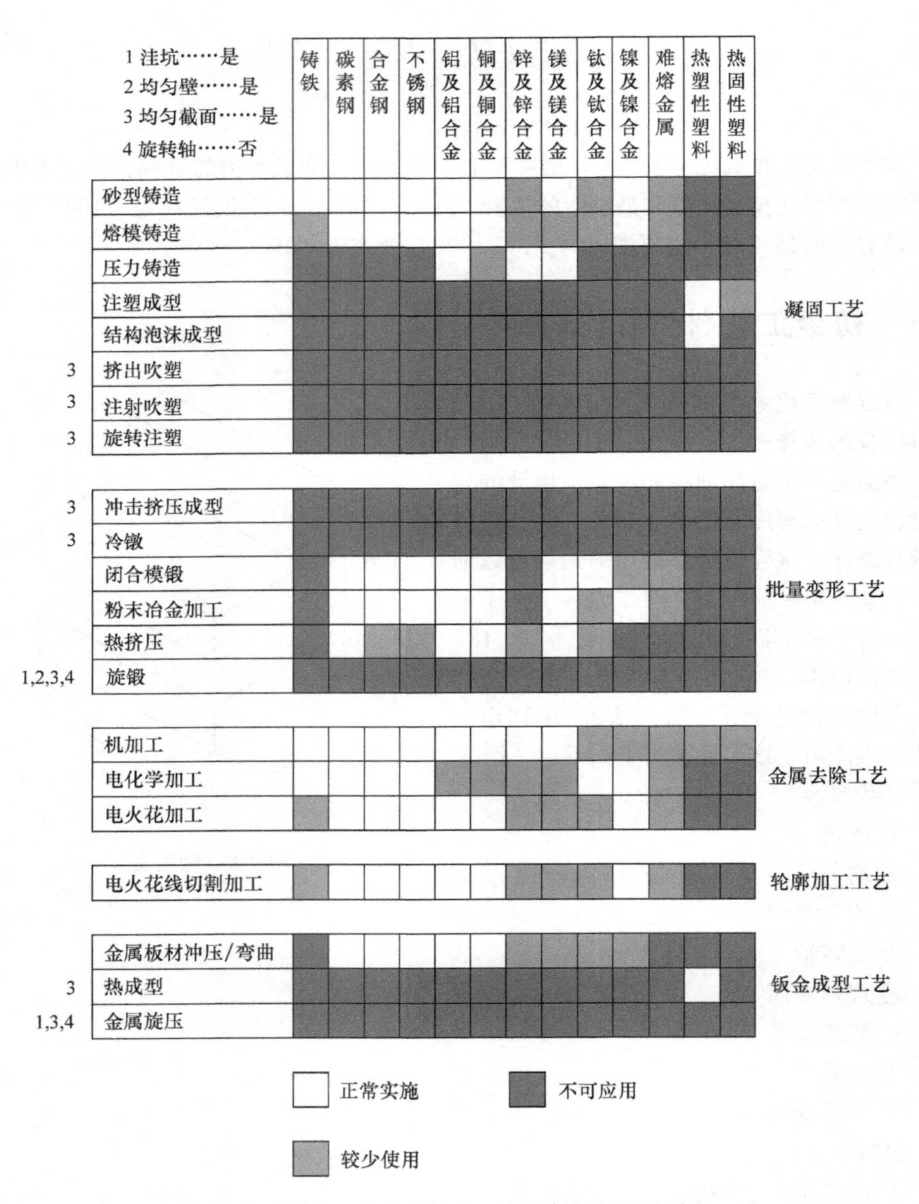

图 2. 9 基于图 2. 8 中的零件前四个几何属性所取消的工艺

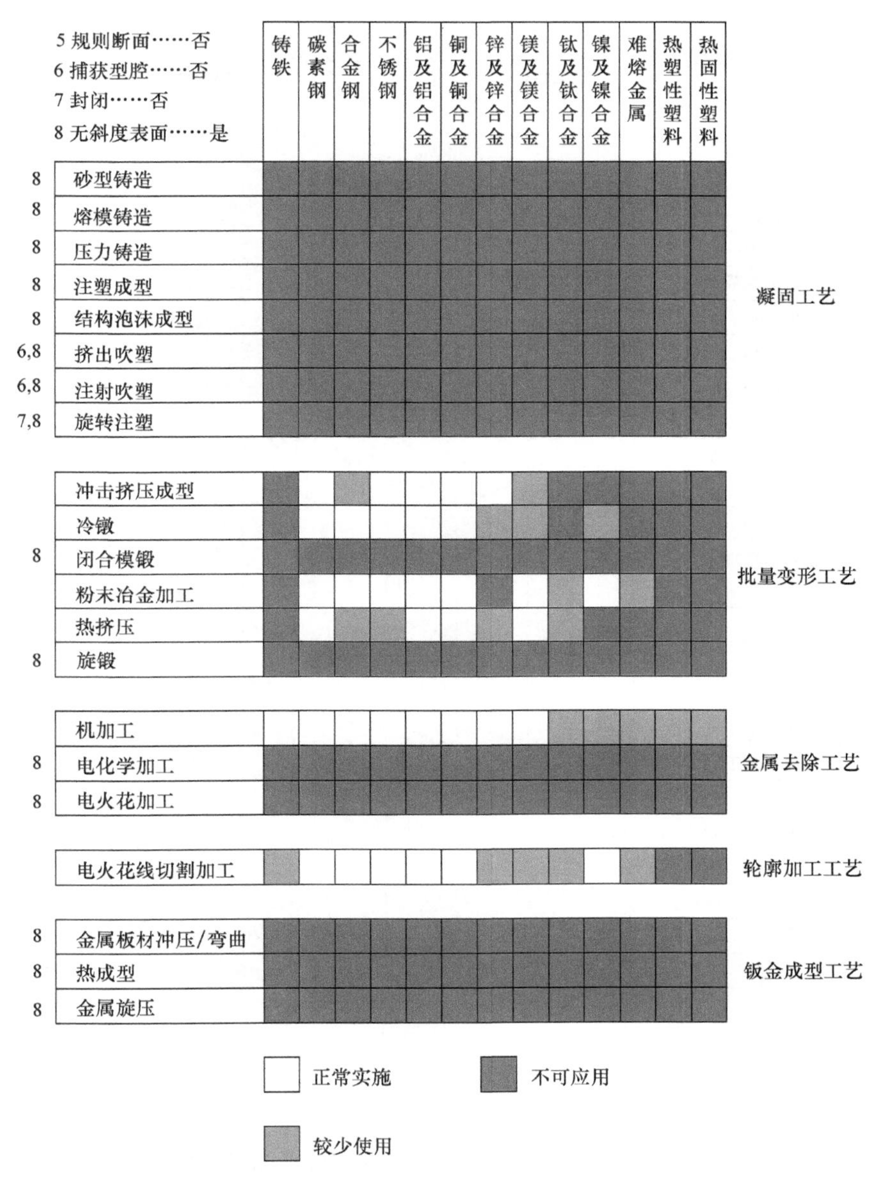

图 2.10　基于图 2.8 中的零件四个几何属性所取消的工艺

结合这些结果，在四个选择工艺中（图 2.11）：粉末金属零件、热挤压、由毛坯进行机加工和电火花线切割加工（EDM）。最后，将材料要求的结果加入到图 2.12 所示的工艺和材料最终选择中。这些选择的组合可以按照其他准则进行排序，比如制造成本的估计。

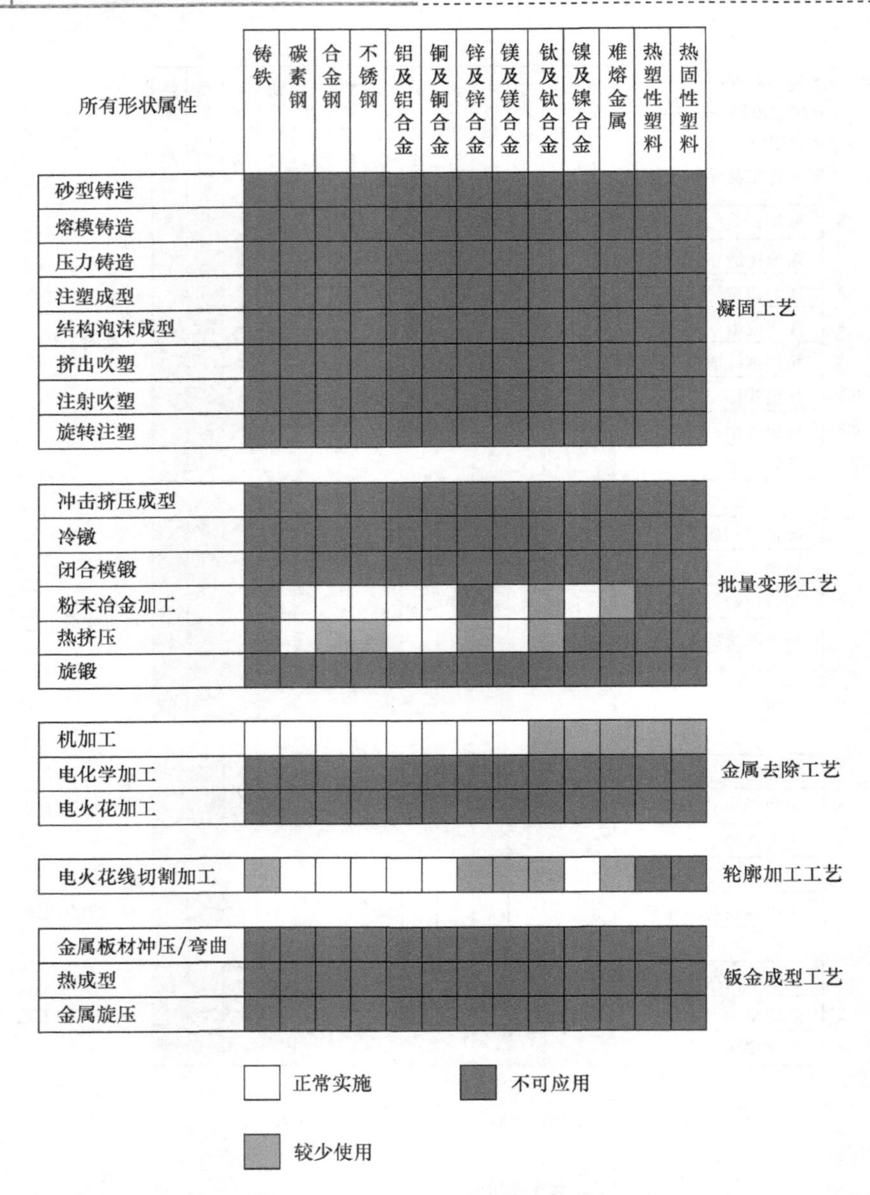

图 2.11 基于图 2.8 中的零件几何属性所选择的最后工艺

在这个例子中，电火花线切割加工显然不是一个经济的选择。线电极电火花加工过程包括很长的周期，并主要用于在表 2.1 中所描述的工具和模具制造。它仅用于从坯料上多次切割的薄晶片零件的小批量生产，或用于很小批量的复杂的等截面零件的加工。这样，只剩下三个工艺可用来执行初级加工。如果这些工艺被认为是不可以接受的选择，那么可以考虑改变一些形状属性，或分配一个或多个属性到次级工艺。例如，如果我们允许烤箱支架的 20mm 宽的凹陷处具有轻微的锥形上下表面，我们就可以把砂型铸造和熔模铸造作为潜在的工艺。

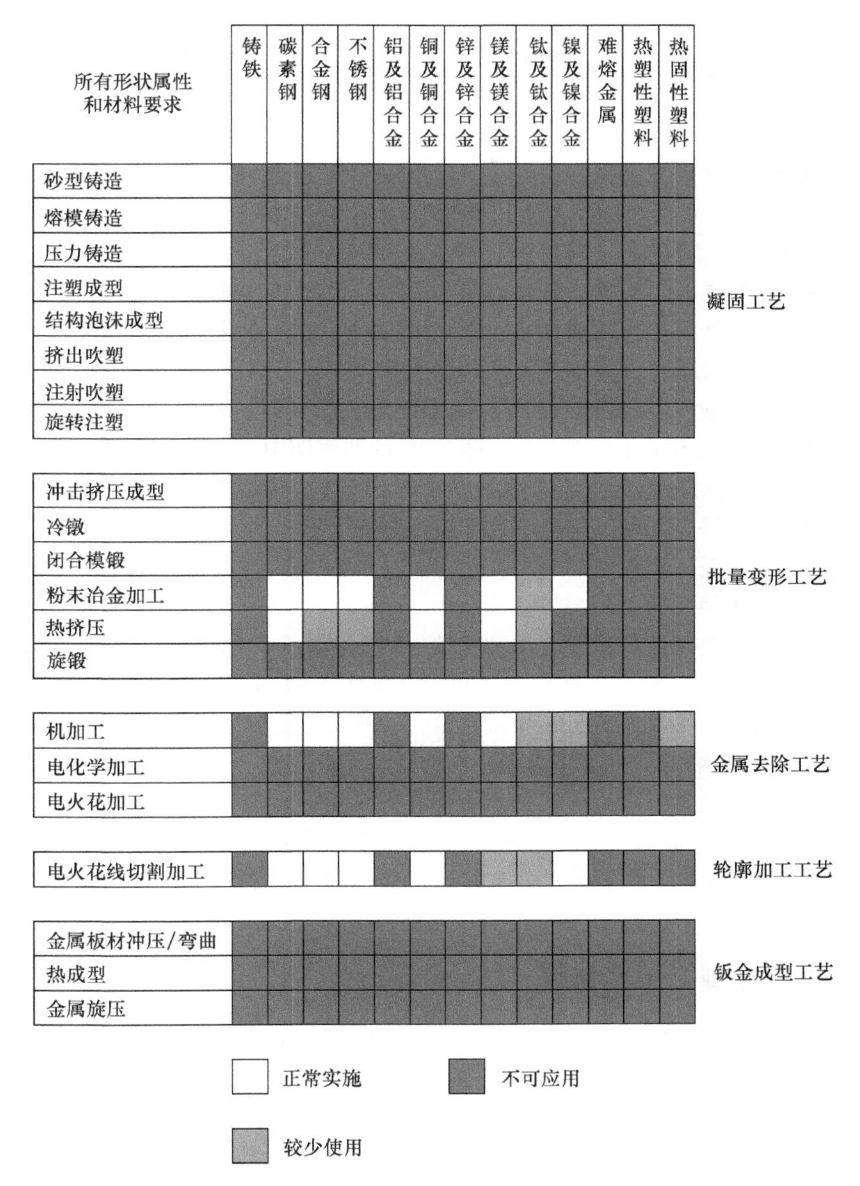

图 2.12　基于图 2.8 中的零件的工艺/材料组合的最后选择

2.7　工艺和材料的系统选择

根据通用零件属性，来选择工艺/材料的计算机程序开发对早期产品设计决策有着重大作用。在过去，已经使用了一些对这个问题的解决方法，但始终在这样一个重要的设计领域未能实现事先计算机辅助工程的完全支持。

2.7.1 基于计算机的主要流程/材料的选择

最初的研究项目是在材料/工艺的组合选择领域里开展[17,18]，开发了一个用 Fortran 语言编写的用于材料和工艺选择的计算机程序 MAPS。然后是使用一个商业关系数据库系统，开发了一个初级材料/工艺选择器。在这个计算机辅助材料和工艺选择器(CAMPS)[19]中，只需要输入零件的形状、尺寸和生产参数，就可以搜索一个完备的工艺数据库并确定加工的可能性。此外，所需的性能参数可以通过在一般类别下的力学性能、热学性能、电学性能和物理性质的选择来指定。系统的用户可以做尽可能多的选择要求，并在每个阶段都可以看到那些候选的工艺。工艺可以由于形状、尺寸的缘故而直接被消除，或当性能选择消除了所有的与特定工艺相关联的材料的时候，直接消除工艺。它们以类似方式表示在从图 2.9 到图 2.12 的四张图中。

CAMPS 系统还对所有可能的选择通过从 A 到 F 的标签进行分类。这是为了确保在早期设计阶段，当许多参数的精确值还不知道时的系统易用性。例如，对于一个结构零件，屈服强度显然是一个重要的要求。然而，最低容许屈服应力值取决于零件壁厚，它反过来又取决于所使用的工艺/材料组合。

这种早期的工艺和材料选择方法已经纳入到一个用于产品设计早期阶段的鲁棒性成本估算软件工具中[20]。这个程序包含了可定义的工艺限制，比如最大尺寸、最小壁厚等。选择过程指出了不合适的工艺和材料组合，或者是超出了正常处理范围的那些零件几何形状。图 2.13 给出了一个初始零件的描述，定义了其一般零件类型和包括壁厚在内的总体尺寸。所选择的一个工艺必须表示在图 2.14 上，接着系统就给出了相应的兼容材料（红色表示不兼容的，绿色表示兼容，黄色表示兼容但超出了正常处理的限度)。图 2.14 的例子中，选择的工艺为冷室压铸，显示的兼容材料为铜合金、铝合金、镁合金和锌合金。

2.7.2 专家处理顺序选择器

在前面描述的方法通常会导致材料和初级工艺的适当组合选择，在某些情况下，仅考虑零件属性的材料和初级工艺的匹配，而不考虑切实可行的操作顺序，可能会导致一些适当的初级工艺和材料组合的遗漏。本书一个作者和他的研究助理所做先期工作包括了一个专家处理顺序发生器来加强这方面的材料和工艺的选择[21,22]。

使用这个程序，用户对零件的几何形状进行了分类，并指定了对于零件的材料限制。结果是工艺和兼容的材料的一个切实可行顺序表。这个过程可以分为四个步骤：几何形状输入、工艺选择、材料选择和系统更新。零件的几何形状首先根据其尺寸、形状、截面和特征进行分类，使用模式匹配规则，然后选择能形成零件几何形状的工艺。材料选择使用如前所述的模糊集理论来进行。

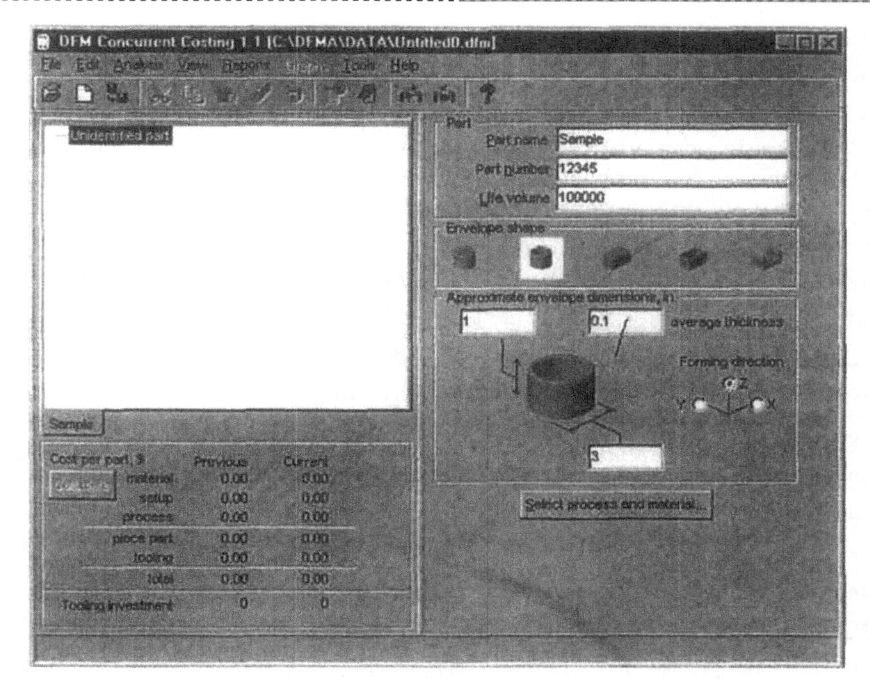

图 2.13 零件的一般描述

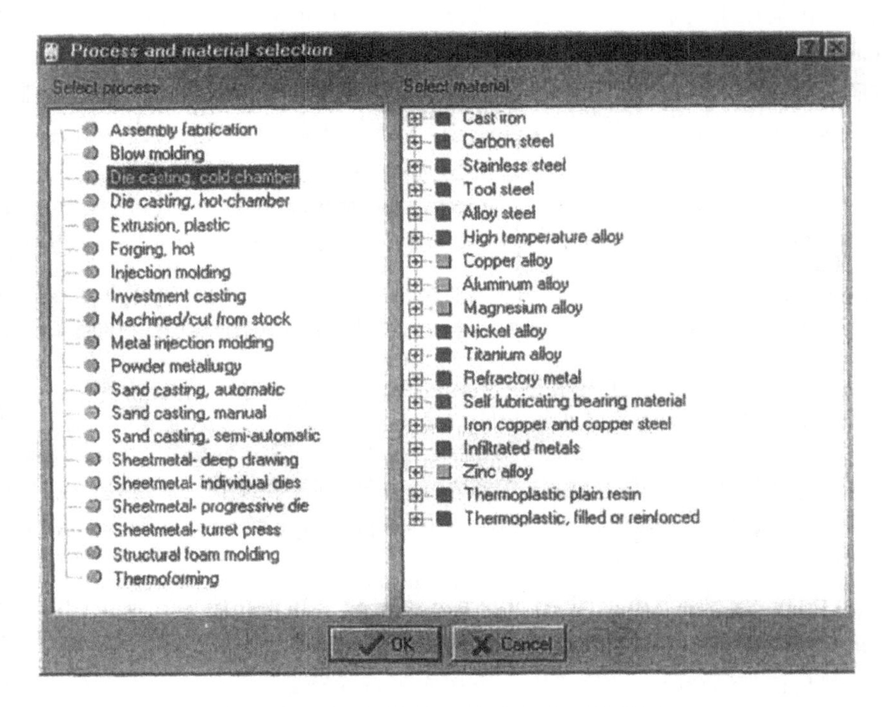

图 2.14 与冷室压铸工艺兼容的材料类型

一个零件的几何分类与以下特点有关：

① 总体尺寸

② 基本形状

③ 精度和表面粗糙度

④ 横截面

⑤ 功能特性——凸起、凹槽等

如前所述，工艺可以分为初级工艺、初级/次级工艺或三级工艺，以利用工艺序列的自然顺序。通过工艺和材料的知识来制定的规则可用于选择零件制造的工艺和材料的顺序。工艺的选择是使用一个模式匹配专业系统和形式的规则。

If…

(condition 1)

(condition 2)

(condition 3)

Then…

(action)

对于初级工艺选择，各种条件（condition）是对轮廓尺寸、基本零件形状以及零件横断面的描述的限制。而行动（action）则是对初级工艺的选择。如果一个工艺满足限制条件，那么该工艺就可作为候选工艺。根据其他相同格式的规则就可以评估哪些零件的特征可以由初级工艺来加工。这些规则的条件（condition）是对特征描述的限制，而行动（action）是推断出可以形成特征的初级工艺。

按照选择规则的结论，是不容易定义工艺能力的界限的。将包含在选择规则与那些加工要求落在工艺能力边界中间的零件相比，加工要求接近工艺能力边界附近的零件要更难加工。

因此，工艺选择规则的制定最好是采用模糊逻辑隶属函数，来对从“容易”到“困难或者不可能”制造的逐步变化选择过程进行建模。例如，图 2.15 显示了对于零件尺寸属性，选择压铸作为初级工艺的一个典型隶属函数。类似的模糊选择规则可以应用于其他零件属性。这个过程也能使得一个初始选择可以基于所获得的隶属函数值来进行排序。

接下来，检索材料数据库查询已选的初级工艺，利用前面描述的模糊逻辑的方法选择候选材料。由于材料的性能与材料的加工方法有关，每个工艺都有自己的材料数据库。材料通过映射用户输入的材料特性来进行选择。可能会受到三级制造工艺影响的材料性能不能用来排除所考虑的材料，在这个阶段可以通过其他方法来解决，例如，抗腐蚀性可以通过涂覆其他材料来实现。

初级/次级工艺的选择可以按类似的方法来形成不能用初级工艺加工的零件特征，同样，可以选择三级工艺，来满足候选材料不能满足的要求。当用户指定的所有的几何形状和材料目标都满意时，就可确定一个切实可行的顺序。图 2.16 用图形表示了这个过程。图中的圆圈代表的目标和工艺。满意的目标用箭头指向打有剖面线的圆圈来表

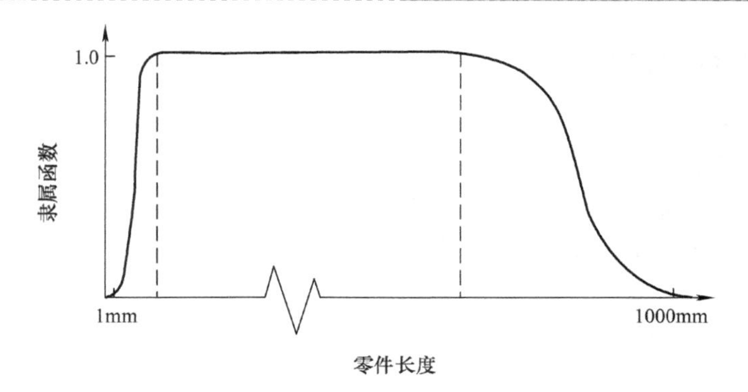

图 2.15　工艺选择规则的隶属函数例子

示，它们代表满足目标的材料或工艺。

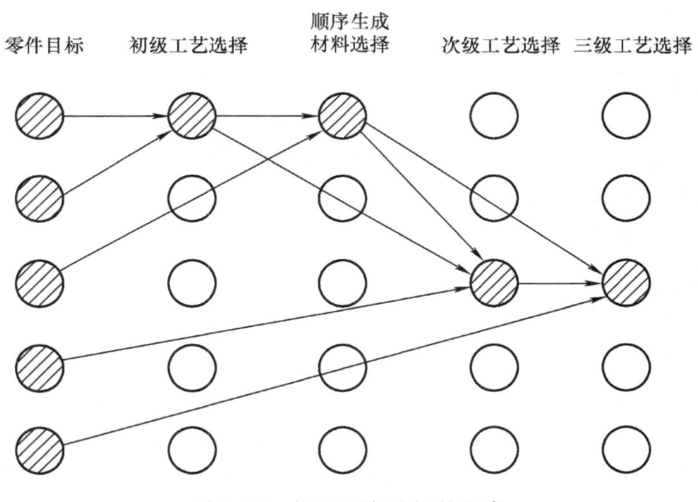

图 2.16　加工顺序选择的程序

如果不能找到一种合适的工艺或材料来形成所要求特征或满足材料的要求，那么程序就原路返回来解决僵局。例如，如果无法找到一种合适的材料，则程序返回来选择另一种初级工艺。同样，如果不能找到三级工艺来满足材料的要求，那么，程序返回来选择的一种替代材料。

这种选择材料和工艺方法的一个特点是，随着被满足的零件属性列表的增加，可能的顺序数目也可能增加。这不同于选择初级工艺/材料的组合时的程序，当零件说明越精确时，其可能的组合数量会减少。例如，把表面粗糙度和公差添加到属性列表中，将会引入次级工艺到顺序中，并能产生这个要求。出于这个原因，重要的是，考虑给出所产生的加工顺序的经济排序。

2.7.3 工艺的经济性排序

由上述的可行的材料/工艺组合选择程序要求评估哪个是最合适的？通常做法是评估哪种组合是最经济的。这要求所获得的程序能够真实地评估制造成本，并且还可运用于设计过程的早期阶段。在后面的几个章节中有处理各种过程与成本估算的程序。然而，应当指出，成本评估的方法，即使在非常早期的设计阶段，可以用于替代材料/过程组合的地位。

作为对于一个特定工艺的早期成本估计例子，是要考虑加工的。关于面向加工的设计的进一步成本估算具体内容包含在第7章中。从加工零件成本估算的详细分析中可以得出结论[23,24]：一般，粗加工时，去除给定材料体积的时间主要取决于材料的比切削能量（或单位功率）和加工时可获得的功率；对于精加工某一给定的表面，将使用最小加工成本的推荐速度和进给量。同样，对于换刀成本有可能给出适当的余量。

进一步的研究表明[25]：可以采用进行了大量机械加工的零件形状和尺寸的统计数据；同样，也可采用与被加工零件相应的机床的统计数据。将这个数据与收集来的机器成本和可用功率信息结合在一起表明：加工零件成本的估计可以是基于最小设计信息来进行的，而这些信息在设计过程的早期随时都能得到[26,27]。

要求的信息可以分为三部分：

① 工件和生产数据；

② 影响非生产性成本的因素；

③ 影响加工时间和成本的因素。

在工件和生产数据标题下的第一项描述了工件的形状类别。在参考文献［28］的研究中发现：一般工件可以被分为七个基本类别，如图2.17所示。其他项的第一标题包括：材料、材料形式（标准毛坯或近净形状）、工件尺寸、单位重量成本、平均的机器和操作人工费率以及每次设置的批量规模。工件和生产数据的知识不仅允许对工件的成本进行估计，而且还允许对余下的项的有关内容（如非生产性成本和加工成本）的可能量级进行预测。

例如，对于如图2.18所示的工件，加工零件的总成本估计为24.32美元，这个数字是根据对工件材料、一般形状类别和尺寸、单位体积成本的知识来获得的。根据零件的实际加工特征并使用参考文献［25］中给出的近似公式，可以得到该零件的估算总成本为22.83美元。使用更传统的成本估算方法还可以给出详细的估算总成本为22.95美元

将其他几个工件也用这三个估计方法进行比较，结果如图2.19所示。可以看到使用实际数据的近似方法给出的估计与准确估计的数字惊人地接近。此外，根据典型工件的最初粗略估计也是相当准确的。在考虑各种材料和工艺的组合时，并且在零件已经被设计之前，根据典型工件的最初粗略估计可能对于早期成本估计就足够了。然而，这些考虑应通过面向装配的设计分析，在提出的产品已被尽可能地简化之后优选出来。这将在下一章更详细地讲述。

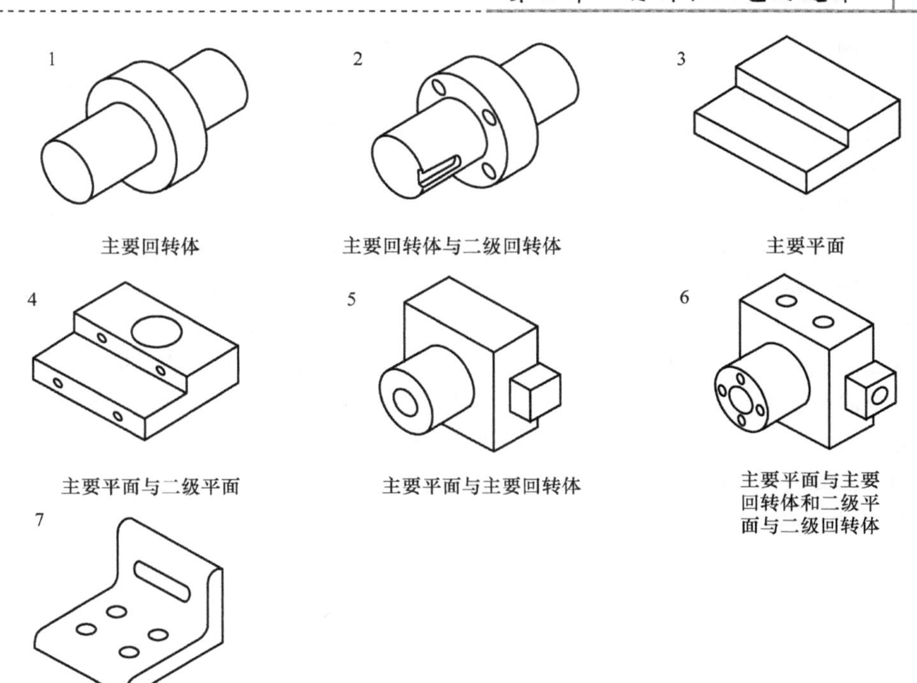

图 2.17　机器零件的七个基本类别

（资料来源：PERA，*Survey of Machining Requirements in Industry*，PERA，Melton Mowbray，UK）

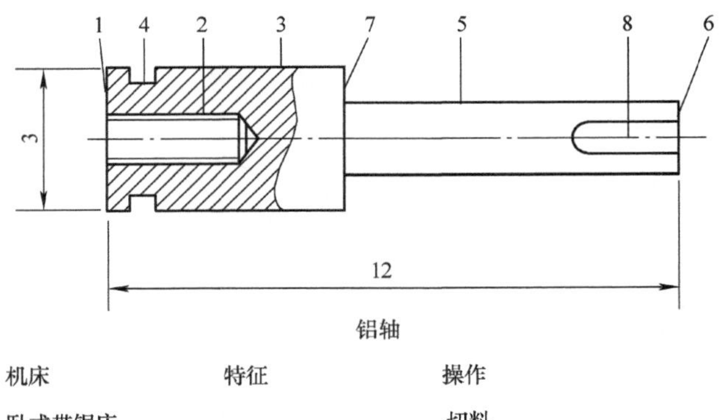

机床	特征	操作
卧式带锯床	–	切料
数控车床	1	精车端面
	2	打中心孔，钻螺纹底孔，攻螺纹
	3	精车外圆
	4	车槽
	–	重新装卡
	5	粗车和精车外圆
	6	精车端面
立式铣床	7	精车端面
	8	端面铣刀铣键槽

图 2.18　类别 2 零件——具有二级特征的回转体

这个加工例子表明：根据一些初步的设计信息有可能获得可靠的成本估算，而这样的成本估算又可以提炼出更详细的设计信息。在后面的章节中常见的普通初级形状的成本模型已经组合成为一个软件工具[20]，它能利用不同的制造工艺和材料，对给出的零件进行成本比较。

估计的流程可以通过这样一种方式来组织：对于各种参数使用合适的默认值，以一般形状、尺寸和为零件选择的材料来确定最初的成本估算。通过这些初始的成本估计提炼出更详细的零件几何参数，并且输入其他的参数。零件体积、周长和投影面积等几何特征可以从一个内置的几何计算器或从零件的CAD模型中获得。

下面的例子可以作为使用这样一个工具来比较材料和工艺选择的说明。图2.20给出了一个需要加工的小连杆形状。这是一个具有平的分模面的对称零件，分模面把连杆形状分成两个对称图像，假设该零件由黄铜制成。如图2.13和图2.14所示，前面描述过了的工艺类型选择程序表明：下列兼容的工艺适合于该零件的制造：

① 压力铸造；

② 热锻；

③ 熔模铸造；

④ 自动砂型铸造；

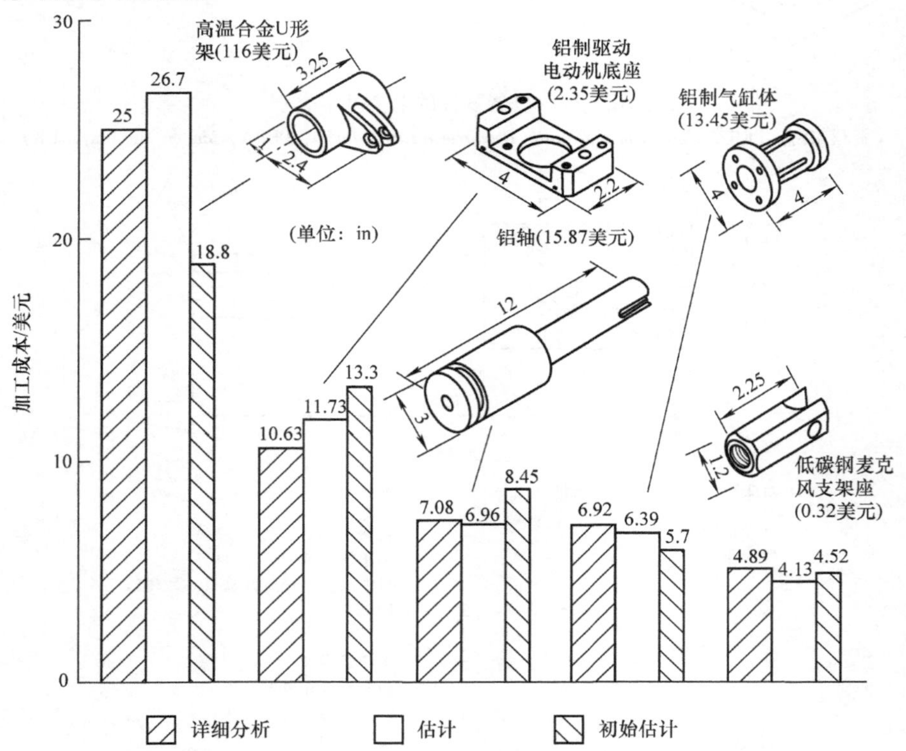

图2.19 机加工成本的估计比较（每个零件后面所给出的成本为零件的材料成本）

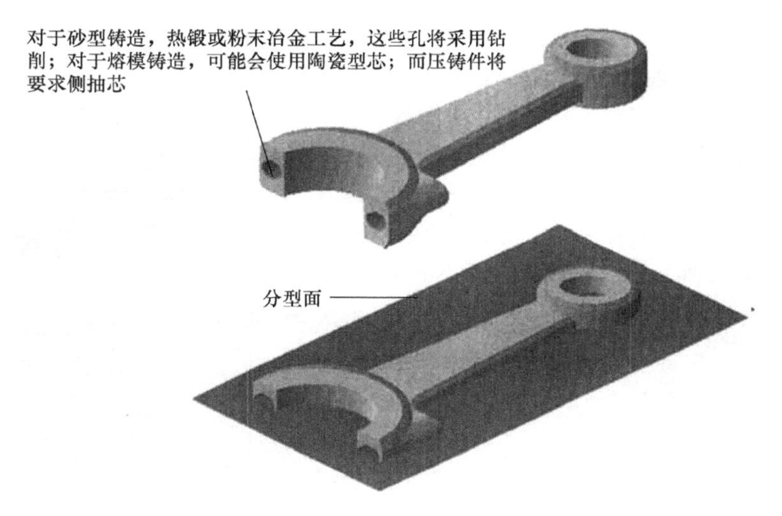

图 2.20 连杆

⑤ 粉末冶金加工。

如图所示的一些特征，尤其是水平孔，需要一些工艺的二次加工来完成。

在图 2.21 中比较了对于不同产量的选定工艺的成本估计，这些估计成本包括了工具成本和次级操作的成本。这些曲线表明：对于产量大于 20000 件时，粉末冶金将是最便宜的工艺。如果产量更小的话，热锻将是更经济的工艺。然而，应该意识到，对于非常低的产量而言，采用机械加工将无疑是最经济的工艺，但此处不作考虑。

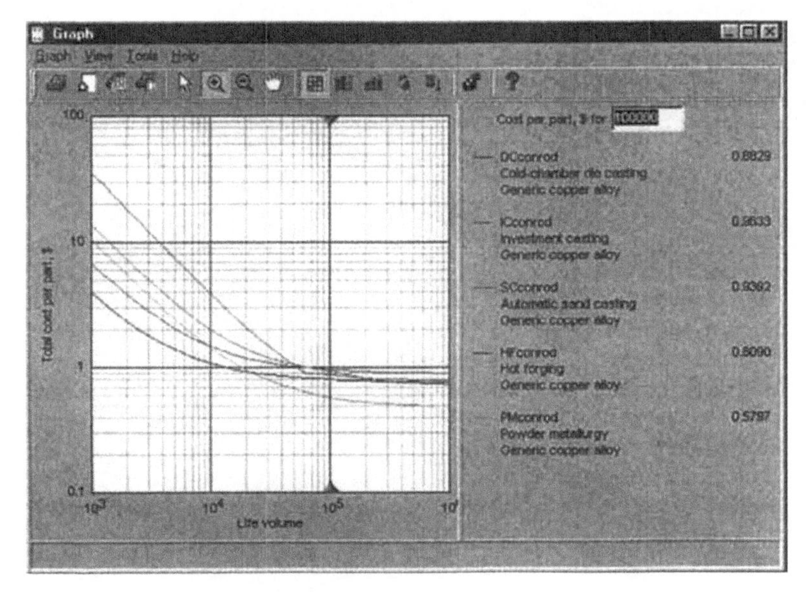

图 2.21 不同工艺和产量的连杆成本

图 2.22 显示了一个更详细的产量 10 万件的每个工艺成本细目。熔模铸造和热锻的材料成本要高于其他工艺的成本。在熔模铸造中，图案成本和陶瓷成型成本是添加到金属成本中了，而在假定每个周期的 4 个锻件的热锻中，存在有大量飞边形式的废料。自动砂型铸造的设置成本可以预期是高的，而最低工艺成本的是压铸，这再一次与预测相同。因为一旦工装制造好了以后，这是一个高效率的操作。然而，这个工艺的工装成本很高，在柱状图中显而易见的，这部分原因是由于所选材料的型腔寿命短。由图 2.23 可知，粉末金属加工显然是产量 10 万件的优选工艺。

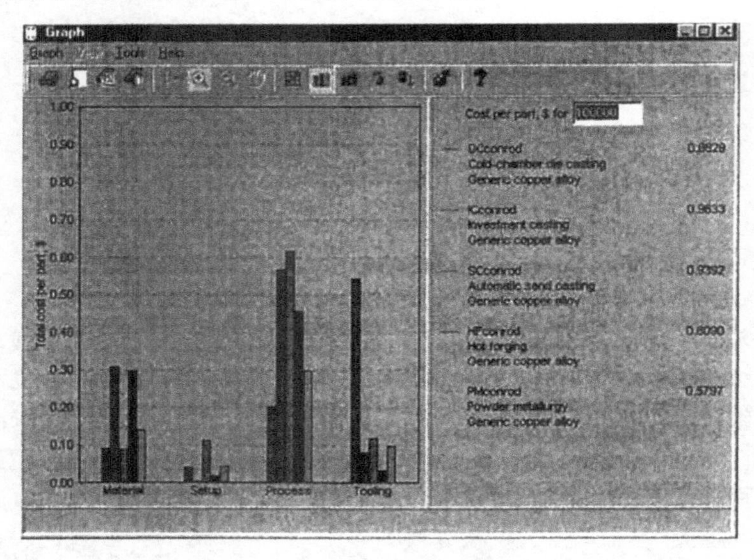

图 2.22　产量为 10 万件的成本细目

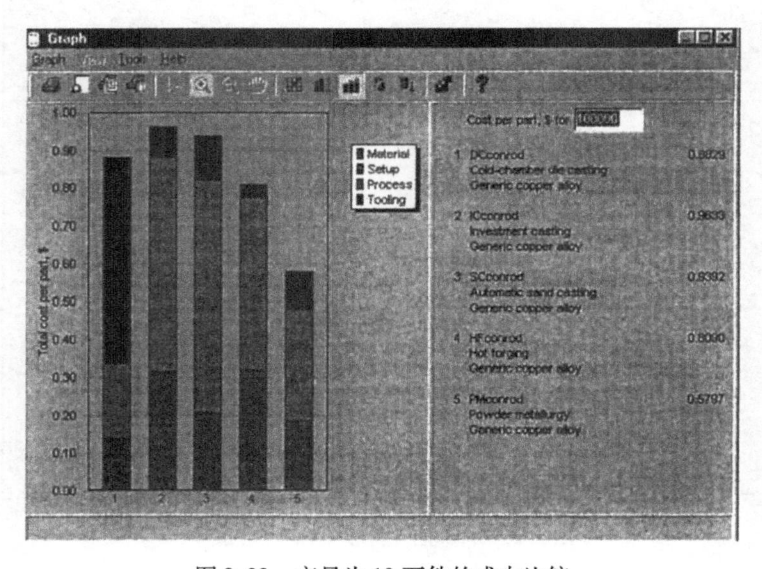

图 2.23　产量为 10 万件的成本比较

习　题

1. 图 2.24 给出了现代高尔夫球杆的侧视图，高尔夫球杆头部的首选重量为 200g，体积为 $460\mathrm{cm}^3$。其中 $460\mathrm{cm}^3$ 体积为美国高尔夫球协会规定的最大值。为了这两个设计规范，现代高尔夫球杆头部做成中空壳形，通常头部表面是单独制造，见图右边的截面，要么是焊接或粘接在空心壳体上。为了实现击球后球离开头部表面具有最高的球速，现代高尔夫球杆头部被设计成刚性的膜片，使用表 2.5 中的材料数据和表 2.6 中的膜片弹簧最大性能参数，确定头部表面的候选金属合金材料，它们还拥有高尔夫球杆击球所需的高强度。由于在 200g 的目标重量下很难制造现代大型高尔夫球杆头部，使用单位重量的最佳膜片弹簧性能的衍生参数重复计算，你的选择和制造商选择的高尔夫球杆头部的材料一致吗？

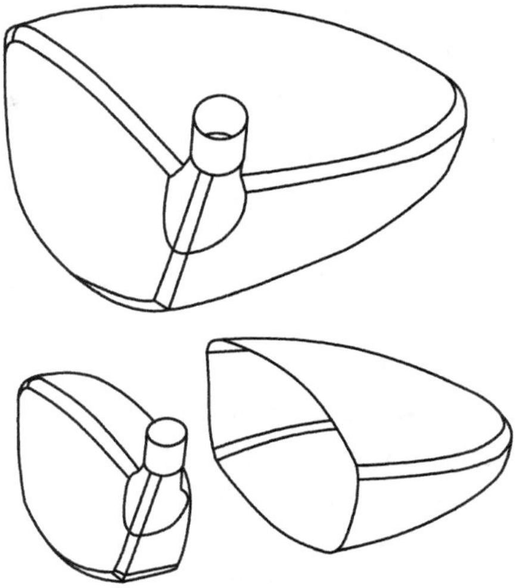

图 2.24　空心金属高尔夫球杆头部结构

2. 图 2.25 给出了一个精密电子仪器的支承台。这个支承台高 100mm，平台的底部和顶部外廓尺寸为 75mm × 75mm。在顶部的方孔尺寸为 50mm × 50mm。这个平台将使用金属来制造。使用 2.3 节和 2.4 节的程序，从图 2.3 的列表中来识别所有候选初级工艺，支承台顶部和底部表面必须平滑并且平行。如果需要的话，对于特定的初级工艺选择而言，零件上其他表面可能会有轻微锥度或拔模斜度。一些加工零件上的特征可能会分配到次级工艺，这样可以增加候选的初级工艺数量。在这些情况下，添加一个所需的次级工艺有序列表到初级工艺，来创建一个简单的生产计划。当考虑将机加工作为一个可能的选择，也可以考虑一个初级工艺是否可以被用来消除加工一些要求的主特征的需要。

3. 图 2.25 的支承台的一种用途是应用于航空航天领域，要求其导电性应该尽可能地高，同时重量最小。假设所有的截面厚度都有相同值。因此零件体积可以近似地表示成公式 $V = C_0 h$ 的形式，其中 C_0 是一个常数。利用电阻率 γ（$\Omega \cdot \mathrm{mm}$）和密度，把单位重量所通过的电流作为衍生参数。使用该参数来比较不同的可能的材料。参考手册来使用电阻率和密度材料数据，或者使用 web 材料数据库。由于合金元素对电阻率有显著的影响，在本练习中只比较纯金属来作为考察候选合金材料的起点。

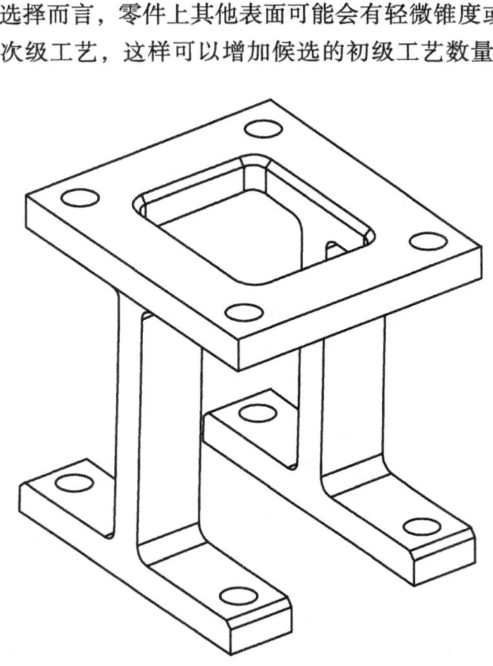

图 2.25　电气仪表支承台

（提示：假设施加的电压为 U，支架宽度 W

和长度 L 是由设计所固定的。同时还假设支架厚度 h 随着获得所需电导率的材料变化而变化。试依据这些参数和可变的厚度 h，写出电流 I 的表达式。以一个合适的零件重量表达要求的结果。）

4. 图 2.26 给出的转子装配件外壳，要求产量为 10 万件。装配件被设计成高速旋转，而在此期间转子装配件要承受很高的拉应力。通过初步设计计算，建议外壳可由铝合金制造，依据选择的合金不同，管壁厚度范围在 2.0 ~ 3.0mm 之间。对于其他候选材料，其壁厚可能是不同的。但应避免采用那些低强度材料，因为它们要求很大的厚壁。要求的表面粗糙度大约为 50μin。

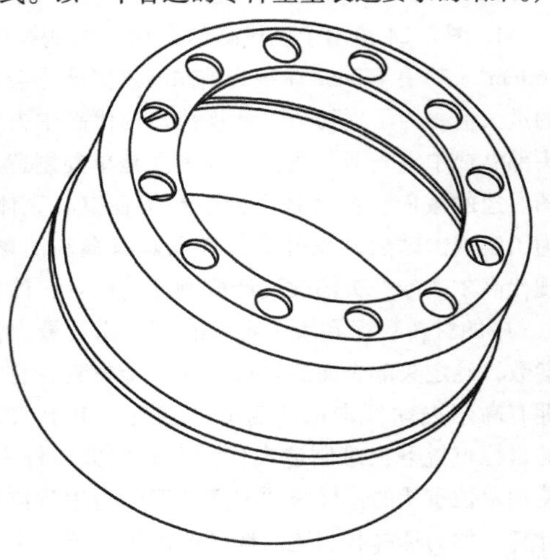

图 2.26　转子外壳

零件高 13cm，最大直径为 20cm，在高度中部的直径减小到 17.5cm。外壳底部是开放的，而顶部上开有直径为 12.5cm 的大孔，其四周均匀分布了 12 个直径为 1.5cm 的小孔。

使用 2.3 节和 2.4 节的方法，通过图 2.3 来确定所有候选的外壳制造初级工艺。

对于特定的初级工艺选择，如果要求的话，外壳的内部和外部主要表面会有轻微的锥度或拔模斜度。加工零件的一些特征可能会分配到次级工艺。在这些情况下，添加一个要求的次级工艺有序列表到初级工艺中，可创建一个简单的生产计划。

（提示：首先根据表 2.2 中的基本形状属性，去掉一些工艺，这将取消相当一部分候选工艺。然后再重审表 2.1 中的候选工艺，检查零件尺寸、表面粗糙度、工艺限制以及不符合设计要求的材料。）

5. Saturn 汽车公司是将商业钢材车身面板改为注塑成型件的为数不多的汽车制造商之一。他们选择使用的材料是玻璃增强聚碳酸酯，其中混合了 ABS 是为改善流动特性。这种混合的强化热塑性塑料的弹性模量 $E=5\text{GPa}$，屈服应力 $Y=80\text{GPa}$。钢车身面板公称厚度为 1mm，相应的材料性能指标 $E=200\text{GPa}$，$Y=300\text{GPa}$。

使用一个适当的衍生参数来调查 Saturn 汽车公司营销声称它的塑料车身面板具有更好的抗冲击性。试确定塑料车身面板壁厚，该公司需要使塑料车身面板具有和薄钢板车身相同的刚度。

（提示：抗冲击性取决于车身面板的膜片弹簧质量，因此，使用适当的衍生参数来进行比较，可参考 2.5.3 节来完成这个问题的最后部分。）

6. 回顾有关最大中心负载的公式，它可以被一个简支梁支撑，简支梁的长度为 l，宽度为 w，厚度为 h，屈服强度为 Y_f。如果长度和宽度由设计固定，表示 A 和 B 两梁（或等效于两块板）具有相同的承载能力，如果

$$h_B^2 Y_{tA} = h_A^2 Y_{tB}$$

利用这种关系作为一种近似实验，要求等于或改进习题 5 中所描述的 Saturn 公司车身面板刚度，请将其与薄钢板车身面板进行比较。

7. 建议类项目：表 2.1 涵盖了更常见的消费品生产制造工艺。试确定一个不包括在表 2.1 中的产品生产工艺，在表 2.1 和表 2.2 中完成工艺输入，并对工艺信息提供参考文献。

8. 构建一个如表 2.5 所示的 Excel 电子表格，对于表 2.6 中给出的每个 18 准则，逐个使用 Excel 电子表格来探索最好的材料选择。

参考文献

1. Bishop, R. *Huge Gaps in Designers' Knowledge Revealed*, Eureka, London, October 1985.
2. Chang, F.C. and Wysk, R.A. *An Introduction to Automated Process Planning Systems*, Prentice-Hall, Englewood Cliffs, NJ, 1985.
3. Ham, I. and Lu, C.Y. Computer-aided process planning: The present and the future, *Annals CIRP*, 37(2), 591, 1988.
4. Bedworth, D.B., Henderson, M.R., and Wolfe, P.M. *Computer Integrated Design and Manufacturing*, McGraw-Hill, NY, 1991.
5. Mangonon, P.L. *The Principle of Material Selection for Engineering Design*, Prentice-Hall, Englewood Cliffs, NJ, 1999.
6. Crane, F.A.A., Charles, J.A., and Furness J.A.G. *Selection and Use of Engineering Materials*, 3rd Ed., Butterworths, London, 2001.
7. Farag, M.M. *Materials and Process Selection in Engineering Design*, 2nd Ed., CRC Press, New York, 2007.
8. Ashby, M.F. *Materials Selection in Mechanical Design*, 3rd Ed., Elsevier, Amsterdam, 2005.
9. Fulmer Institute, *Fulmer Materials Optimiser*, Fulmer Institute, Stoke Poges, UK, 1975.
10. Alloy Center, American Society of Metals, ASM International, Cleveland, OH, 2005 (www.asminternational.org).
11. MatWeb *Material Properties*, Automation Creations Inc., Blacksburg VA, 2009 (www.MatWeb.com).
12. Material Selection and Processing, Cambridge University Department of Engineering, 2002 (www.materials.eng.cam.ac.uk/mpsite/).
13. Granta Design Software System, Granta Design Limited, Cambridge, UK, 2009 (www.granta-design.com).
14. Kalpakjian, S. *Manufacturing Processes for Engineering Materials*, 1st Ed., Addison-Wesley, Reading, MA, 1984.
15. Dieter, G.E. *Engineering Design: A Materials and Processing Approach*, McGraw-Hill, London, 1983.
16. Dewhurst, P. and Reynolds, C.R. A novel procedure for the selection of materials in concept design, *Journal of Materials Engineering and Performance*, 6(3), 53–62, 1997.
17. Dargie, P.P. *A System for Material and Manufacturing Process Selection (MAPS), M.S. Project Report*, Department of Mechanical Engineering, University of Massachusetts, Amherst, MA, May 1980.
18. Dargie, P.P., Parmeshwar, K., and Wilson, W.R.D. MAPS-1: Computer-aided design system for preliminary material and manufacturing process selection, *ASME Trans.*, 104, 126–136, January 1982.
19. Shea, C. and Dewhurst, P. Computer-aided materials and process selection, *Proceedings of the 4th International Conference on Design for Manufacture and Assembly*, Newport, RI, June 1989.
20. *Concurrent Costing Software*, Boothroyd Dewhurst, Inc., Wakefield, RI, 2010.
21. Farris, J. and Knight, W.A. Selecting sequences of processes and material combinations for part manufacture, *Proceedings of International Forum of Design for Manufacture and Assembly*, Newport, RI, June 10–11, 1991.
22. Farris, J. *Selection of Processing Sequences and Materials during Early Product Design*, Ph.D. Thesis, RI, 1992.
23. Boothroyd, G. *Cost Estimating for Machined Components, Report 15*, Department of Industrial and Manufacturing Engineering, RI, 1987.
24. Boothroyd, G. *Grinding Cost Estimating, Report 16*, Department of Industrial and Manufacturing Engineering, RI, 1987.

25. Boothroyd, G. and Radovanovik, P. Estimating the cost of machined components during the conceptual design of a product, *CIRP Annals*, 38(1), 157–160, 1989.
26. Boothroyd, G. and Schorr-Kon, T. *Power Availability and Cost of Machine Tools, Report 18*, Department of Industrial and Manufacturing Engineering, RI, 1987.
27. Boothroyd, G. and Reynolds, C. *Approximate Machining Cost Estimates, Report 17*, Department of Industrial and Manufacturing Engineering, RI, 1987.
28. PERA, *Survey of Machining Requirements in Industry*, PERA, Melton Mowbray, UK.

第3章 面向手工装配的设计

3.1 概述

面向装配的设计（DFA）应该在设计过程的所有阶段都有所考虑，尤其是在设计的早期阶段。在设计团队考虑多种方案时，需要认真考虑产品或部件的装配难易程度。设计团队需要一个 DFA 工具来有效地分析产品或部件的装配难易程度。设计工具应能快速地提供结果，且简单、易操作。它应能确保产品可装配性评估的连贯性和完整性。它还应该可以消除装配设计中的主观判断，允许自由联想，易于对不同的设计进行比较，确保能对最终解决方案进行科学评估，确定装配问题的范围，并能够提供简化产品结构的多种替代方法，从而降低制造和装配的成本。

通过 DFA 的应用，可以改善制造和设计之间的交流，而且在产品设计过程中产生的想法、推理以及所做的决策都能成为良好的记录，以备将来参考。

面向装配的产品设计[1]是从大学的研究成果拓展而来。最近又开发出软件的产品形式，可以系统地提升和改进产品的易装配性。DFA 的这个功能是通过在设计过程的概念阶段，以合乎逻辑的和组织化的形式提供装配信息来实现的。这种方式也清晰地定义了一个以装配的难易程度来评估设计的程序。这种方法的使用能够提供一个反馈循环，帮助设计人员评估由于特殊设计变更而得到的改进。这个程序也可作为一种激励设计人员的工具，让他们通过这种方法来评估自己的设计，如果可能的话，还可以改善自己的设计。在这两种情况下，在概念设计阶段研究和改善设计，在产品制造和装配之前，设计是易于变更且变更费用低廉。DFA 方法通过以下方式来尝试达到这些目的：

① 为那些设计者或者团队提供一个工具，要确保他们对产品复杂性和装配性的考虑只发生在最初设计阶段。这能够避免设计者在设计初期阶段只专注于产品的功能而对产品成本和竞争力缺乏足够考虑的风险。

② 引导设计人员或者设计团队简化产品，从而实现装配成本和零件成本的降低。

③ 搜集通常由有经验的设计工程师所拥有的经验资料，并整理这些资料，以一种便利的方式提供给缺少经验的设计工程师使用。

④ 建立一个数据库，这个数据库包含各种设计状态和生产条件下的装配时间和成本要素。

对于易于装配的产品设计进行分析在很大程度上取决于以下几个因素：产品是否手工装配？是否是专用自动化装配？是否是通用自动化装配（机器人）？或者是这些方面的结合。例如，易于自动进料和定向的简易性标准要比那些手工处理零件的标准更加严格。因为我们总是利用手工装配成本作为一个比较的基准。本章将介绍面向手工装配的设计。此外，即使重点考虑自动化装配时，仍然有一些操作还是需要手工完成，在分析过程中必须把这些操作成本考虑进去。

3.2 一般手工装配设计指南

作为应用 DFA 的经验结果，有可能形成一套通用设计准则，这样的通用设计准则会给设计人员加强制造知识，并在之后的设计中以基本规则的形式呈现给他们。手工装配的过程可以自然地划分为两个独立的范围：搬移（获取、定向和移动零件）、插入和紧固（将一个零件与另外一个零件或部件相配合）。下面的面向手工装配设计准则将对每一个范围进行论述。

3.2.1 面向零件搬移的设计准则

一般来说，为了方便零件的搬移，设计人员应该做到以下几点：

① 设计中心对称或轴对称的零件。如果不能实现这样的对称设计，应尽量使零件对称，如图 3.1a 所示。

② 将不能设计为对称的零件设计成明显地不对称，如图 3.1b 所示。

③ 设计一些结构，避免易于套接的散件堆叠在一起而导致零件阻塞，如图 3.1c 所示。

④ 避免散件在存储时易于缠结的特征（形状），如图 3.1d 所示。

⑤ 避免设计这样一类零件：粘在一起的零件，或者脆性、柔软、非常小或非常大的零件，或者对于操作者有危险的零件（如：锐利的零件，易脆裂的零件等），如图 3.2 所示。

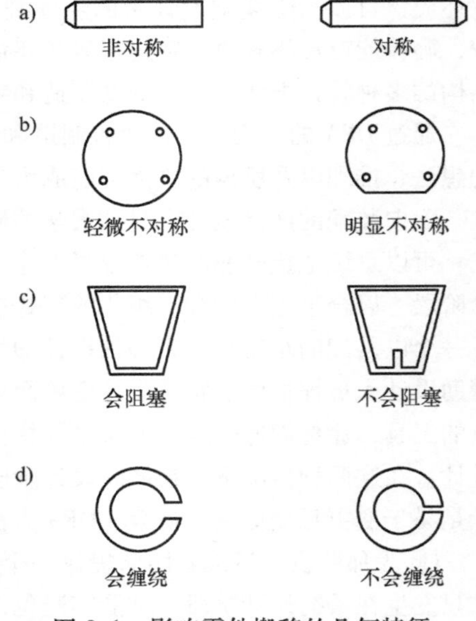

图 3.1 影响零件搬移的几何特征

3.2.2 面向插入和紧固的设计准则

为了便于插入，设计人员应该努力做到：

① 设计时要保证没有插入阻力或插入阻力很小，并设计倒角使得零件装配时容易插入。要给出大一点的间隙，但是要注意避免装配时导致零件卡住的间隙，如图3.3～图3.6所示。

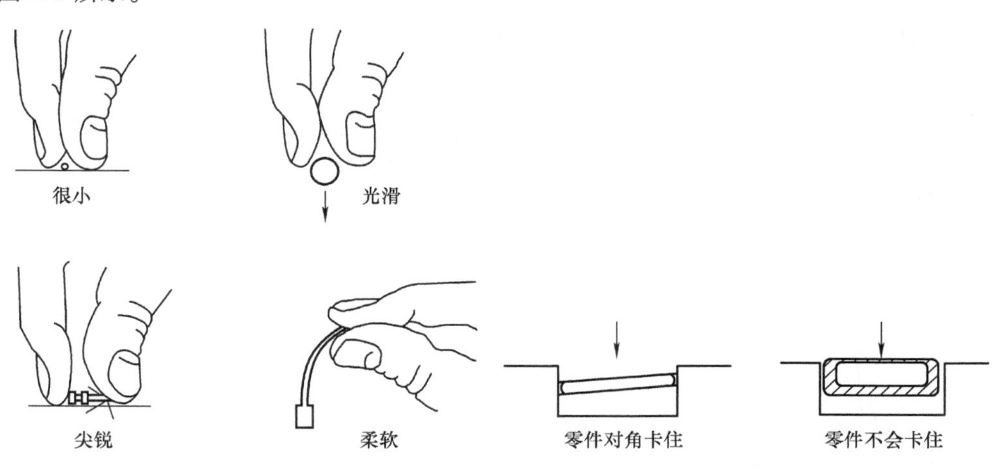

图3.2　影响零件搬移的一些其他特征

图3.3　不正确的几何形状会使零件在插入过程中卡住

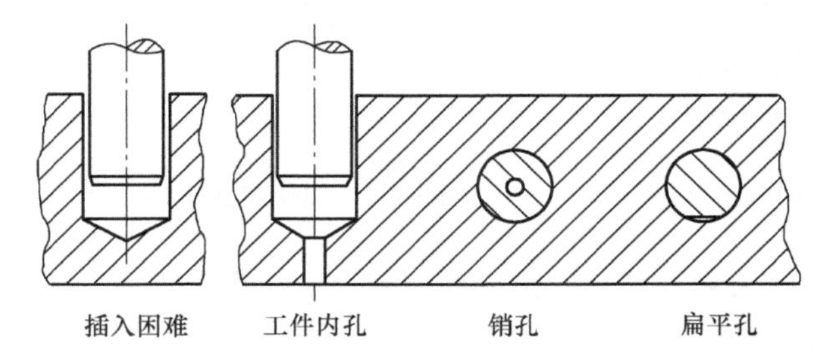

图3.4　在不通孔中提供通气孔可以改善零件的插入

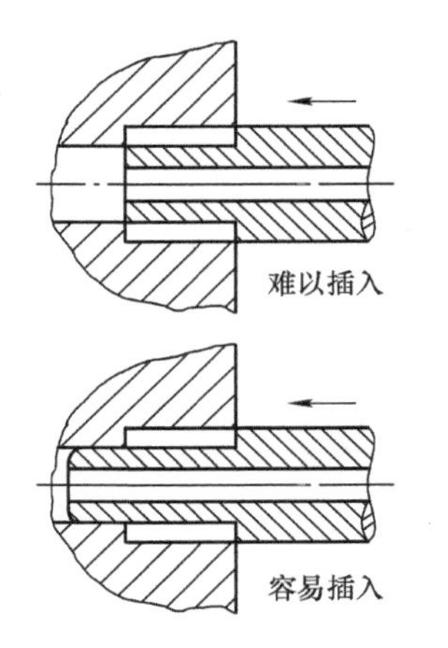

图3.5　设计便于插入装配的长孔

图3.6　倒角保证易于插入

② 在所有模型及所有生产线中使用通用件、通用工艺和通用方法来实现标准化，从而能够实现降低产品成本的大批量工艺，如图 3.7 所示。

③ 使用金字塔式装配，保证关于一个参考轴的逐级装配。一般来说，最好从上面进行装配，如图 3.8 所示。

④ 如果可能的话，在部件操作或其他零件的放置过程中，尽可能避免靠握持零件来保持零件方向，如图 3.9 所示。如果必要的话，可以设计让零件一旦入位就处于十分稳定的状态。

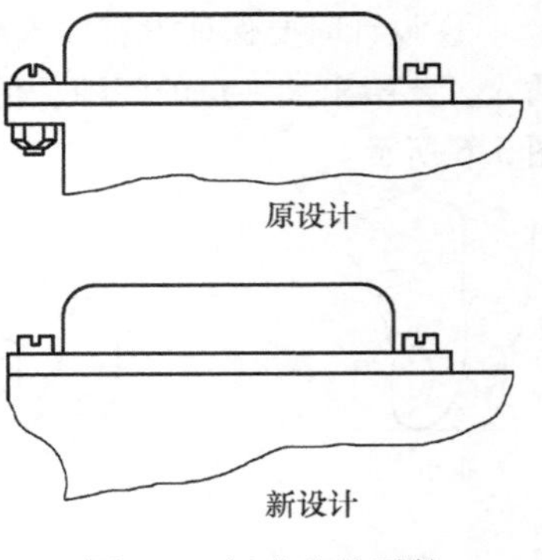

图 3.7 标准化的零件

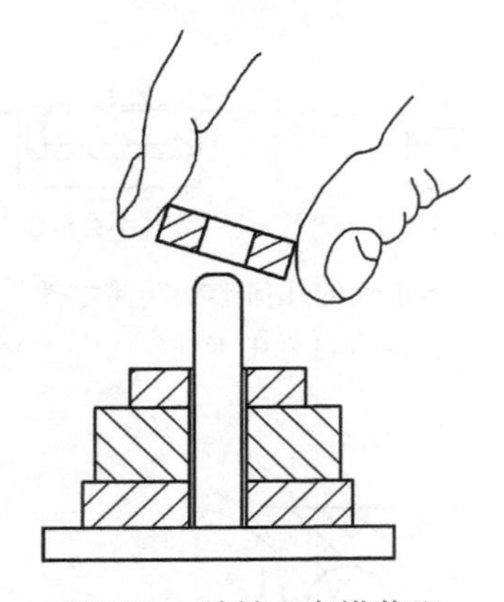

图 3.8 单轴金字塔装配

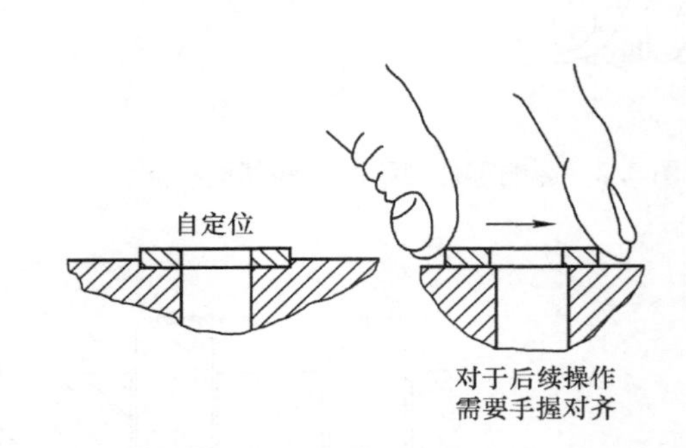

图 3.9 提供自我定位功能，以避免手握定位

⑤ 将零件设计成在释放前就定位零件。因为涉及约束条件，如果零件在释放前没有进入装配的固定位置，就会产生一些问题。在这种条件下，应在轨道上设计导向以达到定位，如图 3.10 所示。

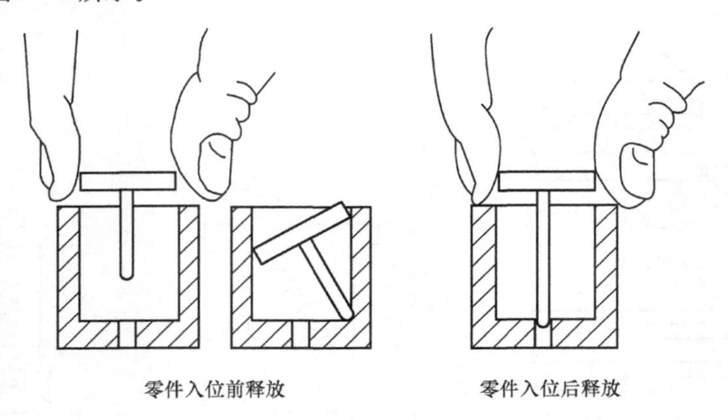

图 3.10 辅助插入设计

⑥ 当使用通用机械紧固件时，考虑图 3. 11 所示的顺序方式。这种顺序方式表明不同紧固方法的相对成本，它是按手工装配成本的递增顺序排列的，搭扣→塑性弯曲→铆钉→螺钉紧固。

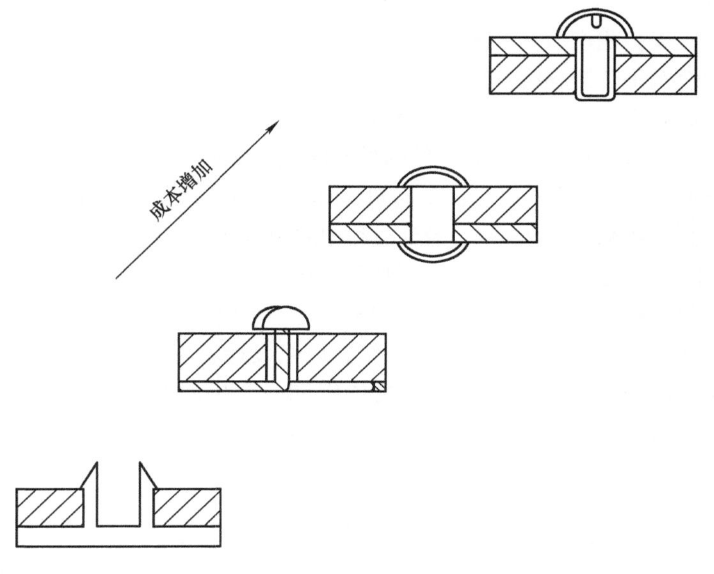

图 3. 11　通用紧固方法

⑦ 避免零部件在夹具中重新定位，如图 3. 12 所示。

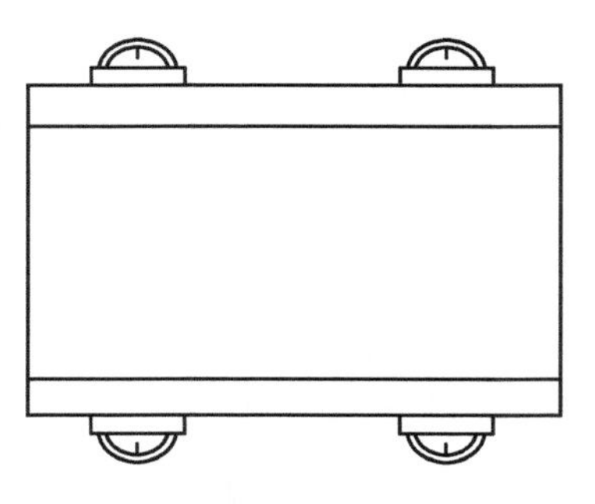

图 3. 12　从相反方向插入需要零部件重新定位

当执行 DFA 时尽管通用准则能很好地发挥作用，但由于多种原因，通用准则自身还存在许多不足。首先，通用准则没有提供数量上面向易于装配的评估设计方法。其次，对于设计者使用的所有准则，没有一个相对的排序用于指出哪一个准则能够达到操作和装配性能上的最大改善；也没有方法来评估通过减少一个零件或重新设计一个零件来提高操作性等手段能达到多大的效果。因此，对于设计者来说，在产品设计过程中无法知道到底应该重点使用哪个准则。

最后，从整体来看，这些设计准则仅仅是一套规则，它所能够做的是为设计人员提供一个合适的背景信息，利用这些背景信息设计的产品比没有利用这些背景信息设计的产品将更容易装配。这就需要一种手段，利用这种手段可以为设计者提供一个组织方法，使得设计的产品不仅能够容易装配，而且还能够提供一种评价方法——评价带有某些特征的设计比带有不同特征的其他设计更容易装配的方法。下面对 DFA 分析方法中使用的度量装配难易程度的方法进行说明。

3.3 面向装配方法系统设计的发展

从1977开始，为了确定产品最经济的装配工艺和分析手工装配、自动装配和机器人装配的难易程度，我们研究开发了系统的分析方法。为了测定零件对称性、大小、重量、厚度和柔性对手工搬移时间的影响，进行了试验研究[3-5]。为了定量分析零件厚度对使用爪钳抓取和操纵零件的影响，弹簧几何形状对螺旋压缩弹簧的处理时间的影响以及零件重量对需要双手抓取和操纵零件的处理时间的影响，进行了另外的试验研究。

关于易于手工插入的零件设计，我们对这几个方面进行了试验研究和理论研究[7-11]：倒角设计对于手工插入时间的影响、装配过程中避免卡住的零件设计、零件几何形状对插入时间的影响以及装配操作时入口有阻碍物和视线有限制对插入时间的影响。

基于这些研究结果，参考文献［12，13］以一个时间标准系统的形式给出了对手工搬移、插入和紧固工艺的分类和编码系统，以供设计者用来预算手工装配时间。为了评价DFA方法的效果，分析一个双速往复电锯和一个机动扳手的装配难易程度，然后重新设计产品以便更易于装配[14]。电锯的原设计如图3.13所示，有41个零件，估计

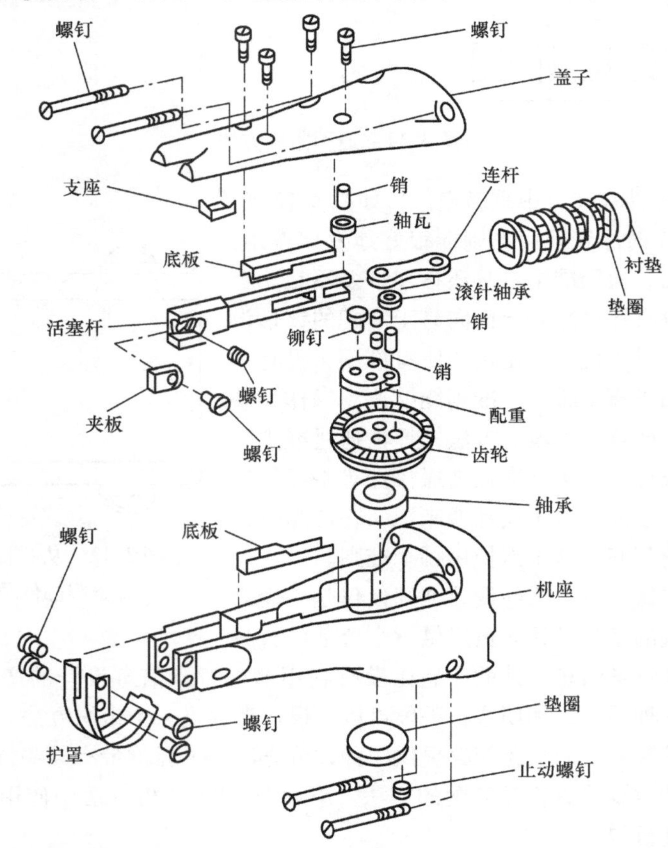

图3.13　电锯（原设计：41个零件，装配时间6.37min）

需要 6.37min 的装配时间；重新设计的电锯如图 3.14 所示，有 29 个零件，比原设计的零件数量减少了 29%，估计的装配时间为 2.58min，比原来设计的装配时间减少了 59%。进一步分析的结果是节约的装配时间超过 50%，零件的数量显著减少，产品性能达到了预期的改善。

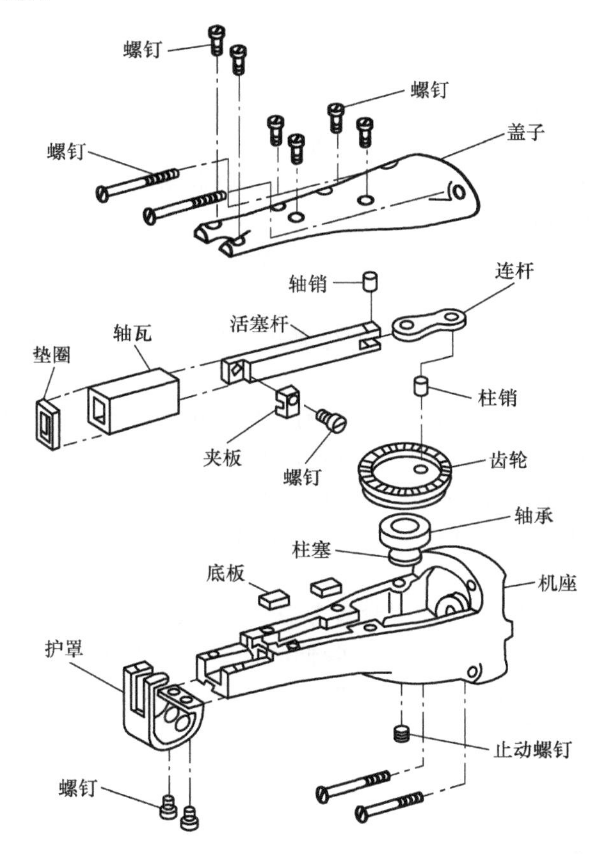

图 3.14　电锯（改进设计：29 个零件，装配时间 2.58min）

3.4　装配效率

DFA 方法的一个基本组成是使用一个推荐设计的 DFA 指数或“装配效率”的度量标准。一般来说，影响一个产品或部件的装配成本有两个主要因素：

- 一个产品中的零件总数；
- 零件的搬移、插入和紧固的难易程度。

DFA 指数用来表示理论最短装配时间除以实际装配时间后所得到的值，用 E_{ma} 表示。计算 DFA 指数 E_{ma} 的方程式为

$$E_{ma}=\frac{N_{min}t_{a}}{t_{ma}} \tag{3.1}$$

式中 N_{min}——理论最少零件数；

t_a——一个零件的基本装配时间；

t_{ma}——完成产品装配的估算时间。基本装配时间是指在搬移、插入和紧固无特殊难度条件下的一批零件的平均装配时间。

对于理论最少零件数，此数值表示独立的零件结合为一个单件零件这种理想条件，除非当单个零件增加到组件，满足下列标准中的一个：

① 在最终产品模式的正常运行过程中，该零件相对于所有其他已经装配的零件移动（由弹性铰链产生的微小运动将不适用）。

② 与所有其他已经装配的零件相比，该零件必须是不同的材料，例如，绝缘体、隔离件、减振件等。

③ 零件必须与所有已经装配的零件分离开，否则，将会妨碍上述准则之一的零件装配。

应该指出的是，这些准则在应用时没有考虑通用设计要求。例如，分离的紧固件一般不符合上述的任何准则，并且应当总是被删除。为了更详细而精确，设计者在设计汽车发动机时会认为将气缸盖固定在发动机箱体上的螺栓应该是分离件。然而，这个螺栓可以通过合并气缸盖和发动机箱体而取消，这一方法在某些发动机上已经使用了。

如果运用得当，这些准则要求设计者考虑一些方法，通过这些方法可以简化产品，通常还能极大地改善产品的可装配性和降低制造成本。然而，按照装配时间和装配成本，必须可以量化设计规划的变化带来的影响。为此，DFA 方法与一个系统结合起来进行装配成本的估算，这个系统加上零件成本的估算，就能给设计者提供合适的比较评定所需要的信息资料。

3.5 分类系统

装配过程的分类系统是关于零件特征的系统排序，它同一些不会与特定零件有联系的操作（如装配翻转）一起，影响零件的获取、移动、定向、插入和紧固。

完整的分类系统，连同其相关定义和相应的时间标准见表 3.1、表 3.2。可以看到分类码（数）由两位码组成，第一位码代表行，第二位码代表列。

手工插入和紧固过程的分类系统涉及配合件在装配过程中它们之间的相互作用。手工插入和紧固是由有限的、不同的基本装配任务所构成的，例如轴孔配合、螺钉连接、焊接、铆接和压入配合等。对于大多数工业制品来说，这些基本的装配任务是通用的。

表 3.1 影响手工搬移时间的零件特征的原分类系统

单手				零件易于抓紧和处置					零件出现处置困难①				
				厚度 > 2mm			厚度 ≤ 2mm		厚度 > 2mm			厚度 ≤ 2mm	
				长度 > 15mm	6mm ≤ 长度 ≤ 15mm	长度 < 6mm	长度 > 6mm	长度 ≤ 6mm	长度 > 15mm	6mm ≤ 长度 ≤ 15mm	长度 < 6mm	长度 > 6mm	长度 ≤ 6mm
				0	1	2	3	4	5	6	7	8	9
无抓取工具辅助条件下，单手能抓取和操纵零件	$\alpha+\beta<360°$		0	1.13	1.43	1.88	1.69	2.18	1.84	2.17	2.65	2.45	2.98
	$360°\leqslant\alpha+\beta<540°$		1	1.5	1.8	2.25	2.06	2.55	2.25	2.57	3.06	3	3.38
	$540°\leqslant\alpha+\beta<720°$		2	1.8	2.1	2.55	2.36	2.85	2.57	2.9	3.38	3.18	3.7
	$\alpha+\beta=720°$		3	1.95	2.25	2.7	2.51	3	2.73	3.06	3.55	3.34	4
抓取辅助下单手				需要钳子抓取和操纵零件								除了钳子，还需要标准工具	需要专用工具抓取和操纵
				无光学放大条件下能操纵零件				光学放大条件下能操纵零件					
				零件易于抓取和操纵		零件搬移困难①		零件易于抓取和操纵		零件搬移困难①			
				厚度 > 0.25mm	厚度 ≤ 0.25mm	厚度 > 0.25mm	厚度 ≤ 0.25mm	厚度 > 0.25mm	厚度 ≤ 0.25mm	厚度 > 0.25mm	厚度 ≤ 0.25mm		
				0	1	2	3	4	5	6	7	8	9
仅在使用抓取工具条件下，单手能抓取和操纵零件	$\alpha\leqslant180°$	$0\leqslant\beta\leqslant180°$	4	3.6	6.85	4.35	7.6	5.6	8.35	6.35	8.6	7	7
		$\beta=360°$	5	4	7.25	4.75	8	6	8.75	6.75	9	8	8
	$\alpha=360°$	$\alpha\leqslant\beta\leqslant180°$	6	4.8	8.05	5.55	8.8	6.8	9.55	7.55	9.8	8	9
		$\beta=360°$	7	5.1	8.35	5.85	9.1	7.1	9.55	7.85	10.1	9	10

（续）

双手操纵		零件无其他搬移困难					零件有其他搬移困难（如黏滞、易损、易滑等）①				
		$\alpha \leq 180°$			$\alpha = 360°$		$\alpha \leq 180°$			$\alpha = 360°$	
		尺寸＞15mm	6mm≤尺寸≤15mm	尺寸＜6mm	尺寸＞6mm	尺寸≤6mm	尺寸＞15mm	6mm≤尺寸≤15mm	尺寸＜6mm	尺寸＞6mm	尺寸≤6mm
		0	1	2	3	4	5	6	7	8	9
零件紧密套接或缠结，或零件柔软但能单手抓取和举起（必要时利用抓取工具）	8	4.1	4.5	5.1	5.6	6.75	5	5.25	5.85	6.35	7
双手或大尺寸时需要辅助工具		无机械辅助条件下，单人能搬移零件									零件操纵需要两人或机械辅助
		零件不会紧密套接或缠结，同时不柔软								零件不会紧密套接或缠结，或零件柔软②	
		零件重量＜10 lb（1lb＝0.454kg）				零件重量＞10 lb					
		零件易于抓取和操纵		零件有其他搬移困难①		零件易于抓取和操纵		零件有其他搬移困难①			
		$\alpha \leq 180°$	$\alpha = 360°$	$\alpha \leq 180°$	$\alpha = 360°$	$\alpha \leq 180°$	$\alpha = 360°$	$\alpha \leq 180°$	$\alpha = 360°$		
		0	1	2	3	4	5	6	7	8	9
抓取和运输零件需要双手、双人或机器辅助	9	2	3	2	3	3	4	4	5	7	9

注：α—垂直于零件插入轴的旋转对称。对于具有一个插入轴的零件，当α等于360°时端面至端面的定向是必要的，否则α等于180°。

β—关于零件插入轴的旋转对称。旋转对称的大小是零件可以旋转和重复它的定向的最小角度。对于插入圆形孔的圆柱体，β为零。

厚度—包围零件的最小矩形棱柱的最短边长度。然而，如果零件是圆柱形，或是具有五个或更多边的规则多边形横截面，并且零件直径小于长度，那么，厚度可以定义为包围零件的最小圆柱体半径。

尺寸—包围零件的最小矩形棱柱的最长边长度。

① 如果零件套接或因为磁力或油脂层等缠结、粘连在一起，或者零件光滑，或要求细心操作，零件会表现出处理困难。套接或缠结的零件是那些当零件呈散放状态时互锁在一起，但通过单件零件的简单处理就能分离开的零件，例如锥形杯、封闭式螺旋弹簧、弹性挡圈等。光滑的零件是指那些因其形状和/或表面状态而易于从手指或标准抓取工具中滑出的零件。需要细心操作的零件是指那些易碎或精密、有尖角或锋利边缘，或者其他会伤害操作者的特征的零件。

② 紧密套接或缠结的零件是指零件呈散放状态时互锁，需要双手施加力才能分离开，或者为得到互锁零件的特定方向需要分离开的零件。柔软零件是指在操作过程中能充分变形，必须用双手操作的零件。这类零件包括较大的纸张或毡垫、橡胶带、传送带等。

表 3.2 影响插入和紧固的零件特征的原分类系统

关键				变化组件不需夹持以保持方向和位置③				需要夹持以保持位置上零件后续操作过程中的方向性			
				装配过程中零件易于对准和定位④		装配过程中零件不易于对准或不易定位		装配过程中零件易于对准和定位④		装配过程中零件不易于对准或不易定位	
零件装入但不紧固				无阻力插入	插入有阻⑤	无阻力插入	插入有阻⑤	无阻力插入	插入有阻⑤	无阻力插入	插入有阻⑤
				0	1	2	3	6	7	8	9
任何零件的插入①，既不是此零件本身也不是其他任何零件即刻紧固	零件和相关工具（包括手）易于达到要求的位置		0	1.5	2.5	2.5	3.5	5.5	6.5	6.5	7.5
	零件和相关工具（包括手）不易达到要求的位置	因通道阻塞或视线受限②	1	4	5	5	6	8	9	9	10
		因通道阻塞和视线受限②	2	5.5	6.5	6.5	7.5	9.5	10.5	10.5	11.5

关键			插入（咬接/压入配合、簧环、锥形体、螺母等）后无紧接螺纹连接操作或塑性变形		插入后紧接塑性变形						插入后紧接螺纹紧固	
					塑性弯曲式扭曲			铆接或类似操作				
零件即刻紧固			无阻力插入条件下，易于对准和定位④	装配过程中不易对准或不易定位和/或阻力插入⑤	装配过程中易于对准和定位④	装配过程中易于对准和定位		装配过程中易于对准和定位④	装配过程中不易对准和定位		无扭转阻力易于对准和定位④	不易对准或不易定位和/或扭转阻力⑤
						无阻力插入	阻力插入⑤		无阻力插入	阻力插入⑤		
			0	1	2	3	4	5	6	7	8	9
任何零件的装入①，此零件本身和/或其他任何零件即刻紧固	零件和相关工具（包括手）能易于达到要求的位置以及工具易于操作	3	2	5	4	5	6	7	8	9	6	8

（续）

任何零件的装入[①]，此零件本身和/或其他任何零件即刻紧固	零件和相关工具（包括手）不易达到要求的位置或工具不易于操作	因通道阻塞或视线受限[②]	4	4.5	7.5	6.5	7.5	8.5	9.5	10.5	11.5	8.5	10.5
		因通道阻塞和视线受限[②]	5	6	9	8	9	10	11	12	13	10	12

分离操作		机械紧固零件已在合适位置上，但是插入后不即刻紧固				非机械紧固零件已在合适位置上，但是插入后不即刻紧固				无紧固过程	
		非塑性变形或局部塑性变形			整体塑性变形（大部分零件在紧固过程中会发生塑性变形）	冶金过程			化学过程（例如附着粘合等）	零件操纵或配件操纵（例如零件的定向、配合或调整等）	其他工艺（例如流体附着等）
		弯曲或相似过程	铆接或相似过程	螺钉紧固或其他过程		没有额外要求的材料（如阻碍、摩擦焊等）	需要附加材料				
							软钎焊工艺	熔焊/铜焊工艺			
		0	1	2	3	4	5	6	7	8	9
所有实体零件在适当位置上装配工艺	9	4	7	5	12	7	8	12	12	9	12

注：需要夹持—零件将需要夹持、重新对准，或在它最终固定之前按住。

易于对准和定位—由精心设计的倒角或类似特征使得插入更容易。

通道阻塞—在装配可用空间里会引起装配时间的显著增加。

视线受限—操作者在装配过程中主要依靠触觉感应。

① 在组件装配过程中零件是实体或非实体组件。装配过程中如果是被装入，可以认为部件是零件。然而，粘接剂、助焊剂、填充物等用来连接零件的材料不能看做是零件。

② 通道阻塞意味着装配操作的可用空间明显引起装配时间的增加；视线受限表明操作者在装配过程中必须依靠触觉才能装配。

③ 需要夹持表明，零件放置或插入后，或者后续操作过程中零件不稳定以及在最后紧固之前需要夹持、再对齐或固定。固定是指这样的一个操作，即在下一步操作之前或过程中，保持（如果必要的话）已在适当位置上的零件的位置和方向。如果对于之后的操作，零件不需要固定或再对齐，则定位或仅部分紧固零件。

④ 如果由零件的结合部位配合零件上的定位特征来确定零件的位置，那么零件就易于对齐和定位，恰当地设计倒角或相似特征能方便插入。

⑤ 零件插入时遇到的阻力归因于小的间隙、卡住或焊接、挂住情形，或者插入时受到大的作用力。例如，压配合是一个过盈配合，装配时需要很大的压力。使用自攻螺钉时遇到的阻力与插入阻力的范例相类似。

3.6　零件对称性对搬移时间的影响

影响抓取和定向一个零件所需要时间的一个显著的几何特征是零件的对称性。组装操作总是涉及至少两个零部件：插入的零件和被插入的零件或部件[15]。定向指插入的零件与被插入的零部件正确地对齐。定向包括对插入到对应插孔中的零件进行适当的校准，可以分为两个不同的操作：①以插入的轴线为基准对零件进行校准；②零件相对于该轴线旋转。

因此，总能很方便地将零件的对称性分为两类：

① α 对称：由零件装配时绕垂直于插入轴的某个旋转角度决定。

② β 对称：由零件装配时绕插入轴旋转的角度决定。

例如，要插入方孔的正四棱柱首先将必须绕与插入轴垂直的一个轴旋转，当以这种方式旋转时，满足定向棱柱的最大转动角度为 180°，此时可以称为 180°α 对称。然后，正四棱柱将绕插入轴转动，因为棱柱的方向每 90°重复一次，这称为 90°β 对称。然而，如果正四棱柱插入一个圆孔内，此时为 180°α 对称和 0°β 对称。图 3.15 给出了简单形状的零件的对称性实例。

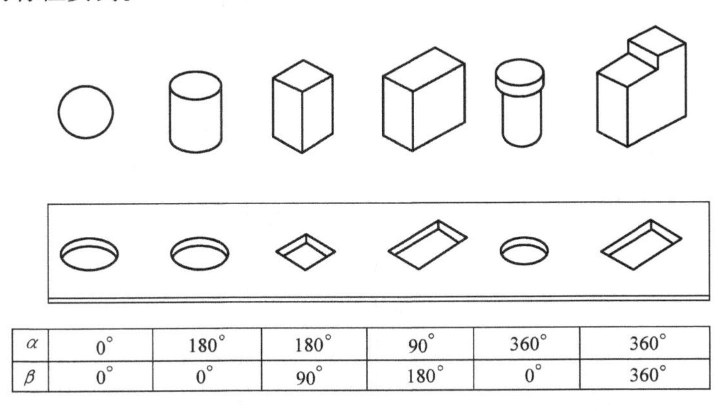

α	0°	180°	180°	90°	360°	360°
β	0°	0°	90°	180°	0°	360°

图 3.15　不同零件的 α 和 β 旋转对称

在目前工业生产中，普遍利用多种预定动作时间标准系统来确定装配时间。在这些系统的发展过程中，为了确定定向零件需要旋转的角度和完成旋转所需要时间之间的关系，已经采用了多种不同的方法。方法时间测定法（MTM）和工作因素法（WF）是两个最常用的方法。

在 MTM 系统中，使用上述定义的零件 β 旋转对称的一半的"最大可能方向"[16]。在这个系统中，没有考虑 α 对称的效果。从实用角度考虑，MTM 系统把最大可能方向分成三类，即①对称；②半对称；③非对称[3]。此外，这些术语仅适用于零件的 β 对称。

在 WF 系统中，零件的对称性可以按插入零件的方式数与插入前抓取零件的方式数的比值来分类[17]。在一个正四棱柱插入一个方孔的实例中，一个特殊的端面能以 4 种方式插入，而相应有 8 种抓取方法。因此，平均来说，抓取零件中的一半需要定向。这定义为需要50%方向的位置[17]。因而，在这个系统中，方向的数量由 α 对称决定。遗憾的是，这种分类方法只能应用在有限的零件形状的分类中。

希望找到这样一个单参数，它能给出零件对称性与定向零件所需时间之间的满意关系。为了求出这样一个参数，参考文献［5］作了许多尝试。结果发现，最简单和最有用的参数是 α 对称和 β 对称之和。这个参数被称为总对称角，由式（3.2）给出：

$$总对称角 = \alpha + \beta \tag{3.2}$$

图3.16给出了总对称角对操作（抓取、移动和放置）一个零件所需要时间的影响。此外，阴影区域表示不会存在的总对称角值。显而易见，根据这些结果，零件的对称性可以方便地分为五类。然而，表示球体的第一类通常不具有使用价值，因此建议在针对零件操作的编码系统中采用四类（表3.1）。将这些试验结果与MTM和WF定向参数进行比较可知，这些参数没有准确计算零件的对称性[5]。

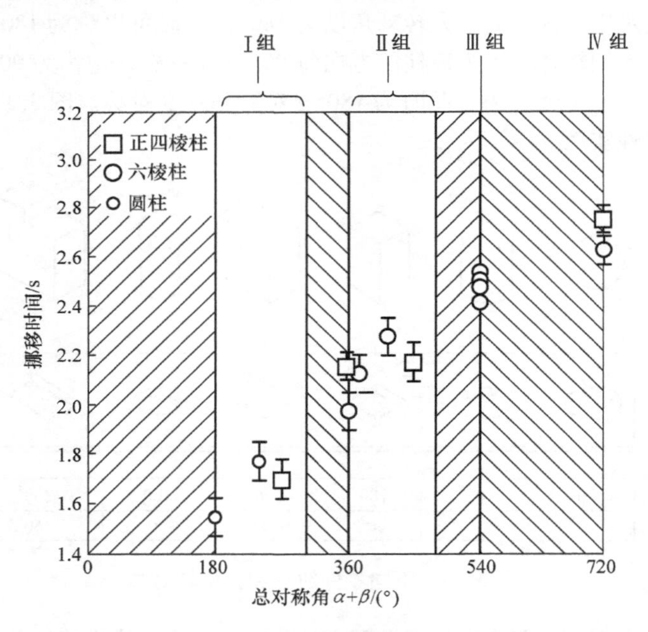

图3.16　总对称角对操作一个零件所需时间的影响

3.7　零件厚度和尺寸对搬移时间的影响

在手工装配过程中，影响搬移所需时间的两个主要因素是零件厚度和尺寸。在WF系统中，以一个简单的方法对零件厚度和尺寸进行定义，这种定义已被DFA方法所采用。对于“柱体”零件来说，其厚度就是其外接圆半径；而对于非柱体零件来说，其厚度被定义为零件从某个平面延伸的最小尺寸，如图3.17所示。柱体零件是指零件的横截面是圆的、正五边形或大于五边的正多边形零件。当这种零件的直径大于或等于其长度时，称为非柱体零件。图3.17中的实验曲线说明了在定义零件厚度时分为柱体和非柱体的原因。从曲线可以看出，厚度大于 2mm 的零件不存在抓取和操作的问题。然而，对于长柱体零件，如果把零件直径作为厚度，在 4mm 的值上将会出现这个临界值。直观上说，从一个平台上抓取一个直径 4mm 的长柱体零件等同于抓取一个 2mm 厚的矩形零件。

零件的尺寸定义为当零件平放在平面上时零件的最大非对角外形尺寸。这个尺寸通常为零件长度。零件尺寸对搬移时间的影响如图 3.18 所示。由图可见，零件尺寸可以

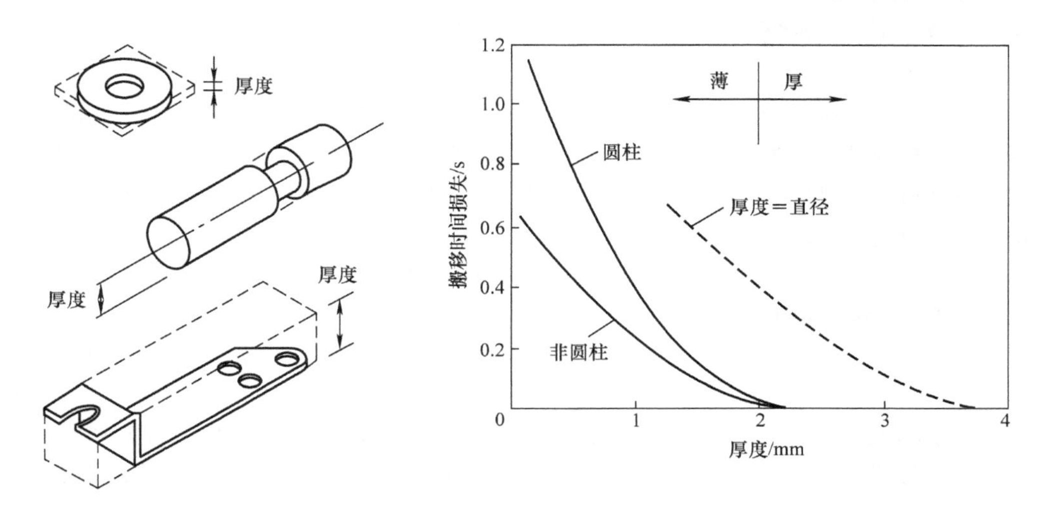

图 3.17　零件厚度对搬移时间的影响

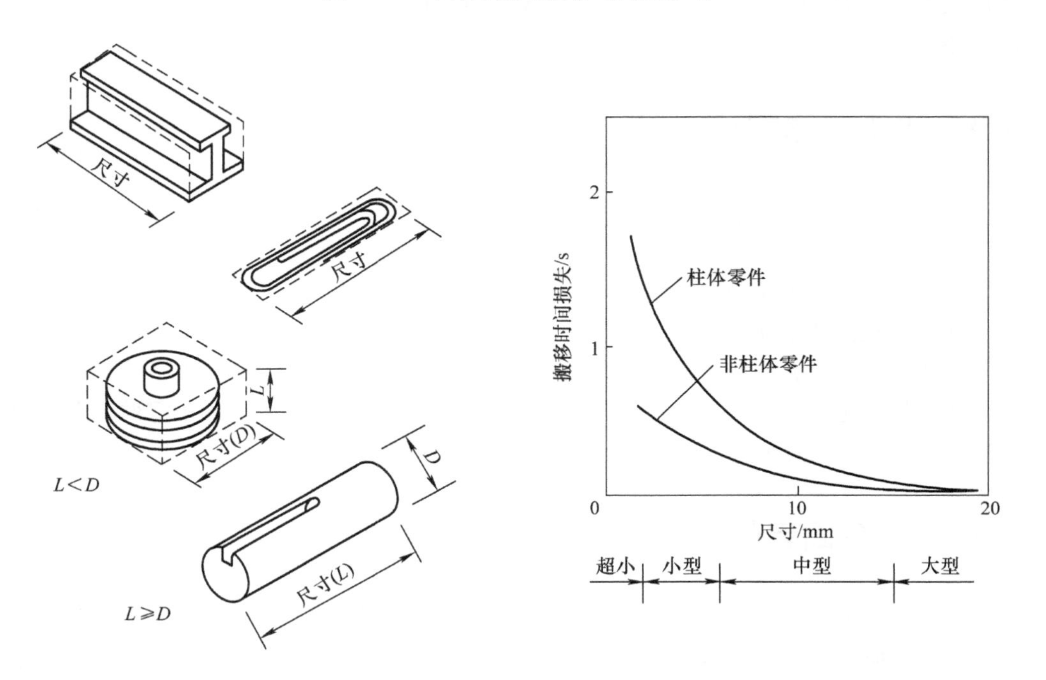

图 3.18　零件尺寸对搬移时间的影响

分为4类。大型零件随其尺寸的变化在搬移时间上变化很少或没有变化。对于中小型零件，搬移时间对零件尺寸的敏感性明显增加。因为搬移超小型零件的时间损失非常大，故搬移时间对零件尺寸的变化非常敏感。通常，当零件尺寸小于2mm时，需要使用镊子来操作这类零件。

3.8 重量对搬移时间的影响

参考文献［18］针对零件重量对零件抓取、控制和移动方面的影响作了一些研究。当抓取和控制时，零件重量对抓取和控制的影响是基本时间加上一个额外时间，对移动的影响是移动时间与零件重量成正比。在使用单手操作时，零件重量对总操作时间 t_{pw} 的影响可由式（3.3）表示[3]：

$$t_{pw} = 0.0125W + 0.011Wt_h \tag{3.3}$$

式中 W——零件重量（lb）；

t_h——当无方向性需要以及移动短距离时操作一件“轻质”零件的基本时间（s）。

t_h的平均值为1.13s，由此可得，由于重量而引起的总时间损失近似为0.025W。

如果假设用单手操作一件零件的最大重量为10～20 lb，则因重量引起的最大时间损失为0.25～0.5s，这是一个相当小的修正。应当指出的是，式（3.3）没有考虑较大的零件通常移动得更远，由此导致的时间损失更明显，这些因素将在后面讨论。

3.9 双手操作零件

在以下情况下，零件需要双手操作：

- 零件笨重；
- 非常精密或需要仔细操作；
- 零件宽大或柔软；
- 零件不具有握持特征，因而单手抓取困难。

在这些情况下，另一只手可能正进行另一个操作，或许正抓取另一个零件，因而会出现时间损失。经验表明，在这些实例中，采用的损失系数为1.5。

3.10 综合因素的影响

前面已经讨论了影响手工搬移时间的不同因素。然而，必须要认识到，与每个因素相关的时间损失并不是必须相加。例如，如果一个零件要求增加时间，以把它从A移到B，然而，可能在移动的过程中同时定向零件。因此，把零件尺寸增加的额外时间和定向增加的额外时间加到基本搬移时间中可能就是错误的。

3.11　严重套接或缠结并要求用镊子抓取和操作的零件对称性的影响

出现下列情况时，零件需要使用镊子来抓取和操作（图 3.19）：

- 零件厚度很小，用手指抓取困难；
- 视线被遮挡，并且零件小难以预定位；
- 零件不可接触，例如，零件温度很高；
- 手指不能触及所需的位置。

当由于上述原因要求增加 1.5s 或更多的额外搬移时间时，零件被认为是严重套接或缠结。一般要求用双手来分离严重套接或缠结的零件。具有开放端的螺旋弹簧和大间距线卷（大间距线圈）就属于严重套接或缠结的零件。图 3.20 显示了严重套接或缠结并要求用镊子操作的零件的 α 对称角和 β 对称角对定向时间的影响。

很明显，用手定向比用镊子定向所需时间更短。因此，如果可能的话，应尽量采用不必用镊子的那些设计。

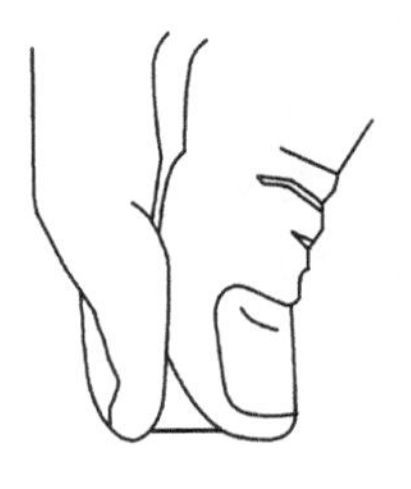

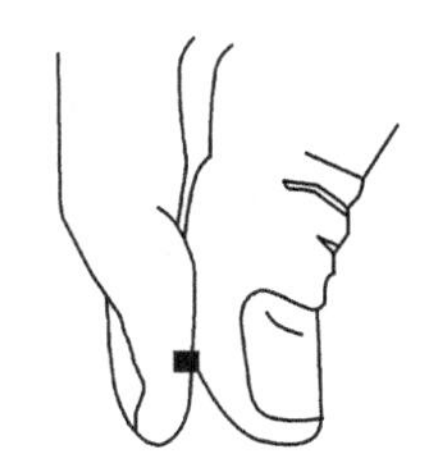

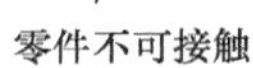

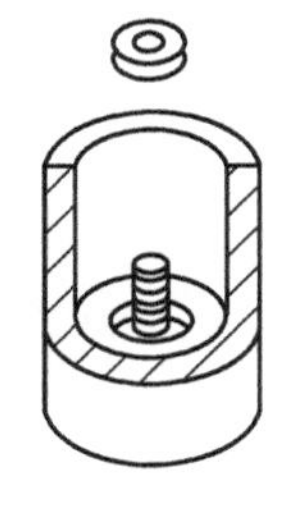

图 3.19　要求使用镊子操作的零件实例

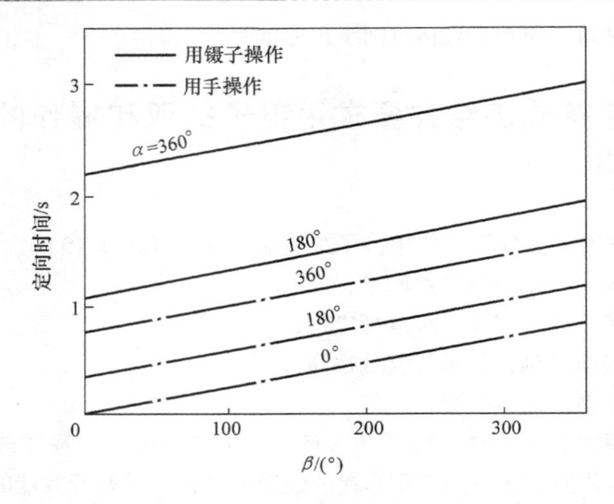

图 3.20 当零件严重套接或缠结时，对称性对搬移时间的影响

3.12 倒角设计对插入操作的影响

两种常见的装配操作是：①一个销子（或一根轴）插入到一个孔里；②将一个有孔的零件放置在销子上。传统锥形倒角设计的几何形状如图 3.21 所示。图 3.21a 给出了销子倒角的设计。其中，d 为销子直径，w_1 为倒角宽度，θ_1 为倒角角度。图 3.21b 给出了孔的倒角设计。其中，D 为孔的直径，w_2 为倒角宽度，θ_2 为倒角角度。销子与孔之间的直径间隙 c 由式（3.4）给出：

$$c=\frac{D-d}{D} \tag{3.4}$$

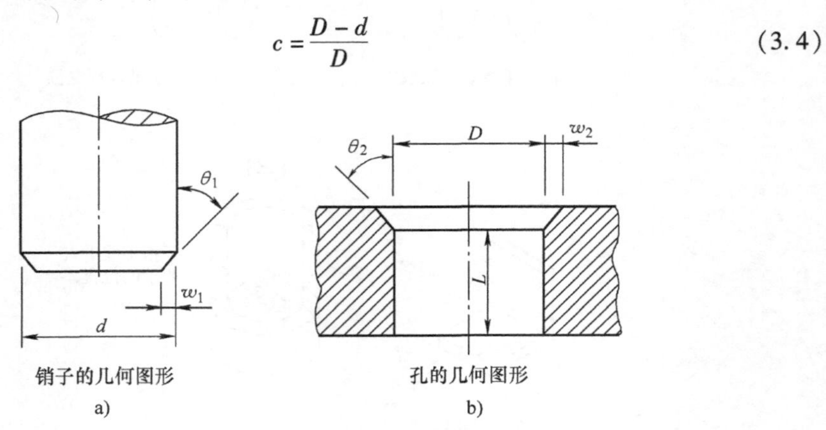

图 3.21 销子和孔的几何图形

图 3.22 给出了一组典型的倒角设计结果[9]，显示了倒角设计对销子插入到孔里所需时间的影响。从这些结果可以得出下列结论：

① 对于给定的间隙，两个不同倒角设计的插入时间差异始终是恒定的。

② 和孔上相同的倒角相比，销子上的倒角能更有效地减少插入时间。

③ 能有效地减少销和孔插入时间的倒角最大宽度大约是 0.1D。

④ 对于锥形倒角，最有效的设计所提供的销和孔倒角参数为：

$$w_1 = w_2 = 0.1D，并且\ \theta_1 = \theta_2 < 45°$$

⑤ 手动插入时间对于倒角角度 θ 在 $10° < \theta < 50°$ 范围内的变化不敏感。

⑥ 对于小间隙，圆弧形倒角或曲线倒角要比锥形倒角更有优势。

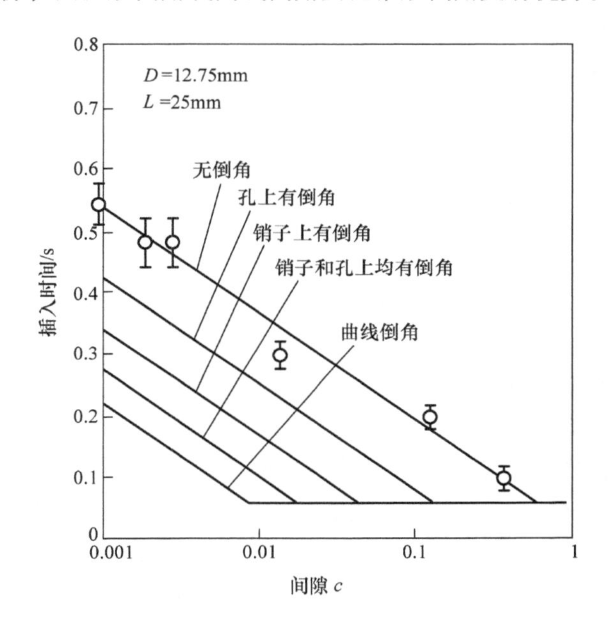

图 3.22　间隙对插入时间的影响

从销子插入试验得知[9]：销子与孔之间的间隙较小时的手动插入时间比较长，其原因可能与在插入的初始阶段销和孔之间发生的接触类型有关。图 3.23 显示了两种可能引起插入困难的情况。在图 3.23a 中，在相同圆截面的两个接触点会形成向上的力，抵抗插入，从而导致插入困难。在图 3.23b 中，销子卡在了孔的入口处。有人曾进行了分析，找出能避免这些有问题的几何形状。它显示出一个恒定宽度的倒角是一种符合性能要求的设计，如图 3.24 所示。

当间隙 $c > 0.001$ 时，这种倒角的插入时间与间隙 c 无关。因此，曲线倒角是销-孔插入操作的最优设计，如图 3.22 所示。然而，由于曲线倒角的制造成本通常会比锥形倒角高，因此只有当显著减少插入时间可以弥补更高的成本时，修改后的倒角才值得考虑采用非常小的间隙值。曲线倒角的一个有趣例子是子弹的几何形状。它的设计不仅具有空气动力学的优势，同时也具有便于插入的理想形状。

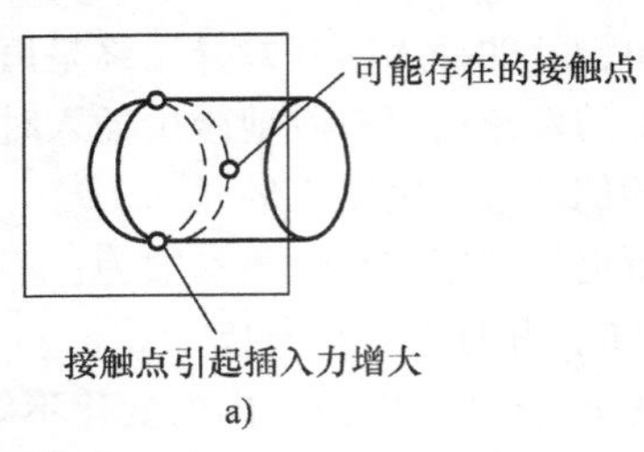

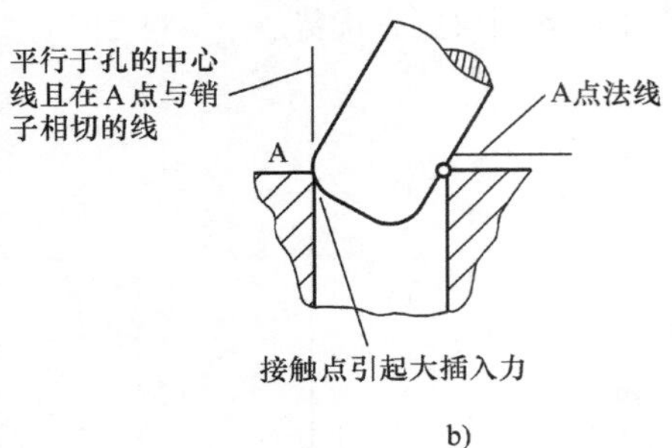

图 3.23　与销和孔接触的点

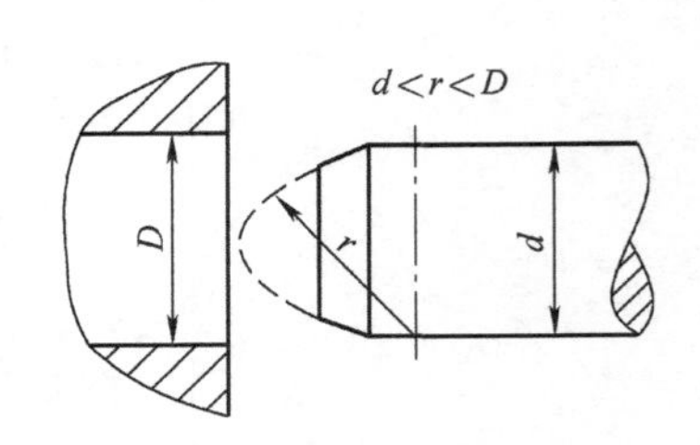

图 3.24　恒定宽度的倒角

3.13　插入时间估计

参考文献[9]推导了经验方程来估计锥形倒角和曲线倒角的手动插入时间 t_i。在图 3.22所示的锥形倒角中，45°倒角的宽度为 0.1d，普通圆柱销的手动插入时间 t_i 由式（3.5）确定：

$$t_i = -70\ln c + f_{(倒角)} + 3.7L + 0.75d \tag{3.5}$$

或者

$$t_i = 1.4L + 15 \tag{3.6}$$

$$f_{(倒角)} = \begin{cases} -100\ （无倒角） \\ -220\ （孔上倒角） \\ -250\ （销子上倒角） \\ -370\ （销和孔上倒角） \end{cases} \tag{3.7}$$

对于图 3.24 所示的修改曲线倒角，插入时间由式（3.8）给出：

$$t_i = 1.4L + 1.5 \tag{3.8}$$

示例：

D = 20mm，d = 19.5mm，L = 75mm。销子和孔上都有倒角。根据式（3.4）：

$$c = \frac{20 - 19.5}{20} = 0.025$$

根据式（3.5）：

$$t_i = -70\ln 0.025 - 370 + 3.7 \times 75 + 0.75 \times 19.5 = 181(\text{ms})$$

根据式（3.6）：

$$t_i = 120\text{ms}$$

3.14　装配过程中避免阻塞

安装到销子上的有孔零件，如果它们之间的尺寸有出入的话，常常会卡住，最典型的就是垫圈装到螺栓上时。参考文献［7］分析了一个安装在销子上的零件，将孔的直径视为一个单位，所有其他长度尺寸都相对于这个单位表示，如图 3.25 所示。销子直径为 $1-c$，这里 c 的定义同 3.12 节。在安装过程中施加到零件上的合力用 P 表示，P 的作用线在（e，0）点与 X 轴相交。如果式（3.9）满足，则零件可以沿着销子自由滑下：

$$P\cos\theta > \mu(N_1 + N_2) \tag{3.9}$$

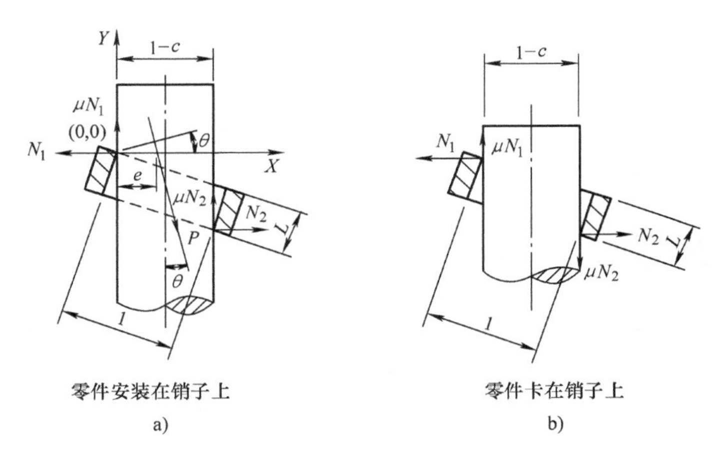

图 3.25　零件和销子的几何形状

水平分解力

$$P\sin\theta + N_2 - N_1 = 0 \tag{3.10}$$

相对于（0，0）点的力矩

$$\{[1 + L^2 - (1-c)^2]^{1/2} + \mu(1-c)\}N_2 - eP\cos\theta = 0 \tag{3.11}$$

令 $[1 + L^2 - (1-c)^2]^{1/2} + \mu(1-c) = q$，则由式（3.9）~式（3.11），可得

$$\left(\frac{2\mu e}{q} - 1\right)\cos\theta + \mu\sin\theta < 0 \tag{3.12}$$

于是，当 $e=0$，并且 $\cos\theta > 0$ 时，条件：

$$\tan\theta < \frac{1}{\mu} \tag{3.13}$$

可确保自由滑动；如果 $e=0$，并且 $\cos\theta < 0$，则条件成为：

$$\tan\theta > \frac{1}{\mu} \tag{3.14}$$

在这种情况下，当 $\theta=0°$（装配力垂直施加）时，由式（3.12）可以得出：

$$2\mu e < q \tag{3.15}$$

或

$$e=\frac{m(1-c)}{2} \tag{3.16}$$

式中，m 为一个正数，将式（3.16）代换到式（3.15），可得到

$$1+L^2>(1-c)^2[\mu^2(m-1)^2+1] \tag{3.17}$$

式中，当 $m=1$ 时，力沿着销子轴线方向施加，由于 $1+L^2$ 总是大于 $(1-c)^2$，在这种条件下，零件将不会堵塞。

即使零件堵塞，所施加力的作用线的变化也将使零件松动。然而，还需要考虑零件是否会转动和卡在销子上。如果接触点上的反作用力的净力矩处于能从堵塞位置转动零件的方向，那么零件就会自己松动。于是，当释放时，为了零件能自己松动，需要满足下列条件：

$$1+L^2>(1-c)^2\ (\mu^2+1) \tag{3.18}$$

比较式（3.17）和式（3.18），表明在式（3.17）中，当 $m=2$ 时，堵塞的零件不能释放自己的条件出现。

3.15 减少圆盘装配问题

当装配操作要求将圆盘状零件插入一个孔时，最常见的问题是堵塞或障碍。特殊搬移设备可以防止堵塞，但一个更简单、经济的解决方案是在生产开始前仔细分析所有零件尺寸。

同样，还是将孔的直径视为一个单位，所有其他尺寸都相对于该尺寸进行度量，如图3.26所示。圆盘直径为 $1-c$，c 是直径间隙，P 是装配操作时的合力，μ 是摩擦因数。当一个没有倒角的圆盘插入到孔里时，可以自由滑动的条件由式（3.19）确定：

$$L^2>\mu^2+2c-c^2 \tag{3.19}$$

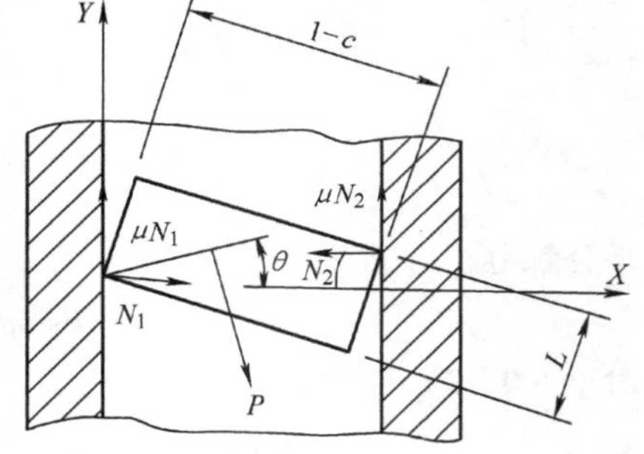

图3.26 圆盘和孔的几何尺寸

如果 c 非常小，则式（3.19）可以表达为：

$$L>\mu+\frac{c}{\mu} \tag{3.20}$$

如果圆盘非常薄，也就是说，如果

$$(1-c)^2+L^2<1 \tag{3.21}$$

通过保持圆盘的圆截面与孔壁平行，可以将其插入孔中，并在圆盘到达孔的底部

时，重新对它进行定向。

3.16　阻塞通道和视线受阻对插入螺纹紧固件的各种设计的影响

对在各种情况下插入不同类型紧固件所需的时间已经进行了大量的试验。首先考虑插入一个机器螺钉并拧合螺钉，图 3.27a 显示的是：当装配工人不能看到操作以及存在不同程度的阻碍时，螺钉端部形状和孔的入口形状对最初旋入的影响。

当障碍面距离孔中心的距离大于 16mm 时，由于扳手空间足够，该表面对操作没有影响，视线受阻成为唯一的因素。在这种情况下，标准螺钉插入凹孔需要的时间最短。对于标准螺钉和标准孔，需要一个额外的 2.5s 时间。当这个孔是靠近相邻表面时，这会妨碍安装操作，从而增加 2 ~ 3s 的时间。

图 3.27b 显示了在类似的条件下，但视线不受阻碍时所获得的结果。与以前的结果

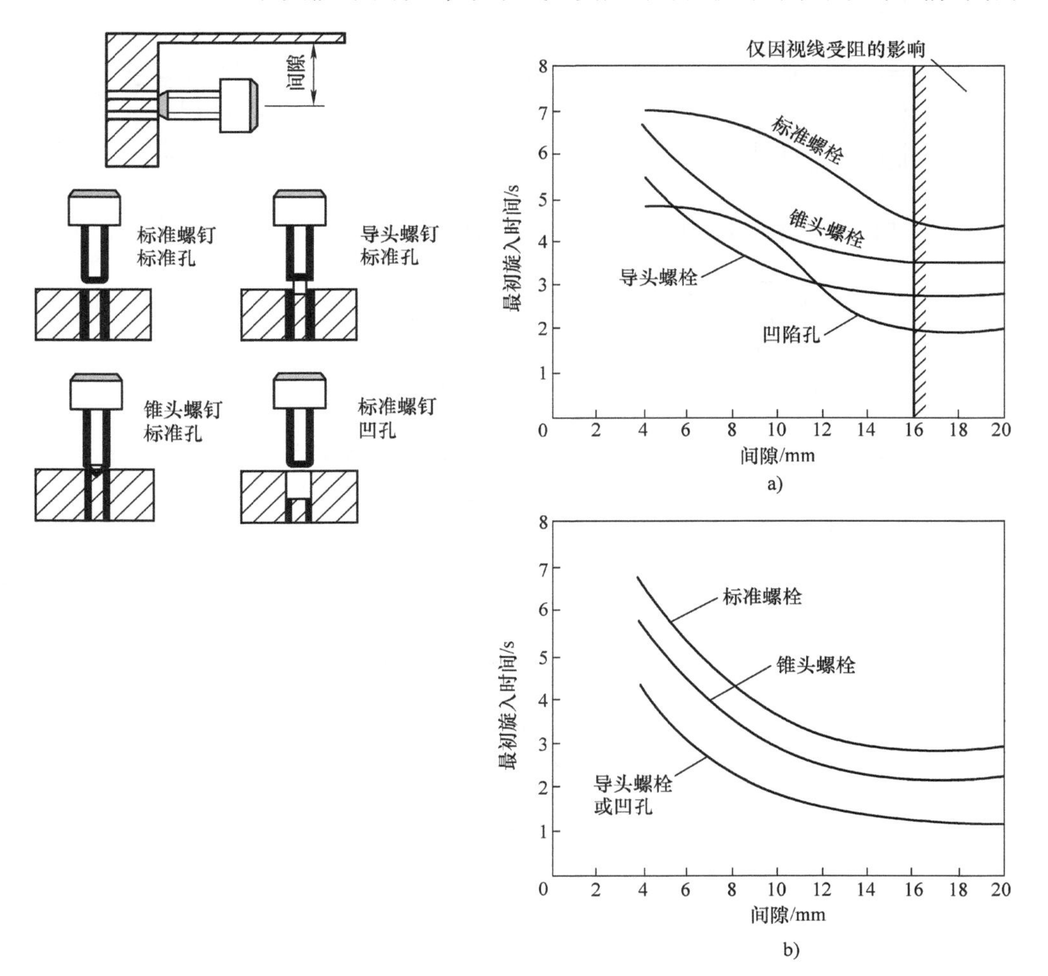

图 3.27　通道阻塞和视线受阻对螺钉的最初旋入的影响

比较表明：当通道阻塞时，视线受阻的影响甚微。这是因为靠近障碍表面能让触觉感应代替视觉。然而，当阻塞消除后，视线受阻会多出 1.5s 的时间。

一旦螺纹啮合后，装配线工人必须使用必要的工具进行充分旋转来拧紧螺钉。图 3.28展示了各种螺钉设计以及应用手动和电动工具进行这些操作所需的总时间。这些情况对工具操作没有任何限制。图 3.29 显示了使用各种工具拧紧一个螺母所需的时间。在操作过程中，对工具存在不同程度的阻碍。可以看到：当存在障碍时，套筒扳手

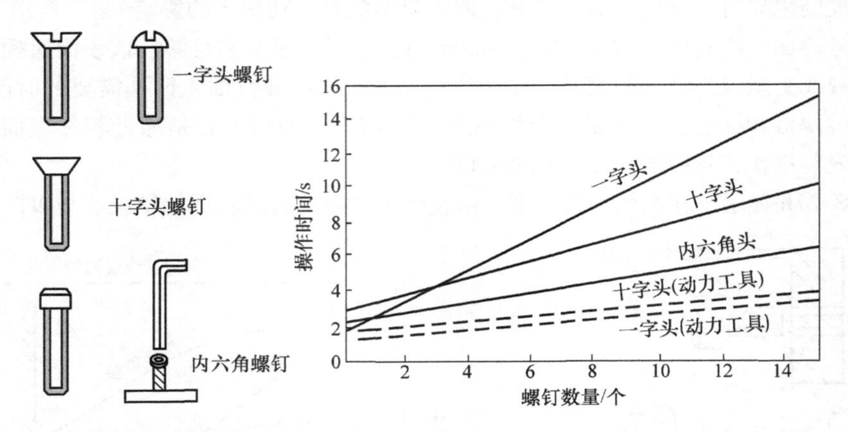

图 3.28　螺钉数量对拾起工具、拧合螺钉、紧固螺钉和放回工具的影响

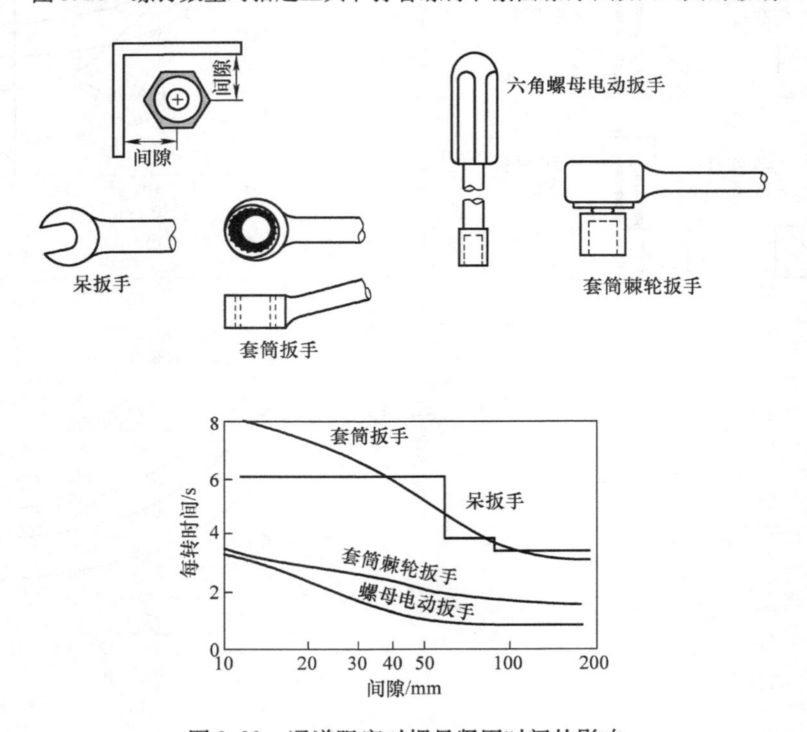

图 3.29　通道阻塞对螺母紧固时间的影响

的操作时间会增加 4s。然而当设计一个新产品时，设计师通常不会考虑使用工具的类型，而是自然地选择最好的工具来完成工作。在目前的示例中，最好的工具可能是螺母电动扳手或者是套筒棘轮扳手。

3.17　阻塞通道和视线受阻对空心铆接操作的影响

图 3.30 给出了执行空心铆接操作所需要时间的试验结果[10]。在试验中，拿起工具、选择铆钉、把工具移动到正确的位置、插入铆钉、把工具返还到原始位置等这些操作所需的平均时间为 7.3s。图 3.30a 中总结了通道阻塞和视线受阻的共同影响，图 3.30b 给出了通道阻塞的影响。在后一种情况下，可能会导致时间增加 1s，除非间隙相当小，时间损失可以忽略不计。当视线受阻时，将增加 2～3s 的时间损失。

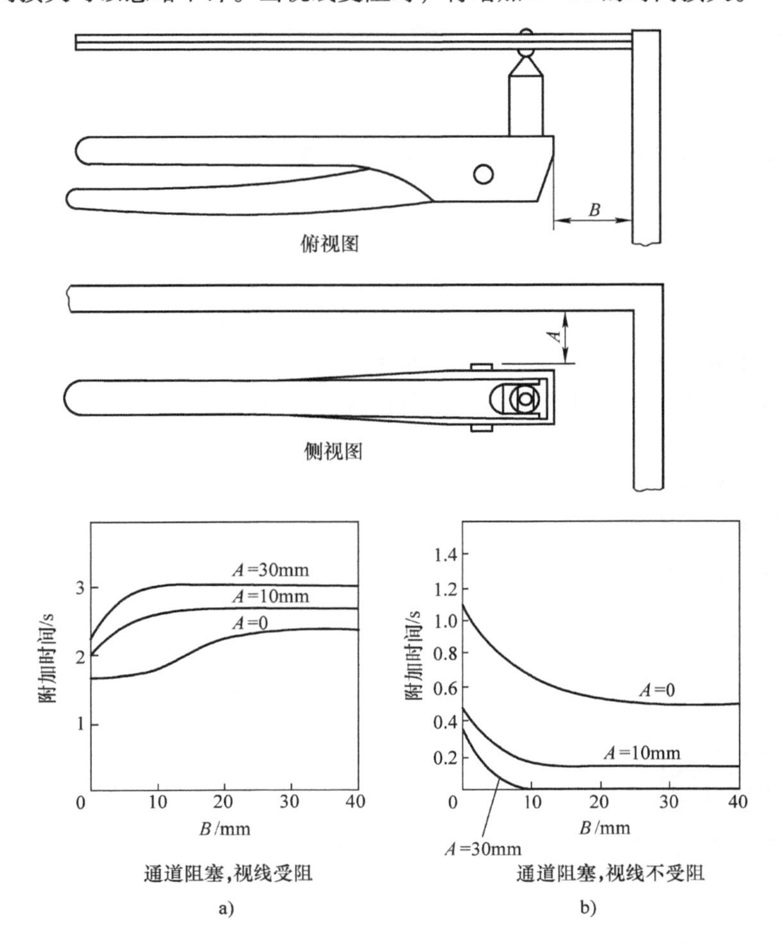

图 3.30　通道阻塞和视线受阻对插入空心铆钉时间的影响

（资料来源：Fujita，T and Boothroyd G. Data Sheets and Case Study for Manual Assembly，Report No. 16，Department of Mechanical Engineering，University of Massachsetts，Amherst，MA，April 1982）

3.18 握持影响

当零件插入或在后续操作中不稳定，就必须握持。握持是指在插入或后续操作之前，保持零件现有位置和方向的过程。将一个销子垂直插入两个或更多个堆叠零件的通孔所需的时间包括基本时间 t_b 和额外增加时间 t_p。基本时间是当零件预对准和自定位时插入销子所需的时间，如图 3.31a 所示，并可以表示如下[11]：

$$t_b = -0.07\ln c - 0.1 + 3.7L + 0.75d_g \tag{3.22}$$

式中 c——量纲一间隙，$c=(D-d)/D$，$0.1 \geqslant c \geqslant 0.0001$；

L——插入深度（m）；

d_g——握持尺寸（m），$0.1m \geqslant d_g \geqslant 0.01m$。

实　　例

$D=20\text{mm}$，$d=19.6\text{mm}$，$c=(D-d)/D=(20-19.6)/20=0.02$，$L=100\text{mm}=0.10\text{m}$，$d_g=40\text{mm}=0.04\text{m}$，则

$$\begin{aligned} t_b &= -0.07\ln c - 0.1 + 3.7L + 0.75d_g \\ &= (-0.07\ln 0.02 - 0.1 + 3.7 \times 0.10 + 0.75 \times 0.04)\text{s} \\ &= (0.27 - 0.1 + 0.37 + 0.03)\text{s} = 0.57\text{s} \end{aligned}$$

图 3.31 和图 3.32 允许附加时间由三个条件决定：

① 当容易对准的零件对准时，要求握持（图 3.31b）。

② 当难以对准的零件对准时，要求握持（图 3.31c）。

③ 当难以对准的零件要求对准时，握持（图 3.32）。

在上面给出的例子中，当 $t_b=0.57\text{s}$ 时，对于图 3.31b 的条件，附加时间 $t_p=0.1\text{s}$；对于图 3.31c 的条件，附加时间 $t_p=0.15\text{s}$；对于图 3.32 的条件下，附加时间 $t_p=3\text{s}$。

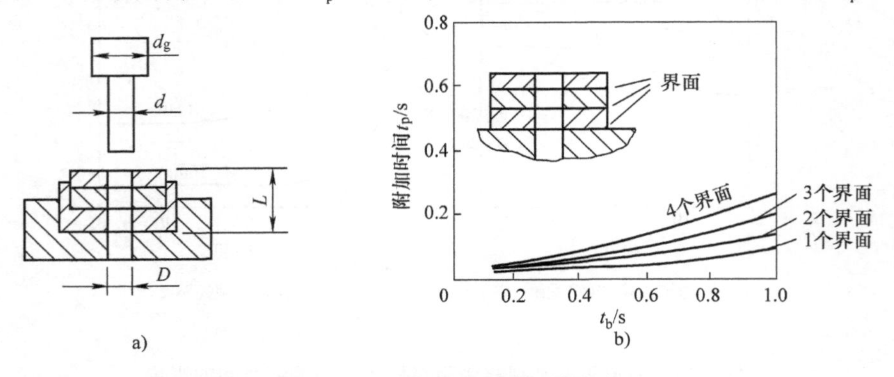

图 3.31 握持对插入时间的影响

a）自定位和预对准的零件 b）容易对准的零件

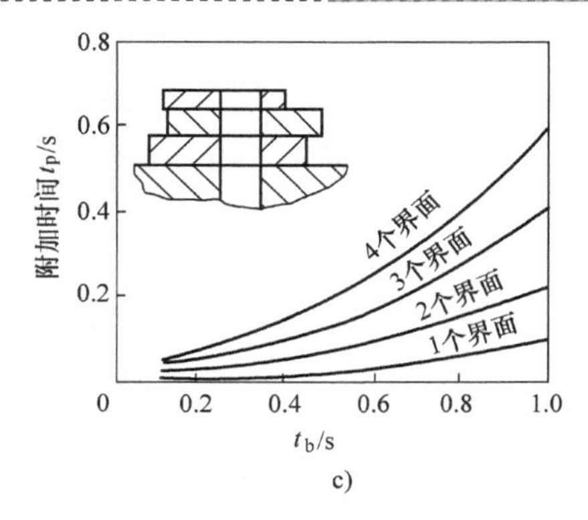

图 3.31 握持对插入时间的影响（续）

c）不容易对准的零件

（资料来源：Yang，S. C. and Boothroyd，G. data Sheets and Case Study for Manual Assembly，Report No. 15，Department of Mechanical Engineering，University of Massachsetts，Amherst，MA，April 1981）

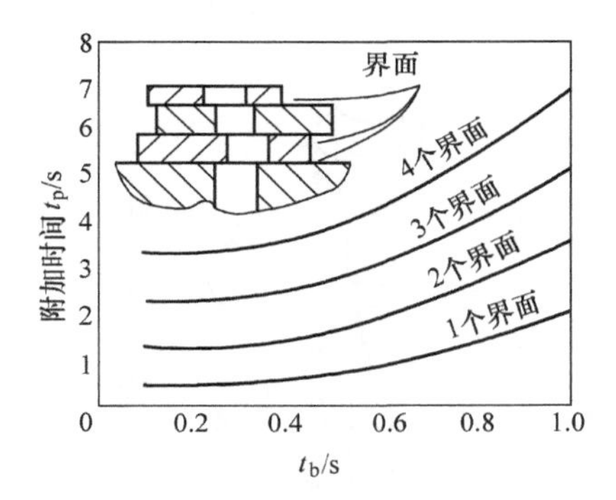

图 3.32 握持和对准对难以对准零件插入时间的影响

（资料来源：Yang，S. C. and Boothroyd，G. data Sheets and Case Study for Manual Assembly，Report No. 15，Department of Mechanical Engineering，University of Massachsetts，Amherst，MA，April 1981）

3.19 手工装配数据库和实际数据表

前面的章节介绍了在开发 DFA 方法期间所进行的一些分析和实验结果选择。对于更早之前介绍的开发分类方案和时间标准，需要获得一个平均时间的估计（以秒为单位），以完成属于不同类别的所有零件的操作。例如，在表 3.1 最上方左侧的框（编码（00））给出了抓持、定向和移动零件的平均时间为 1.13。

零件情况：可以用单手抓住和操纵；完全对称角小于 360°（例如，普通圆柱体）；大于 15mm；厚度大于 2mm；没有搬移难度，比如灵活性，倾向于缠结或嵌套等。

显然，大量的零件属于这一范畴，它们的处置时间有所不同。所给出的数字只是零件范围内的一个平均时间。

为了说明问题的类型，该问题是由在DFA方法采用的成组技术编码或分类方案所提出来的。我们可以考虑1个厚度为1.9mm的零件装配。除了它的厚度小于2mm，零件会被归类为代码00，如表3.1所示。然而，由于零件的厚度，适当的代码应为02。估计搬移时间是1.69s，而不是1.13s，相差一个附加时间为0.56s。

现在我们来看表3.1所示厚度影响的实验结果。可以看到，对于一个圆柱体零件，其实际附加时间只有0.01～0.02s。我们由此知道我们的结果误差约有50%。在正常情况下，经验表明：这些误差容易被忽略。对于一些零件，误差会导致估计的时间过高，而对另一些零件，误差又会导致估计的时间剩余。然而，如果一个装配件中包含大量相同的零件，必须注意检查零件特征是否接近类型的极限。如果是这样的话，则上面给出的详细结果可以参照。

3.20　DFA方法的应用

为了说明DFA是如何在实践中应用，我们将考虑如图3.33所示的控制器装配。该

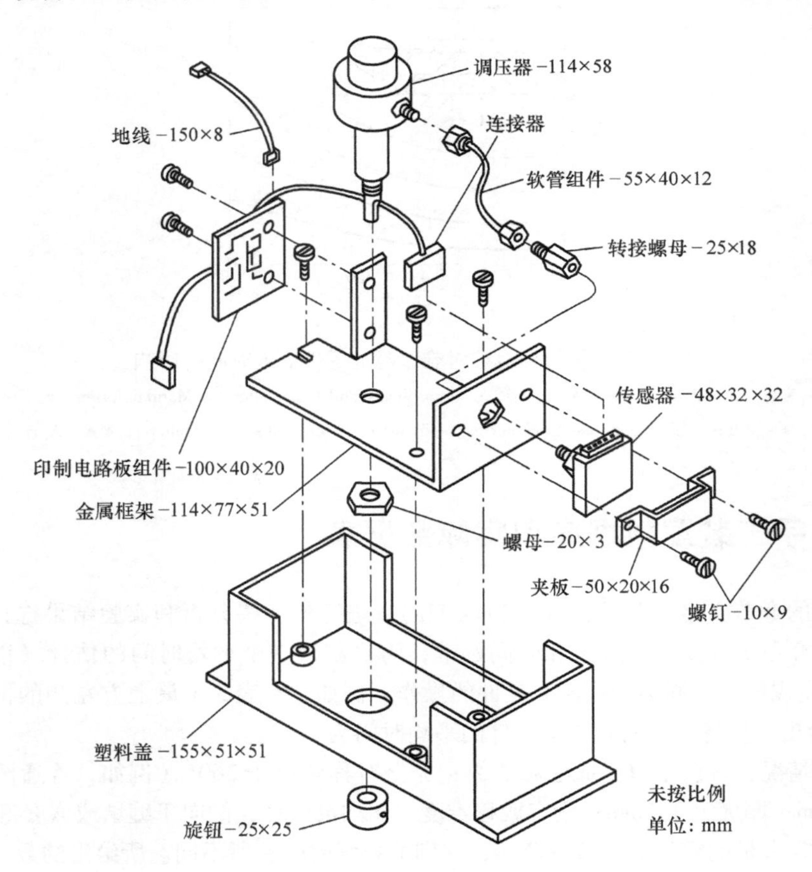

图3.33　控制器装配

产品的装配，首先使用螺钉将一串部件紧固到金属框架上，以不同的方式将这些部件连接在一起。然后再次用螺钉把装配有部件的金属框架紧固到塑料盖上。塑料盖不符合要求的设计特征是：在金属框架固定在塑料盖之前，那些小部件必须紧固到金属框架上。

表3.3给出了一个完整的工作表分析，该工作表列出了针对控制器的所有操作和相应装配时间以及成本。每个装配操作都可分解为搬移和插入两部分，每一个过程相应的时间和两位数的编码也列入表中。装配从调压器凸杆的放置和螺母紧固开始，然后把已装配的部件在夹具里翻转，以使其他零件装配到金属框架上。

接下来，放置传感器和固夹板，并且在安装螺钉的同时握住传感器和固夹板。显然，这两个零件以及螺钉插入的难度会在装配过程中增加时间损失。

将传感器的螺纹装配到位后，转接螺母就能够旋转到位了。然后，软管组件的一端固定到调压器外螺纹上，而另一端则固定在转接螺母上。显然，这两部分都是难以装配并且耗费时间。

印制电路板组件现在可以定位并用两个螺钉安装在固定位置。完成此操作后，把印制电路板部件的连接器锁扣到传感器上，同时把地线也锁扣到相应位置。

整个组件必须再翻转一次，以保证在进行螺钉紧固操作的同时定位和固定旋转组件。最后，安装完塑料盖之后，整个组件需要进行第三次翻转，以便插入三个螺钉。需要注意的是，这三个螺钉的插入通道有很大限制。

从上述装配顺序的描述可以明显地看出：此设计的许多方面可以进行改进。然而，确定和量化简化产品结构和降低装配难度的变更之前，还必须按部就班地分析每一步操作。首先，我们将考虑如何确定搬移和插入的时间。以固夹板装配到金属框架上为例。该操作在工作表上的第六项。每行的信息如下：

项目数量（*RP*）：只有一个固夹板。操作代码：固夹板的插入轴是水平方向的，如图3.33所示。固夹板的唯一插入方式是沿着该轴线方向插入。因此，α对称角为360°。如果固夹板绕着插入轴旋转，其方向性每180°重复一次，所以为β对称角。于是，总对称角为540°。参照操作时间数据库（表3.1），当在无工具辅助的条件下，用单手抓持和操作固夹板时，因此$\alpha+\beta=540°$。操作代码的第一码位为2，固夹板没有搬移难度（很容易抓取并从散状态下分离开），它的厚度大于2mm，尺寸大于15mm。因此，第二码位为0，得到搬移码位为20。

每件搬移时间（t_h）：搬移码20对应的搬移时间为1.8s（表3.1）。

手工插入编码：由于零件插入过程中固夹板没有固定，所以不存在通道限制和视觉限制。插入编码的第一码位为0（表3.2）。当进行后续操作时需要固定固夹板，因为没有便于与螺钉孔对齐的特征，所以固夹板不容易对齐。因此，第二码位为8，得到插入编码为08。

每件插入时间（t_i）：插入编码08对应的插入时间为6.5s（表3.2）。

总操作时间：

总操作时间为搬移时间和插入时间的总和再乘上零件数再加上刀具获得时间t_a（如果需要的话）。即：$t_a+RP\ (t_h+t_i)$。对于固夹板，总操作时间为8.3s。

最少零件数：与前面解释的一样，理论最少零件数的建立是确定产品结构上可能的

表 3.3 控制器装配的完整分析

项目名称	件数	手工搬移码	每件搬移时间/s	手工插入编码	每件插入时间/s	总操作时间/s	最少零件数	描述
1. 调压器	1	30	1.95	00	1.50	3.45	1	放置在夹具里
2. 金属框架	1	30	1.95	06	5.50	7.45	1	添加
3. 螺母	1	00	1.13	36	8.00	9.13	0	添加和螺纹紧固
4. 重新定向	1			98	9.00	9.00		重新定向和调整
5. 传感器	1	30	1.95	08	6.50	8.45	1	添加
6. 固夹板	1	20	1.80	08	6.50	8.30	0	添加和夹紧
7. 螺钉	2	11	1.80	39	8.00	19.60	0	添加和螺纹紧固
8. 贴束带	1			99	12.00	12.00		操作
9. 转接螺母	1	10	1.50	49	10.50	12.00	0	添加和螺纹紧固
10. 软管组件	1	91	3.00	10	4.00	7.00	0	添加和螺纹紧固
11. 螺钉紧固件	1			92	5.00	5.00		操作
12. 印制电路板组件	1	83	5.60	08	6.50	12.10	1	添加和夹紧
13. 螺钉	2	11	1.80	39	8.00	19.60	0	添加和螺纹紧固
14. 连接器	1	30	1.95	31	5.00	6.95	0	添加和锁扣
15. 地线	1	83	5.60	31	5.00	10.60	0	添加和锁扣
16. 重新定向	1			98	9.00	9.00		重新定向和调整
17. 旋钮组件	1	30	1.95	08	6.50	8.45	1	添加和螺纹紧固
18. 螺钉紧固件	1			92	5.00	5.00		操作
19. 塑料盖	1	30	1.95	08	6.50	8.45	0	添加和夹紧
20. 重新定向	1			98	9.00	9.00		重新定向和调整
21. 螺钉	3	11	1.80	49	10.50	36.90	0	添加和螺纹紧固
总计	25					227.43		放置在夹具里

简化的最有力的方法。对于固夹板，在调压器、金属框架、螺母和传感器已经完成安装的情况下，可以应用分离零件的3个准则。

① 固夹板与这些零件不存在相对运动，因此，从理论上讲，固夹板可以与这些零件中的任何一个进行合并。

② 固夹板有必要使用不同的材料。事实上，它可以使用与传感器外壳相同的材料。因此，采用带有两个突出孔的接线片的形式。在分析这一点时，由于传感器是购买的固定产品，所以设计者一般不对其设计进行修改。然而，在这个阶段忽略这些经济上的考虑，而仅仅考虑理论上的可能性是非常重要的。

③ 为了传感器的装配，固夹板显然没有必要一定与传感器分开。因此，这3个准则中没有一个能被满足，固夹板可以考虑去掉。根据这3个准则，可以考虑把固夹板取消，在最少零件的一栏里取值为0。

一旦完成了对所有操作的分析，就可以总结出正确的值了。于是，对于控制器，总体的零件和部件数为19，并有6个附加操作。总装配时间为206.43s，装配工人费率为每小时30美元，相应的装配成本为1.72美元，理论的最少零件数为5。

现在可以使用式（3.1）来求DFA指数，在这个公式里，t_a是对于一个零件的基本装配（包括搬移和插入）时间，其平均值可以取为3。于是，DFA指数为：

$$5 \times \frac{3}{206.43} = 0.07 \text{ 或 } 7\%$$

现在应该辨识出高成本的装配过程了，特别是那些没有标准对其做出规定的独立零件的装配。根据如表3.3所示的工作表结果，应该把注意力集中在塑料盖与金属框架的合并上。这可以省去盖子的装配、三个螺钉的装配和重新定向操作，可以节省的总时间为52.05s，这占到了总装配时间的25%。当然，设计者还必须检查塑料盖和金属架的合并成本低于这两个分离零件的总成本。

表3.4中列出了全部能够取消或合并的项目以及恰当的装配所节省的时间。

表3.4 设计变更及其所带来的相关节省

设计变更	条目	节省的时间/s
1. 合并塑料盖和金属框架，取消三个螺钉和1个重新定向	19，20，21	52.05
2. 取消固夹板和两个螺钉（如果需要的话，提供塑料框架内的固夹板固定传感器）	6，7	24.1
3. 取消固定集成电路板组件的螺钉（塑料架内增加搭扣）	13	17.1
4. 取消2个重新定向	4，16	9.0
5. 取消软管组件和螺钉紧固操作（转接螺母和传感器直接用螺钉装到调压器上）	10，11	17.4
6. 取消地线（塑料架不需要地线）	15	8.7
7. 取消连接器（把传感器插入集成电路板上）	14	5.25

我们现在已经确定了能节省 133.8s 装配时间的设计变更，节省的时间占到总装配时间的 65%。另外，取消了几个部件，这使得零件成本降低。图 3.34 给出了控制器装配的原理性再设计，这个设计已经作了设计变更。表 3.5 给出了相应的再设计后的工作表，现在的总装配时间为 77.93s。装配效率（DFA 指数）增加到 19%，对于这样一种装配类型来说，这是一个相当可观的数字。当然，设计者或设计团队现在必须考虑修改后设计的技术和经济效果了。

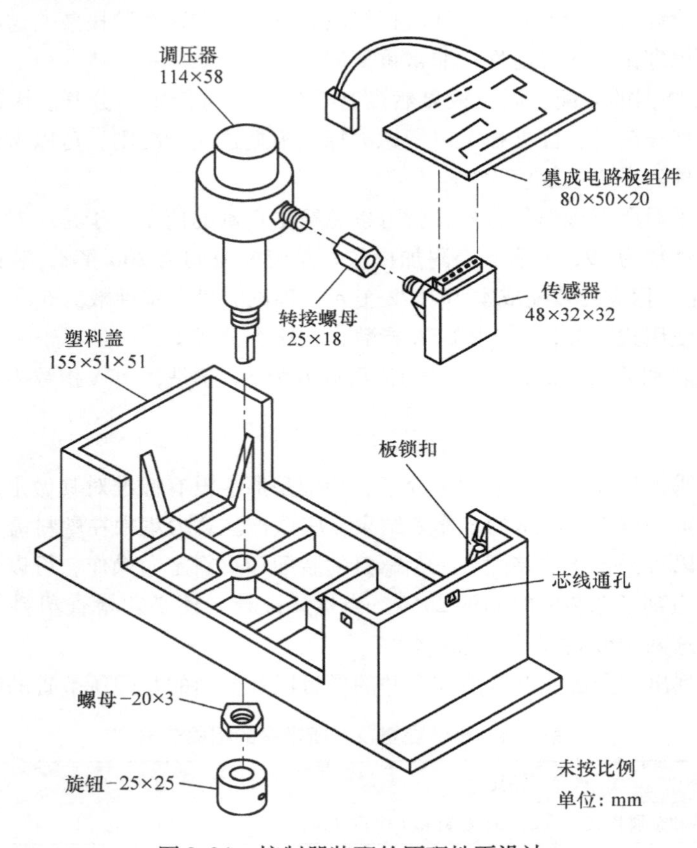

图 3.34 控制器装配的原理性再设计

表 3.5 控制器装配再设计的完整分析

零部件	数量	手工搬移编码	每件搬移时间/s	手工插入编码	每件插入时间/s	总操作时间/s	最少零件数	说明
1. 调压器	1	30	1.95	00	1.50	3.45	1	放置到夹具内
2. 塑料盖	1	30	1.95	06	5.50	7.45	1	添加，夹紧
3. 螺母	1	00	1.13	39	8.00	9.13	0	添加，螺纹紧固
4. 旋钮组件	1	30	1.95	08	6.50	8.45	1	添加，螺纹紧固

（续）

零部件	数量	手工搬移编码	每件搬移时间/s	手工插入编码	每件插入时间/s	总操作时间/s	最少零件数	说明
5. 螺钉紧固件	1			92	5.00	5.00		操作
6. 重新定向	1			98	9.00	9.00		重新定向
7. 贴束带	1			99	12.00	12.00		操作
8. 转接螺母	1	10	1.50	49	10.50	12.00	0	添加，螺纹紧固
9. 传感器	1	30	1.95	39	8.00	9.90	1	添加，螺纹紧固
10. 集成电路板组件	1	83	5.60	30	2.00	7.60	1	添加，锁扣
合计	10					83.98	5	

首先，存在着对零件成本的影响。经验表明，从零件成本降低上节约的费用要大于装配成本上节约的费用，本例中节约的成本为1.07美元。在材料、制造和装配上的成本节约表现为直接成本，为了得到真实的成本，还必须加上一般管理费用，它通常为200%或者更多。此外，还有其他更难以量化的成本节约。例如，当取消金属框架这样一个零件时，所有相关的文件，包括零件图也都取消了。同样，零件不能误装配或在使用中失效，这些因素提高了产品的可靠性、可维护性和质量。因此，作为本书论述的DFA分析方法应用的结果，许多美国公司报告的每年节省费用以百万美元计，这一点也不令人惊讶。

3.21　更多的设计准则

前面列出了部分适用于手工搬移和插入的一些指导准则或设计准则。然而，有可能从最少零件准则的应用引申出更多的通用设计准则，这些准则在控制器的分析中都可以找到。

（1）避免连接　如果一个零件或装配的目的是把A和B连接起来，那么就设法在同一位置上定位A和B。图3.35说明了这个准则。此处把两个连接性组件重新设计，以保证提高装配和制造效率。同样，在控制器分析过程中也存在两个这样的实例，即整个软管组件可以取消，以及从集成电路板组件到连接器的导线也是不必要的，如图3.33所示。

（2）对装配操作的无限制通道设计　对于一个小型组件，图3.36给出了两种设计构思。在第一种设计构思中，因为方形盒基础件内通道受限，螺钉的安装将会非常困难。第二种设计构思中，因为部件装配在平的基础件上，通道相对没有受到限制。当安装塑料盖内固定金属框架组件的螺钉时，在控制器分析中出现过这种类型的例子，详见表3.3，序号21。

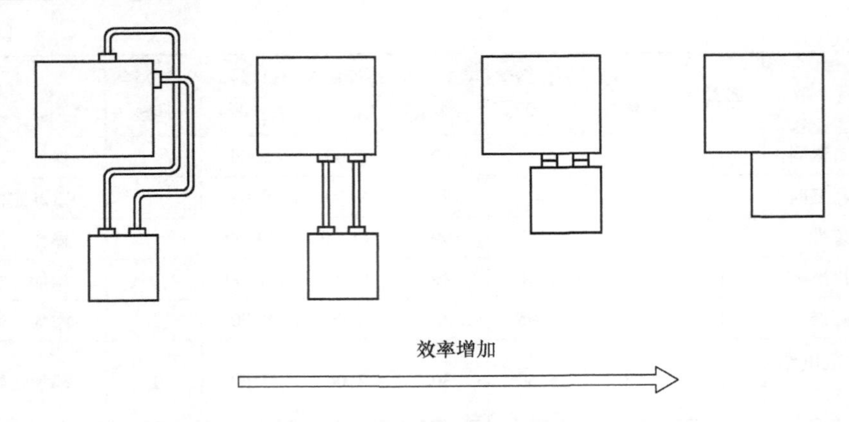

图 3.35 重新设计连接以提高装配效率和降低成本

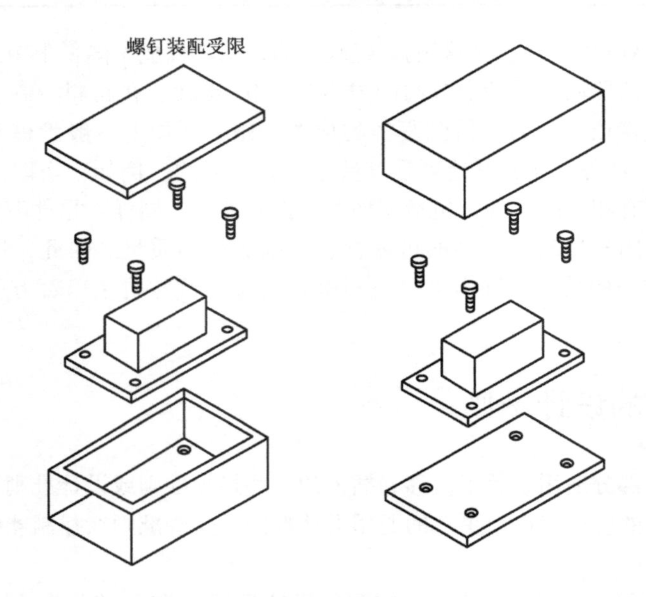

图 3.36 装配过程中更易于装配的设计构思

（3）避免调整 图 3.37 给出了用两个螺钉紧固不同材料的两个零件，这种方式需要调整组件的总长度。如果组件整体采用不锈钢制造，操作难度和成本将会降低。这些节约可能会抵消或超过材料成本上的增加。

（4）应用运动学设计原理 运动学设计原理的应用能降低制造和装配成本，有许多方法来应用这种原理。当定位的零件受到约束过多时，需要某种手段调整定位的零件或者使用更精密的机器来操作。图 3.38 说明了在一个纸张平面上使用六点约束来定位方块，每个约束点都需要调整。根据运动学设计原理，加上闭合力，只需要三点约束。很明显，图 3.38 所示的重新设计较为简单，需要较少的零件、较少的装配操作以及较少的调整。在许多情况下，过定位设计是由于有冗余零件而引起的。在图 3.39 所示的过定位设计中，其中一个销子是多余的。然而，利用最少零件准则，带有单个销子的设计可以把销子与某一主零件合并，垫圈可以和螺母合并。

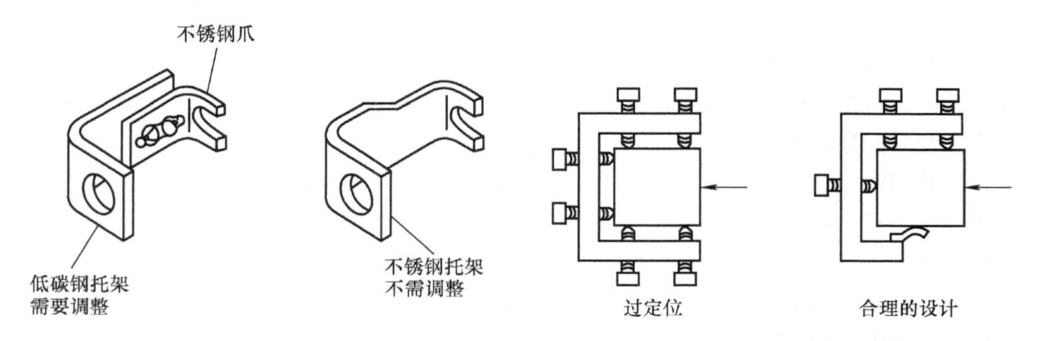

图 3.37　装配过程中避免调整的设计

图 3.38　产品设计过程中过定位导致不必要的复杂性

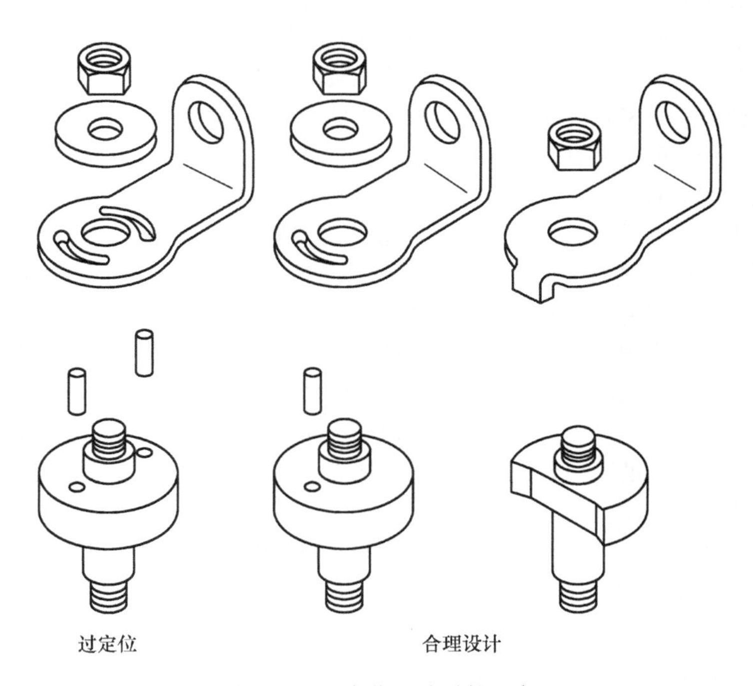

图 3.39　过定位导致零件冗余

3.22　大型装配件

在最初的 DFA 方法中，装配时间的估计是基于成组技术方法。在这种方法中，产品和零件特征被分成很多类别，对于每个类别都建立了平均搬移和插入时间。显然，对于任何特定的操作，这些平均时间可能会大大高于或低于实际的时间。然而，对于包含了大量零件的装配件，差异将倾向于取消以使得总体时间相当地准确。事实上，DFA方法在实践中的应用已经表明：对于小批量生产的小型装配件，当装配工人能够很容易地拿到所有的装配零件时，装配时间的估计是相当准确的。

显然，对于大型装配件，从装配区的储藏位置获得单个零件需要很长的额外时间。同时，在大量生产的传送线的情况下，小批量生产中的数据会高估了这些时间。显然，一个装配时间数据库不可能对所有情况都准确。

让我们举一个例子来加以说明。从表3.1和表3.2中的DFA数据库可知，获得和插入一个不易对准的标准螺钉所需时间为8.2s。这个时间包括抓取螺钉、手工将其放到装配件上、获得电动工具、操作工具、然后替换它的时间。然而，在大量生产的情况下，螺钉通常会自动送料，所以时间缩短至每个螺钉约3.6s。对于设计良好的螺钉，每个螺钉的装配时间可以少于2s。

DFA方法被扩展使得这些变成可能，并可获得更准确的装配时间估计。然而，这可能减少该方法的有效性。在前面的例子中，螺钉插入使用更少时间的分析表明，消除螺钉对减少装配时间效果并不明显。然而，众所周知，通过合并零件和消除单独的紧固件来简化产品，从而降低零件的成本而非降低装配成本的方法可以获得最大的效益；但这些改进的建议只是来自产品装配的分析。因此，单独的紧固件，即使它们只需要很少的时间装配，仍可能带来更多的不利。

事实上，在上面的例子中已经讨论过，在螺钉可以快速插入的场合，可以使用特殊设备来解决由于糟糕设计所带来的问题。这就要求早期DFA分析应该在假设只有标准设备是可用的情况下进行。以后，在详细设计阶段可以尝试改善装配时间的估计。显然，除非有可用的制造和装配程序的详细描述，否则不可能准确估计时间。当通过改善产品设计，节省成本的可能性最大的这种情况是不会出现在早期设计阶段的。另一方面，对于以几英寸计量的小型装配件的装配时间数据库是不能给包含有几英尺大小的大型零件装配件一个合适的预估的。因此，对于产品尺寸和生产条件差异显著时，最好是使用适合于相应条件的不同数据库。需要再次强调的是，在概念设计阶段，设计者通常不能得到关于装配工作范围的详细信息。

考虑到上述几点，下面章节描述了一个开发数据库的方法，可以用来估计抓取和插入装配到大型产品中的零件所需的时间。

3.23 手工装配方法的类型

零件获取时间是与装配区的自然布局和装配方法高度相关的。对于放置在装配工人容易触及地方的小型零件，如果采用如图3.40所示的台式装配和如图3.41所示的多工位装配，那么表3.1所给出的搬移时间是充足的。假设在这两种情况下，不要求有装配工人的主要身体运动。

对于不需传输系统的生产，并且如果装配包含几个重量超过5lb或者是尺寸超过

12in 的零件时，是不可能在装配工人的手臂够得着的地方提供充足的零件供给。在这种情况下，假设最大零件是小于 35in，而最重零件小于 30lb，则可以采用模块化装配中心，见图 3.42。这是一种工作台和仓储货架的集成安排形式，零件尽可能放在装配工人能触及的地方。然而，由于抓取某些零件可能需要操作者转身，弯腰或走动，这会增加搬移时间。可以很方便地把模块工作中心按照零件尺寸类别分为三种，它们分别对应于装配中的零件最大尺寸为：小于 15in、15～25in 和 25～35in。

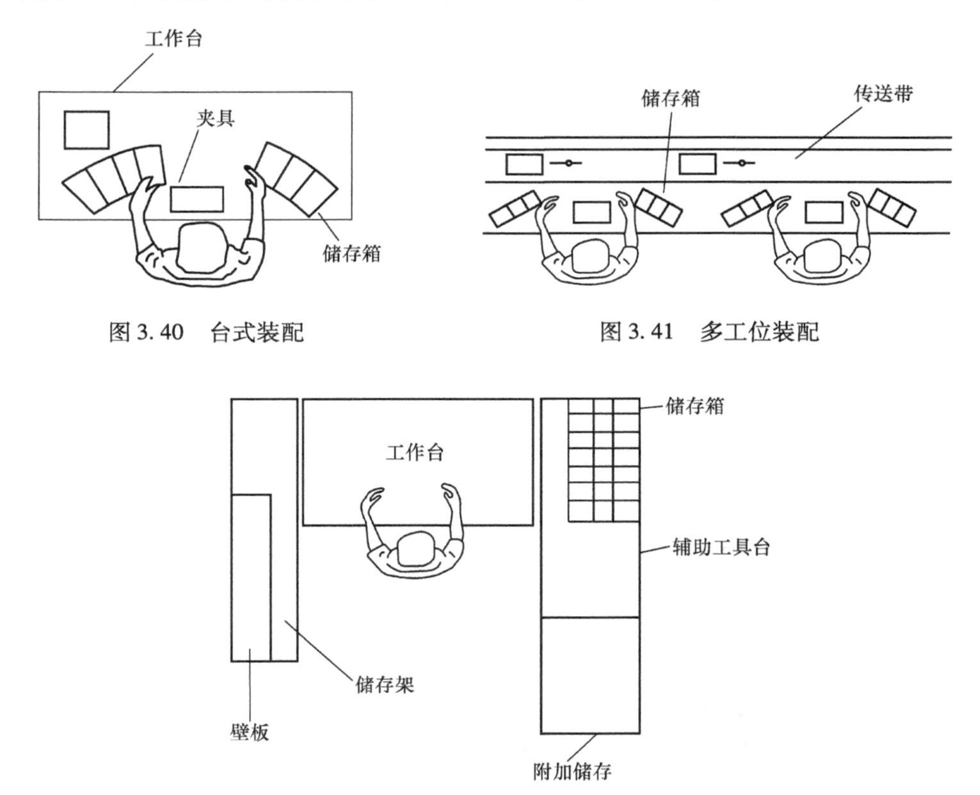

图 3.40 台式装配

图 3.41 多工位装配

图 3.42 模块化装配中心

对于具有更大零件的产品，可以使用订制的装配布局。在这里，产品可以在工作台或在地板上装配，各种仓储架和辅助设备排列在装配区外围，如图 3.43 所示。整个工作区要比模块化装配中心大，其大小取决于装配体中最大零件的尺寸类别。订制装配布局采用了三个子类别：装配体中最大零件尺寸是 35～50in，50～65in 和大于 65in。

对于大型产品，也可以使用更灵活的安排，这被称为柔性装配布局。如图 3.44 所示的这个布局在大小上与订制装配布局相似，根据最大零件尺寸，采用了相同的三个子类。然而，移动存储车和工具手推车的使用装配更有效率。

在订制装配布局和柔性装配布局中，需要吊车或手动搬运车的机械协助的可能性增加。在这些情况下，为了容纳额外的设备，可能需要增加工作区域。

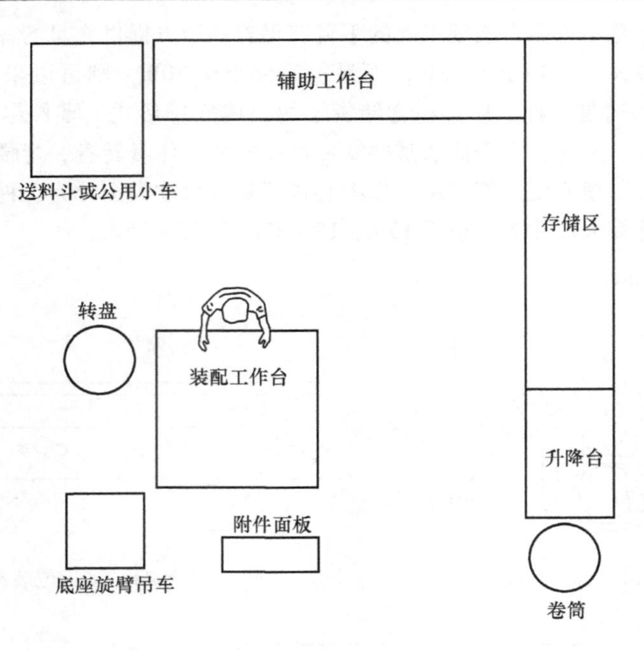

图 3.43 订制装配布局

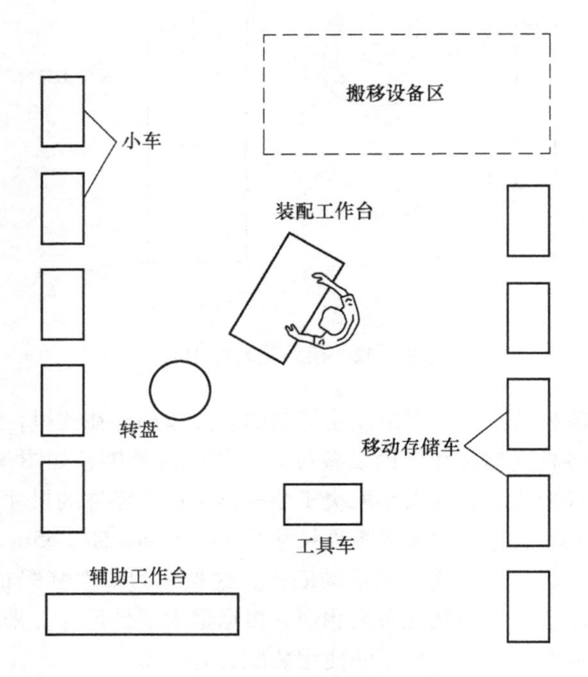

图 3.44 柔性装配布局

对于含有大型零件的大批量装配产品（如汽车工业），可以采用通过手工装配台的移动传送带（图3.45）。

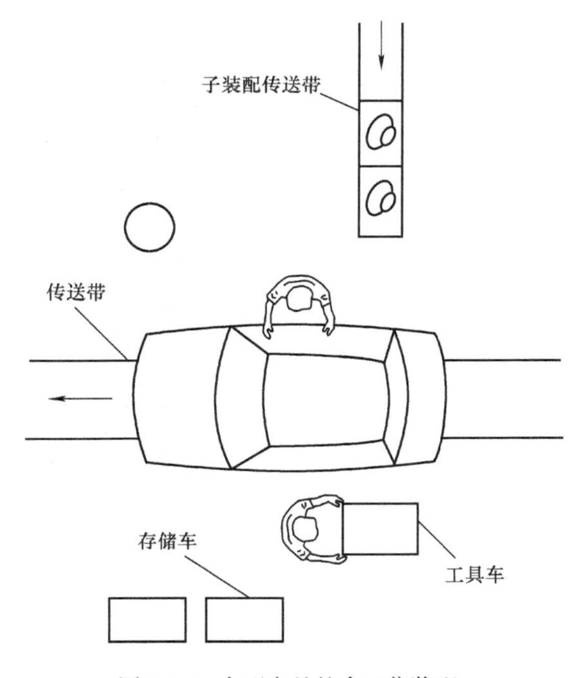

图3.45　大型产品的多工位装配

还存在两种其他手工装配情况。第一种是批量很小的小型产品装配——或许需要在无尘车间进行。这包括复杂和敏感器件，如飞机燃料控制阀的装配。在这种装配中经验不足的工人必须阅读每一步指令。第二种是大型产品，主要在现场进行的装配。这种类型的装配通常称为安装，例如，在一个多层建筑里安装一部乘客电梯。

在任何装配情况中，也许还需要特殊设备。例如，有时需要定位装置来对零件进行定位和对准——尤其是焊接作业之前。在这些情况下，设备必须从装配区的存储地运来，在零件被定位（固定）后再运送回去。因此，设备总的处置时间约是零件处置时间的两倍，如果产量很小时则必须考虑。

图3.46总结了上述手工装配的基本类型。可以看到，前三个方法都假设仅装配小型零件。在这些情况下，可以假定零件均放置在手易接触的地方且是一次抓取一个零件。因此，如果要插入6个螺钉，同时收集6个螺钉是没有优势的。然而，对于含有大型零件的产品装配来说，诸如紧固件之内的小型零件可能没有放在装配工人易接触的地方，甚至可能需要装配工人必须走到不同的地方去拿这些小零件，这时同时获取多个零件就有了很大的优势。

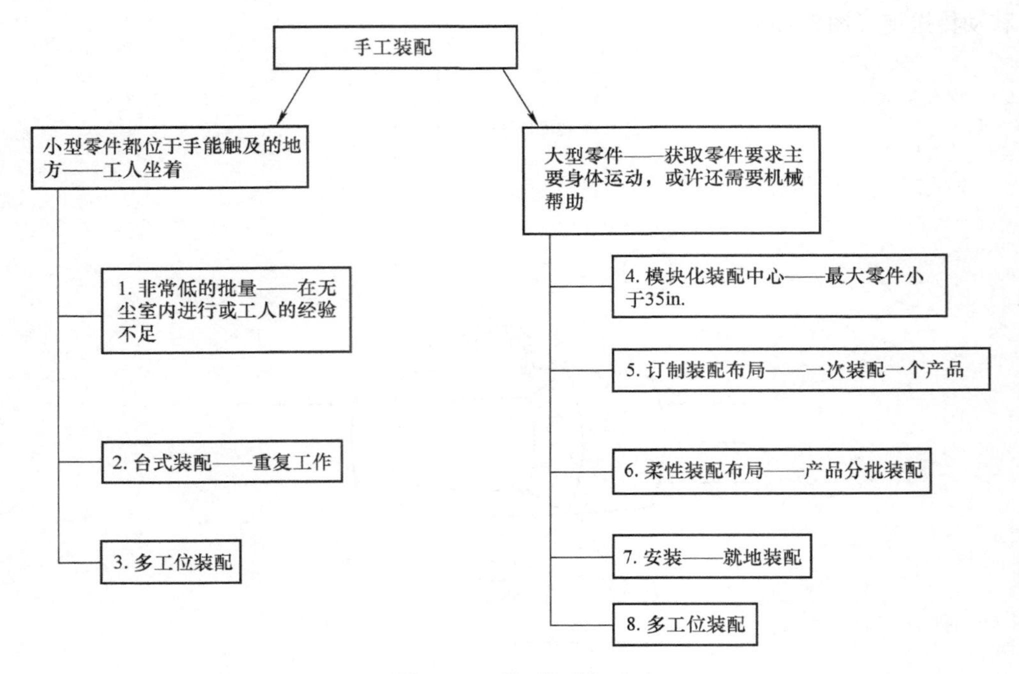

图 3.46　手工装配方法

3.24　装配布局对抓取时间的影响

对于装配方法类别 4、5 和 6，表 3.6 给出了包括对各种尺寸典型装配布局的充分研究结果的总结。对于上述九个子类的每一个都使用了标准项目（如工作台和仓储货架）来设计一个典型布局。然后假设各种尺寸和重量的零件储存在最合适的位置。图 3.47 给出了一个订制装配布局的实例。使用 MTM 时间标准[19]，然后估计了各种尺寸和重量的零件取回时间[20]。最后，表 3.6 给出了研究结果的平均值。此外，由于发现订制装配布局和柔性装配布局的时间是相似的，将它们合并后并取均值。因此，对于中等尺寸的订制装配布局或中等尺寸的柔性装配布局（最大的零件 50 ~ 60in）的基本零件取回或获取时间被确定为 11.61s。

对于零件重量的影响，可以应用在前面章节中所描述的修正因子。然而，产生的校正效果相当小。因此，把零件分成大范围重量类别是可行的，即把重量分成 0 ~ 30lb 和大于 30lb 两类。对于重量大于 30lb 的类别又进行分类的原因是这些零件通常要求两个人或起吊设备来搬移。对于第一类重量（0 ~ 30lb）搬移时间修正值是由假设平均重量为 15lb 所得到的。

对于第二个重量类别，零件需要两个人来搬移。这个类别的数据是通过估计两个人

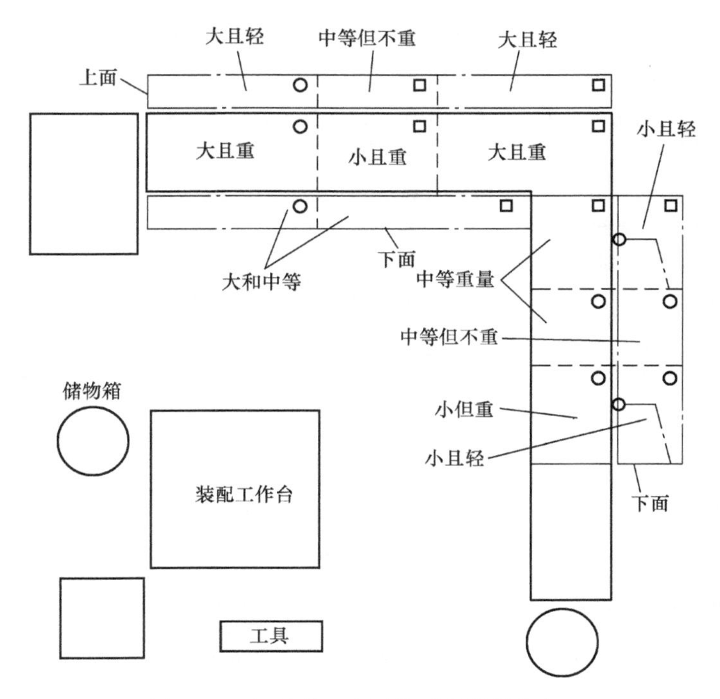

图3.47　订制装配布局的零件假设分布

□ 低翻转　○ 高翻转

抓取重量为45lb的零件，将这个时间翻倍，并将得到的结果乘以影响因子1.5所得到的。这个因子给出这样一个事实：两个人在一起工作，可按67%的时间来管理和协调他们的工作。

对于第三种需要起重设备的重量类别，必须提供工人取得起重设备、用它来抓取零件、运送零件去装配、放下零件、最后将起重设备返回到原来位置所花费的时间。表3.6给出了这些操作的估计时间。假设为了容纳起吊设备，不增加装配区域的尺寸。使用MOST时间标准系统可获得这些估计[21]。它们包括获取设备、将其运到零件所在位置、钩住零件并将其送去装配、解开零件、最后将设备返回其最初位置的时间。

对于小型零件，其中一些要求能用单手抓住。它们便于一次前往存储位置就可获取全部需要的零件，图3.48表示了一个实验结果。图中，研究了移动距离对装配工人获取和搬移每个零件所需要的时间的影响。我们可以看到，当零件存储在工人不易触及的位置时，最好是一次去零件存储位置取得所有需要的零件。根据这些结果，可以估计存储在远离装配夹具的多次零件获取或需要的获取时间，表3.6表示了对应于各种产品尺寸类别的时间。

表3.6的数据结论来自于参考文献[20]的研究。产品中最大零件尺寸被假设来确定装配面积布局的尺寸和性质。然而，为了提供辨识布局尺寸的替代方法，必须确定每

种布局从装配到主要零件存储位置的平均距离，这些平均值在表 3.6 的第二列给出。并提供了合适布局的替代方法。

表 3.6　对于存储在装配工人不容易达到地方的零件获取时间

	到零件所在地的平均距离/ft	装配中最大零件尺寸/in		单个工件（小或大）或者多个小工件				小型零件——混乱纠缠在一起，可同时抓取多个	
				重量<30lb		重量<30lb		每个零件的额外时间	
				易于抓取	难以抓取①	两个人	手动吊车	易于抓取	难以抓取①
				0	1	2	3	4	5
工厂装配的大型产品②	<4	<15	0	2.54	4.54	8.82	18.42	0.84	1.11
	4~7	15~25	1	4.25	6.25	14.34	27.10	0.84	1.11
	7~10	25~35	2	5.54	7.54	18.54	31.22	0.84	1.11
	10~13	35~50	3	9.93	11.93	32.76	39.50	0.84	1.11
	13~16	50~65	4	11.61	13.61	36.75	44.93	0.84	1.11
	>16	>65	5	12.41	14.41	40.80	50.07	0.84	1.11

① 对于大型零件，没有特征允许抓紧（如：无手指握持）。对于小型零件，那些光滑、易嵌套，易纠缠或卡在一起，因而要求小心处置的零件，难以抓取。

② 时间仅只是对于抓取。如果替换时间包括在内则需乘以 2（如：夹具）。

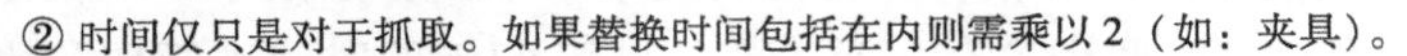

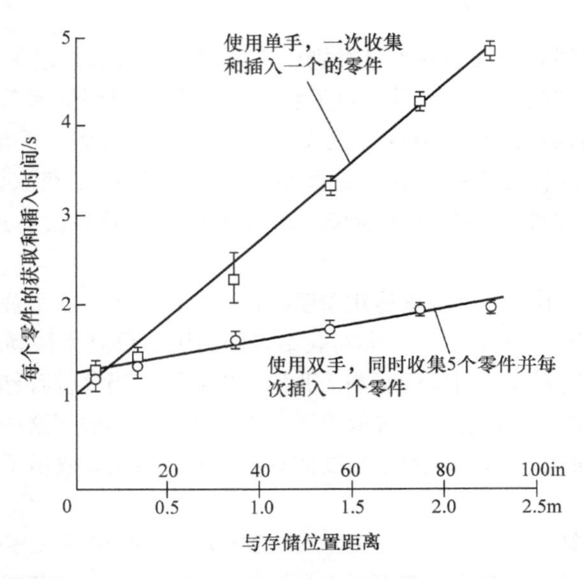

图 3.48　移动距离对小零件的获取和装配时间的影响

3.25　装配质量

摩托罗拉公司自从 20 世纪 80 年代早期以来就开始应用本章所描述的 DFA 方法。在 1991 年，该公司报道了他们产品系列中的双向专业手持电台的汽车转接器再设计[22]。他们竞争对手的电子产品手工装配效率（DFA 指数）已经达到一流水准，由式（3.1）计算的结果为 50%。他们评估了不同的构思来达到那个目标，最后的设计比以前的汽车转换器的零件少了 78%，并且装配时间减少了 87%。他们还检查了在生产时新设计的装配缺陷率并与原设计的缺陷率进行了比较。结果是单件产品缺陷率降低了 95.6%。受到这个结果的鼓励，摩托罗拉公司的工程师抽查了大量已经采用 DFA 分析过的产品，并得到了单位零件装配缺陷个数与 DFA 装配效率值之间的关系。这种关系在第 1 章中已经讨论过，并表示在图 1.12 中。图中给出了产品装配质量与装配效率之间的强关联关系。

摩托罗拉公司的这些数据随后被其他研究者独立地分析，得出了适用于早期设计评估的更强关联的关系。他们假定，由于 DFA 装配时间值与装配操作难度相关，装配误差的概率或许是预测的装配操作时间的函数。在研究中报道了他们还对缺陷率与装配性质有意义的相关关系的 50 种组合进行了试验。其中，每次操作的平均装配缺陷率是随着每次操作的平均 DFA 时间估计而变化的，表现为线性相关性最强。相关系数 $r=0.94$。实际数据如图 3.49 所示。回归分析直线方程由式（3.23）给出：

$$D_i=0.0001(t_i-3.3) \tag{3.23}$$

式中　D_i——每次操作的装配缺陷率；

t_i——每次操作的平均装配时间。

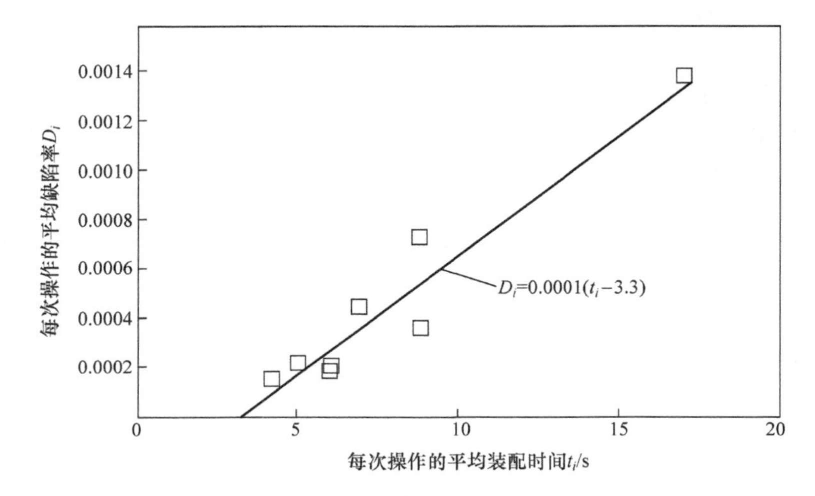

图 3.49　装配缺陷率与平均 DFA 时间之间的关系

正如早期讨论的那样，对于那些没有装配难度的零件，由 DFA 时间标准数据库所预测的平均装配时间大约为 3s。由式（3.23）可以得到预测的装配缺陷率为 0.0001，或者是与装配难度有关的每秒附加时间出现 1/10000 次缺陷。事实上，如果图 3.49 中的回归直线限制通过 $t_i = 3$，那么，相关系数仍然是 0.94，到小数点后两位。由于这个原因，我们在下面的表达式和计算中将使用 3.0 而不是 3.3。

对于一个要求 n 次装配操作的产品，包含一个或多个装配误差的有缺陷产品的概率近似为

$$D_a = 1 - [1 - 0.0001(t_i - 3.0)]^n \tag{3.24}$$

另外，这些产品的装配误差的预计个数为

$$N_d = 0.0001(t_i - 3.0)n \tag{3.25}$$

这些关系能被非常容易地应用于早期设计阶段，对于大批装配的小型产品在不同设计构思下可能的装配误差率进行比较。它还能对产品质量改进提供强大的方向性指导，由于人们已经广泛地认识到：错误的装配步骤比有缺陷的产品更容易造成产品质量问题[24]。

对于前面讨论的控制器装配的例子，现有设计对于最终装配的完成要求 25 次操作。根据 DFA 分析可得到总的装配时间为 227.43s（见表 3.3）。每次操作的平均时间等于 227.43/25 = 9.10s。应用到式（3.24）中然后给出

$$D_a = 1 - [1 - 0.0001 \times (9.10 - 3.0)]^{25} = 0.0151 \tag{3.26}$$

于是，有缺陷装配的概率为 0.0151 或 1.51%。

对于控制器装配的再设计，最终装配操作的次数已经减少到 10，估计的装配时间为 83.98s（见表 3.5）。每次操作的平均时间为 8.4s。有缺陷装配的可能个数为

$$D_a = 1 - [1 - 0.0001 \times (8.4 - 3.0)]^{10} = 0.0054 \tag{3.27}$$

于是，预测的装配缺陷率约为原设计的 1/3，这个缺陷率还可以进一步减小。通过详细的设计改进，可进一步地将平均操作时间缩短为 8.4s。

式（3.25）中的表达式 $(t_i - 3.0)n$ 可以解释为与产品装配相关的总时间损失。例如，对于控制器装配的原设计，如果没有装配难度的话，25 次装配操作仅需要花费 75.0s 时间。总装配时间损失为 (8.25 - 3.0)25 = 131.4s。由式（3.25）可以预知单位装配缺陷率是与总装配时间损失成正比的。这个解释可以被图 3.50 中的另一组工业质量数据所支持。这些数据来源于一个磁盘驱动器制造商[25]，应该注意的是，图 3.50 中的近似为 65% 的单位装配缺陷率的一个异常值已经从图上被略去。同时还应该注意到图 3.50 中的回归直线斜率近似为 0.0004。这意味着装配工人的装配出错概率是摩托罗拉产品的四倍。这或许是磁盘驱动器装配体的精巧特性和需要在这些器件中保持非常小间隙的结果。

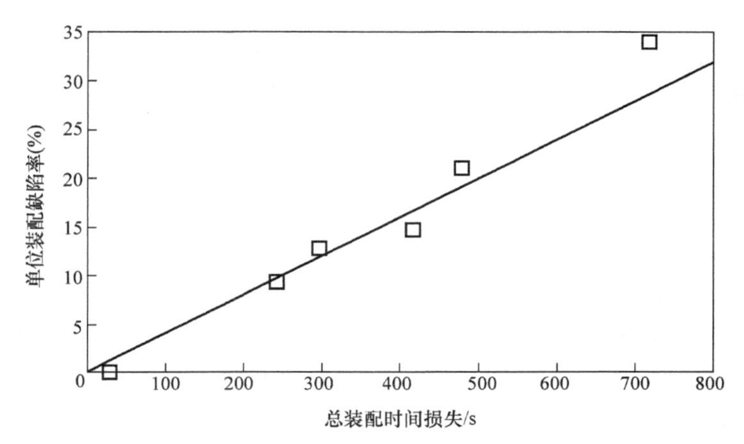

图 3.50 DFA 总装配时间损失与单位装配缺陷率的关系

3.26 将学习曲线应用到 DFA 中

应用于工业生产的学习曲线理论最早由美国早期的航空工业提出。美国康耐尔大学的莱特（Wright）博士在一篇著名论文[26]中总结1920—1930年代美国飞机制造经验而得出了学习曲线规律。作者注意到当执行重复性任务时，改进以一个递减的速度出现。特别是，他注意到许多重复两次被要求达到每个连续恒定的增量改进，这种加倍的恒定改进可近似拟合为一个简单的幂函数曲线，以 Wright 模型作为参考，它能被表示为

$$T_{1,x} = T_1 x^b \tag{3.28}$$

式中 $T_{1,x}$——第 x 个单位的平均生产时间；

T_1——第一个单位的生产时间；

x——相同的单位数量；

b——减少指数（也称学习系数），减少指数反过来可取一般形式

$$b = \frac{\ln r}{\ln f} \tag{3.29}$$

式中 r——工厂增加输出的平均时间除以表示为百分比的第一次输出的时间；

f——输出的增加因子（$f=2$）。

通常，输出的增加因子 $f=2$ 是学习曲线分析的基础。改进被作为 r 的百分比，在这种情况下，式（3.29）成为

$$b = \frac{\ln(r/100)}{\ln 2} \tag{3.30}$$

例如，经常被引用的90%学习曲线表示，生产 $2x$ 单位的平均时间是用来生产这些单位第一个 x 的平均时间的90%。由式（3.30）可求得：

$$b = \frac{\ln 0.9}{\ln 2} = -0.152$$

注意到如果 b 已知，那么学习曲线的百分比值可由式（3.30）的逆求得：

$$r = 2^b \times 100 \tag{3.31}$$

自从 Wright 的研究工作开展以来，学习曲线的其他形式已经被提出和使用。详见参考文献[27，28]。尤其是主要兴趣在生产连续的分散单位时间的情况下，一个更合适的模型可以表示为

$$T_x = T_1 x^c \tag{3.32}$$

式中 T_x——生产第 x 个单位的时间；

x——相同单位数量；

c——个别减少指数。

参考文献[29]给出了一个替代模型，作者的工作是在美国洛克希德飞机公司进行的，对于台式装配工作，Wright 模型是更合适的，将被用于下面的计算学习曲线调整以预测装配时间。

递减的指数表示了工人通过重复相同的任务、学习有效的操作从而技能得到的改善。然而，式（3.28）还能在一个更广泛意义上被视为进步函数，模型的进步是通过改善工艺技术、工具、训练方法以及与相同任务的重复有关的学习来完成[30]。在这种情况下，学习速率为85%的学习曲线要比学习速率为90%的学习曲线更为合适，后者是典型的仅用于改善操作者技能的模型[27]。

以上描述的学习曲线方程可用于调整仅完成少量装配的 DFA 时间。为了进行这种调整，任务重复数量必须首先被建立，由于用于获得 DFA 时间的搬移和插入实验主要是基于100次任务的重复，这个数字将作为下面例子计算的基础。换言之，我们将假定在合适的学习曲线上，DFA 时间等于 $T_{1,100}$时间。于是能够使用 Wright 模型，做出学习曲线转换如下

$$T_{1,100} = T_1 100^b \tag{3.33}$$

或

$$T_1 = \frac{T_{1,100}}{100^b} \tag{3.34}$$

于是，对于小批量 B 的产品，平均时间由 Wright 模型给出如下，

$$T_{1,B} = T_1 B^b \tag{3.35}$$

最后，由式（3.34）代换 T_1 到式（3.35）后，得出

$$T_{1,B} = T_{1,100}\left(\frac{B}{100}\right)^b \tag{3.36}$$

式中 b——减少指数；

B——要装配的总批量；

$T_{1,B}$——对于批量 B 的大小调整的 DFA 时间；

$T_{1,100}$——设定的基本 DFA 时间值。

实 例

要生产5套测量设备，DFA 分析表明估计的装配时间由 T_A 给出，使用一个学习速

率为90%的学习曲线，可以提供建立头两个单位的平均时间估计值。使用这个值来确定装配下面三个单位的平均时间。假设DFA时间估计能很好地应用于100个单位的平均装配时间。

① 在式（3.36）中用T_A代换$T_{1,100}$，对于90%的学习曲线，采用$b=-0.152$，可得到

$$T_{1,2}=(2/100)^{-0.152}T_A=1.81T_A \tag{3.37}$$

② 对5个单位的预测装配时间为

$$5\times T_{1,2}=5(5/100)^{-0.152}T_A=7.88T_A \tag{3.38}$$

类似地，头两个单位的总数为

$$2\times T_{1,2}=2(2/100)^{-0.152}T_A=3.62T_A \tag{3.39}$$

于是，单位3、4和5的平均时间为

$$T_{3,5}=\frac{(7.88-3.62)T_A}{3}2=1.42T_A \tag{3.40}$$

习　题

1. 请估计图3.51所示的活塞装配件的手工装配时间和设计效率。建议重新设计这个装配件，以减少零件数量和提高装配效率。估计这个装配件的再设计的手工装配时间和设计效率。活塞装配件的装配顺序如下：

① 底座放到夹具里；

② 活塞插入底座。由于在它松开之前，活塞杆不能进入底座下面的孔，所以活塞必须仔细地对准；

③ 活塞止口插进气缸里；

④ 弹簧插入气缸里，与其他散装件缠结严重；

⑤ 盖被放置到底座上，固定在适当位置，以保持对准；

⑥ 插入2个螺钉并拧紧，固定盖。

2. 请估计图3.52所示的轴装配件的手工装配时间和设计效率。装配程序如下：

① 固定衬套放在工作夹具里；

② 将轴插入到衬套里；

③ 将紧固螺钉插入到衬套里，对准和定位较困难；

④ 弹簧严重纠缠，分离一个后放置到轴上；

⑤ 将垫圈插入到轴上，然后保持它在适当位置，同时使用标准抓持工具将揿钮定位。

3. 分析图3.53所示的采用手工装配的接线端子，给出估计的装配时间和设计效率。

4. 图3.54给出了一个气体流量计的膜片装配分解视图，请确定这个产品的合适的装配顺序，并对手工装配进行分析，并估计其装配时间和设计效率。请对其进行再设计，能减少零件数量和装配时间。估计再设计装配的手工装配时间和设计效率。

5. 分析图3.55中齿轮箱手工装配。假设没有零件易于对准和定位，试求估计的装配时间。另外，假设弹簧和地线的材料必须与其余零件的材料不同，求理论上的最少零件数。建议对齿轮箱进行再设计，假设仅需两个螺钉来固定上盖，请估计再设计的装配成本。假设人工费率为36美元/h。

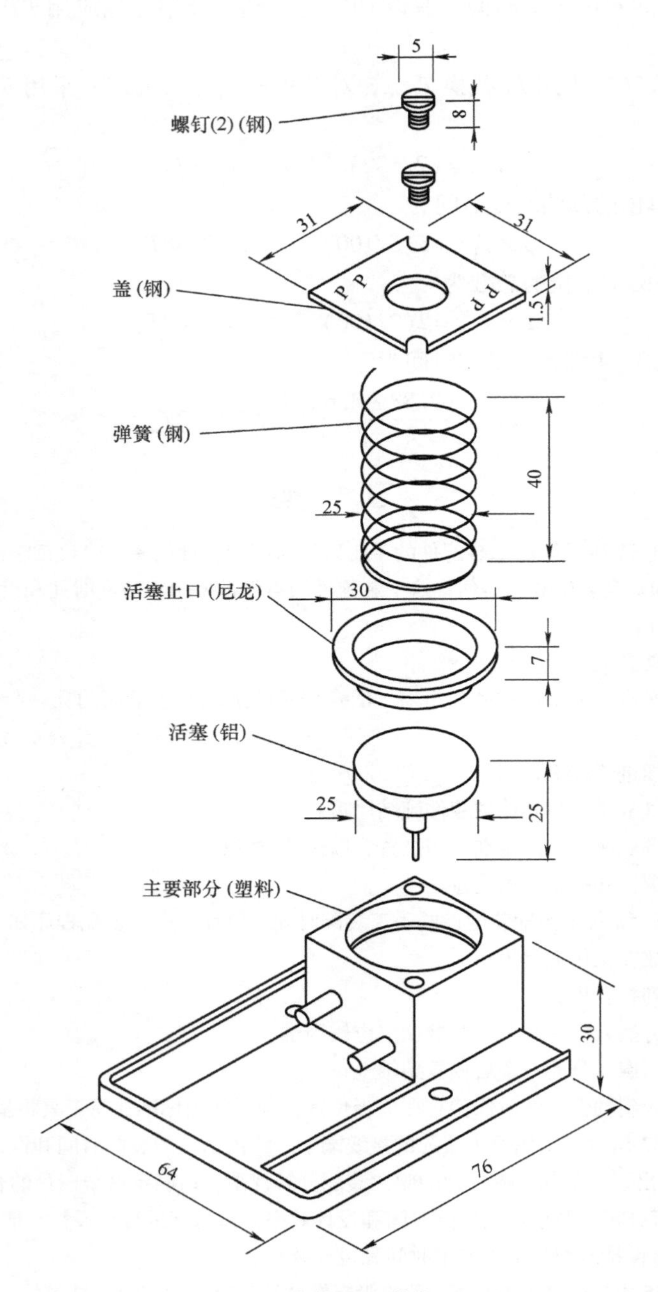

图 3.51 活塞装配（单位：mm）

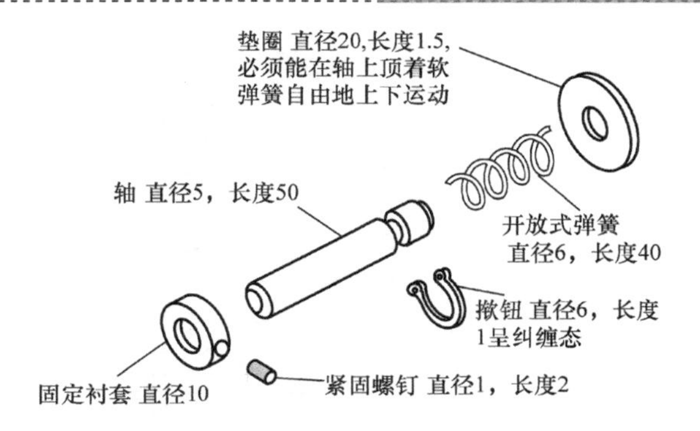

图 3.52　轴的装配（单位：mm）

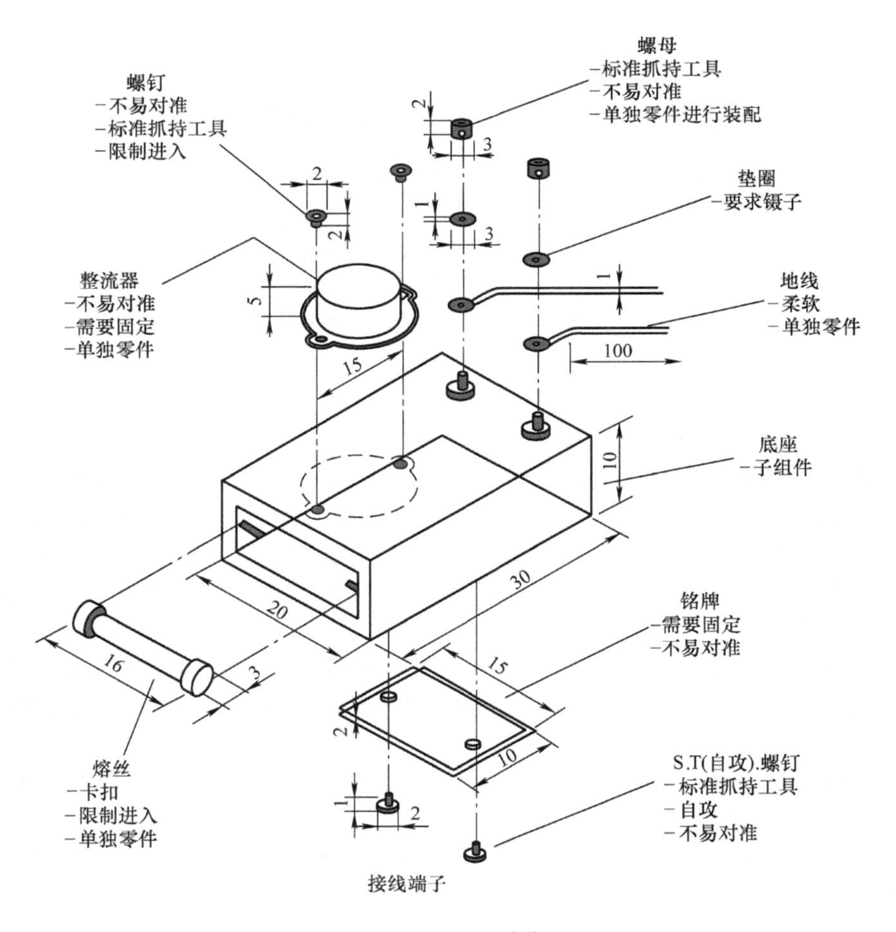

图 3.53　接线端子（单位：mm）

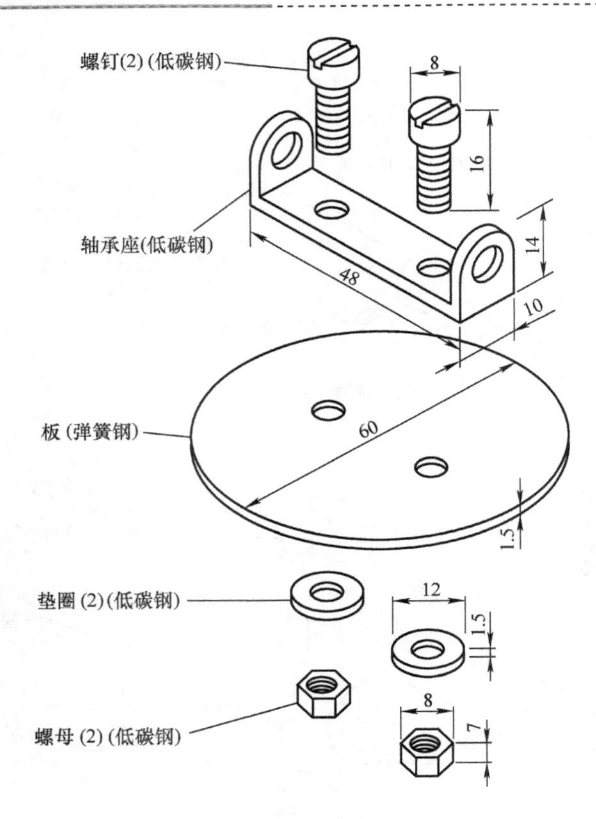

图 3.54 气体流量计膜片装配

6. 如图 3.56a 所示的设计概念是由一个插入圆阶梯底座、一个膜盘和一个夹紧圈所构成。为了易于装配和减少制造成本，请你提出一个方案，将膜盘和夹紧圈合并成一个铝合金压铸件，如图 3.56b 所示。对于压铸膜盘设计，设在装配时膜盘和尼龙底座之间的摩擦因数为 0.15。

① 你认为在装配期间具有这样的摩擦因数和在给定直径以及整体膜盘厚度为 15mm 的条件下堵塞问题会如何？

② 如果你确定堵塞会发生，你会将整体膜盘厚度由初始的 15mm 增加到多少来制止堵塞发生？或者，如果你确定堵塞不会发生，你能使整体膜盘厚度小到什么程度还仍然在装配期间不致堵塞？

7. 一种新型高性能飞机发动机涡轮增压器的最后装配包括 182 道装配操作。使用 DFA 标准数据时间，已经估计到装配时间为 1700s。

① 使用这个信息，确定任何一个完成了的涡轮增压器存在装配错误的概率。质量是航空制造的中心问题，假设装配工人执行 2 倍的摩托罗拉工人质量水平基准。也就是说，装配出错率仅为其一半。

② 如果你有一份来自于派珀飞机公司的新型涡轮增压器订单，立即供货一批 24 台，然后，第二批 24 台在 3 个月后交货，设这两批生产都由相同的装配工人进行，请估计第一批装配的总时间，然后是第二批装配的总时间。使用 85% 学习曲线作为你的计算基础。

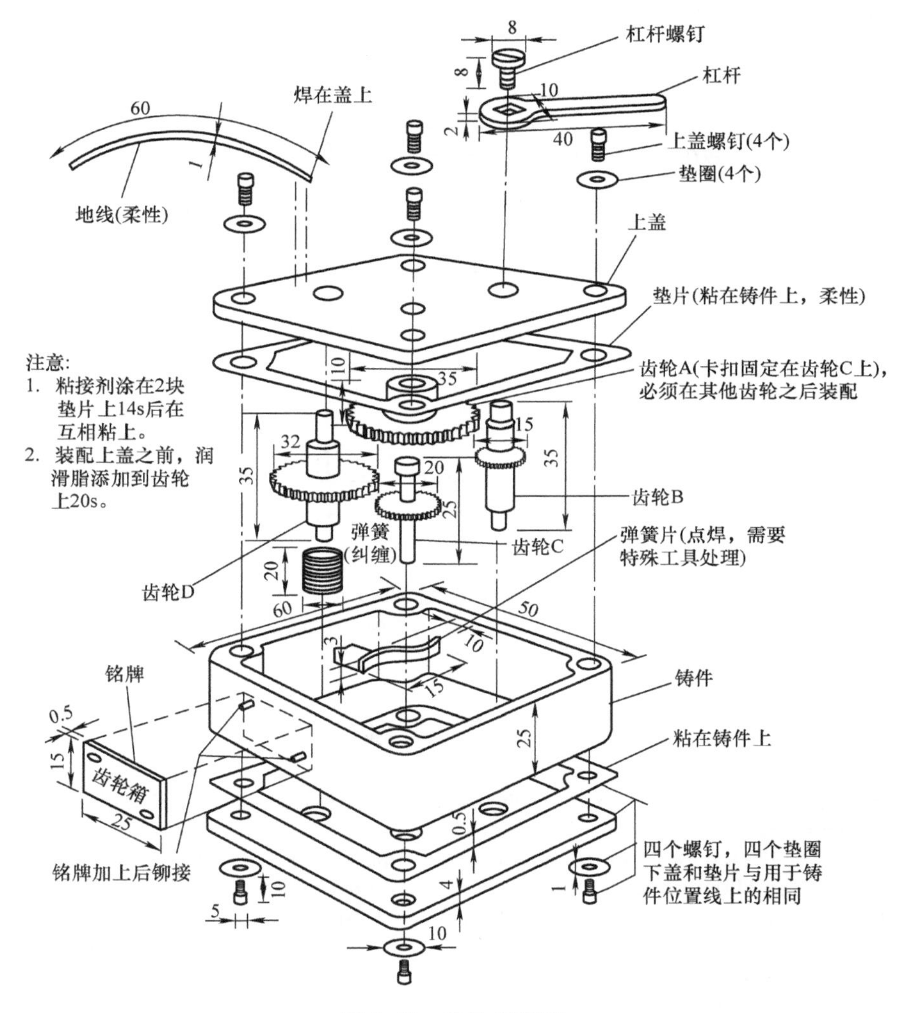

图 3.55　齿轮箱装配

8. 你更是已经刚刚设计了一种新型油泵，它比早期型号具有更高的产量。你觉得早期型号和新型号非常相似，以至于可以使用以前的装配时间来进行估计。你需要生产一份报价单给波音公司要求提供最初 24 台泵的测试组。作为指标的一部分，你需要估计最初 24 台的平均装配时间。一组技术人员，不是生产工人装配这批 24 台样机。

① 假设你已经从记录中发现早期型号的头 6 台的装配时间为 122h。使用这个数据计算在 85% 学习曲线条件下你的估计。

② 假设早期型号的首个装配件的时间没有记录。然而，你知道目前，在安装了早期型号 280 台后，每台的生产装配时间为 6.5h。使用这个信息来代替①中给出的信息，求出具有 85% 学习曲线的装配时间。

③ 假设有①和②两套数据，使用这两套数据来估计学习曲线的指数 b 和最拟合数据的学习

曲线百分率（$r\%$）。使用你的计算值 b 和 r，来确定改进的装配时间估计。

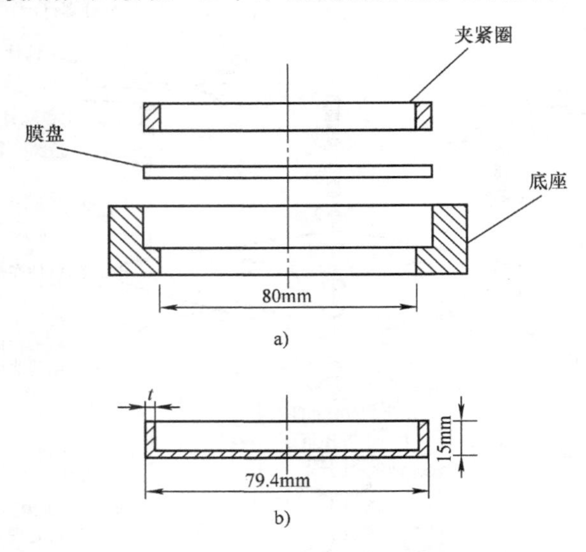

图 3. 56　膜盘结构的再设计

a）原来的膜盘装配　b）合并的膜片和夹紧圈

参 考 文 献

1. Boothroyd, G. *Product Design for Assembly*, Department of Mechanical Engineering, University of Massachusetts, Amherst, MA, 1980.
2. Boothroyd, G. Design for economic manufacture, *Annals CIRP*, 28(1), 345, 1979.
3. Yoosufani, Z. and Boothroyd, G. *Design of Parts for Ease of Handling, Report No. 2*, Department of Mechanical Engineering, University of Massachusetts, MA, September 1978.
4. Boothroyd, G. *Design for Manual Handling and Assembly, Report No. 4*, Department of Mechanical Engineering, University of Massachusetts, Amherst, MA, September 1979.
5. Yoosufani, Z., Ruddy, M., and Boothroyd, G. Effect of part symmetry on manual assembly times, *Journal of Manufacturing Systems*, 2(2), 189–195, 1983.
6. Seth, B. and Boothroyd, G. *Design for Manual Handling, Report No. 9*, Department of Mechanical Engineering, University of Massachusetts, MA, January 1979.
7. Ho, C. and Boothroyd, G. Avoiding jams during assembly, *Machine Des., Tech. Brief*, January 25, 1979.
8. Ho, C. and Boothroyd, G. Reducing disc-assembly problems, *Machine Des., Tech. Brief*, March 8, 1979.
9. Ho, C. and Boothroyd, G. *Design of Chamfers for Ease of Assembly, Proceedings of the 7th North American Metalworking Conference*, May 1979, p. 345.
10. Fujita, T. and Boothroyd, G. *Data Sheets and Case Study for Manual Assembly, Report No. 16*, Department of Mechanical Engineering, University of Massachusetts, Amherst, MA, April 1982.
11. Yang, S.C. and Boothroyd, G. *Data Sheets and Case Study for Manual Assembly, Report No. 15*, Department of Mechanical Engineering, University of Massachusetts, Amherst, MA, December 1981.

12. Dvorak, W.A. and Boothroyd, G. *Analysis of Product Designs for Ease of Manual Assembly: A Systematic Approach, Report No. 11*, Department of Mechanical Engineering, University of Massachusetts, Amherst, MA, May 1982.
13. De Lisser, W.A. and Boothroyd, G. *Analysis of Product Designs for Ease of Manual Assembly: A Systematic Approach, Report No. 17*, Department of Mechanical Engineering, University of Massachusetts, Amherst, MA, May 1982.
14. Ellison, B. and Boothroyd, G. *Applying Design for Assembly Handbook to Reciprocating Power Saw and Impact Wrench, Report No. 10*, Department of Mechanical Engineering, University of Massachusetts, Amherst, MA, August 1980.
15. Karger, W. and Bayha, F.H. *Engineered Work Measurement*, Industrial Press, Inc., NY, 1966.
16. Raphael, D.L. *A Study of Positioning Movements, Research Report No. 109*, MTM Association of Standards and Research, Ann Arbor, MI, 1957 and 1967.
17. Quick, J.H. *Work Factor Time Standards*, McGraw-Hill, New York, NY, 1962.
18. Raphael, D.L. *A Study of Arm Movements Involving Weight, Research Report No. 108*, MTM Association of Standards and Research, Ann Arbor, MI, 1955 and 1968.
19. Karge, D.W. and Hancock, W.M. *Advanced Work Measurement*, H.B. Maynard & Co., Pittsburgh, 1982.
20. Fairfield, M.C. and Boothroyd, G. *Part Acquisition Time during Assembly of Large Products, Report No. 44*, Department of Industrial and Manufacturing Engineering, RI, 1991.
21. Zandin, K.B. *MOST Work Measurement Systems*, 2nd Ed., Marcel Dekker, New York, NY, 1989.
22. Branan, W. DFA cuts assembly defects by 80%, *Appliance Manufacturer*, November 1991.
23. Barkan, P. and Hinckley, C.M. The benefits and limitations of structured design methodologies, *Manuf. Rev.*, 6(3), September 1993.
24. Hinckley, C.M. *The Quality Question, Assembly*, November 1997.
25. Hinckley, C.M. *Global Conformance Quality Model*, Sandia National Laboratory Report SAND94–8451, 1994.
26. Wright, T.P. Factors affecting the cost of aeroplanes, *Journal of Aeronautical Sciences*, 3, 49–73, 1936.
27. Teplitz, C.J. *The Learning Curve Deskbook*, Quorum Books, Westport, CT, 1991.
28. Belkaoni, A. *The Learning Curve: A Management Accounting Tool*, Greenwood Press, Westport, CT, 1986.
29. Crawford, J.R. *Learning Curve, Ship Curve, Ratios, Related Data*, Lockheed Aircraft Corporation, Burbank, CA.
30. Kniep, J.G. The maintenance program function, *Journal of Industrial Engineering*, November–December, 1965.

第4章

电气连接和线束组装

4.1 概述

在第3章所描述的面向手工装配方法的设计已经成功地应用于机械产品。然而，当产品含有大量的电气连接，其电气元件的装配工作量，通常会远远超过其机械零件及相关紧固件的装配工作量。

例如，图4.1所示为通过重新设计一个控制单元后的潜在减少装配时间[1]。可以看出，在原始设计的总装配时间260min（4.3h）内，大约有一半时间用于导线的手工焊接，另有31%的时间用于导线的机械紧固。在重新设计方案中取消了手工焊接，并消除了许多连接，从而将总装配时间降低到仅仅33min（0.55h）。

进一步的例子是一个卫星电视接收解码器。该产品大小约等同于一个录像机，包含了10个印制电路板，在表4.1中可以看到，其中包括51根连接导线或电缆，31根电路

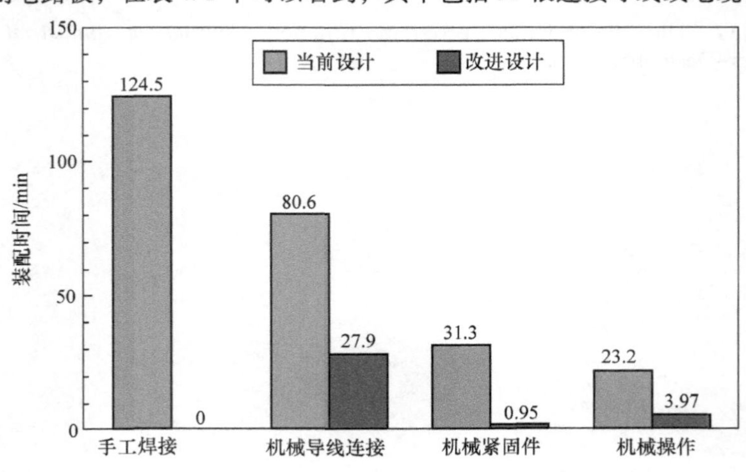

图4.1 商用控制单元的再设计导致的可能节省的装配时间

板跳线，它们总计有164个连接。表4.1中显示出光这些项目就需要7236s（2.01h）的装配时间，它们占到产品总装配时间10613s（2.95h）的68%。表4.2给出了通过再设计所带来的可能节省汇总。比如，如果10个线路板能够被合并为一个，则可以省略它们之间的互相连接；如果可以避免跳线，则可以减少61%的装配成本。

表4.1　解码器的装配工作内容

数　目	项　目	装配时间/s
51	导线或电缆连接	5768
31	电路板跳线	1468
138	机械紧固件	1143
80	电子元器件手动插入	796
112	机械操作	753
20	元器件的手工焊接	403
33	可以被省略的其他零件	282
	全部	10613

表4.2　通过解码器的重新设计可能带来的节约

设计更改	节约/美元	百分比（%）
省略布线	48.06	40
合并板	15.00	11
省略跳线	12.23	10
省略机械紧固件	9.53	8
全部	84.82	69

图4.2给出了一条IBM PS2电脑的广告内容的一部分，惊人的易于装配性能主要是由于消除了内部布线所致。

注意到将第3章描述的最少零件准则应用到任意种类连接是有趣的，而这些连接在理论上是不合理的。事实上，如果一个项目的目的是连接A到B的话，那么通过安排A和B彼此相邻，就可以省略该事项，正如图3.36所示的那样。然而各种约束条件使得A和B必须放置在不同的位置，然而连接是必需的。这意味着在DFMA分析里，能够估计由于约束条件所导致的损失是可取的。换句话说，我们必须量化互相连接的成本。

PS2型个人计算机系统是第一种内置组装游戏的计算机，这种游戏的目标是不使用螺钉旋具而尽可能迅速地拆卸和重装机器。听起来不可能？动手吧，你就可以测定时间，肯定不用一分钟！

图4.2　1987年5月26日PC杂志的刊登的IBM PS2广告

当一些电气互联是必需的时候，电缆和导线能够被分别地安装在产品里面，然后捆扎在一起，适当的时候，还可以进行固定。或者，它们也能在产品安装之前就进行装配和捆扎。这种后来装配导线或电缆的形式称为导线或线束组装。

4.2 导线或线束组装

一个完整的线束组装通常是由一个主干线和分支导线和更小的导线束组成。主干线由多种导线或电缆捆绑在一起构成。分支导线或更小的导线束与主干线相连的各种点称为分支点。图 4.3 给出了线束组装的可能的布置和术语，而图 4.4 则表示了所涉及的主要操作——从导线的制备到线束组装，最后是产品的安装。线束通常是利用手工方式将单个的导线或电缆铺设到板上，该板表面上有一个完整全尺寸的示意图以指导装配工人来安装线束。同时，支柱或钉子是用来定位导线，使其限制在所要求的路径里。在施工时，导线的端部必须固定在适当的位置。如果导线在一个连接器上终止，那么连接器则必须事先就插入一个处于正确位置的安装插座上，终端线的端部插入到连接器的后面。有时，如果导线很硬，它们就可简单地插入到不需要在板上正确位置的连接器上。在产品安装期间，被连接的导线端部暂时地保留在电路板上。这通常是通过安装在电路板上的螺旋弹簧来实现，其水平的轴线垂直于导线方向。组装工人仅仅需要按下两个弹簧卷之间的导线端部即可。

一旦所有的导线或电缆已经铺设完成（有时称为敷设），使用条带把它们捆绑在一起，或者拆分导管，或者用电工胶带来束缚它们。通常，一个装配工人能完成铺设阶段的所有操作。然而，导线制备通常需要特殊的工具，而且要在比较早的时候实施。在汽

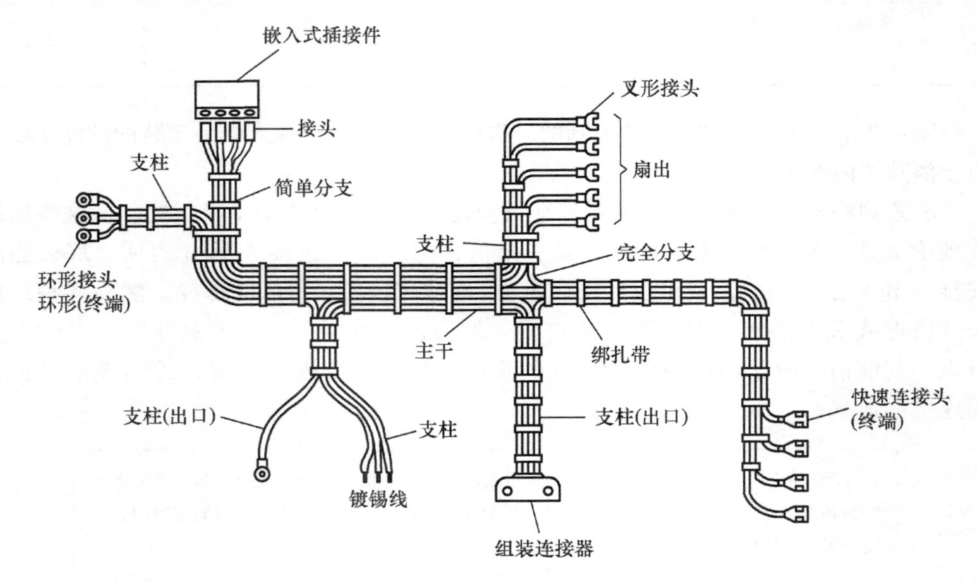

图 4.3 线束构成

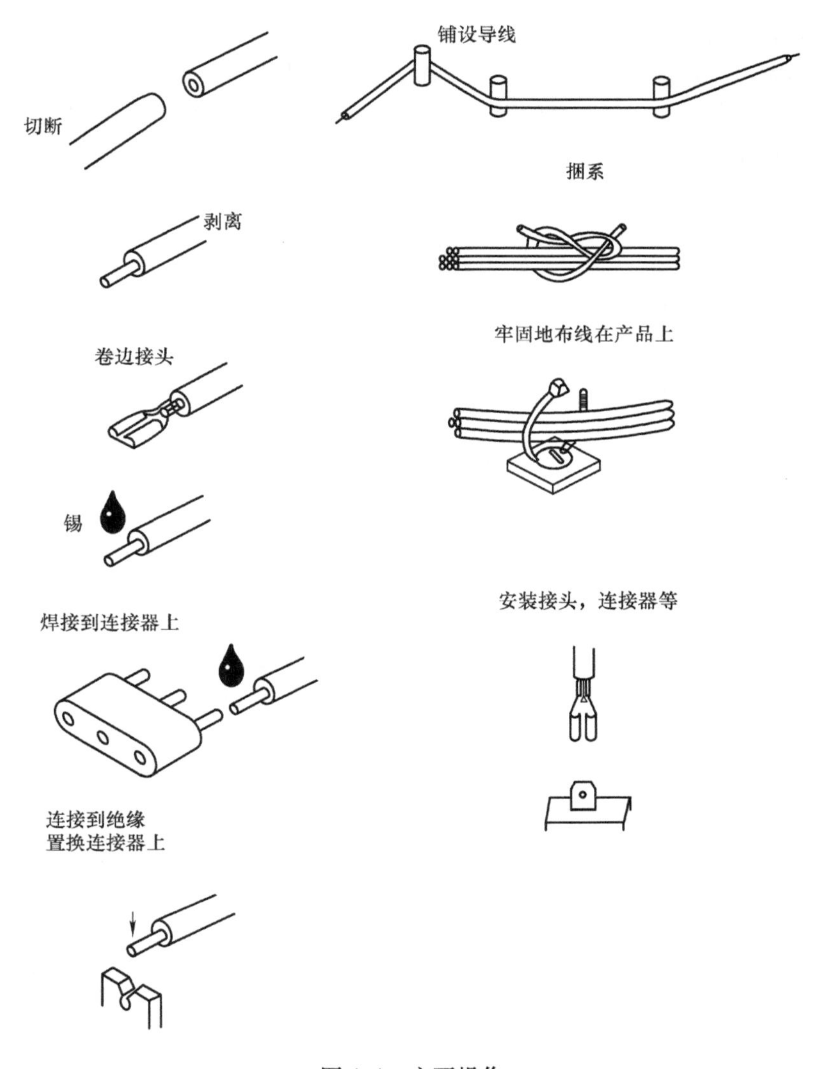

图4.4 主要操作

车行业等批量大的场合下，线束装配可以采用装配线的方式进行。其工作时，线路板从一个安装台传送到另一个安装台，利用一个或两个装配工人在每个装配台完成一些组装操作。

当组装复杂的线束时，连接器插座被连接到计算机上，以便于不断测试是否已正确地插入导线，例如在汽车和国防工业中通常用这样的方式进行在线测试。

通常，导线的每个端部必须最终被连接。这经常是通过使用一个中间媒介物，例如连接器或者导线终端来实现的，导线直接与其连接。而连接器或终端的最后连接是在产品安装期间完成的。另外，导线可以直接连接到某个端子上，例如印制线路板、开关或者接线端子。

在不同制造的阶段，每个导线或电缆必须截取长度、封端、安装并最终连接。这些操作进行的阶段通常是由布线安装和线束组装的复杂性所确定的。图 4.5 给出了对于低复杂性、中等复杂性和高复杂性的操作顺序。对于低复杂性，仅需要少数导线，这些导线或电缆将首先被裁剪到合适的长度并封端。在最后组装期间，它们被分别安装到产品里并连接。

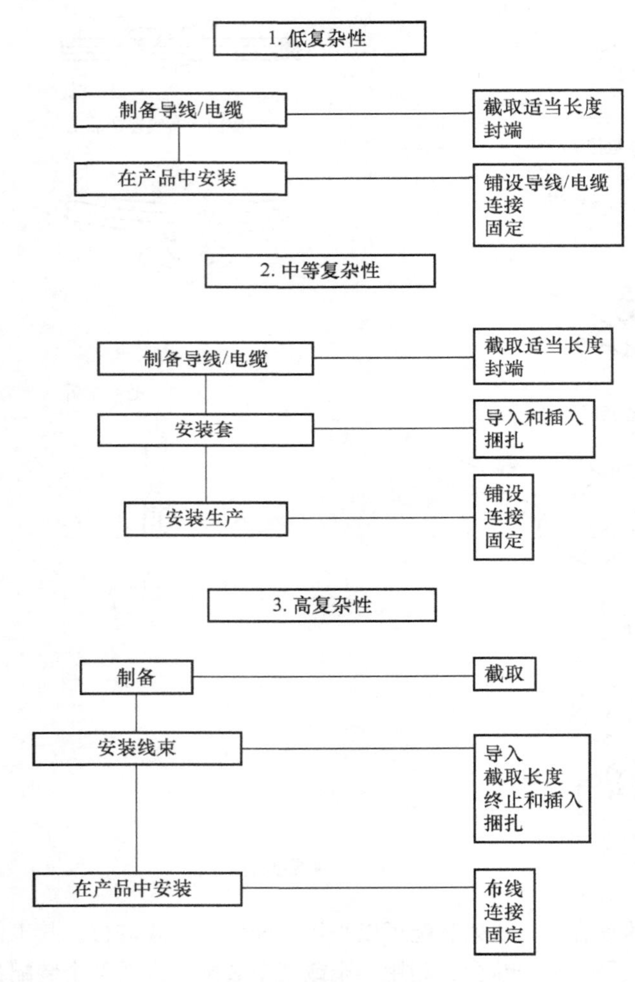

图 4.5　电气连接的分类

对于中等复杂性，它们通常出现在汽车、电视和计算机行业，导线首先被裁剪到合适的长度并封端，然后铺设在一个电路板上，并交织捆绑在一起。在输送到产品装配台以后，将其规定路径，然后连接，最后固定。

高复杂性的线束类型主要应用于航空航天和国防工业。在这里，导线安排在适当的位置，然后裁剪到合适的长度并在嵌入式板上封端。

在线束组装中的自动化程度取决于线束的复杂性和所生产的数量。然而，自动化通常受限于导线或电缆的制备。全自动机器可用于把导线切成一定长度，然后卷成带，在两端封端。这样的机器通常适用于汽车行业，但也可以应用在较小批量生产的场合。更常见的是应用在半自动过程中，在那里，装配工人将导线传送到一系列特殊的机器里，进行诸如切割、剥离和/或卷曲等单个操作。所有导线的处置都是手工进行的。尽管一些机器人单元已经被开发用于线束组装，但这种操作通常是手动进行的，即使在大批量的场合（例如汽车行业）也是如此。最后，安装也是手工进行的。

4.3 电气连接的类型

单个导体和电缆通常是连接到终端或连接器上。连接的类型可以大致分为三类，如图4.6所示。

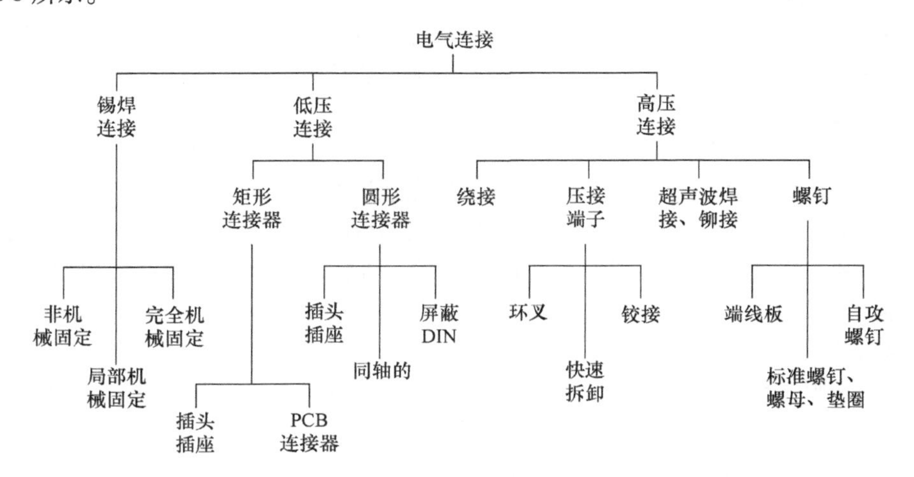

图4.6 电气连接的类型

4.3.1 锡焊连接

虽然成本相对昂贵，但锡焊是将导线连接到插脚和终端上的一种最广泛的和可靠的方法。锡焊导线连接的主要功能是提供机械接头和导电路径。根据连接的重要性，导线可以在锡焊之前机械地固定在终端上。

由于装配工人需要获得手动工具、将工具移动到导线处、将导线固定在终端、为后续的锡焊操作摆放工具，所以，机械固定焊接导线将包括额外的组装时间。长尖嘴钳经常用于暂时地固定在电子布线时卷曲成180°的导线，对于全机械固定，可以使用360°的卷曲。

当机械强度要求不高时，导线可以无须事先固定，用焊接接头进行锡焊。对于这种类型的连接，导线的直径应略小于接线片的孔径。

4.3.2 低压连接

低压连接可以无须借助工具就可以分离，电气和电子连接器属于这一类别。除了提供一个好的可靠连接之外，当要求频繁地断开和重新连接时，这种连接器是特别地方便。因为当断开连接时，导线仍然保持着正确的序列，因此它们也趋向于在服务时误差最小。低压连接的要求一般期望如下[2]。

① 具有保持良好传导的足够接触力；

② 组装期间具有良好的清洗作用；

③ 零件插拔时阻力要低；

④ 零件之间的磨损要低；

⑤ 寿命长；

⑥ 易于连接和断开。

一些低压连接难于满足以上叙述的所有准则。对可靠性来说，接触力越高，连接就越好。另一方面，更高的接触力会使得一个多触点连接器更难连接与断开。因此，在前面的准则之间必须相互妥协。

低压连接可以按照其构造（如矩形和圆形连接器）来分组。例如插座和 PCB 连接器这样的一片式卡边连接器和两片式插头和插座连接器被归类为矩形连接器。当使用一个一片式卡边连接器时，PCB 的金属箔扩展到电路板的边缘，该电路板是插入到连接器中的。两片式连接器由凸形和凹形两部分构成。凸形的一半（接触点）由销子构成，凹形部分（接触点）由插座构成。同轴电缆、屏蔽 DIN 和其他圆形插头和插座连接器都可以归类为圆形连接器。

矩形和圆形连接器有各种各样的触点样式，插拔频率不同，则所使用的触点类型也有所不同，触点可以通过冲压或其他机械加工方法生产，它们有多种形状和尺寸。图 4.7显示了销和插座的触点，因为它的低成本和实用性，所以通常组合使用。这些类型触点的缺点是插入力大和对损伤敏感。其他类型的触点包括叶片、叉形触点和波纹触点[2]。一些高价系统可以提供多达 100000 次高柔软度的无故障触点[3]。它们通常用于两片式连接器中。选择一个连接器需要考虑的要点是要被端接导体的类型、被连接的组件、要求触点的数量、最终产品功能和成本。

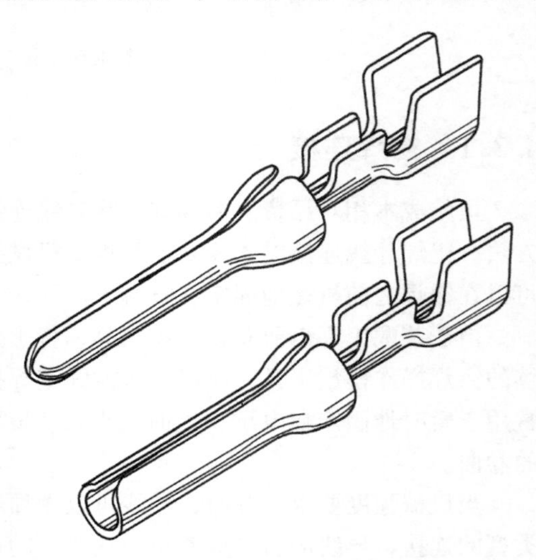

图 4.7 销和插座

有三种方法用来将导线连接到连接器触点上。在第一个方法里，销或插座可以被卷曲到导线里，然后用一个圆柱形状的手动工具戳进连接器里面，使其连接。第二种方法包括将导线钎焊到触点上。钎焊通常需要有技能的工人，且劳动力成本很高。第三种方法是绝缘去除技术，此时，导线的绝缘被划破，并且从导体分离。然后导体被强制进入U形触点，可以大大缩短将导线连接到触点的时间。在我们考虑被绝缘去除端接的多线扁平电缆时，再对这个方法进行解释。

用于高频信号的电缆连接器可以被绝对和牢固地耦合。对于凹形和凸形连接器的耦合装置被设计成用于没有足够的进入空间来转动连接螺母的场合（见图4.8）。其他的考虑包括连接器在冲击与振动的条件下，保持耦合的能力和在各种环境下防止性能下降的能力。耦合圆形连接器的常用方法有螺纹、推紧或摩擦类型和卡口式装置。用于矩形连接器的耦合装置是锁搭或嵌入式夹子，锁夹、弹簧卡或螺钉（见图4.8）。

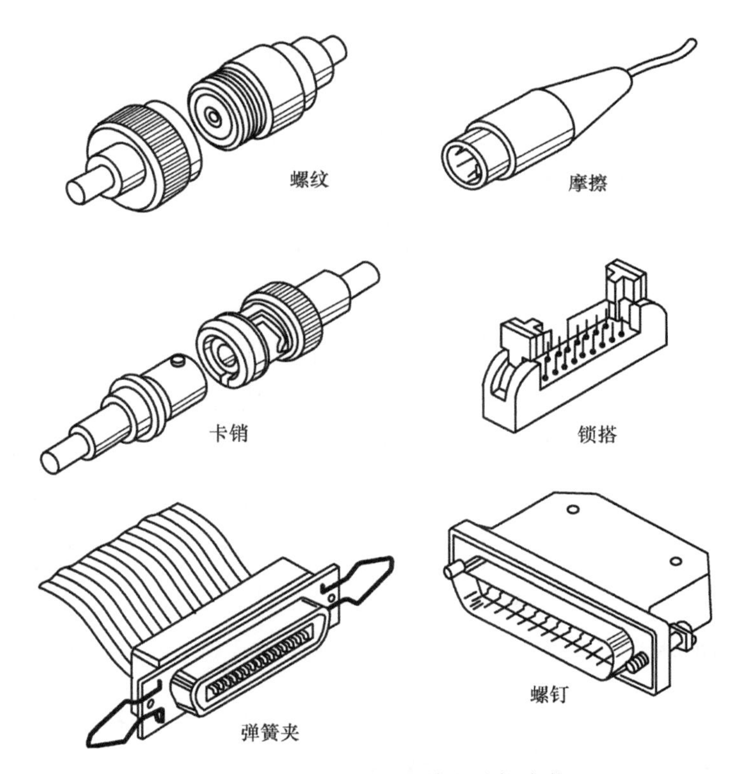

图4.8　用于圆形和矩形连接器的耦合装置

4.3.3　高压连接

高压连接需要使用工具在压力和/或塑性变形条件下来创造金属与金属之间的接触。这种类型的最常用方法是绕接、卷曲和螺纹连接。其他方法是超声波焊接、铆接等方法。

绕接是在导线和终端之间的点对点电气连接的最可靠的方法。它以一个螺旋线的形式，卷曲一根绝缘实体导线的裸露端部，将其紧实地绕着长的具有正方形或矩形截面的终端柱上。金属与金属接触的合成高压可以产生一个气密连接，具有很大接触面积和较低的接触电阻。随着时间的推移，导柱和导线的分子在接头处开始扩散，接头的粘接强度增加到接近焊接的程度。标准导线不适合这种连接方法。绕线工作可以借助气动或电动旋转工具手工进行。另外，也可以使用半自动或全自动方法。半自动绕线每小时可以连接导线超过300圈，且误差率仅为手工绕线$\frac{1}{20}\sim\frac{1}{10}$[2]。对于自动化绕线，可以实现每小时1000圈导线的缠绕率，废品率为0.05%。图4.9显示了标准的绕线端接。

压接端子是一种永久的连接，主要用于将单独的导线用螺钉连接到终端块，或者插入到连接块里面。导线的卷曲可以用手工工具或机器来进行。在卷曲期间，施加的压力将端子压向导线到临界深度。对每个端子尺寸和导线规格来说，这个深度都是不同的。两种卷曲端子的常规配置是环形接线片和叉形（见图4.10）。叉形接头可以快速连接和断开，适用于机械固定不是主要要求的场合。

螺纹连接可能是最古老的机械连接类型，包含了向下拧紧金属螺钉或螺母，将导线压在螺钉头或螺母下面。导线通常以顺时针方向绕着螺钉或螺柱扭一圈（见图4.10）。这种方法在需要现场快速安装和简便连接的场合特别有用。然而，螺纹连接在有腐蚀或严重振动的条件下会变差，它们还受到电压和电流频率的限制。

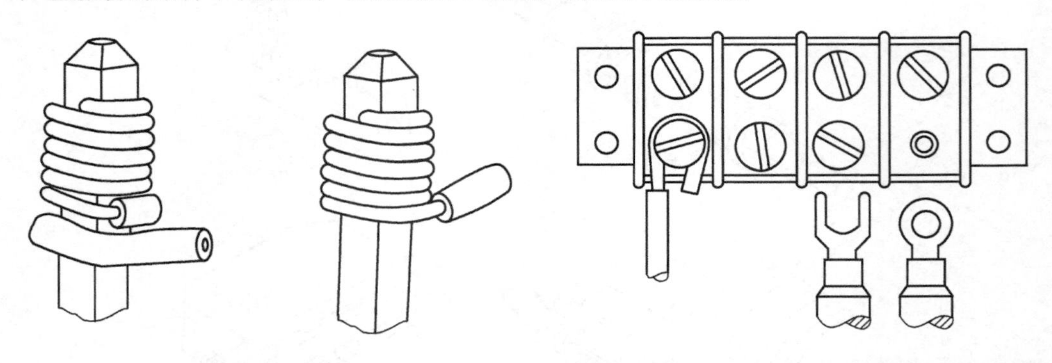

图4.9　绕线端接

图4.10　导线叉形接头和环形接线片的附件

接线端子被用于连接离散的导线，它采用螺钉连接到每个连接点，并用绝缘隔离物隔开。导线可以直接用裸露的导线端部连接到接线端子上，或者给这些导线提供一些接线片。接线片的类型会影响组装的时间。例如，环形接线片要求操作人员完全松开连接点，而叉形接线片则没有这个要求。

4.4　电线和电缆的类型

电导体的作用是连接电气电子系统，用于传输电流或信号。要依据其载流能力、机械强度、绝缘类型和成本来进行选择。电缆一般是由两根或两根的导线，外面包裹绝缘材料所构成，可以被一个或多个连接器所端接。连接器和电缆的合适匹配对确保可靠的现场性能非常重要。普遍使用的电导体包括单实心线或绞合线，双绞线和三绞线，多导体电缆，同轴电缆，带状电缆，柔性扁平电缆。较软的退火铜由于其导电率高，延展性和可焊性都很好而通常用做导线材料。

实心线不具有柔性的特点和标准导线的抗疲劳寿命，即使在轻度弯曲的情况下也会折断。实心线可用于印制电路板跳线这样的应用场合，在那里导线被固定牢固且不受振动。实心线具有在高频时高刚性和高效率的优点。实心线和绞合线通常是根据美国线缆规格（AWG）数、导线直径（单位：密耳，1mil = 0.001in）或横截面圆形密尔（表示成密尔的直径平方）来指定的。

双绞线由两绝缘导线缠绕在一起所组成。每英寸所缠绕的数量遵循信号应用的工程规范。绞曲可以降低类似于收音机的嗡嗡声。一个绞曲的三绞线与双绞线是基本相同的，而它是由三个导体组成。

多导体电缆由两个或更多的彩色编码橡胶或 PVC 绝缘导体材料所组成。麻绳也许可以用做填充物来增加强度。外绝缘皮是由氯丁橡胶或 PVC 组成。这种类型的电缆被用于单位或系统内，从电源到所需的区域输送电能。

同轴电缆运用于分布电容必须在整个电缆长度内是恒定的射频电路。同轴电缆中心轴线是一条铜导线，外加一层绝缘材料，在这层绝缘材料外边是由一根空心的圆柱网状导体包裹，最外一层是绝缘层。

带状电缆，有时候称为扁平电缆，是由众多相同口径的导体用柔性的绝缘条，彼此平行排列铺设。对带状电缆逐渐增长的需求导致了更快速的绝缘剥离和成本低得多的终端口。多端口是同时将多个导体连接到相同数量的 U 形触点的过程。在端接期间，使用手动或自动设备，U 形触点取代绝缘，然后每个导体被强制楔入在 U 形触点上。结果是形成一种高压、气密和无焊接的连接。它能放在较窄的矩形开口，用在一个平面上需要很大柔性的场合。当需要点对点接线时，接线错误被消除，线束组装被简化。而且，带状电缆在传输高速数据信号等方面有极好的性能。在导体之间具有更精确和固定的电容[3]。由于电缆导体的分割保持不变的缘故，所以这些性能在服务时也被保持。

包含着软性电缆的柔性电路，根据所用的材料不同可以弯曲、卷曲或折叠许多次。柔性电路正广泛地应用于减少重量和尺寸、控制阻抗、减少劳动力而且易于组装的连接场合[4]。它们可以被用来作为一对一的连接器或复杂的线束，允许分线点和特殊路由[5]。用柔性电路代替离散布线可以减少相当多的组装时间。其他优点是线路可靠性和可维修性好。许多公司已从使用传统的背板、主板和线束转换到使用柔性和刚性/柔性电路。

4.5　制备和组装时间

在一项制备和装配时间研究中[6]，各种工业标准时间和公布的数据与现场工业研究和实验室研究进行了比较。公布的数据取自参考文献［7－10］。信息来自于两个公司，在正文中称为公司 1 和公司 2，在图标中称为 Co. 1 和 Co. 2。

4.5.1 制备

图4.11的数据给出了手工和半自动剥离导线端部的时间。手动操作要将导线插入到正确的剥离长度以及剥离工具的适当位置中，然后关闭工具，切断了的绝缘层被刀具除去。剥离导线的一端获得7.0s的平均实验时间与公布的时间数据[8,10]和在公司2所观察的时间数据（见图4.11）非常接近。机器剥离导线包括抓握导线和把其端部插入剥离机。机器剥掉绝缘层到正确的长度。根据公布的数据[10]剥离时间可以大致设定为3s。

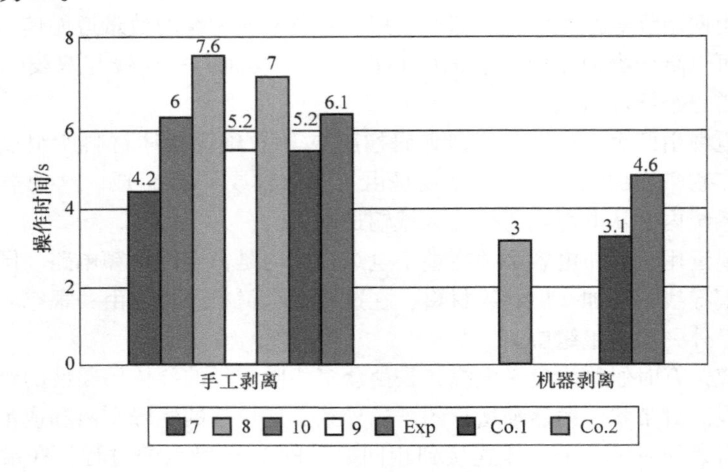

图4.11 一个线端剥离的结果

（资料来源：Ong，N. S. and Boothroyd，G. Assembly times for electrical connections and wire harnesses，International Journal of Advanced Manufacturing Technology，6，155-179，1991.）

图4.12的数据给出了一个导线裸端镀锡需要的时间。在一个实验里，导线用夹具固定起来，使用一个手拿烙铁，锡焊导线裸端，另一手拿着焊料。试验时间为9s，这与参考文献[8]所给出的时间以及公司2所观察获得的时间相似。如果锡焊导线裸端时使用焊罐，建议使用由参考文献［8］所获得的以及从公司2观察得到的平均时间7.2s。

图4.13展示了压接一个终端到导线裸露端部所需要的时间，对于手动压接来说，终端被插入到一个压接工具的彩色编码槽口，导线的裸露端部被放入终端的空心圆管里。然后关闭工具，压缩空心圆管，以使得它紧紧地压接在导线上。手动操作实验时间为13.9s。这一次实验结果与参考文献［7，10］以及公司的结果比较接近，而与参考文献［8，9］的结果出入较大。压接端子具有各种不同的形状和尺寸，这可能解释在时间上广泛变化的原因。平均实验时间13.9s似乎是一个合理的数字。

在半自动压接端子的过程中，操作会涉及将导线的裸端放置到模具中。这个动作会触发压接机。压接完成后，一个新的终端自动进入到模具中以进行下一个压接操作。可以看到的是，除了在公司2所获得的时间数据以外，从各种来源获得的半自动压接操作

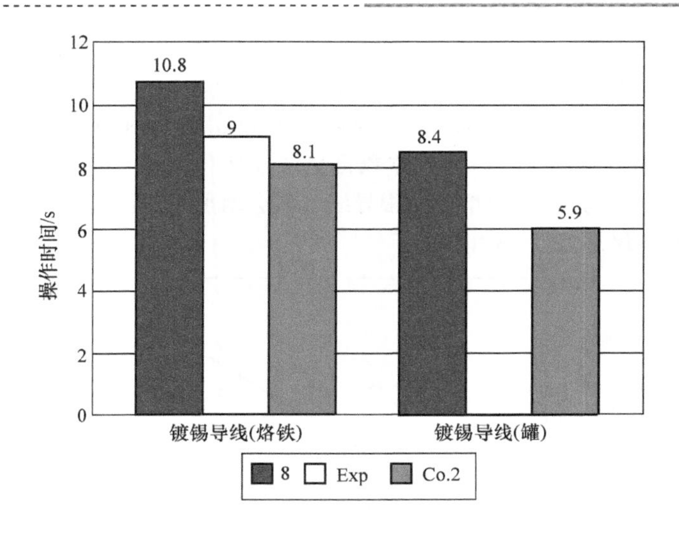

图 4.12 一个接线端镀锡的结果

（资料来源：Ong，N. S. and Boothroyd，G. Assembly times for electrical connections and wire harnesses，International Journal of Advanced Manufacturing Technology，6，155-179，1991）

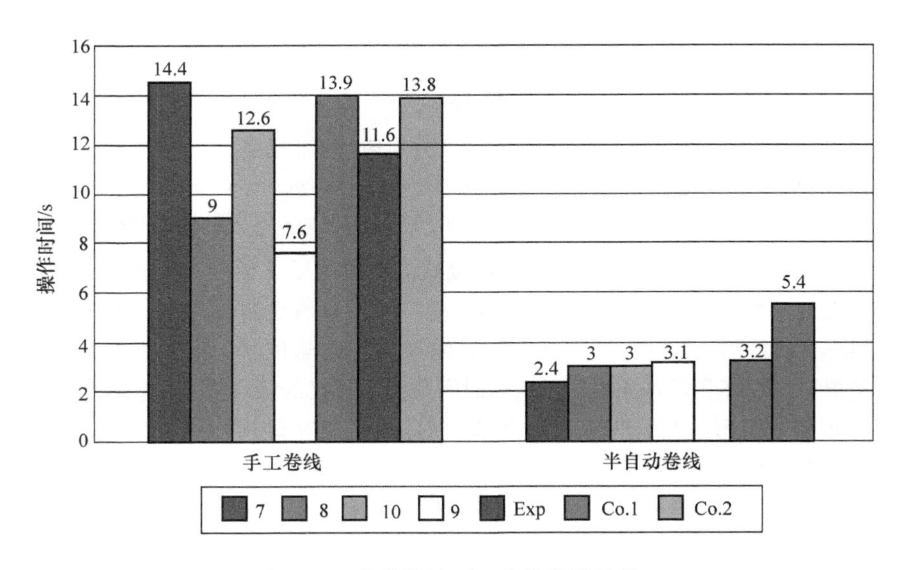

图 4.13 卷曲终端到一个线端的结果

（资料来源：Ong，N. S. and Boothroyd，G. Assembly times for electrical connections and wire harnesses，International Journal of Advanced Manufacturing Technology，6，155-179，1991）

数值都非常一致，3s 是这种操作的建议时间。

半自动机器可以在一个未剥离导线插入机器后，剥离导线和压接端子。导线的插入是手工进行的，从单独进行这些操作的机器来看，组合操作的总时间建议为 3.6s。也有机器能够在一次操作中自动完成切割、剥离和压接端子到导线等操作。卷曲电线在一个操作终端，生产率各不相同，取决于所使用机器的型号和生产。这种自动操作时间可以达到对于每个长度为10ft（3m）的导线端部1.8s[11]。

对于多导体电缆，剥离电缆内所有导体的外绝缘层和内绝缘层的实验时间如图4.14所示。可以看到，剥离时间与导体数目呈线性变化关系。要求剥离具有两根导线的多导体电缆的时间为30s，每增加一根导线，就会增加6s的对应时间。此外，结果表明，人工剥离外绝缘层需要18s时间。

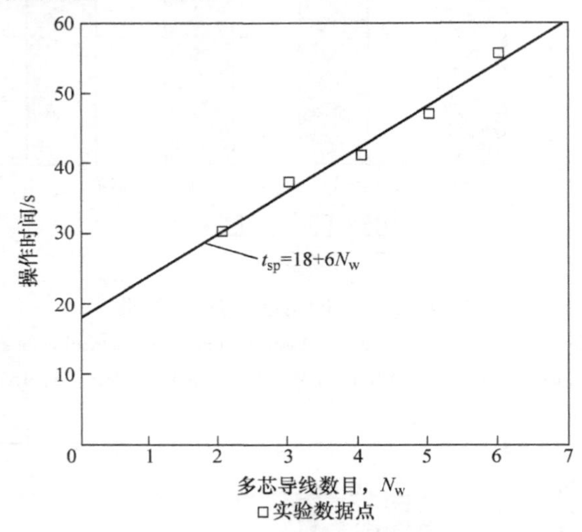

图4.14　剥离一个多芯电缆的实验结果

（资料来源：Ong，N. S. and Boothroyd，G. Assembly times for electrical connections and wireharnesses，International Journal of Advanced Manufacturing Technology，6，155-179，1991）

图4.15显示了对于焊接圆形或矩形连接器的触点的手工组装时间。这个操作需要把连接器放入夹具里，并填充所有的焊料杯。用一只手拿着少数的导线，另一只手拿着焊铁。焊料杯重新加热，并同时插入裸线。导线被放在适当位置，直到焊料凝固。可以看出，用于填充焊料杯和焊接导线到触点的时间是与所焊接的触点数量呈线性变化，用于组装的一个矩形或圆形连接器的总试验时间 t_s 是用于填充焊料杯的时间（$6.8+3.1N_c$）和焊接导线的时间（$0.2+8.3N_c$）的总和，总试验时间 t_s 由式（4.1）表示如下：

$$t_s = 7 + 11.4N_c \tag{4.1}$$

式中　N_c——触点数目。

由该方程求出的总时间不包括切割和剥离导线或组装连接器的时间。

注意到连接器的设计会因为不同供应商而变化。在第3章中所讨论的方法覆盖了小型机械零件的组装内容。

表4.1给出的总的实验时间非常接近于参考文献［9，10］给出的时间和在公司2所观测的时间。

图4.16给出了压接圆形或矩形连接器触点的手工组装时间，触点首先被插入压接工具中，然后导线的裸端放入触点里。工具挤压，以使得触点的空心圆管能卡住导线裸

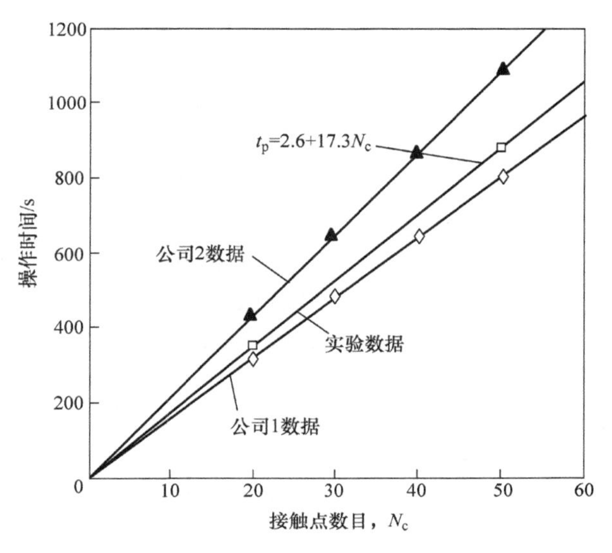

图4.15　连接器与焊接接触手工装配时间

（资料来源：Ong，N. S. and Boothroyd，G. Assembly times for electrical connections and wire harnesses，International Journal of Advanced Manufacturing Technology，6，155-179，1991）

端以及导线上的绝缘层。对于每个触点重复该操作。随着连接器在夹具中的压接，导线触点使用插入工具逐一插入。压接触点到导线的时间（$1.5+12.4N_c$）和插入导线触点的时间（$1.1+4.9N_c$）与触点数目呈线性变化。装配导线到圆形或矩形连接器的总试验时间 t_p 可由式（4.2）给出：

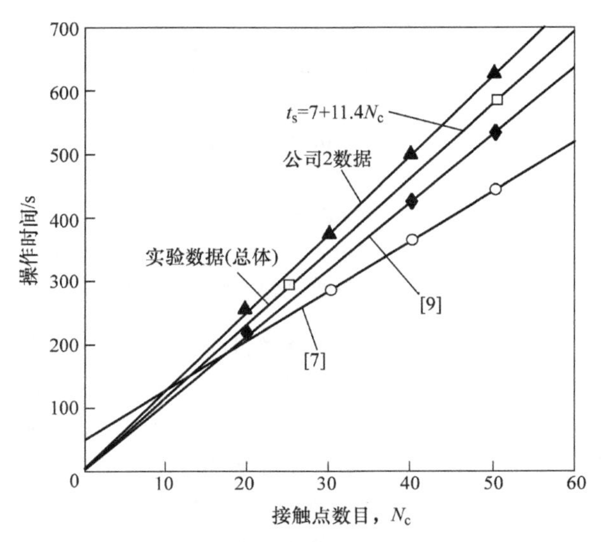

图4.16　压接连接器的手工装配时间

（资料来源：Ong，N. S. and Boothroyd，G. Assembly times for electrical connections and wire harnesses，International Journal of Advanced Manufacturing Technology，6，155-179，1991）

$$t_p = 2.6 + 17.3N_c \tag{4.2}$$

式中 N_c——触点数目。

求出的这个时间不包括切断电线和连接连接器的时间。

由于半自动压接触点到导线（每个触点 3s）和手动插入压接触点到连接器（$1.1 + 4.9N_c$），建议一个触点的时间为 9s。对于一个以上的触点安装，应该在原来时间的基础上，每个触点增加 7.9s 的额外时间。

图 4.17 给出了一个同轴连接器终端的手工组装时间。同轴电缆裁剪长度，外绝缘层被剥离，聚乙烯电介质和屏蔽编织层被削减到正确的尺寸。然后，屏蔽编织层被光滑地折回，塑料扣眼组装到电缆上。组装后，触点被压接到导体上，反复冲洗（除去）电介质。然后，组装连接器机体，编织层被夹紧压接，推动扣眼紧靠机体。组装同轴连接器的实验时间是 152s。这个时间比参考文献［9］（包括中心导体的镀锡时间）给出的 290s 要小很多，但又比参考文献［10］（不包括测量和切割电缆的时间）给出的 115s 长一些。组装时间的较大差异可能是由于连接器结构的不同所致。

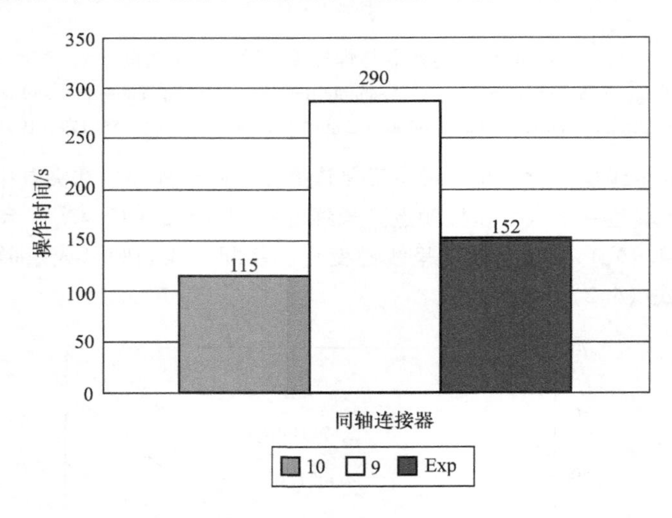

图 4.17　同轴连接器手工装配时间

（资料来源：Ong，N. S. and Boothroyd，G. Assembly times for electrical connections and wire harnesses，International Journal of Advanced Manufacturing Technology，6，155-179，1991）

图 4.18 给出了扁平电缆多终端的手工装配时间。这个操作的第一步是把连接器机体放到一个压力机的定位板上，扁平电缆被定在连接器机体上。配合的连接器盖放置在装配体上。然后通过压力机把连接器的 U 形端点压入到扁平电缆导体中。最后，电缆连接器从定位板上被移出。扁平电缆连接器终端的实验时间是 30s。在公司 1 得到的观测时间与实验时间相当接近。然而，从参考文献［7，10］获得的时间数据分别比实验时间要低很多和高很多。对于使用压力机的扁平电缆连接器终端，建议时间为 2s。

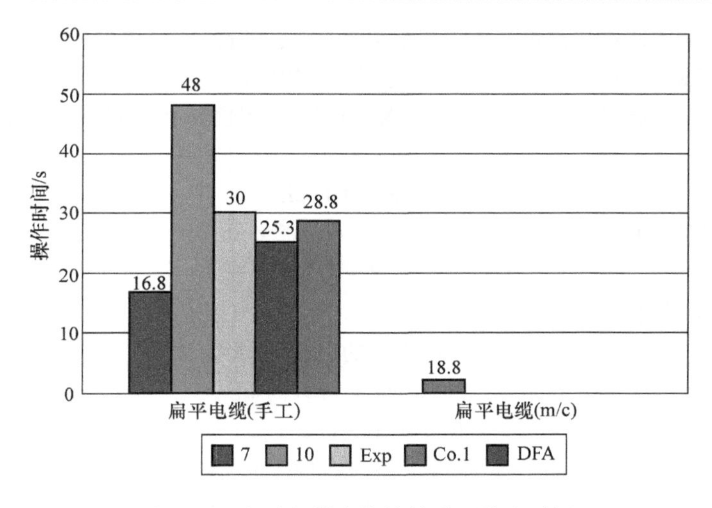

图 4.18 扁平电缆多终端的手工装配时间

绝缘去除连接方法包括将一个连接器放置到半自动化的机器里，将导线摊开，一次同时插入一对导线到连接器的触点里[7]，机器被触发，该对导线刺穿和切割。参考文献［7］给出了每对导线的操作时间为7.3s。

4.5.2 组装与安装

图4.19表示了在一个底板里的点对点布线（直接布线）的时间。当导线的一端连

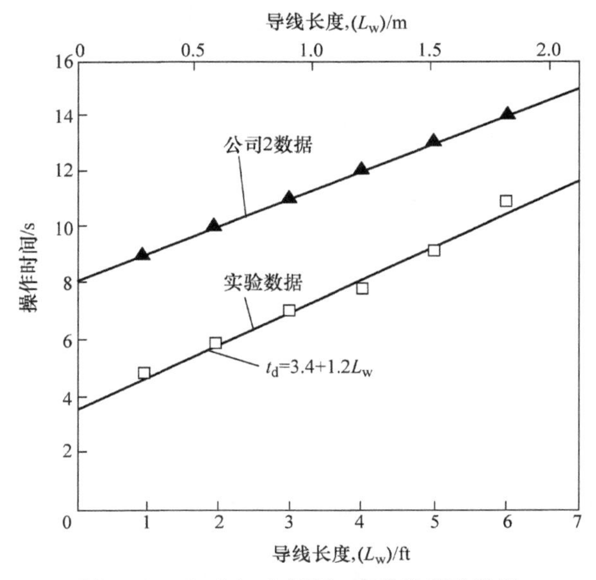

图 4.19 点对点（直接）布线的实验结果

（资料来源：Ong，N. S. and Boothroyd，G. Assembly times for electrical connections and wire harnesses，International Journal of Advanced Manufacturing Technology，6，155-179，1991）

接后，在另一端用线连接之前，将其整齐包扎，紧挨着设备底板的轮廓。包扎时间不包括切割、剥离线端、添加到终端或连接终端导线的时间。实验时间低于在公司 2 所观察到的时间。差异可能是由于包扎导线时遇到的阻碍程度所致。包扎导线的实验时间 t_d 由下式给出

$$t_d = 3.4 + 1.2L_w$$

式中 L_w 为导线长度（ft）。

或
$$t_d = 3.4 + 3.94L_w \tag{4.3}$$

注意：这里导线的长度 L_w 单位为 m。

因此，对于直接布线，第一英尺长度的时间要求为 4.6s，对于布线长度大于 1ft（0.3m）时，每英尺（0.3m）要增加 1.2s 的额外时间。

图 4.20 表示可在一个 U 形通道包扎导线的时间。当导线在一端被连接，而在另一端被连接之前，将其插入的 U 形通道。插入时间不包括切割和剥离导线端部、添加终端或附加封端导线的时间。对于长度 3 ~4ft 的导线，其实验时间与参考文献［9］中给出的时间相近。对于 1ft 长的导线，推荐的插入时间为 4.4s，而对于更长的导线，每英尺要增加 1.7s 的额外时间。

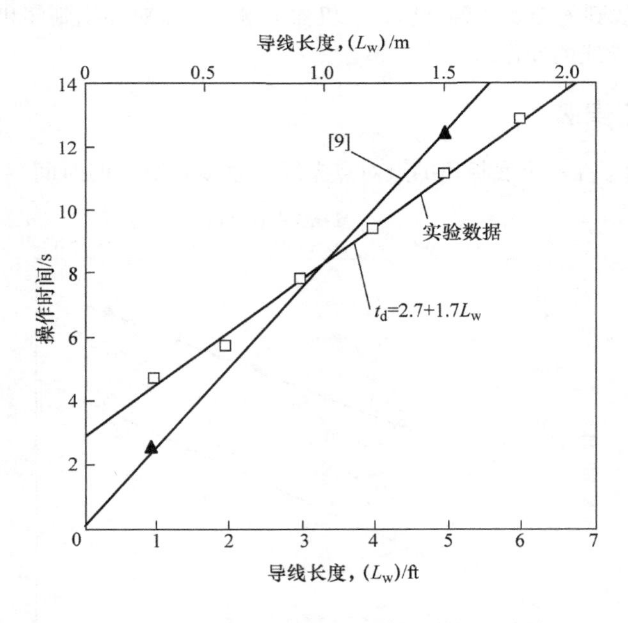

图 4.20 把导线包扎到一个 U 形通道的实验结果

（资料来源：Ong，N. S. and Boothroyd，G. Assembly times for electrical connections and wire harnesses，International Journal of Advanced Manufacturing Technology，6，155-179，1991）

图 4.21 表示了直接铺设扁平电缆进入设备机箱的时间。操作涉及在扁平电缆连接器附着到其配合零件上以后，再包扎扁平电缆。试验时间十分接近于在公司 1

中所观察的时间。铺设1ft（0.3m）长扁平电缆的时间建议为7.7s，对于更长的电缆，每增加1ft长电缆则需要增加1.6s的额外时间。铺设扁平电缆的时间不包括弯曲和挤压电缆的时间，因此，电缆在铺设期间保持弯曲状态。此弯曲电缆操作通常是在铺设扁平电缆之前进行，并且在铺设扁平电缆的时候应该加上一个15.1s的弯曲时间。

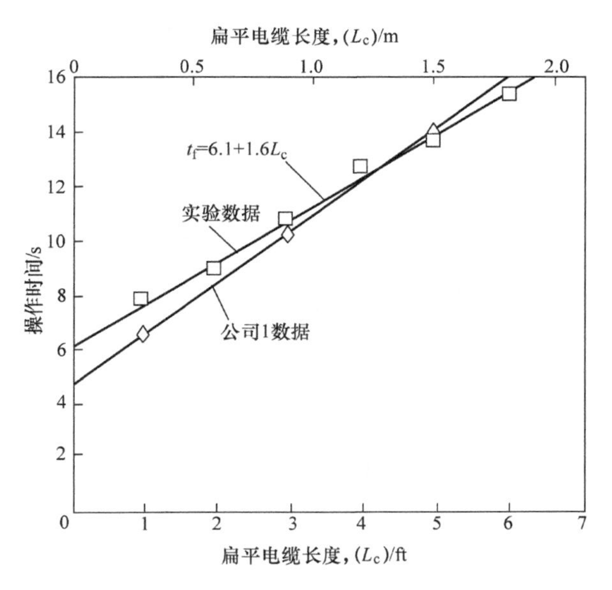

图4.21 布置扁平电缆的结果

（资料来源：Ong，N. S. and Boothroyd，G. Assembly times for electrical connections and wire harnesses，International Journal of Advanced Manufacturing Technology，6，155-179，1991）

图4.22和图4.23表示了把扁平电缆铺设到一个线束夹具的时间。导线首先被握住，一端连接到夹持装置上，而另一端连接到另一个夹持装置上，然后导线按照布线层铺设在板上，直至完成。如果电线的开始和结束在同一个分线点，可以同时放置多根导线。图4.22显示了同时铺设一条或六条导线到线束夹具上的实验时间与发表结果的比较。

图4.23显示了对于同时铺设1根到6根导线到线束夹具上的进一步实验结果。从这些结果，可以得到同时组装N_w导线的一般时间方程式：

$$t_n = 6.4 + 3.8N_w + (0.5 + 0.4N_w)L_w \tag{4.4}$$

图4.24和图4.25显示了将已经连接到连接器上的导线铺设到线束夹具上的时间。该操作包括电缆连接器安装到线束夹具上的导线选择、根据布线层铺设导线、将导线端部连接到夹持装置上。所求得的时间不包括将电缆连接器连接到线束夹具上的配合零件上的时间。图4.24显示了实验获得的时间与参考文献［8］给出的时间的比较。结果发现，实验时间更长一些。进一步的实验结果如图4.25所示，从一个连接器同时组装

N_w条导线的时间 t_n 一般公式：

$$t_m = 6.9 + 2N_w + (0.5 + 0.3N_w) L_w \quad (4.5)$$

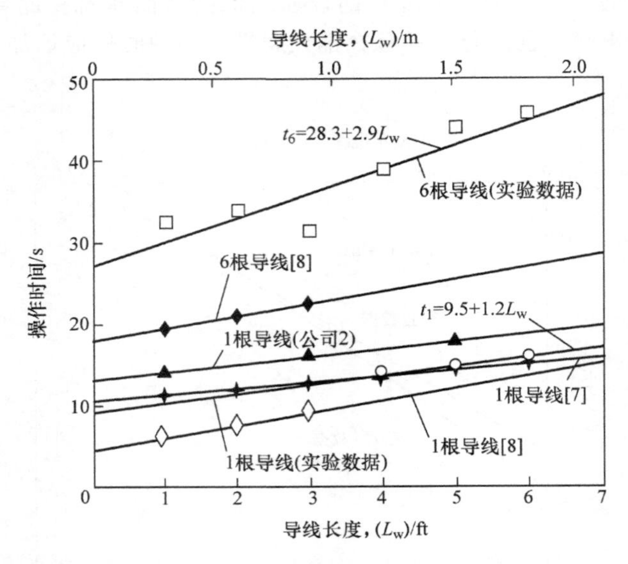

图 4.22　同时铺设 1 根或 6 根导线到线束夹具上的结果

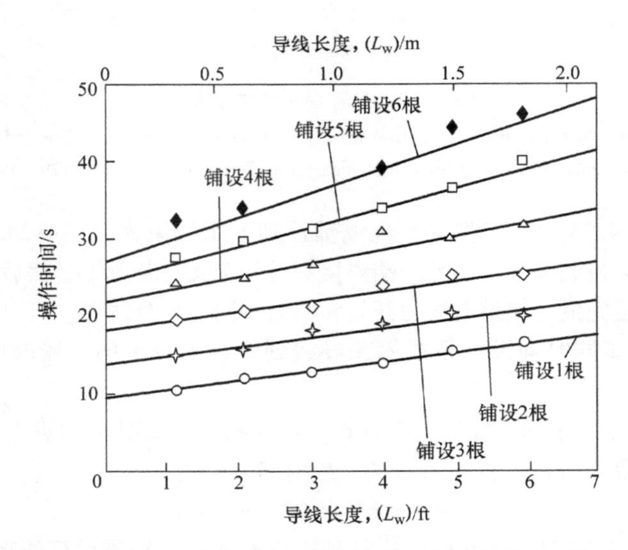

图 4.23　同时铺设多根导线到线束夹具上的实验时间

（资料来源：Ong，N. S. and Boothroyd，G. Assembly times for electrical connections and wire harnesses，International Journal of Advanced Manufacturing Technology，6，155-179，1991.）

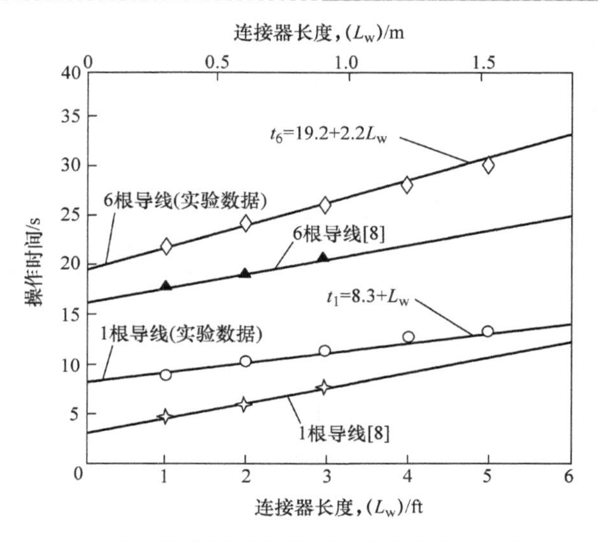

图 4.24　同时铺设多条导线到一个线束夹具上的结果

（资料来源：Ong，N. S. and Boothroyd，G. Assembly times for electrical connections and wire harnesses，International Journal of Advanced Manufacturing Technology，6，155-179，1991）

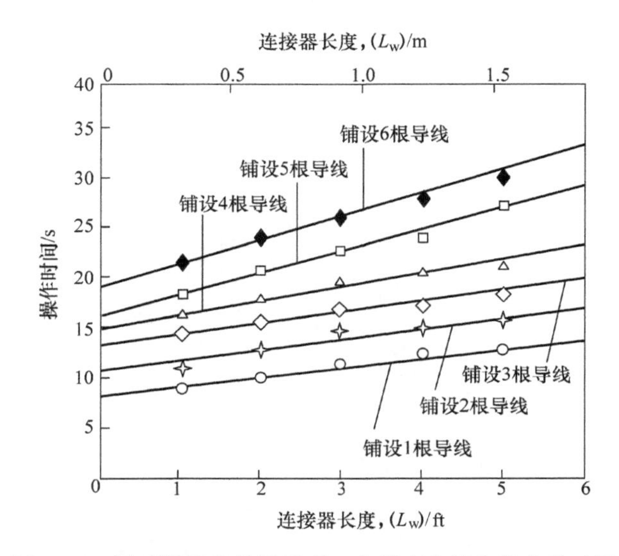

图 4.25　同时铺设多条导线到一个线束夹具上的实验时间

（资料来源：Ong，N. S. and Boothroyd，G. Assembly times for electrical connections and wire harnesses，International Journal of Advanced Manufacturing Technology，6，155-179，1991）

4.5.3　固定

图 4.26 给出了获取捆扎带、现场绑成捆的导线、用剪刀剪除多余的捆扎带的时间。

这个 16.6s 的实验时间与从其他来源获得数据具有可比性。

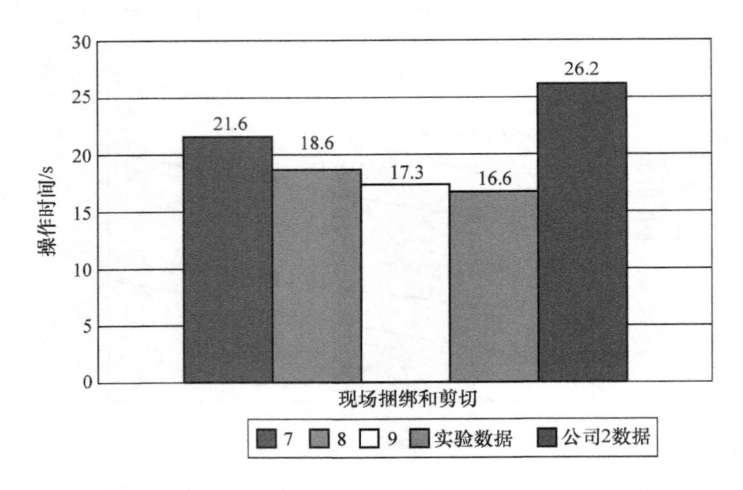

图 4.26　现场铺设电缆并捆绑到一个线束主干/分支的结果

（资料来源：Ong，N. S. and Boothroyd，G. Assembly times for electrical connections and wire harnesses，International Journal of Advanced Manufacturing Technology，6，155-179，1991.）

图 4.27 显示了用电缆绑线或绑带捆扎导线的时间。操作涉及获得电缆绑线、在线束上缠绕捆带，并通过捆带的细头从其另一端的孔眼插入。捆带拉紧，用工具将多余的捆带切除。14.4s 的实验时间与除了参考文献［7］之外所有其他来源的时间数据非常接近。

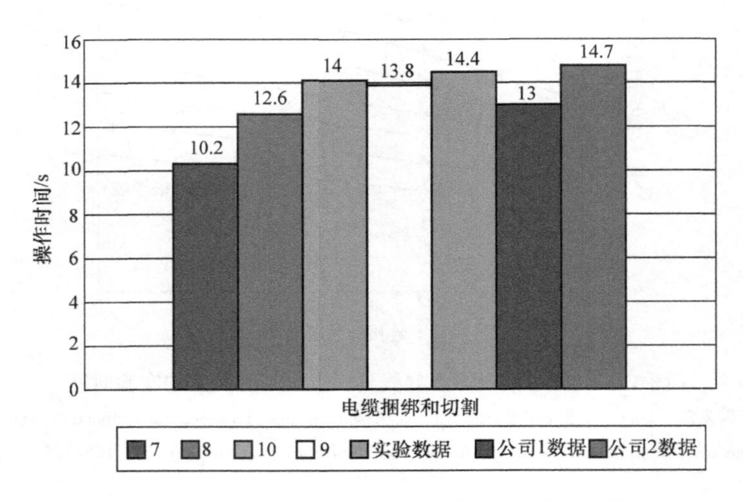

图 4.27　铺设电缆并捆绑到一个线束主干/分支的结果

（资料来源：Ong，N. S. and Boothroyd，G. Assembly times for electrical connections and wire harnesses，International Journal of Advanced Manufacturing Technology，6，155-179，1991）

图 4. 28 显示了捆系一个导线线束的时间。操作涉及获取系绳、在主干的一端做出初始的线迹（环缝线迹）。为了帮助捆系绳带，可以使用捆系绳带线轴（工具）。环缝线迹是由包裹系绳的一端插入双环形成的。绳的自由端和线轴通过这个环。张力施加到绳的自由端以牢固地捆扎环缝线迹。额外的线迹形成均匀间隔（约等于直径，但不小于 0. 5in），当绳的一端被固定和修剪，捆系工作完成。实验时间 t_{st} 为

$$t_{st} = 11.5 + 7.6N_{st}$$

式中　N_{st}——在线束上形成的线迹数量。

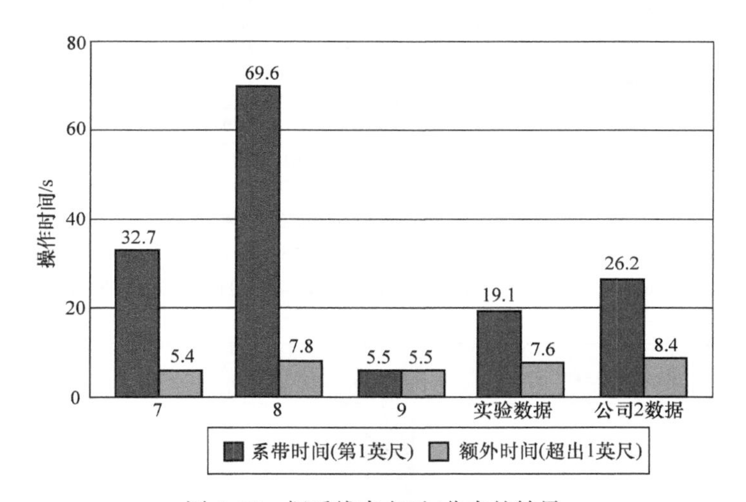

图 4. 28　捆系线束主干/分支的结果

（资料来源：Ong，N. S. and Boothroyd，G. Assembly times for electrical connections and wire harnesses，International Journal of Advanced Manufacturing Technology，6，155-179，1991）

对实验结果与那些从其他来源获得的数据进行比较，捆系时间的变化在第一个线迹出现，第一个线迹耗时 69. 6s[8]。这个较长的时间可能包括削减足够长度的绳索，并在捆系之前将它缠绕在线轴上。

图 4. 29 给出了绑扎成捆导线的时间。这一操作包括获取带辊、将其绑扎和包裹到一个特定的位置，并将胶带切断。对于 1in 宽度的胶带，1in 长的胶带在第一次包裹时的实验时间为 13. 8s。这个结果与从所有其他来源所获得的数据相当接近。由于包裹过程的交叠性质，在绑扎第二个英寸长度层的胶带时会比绕第一层胶带要多一些。在这项实验中，胶带包裹三层，其长度约为 1 英寸（25 毫米），每一个额外英寸（25 毫米）增加 7s 时间被认为是可接受的。

图 4. 30 表示了在成捆的绝缘导线上插入预切管或套管的时间。该操作涉及获取和安排成捆的导线、将成捆的导线插入到用另一只手抓住的管或套管里等动作。实验时间与其他来源所给出的数据相差非常大。导线插入管里的难易程度在很大程度上取决于管的内壁与成捆绝缘导线之间的间隙大小，这或许就是插入时间的巨大差异的原因。向管里插入 1in 长度导线的实验时间建议为 7. 4s，而对于超过 1in 长的管，每英寸长度需要

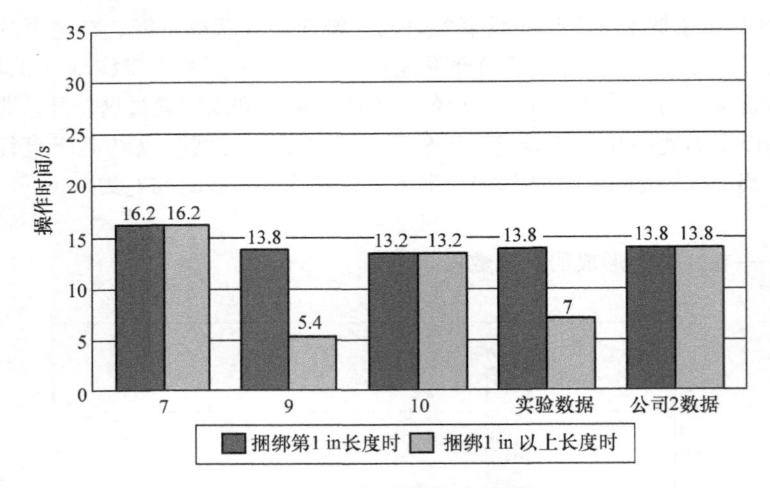

图 4.29 捆绑成捆导线的结果

（资料来源：Ong，N. S. and Boothroyd，G. Assembly times for electrical connections and wire harnesses，International Journal of Advanced Manufacturing Technology，6，155-179，1991）

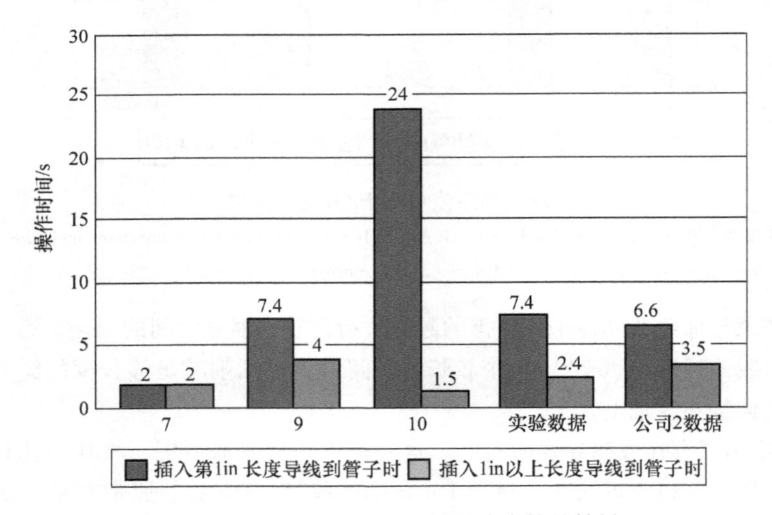

图 4.30 插入一个预切管或套管的结果

（资料来源：Ong，N. S. and Boothroyd，G. Assembly times for electrical connections and wire harnesses，International Journal of Advanced Manufacturing Technology，6，155-179，1991）

增加 2.4s 的额外时间。

图 4.31 显示了固定操作的两个结果。第一个操作使用了热风枪，会导致管的热收缩。每英寸（25mm）长度的 5.3s 实验时间位于那些从参考文献［9］获得的数据与从公司 2 所观测的数据之间。热收缩时间变化较大的原因可以归因于被收缩的管子直径。同样，管子的内径与绝缘导线之间的更大间隙将延长收缩时间。每英寸（25mm）5.3s 的实验时间显得合理。

如图4.31所示的第二个操作包括获取粘接电缆夹钳，剥离保护层，按下夹钳到设备机壳上等动作。9.4s的实验时间与从公司2观察的数据十分一致。对必须拧到设备机壳上的电缆夹钳，向下拧紧到螺纹孔的操作是必要的。在公司2，这个操作耗时27s。

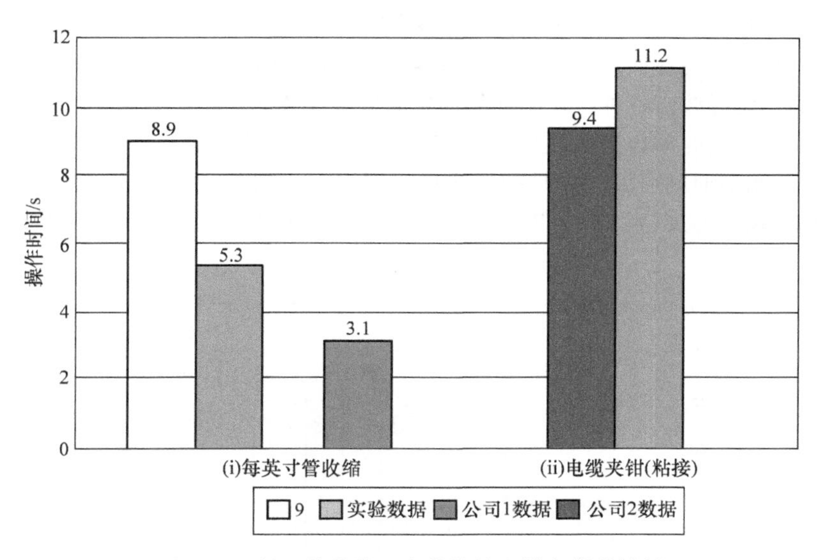

图4.31　插入管收缩，安装粘接电缆夹钳的结果

（资料来源：Ong，N. S. and Boothroyd，G. Assembly times for electrical connections and wire harnesses，International Journal of Advanced Manufacturing Technology，6，155-179，1991）

图4.32显示了给导线贴标签的时间。这一操作包括剥离标签和将标签贴到导线上等动作。除了与参考文献［7］的数据不一致以外，11.4s的实验时间与从各种来源所获得数据十分接近。从参考文献［7］所获得的14.4s时间还包括该导线贴上标记物的时间。

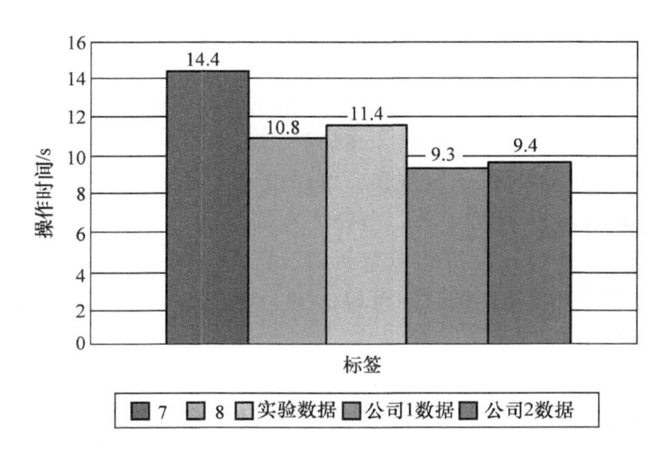

图4.32　给导线贴标签的结果

（资料来源：Ong，N. S. and Boothroyd，G. Assembly times for electrical connections and wire harnesses，International Journal of Advanced Manufacturing Technology，6，155-179，1991）

4.5.4 连接

图4.33给出了裸线与其配合零件的连接时间。因为导线长而且软，首先用双手握住导线，然后移动、定位、用镊子将其弯绕在它的配合零件四周。配合零件可以安装在终端块上，也可以绕在插入到螺纹孔中的螺钉等单独紧固件上，或者是靠螺母固定的螺钉上，然后固定导线。各种配合零件的连接时间在图4.33上已经给出。除了连接裸线到终端块所获得的时间以外，实验时间与第3章面向手工装配的设计中的数据十分接近。17.1s的组装时间可以假定是把裸线连接到终端块的时间，23.3s的组装时间可以假定是裸线/螺钉的连接时间，30.6s的组装时间可以假定是裸线/螺钉和螺母的连接时间。

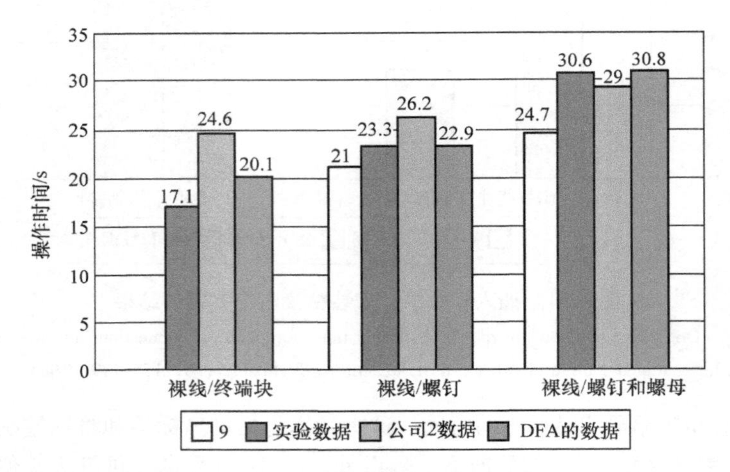

图4.33 裸线连接到配合零件的结果

（资料来源：Ong，N. S. and Boothroyd，G. Assembly times for electrical connections and wire harnesses，International Journal of Advanced Manufacturing Technology，6，155-179，1991）

图4.34给出了将裸线焊接到其配合零件上的时间。裸线首先被握住、移动，将其与配合零件定位。然后用烙铁焊接导线。在焊接之前，导线可以用镊子弯折。在这种情况下，必须包含弯折时间。根据初步观察，可以推论，焊接时间在很大程度上取决于导线是否需要弯折以及焊接面积的大小。当导线在焊接前不弯折时，实验时间与第3章DFA的数据十分接近。当导线在焊接前弯折时，实验时间与公司2观察的数据十分接近。焊接裸线，没有弯折时的连接时间可以假定为21.1s，如果导线首先要弯折时，可以假设连接时间为26.6s。

图4.35表示了将绝缘实心线的裸端接在终端柱的时间。这一操作包括获取预先剥离的导线、把它插入到捆扎导线工具的尖端，该工具随后被放置在终端之上，挤压触发器，工具尖端使得导线绕着终端旋转，从而形成所需的连接。绕接导线到一个终端的平均时间为13s。

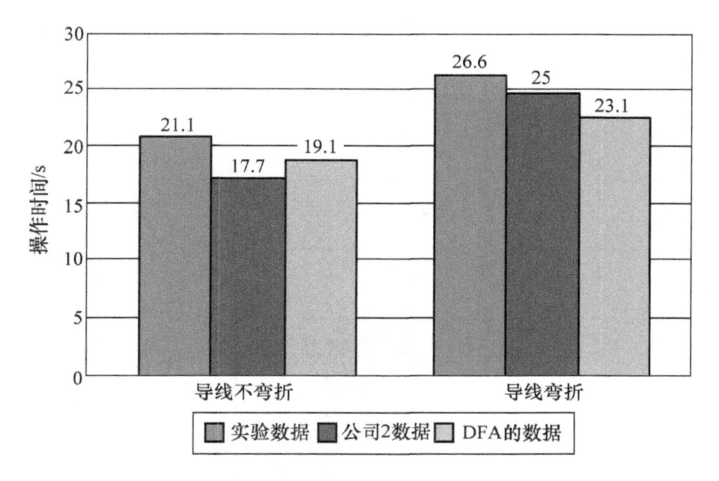

图 4.34　焊接裸线至它的配合零件上的结果

（资料来源：Ong，N. S. and Boothroyd，G. Assembly times for electrical connections and wire harnesses，International Journal of Advanced Manufacturing Technology，6，155-179，1991）

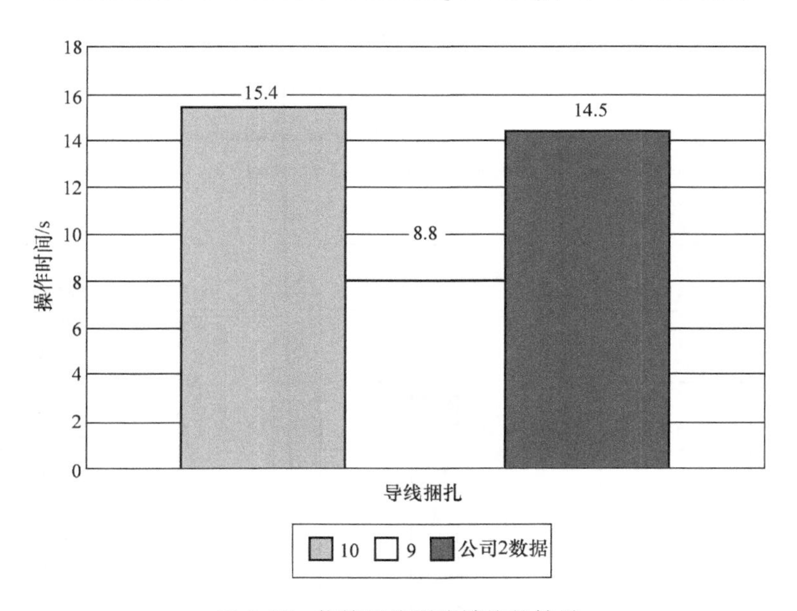

图 4.35　绕接导线到终端柱的结果

（资料来源：Ong，N. S. and Boothroyd，G. Assembly times for electrical connections and wire harnesses，International Journal of Advanced Manufacturing Technology，6，155-179，1991）

图 4.36 和图 4.37 给出了连接导线终端到配合零件上所需要的时间。导线终端先要抓住、移动，然后把它定位到其配合零件上。它可以用一个快速断开终端推压或者用叉形或环形终端来固定到终端块上。导线终端（叉形或环形）也可以使用螺钉或者螺钉/螺母组合来进行固定。从图中我们可以看到，除了将一个叉形终端连接到终端块的实验

时间和 DFA 时间有所不同之外，从各种资源取得的时间都十分接近。基于这些实验值，可以假定：

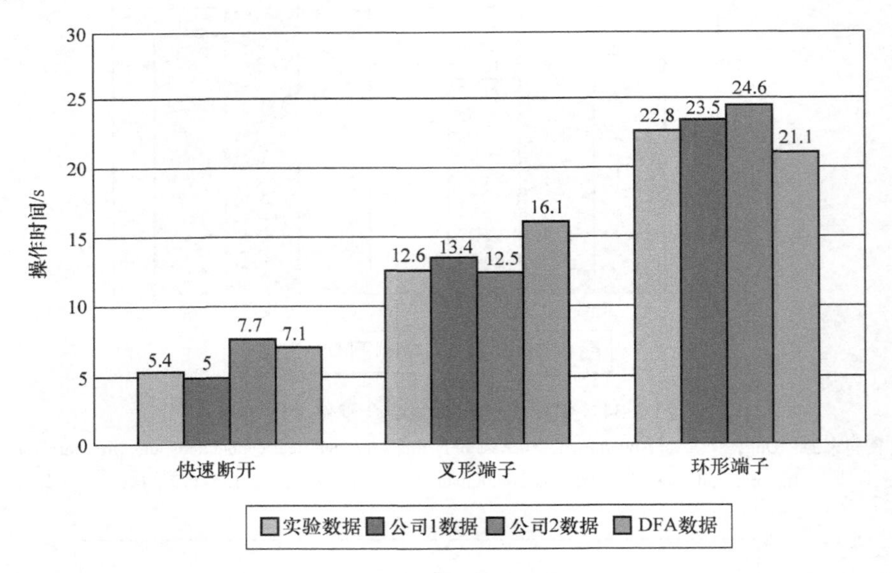

图 4. 36　将导线终端与其配合零件连接的结果

（资料来源：Ong，N. S. and Boothroyd，G. Assembly times for electrical connections and wire harnesses，International Journal of Advanced Manufacturing Technology，6，155-179，1991）

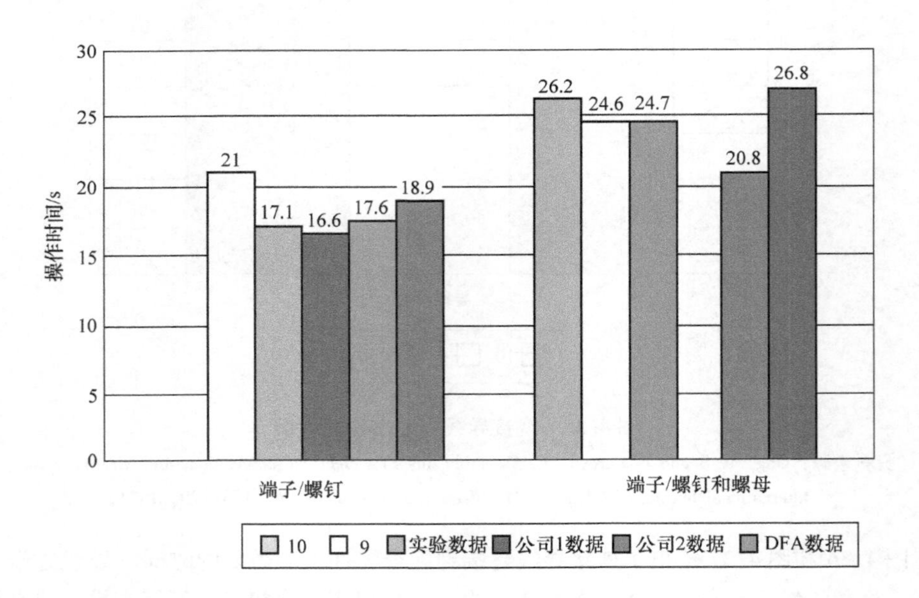

图 4. 37　连接导线终端与配合零件的结果

（资料来源：Ong，N. S. and Boothroyd，G. Assembly times for electrical connections and wire harnesses，International Journal of Advanced Manufacturing Technology，6，155-179，1991）

连接一个快速断开终端——5.4s

分别将一个叉形和环形终端连接一个终端块上——12.5s 和 22.8s

连接一条终端导线，并用螺钉固定——17.1s

连接一条终端导线，并用螺钉和螺母固定——24.7s

各种实验也在各种类型连接器的耦合设备上进行。该操作涉及握住一个凸形电缆连接器（圆形或矩形），将它插入凹形连接器中等动作。根据所使用连接器的类型不同，可能需要额外的操作来确保连接器能坚固地耦合。由于没有其他来源可获得信息，因此没有进行比较。连接各种类型的连接器所需的平均实验时间见表 4.3。

表 4.3　连接各种类型的连接器所需的平均实验时间　（单位：s）

圆形连接器		矩形连接器	
只安装	5.2	只安装	6.5
卡口型	5.2	闭锁/可脱卸型	8.1
摩擦型	6.7	弹簧夹型	9.8
螺纹型	11.3	螺旋型（2）	24.0

4.6　分析方法

已经开发了一个方法，可用于估计在电气互联和线束组装中所需要的人力。对于一个正常复杂程度的线束组装，通常有三个不同的步骤：

① 导线和电缆的制备：这个步骤包括将导线或电缆切成要求的长度并连接它们。在这个阶段，连接器有时被连接到多根导线上。同时，还要进行一些额外的操作，例如标记、封口、成型、套管或在导线或连接器上贴标签。

② 电路板或夹具上的线束组装：这包括手工铺设导线和电缆，如果必要的话将导线端部插入到连接器中、捆扎、绕带、系紧线束或导线、给线束装套管。在这个阶段，测试通常完成，一些贴标志工作也会被执行。

③ 互联装配或电缆线束装配到机壳或产品中：这是最后一步，包括按规定路径给导线或电缆走线，连接器插入到它们的配合零件上，排列和连接导线端到合适的终端。还包括把导线和电缆固定到机壳上。

有时，必须精确地知道一个特殊线束的制备、组装和安装涉及哪些步骤，包括导线和电缆的制备是否手动进行，还是借助于半自动设备或自动进行。对于希望在最早设计阶段获得装配成本估计的设计师来说，有些细节是未知的。为了满足这种需求，可以假设，例如，半自动设备将总是被用于导线电缆的制备，这会使需要用于估计组装时间的数据库很大程度地简化。

最终，需要两个不同的步骤：

① 这里介绍的步骤可用于设计师在产品设计的早期阶段需要近似估计制备、组装

和安装成本。

② 详细的步骤可用于设计师研究线束总成的制备和组装等各种方法。

在第3章的手工组装DFA方法中，一个工作表即可满足在一个子部件中，对于每一项目处理和插入的记录。正如我们所看到的，对于电气连接和电缆线束组装需要三个不同的步骤。此外，为了分析一些操作，如导线或电缆末端的制备，可以方便地使每组相的导线端部结合。对于其他的操作，例如在电路板或夹具铺设导线，可以很方便地分别处理导线或电缆的长度。还有一些操作，例如应用电缆捆绑，可以方便地在后期分析中说明它们作为一组的原因。这意味着整个分析步骤要比机械零件手工组装的DFA方法复杂得多。

4.6.1 步骤

使用在相应的表格中所提供的数据来完成工作表是一种方法。数据主要来自于参考文献［6］。许多被记录在这些工作表上的活动可以在不同的线束组装阶段进行，这取决于特殊的应用和设计的复杂性。例如，在制备、线束组装，或者即使在最后的导线线束安装期间，都可以进行插入接线片导线端部到链接器中的操作。

因此，为了简化分析步骤，已经开发了10个独立的数据表和11个相关工作表[11]。这个分析系统已在非常广泛的范围应用，事实证明是最通用和有效的方法。以前，设计者必须考虑个人行为对步骤的干扰，现在他们不用再考虑这个问题。此外，通过跳过不相干的工作表，可以将那些不能应用到特定应用程序的特别行为从分析中省略。

图4.38为一个线束组装的例子，表4.4为与它相关的运行表。表4.5～表4.25列出了线束例子工作表中对应的条目里的数据和工作表。

表4.4 导线/电缆运行表

导线/电缆标识	导线/电缆描述	导线/电缆长度/ft	起始（从）			终止（到）		
			连接器标识	终端标识	终端类型	连接器标识	终端标识	终端类型
W1	单独	5	A	1	接线	D	7	接线和嵌入
W2	单独	2	A	2	接线	B	3	在板上接线和嵌入
W3	单独	2	A	2	接线	B	4	在板上接线和嵌入
W4	单独	4	B	5	在板上接线和嵌入	H	19	分叉接片

（续）

导线/电缆标识	导线/电缆描述	导线/电缆长度/ft	起始（从）			终止（到）		
			连接器标识	终端标识	终端类型	连接器标识	终端标识	终端类型
W5	单独｜硬质	5	C	6	环形接线片和套管	F	16	环形接线片和套管
W6	单独	8	D	8	接线和嵌入	G	17	镀锡
W7	单独	8	D	9	接线和嵌入	G	18	镀锡
W8	无屏蔽电缆 6个连接器 硬质	6	E	10～15	镀锡和焊接	H	20～25	分叉接片

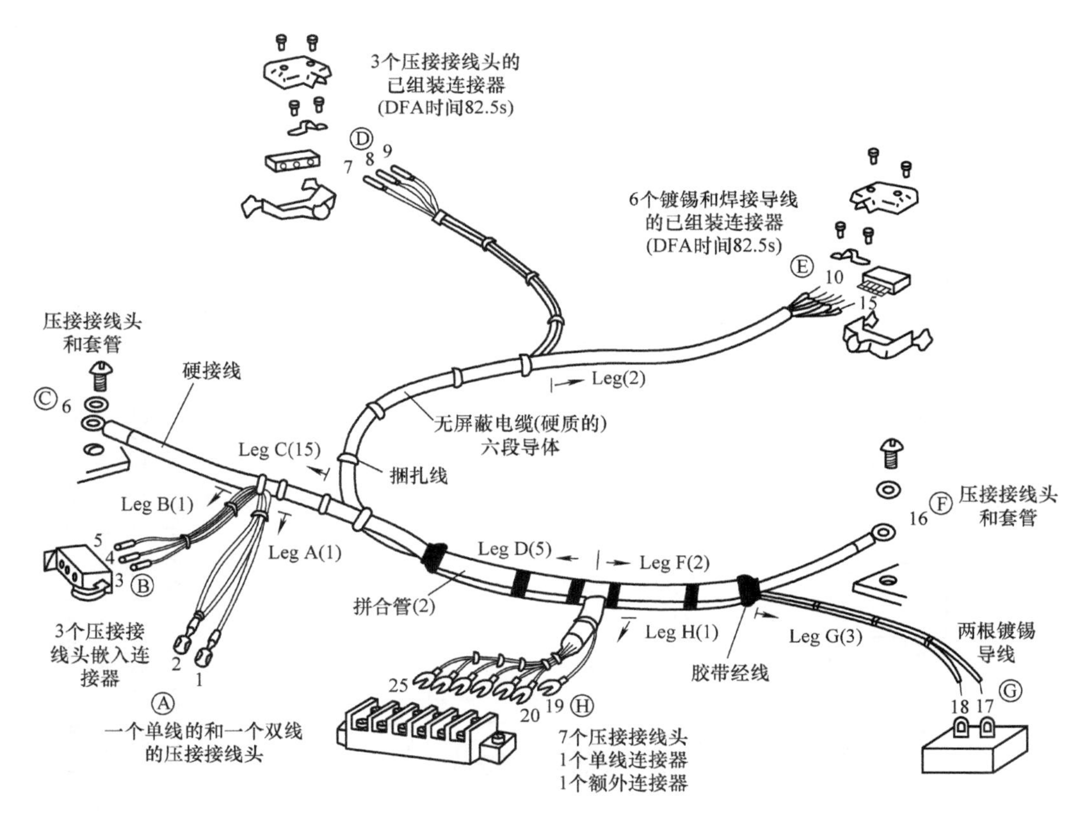

图4.38　线束组装

表 4.5 导线/电缆制备和部分完成

a b a—工具处理、剥离电缆护套，设置机器时间 b—每个导体端部的时间			剥除		剥除、压接接线片④		剥除		条带和锡焊		绝缘替换		焊接连接器：条带、锡焊和焊接		焊接连接器：条带、锡焊和套筒		焊接连接器：条带和焊接		焊接连接器：条带、焊接和套筒	
			0		1		2		3		4		5		6		7		8	
单导线		0	0.0	0.8	2.2	3.9	6.2	18.2	2.2	6.1	32.0	2.1	9.2	19.8	13.2	34.1	7.0	14.5	11.0	28.8
带状电缆		1	2.2	0.0	4.4	3.1	8.4	17.4	6.6	5.3	13.8	0.0	13.6	19.0	17.6	33.3	9.2	13.7	13.2	28.0
多导线电缆	无屏蔽	2	16.4	2.4	18.6	5.5	22.6	19.8	18.6	7.7	46.2	1.3	25.6	21.4	29.6	35.7	23.4	16.1	27.4	30.4
多导线电缆	有屏蔽⑤	3	38.4	2.4	40.6	5.5	44.6	19.8	40.6	7.7	68.2	1.3	47.6	21.4	51.6	35.7	45.4	16.1	49.4	30.4
同轴电缆		4	38.4	2.4	40.6	5.5	44.6	19.8	40.6	7.7	68.2	1.3	47.6	21.4	51.6	35.7	45.4	16.1	49.4	30.4

注：1. 这个分析是用来处理导线和电缆端部的制备。单个的线束管脚按照通用制备代码分组。不同的终端样式的数目和所制备的导体端部总数由每个制备代码确定。从表格中选取适当的时间填入工作表中，并计算出总的制备时间。

2. 在线束管脚中使用的不同终端样式的数目是按照输入在第二列中制备代码进行归类的。

3. 在可能的条件下，假定操作是半自动的。然而，一些操作只能用手工执行。例如：将导线插入到连接器里；从电缆上去除粘合物。因此，如果制备工作中包含类似这些操作，在图表中的时间内应包括适当的手工操作时间。

4. 如果多个导线连接到一个接线片上，要留出给每一根导线一个接线片的时间。

5. 在表中的时间包含剥去保护皮和剥落编织屏蔽层所用的时间。为了分开和套上屏蔽编织层，需要再增加129s。

6. 装套管包括把一个小管放在有褶皱的连接地方并将其热收缩的时间。

表 4.6 导线/电缆制备和部分完成工作表

管脚标识	制备代码	不同终端样式数目	制备的导体端部数目	每组设置时间/s	每个相同终端的设置时间/s	总制备时间/s
1	2	3	4	5	6	(3×5+4×6)
A，B，D，H	01	3	10	2.2	3.9	45.6
C，F						
E						
G						
H						

表 4.7 导线/电缆处置

处 置 代 码		导线/电缆的基本处理时间/s	每英尺的额外处理时间/s
铺设容易（如柔性单导线）	0	2.7	0.8
铺设困难	1	4.7	1.2
带状电缆	2	4.7	1.6

注：1. 这个研究用来解决在电路板或夹具上线束组装期间，导线和电缆的处置（或铺设）问题。个别的导线和电缆按照一般处置代码来进行分组归类。

2. 使用对应于所给导线/电缆处置代码的所有导线或电缆的总长度。如果同时铺设具有相同路径的一些导线，则在确定所有导线/电缆路径的总长度时，该路径应该只被占用一次。

表 4.8 导线/电缆处置工作表

导线或电缆标识	导线或电缆的处理代码	导线或电缆铺设数目	所有电缆路径总长度/ft	基本处理时间/s	每英尺额外处理时间/s	总处理时间/s
1	2	3	4	5	6	(3×5)+(4×6)
W1，W2，W3，W4，W6，W7	0	6	27	2.7	0.8	37.8
W5，W8	1	2	11	4.7	1.2	22.6
合计						60.4

表 4.9 组装和插入

组装和插入代码		无定向需求		有定向需求
		有对准特征，无插入阻力		无对准特征，有插入阻力或盲插
		0	1	2
在一行上单个或多个插入	0	1.9	2.2	2.5
在两行上多个插入（要求双手操作）	1	3.5	3.8	4.1
在多于两排上多个介入	2	3.9	4.2	4.5

注：1. 这个研究解决在线束组装期间，导线或电缆端部插入到连接器，或插入到临时夹持装置的时间问题。

2. 对于要求的工具插入操作，需要增加 2.7s 的插入时间。

3. 如果一个连接器端部已经插入之后，该连接器要求组装的话，应该增加一个 DFA 的时间估计。其典型时间应该为 82.5s。

4. 例如，插入一个连接片到矩形嵌入式单元连接器中，或者插入一个预先组装好的电缆连接器到组装板上的测试夹具上。

表 4.10 组装和插入部分完成工作表

管脚标识	插入代码	被插入项目号码	每个项目的插入时间/s	连接器硬件装配时间/s	总插入时间/s
1	2	3	4	5	(3×4)+5
A	0	2	2.5	—	5.0

表 4.11 导线捆扎①

工作条件代码			每条导线的时间	
			无限制	受限制接入②
			0	1
柔性线	1 条线	0	2.3	6.3
	2~5 条线	1	2.3	6.3
	6~26 条线	2	8.5	12.5
	>26 条线	3	10.5	14.5
硬线	1 条线	4	4.7	8.7
	2~5 条线	5	9.5	13.5
	6~26 条线	6	17.5	21.0
	>26 条线	7	21.0	25.0

① 这一分析解决导线端部定位和选择的时间，以及导线或电缆端部的捆扎问题。应包括必须单独定位和捆扎的每个项目。为了确定适当的代码，应当对管脚的导线或电缆的总数进行计数。对于端接到连接器中的电缆或导线组，不要求捆扎。只有在线束组装或最后安装时才要求捆扎。

② 限制接入的意思是指可以获得对导线定位和捆扎的限制空间引起时间的显著增加。

表4.12 导线捆扎工作表

管脚代号	导线捆扎代码	被捆扎项目数	每根导线结束的时间/s	总捆扎所需时间/s
1	2	3	4	(3×4)
A, G	10	4	2.3	9.2
C, F	50	2	9.5	19.0
H	21	7	12.5	87.5
合计				115.7

表4.13 连接器固定

连接方式代码				每个连接器的时间/s	
				无限制	受限制接入
				0	1
圆形连接器	卡口		0	5.2	9.4
	摩擦		1	6.7	10.7
	螺纹		2	11.3	15.3
矩形连接器	锁存或嵌入单元		3	8.1	12.1
	弹簧卡		4	9.8	13.8
	双螺钉	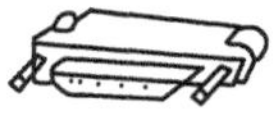	5	24.4	28.4

注：1. 这种分析解决将连接器安装到机壳最终位置的时间问题，导线线束的个别管脚按照通常连接器固定代码分组。

2. 限制接入的意思是指可以获得对导线定位和捆扎的限制空间引起时间的显著增加。

3. 包括工具的处理时间。

表 4.14 连接器固定工作表

管脚代号	连接器紧固代码	被连接的项目数	每个连接器的时间/s	连接器紧固的总时间/s
1	2	3	4	(3×4)
B	30	1	8.1	8.1
D，E	40	2	9.8	19.6
合计				27.7

表 4.15 导线紧固[①]

导线紧固方式代码			不受限制		限制接入[②]	
			一根导线连接	相同位置附加导线连接	一根导线连接	相同位置附加导线连接
			0	1	2	3
机械连接	绝缘处理，切割和嵌入[③]		5.0	–	9.0	–
	终端块[④⑤]		13.9	9.0	17.9	13.0
	螺钉紧固[⑦]		20.2	16.5	28.2	24.5
	螺钉和螺母紧固[⑥]		28.3	16.5	40.3	28.5
	捆扎[⑦]		12.7	12.7	16.7	16.7
焊接	焊接[⑧]		13.5	16.5	21.5	24.5

（续）

导线紧固方式代码			不受限制		限制接入②	
			一根导线连接	相同位置附加导线连接	一根导线连接	相同位置附加导线连接
			0	1	2	3
焊接	焊接和套管⑨		27.8	16.5	35.8	24.5
	固定和焊接		19.5	16.5	27.5	24.5
	固定，焊接和套管⑩		31.5	16.5	39.5	24.5

① 这种分析解决单独导线端部的连接和固定的时间问题。它不包括导线定位的时间，这个时间在表4.11中列出。

② 限制接入的意思是指可以获得对导线定位和固定的限制空间引起时间的显著增加。

③ 包括手工或半自动切割的时间。

④ 这些时间是与使用手动螺钉旋具一致的，如果使用电动工具，每个导线结束时间减去2s。

⑤ 包括导线端部插入之前，部分拧松螺母时间。

⑥ 在导线固定之前，抓住螺钉或螺母并使其啮合，对于每个垫圈需要增加额外的7s时间。

⑦ 仅对于实心线。

⑧ 包括4.2s的工具处理。

⑨ 包括8.2s的工具处理。

⑩ 包括4.0s的工具处理。

表4.16 导线紧固工作表

管脚代号	导线紧固代码	被紧固项目数	每个导线完成的时间/s	总的紧固时间/s
1	2	3	4	（3×4）
G	50	2	13.5	27.0
总计				27.0

表 4.17 紧固和完成①

安装接头代码				不受限制		限制接入②	
				连接片连接	相同位置附加连接片的连接	连接片连接	相同位置附加连接片的连接
				0	1	2	3
快速连接	连接		0	2.0	—	6.0	—
	连接和焊接③		1	14.0	—	18.0	—
螺钉或螺母先期插入④	叉形连接片⑤		2	10.4	11.0	14.4	15.0
	环形连接片/螺钉⑥		3	19.8	18.0	27.8	26.0
	环形连接片/螺母⑥		4	14.6	5.0	22.6	13.0
螺钉或螺母先期不插入④	螺母紧固⑦		5	13.0	5.0	21.0	13.0
	螺钉紧固⑦		6	17.2	18.0	25.2	26.0
	螺钉和螺母紧固⑦		7	25.3	18.0	37.3	30.0

① 这种分析解决吊耳式导线端部的连接片固定的时间问题。它不包括时间导线定位的时间，这个时间在表 4.11 中列出。导线线束的单独连接片可以按照通常的连接片紧固代码进行分组。

② 限制接入的意思是指可以获得对导线定位和固定的限制空间引起时间的显著增加。

③ 这是一种超牢固的连接，不被推荐。

④ 这些时间与使用手动旋具的时间是一直的。如果使用电动工具，每个导线结束时间减去 3s。

⑤ 包括在连接片插入之前，部分拧松螺钉或螺母的时间。

⑥ 包括在连接片插入之前，去掉螺钉或螺母的时间。

⑦ 在接线片固定之前，抓住螺钉或螺母并使其啮合，对于每个垫圈需要增加额外的 7s 时间。

表4.18　连接片紧固工作表

管脚代号	连接片紧固代码	连接片数目	每个连接片紧固时间/s	总紧固时间/s
1	2	3	4	(3×4)
A	00	2	20	4.0
C，F	60	2	24.2	48.4
H	20	6	10.4	62.4
H	21	1	11.0	11.0
合计				125.8

表4.19　安装布线

安装布线代码		布线时间/s	每英尺的附加处理时间/s
布线容易（软线）	0	4.2	0.8
布线困难（硬线/大捆）	1	6.2	1.2
带状电缆	2	6.2	1.8

注：1. 这种分析解决在机壳里线束布线的时间问题。导线线束的单个连接片可以按通常的布线编码来进行分组。对于每个代码，可以确定要布线的单独连接片数目和所有分类管脚的总长度。使用表格中的适当值，可以计算每个编码的总布线时间。如果导线端部或与特殊管脚结合的连接器容易连接（不需要布线）的话，可以从分析中取消管脚。

2. 不包括时间握取和固定导线或电缆端部或连接器的时间。

表4.20　安装布线工作表

管脚代号	布线代码	被布线的单独管脚数	被布线的管脚总长度/英尺	每个管脚的布线时间/s	每英尺的附加时间/s	总布线时间/s
1	2	3	4	5	6	(2×4+3×5)
A，B，G	0	3	5	4.2	0.8	16.6
C，D，E，F，H	1	5	11.5	6.2	1.2	44.8
合计						61.4

表 4.21 附加操作 A[1]

附加操作 A 代码			时间常数[2]/s	每次操作时间/s
用不干胶贴标签		0	0.0	10.0
用标记贴标签		1	2.0	12.4
电缆捆绑		2	1.9	13.7
用胶带捆成一捆		3	3.1	2.3
用胶带捆成带分支的捆绑		4	3.1	8.0
胶粘剂夹紧		5	0.0	14.3
螺钉夹紧		6	0.0	31.0

① 这是两种分析中第一种方法，可以处理在线束装组装任何阶段执行的附加操作的时间问题。在适当情况下，每发生一次就用一个附加的刀具处理安装时间来对这些活动的时间进行估计。对于每个操作，输入出现的总次数以及要求的安装次数。总操作时间然后采用来自图表中的适当的值进行计算。

② 包括工具处理。

表 4.22 附加操作 A 的工作表

附加的操作代码	设置数	操作次数	时间常数/s	每次操作的时间/s	总操作时间/s
1	2	3	4	5	(2×4+3×5)
2	1	24	1.9	13.7	330.7

表 4.23 附加操作 B

附加操作 B 代码			时间常数/s	每英尺时间/s
系带（缝合）		0	18.8	7.1

（续）

附加操作B代码			时间常数/s	每英尺时间/s
胶带捆一段电线/电缆		1	7.6	13.2
安装管或套管	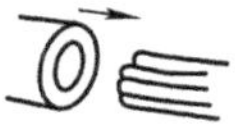	2	7.9	26.6
安装和收缩管或套管		3	7.9	103.4
安装裂开式管或套管		4	8.0	6.2

注：1. 这是两种分析中的第二种方法，可以处理在线束装组装任何阶段执行的附加操作的时间问题。这些操作的时间可以根据操作次数和零件或覆盖的线束部分长度来进行估计。总操作时间然后采用来自图表中的适当的值进行计算。

2. 包括工具处理。

3. 这不包括包扎管子。

表4.24　附加操作B的工作表

附加操作代码	操作次数	所有操作的长度/ft	时间常数/s	每英尺时间/s	总操作时间/s
1	2	3	4	5	(2×4+3×5)
4	1	2	8.0	6.2	20.4
					20.4

表4.25　导线线束汇总数据

	工作表	总时间/s	总时间/min
准备	1		
组装	2	60.4	1.0
	3		
组装或安装	4	115.7	1.9
安装	5	27.7	0.5
	6	27.0	0.5
	7	125.8	2.1
	8	61.4	1.0
附加操作	9		
	10	20.4	0.3

通过一个例子，表4.18展示了7号数据图表和接线片固定的相应工作表。从中可以看到在工作表第一列的线束管脚可以用第二列的两位数接线片固定代码来识别，这个两位数的固定代码是从数据图表中获取，在例子中，代码20对应于一个叉形接线片的固定。此时，螺杆已被插入终端块，对插入和紧固操作没有限制。这个代码对应的操作时间为10.4s，它被列在了工作表的第四列。被紧固项目的数量列在第三列（本例中为6），62.4s的合计总时间列在第五列。

4.6.2　案例研究

图4.39展示了一个用100种连接与50条导线所构成的安装。这个例子来自于以很小批量生产的机器控制单元。线束管脚用字母A到字母T来表示。

对于导线的每个端部、线束的管脚、终端的类型和连接点，表4.26给出了导线的运行表。借助于这种图表和图形来显示导线捆绑位置，使得完成一系列工作表，对整体导线的制备、线束组装和安装时间进行估计成为可能。表4.27中的数据表明三个主要活动都在近一小时的总时间中占较大比重。图4.40展示了一个可能的再设计，为了将连接器组装到电缆上，它采用了带状电缆和多终端技术。另外，在如图4.39所示的终端块中，原来的管脚A和管脚B的连接已经被淘汰。最后，两个印制电路板之间的连接已被一个带状电缆所替代。在再设计中假设，所有的标准项目（如开关、传输器等）和它们的连接方法是不能改变的。而且，还假设两块印制电路板不能合并在一起。

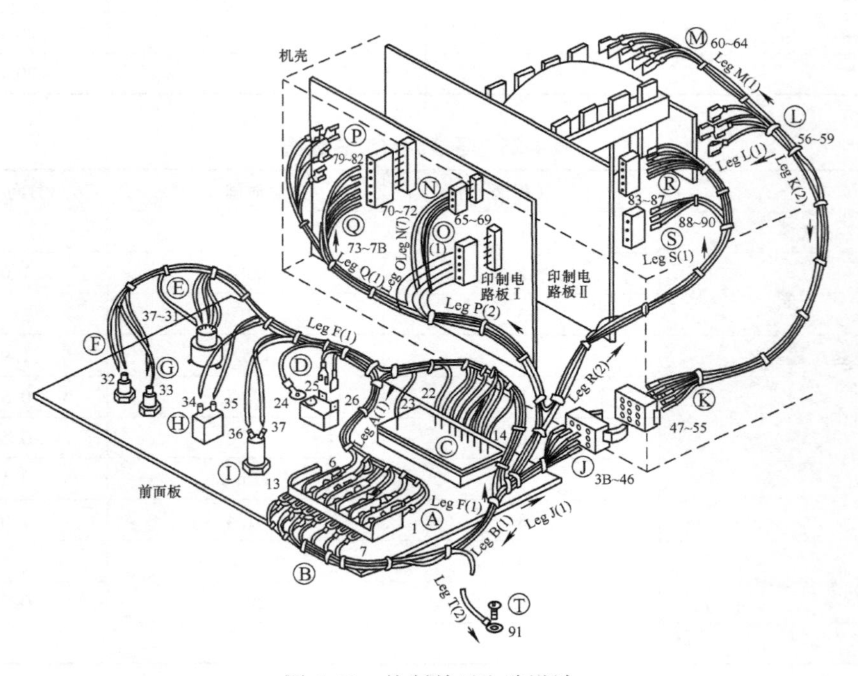

图4.39　控制单元电路设计

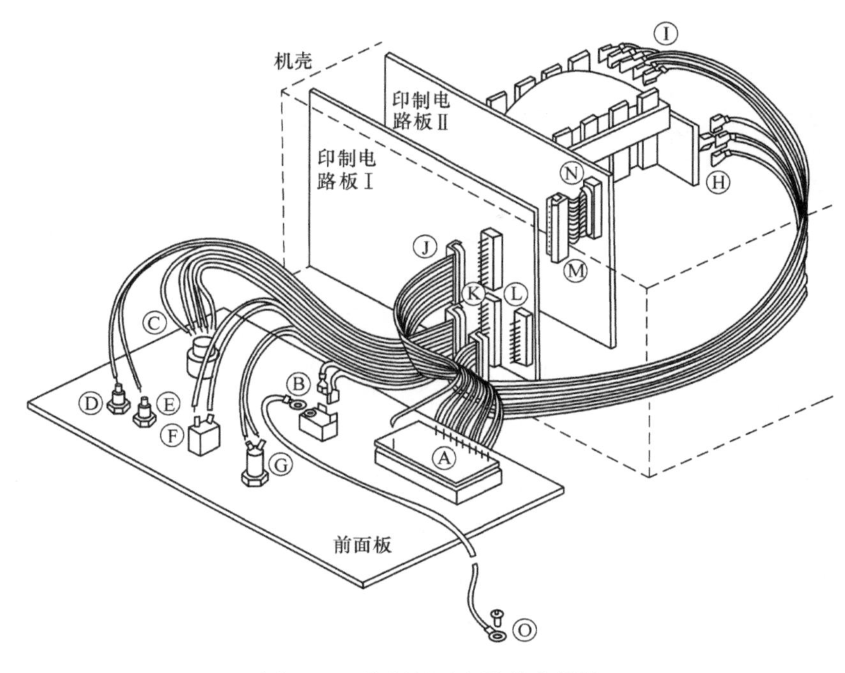

图 4.40 控制单元电路优化设计

这种新设计的分析所给出的结果表示在表 4.28 中。由表可知：总的组装时间已减小到 24.2min，而且线束组装已被取消。

显然，通过一个完整的再设计还可以取得更大的改善，包括消除焊接连接和印制电路板的合并。但是这个案例研究提供了图解，说明设计改变的影响是怎样被量化的，目的是为了指导设计者减少成本和更容易地制造产品。

表 4.26 控制单元当前设计的导线运行列表

长度代号	长度/ft	从			到		
		连接器代号	编号	终端类型	连接器代号	编号	终端类型
1~6	1	A	1~6	叉形接线片	C	18~23	锡（焊料和套筒）
7	1	A	4	叉形接线片	D	26	快速连接器接线片
8	1	A	5	叉形接线片	I	37	锡（焊料）
9	1	A	6	叉形接线片	D	24	环形接线片
10~11	1	B	7~8	叉形接线片	J	38~39	接线片
12	1	B	3	叉形接线片	J	40	接线片
13~15	1	B	10~12	叉形接线片	J	41~43	接线片

（续）

长度代号	长度/ft	从			到		
		连接器代号	编号	终端类型	连接器代号	编号	终端类型
16	2	B	10	叉形接线片	S	88	接线片
17	2	B	11	叉形接线片	S	90	接线片
18	2	B	12	叉形接线片	S	83	接线片
19	3	B	13	叉形接线片	T	91	环形接线片
20	1	B	13	叉形接线片	E	31	锡（焊料）
21	2.5	C	15	锡（焊料和套筒）	P	79	快速连接器接线片
22~24	2.5	C	20~22	锡（焊料和套筒）	P	80~82	快速连接器接线片
25	1	D	25	快速连接器接线片	I	36	锡（焊料）
26~27	2.5	E	27~28	锡（焊料和套筒）	Q	73~74	接线片
28	1	E	29	锡（焊料和套筒）	F	32	锡（焊料）
29	1	E	30	锡（焊料和套筒）	G	33	锡（焊料）
30	3	F	32	锡（焊料）	Q	75	接线片
31	3	G	33	锡（焊料）	Q	76	接线片
32	3	H	34	锡（焊料）	Q	73	接线片
33	3	H	35	锡（焊料）	Q	78	接线片
34~36	1.5	J	44~46	接线片	N	70~72	接线片
37~40	1.5	K	47~50	接线片	L	56~59	快速连接器接线片
41~45	2	K	51~55	接线片	M	60~64	快速连接器接线片
46~50	3	O	65~69	接线片	R	83~87	接线片

表 4.27 控制单元当前设计的结果分析

	时间/s	时间/min
制备	800.1	13.3
组装	1236.7	21.6
安装	1350	22.5
总计	3446.8	57.4

表 4.28　控制单元提出设计的结果分析

	时间/s	时间/min
制备	576.8	9.6
组装	0	0
安装	875.6	14.6
总计	1452.4	24.2

习　题

1. 对于本章的样本分析，补全所有的部分完成的工作表。
2. 求得如图 4.41 所示的线束的组装时间。

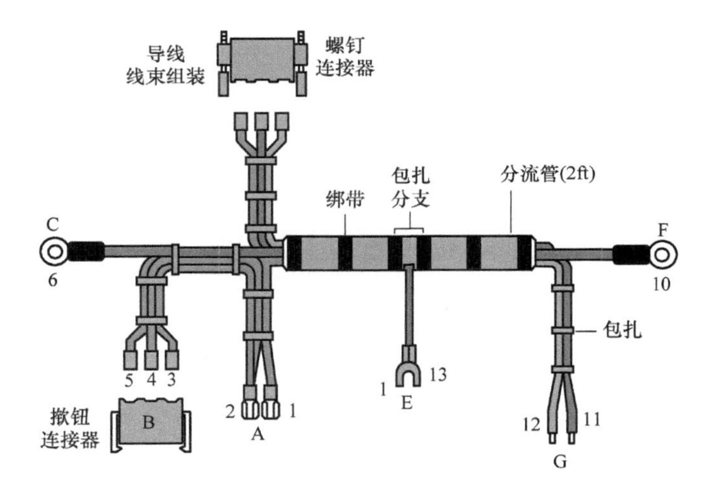

图 4.41　样本线束组装

参 考 文 献

1. Boothroyd, G. and Raucent, B. Factoring in the labor cost of electrical connections and wire harness assembly, *Connection Technology*, pp. 22–25, June 1992.
2. Bilotta, A.J. *Connections in Electronic Assemblies*, Marcel Dekker, Inc., New York, 1985.
3. Power and Motion Control Reference Volume, Interconnections, *Machine Design*, 61(12), 1989.
4. Markstein, H.W. (ed.), Flexible circuits show design versatility, *Electronic Packaging and Production*, 29(4), 1989.
5. AMP, Flexible film products, *Catalog*, pp. 73–151, 1986.
6. Ong, N.S. and Boothroyd, G. Assembly times for electrical connections and wire harnesses, *International Journal of Advanced Manufacturing Technology*, 6, 155–179, 1991.
7. Ostwald, P.F. *AM Cost Estimator*, McGraw-Hill, New York, 1985/1986.

8. Matisoft, B.S. *Handbook of Electronics Manufacturing Engineering*, Van Nostrand Reinhold Co., New York, 1986.
9. Taylor, T. *Handbook of Electronics Industry Cost Estimating Data*, John Wiley & Sons, New York, 1985.
10. Funk, J.L. et al. *Programmable Automation and Design for Manufacturing Economic Analysis*, National Science Foundation, 1989.
11. Boothroyd, G., Raucent, B., and Sullivan, B. *Electrical Connections and Wire Harness Assembly—A Methodology, Report 52*, Department of Industrial and Manufacturing Engineering, RI, 1991.

第5章 面向高速自动装配和机器人装配的设计

5.1 简介

面向装配的设计对于手工装配产品来说是一个重要的考虑因素，并能获得巨大的收益，它对于产品自动装配更是至关重要。图5.1中的简单例子可以说明这一点。在手工搬运和插入时，稍微不对称的螺纹零件不会引起明显的问题，但对于自动搬运来说，就需要一套昂贵的视觉系统来辨识其方向。因此，对于自动装配的经济性而言，仔细考虑产品结构和零部件设计是非常必要的。事实上，可以这样认为，在产品装配过程中引进自动化的优点是它促使重新考虑产品的设计，不仅获得了自动化的好处，也改良了产品的设计。从产品的重新设计带来的节省往往大于自动化本身的节省。

图5.1所示零件实例说明了更为重要的一个问题。应用自动化过程中的主要问题通常是零件的自动搬运，而非零件自动插入组件中。引用一个专家在自动装配方面的经验——“一个零件如果可以自动搬运，则它通常能自动组装”。这意味着，当我们针对自动化进行产品设计时，重点应考虑的是如何易于自动进给和自动定向。

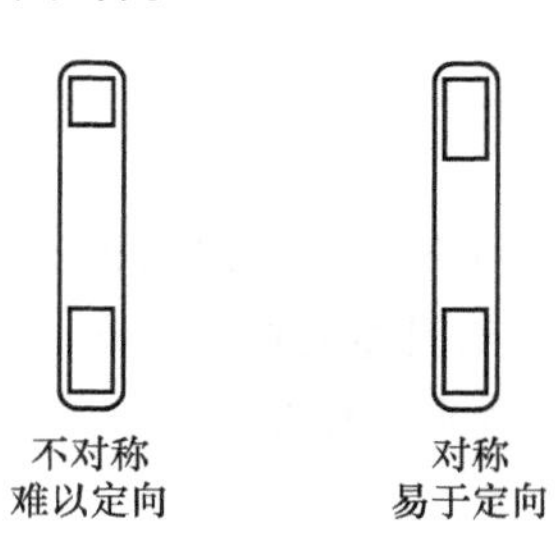

图5.1 简化自动进给和定向的设计变更

在考虑手工装配时，我们需要关心各项操作任务（例如抓取、定向、插入和紧固等）所需要的时间预测。知道了工具装配工人的工资率，我们就可以估计装配成本。在自动化装配中，完成一件组件的装配所花时间并不能决定装配成本，而是由装配机械或系统周期的费率来决定的。因为，如果一切正常运行，在每个周期结束时产生全部的装配成本。那么，如果已知机器或系统以及操作者的总费率（单位时间的成本），除去机器停机需要留出一定时间余量外，就可以计算出装配成本。因此，我们应该主要关注所有设备的成本、操作人员和技术人员的数量及所设计的系统运行时的装配费率。无论如何，我们可以确定与特定零件相关的问题，我们将需要在各个零件之间分摊装配成本，对于每个零件还需要知道进给、定向及自动插入的成本。

在下面的讨论中，我们将首先分析利用专用设备的面向高速自动装配的产品设计，然后再考虑针对使用通用设备的机器人装配的产品设计。

5.2 面向高速进给和定向的零件设计

进给和定向的成本取决于所需设备的成本和连续输送零件之间的间隔时间。零件输送之间的时间间隔是输送速率的倒数，名义上等于机器或系统的周期。如果定义所需的输送或进给速率为 F_r（件/min），那么每个零件的进给成本 C_f（美分）可以计算如式（5.1）：

$$C_f = \left(\frac{60}{F_r}\right)R_f \tag{5.1}$$

式中 R_f——使用进给设备的成本（美分/s）。

使用简单回收期法来估算进给设备费率 R_f（美分/s），可以计算如式（5.2）：

$$R_f = \frac{C_F E_O}{5760 P_b S_n} \tag{5.2}$$

式中 C_F——给料器成本（美元）；

E_O——设备间接制造费用；

P_b——投资回收期（月）；

S_n——每天的工作班制。

常数 5760 为在一个月内每天一班制工作的时间秒数，除以 100 将美元兑换成美分所得到的数值。

例如，如果假设一个标准的振动盘给料器安装和调试之后的成本为 5000 美元，投资回收期是 30 个月，两班制工作，制造设备的间接费率为 100%（$E_O = 2$），则有

$$R_f = \frac{5000 \times 2}{5760 \times 30 \times 2} = 0.03\ \text{美分/s}$$

换句话说，使用该设备每秒成本为 0.03 美分。假如我们把这个数字看做是“标准”给料器的费率，同时在这些条件下指定 C_r 为对于任何给料器的相对成本因数，则式（5.1）变为：

$$C_f = 0.03\left(\frac{60}{F_r}\right)C_r \tag{5.3}$$

因此，我们看到单件零件的进给成本与所需的进给速率成反比，与给料器成本成正比。

为了用简单的术语来描述这些结果，对于其他特定的条件，以 6s 为周期进给单件零件的机器相比以 3s 为周期的机器，它的运行成本是后者的两倍。对于具有长周期的装配系统，设备难以具有经济合理性。

第二个结果可以简单地描述为：对于其他条件确定的情况下，使用价值为 10000 美元的给料器进给一件零件的成本将比用价值为 5000 美元的给料器的进给成本高一倍。

如果一个特定的给料器的进给成本，同时以对数值制出所要求的进给速率 F_r，则从图 5.2 上可以看到，两者表现出线性关系。由图可知，所要求的零件进给速率越快，

进给成本就越低。这一点仅当给料器运行速度上没有限制时才会成立。当然，对于特定的给料器，其所能得到的进给速率总会存在一个上限值。用 F_m 表示这个最大进给速率，同时考虑影响其大小的因素。然而，在这样做之前，将通过一个实例来说明影响因素。

假设给料器的最大进给速率是 10 件/min。那么，如果要求零件的速率为 5 件/min，给料机仅仅以较慢的速率运行，如式（5.3）给出的结果和图 5.2 中说明的那样，这会使得进给成本增加。然而，如果假设零件要求的速度为 20 件/min，可以使用两台给料器，每台以 10 件/min 的速率输送零件。使用两台给料器，以最大进给速率进给的单件零件进给成本和使用一台给料器以最大进给速率输送每个零件的进给成本是一样的。也就是说，如果要求的进给速率大于由一台给料器所能得到的最大进给速率，那么进给成本将为常数，并且等于给料器以其最大速率运行时的进给成本。这表示为图 5.2 所示的水平直线上。如果使用多个给料器来提高进给速率，那么这条直线将为锯齿状。然而，假设通过在给料器上多投入一些来提高给料器性能（当需要时），以使不规则的曲线变为平滑是合理的。

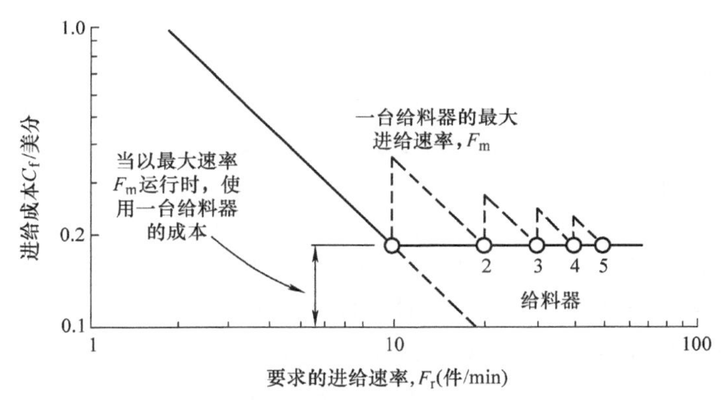

图 5.2　要求的进给速率对进给成本的影响

根据上面的讨论，可以认为仅当需要的进给速率 F_r 小于最大进给速率 F_m 时，式（5.3）才成立，但满足这个条件时，进给成本由式（5.4）计算：

$$C_f = 0.03\left(\frac{60}{F_m}\right)C_r \tag{5.4}$$

最大进给速率 F_m（件/min）由式（5.5）计算：

$$F_m = 1500\frac{E}{l} \tag{5.5}$$

式中　E——零件的定向效率；

l——沿其进给方向上的零件总长度（mm）。

这里设定进给速度为 25mm/s。

为了说明定向效率 E 的含义，分析冲模（有编号为 1～6 的六个面的立方体）的进给。假设不需要定向，则冲模能以每秒一件的速率自振动盘给料器输送。然而，如果仅允许面 6 朝上将需要利用一套视觉系统来识别出其他方向，使用一个电磁操纵推杆来剔除这些方向的冲模。在这种情况下，输送速率将下降到平均每 6s 一件（或每秒 1/6 件）。因子 1/6 被定义为定向效率 E，由式（5.5）可以看到，最大进给速率与定向效率 E 成正比。

现在假设冲模尺寸扩大一倍，给料器轨道上的进给速度或输送速度不变，由式（5.5）可以看出，每件冲模进给所需要的时间将为原来的两倍。换句话说，最大进给速率与模具在进给方向上的长度成反比。

式（5.4）表明，当 $F_r > F_m$ 时，每件零件的进给成本与 F_m 成反比。由此可见，在这些情况下，进给成本与定向效率成反比，与进给方向上的零件长度成正比。

后面的关系说明了为什么自动进给和自动定向的方法仅适用于“小型”零件。实际上，这意味着主要尺寸大于 8in 的零件通常不能经济地进给。

当考虑零件的设计和零件的进给成本时，设计师一定知道必需的进给速率和零件的尺寸，因而 F_r 和 l 是已知的。其余两个影响进给成本的参数（定向效率 E 和相对进给成本 C_r）将取决于零件对称性和确定零件方向性的特征类型。一个零件对称性和特征的分类系统在参考文献［1］中被开发，参考文献［2］中确定了对于每个零件分类的 E 和 C_r 的平均值。从表 5.1～表 5.3 中给出了这种分类系统及其数据。表 5.1 表示了零件划分的基本类型，回转体或者非回转体。对于回转体零件，按照其圆柱外轮廓又分为盘形、短柱体或长柱体；而对于非回转体零件，其中又分为平板式、长形或方形，这取决于矩形包络侧面的尺寸。

表 5.1 给出了 3 位形状编码的第 1 码位。表 5.2 给出了回转体零件（第 1 码位 0、1 或 2）是如何确定第 2 和第 3 码位的，并给出了相应的定向效率 E 的值和相对给料器成本 C_r。同样，表 5.3 给出了对于非回转体零件（第 1 码位 6、7 或 8）是如何确定第 2 码位和第 3 码位的。几何分类系统最初由 Boothroyd 和 Ho 为解决进给问题而设计的[1]。

表 5.1 自动搬运时零件的几何分类的第 1 码位

回转体	盘形	$L/D < 0.8$	0
	短柱体	$0.8 \leqslant L/D \leqslant 1.5$	1
	长柱体	$L/D > 1.5$	2
非回转体	平板式	$A/B \leqslant 3$　$A/C > 4$	6
	长形	$A/B > 3$	7
	方形	$A/B \leqslant 3$　$A/C \leqslant 4$	8

注：1. 基本形状是圆柱体或横截面为正多边形（五边或大于五边）的正棱柱的零件称为回转体零件。此外，当绕主轴旋转 120°或 90°时能重复其方向的三角形零件或正方形零件分别为回转体零件。

2. L 为长度，D 为能完全包络住零件的最小柱体的直径。

3. A、C、B 分别为能完全包络住零件的最小矩形棱柱的最长边的长度、最短边的长度和中间边长的长度。

（资料来源：Boothroyd，G and Dewhurst，P. *Product Design For Assembly Handbook*，Boothroyd，Dewhurst Inc.，Wakefield，R1，1986）

表 5.2 回转体零件的几何分类的第 2 和第 3 码位

说明 E C_r 第一码位 0 ▷ 0.3 1 1 ▷ 0.15 1.5 2 ▷ 0.45 1.5 L D 侧面 轴线 端面		自动搬移——适于回转体零件的数据（第 1 码位为 0、1 或 2）							
		零件关于主轴对称（β 对称）②	零件为非 β 对称（按主特征或要求主轴定向的特征来编码）						
			β 非对称凸台、台阶或切角（能从轮廓可见）			β 非对称的凹槽或平面（能从轮廓可见）		轻微不对称或小于 $D/10$ 和$L/10$的微非特征或不能从外轮廓可见的孔或凹穴	
			仅侧面	仅端面	侧面与端面	从端视可见的贯穿槽或平面	从侧面可见的贯穿槽		
							端面	侧面	
		0	2	3	4	5	6	7	8
零件为 α 对称①	0	0.7 1	0.3 1	0.5 1	0.3 1	0.35 1	0.2 1	0.5 1	需要手工处理
		0.7 1	0.15 1	0.2 1	0.15 1	0.2 1	0.2 1	0.2 1	
		0.9 1	0.45 1	0.9 2	0.45 1	0.9 1	0.9 2	0.9 2	
零件为非 α 对称（编码主特征或需要纵向定向的特征①）：由大头端或质心在支撑面下时的凸缘支撑在狭槽内进给零件	1	0.4 1	0.2 1	0.25 1	0.2 1	0.2 1	0.1 1	0.25 1	
		0.3 1	0.1 1	0.1 1	0.1 1	0.1 1	0.1 1	0.1 1	
		0.9 1	0.45 1	0.9 2	0.45 1	0.9 1	0.9 2	0.9 1	
零件为非 α 对称（编码主特征或需要纵向定向的特征①）：外表面上 β 对称台阶或切角③	2	0.4 1	0.15 1	0.25 1	0.15 1	0.35 1	0.1 1	0.25 1	
		0.3 1	0.1 1.5	0.1 1.5	0.1 1.5	0.2 1.5	0.05 1.5	0.1 1.5	
		0.75 1	0.37 1.5	0.25 3	0.37 2.5	0.5 1	0.5 2	0.5 2	

（续）

零件为非α对称（编码主特征或需要纵向定向的特征①）	β对称凹槽、孔、凹穴③	侧面和端面	3	0.5	1	0.15	1	0.25	1	0.15	1	0.2	1	0.1	3	0.25	1	需要手工处理
				0.2	1	0.1	1.5	0.1	1.5	0.1	1.5	0.1	1.5	0.05	1.5	0.1	1.5	
				0.85	1	0.48	1.5	0.25	2	0.43	1.5	0.5	1	0.5	2	0.5	2	
		仅侧面	4	0.5	1	0.15	1	0.25	1	0.15	1	0.2	1	0.1	1	0.25	1	
				0.1	1	0.1	1.5	0.1	1.5	0.1	1.5	0.1	1.5	0.05	1.5	0.1	1.5	
				0.85	1	0.43	1.5	0.25	2	0.13	1.5	0.5	1	0.5	1	0.5	2	
		仅端面	5	0.5	1	0.15	1	0.25	1	0.15	1	0.2	1	0.1	1	0.25	1	
				0.2	1	0.1	1.5	0.1	1.5	0.1	1.5	0.1	1.5	0.05	1.5	0.1	1.5	
				0.6	1	0.27	1.5	0.25	2	0.27	1.5	0.5	1	0.45	2	0.45	2	
	无相应外在特征的β对称隐藏特征④		6															
				0.6	1	0.27	1.5	0.25	2	0.27	1.5	0.45	1	0.45	2	0.45	2	
	侧面或端面上β非对称特征		7					0.25	1	0.1	1			0.1	1	0.25	1	
								0.1	1.5	0.05	1.5			0.05	1.5	0.1	1.5	
						0.27	2	0.25	3	0.27	2	0.1	3	0.5	3	0.5	3	
	轻微非对称或微小特征；非对称或特征尺寸小于 $D/10$ 和 $L/10$		8	要求手工搬移														

① 如果不要求纵向定向，回转体零件为α对称。如果零件只能从一个方向插入到组件，则此零件称为“非α对称”。

② β对称零件为回转体对称，因此不需要绕其主轴定向。

③ β对称台阶、切角或凹槽在径向为同心缩减或增加；其横截面为圆形或正多边形。次要特征可以忽略。

④ 在此分组中，零件有α对称的外部形状，但内部表面（可能由腔穴、沉孔和凹槽等组成）需要零件纵向定向。

（资料来源：Boothroyd，G and Dewhurst，P. *Product Design For Assembly Handbook*，Boothroyd，Dewhurst Inc.，Wakefield，R1，1986.）

表 5.3　非回转体零件几何分类的第 2 和第 3 码位

说明 第一码位 6▷ E 0.7 C_r 1；7▷ E 0.45 C_r 1.5；8▷ E 0.3 C_r 2		自动搬移——适于非回转体零件的数据（第 1 码位 6、7 或 8）								
		$A>1.1B$ 且 $B>1.1C$	$A\leq 1.1B$ 或 $B\leq 1.1C$（编码主特征或能区分有相似尺寸的相邻面的特征）							
			台阶或导角②平行于			贯穿槽②平行于				
			X 轴且 $>0.1C$	Y 轴且 $>0.1C$	Z 轴且 $>0.1B$	X 轴且 $>0.1C$	Y 轴且 $>0.1C$	Z 轴且 $>0.1B$		
		0	1	2	3	4	5	6	7	8
关于所有轴 180° 对称的零件	0	0.8 1 0.9 1 0.6 1	0.8 1 0.9 1 0.5 1	0.2 1 0.5 2 0.15 2	0.5 1 0.5 1.5 0.15 1.5	0.75 1 0.5 1 0.5 1	0.25 1 0.5 1.5 0.15 1	0.5 1.6 0.6 1 0.15 1.5	0.25 2 0.5 1 0.15 2	需要手工处理
			对主特征编码或者当方向由 1 个以上特征定义时则对第 3 码位最大值对应的特征编码							
			台阶或导角②平行于			贯穿槽②平行于			孔或凹穴 $>0.1B$，（从轮廓上不可见）	其他轻微不对称③，微小特征等
			X 轴且 $>0.1C$	Y 轴且 $>0.1C$	Z 轴且 $>0.1B$	X 轴且 $>0.1C$	Y 轴且 $>0.1C$	Z 轴且 $>0.1B$		
			0	1	2	3	4	5	6	7
零件仅关于一个轴 180° 对称①	关于 X 轴	1	0.4 1 0.5 1 0.4 1	0.6 1 0.15 1 0.6 1	0.4 1.5 0.25 2 0.4 2	0.4 1 0.5 1 0.2 1	0.3 1 0.25 1 0.3 1	0.7 1 0.25 1.5 0.15 1	0.4 2 0.25 3 0.1 2	需要手工处理
	关于 Y 轴	2	0.4 1 0.4 1 0.5 1	1.1 1.1 0.15 1	0.4 1.5 0.25 2 0.5 2	0.5 1 0.4 1 0.2 1	0.3 1 0.25 1 0.15 1	0.4 1 0.25 1 0.15 2	0.4 2 0.25 2 0.15 2	
	关于 Z 轴	3	0.4 1 0.3 1 0.4 1	0.3 1 0.2 1 0.2 1	0.4 1.5 0.25 2 0.4 2	0.4 1 0.3 1 0.2 1	0.3 1 0.25 1 0.15 1	0.1 1.5 0.25 2 0.15 2	0.4 2 0.25 2 0.15 2	

（续）

零件不对称（编码能定义方向性的特征）④	由一个主特征定义方向性	4	0.25	1	0.15	1	0.15	1.5	0.1	1	0.25	1	0.1	1.5	0.1	2	需要手工处理
			0.25	1	0.1	1.5	0.24	2	0.2	1	0.1	1.5	0.15	2	0.15	3	
			0.15	1	0.14	1	0.15	1	0.1	1	0.05	1	0.1	1.5	0.08	2	
	由两个主特征和一个台阶、切角或凹槽定义方向性	6	0.2	2	0.15	2	0.1	2.5	0.1	2	0.15	2	0.1	2.5	0.1	3	
			0.1	3	0.1	3.5	0.1	4	0.1	3	0.1	3.5	0.1	4	0.1	5	
			0.05	2	0.05	2	0.05	2.5	0.05	2	0.05	2	0.05	2.5	0.05	3	
	其他轻微非对称③等特征	9	需要手工处理														

注：主特征是指用来确定零件方向的特征，选择用来完全确定零件方向的所有特征必须是必要和充分的。

通常，特征成对或成组出现，成对或成组的特征是绕 X、Y 或 Z 轴中的某个轴对称的。在这种情况下，成对或成组的特征应该看成是一个主特征。根据这个约定，完全确定一个零件的方向至多需要两个主特征。

① 绕某个轴的 180°旋转对称表明当零件绕此轴旋转 180°时，统一方向仅重现一次。

② 阶梯、导角或凹槽为轮廓上可见的特性。

③ 外露特征显著，但是由这些特征产生的不对称小于适宜包络尺寸的 0.1 倍。对于绕某特定轴 180°回转对称的零件，轻微的不对称暗含零件绕某轴差不多 90°回转对称。

④ 无回转对称的零件表示，零件绕 X、Y 或 Z 轴中任意轴旋转小于 360°的任何角度，零件的同一方向都不会重现。

（资料来源：Boothroyd，G and Dewhurst，P. *Product Design For Assembly Handbook*，Boothroyd，Dewhurst Inc.，Wakefield，R1，1986）

5.3　示例

假设图5.3所示的零件以5s的周期输送到一个自动装配工位。现在利用分类系统和数据库来确定进给成本。同时假设利用“标准”给料器以1件/s的速率输送简单零件的成本为0.03美分/件。

首先，必须确定零件的分类代码。图5.3表明，适合此零件的矩形包络的尺寸为$A=30\text{mm}$，$B=20\text{mm}$，$C=15\text{mm}$。

因此，$A/B=1.5$，$A/C=2$。参考表5.1可以看到，当A/B小于3，A/C小于4时，零件可以归类为方形非回转体，第1码位分配为8。再参见表5.3，其中提供了非对称性零件的数据。首先确定此零件不关于任何轴回转对称。同时，必须确定零件的方向性是否能以一个主特征来确定。从X轴向查看零件的轮廓，能看到基本矩形内有一个台阶或凸台，可以看出单独用此特征就能确定出零件的方向。这意味着，如果如图5.3所示

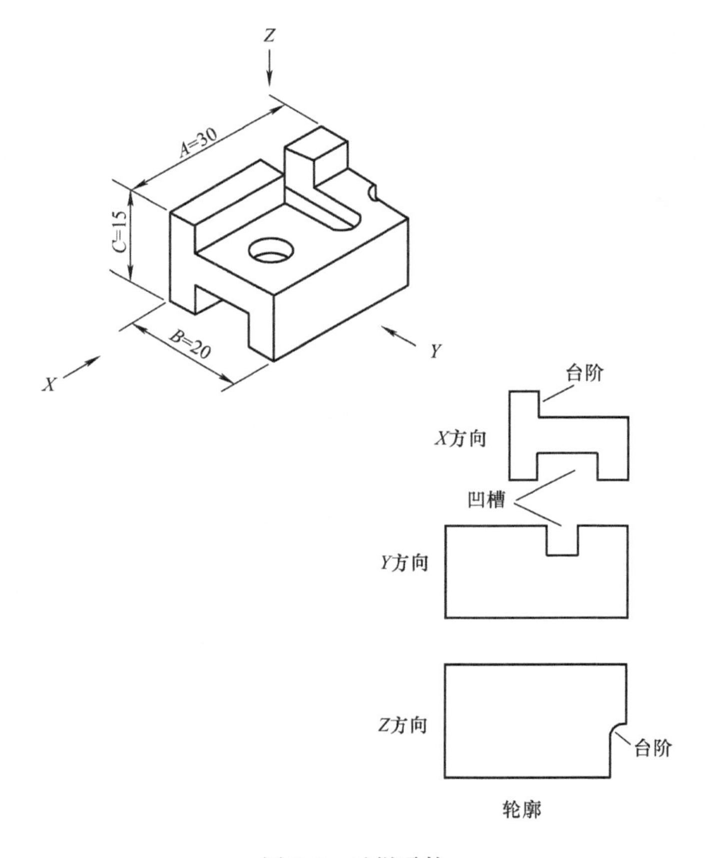

图5.3　试样零件

以 X 轴向上定向轮廓，则零件仅以一个方向定向，因此，分类码的第 2 码位是 4。然而，Y 轴向表面凹槽和 Z 轴向可见的台阶中的任何一个也都能用来确定零件的方向。现在要选择一个能得到最小第 3 码位的分类；在这种情况下，选择 X 轴向上可见的台阶。因此，第 3 码位为 0，进而得到三位码位 840 以及相应的定向效率 $E=0.15$ 和相对给料器成本 $C_r=1$。

最长零件尺寸 L 为 30mm，定向效率 E 为 0.15，式（5.5）给出了由一台给料器所能得到的最大进料速率，因此有

$$F_m = 1500\frac{E}{l} = 1500\frac{0.15}{30} = 7.5\ \text{件/min}$$

此时，根据 5s 的周期，可以得到需要的进给速率 F_r 为 12 件/min，比 F_m 稍微高一点。因此，由于 $F_r > F_m$，应用式（5.4），因 $C_r=1$，可以得进给成本为

$$C_f = 0.03\left(\frac{60}{F_m}\right)C_r = 0.03\left(\frac{60}{7.5}\right)1 = 0.24\ \text{美分}$$

5.4 其他进给困难

除了利用零件几何特征自动定向零件的问题之外，其他零件特性也会使得零件进给特别地困难。例如，如果零件边缘很薄，在进给过程中可能发生堆叠或错位，如图 5.4 所示，将导致给料器轨道上定向装置出现问题。

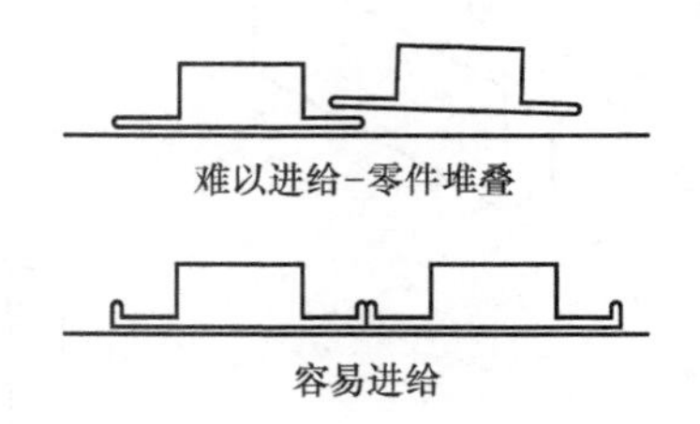

图 5.4　给料器轨道上零件堆叠或错位

还有许多其他特征会增加零件自动进给的难度，并且会导致自动进给装置的开发成本急剧增加。这些特征也能按表 5.4 中那样分类，对于每个特征的组合，表中给出了额外的相对给料器成本，这个成本应当在估算自动进给成本时考虑进去。

表 5.4　进给困难选择的额外相对给料器成本

成本增加值 C_r					零件不缠结⑩或套接				缠结或套接，但不紧密				严密套接⑨	严密缠结⑪
					非轻质④		轻质		非轻质		轻质			
					非黏性③	黏性	非黏性	黏性	非黏性	黏性	非黏性	黏性		
					0	1	2	3	4	5	6	7	8	9
零件小型且非磨蚀⑫	进给过程中，零件不易搭接⑤	非脆性②	非柔性①	0	0	1	2	3	2	3	3	4	要求手工搬移	
			柔性	1	2	3	4	5	4	5	5	6		
		脆性	非柔性	2	1	2	3	4	3	4	4	5		
			柔性	3	3	4	5	6	5	6	6	7		
	进给过程中，零件倾向于搭接	非脆性	非柔性	4	2	3	3	4	4	5	4	5		
			柔性	5	4	5	5	6	6	7	6	7		
		脆性	非柔性	6	3	4	4	5	5	6	5	6		
			柔性	7	5	6	6	7	7	8	7	8		

零件形状及特征		超小型⑦零件					大型⑥零件				
		回转体		非回转体			回转体		非回转体		
		$L/D \leq 1.5$	$L/D > 1.5$	$A/B \leq 3$ $A/C > 4$	$A/B > 3$	$A/B \leq 3$ $A/C \leq 4$	$L/D \leq 1.5$	$L/D > 1.5$	$A/B \leq 3$ $A/C > 4$	$A/B > 3$	$A/B \leq 3$ $A/C \leq 4$
		0	1	2	3	4	5	6	7	8	9
零件为超小型或大型但非磨蚀	8	2	2	2	2	2	9	9	9	9	9

（续）

零件形状及特征		零件不严密缠结或套接[8]									严密缠结或套接
		小型零件					大型零件		超小型零件		
		由几何特征定义方向性			由非几何特征定义方向性		由几何特征定义方向性	由非几何特征定义方向性	由几何特征定义方向性	由非几何特征定义方向性	
		非柔性		柔性	不搭接	搭接					
		不搭接	搭接								
		0	1	2	3	4	5	6	7	8	9
粗糙的零件	9	2	4	4			9		4		

① 柔性：在自动进给的作用下，如果零件不能保持它的形状，则认为该零件具有柔性，这样定向装置就不能令人满意地运行。

② 脆性：如果在输送过程中，或者由于零件从定向区域或轨道上落到料斗基座上导致破损，或者由于零件在料斗内的再流通导致磨损，从而出现损坏，考虑这个零件的脆性。但把磨损作为判断标准时，如果零件在料斗内不能再流通 30min 而保持要求的公差，则认为该零件具有脆性。

③ 黏性：如果从零件堆中把零件分开需要一个力，这个力与一个非缠结或非套接零件的重量相当，则认为这个零件具有黏性。

④ 轻质：如果零件的重量与其包络的体积比小于 $1.5kN/m^3$，就可以认为这个零件太轻而不能用常规型料斗给料器进行输送。

⑤ 搭接：在一个水平轨道上以次运动进给的过程中，虽然为了防止堆叠或重叠而要求对准度优于 0.2mm，在料斗内零件却易于搭接。

⑥ 大型：当零件的最小尺寸大于 50mm 或者如果零件最大尺寸大于 150mm 时，可以认为这个零件太大而不适合由常规性料斗给料器输送。当 $L>d/8$ 时，可以认为这个零件太大而不能用特殊的振动式料斗给料器输送。此处，L 为平行于零件进给的方向上零件的长度，d 为料斗或料盘的直径。

⑦ 超小型：当一个零件的最大尺寸小于 3mm 时，就可以认为这个零件太小而不宜用常规型料斗给料器输送。如果零件的最大尺寸小于与进给方向垂直的平面的料斗壁与轨道面结合处的曲面半径时，可以认为这个零件太小而不宜由特殊的振动式料斗给料器输送。

⑧ 套接：但在散装状态时，如果零件相互连接一起引起定向，那么就可以认为零件套接。但零件套接时，不需要作用力把它们分开。

⑨ 严密套接：当零件相互连接和互锁并需要外力把套接零件分开，就可以认为零件严密套接。

⑩ 缠结：但处于散装状态时，如果要求将零件分开进行重新定向，就可以认为零件缠结。

⑪ 严密缠结：如果零件要求调整到特定方向，并且需要一个外力把它们分开，就可以认为零件严密缠结。

⑫ 磨蚀：如果零件会引起料斗给料器表面的损坏（除非料斗给料器表面经过特殊处理），就可以认为具有磨蚀性。

（资料来源：Boothroyd，G and Dewhurst，P. *Product Design For Assembly Handbook*，Boothroyd，Dewhurst Inc.，Wakefield，R1，1986）

5.5 高速自动插入

如果能够从零散状态中分拣出一个零件并能输送到一个正确定向的位置，通常可以设计一个能放置零件的专用机构或工作头。这类工作头一般能设计成以 1s 的周期运行。因而，对于以周期大于 1s 的装配机械，其自动插入成本 C_i 可由式（5.6）计算：

$$C_i = \left(\frac{60}{F_r}\right)R_i \tag{5.6}$$

式中　F_r——需要的零件装配速率或零件进给速率；

R_i——使用自动工作头的成本（美分/s），利用简易回收期法来估算设备费用 R_i 时，可以由式（5.7）计算：

$$R_i = \frac{W_c E_o}{(5760 P_b S_n)} \tag{5.7}$$

式中　W_c——自动工作头成本（美元）；

E_o——设备工厂管理费率；

P_b——投资回收期（月）；

S_n——每天的工作班制。

假定安装和调试一个标准工作头的成本为 10000 美元，二班制的投资回收期为 30 个月，工厂设备管理费率为 100%（$E_o = 2$），则可得：

$$R_i = \frac{10000 \times 2}{5760 \times 30 \times 2} = 0.06$$

换句话说，当使用设备 1s 时，将花费 0.06 美分。如果我们用这个数字作为一个“标准”工作头的费率，在分析过程中把相对成本因素 W_r 分配到任何工作头，则式（5.6）变为

$$C_i = 0.06\left(\frac{60}{F_r}\right)W_r \tag{5.8}$$

因此，插入成本与需要的装配速率成反比，与工作头成本成正比。

当考虑零件设计时，设计师知道需要的装配速率 F_r。对于相对工作头成本的表示，针对自动插入的分类系统与已经设计的针对手工插入的分类系统相类似[2]，见表 5.5。从表中可以看出，由插入方向来确定第 1 码位，而不是由阻碍通道或限制视觉来确定。

表 5.5　自动插入情况下相对工作头成本 W_c

零件装入但不牢固				装配后不要求压紧以保持方向和位置[5]				要求压紧，在以后继操作中保持方向和位置[5]			
				容易对准和定位[6]		不易对准或定位（无对准或定位的特征）		容易对准和定位[6]		不易对准或定位（无对准或定位的特征）	
				无阻力插入	阻力插入[7]	无阻力插入	阻力插入[7]	无阻力插入	阻力插入[7]	无阻力插入	阻力插入[7]
				0	1	2	3	6	7	8	9
无最终紧固[2]	直线插入	从正上方	0	1	1.5	1.5	2.3	1.3	2	2	3
		非正上方[3]	1	1.2	1.6	1.6	2.5	1.6	2.1	2.1	3.3
	非直线运动插入[4]		2	2	3	3	4.6	2.7	4	4	6.1

零件紧接紧固	插入（咬接配合等）后无紧接螺纹连接操作或塑性变形		插入后紧接塑性变形						插入后紧接螺钉紧固	
			塑性弯曲			类似塑胶形变的铆接				
	易于对准和定位[6]无阻力插入	不易于对准和定位和/或无阻力插入	易于对准和定位[6]	不容易对准或不易定位（无此类特征）		易于对准和定位[6]	不容易对准或不易定位（无此类特征）		易于对准和定位[6]无阻力螺纹连接	不易于对准或不易定位和/或无阻力螺纹连接[7]
				无阻力插入	阻力插入[7]		无阻力插入	阻力插入[7]		
	0	1	2	3	4	5	6	7	8	9

（续）

最终夹紧的零件①	直线插入	自正上方	3	1.2	1.9	1.6	2.4	3.6	0.9	1.4	2.1	0.8	1.8
		非正上方③	4	1.3	2.1	2.1	3.2	4.8	1	1.5	2.3	1.3	2
	非直线运动插入④		5	2.4	3.8	3.2	4.8	7.2	1.8	2.8	4.2	3.6	3.6
分离操作				机械式紧固工艺（零件已在位置上）				非机械式紧固工艺（零件已在位置上）				无紧固工艺	
				非塑性变形或局部塑性变形			咬接配合、卡扣、压配合等	冶金过程			化学过程（附着黏合等）	零件操纵或部件操纵（零件的定向、配合或调整）	其他工艺（液体附着等）
				弯曲或类似工艺	铆接或类似工艺	螺纹连接或类似工艺		不需附加材料（如摩擦焊或电阻焊等）	需附加材料				
									软钎焊工艺	熔焊/铜焊工艺			
				0	1	2	3	4	5	6	7	8	9
所有实体零件在适当位置上或非实体零件装入或零件操纵的装配过程			9	1.6	0.9	0.8	1.6	1.2	1.1	1.1	0.8	1.5	

① 零件是指在装配过程中添加到一件组件的实体或非实体单元。如果在装配过程添加零件，可以认为一个部件是一个零件。然而，不能把用于连接零件的胶合剂、焊剂、填充物等看成是零件。

② 零件添加仅包括零件放置或嵌入。零件可以是一件没有紧固于任何其他零件的紧固件。

③ 除了垂直上方以外，零件放置或插入到组件需要从某个方向上的送入动作（例如，从侧面或下方）。

④ 零件不能通过简单的单轴直线运动放置或插入。例如，零件的直接存取可能有障碍，在插入过程中需要运动方向上的改变。

⑤ 当放置或插入后或在后续操作过程中零件不稳定时，需要对零件抓取重新对准或者压紧，直到最后固定零件。压紧是指在必要时，在下一步装配操作之前或过程中，或组件传送到下一个工位的过程中，保持在适当位置上的零件的位置和方向。如果零件不要求为后续操作而下压或重新对准，零件仅需局部紧固，则该零件是定位的。

⑥ 如果由零件或者配对零件上的定位特征可以确定零件的位置，则零件易于对准和定位，例如：通过倒角或类似特征能方便零件插入。

⑦ 零件插入过程中遇到的阻力可以是由于间隙小、阻塞或楔入、卡住或者插入抗力。例如，压配合是一个在装配时需要较大力的过盈配合；自攻螺钉遇到的阻力与插入阻力类似。

5.6 示例

如图 5.3 所示的零件如果以 Y 轴方向水平插入组件，同时不易对齐、定位，插入时不能固定。那么按表 5.5 中第 1 行、第 2 列所示，则自动插入编码为 12，得到的相对工作头成本为 1.6。

当周期为 5s 时，装配速率 F_{r} 为 12 个（件）/min，式（5.8）给出的插入的成本为

$$C_{\mathrm{i}}=0.06\left(\frac{60}{F_{\mathrm{r}}}\right)W_{\mathrm{r}}=0.06\left(\frac{60}{12}\right)1.6\text{ 美分}=0.48\text{ 美分}$$

因此，对于此零件的总搬运和插入成本 C_{t} 为

$$C_{\mathrm{i}}=C_{\mathrm{f}}+C_{\mathrm{i}}=0.24\text{ 美分}+0.48\text{ 美分}=0.72\text{ 美分}$$

5.7 组件分析

为了便于完整的组件分析，可以应用与手工装配分析相类似的工作表。图 5.5 给出了一个重新设计前与重新设计后的简单组件的分解图。假定平均装配速率为每分钟 9.6 件。表 5.6 给出了一个自动装配分析的完整工作表。

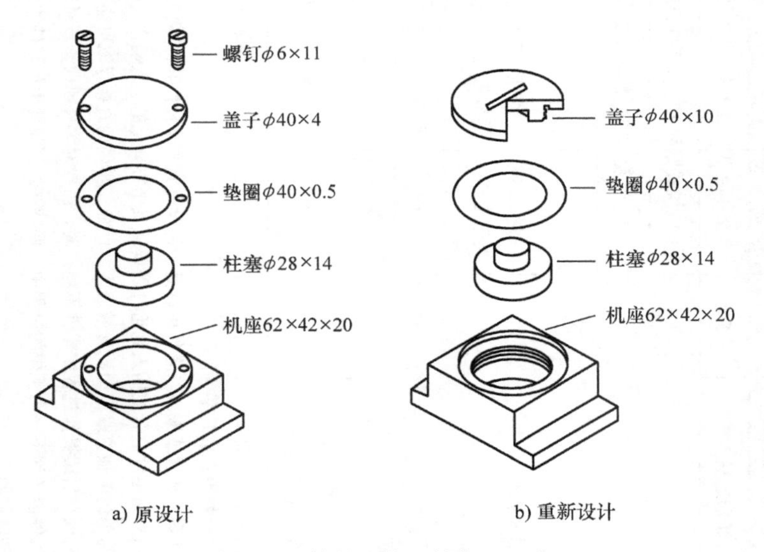

a) 原设计　　b) 重新设计

图 5.5　简单组件（单位：mm）

表 5.6　针对图 5.4 中组件高速自动装配分析的完备工作表

序号	名称	重复次数	进给编码	定向效率 E	相对给料器成本 C_r	最大进料速率 F_m/（件/min）	进给成本 C_f	插入编码	相对工作头成本 W_c	插入成本 C_i	总成本 C_t	最少零件数
原设计												
1	机座	1	83100	0.2	1	7.1	0.25	00	1	0.38	0.63	1
2	柱塞	1	02000	0.4	1	21.4	0.19	02	1.5	0.56	0.75	1
3	垫圈	1	00840			需要手工处理					7.13	0
4	盖子	1	00800			需要手工处理					6.67	1
5	螺钉	2	21000	0.9	1	122.7	0.19	39	1.8	0.68	1.74	0
总计		6									16.92	3
重新设计												
1	机座	1	83100	0.2	1	7.1	0.25	00	1	0.38	0.63	1
2	柱塞	1	02000	0.4	1	21.4	0.19	02	1.5	0.56	0.75	1
3	垫圈	1	00040	0.7	3	26.3	0.56	00	1	0.38	0.94	0
4	盖子	1	02000	0.4	1	15	0.19	38	0.8	0.3	0.49	1
总计		4									2.81	3

5.8 适于自动化的产品设计准则

在产品设计阶段，满足装配工艺的最明显的方式就是把不同零件的数量减少到最低程度。在前面章节中涵盖了涉及手工装配方面的内容，在那些内容中强调产品结构的简化是面向装配中的实际成本的节省，特别是零件成本上的节省。当考虑到面向自动化的产品设计时，考虑单个零件数量的减少显得更为重要。例如，取消某一零件有可能省去一台装配机上的一整个工位，包括零件给料器、专用工作头和一些相关传送机构。因此，当产品结构简化时，预计投资上的减少将会相当明显。

除了产品简化，导向槽和倒角的引入也有利于自动化。Baldwin[3] 和 Tipping 在参考文献［4］中给出了这方面的实例，如图 5.6 和图 5.7 所示。在这些实例中，消除了尖角，这样在装配过程中通过放置机构，能把要装配的零件引导到正确的位置上，并且只需要较少的操作即可完成。

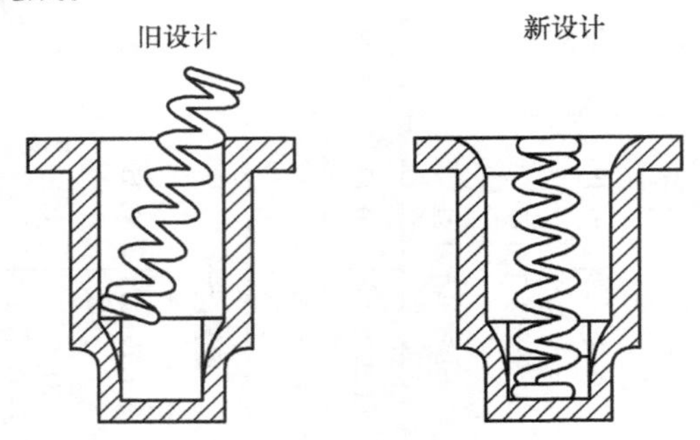

图 5.6 重新设计零件使其易于装配

（资料来源：Baldwin，S. P. How to make sure of easy assembly，*Tool Manufacturing and Engineering*，p. 67，May 1966）

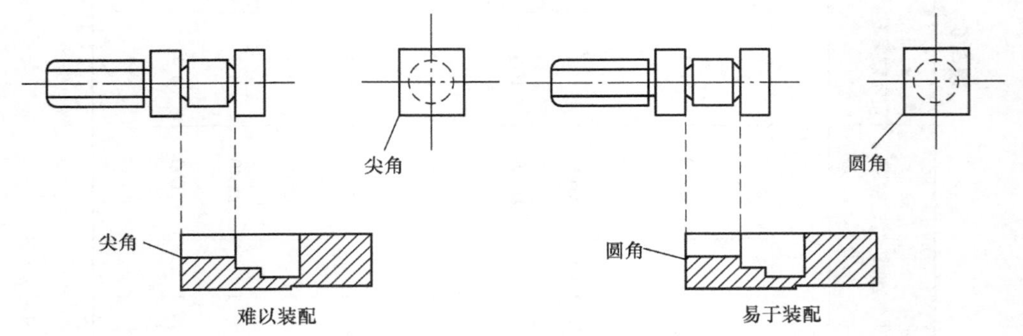

图 5.7 重新设计以便于装配

（资料来源：Tipping，W. V. *Component and Product Design for Mechanical assembly*，Conference on Assembly，Fastening and Joining Technique and Equipment，PERA，1965）

在自动化装配螺钉类型的使用中可以发现更多的例子。如图 5.8 所示，那些趋向于自动导入孔中的螺钉是最适合于自动化装配。Tipping[4] 对可利用的螺钉尖头进行了总结，各种螺钉尖头的特点如下。

① 滚丝头：定位性极差，如果缺乏对螺孔外径有效的控制，螺钉将很难送入。

② 冷锻头：如果有合适的外形的话，仅稍微好于滚丝头。

③ 倒角头：能合理定位。

④ 止端点：能合理定位。

⑤ 锥形头：非常适于定位。

⑥ 椭圆头：非常适于定位。

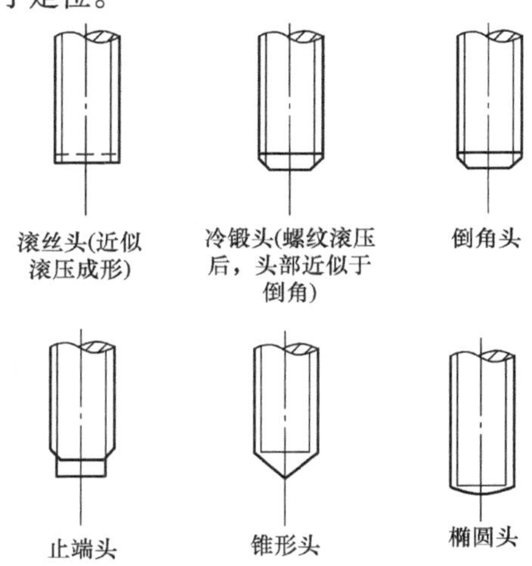

图 5.8　不同形式的螺纹尖头

（资料来源：Tipping，W. V. *Component and Product Design for Mechanical assembly*，Conference on Assembly，Fastening and Joining Technique and Equipment，PERA，1965）

在自动化装配中，Tipping 只推荐用锥形头螺钉和椭圆头螺钉。然而，工业实践中更倾向于使用止端头螺钉，因为一旦它被插入时容易自动对中。

另一个在设计中应该考虑的因素是来自不同于上述方向的装配困难。设计者应该考虑每件零件放置在上一件零件之上，并允许多层装配。这个方法的最大好处是在零件进给和放置过程中能有效地利用重力。在装配工位上方同样要有工作头和进给装置，这样易于排除因缺陷零件导致的故障。当水平面内的动力可能会趋于移动部件时，在机器分度周期内，从上面装配同样能使部件保持在正确的位置上。在这种情况下，通过适当的产品设计，在零件自定位时，重力足够保持住零件稳定，直到零件紧固或固定。

如果不能从上面进行装配，最好的办法是将组件分解为部件。例如，如图 5.9 所示为一个英制电源插头的分解图，在这个产品的装配过程中，从下面定位和旋入导线夹片螺钉相当困难，而从上面则能很顺利地把其他零件（除了主紧固螺钉以外）安装到底座上。此例中，两个螺钉、导线夹片和插座可以被视为一个用前面主装配机处理的部件。

在自动装配时，总是需要有一个能在其上进行装配的基础件，这个基础件上必须具有快速和准确地定位在工件托盘上的特征。对于图 5.10a 给出的基础件，很难设计一个合适的工件托盘与其相配。在这种情况下，如果在 A 处施加一个力，除非提供适当夹紧，否则

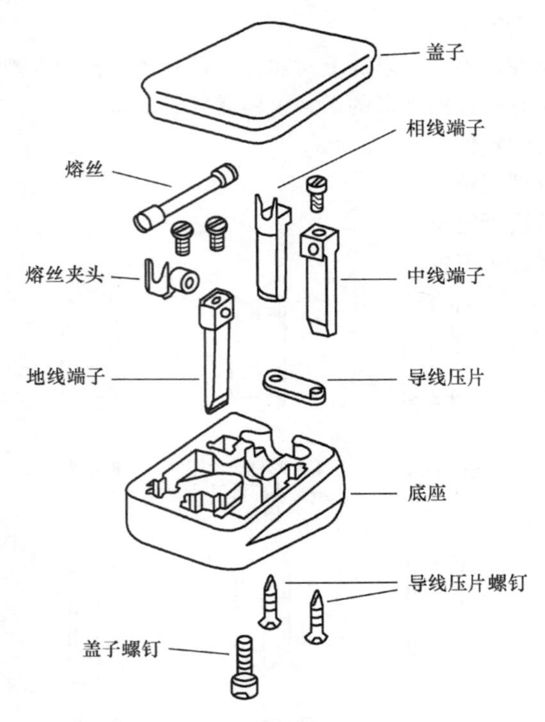

图 5.9 三相电源插头的装配

零件将会转动。确保基础件稳定的一个方法是将基础件的重心设计在水平表面之内。例如，在如图 5.10b 中，在零件上加工一个小凹坑，就可以作为有效的工件托盘。

水平面上基础件的定位通常采用安装在工件托盘内的定位销来实现。为了简化基础件在工作托盘上的安装，通常把定位销设计为锥形，从而便于导向，具体例子如图 5.11 所示。

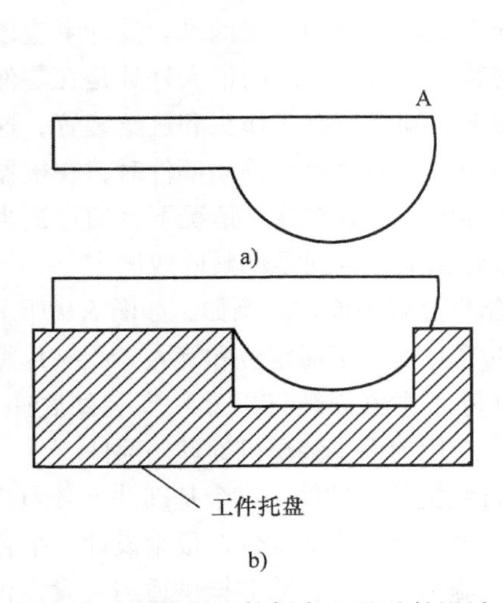

图5.10 安装在工件托盘上基础件设计

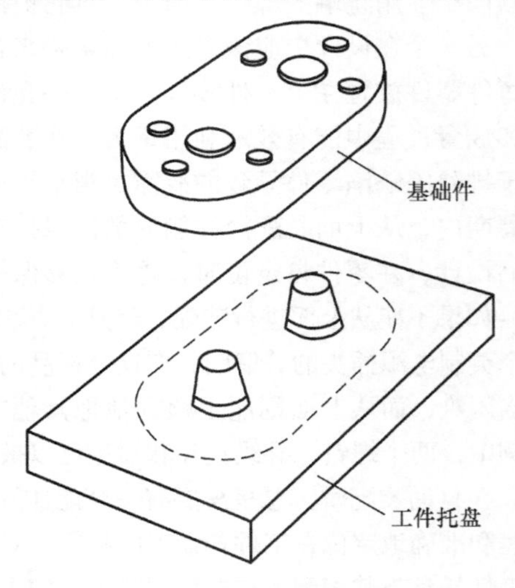

图 5.11 适于装配的锥销

5.9　输送和定向的零件设计

在自动装配中，会使用多种类型的零件给料器。但是大多数给料器所适合进给的零件形状非常有限。通常没有对适合于进给和定向的零件设计进行相应的分析和讨论。大多数通用零件给料器为振动盘给料器，本节主要讨论在此类给料器中便于进给和定向的零件设计。但这里提出的许多观点同样适合于其他类型的进给机构。三个基本设计原则如下：

① 避免设计易缠结、套接或错位的零件。

② 设计零件对称。

③ 如果零件不能设计成对称，避免微小不对称或由于小的或非几何特征导致的不对称。

如果零件在批量存储时容易混乱或者缠结在一起，就几乎不可能将其自动分离、定向和进给。通常可以设计一个小的非功能性改变来防止这些情况出现。在图5.12里给出了一些简单的例子进行说明。

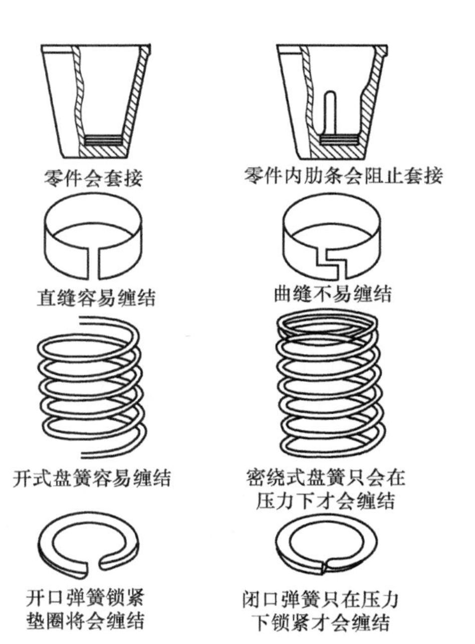

图5.12　阻止缠结或套接的重新设计实例

不对称的零件特征可能会夸大零件定向的便利性，为了定向，另一个方法是有意增加不对称特征。后一种方法更为常见，参考文献［5］给出了一些例子，如图5.13所示。在每种情况下，要求对准的特征在定向机构中难以应用，所以需要人为地添加相应的外部特征。

在表5.2的零件编码系统中。这些具有高度对称性零件都有表示零件的编码，这些代码表示的零件都是容易搬移的。但是，也有许多代码表示的零件可能难以自动搬移，需要设计者来协助解决这些零件产生的问题。

图5.14a展示了一个定向困难的零件，而5.14b给出的是重新设计后的零件。这个重新设计后的零件在振动盘给料器中能以很高的速度进给和定向。如果没有使用编码系统，在设计方面的轻微改变对于设计者可能是不明显的。实际上，设计者可能不会注意到原零件难以自动定向。

应该指出，尽管上面的讨论是针对于自动搬移，易于自动搬移的零件也同样易于手工搬移。减少装配工人在辨识零件方向并重新定向上所花费的时间，这将会大大压缩成本。

很明显，一些零件不可能作出设计变更，从而使它们能自动地搬移。例如，对于超小型零件或由薄带材成形的复杂形状零件都难以在自动化环境中搬移。在这些情况下，有时会在装配机上制造零件，或者可能在装配的时候从带材中分离出零件。如弹簧绕圈或冲压薄片这样的操作被成功地引入在装配机上实现。

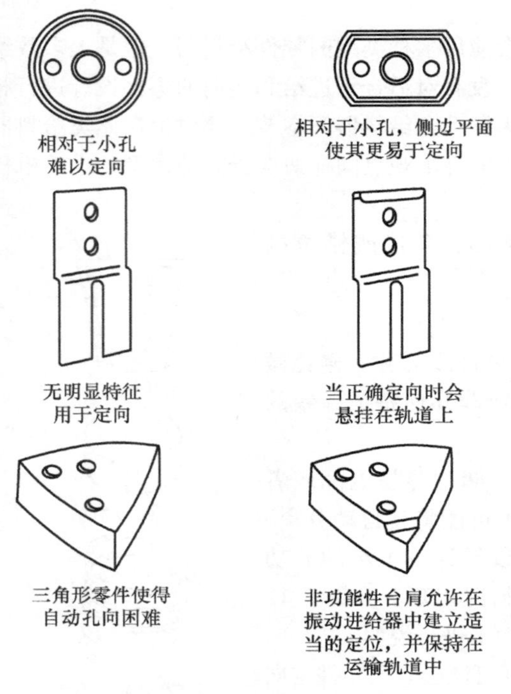

图 5.13 辅助定向的非对称特征

（资料来源：Iredale，R. *Metalwork Production*，April 8，1964）

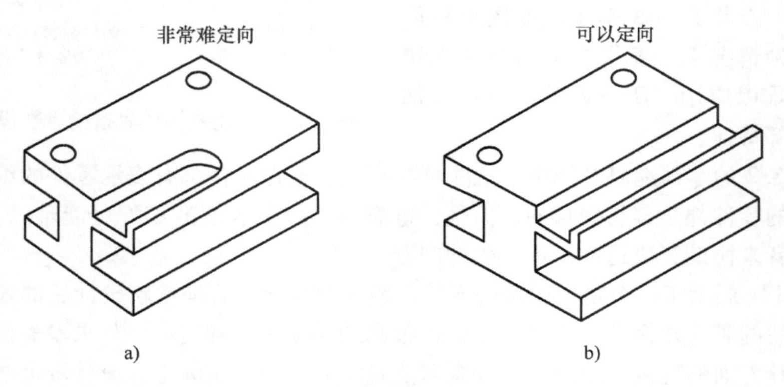

图 5.14 简化进给和定向的设计改变的一个实例

5.10 面向高速自动装配设计的准则概要

对于在适于自动装配的零件和产品设计的讨论所作出的各种结论，现以通用准则的形式总结如下，以供设计人员参考。

5.10.1　产品设计准则

① 尽量减少零件的数量。

② 确保产品有一个合适的基础件供其装配使用。

③ 确保该基础件具有易于在水平面内定位到稳定位置的特征。

④ 如果可能，将产品设计成多层方式装配，每一零件都从上面装配，并能明确定位。这样在机器分度周期内，在水平荷载作用下的零件不容易移动。

⑤ 通过倒角或锥度来辅助装配。

⑥ 避免昂贵和耗时的紧固作业，如螺纹紧固，焊接等。

5.10.2　零件设计准则

① 避免能引起零件分散状态放置在给料器中相互缠结的凸台、孔或狭槽。可以通过把孔或狭槽设计成小于凸台的方式来解决这个问题。

② 尽量将零件设计成对称，避免需要额外的定向机构和相应的进给效率上的损失。

③ 如果设计时无法实现对称，可以放大零件的不对称特征来方便定向，或者采用另一种方法，即设计相应的能用于零件定向的不对称特征。

5.11　面向机器人装配的产品设计

伴随着面向机器人装配的产品设计，机器人装配的一个目的是为设计者提供一个估算装配成本的方法。然而，机器人装配系统的选择对一些重要的设计参数有影响，而这个选择又反过来受到诸如生产能力和组件的零件数量等多种生产参数的影响。可以考虑采用三类代表性的机器人装配系统类型，即：

① 具有单机械手的单工位。

② 具有双机械手的单工位。

③ 具有机器人、专用工作头和合适的手工装配工位的多工位。

对于单工位系统，需要人工搬移和装配且必须在装配周期中插入的那些零件存在特殊问题。出于安全因素的考虑，通常需要把组件输送到在机器人工作环境之外的某一位置或夹具上，可以通过机器人把组件放置在能把组件转移到手工工位的传送机构上来实现。经过手工操作完成之后，在机器人可以到达的范围内，用类似的方式把组件送回。

在单工位机器人系统中，使用专用工作头进行插入和紧固操作时存在与手工操作类似的问题。会出现两种情况。第一种情况是在没有立刻紧固零件的情况下，机器人插入或放置零件，然后把组件传送到一个外部工位进行紧固操作，紧压配合就是一个实例。第二种情况是操作专用工作头与机器人工件夹具相互作用。这可以在工件夹具侧面或下方采用触发式设备，以完成焊接、带材弯曲、缠绕和铆接等操作。而机器人必须放置和操作（如果需要的话）零件。

单工位系统遇到的这些主要问题没有在多工位系统出现，当需要时，在多工位系统手工操作或专业工作头可以被分配到单个工位。这就是当设计产品时知道可能采用的装配系统的类型是如此重要的原因。

为了确定装配成本，有必要对以下内容进行估算：

① 系统中使用的所有通用设备的总成本，包括机器人成本、所有运输设备和通用抓钳成本，如果需要的话，还包括其他产品装配中所用到上述设备的所有成本。

② 所有装配设备和专用工具的总成本，包括专用工作头，专用夹具，专用机器人工具或抓钳，专用给料器、专用储料仓、随行工作台或工件托盘。

③ 平均装配周期，即生产一个完整的产品或组件的平均时间。

④ 每一组件的人工成本，这涉及机器管理成本、装填给料器、储料仓、随行工作台或工件托盘的成本，以及完成的任何手工装配任务的成本。

目前已经开发了用于成本估算的分类系统和数据库[2]，利用分类系统和数据库所提供的信息可以进行估算，还包括三个基本的机器人装配系统的每一种类型的一个分类和数据图表都包括其中。在这些图表中，根据难易程度对插入或其他需要的操作进行分类，对于每种由操作难易程度决定的分类，都给出了用于估算设备成本和装配时间的相对成本和时间因素。对于每个零件插入或分离操作，把从适当的表格得到的数据输入到工作表，就可以估算出这些成本和时间。

从表 5.7 到表 5.9 给出了针对每种类型的机器人装配系统的分类系统和数据库。插入方向决定了选择适当的行（第一码位）的选择，插入方向是一个重要的影响机器人选择的参数，因为 4 自由度选择装配机器人（SCARA）仅可以沿垂直轴方向执行插入操作。适当的列（第二码位）的选择是由零件是否需要专用抓钳和插入之后是否需要临时夹紧以及插入过程中是否易于自对准来决定。所有这些因素会影响所需要的工具成本或者插入的操作，也可能对两者都有影响。

对特定操作选择行和列，就能用相对应的数据对机器成本、夹具或工具成本以及操作总成本进行估算。

假设沿水平轴插入的零件不需要专用夹具，需要临时夹紧，同时易于对准。对于此操作，在单工位单臂机器人系统装配数据表上（表 5.7），编码为 12。在这种情况下，相对机器人成本 AR 的值是 1.5。这意味着如果安装标准的四自由度机器人（包括所有的控制器、传感器等，仅能实现垂直插入能力）的基本成本为是 60000 美元。如果考虑采用能从上面之外任意方向完成操作的一个更加复杂的机器人，则成本为 90000 美元。换句话，因为“标准机器人”不能完成要求的操作，对于系统中的标准设备，需要 30000 美元的追加成本。

相对的附加夹具或工具成本 AG 的值是 1.0。因为零件需要临时夹紧，所以需要在工具夹具上安装专用工具。因此，如果标准的工具或者抓钳的成本为 5000 美元，那么以专用设备形式的所需附加工具表现出来的追加成本为 5000 美元。

表5.7 适于单工位单臂系统的机器人装配数据

AR TP AG TG TP—相对有效基本操作时间 AR—相对机器人成本 AG—相对附加抓钳或工具成本 TG—抓钳或工具更换的相对时间成本			使用标准抓钳或前一零件的抓钳抓取和插入零件				零件需要变换专用抓钳			
			无压紧		零件需要临时固定或夹紧		无压紧		零件需要临时固定或夹紧	
			自对准	不易对准	自对准	不易对准	自对准	不易对准	自对准	不易对准
			0	1	2	3	4	5	6	7
零件装入但不紧固	利用沿垂直轴或绕垂直轴的运动	0	1.0 1.0 0 0	1.0 1.07 0 0	1.0 1.0 1.0 0	1.0 1.07 1.0 0	1.0 1.0 1.5 2.1	1.0 1.07 1.5 2.1	1.0 1.0 2.5 2.1	1.0 1.07 2.5 2.1
	利用沿非垂直轴或绕非垂直轴的运动	1	1.5 1.0 0 0	1.5 1.07 0 0	1.5 1.0 1.0 0	1.5 1.07 1.0 0	1.5 1.0 1.5 2.1	1.5 1.07 1.5 2.1	1.5 1.0 2.5 2.1	1.5 1.0 2.5 2.1
	沿着或绕多个轴的运动	2	1.5 1.8 0 0	1.5 1.9 0 0	1.5 1.8 1.0 0	1.5 1.9 1.0 0	1.5 1.8 1.5 2.1	1.5 1.9 1.5 2.1	1.5 1.8 2.5 2.1	1.5 1.9 2.5 2.1

AR TP AG TG TP—相对有效基本操作时间 AR—相对机器人成本 AG—相对附加抓钳或工具成本 TG—抓钳或工具更换的相对时间成本			在机器人能力范围内的力或转矩								专用工作头操作 机器人定位零件
			使用标准抓钳或前一零件的抓钳抓取和插入零件				零件需要根据专用卡具改变				
			咬接配合或推入配合		推入和扭曲或其他简易操作		咬接或推入配合或简易操作		螺钉紧固或拧螺母		
			自对准	不易对准	自对准	不易对准	自对准	不易对准	自对准	不易对准	
			0	1	2	3	4	5	6	7	8
零件装入同时紧密紧固	利用沿垂直轴或绕垂直轴的运动	3	1.0 1.0 0 0	1.0 1.07 0 0	1.0 1.15 0 0	1.0 1.2 0 0	1.0 1.0 1.5 2.1	1.0 1.07 1.5 2.1	1.0 1.25 1.5 2.1	1.0 1.3 1.5 2.1	1.0 1.0 4.0 2.1
	利用沿非垂直轴或绕非垂直轴的运动	4	1.5 1.0 0 0	1.5 1.07 0 0	1.5 1.15 0 0	1.5 1.2 0 0	1.5 1.0 1.5 2.1	1.5 1.07 1.5 2.1	1.5 1.25 1.5 2.1	1.5 1.3 1.5 2.1	1.5 2.0 4.0 2.1
	沿着或绕多个轴的运动	5	1.5 1.8 0 0	1.5 1.9 0 0	1.5 2.0 0 0	1.5 2.1 0 0	1.5 1.8 1.5 2.1	1.5 1.9 1.5 2.1			1.5 2.8 4.0 2.1

（续）

AR TP / AG TG TP—相对有效基本操作时间 AR—相对机器人成本 AG—相对附加抓钳或工具成本 TG—抓钳或工具更换的相对时间成本			使用标准抓钳或前一操作的抓钳能完成操作				操作需要变换专用抓钳或工具				专用工作头操作 机器人定位零件
			咬接配合或推入配合	推入和扭曲或其他简易操作	重定向或卸载组件	推入和扭曲或其他简易操作	螺钉或螺母紧固	软钎焊	涂液体或粘接剂	重定向或卸载组件	
			0	1	2	3	4	5	6	7	8
单独紧固操作或操纵，或再定向，或非实体零件加入	利用沿垂直轴或绕垂直轴的运动	6	1.0 0.75 0 0	1.0 0.85 0 0	1.0 1.0 0 0	1.0 0.75 1.5 2.1	1.0 0.8 1.5 2.1	1.0 0.9 1.5 2.1	1.0 1.2 1.5 2.1	1.0 1.0 1.5 2.1	1.0 1.0 4.5 2.1
	利用沿非垂直轴或绕非垂直轴的运动	7	1.5 0.75 0 0	1.5 0.85 0 0	1.5 1.0 0 0	1.5 0.75 1.5 0	1.5 0.8 1.5 2.1	1.5 0.9 1.5 2.1	1.5 1.2 1.5 2.1	1.5 1.0 1.5 2.1	1.5 2.0 4.5 2.1
	沿着或绕多个轴的运动	8	1.5 1.4 0 0	1.5 1.6 0 0	1.5 1.8 0 0	1.5 1.4 1.5 2.1	1.5 1.5 1.5 2.1	1.5 1.7 1.5 2.1	1.5 2.0 1.5 2.1	1.5 1.8 1.5 2.1	1.5 3.2 4.5 2.1

（资料来源：Boothroyd，G and Dewhurst，P. *Product Design For Assembly Handbook*，Boothroyd，Dewhurst Inc.，Wakefield，RI，1986）

表5.8 适于单工位双臂系统的机器人装配数据

AR TP AG TG TP—相对有效基本操作时间 AR—相对机器人成本 AG—相对附加抓钳或工具成本 TG—抓钳或工具更换的相对时间成本			使用标准抓钳或前一零件的抓钳抓取和插入零件				零件需要变换专用抓钳			
			无压紧		零件需要临时固定或夹紧		无压紧		零件需要临时固定或夹紧	
			自对准	不易对准	自对准	不易对准	自对准	不易对准	自对准	不易对准
			0	1	2	3	4	5	6	7
零件装入但不紧固	利用沿垂直轴或绕垂直轴的运动	0	1.0 0.55 0 0	1.0 0.6 0 0	1.5 0.85 0 0	1.5 0.9 0 0	1.0 0.6 1.5 0.7	1.0 0.6 1.5 0.7	1.5 0.85 1.5 0.7	1.5 0.9 1.5 0.7
	利用沿非垂直轴或绕非垂直轴的运动	1	1.5 0.55 0 0	1.5 0.6 0 0	1.5 0.85 0 0	1.5 0.9 0 0	1.5 0.6 1.5 0.7	1.5 0.6 1.5 0.7	1.5 0.85 1.5 0.7	1.5 0.9 1.5 0.7
	沿着或绕着一个以上轴的运动	2	1.5 1.05 0 0	1.5 1.1 0 0	1.5 1.3 0 0	1.5 1.4 0 0	1.5 1.05 1.5 0.7	1.5 1.1 1.5 0.7	1.5 1.3 1.5 0.7	1.5 1.4 1.5 0.7

AR TP AG TG TP—相对有效基本操作时间 AR—相对机器人成本 AG—相对附加抓钳或工具成本 TG—抓钳或工具更换的相对时间成本			机器人的力或转矩								特殊工件的操作
			使用标准的卡具或用于先前零件的卡具零件可以卡住并插入				零件需要根据专用卡具改变				
			滑入或推入配合		推动扭曲或简单的操作		滑入或推入配合，或者简单配合		零件需要暂时卡住或夹紧		机器人位置零件
			自对准	不易对准	自对准	不易对准	自对准	不易对准	自对准	不易对准	
			0	1	2	3	4	5	6	7	8
零件装入同时紧密紧固	利用沿垂直轴或绕垂直轴的运动	3	1.0 0.55 0 0	1.0 0.6 0 0	1.0 0.7 0 0	1.0 0.75 0 0	1.0 0.6 1.5 0.7	1.0 0.65 1.5 0.7	1.0 0.7 1.5 0.7	1.0 0.8 1.5 0.7	1.0 1.15 4.0 0.7
	利用沿非垂直轴或绕非垂直轴的运动	4	1.5 0.55 0 0	1.5 0.6 0 0	1.5 0.7 0 0	1.5 0.75 0 0	1.5 0.6 1.5 0.7	1.5 0.65 1.5 0.7	1.5 0.7 1.5 0.7	1.5 0.8 1.5 0.7	1.5 1.15 4.0 0.7
	沿着或绕多个轴的运动	5	1.5 1.05 0 0	1.5 1.1 0 0	1.5 1.16 0 0	1.5 1.2 0 0	1.5 1.05 1.5 0.7	1.5 1.1 1.5 0.7			1.5 1.6 4.0 0.7

（续）

AR TP AG TG TP—相对有效基本操作时间 AR—相对机器人成本 AG—相对附加抓钳或工具成本 TG—抓钳或工具更换的相对时间成本			使用标准抓钳或前一操作的抓钳能完成操作				操作需要变换专用抓钳或工具				专用工作头操作
			咬接配合或推入配合	推入和扭曲或其他简易操作	重定向或卸载组件	推入和扭曲或其他简易操作	螺钉或螺母紧固	软钎焊	涂液体或粘接剂	重定向或卸载组件	机器人定位零件
			0	1	2	3	4	5	6	7	8
单独紧固操作或操纵，或再定向，或非实体零件加入	利用沿垂直轴或绕垂直轴的运动	6	1.0 0.45 0 0	1.0 0.5 0 0	1.0 0.6 0 0	1.0 0.45 1.5 0.7	1.0 0.5 1.5 0.7	1.0 0.55 1.5 0.7	1.0 0.7 1.5 0.7	1.0 0.6 1.5 0.7	1.0 0.15 4.0 0.7
	利用沿非垂直轴或绕非垂直轴的运动	7	1.5 0.45 0 0	1.5 0.85 0 0	1.5 0.6 0 0	1.5 0.45 1.5 0.7	1.5 0.5 1.5 0.7	1.5 0.55 1.5 0.7	1.5 0.7 1.5 0.7	1.5 0.6 1.5 0.7	1.5 1.16 4.5 0.7
	沿着或绕多个轴的运动	8	1.5 0.8 0 0	1.5 0.9 0 0	1.5 1.05 0 0	1.5 0.8 1.5 0.7	1.5 0.85 1.5 0.7	1.5 1.0 1.5 0.7	1.5 1.15 1.5 0.7	1.5 1.05 1.5 0.7	1.5 1.8 4.5 0.7

（资料来源：Boothroyd，G and Dewhurst，P. *Product Design For Assembly Handbook*，Boothroyd，Dewhurst Inc.，Wakefield，R1，1986）

表 5.9　适于多工位系统的机器人装配数据

AR TP AG TP—相对有效基本操作时间 AR—相对机器人成本 TG—抓钳或工具更换的相对时间成本			使用标准抓钳或前一操作的抓钳能完成操作				操作需要变换专用抓钳或工具			
			无压紧		零件需要临时固定或夹紧		无压紧		零件需要临时固定或夹紧	
			自对准	不易对准	自对准	不易对准	自对准	不易对准	自对准	不易对准
			0	1	2	3	4	5	6	7
零件装入但不紧固	利用沿垂直轴或绕垂直轴的运动	0	1.0　1.0 0	1.0　1.1 0	1.0　1.05 1.0	1.0　1.15 1.0	1.0　1.0 0.5	1.0　1.1 0.5	1.0　1.05 1.5	1.0　1.15 1.5
	利用沿非垂直轴或绕非垂直轴的运动	1	1.5　1.0 0	1.5　1.1 0	1.5　1.05 1.0	1.5　1.15 1.0	1.5　1.0 0.5	1.5　1.1 0.5	1.5　1.05 1.5	1.5　1.15 1.5
	沿着或绕多个轴的运动	2	1.5　1.8 0	1.5　1.9 0	1.5　1.85 1.0	1.5　1.95 1.0	1.5　1.8 0.5	1.5　1.9 0.5	1.5　1.85 1.5	1.5　1.95 1.5

AR TP AG TP—相对有效基本操作时间 AR—相对机器人成本 TG—抓钳或工具更换的相对时间成本			机器人的力或转矩								机器人位置零件
			使用标准的卡具或用于先前零件的卡具零件可以卡住并插入				零件需要根据专用卡具改变				
			滑入或推入配合		推动扭曲或简单的操作		滑入或推入配合，或者简单配合		零件需要暂时卡住或夹紧		
			自动对准	不易对准	自动对准	不易对准	自动对准	不易对准	自动对准	不易对准	
			0	1	2	3	4	5	6	7	8
零件装入同时紧密紧固	利用沿垂直轴或绕垂直轴的运动	3	1.0　1.0 0	1.0　1.1 0	1.0　1.1 0	1.0　1.2 0	1.0　1.0 0.5	1.0　1.1 0.5	1.0　1.25 0.5	1.0　1.3 0.5	0　1.0 4.0
	利用沿非垂直轴或绕非垂直轴的运动	4	1.5　1.0 0	1.5　1.1 0	1.5　1.1 0	1.5　1.2 0	1.5　1.0 0.5	1.5　1.1 0.5	1.5　1.25 0.5	1.5　1.3 0.5	0　1.0 5.0
	沿着或绕多个轴的运动	5	1.5　1.8 0	1.5　1.9 0	1.5　2.0 0	1.5　2.0 0	1.5　2.8 0.5	1.5　1.9 0.5			0　1.5 6.0

（续）

AR TP AG TP—相对有效基本操作时间 AR—相对机器人成本 TG—抓钳或工具更换的相对时间成本			使用标准的卡具或用于先前零件的卡具的操作				需要改变专用夹具或工具的操作				特殊工件的操作
			滑入或推入配合	推、扭或简单的动作	调整或卸载组件	滑入或推入配合	螺钉或螺母拧紧	焊接	应用液体或粘合剂	调整或卸载组件	
			0	1	2	3	4	5	6	7	8
单独紧固操作或操作或再定向或非实体零件加入	利用沿垂直轴或绕垂直轴的运动	6	1.0 0.75 0	1.0 0.85 0	1.0 1.0 0	1.0 0.75 0.5	1.0 0.8 0.5	1.0 0.9 0.5	1.0 1.2 0.5	1.0 1.0 0.5	0 1.0 3.5
	利用沿非垂直轴或绕非垂直轴的运动	7	1.5 0.75 0	1.5 0.85 0	1.5 1.0 1.0	1.5 0.75 0.5	1.5 0.8 0.5	1.5 0.9 0.5	1.5 1.2 0.5	1.5 1.0 0.5	0 1.0 4.0
	沿着或绕多个轴的运动	8	1.5 1.4 0	1.5 1.6 0	1.5 1.8 0	1.5 1.4 0	1.5 1.5 0.5	1.5 1.7 0.5	1.5 2.0 0.5	1.5 1.8 0.5	0 1.5 4.5

（资料来源：Boothroyd，G and Dewhurst，P. *Product Design For Assembly Handbook*，Boothroyd，Dewhurst Inc.，Wakefield，R1，1986）

相对有效基本操作时间 TP 的值为 1.0。在这种分析方法中，基本事件估算就是当作简单运动且没有插入问题存在时，机器人移动约 0.5m，抓紧零件、返回、插入零件所需要的平均时间。对于一个典型的装配机器人，完成这个过程需要 3s 时间。如果把这个数值用在当前的示例中，那么这就是机器人完成操作的基本时间。

最后，对于抓钳或工具更换的相对时间损失为 0，所以没有附加时间损失产生，总操作时间为 3s。在某些情况下，当零件输出机构使插入的零件不能完全定向时，必须增加更多的额外时间。在这种情况中，机械手必须借助简易视觉系统执行最终的定向，操作时间增加额外的 2 ~ 3s。

除了机器人成本和专用工具或卡具的成本之外，零件输送成本也必须估算。在完成这个估算之前，必须明确对每个零件采用什么样的输送方式。在实际应用中，通常只有两种方法可供选择：一种是专用给料器；另一种是手工装填储料仓、随行工作台或工件托盘。

与零件输送相关的成本可分为两部分：

① 人力成本：包括物料搬运（装填零件给料器或储料仓）、系统管理（消除给料器内的阻塞、搬移零件托盘等），系统转换成本（改造夹具、给料器和储料仓变更、机器人重新编程）。

② 设备成本：包括给料器、专用夹具、工具和储料仓、随行工作台或工件托盘的折旧。

与逐个把零件手工装填到储料仓、随行工作台或工件托盘的成本相比，零散物料的搬移（例如把零散状态的零件倒入给料器料斗）成本可以忽略不计。

因此，估算零件输送成本将仅须考虑如下三个主要因素：

① 专用给料器：完全利用机器人系统进行操作，专用给料器的最低成本假设为 5000 美元。对于特定零件，给料器的实际成本可以根据本章中给出的资料得到，这里应详细考虑进给和定向成本。

② 手工装载出料仓：对于一种类型的零件，假设使用一组专用储料仓、随行工作台或工件托盘的成本为 1000 美元。对于较大的零件而言，有可能低估了实际成本，所以需要加上附加的补偿。

③ 储料仓装载：手工把一个零件装载到一个储料仓的时间可以根据零件搬移时间来进行估算，这个时间根据第 7 章的数据加上 1s 后可以得到。另外一个选择是，可以使用 4s 的典型值。

可以看出，利用分类系统和数据库可以估算出设备总成本和任何手工装配工作的成本以及每个零件的装配时间。这些结果提供了使用三种机器人装配系统中任何一种进行装配时的装配成本进行预测所得到的数据。

许多面向手工装配和高速自动化装配的产品设计准则也同样适用于面向机器人装配的产品设计。然而，在评价所提出的面向机器人装配的产品设计方案的适用性时，还需要仔细考虑对于专用设备（比如专用夹具或给料器等）的需求。在产品的整个生命周期内，设备成本必须分期收回，对于可能采用机器人装配的中等批量产品，这无疑会大大增加装配成本。

在产品设计过程中，应遵循如下一些特殊规则：

① 减少零件数量——这是与所使用的装配系统无关的减少装配、制造和管理成本的主要策略。

② 使零件具有在装配时能自对准的特征，如导条、凸缘和倒角等，因为与专用工作头机构相比，许多机器人操作器的装配操作的可重复性相对较差，所以这些特征对于确保零件连续且无故障插入来说是极其重要的。

③ 确保插入后不能立刻紧固的零件也能在组件类自定位。对于多工位机器人装配系统或者单臂单工位机器人系统来说，这是一个基本的设计准则。未临时固定的零件不能由单臂机械手取出，因此需要专用夹具，这个夹具必须由机器人控制器触发，这样就增加了专用工具，从而也增加了装配成本。对于一个双臂单工位机器人系统，原则上一个机械臂夹紧一个未紧固的零件，而另一个机械臂继续进行装配和紧固操作。在实际应用中，需要把一个臂端的工具变换为一个夹紧装置，当一个臂保持稳定时，系统则以50%的效率进行工作。

④ 把零件设计成能利用同一个机器人夹具抓取和插入。导致机器人装配系统效率低的一个主要原因就是需要夹具或工具的更换。即使用快速夹具或工具转换系统，在一个专用夹具和标准夹具之间的每次转换等于两次装配操作。应该注意，螺纹紧固件的使用往往需要工具转换，这是因为机器人肘节很少能转动超过一周。

⑤ 把产品设计成自正上方（Z 轴装配）层叠式装配，这能够确保采用最简单、最经济、最可靠的四自由度机械手能完成装配工作，同时也能简化专用工装和夹具设计。

⑥ 避免需要个别组件的重新定向或操纵先前装配的零件。这些操作会增加了机器人装配的周期而没有增加装配价值。此外，如果个别组件在装配过程中必须翻转到不同姿势，那么这会造成工件夹具的成本增加，同时还需要使用更为昂贵的六自由度机器人。

⑦ 设计零件时，应尽量使其容易从分散状态进行搬移。为达到这个要求，要避免零件发生如下状况：

- 在分散状态时套接或缠结在一起。
- 柔软易弯曲。
- 具有当沿进给轨道移动时会堆叠或“错位”的薄边或锥形边缘。
- 过于精细或较脆使得在给料器内再循环时会导致破损。
- 具有黏性或磁性，使得零件分离时需要一个大于其自身重量的力。
- 外廓粗糙，可能磨损自动搬移系统的表面。
- 质量太轻（密度小于 $1.5\mathrm{N/m^3}$ 或者 $0.01\mathrm{lb/in.^3}$），使得空气阻力影响到零件的输送。

⑧ 如果零件采用自动给料器输送时，要确保零件使用简单工具就能定向，遵循之前讨论的易于零件定位的规则。但是要注意的是，在机器人装配中很少需要高速进给和定向。需要重点考虑的是要确定零件方向的特征，要能很容易识别。

⑨ 如果零件采用自动给料器输送时，要确保零件输送的方向，使其不需要任何操作就可以抓取和插入。不应出现零件必须翻转后才能插入进给状态。这样会需要六自由

度的机器人和专用夹具或特殊的 180°翻转输送轨道。这些方法都会导致成本的增加。

⑩ 如果零件在储料仓或托盘内输送，那么要确保零件有一个稳定的静止姿态，这个姿态使机器人在不需任何操纵下就能抓取和插入零件。应该说明的是，如果生产条件允许，利用机器人夹持优于利用专用工作头，同时部分设计规则可以放宽。例如，机器人可以通过编程来从输送阵列中获取零件，这种阵列可以是人工装填的随行工作台或者是零件托盘，从而避免了从散件中利用自动进给所产生的许多问题。然而，当进行经济性对比分析时，储料仓的手工装填成本必须被考虑进去。

习　题

1. 八个不同的小零件如图 5.15 所示，使用从表 5.1 到表 5.4 中的分类表，请确定这些零件进给和定向的五个编码的码位。

2. 图 5.16 所示的零件在自动装配机器的工作头里以每分钟 13 件的速度输送，假设使用标准送料器的成本为每秒 0.05 美分，请估算每个零件的进给和定向成本。

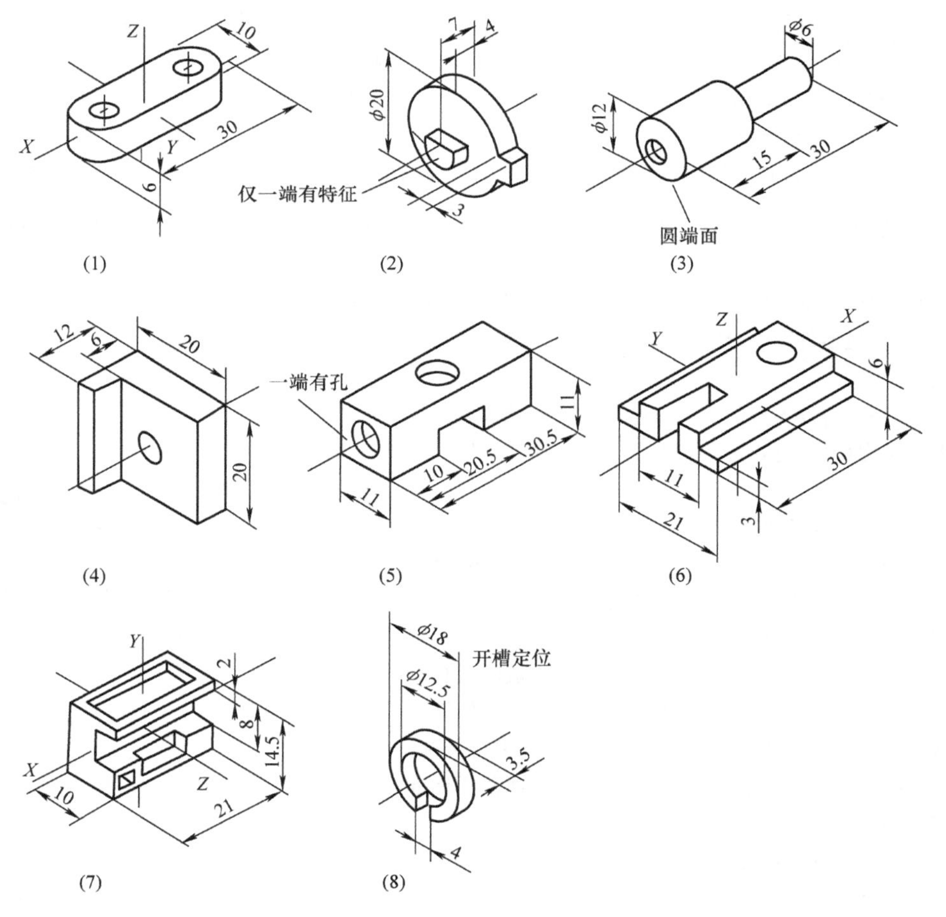

图 5.15　进给和定向的小零件

3. 在一个小型机构的自动装配最终操作中，包含了如图5.17所示的一个调整螺钉的插入，这个螺钉沿水平方向插入，该螺钉头部具有引导端使其易于对中和定位。假设标准工作头的使用成本为每秒0.06美分，这种装配要求以每分钟4件的速度进行，请估算螺钉的自动插入成本。

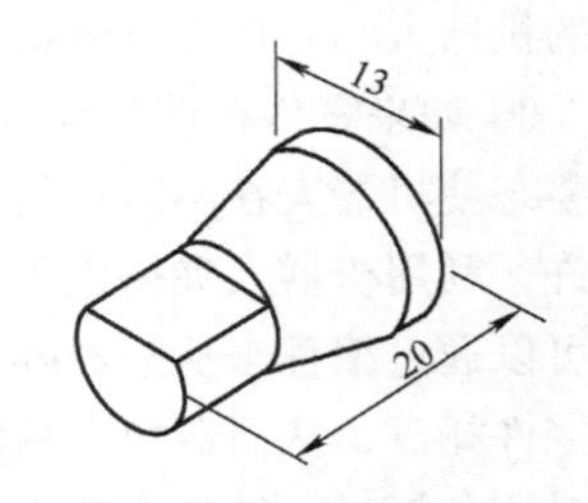

图5.16 进给和定向的零件

4. 图5.18所示的零件来自于摩托车齿轮箱的联轴器，它以每分钟5件的速度自动装配。它的可用于自动定向的特征是零件圆柱体上的对称凹槽，且凹槽位于零件圆柱体的两个端面，请估算这个零件自动搬移的下列项目：

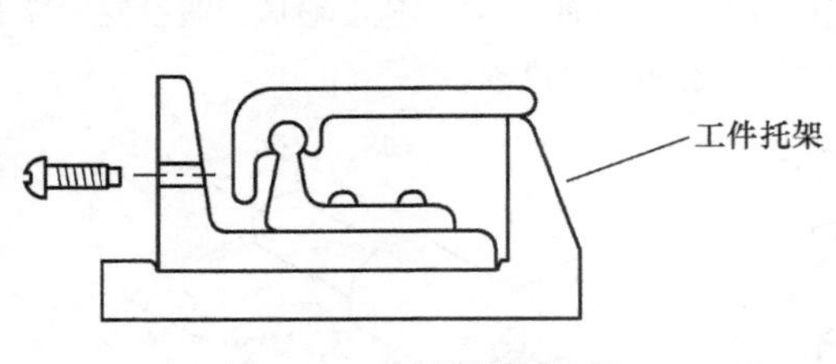

图5.17 门闩机械组件

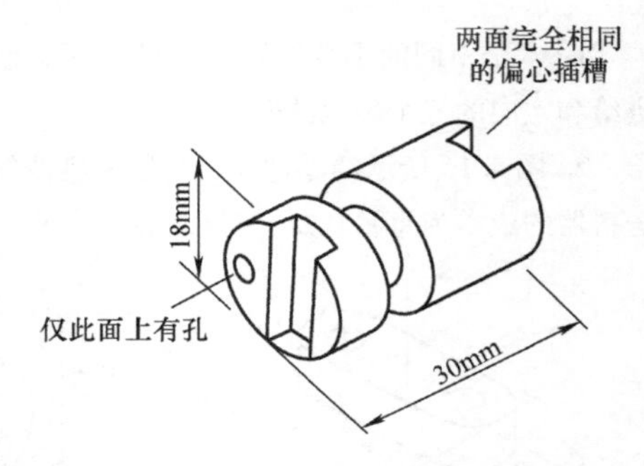

图5.18 摩托车变速器联轴器上的零件

1）通过标准振动盘给料器获得的最大进给速率按输送能力为每秒输送25mm对称立方体来计算。

2）假设标准给料器的成本为每秒0.03美分，请估算每件自动搬移成本。

3）输送零件以每分钟5件的秋速率的给料器的近似成本。

4）估算每件零件的插入成本，假设标准取放工作头的费用为0.06美分/s，零件容易装配并可以从上边直接插入。

变速箱设计者要求位置必须被移动到端面的中心位置。如果这是唯一的设计改变，这会给零件的自动搬移带来什么影响？如果设计改变是必要的，那么你能提出别的改动来改善自动搬移的设计吗？

5. 图5.19给出的是一个由三个零件组成的可自动装配的组件。请对这个组件进行分析并且由此估算装配成本。该组件要求以每分钟10件的速度进行装配。使用标准给料器的成本为每秒0.03美分，而使用标准工作头的成本是每秒0.06美分。该螺钉有一个尖头，因此很容易对准到螺钉孔的位置。

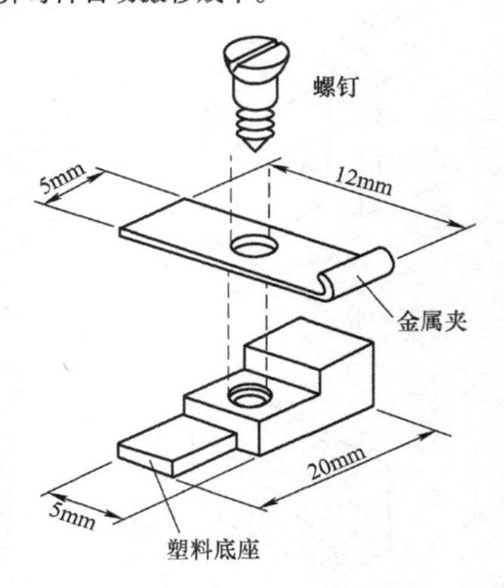

图5.19 三个零件的组件

6. 图3.54给出了一个气体流量计的隔膜组件的爆炸图。进行高速自动装配的分析，包括零件的理论最小数量的确定。装配顺序开始于螺母插入一个合适的工件载体上，而结束于两个螺钉的插入。使用标准给料器的成本为每秒钟 0.03 美分，而使用标准工作头的成本为每秒钟 0.06 美分。根据分析，确定每个组件的装配成本。要求的装配速度是每分钟 30 个。

注：隔膜板的自动进给和定向是困难的或者说是不可能的，如果这个零件的确定必须用手工装配，那么用第三章的数据来估算该零件的装配成本，假设手工成本为每小时 36 美元。

7. 由于过去使用的薄膜装配存在一些问题，建议改变隔膜板，使其更容易自动进给和定向，用重新设计的隔膜板进行高速自动装配的分析。估算每个组件的装配成本，并与问题 3 中的成本相比较。

8. 考虑采用更少的零件并适用于高速自动装配的方法，对问题 6 中的隔膜组件进行重新设计，估计一下新设计的装配成本，并将其与问题 6 和问题 7 中的成本相比较。

9. 图 5.20 所指的盒子是以每分钟 40 件的速度在一个高速旋转分度机装配。盖子和底座壁之间的间隙足够大，使得盖子容易对准和插入。另外，螺钉端面具有易于对准的尖头，底座和盖子都是关于垂直轴对称的。

请完成一个自动装配表的设计，并由此估算该设计的装配成本和装配效率。使用标准给料器的成本为每秒钟 0.03 美分，而使用标准工作头的成本为每秒钟 0.06 美分。注意到所有三个零件都能采用外部轮廓里可见的单个特征来定向，单轴垂直螺钉驱动头的相对工作头成本为每秒 0.9 美分。

盒子装配的另一个说法提出，在已成型的底部进行盖子上洞的平移，如图 5.21 所示。这些平移让自动装配的功能产生了什么不同呢?

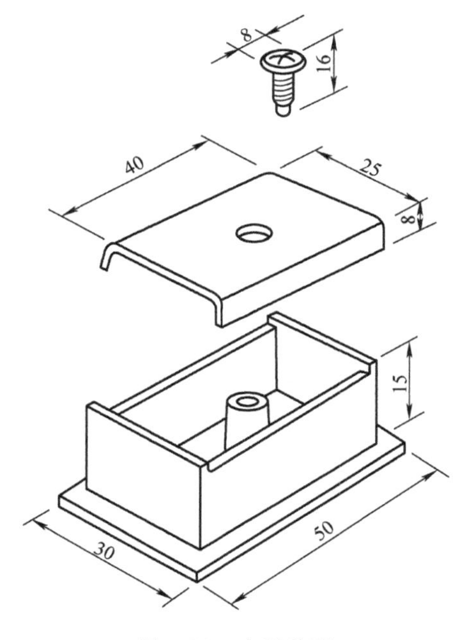

图 5.20 盒子装配

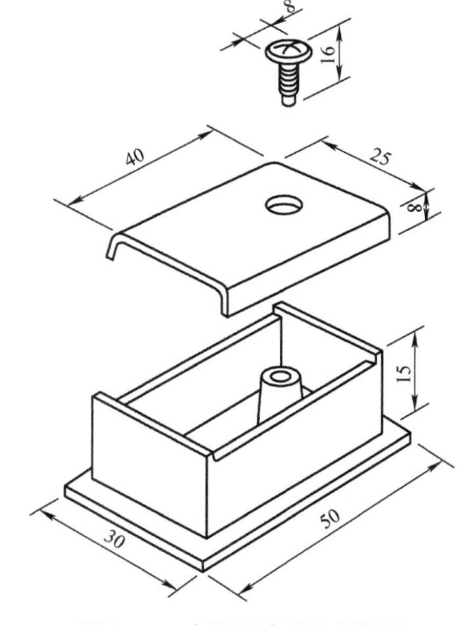

图 5.21 改进设计后的盒装配

参考文献

1. Boothroyd, G. and Ho, C. Coding system for small parts for automatic handling, *SME paper ADR76–13*, Assemblex III Conference. Chicago, October 1976.
2. Boothroyd, G. and Dewhurst, P. *Product Design for Assembly*, Boothroyd Dewhurst, Inc., Wakefield, RI, 1986.
3. Baldwin, S.P. How to make sure of easy assembly, *Tool Manufacturing and Engineering*, p. 67, May 1966.
4. Tipping, W.V. *Component and Product Design for Mechanized Assembly*, Conference on Assembly, Fastening and Joining Techniques and Equipment, PERA, 1965.
5. Iredale, R. Automatic assembly—Components and products, *Metalwork Production*, April 8, 1964.

第6章 面向制造和装配的印制电路板设计

6.1 概述

印制电路板是一种通过在绝缘板上安装大量的电子元件，然后利用导体在它们之间建立电路。导体电路图案通过添加和减少的方式创建。导线通常使用铜，但是有时也用到其他的金属。有三种基本的印制电路板的样式：单层、双层和多层。印制电路板被广泛地应用于商务机器和计算机的制造，也被应用于其他的一些产品，例如通信、控制和家庭娱乐设备等。

在近几十年里印制电路板的产量一直以惊人的速度增长。这一趋势就是电子控制系统大量替代之前的机械控制装置的典型印证。这些改变中一个典型的例子就是洗衣机，早先的洗衣机是通过一个机械凸轮计时器来进行控制，而现在则是通过印制电路板来进行电子控制。类似地还有，汽车发动机的点火正时和燃油的摄入量控制如今也已采用印制电路板进行电子控制。

在印制电路板的早期设计阶段，需要将其作为机械产品来考虑其可制造性。在设计过程早期，使用一些工具来评估制造难度和成本是很重要的。印制电路板的制造是一个快速发展的领域。新的印制电路板的设计、新的元件封装、新的装配技术在不断出现。制造商们也不断努力取得更高的元件密度，这导致装配变得更加困难。采用通孔安装元器件的电路板正逐步被采用表面贴装器件（SMDs）的电路板所替代[1-3]。另外，诸如带式自动粘合（TAB）和板载芯片（COB）等新技术也在大量使用。用于评价印制电路板制造能力问题的工具必须能够对新的发展作出解释。目前，本章的讨论主要限于通孔和表面安装元件，因为它们构成了当今所使用的大部分的产品。

6.2 印制电路板的设计顺序

印制电路板的设计过程与机械装置的设计过程有很大的不同。与机械产品相比较，计算机辅助设计技术在印制电路板设计过程的开发和集成更为深入。印制电路板设计的顺序如下：

① 制作满足设计规格和电路性能的功能原理图。

② 电路的布局设计。这项设计将影响电路的工艺性，包括元器件的布局，导体的布线和元器件的选择。布局设计是一个复杂的工作，它涉及许多关联的考虑，包括：元器件的区域；面的数量；电路板的数量；体积的计算（电路板占用的空间）。

实际的布局设计，包括元器件布置和导线路由选择。

在协助这些设计任务方面已经开发了大量计算机辅助工具，包括自动布局布线和布线图准备等。然而，许多这些任务是在没有成本评估的前提下进行的，一直到整个设计过程后期，成本才被纳入考虑。

6.3　印制电路板的类型

印制电路板被制造成许多类型和结构。选择何种电路板类型取决于许多因素，包括：

电路板的功能；与元器件密度相关的有效空间；元器件的可用性；成本；工作环境；用于电路板的标准。

电路板是利用铜在绝缘的板材上布线得到。下面将介绍电路板的一些特征。

6.3.1　面数

印制电路板可以分为单面电路板和双面电路板。单面电路板的零件集中在一面，导线则集中在另一面上，而双面电路板则在两面都有布线。除此之外，电路板上的线孔可以单面镀锡连接电路，或者是双面镀锡，或者两面均不镀锡。

6.3.2　层数

印制电路板可以是单层电路板或者多层电路板。

单层电路板让电路连接应用到唯一的绝缘层。多层电路板从多个绝缘层上建立。这几层板中间有部分电路镶嵌其间。对于常见的三层电路板来说，中间层可以作为基底和电源层。在一些特殊的情况下，层的数量可能是20层或者更多，但是这些都是极个别的。绝缘板被分开单独制造后压成一个多层板。

6.3.3　板材

很多种材料可以用来制作电路板的绝缘层，大多数板是由增强材料和热固性树脂制造而成。但是也使用一些陶瓷板，特别是用于军事方面。树脂和增强材料通常的组合见表6.1。

生产中有很多标准的板材[1]，其中一些材料列举如下。

FR-2：浸染树脂板，这种压制而成的板材不仅价格低而且耐用。主要用于价格低廉的电子消费产品，如收音机，计算器，玩具。

表 6.1　树脂和增强材料通常的组合

树　　脂	增强材料
酚醛树脂	纸 棉织物 玻璃纤维织物 尼龙
环氧树脂	纸 玻璃纤维织物 芳纶织物
聚酰胺	玻璃纤维织物 芳纶织物
聚酯树脂	玻璃材料
硅酮	玻璃纤维织物

FR-3：环氧树脂覆铜箔板，这种材料比 FR-2 更牢固，主要用于制造电脑、电视、通信设备等产品。

FR-4：玻璃布-环氧树脂覆铜箔板，这是一种很耐用的材料，由于具有良好的物理性能而被广泛地应用。大约 80% 的板是利用 FR-4 的材料。

FR-5：耐热玻璃布-环氧树脂覆铜箔板，此种材料比 FR-4 隔热能力更强。

PL：浸染聚酰胺的编织玻璃纤维的层压层，这种材料的热稳定性高，热膨胀系数低。

GPO：在涤纶树脂基底中随机压入玻璃纤维毡作为填料，比 FR-4 的成本低，适合较少的关键应用。

CEM-1：由纸芯与编织玻璃层组成的一种复合材料，表面采用环氧树脂浸渍。

CEM-3：由非织造玻璃核心与编织玻璃布组成的一种复合材料，在表面要浸渍环氧树脂。CEM-3 更加耐用而且成本比 CEM-1 低。

6.3.4　设备类型

离散电子元器件可以采取各种各样的方式连接到电路板上，两个主要的方式是通孔安装和表面安装。对于通孔设备，依靠电路板上的通孔和元器件的引线，实现元器件在电路板上的插装，然后焊接。对于表面安装设备，使用片式元器件，在印制电路板的同一面进行元器件贴装和焊接，元器件和焊点在电路板的同侧。虽然直到如今，通孔安装设备仍然处于主导地位，但是，表面安装技术以其具有的体积小、重量轻、装配密度高、可靠性高、成本低、自动化程度高等优点，目前已在军事、航空、航天、计算机、通信、工业自动化、消费类电子产品等领域得了广泛的应用。从制造的观点看，如果只有通孔或只有表面贴装设备，其制作相对容易。但是很多电路板包含了这两种类型。

6.3.5　铜的重量

电路走线通常由铜箔压贴在电路板的表面而成，铜箔的厚度为 10 ~ 100μm。生产中铜箔厚度通常用单位面积上铜的重量表示。例如 oz/ft^2。1oz/ft^2 铜的厚度为 0.0014in 或 35μm。于是，将厚度（in）转变为铜的重量（oz/ft^2）时，用厚度除以 0.0014。相似地，将厚度（mm）转变为重量（oz/ft^2），用厚度除以 35。厚度的选择取决于线路的电气要求。例如，功率电路需要厚箔（重量较大的铜箔）。多层电路板的内部线路层与外部线路层相比，铜箔具有不同的重量。

6.4 裸板制造

印制电路板装配生产的第一步是印刷布线裸板的制造与焊接，并在裸板上安装电子元器件。印制线路板（Printed Wiring Board：PWB）的制造要求许多步骤。包括选择用铜线连接好电子线路的平面绝缘板，印制线路板有外面线路，对于多层板，印制线路板还有内层，首先制造内层线路，然后将各层挤压在一起。然后加工外部线路。根据电路板的大小，几个电路板可以利用同一标准面板同时生产。个别电路板是在加工的某些阶段从面板上修剪，也可以在完成印制电路板装配之后进行。

生产电子线路的基本程序，无论是内部线路还是外部线路，基本都是一致的[1,4,5]。第一步就是在绝缘片上层压一层薄薄的铜箔。采用下列基本顺序生产电路：

- 涂抹一层对紫外线敏感的光致抗蚀剂。
- 使用紫外线灯，通过遮挡的方法将线路图案成像到两边的基板上。
- 将图案以外的光致抗蚀剂去除，留下光致抗蚀剂就是线路图案。
- 将层压板放入到酸溶液中，进行表层酸浴，腐蚀外露的铜，使铜箔形成线路图案。
- 清洗带有轨道和焊盘的裸板。
- 每个电路层通常在层压之前，使用自动光学检测（AOI）进行检查。

印制线路板（PWB）制造的其他工序包括：利用数控自动钻床钻孔，利用镀铜的方式穿过各个孔形成需要的电路，加上各种清洗工序和镀锡的电路接线点等。最后阶段包括自动线路测试，为此必须准备好合适的测试夹具和程序。

6.4.1 基本裸板成本

印制线路板（PWB）裸板的生产成本主要影响因素有：

- 层数
- 板厚
- 铜重量
- 最低导线间距
- 最小电路轨迹宽度
- 镀金边缘连接器
- 电路板上孔的数目

图 6.1 显示了不同类型电路板的单位面积大约成本，可作为参考标准。在表格

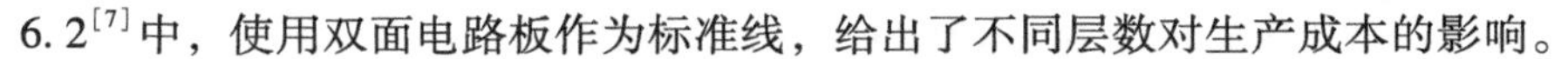

6.2[7]中，使用双面电路板作为标准线，给出了不同层数对生产成本的影响。

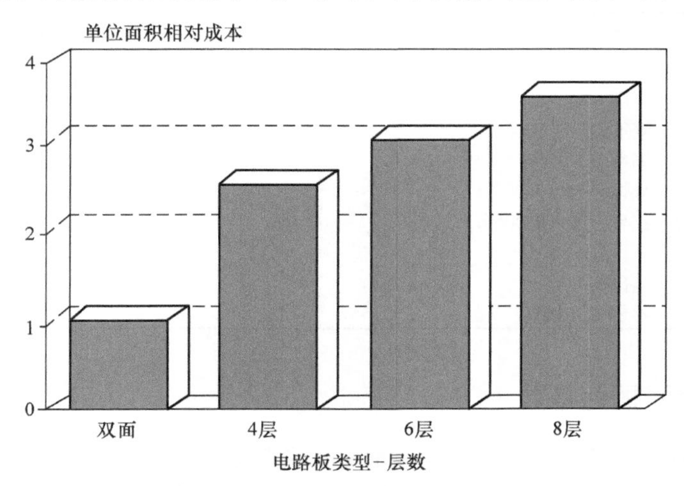

图 6.1　裸板单位面积的近似成本

（资料来源：Grezesik，A. *Layer Reduction Techniques*，*Circuit Design*，*August* 1990，p. 21）

基于这个信息，可以建立印制线路板（PWB）的总体成本因素。拟合表 6.2 中给出的数据可以给出对于基本成本因素的下列关系：

$$F_{PWB} = 0.33n_L + 0.3 \quad (6.1)$$

表 6.2　层数（n_L）对印制线路板成本的影响

层　　数	成本因素
单面	0.67
双面	1.00
4 层	1.75
6 层	2.25
8 层	3.00
10 层	3.50
12 层	4.25
14 层	5.25

这个基本成本因素对于表 6.3[7]中给出的其他因素可以显著增加。

钻孔、焊接掩模沉积、打钢印和最后线路板测试，这些可以单独计算。

实例：

一块厚度为 0.062in 的 6 层板，铜重 0.5oz，最小通道宽度为 0.005 in，板上有 600 个孔，试确定该板的成本因素。因为层数是 6，基本成本因素可以由式（6.1）计算得 $0.33 \times 6 + 0.3 = 2.28$。考虑表 6.3 中的因素，并把计算得到的基本成本因素添加进去，则最终成本是 $2.28 + 0.1 + 0.05 + 0.1 + 0.05 = 2.58$。这种板的单位面积的成本是对于使用相同材料的简单双面板成本的 2.58 倍。

表 6.3　基本成本因素对印制线路板的增量

条　　件	成本因素增量
厚度 >0.062in	0.1
厚度 >0.092in	0.05
铜重量 >0.5oz	0.05
铜重量 >0.1oz	0.05
最小导体距离 <0.006in	0.1
最小纹理宽度 <0.006in	0.1
孔数 >500	0.05
孔数 >800	0.05
冷镀边连接器	0.05

6.4.2　每个面板的板数

印制线路板（PWB）通常是利用标准面板来制造的，在一块面板上安排一块或多块印制线路板。印制线路板通常保留在面板上，直到元器件被安装上，单独的线路板才从面板上剪断。

每块面板上能产生的线路板数（n_p）是由印制线路板大小和标准面板大小所决定的，在面板的边缘和印制线路板之间必须有适当的间隙。

$$n_p = n_{lp} \times n_{wp} \tag{6.2}$$

其中，n_{lp}是沿着面板长度方向的线路板的数量，n_{wp}是沿着面板宽度方向的线路板的数量。在面板上安排线路板有两种可能[3]；一种是线路板长度 l_b 平行于面板长度 l_p，第二种是线路板长度 l_b 平行于面板宽度 w_p。因此，沿着面板边长度方向的线路板数量 n_{lp}为：

$$n_{lp} = \left[\frac{l_p + s_b - 2s_e}{l_b + s_b} \right] \tag{6.3}$$

式（6.3）对应于当线路板长度平行于面板长度时的线路板数量计算，当线路板长度平行于面板宽度时，线路板数量计算可用式（6.4）获得：

$$n_{lp} = \left[\frac{l_p + s_b - 2s_e}{w_b + s_b} \right] \tag{6.4}$$

式中　w_p——面板宽度；

w_b——线路板宽度；

s_b——线路板之间的间距；

s_e——线路板边缘和面板边缘之间的间距。

括号代表取整。

类似地，沿着面板宽度方向的线路板数量可以由式（6.5）得到：

$$n_{wp} = \left[\frac{w_p + s_b - 2s_e}{w_b + s_b} \right] \tag{6.5}$$

对于线路板长度平行于面板宽度时，线路板数量可以由式（6.6）得到：

$$n_{wp} = \left[\frac{w_p + s_b - 2s_e}{l_b + s_b} \right] \tag{6.6}$$

这个结果为式（6.2）给出的每个面板线路板数量的最大值。

6.4.3　钻孔

在线路板上的孔通常是利用可编程的数控钻床完成[1]。一般是几块板堆叠在一起同时钻孔。在加工时钻头直径很小而板材却非常粗糙。面板堆需加装出入膜层。进入膜为钻孔提供润滑；当钻头穿过堆的底部面板的下面时，为减少突破缺陷必须有出口膜层。

堆的面板数 n_{ps} 可以利用式（6.7）计算：

$$n_{ps} = \left[\frac{H_{st} - t_{enl} - t_{exl}}{t_b} \right] \tag{6.7}$$

式中　H_{st}——最大堆高；

t_{enl}——进入膜层厚度；

t_{exl}——出口膜层厚度；

t_b——线路板厚度。

上式中方括号的内容表示结果整数部分。

将钻孔的面板和膜层加载到钻床上，加工后再卸载的时间是：

$$T_{ld} = T_{lp}(n_{ps} + 2) \tag{6.8}$$

式中　T_{lp}——加载和卸载每个面板的时间。

每个线路板的钻孔成本 C_{dl} 可以利用式（6.9）计算：

$$C_{dl} = \frac{M_{dl}(T_{st} + T_{ld})}{(n_{ps} + n_p)3600} \tag{6.9}$$

在这里，M_{dl} 表示钻床加工成本，单位为美元/h，$T_{st} = n_{hl} n_p t_{dl}$，$n_{hl}$ 是每个线路板的钻孔数量，t_{dl} 是钻一个孔所用的时间。

机床设置和编程的额外成本也需要计算。

6.4.4　可选的裸板工艺

通常包括两个可选工艺——焊接掩膜和图文印刷，而维护和清洗操作也是必要的。

焊接掩膜是一种工艺，在除了焊盘和通孔之外的整个面板上，选择性地涂上一种有机聚合物。这样做的目的是防止在后续装配和焊接过程中电路走线短路。丝网印制和其他工艺被用于铺设这种高分子膜。焊接掩膜作为一个额外的操作，它增加了印制线路板的制造成本。对于单面板，只有一侧的板需要进行处理。如果电路走线通道间隙大的话，焊接掩膜有时可以取消。

文字丝网印刷是一个将元器件名称，符号和其他标志符号打印在电路板表面的工艺。这种印刷必须清晰可辨，并能经受所有的制造工艺而不会脱落，且在所有零件安装之后还能够看见。丝网印刷是一个会增加板的制造成本的附加工艺。如果板不是手工装配或有一个特定的现场服务要求，或许可以取消文字丝网印刷。

掩膜应用和文字印刷的印版是由一种干式的光成像胶片制成。这种胶片剪裁成要求的尺寸，并在紫外光照射下曝光确定模板印刷的文字或图像。为了后续的印刷，这个模板印刷的文字或图案通常铺设到两个刚性网格印版中。

焊接掩模和文字印刷的成本包括装卸面板的成本，处理每个面的加工成本以及设置成本和所用印版的成本。每块板的处理成本 C_{sl} 可以利用下面的公式计算：

$$C_{sl} = \frac{M_{sl} n_{sm} (T_{lp} + T_{sm})}{3600 n_p} \tag{6.10}$$

式中 M_{sl}——操作成本（美元/h）；

n_{sm}——加工面的数目；

T_{sm}——加工每面所用的时间（s）；

T_{lp}——装载和卸载每个面板所用的时间；

n_p——每个面板加工出的线路板数。

6.4.5 裸板测试

最后，必须对印制线路裸板进行电路缺陷测试，并为电路板开发一个合适的测试夹具，其成本可平均到所生产的所有电路板当中。

6.5 术语

对于那些不熟悉印制电路板制造术语的读者，请参考本章末尾的总术语表。

术语“插入”用来描述将通孔式电子元器件插入到印制电路板，从而使得元器件引脚在面板上能够穿过正确孔的过程，或是将表面装配元器件放置在电路板所需的位置的过程。插入方法有三种：专用自动插入机；手工装配工人或半自动插入；机器人。

轴向自动插入（中心距不同）元器件包括预成形引线、插入元器件、引线的剪断和打弯。预成形以及剪断和打弯作为插入周期的一部分自动完成，不会增加时间或降低插入速度。双列直插封装（DIP）的自动插入不包括引线成形或剪断。

大多数表面贴装元器件可以采用高速取放机插入。采用这种设备，可以达到很高的插入速度，尤其是对于小的元器件。

使用手动插入和半自动插入时，所有的操作都依次手工完成。因此，对于插入作业来说，在插入的预成形、插入后的剪断和打弯会增加插入操作的总时间。

机器人插入包括移动机器人手臂到元器件，并抓取该元器件，如果需要的话，重排元器件，将它移动到电路板的正确位置上插入。如果元器件给料器或导向器不能完全定向元器件，机器人插入还将包括最后的重新排列，这将延长周期。当使用手工装配时，预成形、剪断和打弯通常分开完成。

除了多工位机器人装配线有时用于表面贴装元器件放置，机器人通常用于原来用手工插入的非标准元器件。非标准或不规则元器件是指那些大型的或外形不规则的元器件，它们不能用专用的机器进行插入。

在对印制电路板装配的成本进行分析之前，将描述印制电路板的整个装配程序。在下一节将解释可以包含在印制电路板装配工艺中的各个步骤，这些步骤是自动元器件插入、手动元器件插入和机器人元器件插入。

6.6 印制电路板的装配

在制造印制线路板（PWB）的裸板之后，必须通过焊接的方法安装电子元件。印制电路板使用两种基本技术：通孔元器件（PTH）和表面贴装元器件（SMD）技术。图 6.2 所示为一些常用的标准通孔元器件封装和表面贴装元器件封装。本章最后的术语里包含了对这些设备和其他设备的简单描述。通孔电子元器件通过电路板上的通孔后折弯，在被焊接之前临时固定。通常通过自动波峰焊接。

这是一项较老的技术，但仍然可用于许多集成度不高的印制电路板，因为总成本较低。标准电子元器件和封装技术的应用范围很广。许多标准通孔元器件必须利用高速的自动装配设备插入，但不规则形状元器件或大型元器件必须采用人工插入或利用机器人插入。

大部分印制电路板目前都采用表面贴装元件技术。表面贴装元件焊接到面板表面，

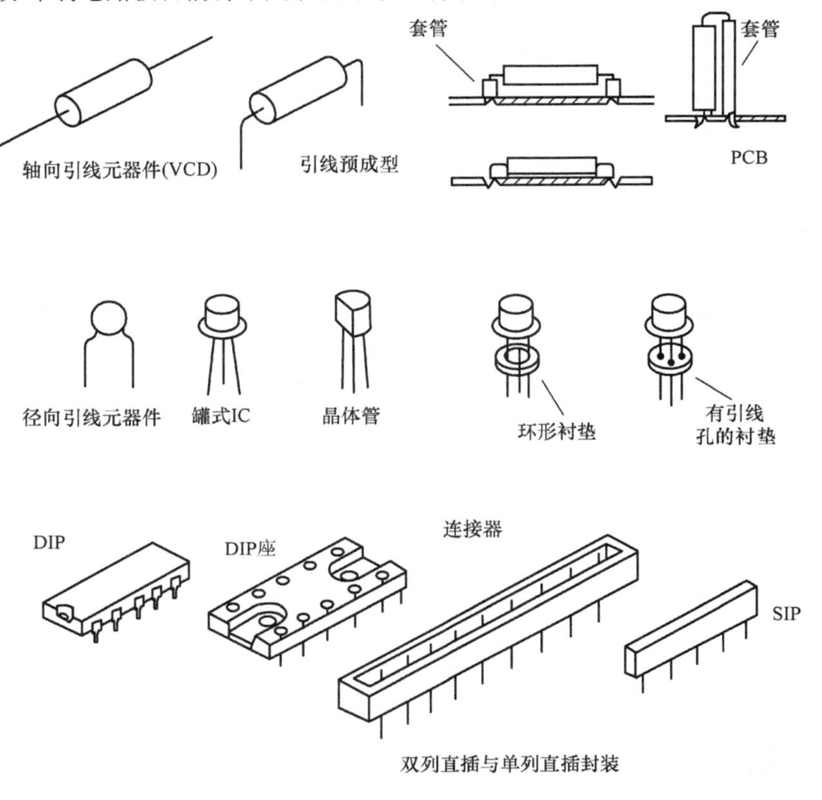

图 6.2　各种电子元器件（未按比例）

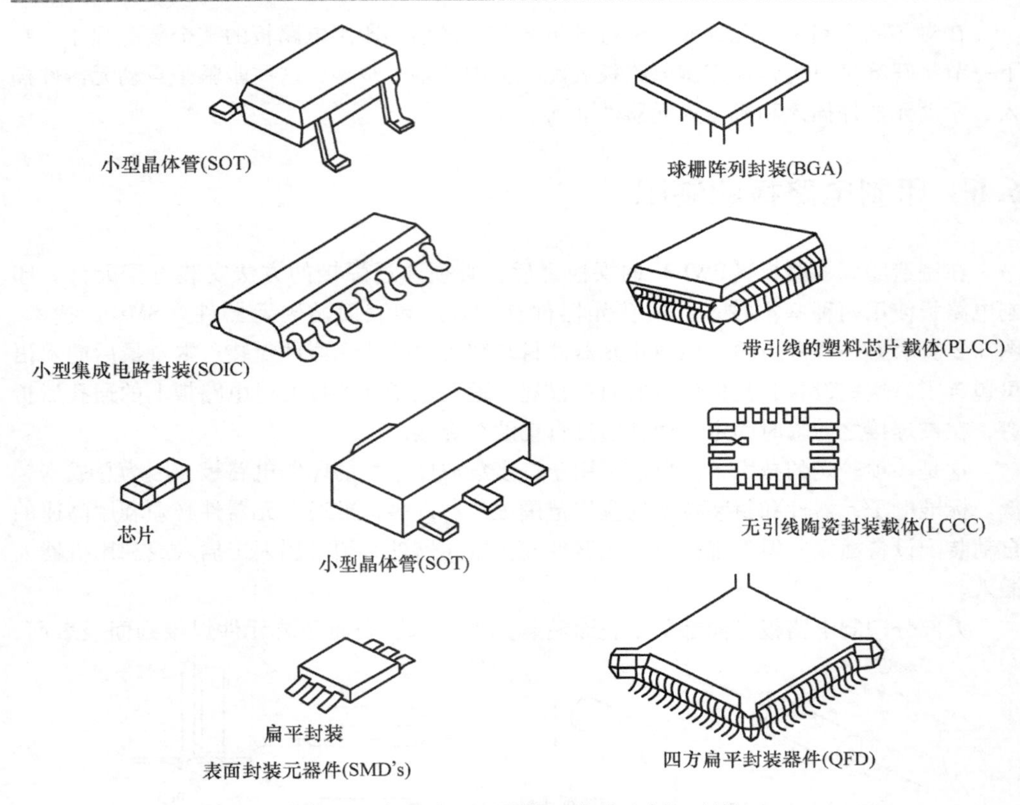

图 6.2 各种电子元器件（未按比例）（续）

可以比通孔元件具有更高的元件密度。

由于表面贴装技术的大量应用，印制电路板组装的小型化，有可能在一定程度上开发出更多的电子产品。另外，表面贴装类型有很多，它们大部分使用专用的高速设备插入。焊接通常采用回流焊。放置电子元器件之前，裸板在适当的地方用焊膏进行丝网印刷。很多电路板的生产是混合使用通孔元器件和表面贴装元器件，这会导致复杂的装配顺序。但这通常是必要的，因为不是所有元器件类型都可用在表面贴装封装类型上的。

对于大批量生产，大多数制造商使用了自动插入和手动插入的组合方式，因为形状奇特的元件或非标准元件不能用自动插入机上生产。然而，应该尽可能使用自动插入机，因为它们可以运行得更快，而且比人工插入具有更大的可靠性。而对于那些小批量生产的印制电路板以及应用在恶劣工作环境里的印制电路板（比如军用），其装配往往是手工操作的。

在本章后面给出了数据和公式，通过这些数据和公式可以估计使用专用自动插入机、手工装配工人或机器人时的元件插入成本和焊接成本。

6.6.1 通孔印制电路板的装配操作

通孔元器件的插入设备采用专用自动插入机、手工装配或机器人取决于元器件类型[8]。

1. 自动双列直插封装

这里的自动双列直插封装元器件包括所有的集成电路芯片和芯片插座。术语“双列直插封装（DIP)”是指从封装侧面伸出两并排引线，如图 6.2 所示。通常，典型的双列直插封装元器件有 4 ~40 根引线；超过 40 根引线的双列直插封装元器件很少使用。标准线距是指两列引线之间的距离，有 0.3in、0.4in 和 0.6in。

元器件使用一个自动双列直插封装插入机来插入的，如图 6.3 所示。自动插入在高速下进行，大约为每小时插入 2800 ~4500 个元器件，或每 0.8 ~1.29s 插入一个元器件。双列直插封装的引脚是通过预先在电路板上设置的孔插入，在电路板下剪断和打弯穿出的引线，如图 6.4 所示。自动插入头仅在垂直方向上移动，而电路板定位在插入头下面的 *X-Y* 工作台上，工作台也可以旋转。高性能双列直插封装插入机可以插入三种标准线距的任何一种 DIP 元器件时不用更换工装，但基本型插入机仅能处理 0.3in 的线距和 6 ~20 根引线的 DIP。为了适应 2 根引线和 4 根引线的 DIP 元器件，必须增添额外的成本，使用专用插入头。为了检查电气缺陷，可以使用元器件核对器，如果某个预编程的电气特性没有满足，元器件核对器将停止机器。

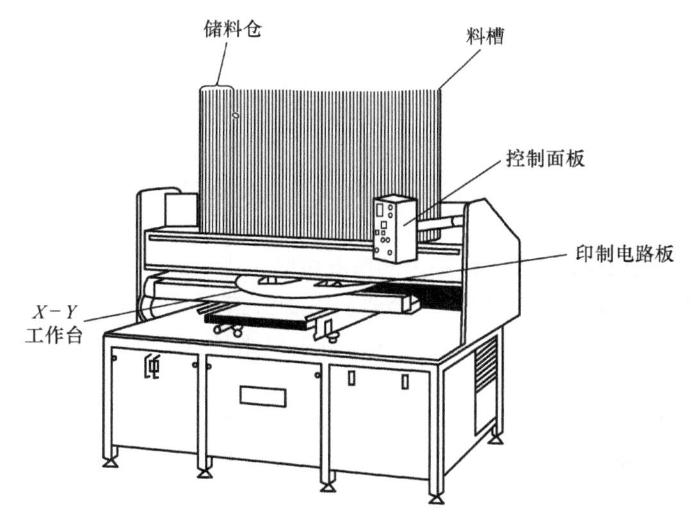

图 6.3　自动双列直插封装插入机

DIP 元器件是从元器件生产商那里购买，元器件放在一个称为料槽的长套管内预定向，并纵向相连堆叠。料槽放在双列直插封装插入机上。通常，在电路板上每种类型的 DIP 使用一个料槽，但是，如果同一种类型的 DIP 大量使用，同类型元器件要安排更多料槽。储料仓指的是一组料槽，通常大约有 15 个料槽。如果需要高的元器件组合，可以再机器上增加其他的储料仓。机器的大小和速度限制了储料仓的数量。当料槽距离插入端比较远时，插入节拍时间将会变长。当机器正在运转时，操作员可以更换料槽，这就消除了因料槽变空而引起的停机。

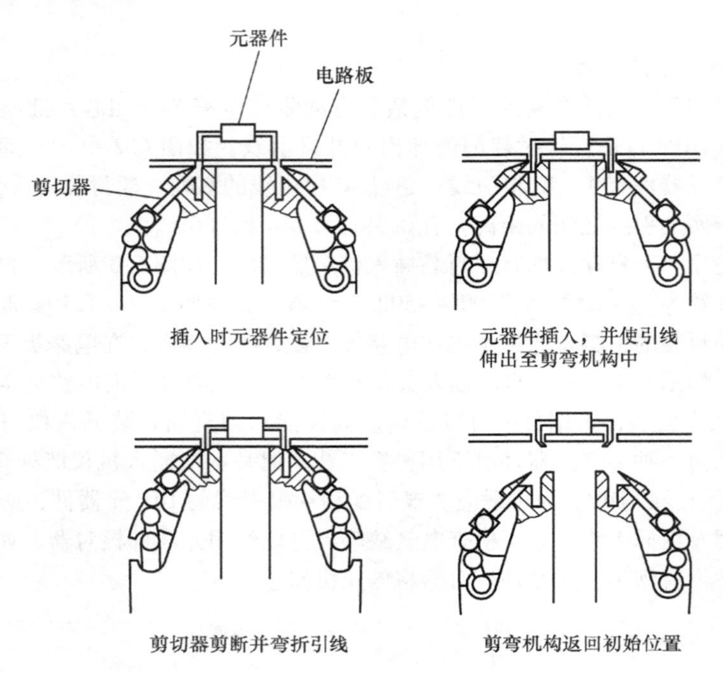

图 6.4 剪-弯流程

2. 自动轴向插入

这里指的是如图 6.2 所示的自动轴向引线插入元器件，也称为可变中心距元器件（VCDs）。

它们包括在插入端尺寸极限范围内的所有电阻、电容和二极管。轴向引线元器件通常在插入之前要将其引脚折弯成 90°。最终的引脚跨距是可变的。

轴向引线元器件可以采用自动轴向引线插入机来插入，如图 6.5 所示。元器件的插入速率为每小时 9500 ~ 32000 件，或者每 0.11 ~ 0.38s 一个元器件。利用双头插入机可以达到 32000 件每小时的速度，这种机器把元器件同时插入到两块相同电路板上。很明显，单头轴向引线插入机的插入速率是双头插入机的一半。轴向引线插入速率要比自动 DIP 插入速率要快得多，这是因为元器件在一个带盘内以正确顺序进给插入，如图 6.6 所示。不必从远处送达插入头。带盘可以容纳大量元器件，也不需要经常更换。

自动轴向引线插入过程如下：①为满足插入，元器件按照正确的顺序放在到带盘内等待插入（这一过程是由下文论述的自动元器件定序器来完成）；②用手工方式将带盘装载到轴向引线插入机上；③在自动插入循环过程中，从载带上自动剪切移动元器件，然后把引线以合适的中心距弯成直角，引线穿过电路板定位元器件；④最后，剪折弯曲电路板下方的引脚，如图 6.4 所示。

首先用一个元器件定序器把轴向引线元器件安装在一个带盘上。图 6.7 所示的元器件定序器按照适于插入的顺序在一个带盘上排列元器件。轴向引线元器件通常是按照每

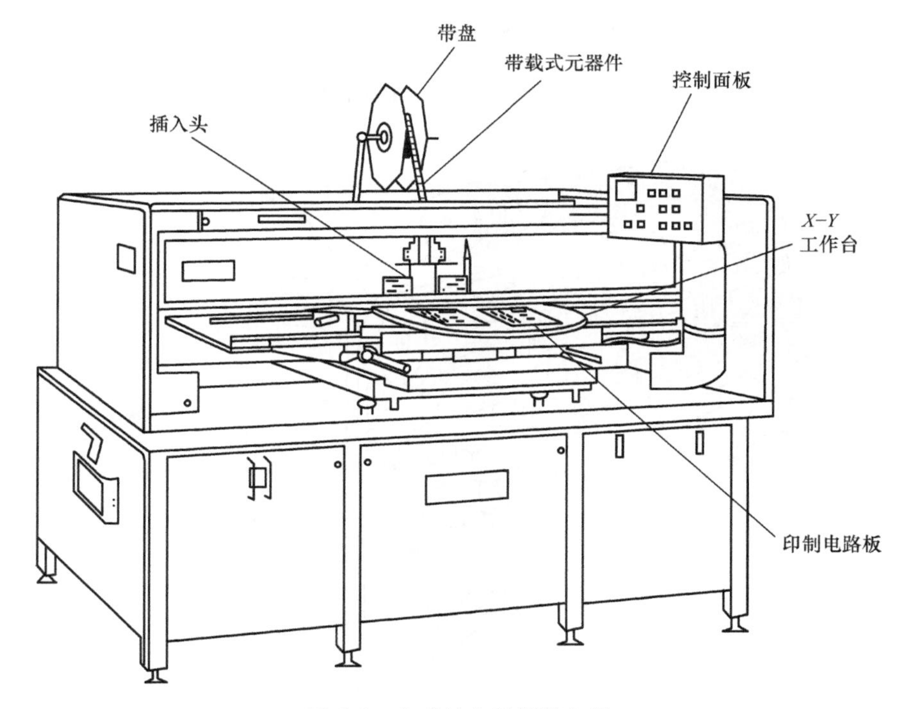

图 6.5　自动轴心引线插入机

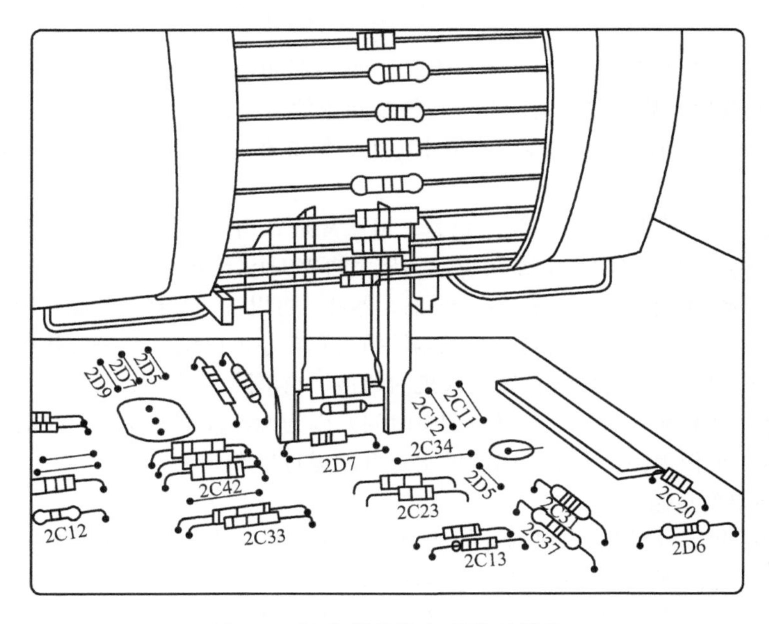

图 6.6　插入端的轴向引线元器件

种元器件类型所对应的线轴来购买每个带盘上标记元器件类型。适于电路板上每种类型元器件的带盘手动装载到定序器上，至此，就产生了一个标准带盘。

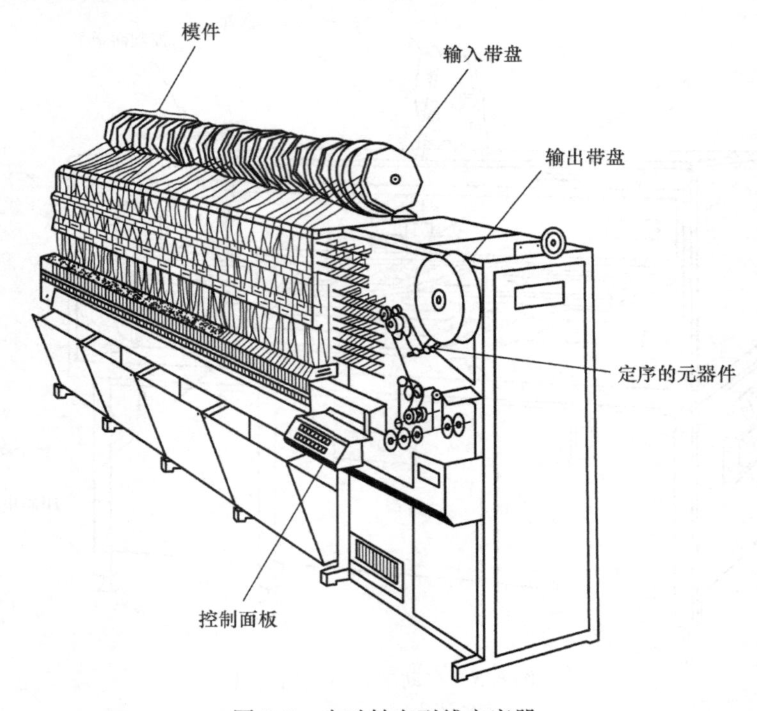

图 6.7　自动轴向引线定序器

元器件定序器处理元器件的速率大约为每小时 10000 ~ 25000 件，或者每 0.14 ~ 0.36s 一个元器件。从元器件载带上自动剪断元器件引脚，以适于插入的正确顺序移走元器件。之后元器件被重新绕卷到标准带盘上，标准带盘离线制作，并在元器件插入工序之前完成。

适于定序器的模块是一组分送带盘，一组通常是 20 个带盘。如果需要较多的元器件混合，增加到定序器上的附加模块可以达到最大约 240 个分送带盘，具体由机器的物理尺寸决定。为了检验缺陷元器件或次序错误的元器件，可以在定序器上增加元器件核对器。

这两个加工工序，自动轴向引线元器件插入和定序可以结合起来，并在一个机器上完成。这种机器大小约为传统自动插入机的两倍，它消除了对成套元器件的需要，同时减少了由存货到装配线所产生的组织调整时间。因为元器件存放在装配线上，通过仅仅为每批次写一个新程序，大小不同的批次都可以运行生产。

3. 自动单列直插封装

单列直插封装（SIP）以单列针脚或引线方式封装端子，如图 6.2 所示。这种封装方式经常用于电阻网络和类似装置。自动单列直插封装插入机与自动双列直插封装插入机相似。利用一个附加的插入头，一些双列直插封装插入机具有可供选择的插入单列直插封装（SIP）元器件的能力。

4. 自动径向元器件插入

径向通孔元器件在元器件的底板上有少量的引脚（图 6.2），具有金属包裹的元器件通常做成罐形。各种晶体管、电容以及类似的器件通常可做成径向元器件。径向引线元器件的自动插入机与轴向引线元器件的自动插入机相类似。

5. 半自动插入

这里所指的半自动插入是指的机器辅助人工插入。在这个工位上插入的全部是 DIP 和不能使用机器插入的轴向引线元器件，这是因为它们的尺寸或者它们在电路板位置的缘故。同样，插入的元器件是轴向引线元器件、SIP 和部分连接器。在大量生产装配中，只要可能的话，半自动插入常常替代人工插入，这是因为半自动插入能减少 80% 的插入时间。

图 6.8 所示的半自动插入机可以自动地把正确的元器件送向操作员，利用光束指示电路板上满足元器件插入的位置和方向。然后，操作员用手把元器件插入，有时候还使用自动方式来剪切和折弯引脚。元器件通过这种方式插入的速度大约为每个元器件 5s。在元器件送到操作员之前，所有的元器件都必须把它们的引脚预成形到适于插入的尺寸。通常，元器件被放在一个旋转托盘中。当接收到操作器的信号之后，托盘旋转到仅包含所需元器件的位置。光束（可以位于电路板的上面或下面）照射到需要插入元器件的孔，使用符号标明元器件的极性。

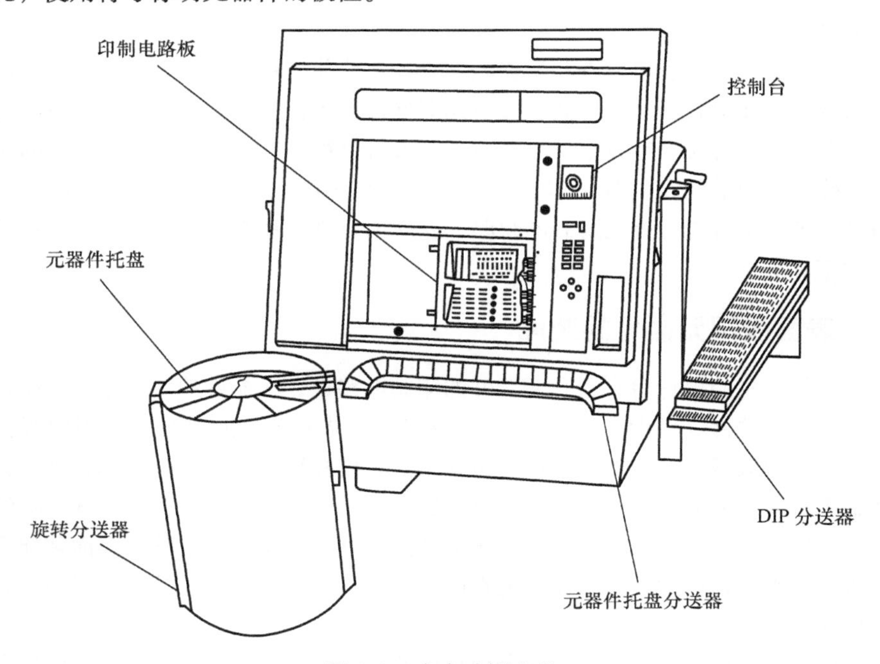

图 6.8　半自动插入机

6. 手工插入

通孔元器件的手工插入可能包含在装配程序中，在电路板焊接之前或者之后。有时需要两个工位，因为有些元器件不能够承受波峰焊的高温。但是，这些工位都是人工插入工位，需要专用手工工具，以便使某些元器件的操作和插入更便利。通常，即使仅包含相当少量的人工装配元器件，人工装配占整个装配时间的比例仍然很高。

在第一个手工装配工位上，插入大的非标准元器件。它们是人工插入，这是因为在半自动机中使用的零件托盘，因为零件的大尺寸缘故而不能满足它们的要求。如果某一特殊的制造厂不使用半自动插入机，那么所有使用这种机器插入的元器件都将使用手工方式插入。同样，波峰焊的机械装配（用螺钉或螺栓固定）式元器件也在这里装配。

在第二个手工装配工位（经常是指最终装配），所有剩余的元器件都被插入。包括那些因为对热敏感而无法接受波峰焊接的元器件。另外，机械固定的元器件也在此安装。它们包括手柄、一些大型电容器、连接器、功率晶体管等需要用螺栓或者螺母固定的元器件。最终，一些诸如二极管、电阻的通常具有轴向引线的元器件，被焊接在电路板的上表面并与其他元器件的引线相连接。必须指出的是：所有在电路板背面的通孔元器件必须是人工插入，并采用人工焊接，这就增加了生产成本。

7. 机器人插入

在装配的程序中可能涉及机器人插入的装配工位。在这个工位上，使用单臂机器人可以进行非标准元器件的自动插入。使用机器人插入主要是减少在电路板装配中的人工劳动。

8. 检查和返修

在插入之后，将会进行检查和返修。在检查部分装配板时，检测者寻找的是那些肉眼可见的缺陷，如引脚断裂或弯曲，或者元器件被插入错误的孔中。元器件或者被返修重插，或者被拆下替换。在每个返修工位，工人可以得到在之前插入工位插入的所有元器件，以确保任何的元器件都可以被替换。检查与返修工位可以设在每道插入工位之后。但是，工人不可能检查到所有的缺陷，这就不可避免地需要在以后的制造过程中去发现和改正。

6.6.2 表面装配元器件的装配

前面我们讨论的仅针对有通孔元器件的印制电路板，元器件的引脚穿过电路板。然而，表面装配元器件（SMDs）的应用越来越广。这些元器件通过焊盘或引线焊接在电路板表面的相应区域。表面装配元器件包含小四方棱柱形式的简单电阻和各种较大元器件，如扁平封装、SOTS、PLCCs、SOICs 以及 LCCCs，图 6.2 给出了这些缩写所代表的元器件。一些表面装配元器件直接等同于通孔元器件，但是一些特殊的表面装配元器件封装一直在发展。这些元器件可以装配在电路板的任何一面，有时候还可以与通孔式元器件结合使用。

表面装配元器件的装配，涉及元器件在电路板上的定位，定位通常是由丝网印刷来完成，而以前一直是涂抹焊膏。尽管表面装配元器件可以人工安放，但是，为了准确性需要使用自动放置机器来完成。表面装配元器件的放置通常是由特定的安放机来完成，如图 6.9 所示。安放机被设计成各种结构，选择合适的装备需要根据放置的类型以及产量来确定。现代安放机的放置速度大约是10件/s，甚至更快，如果较大的元器件可能花费更多的时间。对于小元器件的高速机器常常被称为“芯片射手”。元器件可以通过多种方式送料进入安放机。常见的方法是凹凸带，但也用到纸带，粘贴送料和托盘等方法。

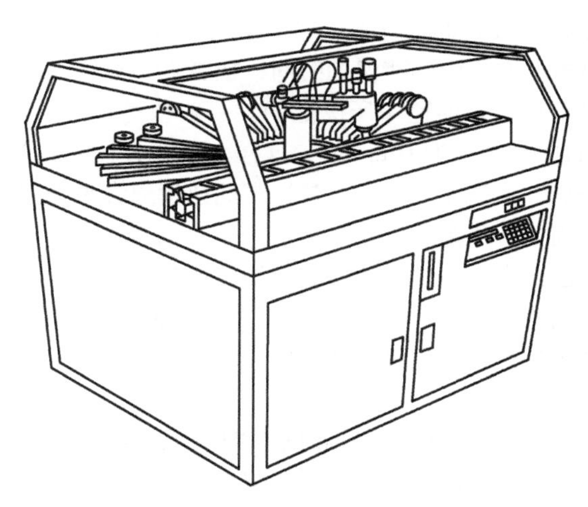

图6.9　表面装配元器件的安放机

下面介绍几种不同类型的安放机：

(1) 在线安放机　这些机器使用一系列位置固定的安放站，当电路板向下移动到线上时，每个站在电路板上安放其各自的元器件。多台机器依次同时工作时可以大大提高生产率。

(2) 同步安放机　同步安放机可同时将一排元器件安放到电路板上。

(3) 顺序安放机　顺序安放机是工业中最常见的高速机器。这种抓放机器采用数控的 *X-Y* 轴移动工作台，元器件被顺次地单独安放到电路板上。

(4) 顺序/同步安放机　这种安放机通常也是用 *X-Y* 轴移动工作台，元器件的大量引脚被顺次地单独安放。多个引脚同时放置也是可能的。

特定设备的选择取决于很多因素，包括对于特征的要求，例如：视觉能力、黏合剂应用和元器件测试性能等。

6.6.3　焊接

为了获得很高的生产率，很多电子元器件都是采用大规模的自动焊接工艺，例如波峰焊、回流焊等方式，来焊接到电路板上。也有部分元器件是通过人工焊接的，但是这样既浪费时间，又带来了较大的装配成本。

1. 波峰焊

波峰焊接是一种大规模的焊接程序。它的名称源于使用熔融焊料的驻波将元器件焊接到电路板上。当嵌入电子元器件之后，插件板的焊接面电路板将被放在传送带上，并且直接与高温液态锡接触，使预先装有元器件的印制板通过焊料波峰，当这些焊料凝固的时候，就可以实现元器件焊端或引脚与印制板焊盘之间机械与电气连接的焊接。

波峰焊接主要应用于通孔设备，但是也可以应用于将SMD元器件连到电路板的背面。在这种情况下，元器件在横穿焊接波峰之前，必须先用安放设备粘在电路板的表面。这些元器件经过波峰而不能被损坏，这个原因常常限制不耐热的SMD元件使用这种工艺。对一块电路板的波峰焊和清洗的时间，或者在小电路板的情况下，一块面板或夹具或需要的时间是由传送带的速率所决定的。一般传送带的速度调整可以高达20ft/min。通常，传送带的速度大约为10ft/min，这样大概两分钟时间就会完成一块电路板、面板或夹具通过波峰焊和清洗站。但是，传送带的速度通常是根据产生特定焊接接触时间所决定的，这一时间通常约为3s。

随着通孔元器件已经大量地被表面贴装元器件所代替，波峰焊也逐渐被回流焊所取代。但是在SMT不适用的领域，波峰焊仍然有很重要的应用，例如：大型功率器件和多引脚数或者通孔技术仍然最具有经济效益的领域。

2. 回流焊

回流焊是利用焊膏（一种粉末焊料和助焊剂的混合物）将元器件固定在焊盘上，之后经过逐渐的加热，把焊膏融化，从而形成焊点，称为回流焊。通常焊膏印制到焊盘上。模板通常蚀刻在不锈钢或者黄铜皮上。制板机可以是全自动的也可以是人工操作。利用一块橡胶或金属刮刀将装在模板上的焊膏通过模板上的漏嘴漏印在线路板上相应位置。这种焊膏主要分为松香激活型（RMA）、水溶性有机酸型（OA）和免清洗型三类[2]。每一类都有优点和缺点，见表6.4。选择哪种类型要依据具体的应用和产品类型而定。

表6.4 焊膏类型的比较

类型	优点	缺点
松香激活型（RMA）	稳定性能好 好的性能	需要化学溶剂或皂化作用来清洗
水溶性有机酸型（OA）	使用纯水清洗 非常好的清洁能力	对湿度敏感，工作寿命短，有形成锡球的趋势 水浸出形成水蒸气
免清洗型	无清洗过程、设备或化学剂 消除了污水问题	以后可能浸出一些可见的残渣

（资料来源：Adapted from Intel Corporation Leaded Surface Mount Technology（SMT），2000 Packaging Databook，Section7-1）

元件放置好后，板必须被加热，以融化锡膏形成元件引脚和焊盘之间的焊点。可以用红外线灯对贴好元件的线路板进行加热，通常情况下是让其通过一个精控制的加热炉，或者是采用炎热的气态铅作为焊料。在常规的回流焊接过程中，通常有四个阶段或者区域，每个都有不同的温度曲线：预热、浸泡、回流、冷却。加工一种新板时机器的设置必须通过工艺实验来完成。

回流焊是将表面贴装元件安装在电路板上的最常见的方式。回流焊适用于通孔直插式元件，尤其适用于主要是表面贴装元件带有少量通孔直插式元件的电路板。如果是这样的话，那么必须采用焊膏使焊料沉积到电路板上的孔里。

6.6.4　其他组装过程

其他安装程序包括清洗、返修、测试。

1. 清洗

清洗是将电路板上的焊渣除去的必不可少的过程。通常使用液体清洁剂，最简单的就是水。一般情况下，表面贴装板的清洗要比通孔直插板的清洗复杂，这是因为表面贴装板元器件之间和电路板上有很多更小的缝隙。需要采用何种清洗程序，要依据所使用的焊膏来确定。对于松香激活型焊膏，需要采用化学溶剂，产生的污水需要进行处理。水溶性有机酸型焊膏可以用水来进行清洗，产生的污水之中可能含有铅，同样也需要处理。免清洗型焊膏因为不需要后面的清洗程序，现在应用越来越广泛。

2. 返修

对于某些电路板来说修理和返修是必不可少的，因为需要替换坏了的元器件以及错误安装的零件。返修包括移除坏了的元件，接着是将更换的元件放置和焊接。通常，返修都是借助于方便将元件从电路板上移除的工具用手工操作的。SMD 板的修理和返修要比常规的通孔直插元件相对容易，这是因为容易得到移除元件的工具，如热气机。但是，如果零件使用胶粘剂固定在电路板背面，想要将其移除十分困难。

坏的电路板的人工返修是十分昂贵的，所以维修那些价值不高的电路板有些得不偿失。有鉴于此，坏的电路板常常是直接报废，但是对于造价昂贵的印制电路板来说，维修可能更经济。

3. 电路板测试

对于印制电路板的组装，有两种测试是必不可少的，分别是内部测试和功能测试。在内部测试中，主要来测试电路板的连续性，或由于焊桥引起的短路，或由于弯曲或折断的导线而引起的开路。一些错误的元件和不正确的方向也要检测出来，还包括由于静电放电而损坏的元件。内部测试通常采用一个特殊的针床测试夹具来检测电路板上的各个测试点。这个夹具由很多弹簧加载触点所构成，它们可以作为与电路板上元件和接触点的探针接口。专用的预编程的测试程序可以用来检测电路板。

功能测试使用 PWB 边缘连接器作为测试界面。功能测试常常用来检测无效的系统输入与输出，不良定时和界面问题。自动测试装备基本上是在模拟印制电路板在运行时所经历的电子界面。测试可以是静态的也可以是动态的，动态测试通常是用来检测逻辑电平之外的定时错误。

6.6.5　印制电路板的装配顺序

印制电路板的装配顺序是由电路板的类型和电子元器件混合情况所决定的。如果电子元器件仅有通孔元器件或者仅有表面贴装元器件等单一类型，装配顺序比较简单。印制电路板装配可以被分为三个基本类别[1-3]。第一类板是单一技术板，电路板上仅有通孔元器件或者仅有表面贴装元器件，如图 6.10 所示。对于第一类板，它还有子类型，其分类依据为元器件装配在电路板的双面或是单面。第二类板是混合技术板，电路板上面有通孔元器件，在下面上有表面贴装元器件，如图 6.11 所示。第三类板也是混合技术板，但电路板上面有通孔元器件，在上面和下面都有表面贴装元器件，如图 6.12 所示。

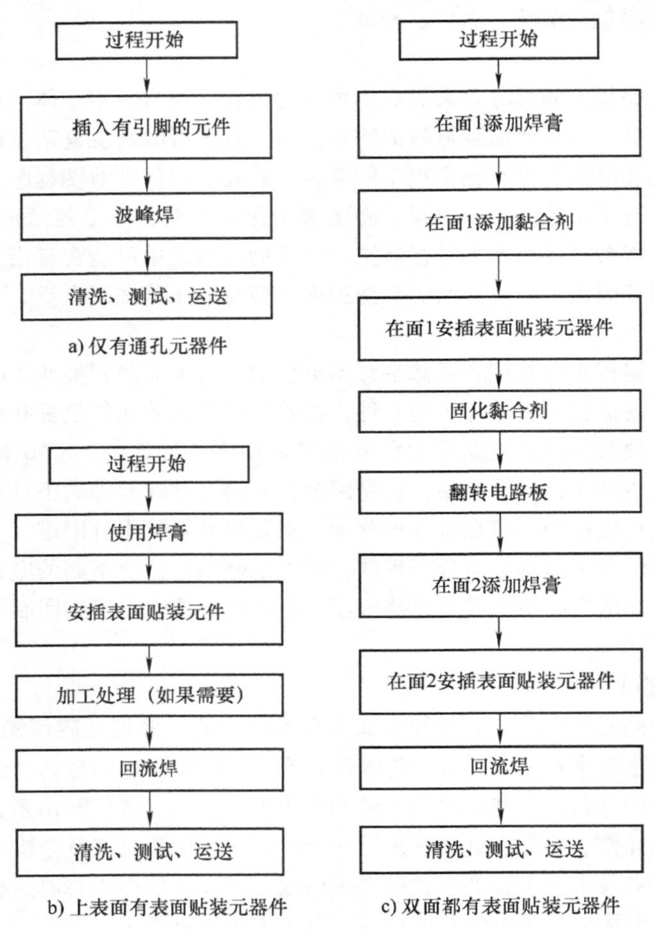

图 6.10　第一类板的装配顺序

1. 第一类板

图 6.10a 展示了电路板上面仅有通孔元器件的装配操作顺序。究竟是选用自动装配还是人工装配取决于包括很多因素，比如需生产电路板的数量等。如果仅有少数的电路板，那么装配可以由人工来完成。电子元器件插入到电路板正面，然后利用波峰焊将其连接。元器件也可以被安装到电路板的背面，但是这样做，必须由人工插入元件并且人工焊接，这将大幅提高电路板装配成本。

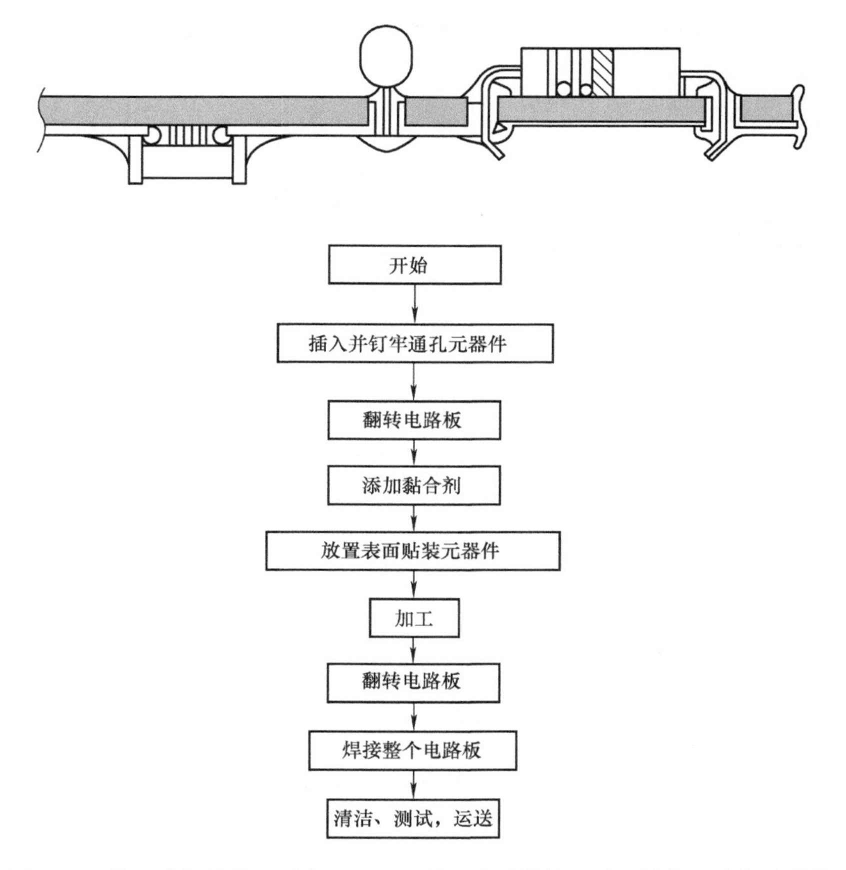

图 6.11　第二类板的装配顺序——上面是通孔元器件，下面是表面贴装元器件

图 6.10b 所示为仅在电路板上面安装有表面贴装元器件的第一类板装配顺序。第一步是将焊膏添加到电路板表面安装焊盘的丝网印刷。表面贴装元器件安放在合适的位置，之后利用回流焊接将其固定。当表面贴装元器件也被加到电路板的下面时，如图 6.10c所示，首先应从下面添加焊膏，紧接着在下面放置元器件并使用黏合剂将其固定。然后将电路板翻转，再把焊膏和元器件添加到电路板的上面，之后经过回流焊将板上所有的元器件固定。

2. 第二类板

现在，许多电路板都是通孔元器件和表面贴装元器件混合制造。这种元器件的组合使得插入和装配顺序变得复杂起来。通孔元器件能安装在电路板的上面，而表面贴装元器件安装在电路板的下面，被称为第二类板，其装配顺序如图 6.11 所示。为使其成为可能，表面贴装元器件必须能够穿过焊料波。

3. 第三类板

当表面贴装元器件被放置在电路板的两边时（第三类板），需要一个更复杂的装配顺序。首先放置上面的表面贴装元器件，如图 6.12 所示，并采用回流焊。通孔元器件插入电路板后，将电路板翻转，以使得在电路板下面可以放置表面贴装元器件，然后使用波峰焊来固定这些元器件。

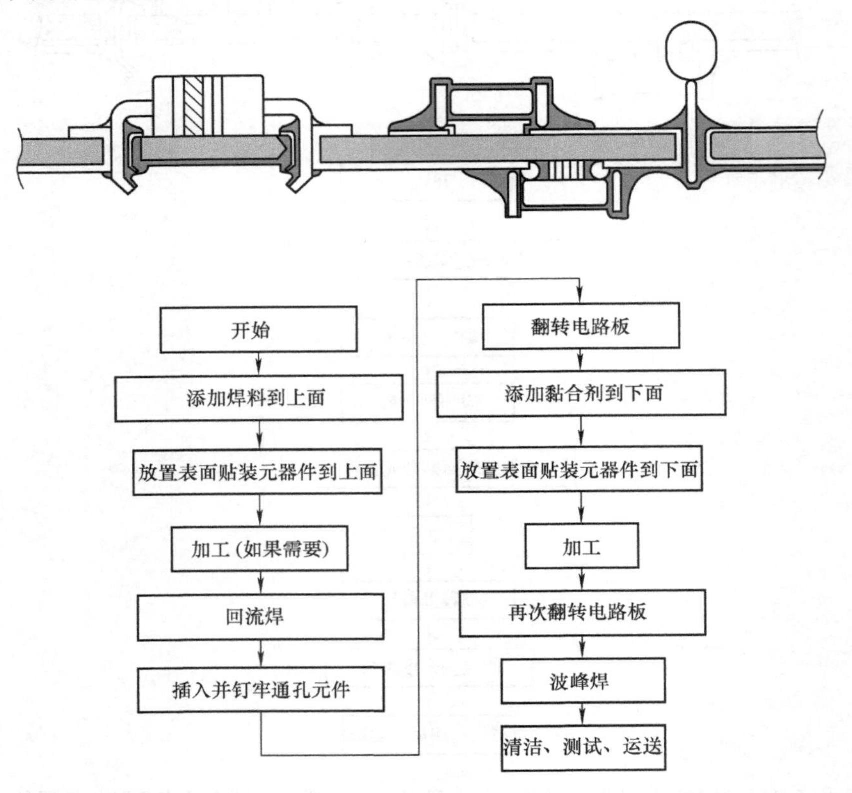

图 6.12　第三类板的装配顺序——上面是通孔元器件和表面贴装元器件，下面是表面贴装元器件

6.7 印制电路板的装配成本估计

印制电路板的装配成本可以通过考虑添加到电路板上的所有元器件的顺序，采用不同的电子封装类型的插入时间和成本等数据来进行估计。印制电路板装配成本估计所需要的材料在本章后面列出，还包括了人工插入时间、自动插入和机器人插入的成本等数据库，并提供了工作表来帮助将结果制成表格。元件和操作按照装配顺序输入到工作表上，一行对应于一个基本类型的元器件或操作。

从数据库获得的人工插入时间输入到工作表上以后，然后乘以人工费率就可以得到插入成本。在考虑加入了每个元件的返修成本后，就可以得到总操作成本。对于自动插入或机器插入来说，成本可以直接从数据库获得，然后再对编程、设置和返修进行调整即可。

对于机械零件，人工装配时间和成本可参考《Product Design for Assembly handbook》

来获取[3]。当所有操作都输入后，总成本可由成本列的数值相加而成。

6.7.1　元器件插入成本

电子元器件的插入成本由四部分组成：

①插入或放置成本；②设置成本；③返修成本；④编程成本。

数据来源于参考文献［8－10］，表 6.5～表 6.10 汇总了电子元器件的插入数据。

1. 插入成本

元器件插入或放置到电路板上可以采用人工方式或自动方式，其中自动方式又分为使用专用设备或使用机器人。如果表面贴装元器件被放置在电路板的下面时，也许在焊接前需要使用黏合剂来固定，这会影响到放置时间和成本。插入成本 C_{it}，按式（6.11）计算

$$C_{it}=R_pC_i \tag{6.11}$$

式中　R_p——相同类型零件的插入数量；

C_i——每一个元器件的插入成本。对于自动或机器插入来说，每个元器件的插入成本都可直接从表 6.5 和表 6.6 中获得。对于手工和半自动的插入来说，每个元器件的插入成本为：

$$C_i=\frac{T_iW_a}{3600} \tag{6.12}$$

式中　T_i——每个元器件的插入时间；

W_a——手工操作者费率（美元/h）。

手工和半自动插入的插入时间 T_i 在表 6.5 和表 6.6 中给出。

表 6.5　通孔元器件插入时间和成本

类　型		插入时间（T_i）/s		插入成本（C_i）/美元	
		手　动	半　自　动	自　动	机　器　人
轴向引线元器件		19	7	0.012①	0.05
柱式元器件		8	5.0	0.012①	0.05
径向引线元器件		$10+1.8n_1$	8	0.012①	0.05
罐式元器件		$10+1.8n_1$	8	0.012①	0.05
单列直插封装	$n_1\leqslant40$	8	7	0.008	0.05
	$n_1>40$	10	9	0.008	0.05
单列直插封装插座	$n_1\leqslant40$	8	7	0.008	0.05
	$n_1>40$	10	9	0.008	0.05
双列直插封装		$6.0+0.5n_1$	8	0.008	0.05
双列直插封装插座		$6.0+0.5n_1$	8	0.008	0.05
连接器		$6.0+0.5n_1$	8	0.008	0.05
针栅阵列插入式封装		$6.0+0.5n_1$	12	0.01	0.06

① 包括排序成本。

表 6.6 表面贴装元器件的插入时间和成本

类型		插入时间 (T_i)/s		插入成本 (C_i)/美元			
		人工	手工施胶	自动	自动施胶	机器人	机器人施胶
芯片		10	15	0.002	0.006	0.05	0.06
金属电极界面		10	15	0.002	0.006	0.05	0.06
小外形晶体管		10	15	0.002	0.006	0.05	0.06
无引线陶瓷封装载体	$n_1<24$	10	15	0.002	0.006	0.05	0.06
	$n_1\geqslant24$	15	20	0.005	0.008	0.05	0.06
陶瓷有引脚片式载体	$n_1<24$	10	15	0.002	0.006	0.05	0.06
	$n_1\geqslant24$	15	20	0.005	0.008	0.05	0.06
带引线的塑料芯片载体	$n_1<24$	10	15	0.002	0.006	0.05	0.06
	$n_1\geqslant24$	15	20	0.005	0.008	0.05	0.06
小外形集成电路封装	$n_1<24$	10	15	0.002	0.006	0.05	0.06
	$n_1\geqslant24$	15	20	0.005	0.008	0.05	0.06
收缩型小外形L-引脚封装	$n_1<24$	10	15	0.002	0.006	0.05	0.06
	$n_1\geqslant24$	15	20	0.005	0.008	0.05	0.06
小外形“J”型引脚		10	15	0.002	0.006	0.05	0.06
扁平封装（FD）	$n_1<24$	10	15	0.002	0.006	0.05	0.06
	$n_1\geqslant24$	15	20	0.005	0.008	0.05	0.06
四方扁平封装器件	$n_1<48$	15	20	0.002	0.006	0.05	0.06
	$n_1\geqslant48$	20	30	0.005	0.008	0.05	0.06
连接器	$n_1<24$	10	15	0.002	0.006	0.05	0.06
	$n_1\geqslant24$	15	20	0.005	0.008	0.05	0.06
球栅阵列封装	$n_1<48$	15	20	0.002	0.006	0.05	0.06
	$n_1\geqslant48$	30	40	0.005	0.008	0.05	0.06

2. 设置成本

对于每批生产的电路板，插入机必须按照送料装置、进给管、带条等进行设置。相同封装类型的元器件成本由被插入的零件数目决定。

$$C_{st}=\frac{C_s N_{tp}}{B_s} \tag{6.13}$$

式中 C_{st}——一组相同封装类型的零件设置成本；

C_s——每种零件类型的设置成本；

N_{tp}——封装类型不同元器件的数目；

B_s——生产的电路板数量。

3. 返修成本

所有的插入操作都难免有少量的错误插入。这些错误必须在返修工位进行修复。返修包括去除错误的元器件（未焊接）、插入更换的元器件，然后把新的元器件焊到电路板上。这三个操作都是手动进行，但可借助工具帮助去除有故障的元器件。

修复有故障元器件的成本为：

$$C_{rwc} = \frac{(T_{rm} + T_i + T_{rs})W_a}{3600} + C_c \tag{6.14}$$

式中 T_{rm}——拆焊或去除的时间；

T_i——手动插入元器件时间；

T_{rs}——焊接更换元器件的时间；

C_c——更换元器件的成本。

每种封装类型的返工的总成本为：

$$C_{rw} = R_p A_f C_{rwc} \tag{6.15}$$

式中 A_f——封装类型的插入平均故障率。

表6.7和表6.8给出了采用不同插入方法时对于通孔元器件和表面贴装元器件插入的平均插入故障率。表6.9和表6.10中给出了元器件移除、手工插入和手工焊接的时间。

表6.7 通孔元器件平均插入故障率

类　型	插入故障率（A_f）			
	人　工	半自动	自　动	机器人
轴向引线元器件	0.005	0.003	0.002	0.002
柱式元器件	0.002	0.001	0.001	0.001
径向引线元器件	0.005	0.003	0.002	0.002
罐式元器件	0.005	0.003	0.002	0.002
单列直插封装	0.005	0.003	0.002	0.002
单列直插封装插座	0.005	0.003	0.002	0.002
双列直插封装	0.005	0.003	0.002	0.002
双列直插封装插座	0.005	0.003	0.002	0.002
连接器	0.005	0.003	0.002	0.002
针栅阵列插入式封装	0.005	0.003	0.002	0.002

表6.8 表面贴装元器件的平均插入损坏率

类　型	插入故障率（A_f）					
	手　工	手动黏合	自　动	自动黏合	机器人	机器人黏合
芯片	0.002	0.002	0.001	0.001	0.002	0.002
金属电极界面	0.002	0.002	0.001	0.001	0.002	0.002
小外形晶体管	0.002	0.002	0.001	0.001	0.002	0.002

（续）

类　　型	插入故障率（A_f）0					
	手　　工	手动黏合	自　　动	自动黏合	机器人	机器人黏合
陶瓷有引脚片式载体	0.002	0.002	0.002	0.002	0.002	0.002
塑封无引脚封装芯片载体	0.002	0.002	0.002	0.002	0.002	0.002
小外形集成电路	0.002	0.002	0.002	0.002	0.002	0.002
收缩形小外形封装	0.002	0.002	0.002	0.002	0.002	0.002
J型引脚小外形封装	0.002	0.002	0.001	0.001	0.002	0.002
扁平封装器件	0.003	0.003	0.002	0.002	0.002	0.002
四方扁平封装器件	0.003	0.003	0.002	0.002	0.002	0.002
连接器	0.002	0.002	0.002	0.002	0.002	0.002
球栅阵列	0.003	0.003	0.002	0.002	0.002	0.002

表6.9　通孔元器件的返修时间

类　　型		拆卸时间（T_{rm}）/s	插入时间（T_i）/s	焊接时间（T_{rs}）/s
轴向引线元器件		10	19	9
柱式元器件		8	8	6
径向引线元器件		$6+2n_1$	$10+1.8n_1$	$2.9+3n_1$
罐式元器件		$6+2n_1$	$10+1.8n_1$	$2.9+3n_1$
单排直插封装	$n_1 \leqslant 40$	10	8	$2.9+3n_1$
	$n_1 > 40$	15	10	$2.9+3n_1$
单排直插封装插座	$n_1 \leqslant 40$	10	8	$2.9+3n_1$
	$n_1 > 40$	15	10	$2.9+3n_1$
双列直插式封装		15	$6.0+0.5n_1$	$2.9+3n_1$
双列直插式封装插座		15	$6.0+0.5n_1$	$2.9+3n_1$
连接器		15	$6.0+0.5n_1$	$2.9+3n_1$
针栅阵列插入式封装		30	$6.0+0.5n_1$	$2.9+3n_1$

表6.10　表面贴装元器件的返修时间

类　　型	解焊时间（T_{rm}）/s		插入时间（T_i）/s	焊接时间（T_{rs}）/s
	w/o型胶粘剂	用胶粘剂		
芯片	10	15	10	9
金属电极界面	10	15	10	9

（续）

类　　型	解焊时间（T_{rm}）/s		插入时间（T_i）/s	焊接时间（T_{rs}）/s
	w/o 型胶粘剂	用 胶 粘 剂		
小外形晶体管	10	15	10	
陶瓷有引脚片式载体	15	25	10	$2.9+3n_1$
塑封无引脚封装芯片载体	15	25	10	$2.9+3n_1$
小外型集成电路	15	25	10	$2.9+3n_1$
收缩型小外形封装	15	25	10	$2.9+3n_1$
J 型引脚小外形封装	12	15	10	$2.9+3n_1$
扁平封装器件	15	25	10	$2.9+3n_1$
四方扁平封装器件	15	25	20	$2.9+3n_1$
连接器	15	25	10	$2.9+3n_1$
球栅阵列	20	30	30	$2.9+3n_1$

4. 编程成本

自动插入设备必须为加工的印制电路板进行编程。印制电路板设计开始时就要作这项工作。

每种元器件类型的编程成本为：

$$C_{pr}=\frac{R_p C_{ap}}{LV} \tag{6.16}$$

式中　LV——体积寿命；

R_p——重复次数；

C_{ap}——每个零件的编程成本。

6.7.2　印制电路板装配成本的工作表

借助于表 6.12 的数据和表 6.13，可以使用从表 6.10 和表 6.11 所给出的数据来估计印制电路板的装配成本。工作表中的每一行用于具有相同的引脚数量和用相同方法插入的同一封装类型的元器件。

表 6.11　电子元器件

名　　称	数　　量	引 脚 数 量	不同类型数量
双列直插式封装	11	20	3
双列直插式封装	56	14	4
双列直插式封装插座	1	24	1
双列直插式封装	1	40	1
双列直插式封装	1	24	1

（续）

名　称	数　量	引脚数量	不同类型数量
连接器	1	3	1
连接器	1	9	1

除电子元器件外还包括一些机械零件；螺钉（3个）；垫圈（3个）；端板（1个）；六角螺母（3个）；螺母（2个）。

表6.12　印制电路板装配工作表的基本数据

每个零件类型的设置成本（C_s）	1.6美分
组装工人费率（W_c）	36美元/h
每个零件的编程成本（C_{ap}）	1.8美分
批量（B_s）	2000
体积寿命（LV）	10000

6.7.3　实例分析

我们可以利用一块逻辑电路板来说明如何使用工作表来估计装配成本。这种特殊的电路板包括表6.11中的元器件。

更小的双列直插式封装、径向引线封装元器件和轴向引线封装元器件都是自动插入，其余的元器件或零件是手工插入或装配。一块在组装的电路板波峰焊之后装进相应的双列直插式封装插座里的双列直插式封装是例外。

表6.14给出了完成的装配工作表。在工作表中的行代表每个元器件的类型（封装类型和引脚数量）。第一行是自动插入有20个引脚、3种不同双列直插式封装的11个元器件。这些信息包含在工作表的第2到第4列里面。这些元器件是自动插入的，并且每次插入的成本可以在表6.5中获得，并进入到表6.14工作表的第7列。这11个元器件的插入总成本可使用式（6.11）计算并将计算结果填入表6.14第8列。运用表6.7和表6.9中的数据，可以在表6.14第8列到第13列计算因错误插入而导致的返修成本。使用式（6.15）计算的成本可以填入到工作表的第13列。设置成本可由式（6.13）计算并填入到第14列。编程成本使用式（6.16）计算且填入到第15列。最后，11个双列直插封装元器件的插入总成本可由第8、13、14、15列中的结果计算出。

其他电子元器件的成本可用类似的方法计算后，填入工作表的对应行。在工作表的底部，主要是对螺钉、螺母和垫圈等机械零件的有关数据进行处理并填入相应的列中。这些元器件的插入时间可从DFA手册[9]或由第三章中的有关表格获得。

在本例的电路板装配的完成工作表中，给出了估计装配总成本为2.77美元。考虑可避免的成本可以看到，去掉10个紧固件可以节约63美分。对于电路板上仅仅一个非电子元件的端面板而言，这是一个非常高的数字。

最后，假定在这个分析里，制造商使用一个可用于插入32个径向引脚元器件的自动插入机。有趣的是，如果这些元器件手工插入的话，将会产生一个4.35美元的额外费用。

表 6.13　印制电路板的装配工作表

操作名称	引线数量	零件数量	零件种类数量	元器件平均成本/美元	插入			返修					设置成本/美元	编程成本/美元	总成本/美元	备注
					插入时间/s	单件成本/美元	总插入成本/美元	平均缺陷数量	去除时间/s	插入时间/s	焊接时间/s	总返修成本/美元				
	n_1	R_p	N_t	C_c	T_i	C_i	C_{ti}	A_f	T_{rm}	T_i	T_{rs}	C_{rw}	C_{st}	C_{pr}	C_{in}	
	Total															

表 6.14　完成的工作表

操作名称	引线数量	零件数量	零件种类数量	元器件平均成本/美元	插入			返修					设置成本/美元	编程成本/美元	总成本/美元	备注
					插入时间/s	单件成本/美元	总插入成本/美元	平均缺陷数量	去除时间/s	插入时间/s	焊接时间/s	总返修成本/美元				
	n_1	R_p	N_t	C_c	T_i	C_i	C_{it}	A_f	T_{rm}	T_i	T_{rs}	C_{rw}	C_{st}	C_{pr}	C_{in}	
双列直插封装	20	11	3			0.008	0.09	0.002	15	16	62.9	0.021	0.002	0.002	0.113	自动插入
双列直插封装	14	56	4			0.008	0.45	0.002	15	13	44.8	0.082	0.003	0.01	0.543	自动插入
轴向插入	2	16	4			0.012	0.19	0.002	10	19	9	0.012	0.003	0.003	0.210	自动插入
径向插入	2	32	6			0.012	0.38	0.002	10	13.6	8.9	0.021	0.005	0.006	0.415	自动插入
双列直插封装插座	24	1	1		18	0.18	0.18	0.005	15	18	74.9	0.005	0	0	0.185	手动插入
双列直插封装	40	1	1		26	0.26	0.26	0.005	15	26	123	0.008	0	0	0.268	手动插入
连接器	3	1	1		7.5	0.075	0.075	0.005	15	7.5	11.9	0.002	0	0	0.077	手动插入
连接器	9	1	1		10.5	0.105	0.105	0.005	15	10.5	29.9	0.003	0	0	0.108	手动插入
螺钉		3	1		9.8	0.098	0.294								0.294	手动装配
螺母		3	1		4.4	0.044	0.132								0.132	手动装配
端板		1	1		4.5	0.045	0.045								0.045	手动装配
垫圈		3	2		4.7	0.047	0.141								0.141	手动装配
双列直插封装	24	1	1		4	0.04	0.04								0.04	双列直插式封装插入
														总计	2.770	

6.8　印制电路板装配的案例研究

下面给出两个研究案例的分析。

6.8.1　仪器连接板的测量

图6.13给出了一块小印制电路板上下两侧的元器件布局。关于此印制电路板的其他情况见表6.15。

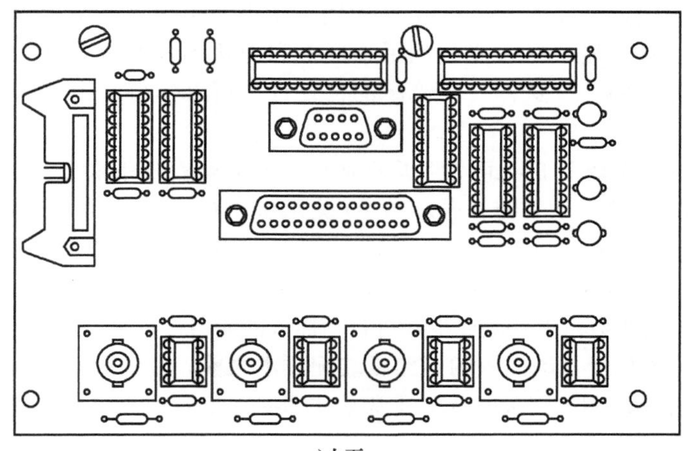

a)上面

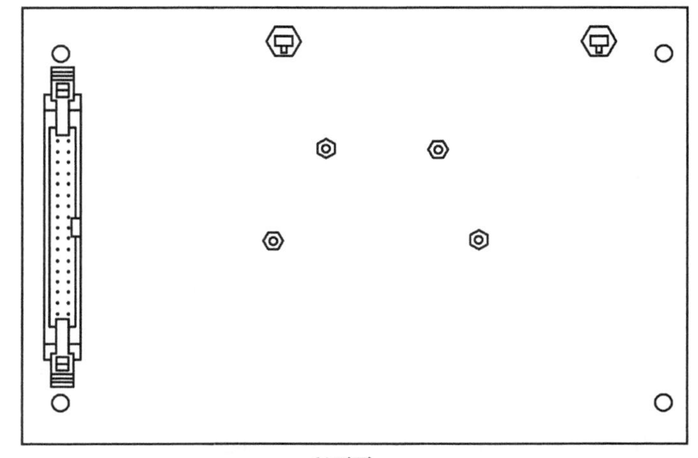

b)下面

图6.13　一块小印制电路板板的元器件布局

表 6.15 印制电路板生产情况

人工费率	36 美元/h
生产数量	1000
批次	2
每个面板的电路板数量	4

假设所有的双列直插封装插座、径向引线封装元器件和轴向引线封装元器件都是自动插入，在波峰焊之前，位于电路板上方的所有导柱和连接器都是半自动插入。位于电路板上方的单个连接器必须在波峰焊之后手工插入和焊接。这个电路板的总装配成本为 5.1 美元，其中，有 1.97 美元用于单个手工插入和手工焊接位于电路板上方的连接器。这凸显了尽可能避免手工插入和焊接零件的重要性。通过将单个连接器放置在电路板的上方这样一个简单的再设计，可以使得这个特殊电路板的成本大大降低。

将装配成本与完全手工装配电路板的成本进行比较是很有趣的。对于人工费率为 36 美元/h 而言，完全手动装配成本为 10.69 美元/h。图 6.14 显示了所需电路板数量变化对每个电路板装配成本的影响。对于自动插入的电路板，在成本高于手工装配人工费率 36 美元/h 之前，需要将电路板的数量减少到仅 6 个。这说明使用自动插入设备通常是经济的，即使对小数量电路板或少数可自动插入的元器件也是如此。此外，对于手工装配，在装配成本低于自动插入的电路板装配成本之前，劳动成本需要减少到每小时 15 美元左右。显然印制电路板的装配通常是在那些手工劳动成本远低于美国的国家进行，这样在经济上是合算的。

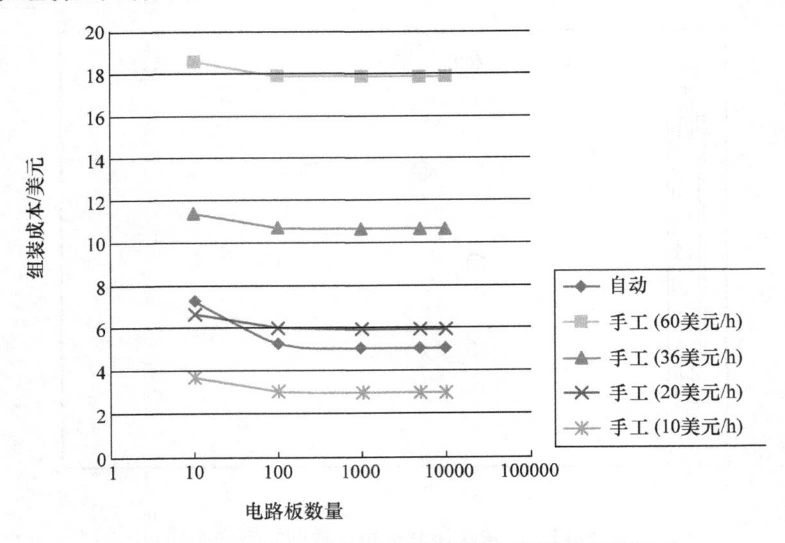

图 6.14 生产批量对图 6.13 中印制电路板成本的影响

6.8.2　电源

许多电子产品，特别是电源，包含许多大的不规则形状元器件，还需要一些机械零件（例如螺钉、垫圈、散热片和支架等）来固定它们。因此，电源的装配特别困难。这部分可归因于元器件供应商在原设计中未认真考虑易于装配的特征。图 6.15 给出了一个典型的小型电源的分解视图[3]。右上角的大罐形电容器需大约 20 个，主要是用机械方法将它安装到电路板上。同样，在左手边的两个功率晶体管需要很多机械零件去安装。图 6.16 显示了采用 6.6 节中描述的方法来确定的电源组装成本的分解项目。总手工组装成本为 20.00 美元。可以通过消除跳线（节省 5.18 美元），自动插入径向元器件（节省 5.16 美元），并简化大罐形电容器的装配（5.08 美元）来获得可观的成本节省。显然，这种类型成本信息的可用性在早期设计过程中，可以向设计师指出对装配成本降低影响最大的方向。

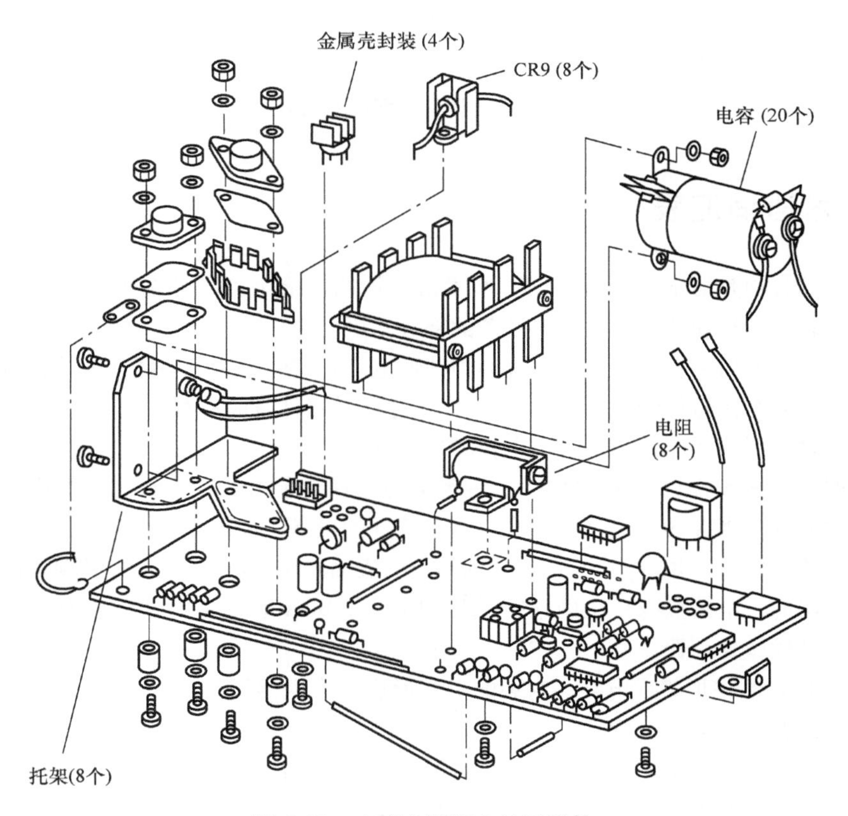

图 6.15　小型电源板上的元器件

（资料来源：Boothroyd，G. and Dewhurst，P. *Product Design for Assembly*，Boothroyd Dewhurst，Inc. Wakefield，RI，1987.）

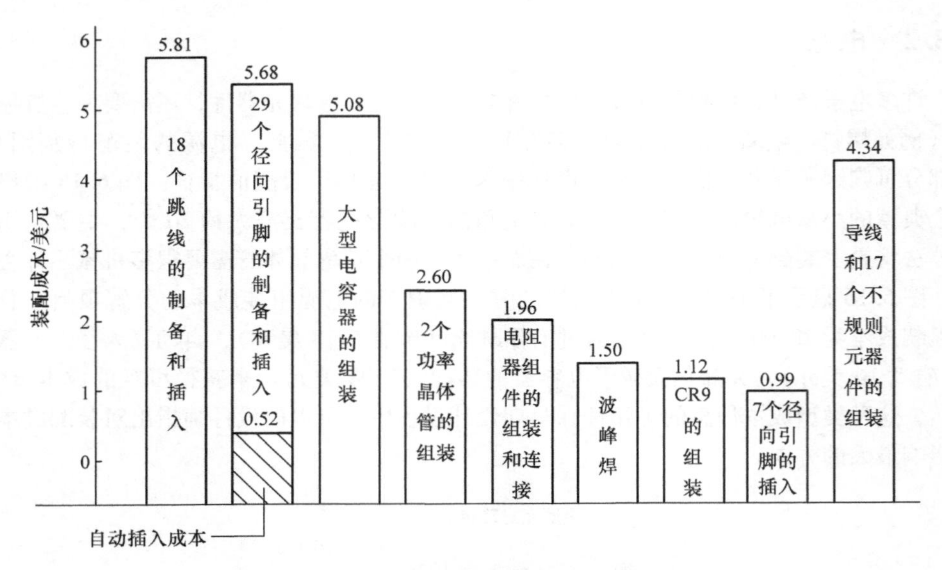

图 6.16 小型电源板装配成本的分解项目

6.9 术语词汇表

下面的各项是对本章中使用的一些术语的说明。给出了部分电子元器件的物理结构、手工装配操作和关于自动插入设备的部分术语。

轴向引线元器件：具有两根引线的圆柱形电子元器件，两根引线从元器件端部相反方向引出，并与元器件轴线一致（图 6.2）。这种元器件有时称为 VCD（可变中心距）。最常见的轴心引线元器件是电阻、电容和二极管。

针栅阵列插入式封装（PGA）：一种类型的芯片封装形式，它在芯片的内外有多个方阵形的插针。PGA 芯片是特别适合有许多插针的设备，如现代微处理器。

球栅阵列封装（BGA）：与针栅阵列等价的表面封装。BGA 封装的引脚是由芯片中心方向引出的，电路板与衬垫的连接采用回流焊。BGA 芯片是特别适合有许多终端的设备，如现代微处理器。

罐式 IC：圆柱形集成电路，封装的引线形成一个电路图形（图 6.2）。这种多引线元器件可以有 3 到 12 条引脚。

黏合剂：由于要满足对部分印制电路板上的平面度需要，元器件要能粘接在电路板上，以减少振动的影响。在粘接之前，有时候要求弯曲元器件引线。

中心距：当成形满足插入时，两引线之间的距离称为中心距。这个术语用于双引脚元器件或双列直插元器件，也称为线间距。

料槽：一种长管形的塑料容器，许多双列直插元器件以一纵列置于其中，并在管中定位，以便把双列直插元器件分送到插入机中，也称为料盘。

片式电阻器和片式电容：芯片是小型无源 SMP 封装，形状为矩形，两端用衬垫安装在板上。最常见的是片式电阻封装和片式电容封装。

带引脚的陶瓷芯片载体：看到无引线陶瓷芯片载体

弯折：引线插入穿过印制电路板后，元器件引线末端弯曲，这是在焊接之前临时固定元器件，以完全弯折方式弯折时，引线弯曲到接触焊连接盘；以改良方式弯折时，引线部分弯曲到预先确定的正确角度。

元器件：装配到印制电路板上的任何电子元器件。

双列直插式元器件（DIP）：一种矩形的集成电路，DIP 封装的 CPU 芯片有两排引脚，需要插入到具有 DIP 结构的芯片插座上。

双列直插式元器件插座：一个标准的 DIP 元器件可以不用焊接插入到 DIP 插座里。其引线数量与 DIP 元器件的引脚数量相同。使用这些插座可以无需解焊就更换 DIP 元器件。随后 DIP 封装插入到相应的 DIP 插座通常是手工完成。

ECO：在某些没有交叉路径点上，不能在电路板上完全蚀刻电路，以手工方式安装元器件或绝缘跳线。通常，引线插入到板子，而是手工焊接到板子上的元器件引线上。ECO 线也称为跳线。

缺陷：导致装配的印制电路板未能通过测试且需要返修的任何错误。

扁平封装：扁平封装是一种集成电路封装，两边具有微细间距的翼形引线。通常，引线的数量可以高达 200 条。

混合集成（hybrid）：通过表面贴装和通孔元器件板上组装印制电路板，也被称为混合装配技术。

插入：元器件抓紧、准备（如果必要的话）、放置在电路板上临时固定（如需要）的过程。

无引线陶瓷封装载体（LCCC）：是 SMD 集成电路的一种封装形式。在陶瓷基板的四个侧面都设有电极焊盘而无引脚的表面贴装型封装，芯片被密封在能够承受高温的陶瓷载体上，用于高速，高频集成电路封装。

陶瓷有引脚片式载体（LDCC）。它是一种 SMD 封装，由能承受高温的陶瓷材料制成的并能密封。它的引脚在其周围，其四周卷下形成安装垫。

配套元器件：预备一个零件包，以便于手工装配，通常零件包内有适用于装配的作业指示。

储料仓：一个单元通常约包含 15 个分送料槽。用于一台自动倾斜插入机器。

金属电极界面（MELF）：它是圆柱表面贴装封装，在每端有金属帽以供焊接到板子上。这个封装基本上是一个标准的轴向引线封装元器件，以金属帽替代各端的引脚。当这些封装是圆形时，它们在焊接之前，倾向于滚出位置。

模块：包含一组通常 20 个或少于 20 个分送带盘的单元，用于自动轴心引线元器件定序器。

非标准元器件：因为它的物理特征（即大小尺寸、形状、引线距等）的原因，不能由专用自动机器插入的任何元器件。

随行工作台：一个能以明确的位置和方向排放元器件的托盘。

印制电路板（PCB）：电路以导电路径的方式印制到绝缘板上，包括需钻孔能插入元器件，它也是一个印制电路板。

带引线的塑料芯片载体（PLCC）：集成电路芯片安装到 PLCC 上就形成一个 SMD。由能承受高温的塑料制成，其引脚从封装的四个侧面引出。PLCC 封装比较常见。

柱：在电路板上焊接在孔里插针，通常作为焊端或测试点。

预成形：在元器件插入之前，把元器件引线加工成一个正确的尺寸。为满足元器件插入，轴心引线通常要把引线弯曲成直角，为了插入有时需要将引线或针脚矫正。径向元器件可以有切口状的引线或安装有基座或衬垫的引线，这样能使元器件和板子之间保持所需的间隙。罐式 ICs 和晶体管常常需要一类称为“外形 a”的形状，这种类型是形成之后的引线轮廓。

四方扁平封装器件（QFD）四方扁平封装器件是四边具有翼形短引线的塑料封装薄形表面组装集成电路，元器件尺寸通常是固定的，但引线的数量和排列可以有所不同。

径向引线元器件：引线相对于元器件壳体成直角的电子元器件（图 6.2）。实例有盘状电容、“肾”形或“扁豆”形电容、陶瓷电容。

回流焊：把 SMD 固定到印制电路板的工艺。

改装：仅涉及导线（跳线）装配到印制电路板的一种 EOC 形式。它是指在印制电路板装配工艺中一个仅装配导线的工艺。

返修：维修缺陷。这通常指的是切断元器件引线、除去元器件、从印制电路板孔清除单个引线、清除孔、插入一件新元器件、焊接新元器件的引线。操作以手工方式进行，耗时长，费用高。

单列直插封装（SIP）：集成电路通常为电阻网络或连接器，以单直列针脚或引线方式封装端子（图 6.2）。

SIP 插座：标准单排直插封装元器件可以不用焊接插入到 SIP 插座里，其引线数量与 SIP 元器件的引脚数量相同。使用这些插座可以不用拆焊就更换 SIP 元器件。随后 SIP 封装插入到相应的插座通常是手工完成。

套管：为了防止电气短路，在插入之前，以手工方式把元器件引线塞入到一个绝缘塑料管（图 6.2）。

表面贴装元器件（SMD）：固定到电路板表面上的一种元器件（通常是五引线）。

小外形集成电路封装（SOIC）：由能承受高温的塑料制成，这种封装两侧有翼形引脚（图 6.2）。

小外形“J”型引脚（SOJ）：是 SOIC 的“J”型引脚系列。是一种两侧有翼形引脚成的集成电路封装，可以平装。

小外形晶体管（SOT）：一种沿着两面具有翼形引脚的表面组装元器件（图 6.2）。

衬垫：它是一个用来保持元器件和电路板之间最小间距的小塑料环（图 6.2）。在元器件插入之前，它通常粘接在电路板上。一些元器件使用临时衬垫，在元器件可靠紧固后会移除这些衬垫，一些衬垫会有与每个引线相对应的孔（图 6.2）。

线盘：适于保持载带式轴向引线元器件的包装形式。

带盘（SPOOL）：用于保持载带式轴向引线元器件的一种包装。

收缩型小外形 L-引脚封装（SSOP）一种集成电路封装，在其两端具有翼形引脚，可以平装。引脚间距通常小于 1.27mm。

标准元器件：能通过一个自动插入机进行插入的任何元器件。

长形料盘：一个内有许多 DIP 元器件的塑料容器，为了适应自动插入机，其内 DIP 元器件以纵列排列并定位。

镀锡：在引线插入之前，在引线表面上形成一层焊料。

修补：为了除去能引起短路的任何过量焊，在波峰焊之后清理印制电路板的底面或焊接面。

晶体管：小型器件，除了有平端面外，其壳体为柱形封套，三条引线与壳体成直角（图 6.2）。

可变中心距（VCD）：当成形和插入一件轴向引线元器件时，轴向引线元器件插入线头引线之间的变化能力。有时也使用可调间距或可变间距这个术语表示。

波峰焊：以一个稍微倾斜的角度，通过输送印制电路板组件越过焊料波峰、自动焊接印制电路板组件上的所有引线。

习　题

1. 考虑购买一台 DIP 自动插入机，用于插入 26 个相同的 14 个引脚的 DIPs 到印制电路板中，目前，DIPs 是手工插入，估计电路板总批次大小的盈亏平衡点，如果本批次只需一次设置，包括返工成本和返工时的元器件替换成本（150 美分），装配工人工资以及管理费用为每小时 3.6 美元。

2. 一块印制电路板有 15 种类型的 25 个轴向引线的元器件，4 种类型的 32 个径向引线的元器件（2 个引脚），1 种类型的 2 个径向引线的元器件（3 个引脚），10 种类型的 14 个 DIP（16 引脚），和一个 20 引脚的 SIP 连接器。

所有的元器件都是手工插入，但公司希望利用一台 2 引脚的径向引脚元器件插入机和一台 DIP 插入机来节省费用。估算手工装配总成本和通过使用自动插入机所节省的成本。如果总批次大小为 50，一个装配工人的工资为每小时 45 美元，忽略元器件替换成本不计。

3. 一块集成电路板 6 种类型的 28 个 14 引脚 DIP 和 10 种类型的 32 个轴向引线的元器件采用自动插入，6 种罐形的元器件，每种都有 3 个引脚，采用手工插入。当批次大小为 200 时，估算每块集成电路板的装配成本（包括返工成本）假设装配工人的工资为每小时 30 美元，元器件替换成本为 1 美元。

4. 一块小型视频电路板是双面的，并具有以下参数：电路板的材料等级为 FR-4，具有镀金边缘连接器，要求双面锡遮蔽和文字打印，电路板的参数见表 6.16。

表 6.16　视频电路板设计参数

电路板长度	6.25 in
电路板宽度	2.5 in
电路板厚度	0.062 in
铜重量	0.5oz
孔的数量	502
最小线宽	0.015 in
最小导体间距	0.006 in

① 等级 FR-4 简单双面板的成本为 0.04 美元/in^2。估算裸板的制造成本，包括钻孔、文字打印、锡遮蔽和最终测试；

② 在电路板的制造期间，所使用的标准面板的尺寸为长 24in，宽 18in，在面板上切割电路板的间隔为 0.1in，间隙为 0.2in 同时电路板的角部必须使用，试确定每块面板上能切割下的电路板数目。

③ 对于钻孔，每个面板的最大堆高为 0.5in。进出的薄膜厚度与电路板厚度相同，假设装载和拆卸每个面板和薄膜的时间为 2s，并且每个孔的钻削时间为 2s，钻床的操作成本，包括工人工资为每小时 60 美元。

④ 锡遮蔽的操作成本费率为每小时 50 美元，每面的屏蔽操作时间为 60s，如果面板的装载和拆卸时间为 2s，估算每个面板的锡遮蔽成本。

⑤ 文字打印的操作成本费率为每小时 60 美元，遮蔽操作时间为每面 30s，如果面板的装载和拆卸时间为 2s，估算每块电路板的文字打印成本。

5. 习题 4 的视频电路板的上面既有通孔元器件也有表面贴装元器件，电路板上列出的零件在下面表 6.17 中给出。

表 6.17　视频电路板零件清单

元器件类型	重复数	引脚数	不同类型的数量	插入方法	平均零件成本/美元
双列直插式元器件	3	20	2	自动	0.1
双列直插式元器件	7	14	4	自动	0.1
单列直插式元器件	4	8	3	自动	0.05
单列直插式元器件	1	6	1	自动	0.05
单列直插式元器件	1	5	1	自动	0.05
径向引线封装元器件	3	2	1	自动	0.05
金属壳封装	1	2	1	手工	0.1
PTH 连接器	3	10	1	自动	0.05
PTH 连接器	1	3	1	自动	0.05
PTH 连接器	1	2	1	自动	0.05
PTH 连接器	1	24	1	机器人	0.1
PTH 连接器	1	40	1	机器人	0.15
PTH 连接器	1	34	1	机器人	0.1
PTH 连接器	1	25	1	机器人	0.1
芯片	25	2	7	自动	0.01
四方扁平封装	1	100	1	机器人	2.00

① 该电路板最合适的安装顺序为何？

② 使用 6.7 节中的数据，估计该板的装配成本除了焊接操作以外。假设，所有返修的元器件都用新元器件替换，可以把表 6.13 的工作表复制到这个问题里面来使用。

③ 表的第七行的罐式元器件要求元器件弯折，罐壳用手工焊接在电路板上，如果这个元器件能被一个能自动插入的类似元器件替换的话，可以节省多少费用？

6. 一块 PC 上小控制板的上面有主要的表面贴装元器件和安装在电路板上边的两个通孔（PTH）连接器，电路板的零件明细见表 6.18。

表 6.18 小型 PC 板零件清单

元器件类型	重复计数	引脚数量	类型数量	插入方法	平均零件成本/美元
SOIC	1	40	1	自动	1.0
SOIC	1	50	1	自动	1.0
扁平封装	1	8	1	自动	0.5
SOT	3	4	3	自动	0.1
四方扁平封装	1	156	1	机器人	3.00
四方扁平封装	1	80	1	机器人	2.00
四方扁平封装	1	44	1	机器人	1.50
芯片	122	2	80	自动	0.01
PTH 连接器	1	4	1	自动	1.0
PTH 连接器	1	53	1	机器人	0.5

① 该电路板最合适的安装顺序为何？

② 使用 6.7 节中的数据，估计该板的装配成本除了焊接操作以外。假设，所有返修的元器件都用新元器件替换，可以把表 6.13 的工作表复制到这个问题里面来使用。

③ 这款主板的一个变型在板的下面有三个 20 个引脚的 SOIC，每个元件平均成本为 0.5 美元，该变型板最合适的安装顺序为何？其额外的装配成本是多少？

参考文献

1. Landers, T.L., Brown, W.D., Fant, E.W., Malstrom, E.M. and Schmitt, N.M., *Electronic Manufacturing Processes*, Prentice-Hall, Englewood Cliffs, NJ, 1994.
2. Intel Corporation Leaded Surface Mount Technology (SMT), 2000 Packaging Databook, Section 7–1.
3. National Semiconductor Corporation, Mounting of Surface Mount Components, MS101138, 2000.
4. Giachetti, R.E. and Arango, J. A design-centric activity-based cost estimation model for PCB fabrication, *Concurrent Engineering*, 11(2), 2003, 139–149.
5. Sandborn, P.A. and Murphy, C.F. Material-centric modeling of PWB fabrication: An economic and environmental comparison of conventional and photo via board fabrication processes, *IEEE Transactions on Components, Packaging and Manufacturing Technology*, Part C, 21(2), 1998, 97–110.
6. Grezesik, A. *Layer Reduction Techniques, Circuit Design*, August 1990, p. 21.
7. Mega Circuits Inc., Cost Driver Guidelines, 2009, www.megacircuits.com/cost_driver_guidelines/htm.
8. John, J. and Boothroyd, G. Economics of Printed Circuit Board Assembly, Report No. 6,

Economic Application of Assembly Robots Project, University of Massachusetts, Amherst, MA, April 1985.
9. Boothroyd, G. and Dewhurst, P. *Product Design for Assembly*, Boothroyd Dewhurst, Inc., Wakefield, RI, 1987.
10. Boothroyd, G. and Shinohara, T. Component insertion times for electronics assembly, *Int. J. Adv. Manuf. Technol.*, 1 (5), 1986, 3.

第7章 面向制造的设计

7.1 引言

在加工时，材料从工件上切除，直到满足设计所要求的形状和精度。显然，这是一种浪费的方法。许多工程师觉得他们有一种使命——尽量使得设计的零件需要更少的机械加工甚至无需加工。但由于大部分机床都被设计为用机械加工方法来去除金属，因此避免零件加工的观点在目前还是不切实际的。然而，随着工程技术的发展，朝着使用近净成形工艺的趋势正日益增长。所谓近净成形技术是指零件成形后，仅需少量加工或无需加工，就可用作机械零件的成形技术，尤其是当零件的生产批量很大时，这种方法几乎就是工程师的首选加工工艺。

在本章，首先介绍了常规机械加工工艺。然后，讨论了一些易于改变工件材料达到所要求形状的加工方法以及如何降低零件表面粗糙度值的方法。最后，给出了可供工程师使用的早期成本估算方法的介绍。

所有的机床都具备了下述的功能：

①装夹刀具或砂轮；②装夹工件；③提供刀具和工件之间的相对运动以形成要求的表面。

7.2 使用单刃刀具加工

车床被设计用来在加工时提供旋转工件并带动刀具沿着要求的加工表面进给。

工件用卡盘或弹簧夹头装夹，或者安装在机床主轴端面的花盘上。工件的旋转运动是由电动机经由主轴箱带动机床主轴提供的，而刀具则是沿着平行或垂直于工件旋转轴的方向进给。

现代车床上的工件和刀具运动都由计算机进行控制，发展成为数控车床。刀具能够在水平面沿着任何方向进给，形成工件上要求的复杂轮廓，图7.1给出了外圆车削时产生的外圆表面。

车床进给运动的设置是工件每旋转一圈，刀具移动的位移。进给量f是指当工件或刀具每旋转一圈或每行程时，在进给运动的方向上刀具相对于工件的位移。于是，车削长度为l_w的外圆表面，工件旋转次数为l_w/f，加工时间t_m由式（7.1）给出：

$$t_m=\frac{l_w}{fn_w} \tag{7.1}$$

式中　n_w——工件的转速。

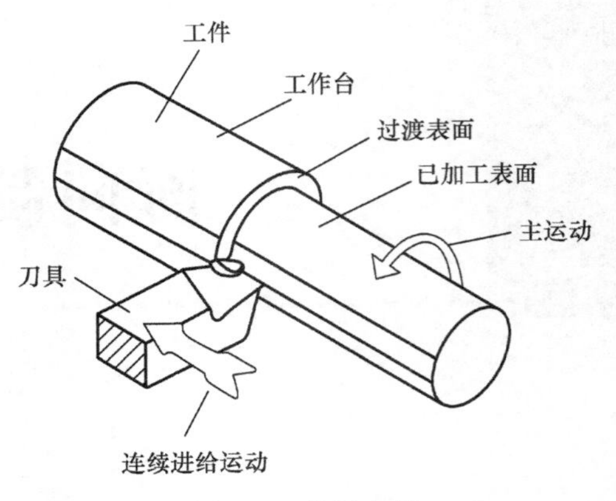

图 7.1　外圆车削

应该强调的是，t_m是刀具沿着工件一次行程的时间。然而，一次切削行程并不意味着加工操作的完成。如果第一次切削行程是在高进给量的情况下去除大量的材料（粗加工），那么在加工过程中产生的力可能会造成机床结构的显著变形。粗加工所导致的加工精度损失需要由后续的加工来弥补，即在低进给量（精加工）的情况下，使工件直径达到设计要求的范围内，同时也要达到表面粗糙度要求。基于这些原因，工件通常在粗加工过程中切除大部分余量，而留下少量余量在精加工时去除。当毛坯余量很大时，可能需要采用几次粗加工行程来完成。

图 7.2 给出了 5 个典型的车床操作：外圆车削，端面车削，镗削，外螺纹车削和切断，同时也给出了每种操作时的主运动和进给运动以及一些其他项目和尺寸。在任何加工操作时，工件都具有三个重要的表面：

工件表面：等待机械加工去除的工件上的表面；

已加工表面：通过刀具切削产生的要求表面。

过渡表面：切削刃在工件上形成的表面的一部分，它将在工件或工具的旋转下，在后续行程中被去除，或者在其他情况下，例如图 7.2d 所示的螺纹车削，其过渡表面将在刀具的后续切削中被切除。

图 7.2a 给出了外圆车削的几何形状和参数，刀尖的切削速度由$\pi d_m n_w$给出，其中n_w是工件转速，d_m是已加工表面直径。切削速度的最大值为$\pi d_w n_w$。其中：d_w为工件表面直径。因此，平均切削速度v_{av}由式（7.2）给出

$$v_{av}=\pi n_w\frac{d_w+d_m}{2} \tag{7.2}$$

金属去除率Z_w是平均切削速度和被除去的材料横截面积A_c的乘积。因此

$$\begin{aligned}Z_w=A_c v_{av}&=\pi f a_p n_w(d_w+d_m)/2\\&=\pi f a_p n_w(d_m+a_p)\end{aligned} \tag{7.3}$$

同样的结果可以通过用被切除的金属总体积除以加工时间t_m来获得。

在给定条件下，对于给定加工材料，可以测量去除单位体积材料的单位功率或能量P_s。这个因素主要取决于工件材料，如果它的值已知，执行任何加工操作所需的功率P_m就可以从式（7.4）得到

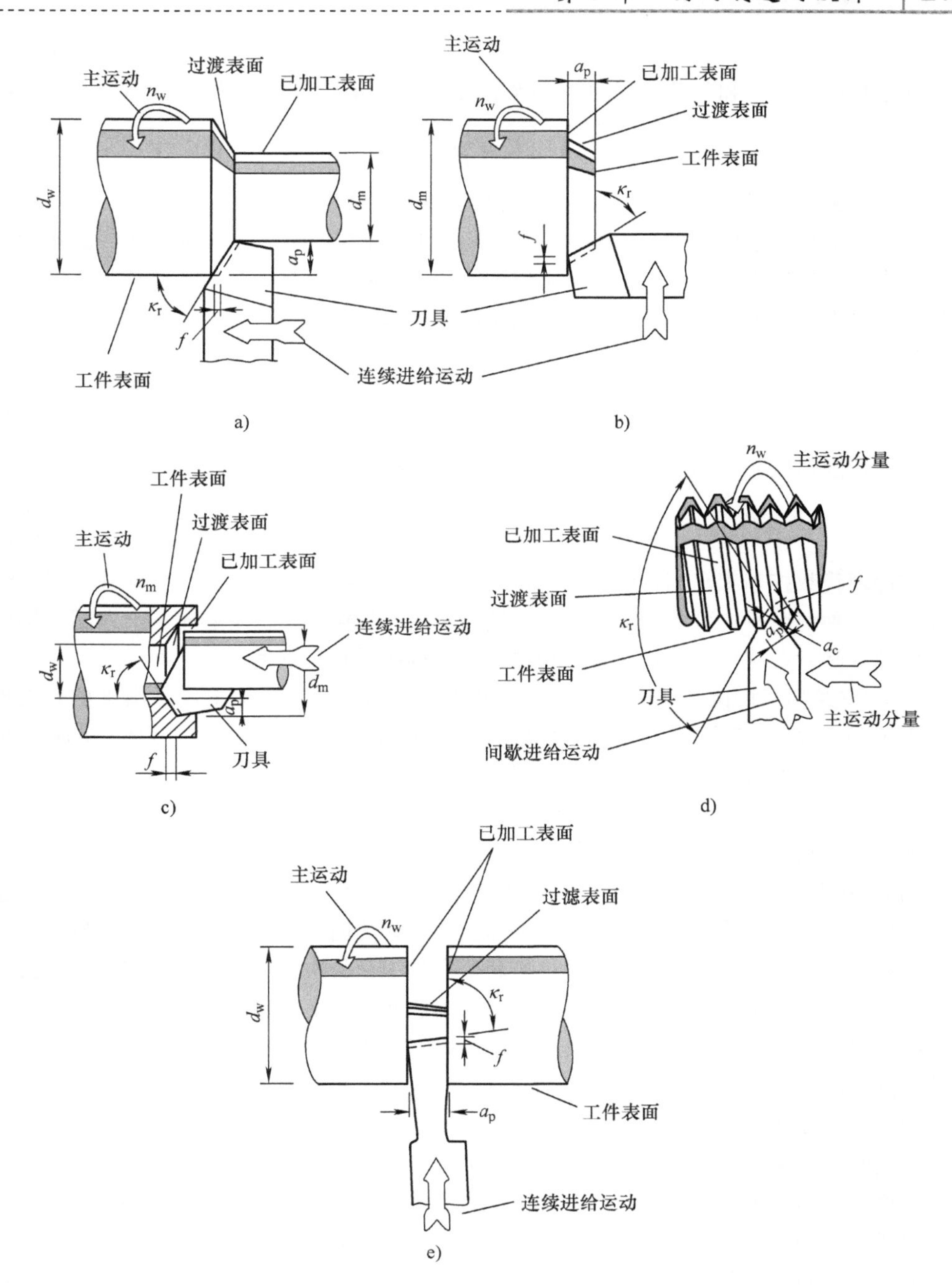

图7.2 车削加工

a）外圆加工 b）端面加工 c）镗孔 d）车削外螺纹 e）分离或切断

（资料来源：Boothroyd，G. and Knight，W. A. Fundamentals of Machining and Machine Tools. 3rd ed. CPC Press，Boca Raton，FL，2006）

$$P_m = P_s Z_w \tag{7.4}$$

如果机床电动机和驱动系统的整体效率用 E_m 表示，机床功率 P_e 由式（7.5）给出

$$P_e = \frac{P_m}{E_m} \tag{7.5}$$

对于各种工作材料的单位功率的近似值 P_s 在本章结尾给出。

在车床上加工平面的操作如图 7.2b 所示，加工时刀具进给方向与工件的旋转轴线方向垂直。此操作称为端面加工。当工件的转速不变时，刀具切削刃上的切削速度在开始切削时最大，当刀具到达工件中心时的切削速度为零。

加工时间由式（7.6）给出

$$t_m = \frac{d_m}{2fn_w} \tag{7.6}$$

最大切削速度 v_{max} 和最大的金属切除率 Z_{wmax} 由式（7.7）给出

$$v_{max} = \pi n_w d_m \tag{7.7}$$

$$Z_{wmax} = \pi f a_p n_w d_m \tag{7.8}$$

使用现代数控车床车削端面时，随着刀具向工件轴线的进给，工件的转速可以逐渐增加。在这种情况下，可减少加工时间。然而，当刀具接近工件中心时，会遇到主轴的最大转速，然后在这个最大转速下进行加工，再逐次递减切削速度。

图 7.2c 给出了内圆柱面的加工情形，此操作称为镗孔。该加工仅适用于扩大工件上的现有孔。如果工件表面直径为 d_w，已加工表面直径为 d_m，平均切削速度由式（7.2）给出，金属切除率为 Z_w，它等于：

$$Z_w = \pi f a_p n_w (d_m - a_p) \tag{7.9}$$

如果被镗孔的长度为 l_w，那么加工时间 t_m 可由式（7.1）给出。

图 7.2d 中的车床操作被称为外螺纹加工，或单刃螺纹切削。刀具和工件的合成运动在工件上生成螺旋线，通过设定转速和刀具进给量之间的关系，可得到加工螺纹所需要的螺距。螺纹加工需要刀具沿工件进行若干次加工，每次加工从螺纹的表面上除去一层薄薄的金属。每次刀具行程后，在平行于加工表面方向上的进给量是递增的。在计算生产时间时，必须考虑包括返回刀具到切削起始点、进给量增大和啮合进给驱动装置等所花费的时间。

图 7.2e 给出的车床操作是用于将加工好的零件从棒料上分离。这种操作被称为切断，会同时产生两个加工的表面。如同端面加工一样，工件以恒定的转速旋转，切断的切削速度和金属切削率从切削开始时最大，逐次变化至工件中心时最小（为零）。加工时间由式（7.6）给出，最大金属去除率由式（7.8）给出。同样，凭借现代数控车床的功能，工件的转速可以被控制，直到达到限制转速之前，可以保持切断加工时各点具有恒定的切削速度。

多轴自动车床用于以棒形加工的小型零件的成批或大量生产。这些车床的各种运动由经过专门加工的凸轮控制，且操作是完全自动进行的，包括工件通过空心主轴的进给。

立式镗床的工作原理与车床相同，但它有一个垂直轴，常用于大型零件的加工。和

车床一样，机床使工件旋转，并向刀具提供连续的线性进给运动。

另一种使用单刃刀具，并有一个旋转主运动的机器是卧式镗床。卧式镗床主要用于重型、非圆柱形的工件的内圆柱表面加工。一般而言，“卧式”或“立式”是用来描述机床提供主运动的主轴方位。因此，在卧式镗床中，主轴是水平的。

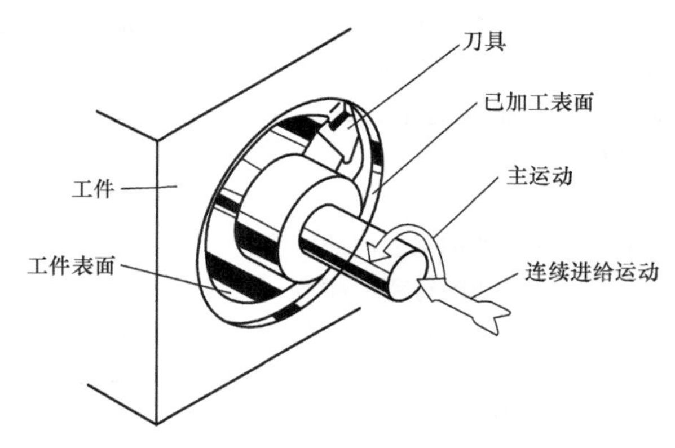

图7.3　卧式镗床上的镗削加工
（资料来源：Boothroyd，G. and Knight，W. A. Fundamentals of Machining and Machine Tools. 3rd ed. CPC Press，Boca Raton，FL，2006）

卧式镗床上的工件在加工过程中保持固定，所有的生成运动都施加到刀具上。最常见的加工工艺是镗削，如图7.3所示。镗削加工时，旋转的镗刀装在镗杆上，而镗杆又连接在主轴上，然后沿着旋转的轴线进给主轴、镗杆和镗刀。

使用一个如图7.4所示的特殊刀柄，当镗刀旋转时，令其径向进给，也可以进行端面加工。前面推导的镗削和端面车削的加工时间以及金属切除率的公式也可以应用于这

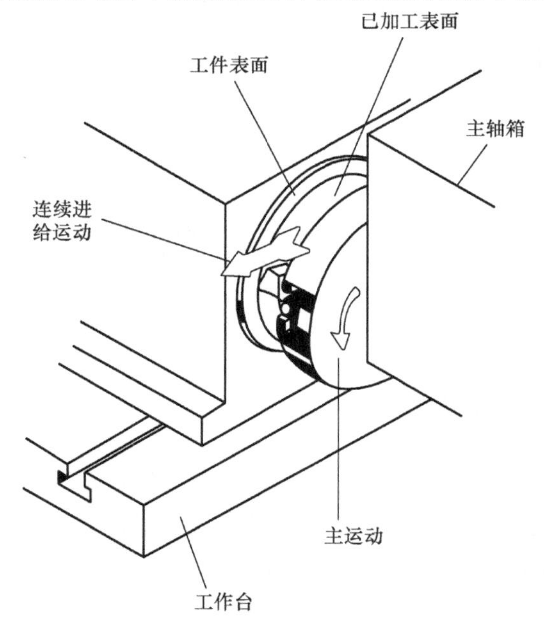

图7.4　卧式镗床上的端面加工
（资料来源：Boothroyd，G. and Knight，W. A. Fundamentals of Machining and Machine Tools. 3rd ed. CPC Press，Boca Raton，FL，2006）

种机床。

刨床适宜于加工非常大的零件平面。加工时，刨床向工件提供直线的主运动，而刀具沿着与主运动垂直的方向进给，如图 7. 5 所示。主运动通常是使用变速电动机，由齿轮齿条装置驱动完成，其进给运动是间歇的。加工时间 t_m 和金属切除率 Z_w 可由式（7. 10）估算：

$$t_m = b_w/(fn_r) \tag{7.10}$$

式中 b_w——被加工表面的宽度；

n_r——切削行程的频率；

f——进给量。加工时金属切除率 Z_w 为

$$Z_w = fa_p v \tag{7.11}$$

式中 v——切削速度；

a_p——切削深度（被切削金属层深度）。

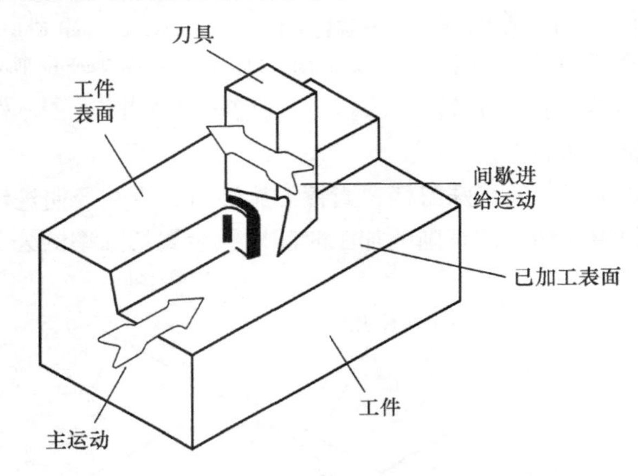

图 7. 5 刨床上的平面加工

（资料来源：Boothroyd，G. and Knight，W. A. Fundamentals of Machining and Machine Tools. 3rd ed. CPC Press，Boca Raton，FL，2006）

7. 3 使用多刃刀具加工

钻床仅能执行这些操作——刀具旋转且沿着其旋转轴线进给（图 7. 6）。在加工过程中，工件始终保持固定。在小钻床上，刀具的进给是由手工操作手柄完成的（手动进给钻床）。在这种机床上进行的常见操作是用麻花钻在工件上加工内圆表面。麻花钻具有两条切削刃，加工时每条刃都参与工件材料的切削。

加工时间 t_m 为

$$t_m = l_w/(fn_t) \tag{7.12}$$

式中 l_w——加工孔的长度；

f——进给量（每转）；

n_t——刀具转速。

金属切除率 Z_w 为钻头每转所切除的材料体积除以每转所需时间而得到。于是

$$Z_w = (\pi/4) f d_m^2 n_t \quad (7.13)$$

式中　d_m——加工孔的直径，如果一个直径为 d_w 的现有孔要扩大，则

$$Z_w = (\pi/4) f (d_m^2 - d_w^2) n_t \quad (7.14)$$

通常认为麻花钻适合于加工孔长度不大于孔径5倍的孔。要求特殊钻床配合使用的特殊钻头可以用来加工更深的孔。

钻孔时，工件经常是装在机床工作台的台虎钳上。但与圆柱体工件同轴的孔常常在车床上加工。

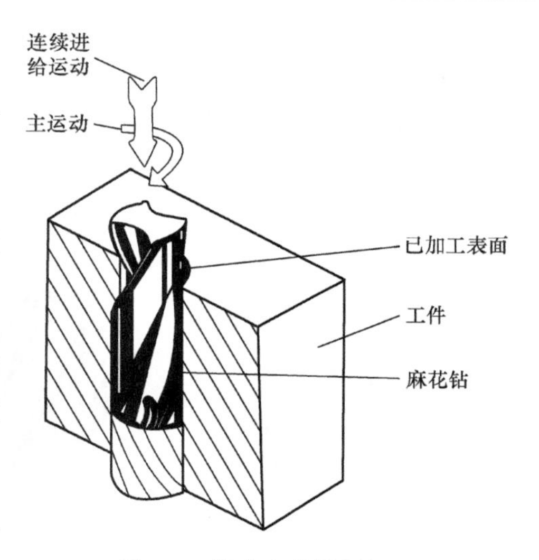

图7.6　钻床上的钻削加工

（资料来源：Boothroyd，G. and Knight，W. A. Fundamentals of Machining and Machine Tools. 3rd ed. CPC Press，Boca Raton，FL，2006）

还有一些加工操作也可以在钻床上进行，其中最常见的如图7.7所示。钻中心孔的操作是在工件端面加工出一个较浅的、在孔底具有间隙的锥形孔。中心孔可以对后续钻削操作提供导向，以免在开始钻孔时发生钻尖漂移的现象。铰削加工是用于对早期加工的孔进行精加工，铰刀的外形和钻头相似，但有着若干条切削刃和直的排屑槽。铰削加工时切除的工件材料很少，可以大大提高孔的精度并降低孔的表面粗糙度。锪孔

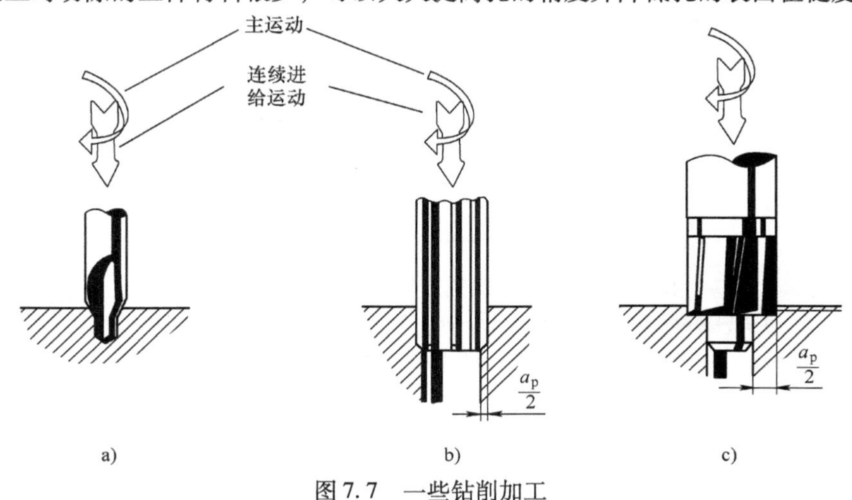

图7.7　一些钻削加工

a）打中心孔　b）铰孔　c）锪沉头孔

（资料来源：Boothroyd，G. and Knight，W. A. Fundamentals of Machining and Machine Tools. 3rd ed. CPC Press，Boca Raton，FL，2006）

加工是用于在孔的入口四周提供一个小平面的操作。例如，锪孔加工出的小平面可给装配时的垫圈和螺母提供一个合适的底座。

铣床有卧式铣床和立式铣床两种类型。在卧式铣床上，铣刀安装在由主轴驱动的水平轴上。

最简单的铣削加工为平面铣削，如图 7.8 所示。这种方法可以加工零件的水平表面。

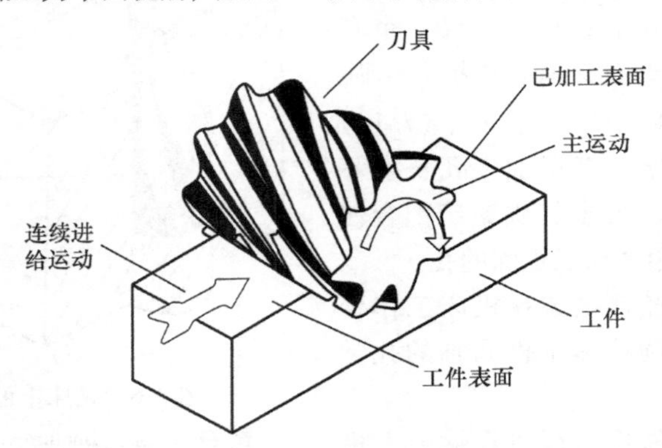

图 7.8　在升降台式铣床上的平面铣削

（资料来源：Boothroyd，G. and Knight，W. A. Fundamentals of Machining and Machine Tools. 3rd ed. CPC Press，Boca Raton，FL，2006）

当计算铣削加工时的加工时间时，应当注意到铣刀的移动距离一定大于工件的长度。这个扩展的距离如图 7.9 所示。由图可知，铣刀移动的距离为：

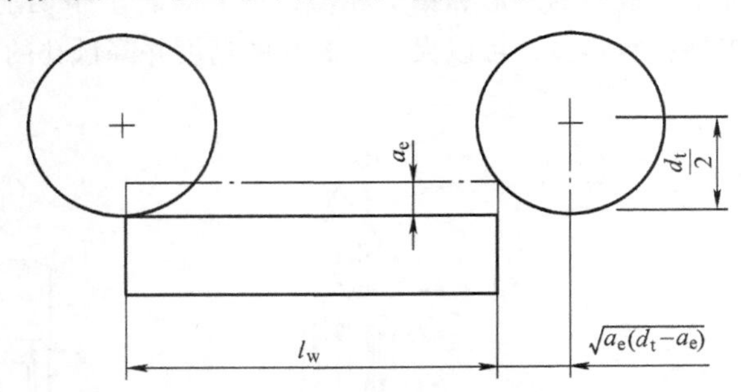

图 7.9　加工时平面铣刀与工件之间的相对运动

（资料来源：Boothroyd，G. and Knight，W. A. Fundamentals of Machining and Machine Tools. 3rd ed. CPC Press，Boca Raton，FL，2006）

$$l_e = l_w + \sqrt{a_e(d_t - a_e)}$$

式中　l_w——工件长度；

a_e——切削深度；

d_t——铣刀直径。于是，加工时间为：

$$t_m = \frac{l_w + \sqrt{a_e(d_t - a_e)}}{v_f} \tag{7.15}$$

式中　v_f——工件的进给速度。

金属去除率 Z_w 等于进给速度和从进给运动方向衡量的切除金属横截面积的乘积。如果 a_p 等于工件宽度则有：

$$Z_w = a_e a_p v_f \tag{7.16}$$

图 7.10 显示了更多的卧式铣削加工实例。在成形加工时，需要具有特殊切削刃的特殊刀具来形成工件要求的横截面。这些刀具通常制造费用昂贵。成形铣削仅用于被切除的量非常大的场合。在插削加工时，使用标准刀具可以在工件上加工出矩形槽。类似地，在角度铣削时，使用标准刀具可以加工三角形槽。图 7.10 中的跨铣是通过安装在铣刀轴上的多个刀具进行的操作。采用这种方式，通过刀具的组合可以加工出各种各样的横截面形状。当刀具组合后进行加工的方法称为组合铣削。

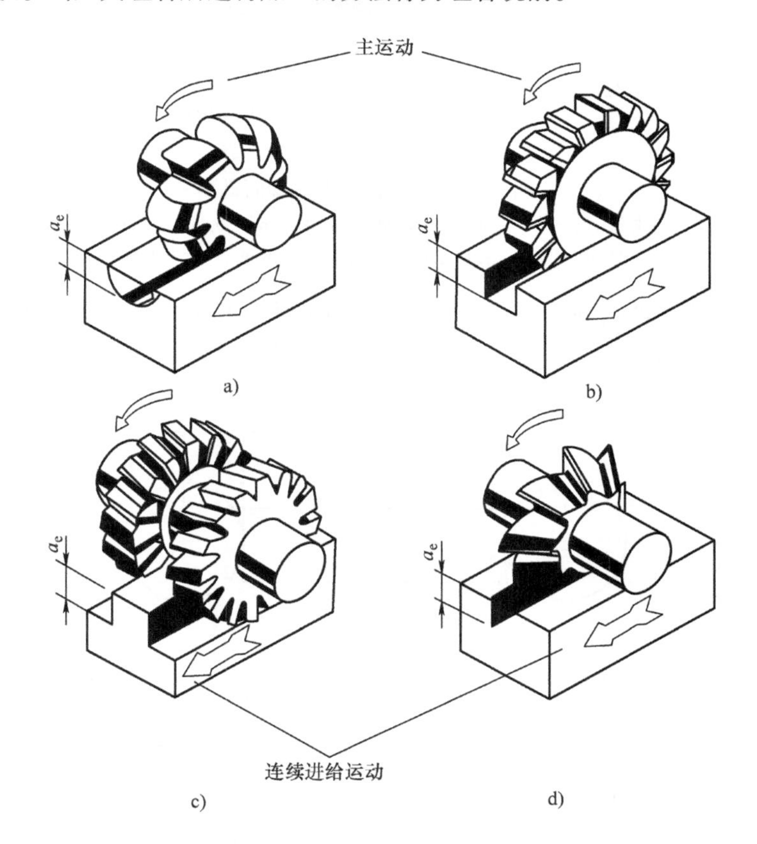

图 7.10　一些水平铣削加工

a）成形铣削　b）沟槽铣削　c）组合铣削　d）角度铣削

（资料来源：Boothroyd，G. and Knight，W. A. Fundamentals of Machining and Machine Tools. 3rd ed. CPC Press，Boca Raton，FL，2006）

可以在立式铣床上完成水平、垂直和倾斜表面的加工。正如机床的名称所说，立式铣床上的主轴是垂直的。

一个典型的面铣加工如图 7.11 所示，它适用于水平表面的加工。使用的刀具称为面铣刀。

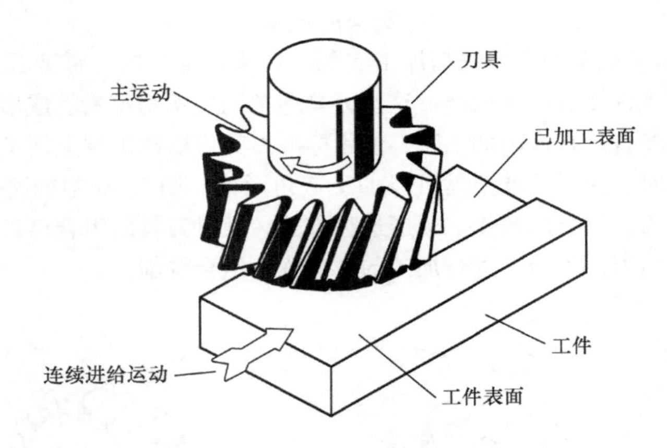

图 7.11 立式铣床上的端面铣削

（资料来源：Boothroyd，G. and Knight，W. A. Fundamentals of Machining and Machine Tools. 3rd ed. CPC Press，Boca Raton，FL，2006）

在估计加工时间 T_m 时，要保留出铣刀在加工时与工件之间进行的额外相对运动余量。由图 7.12 可以看出，当刀具轴线在工件上经过路径总运动位移为 $l_w + d_t$ 时，加工

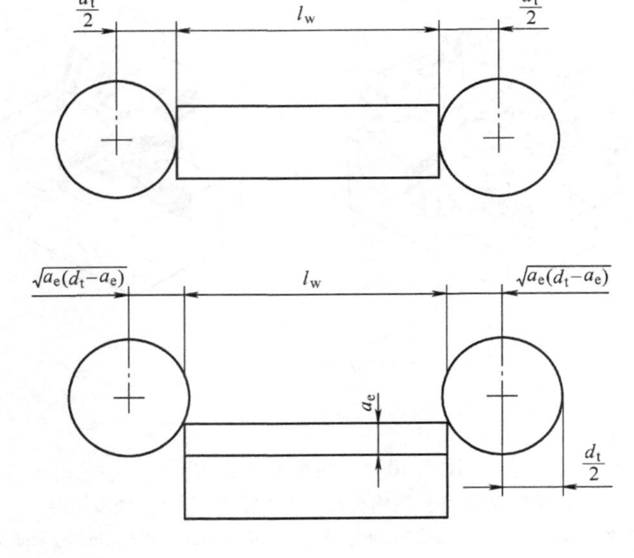

图 7.12 加工时面铣刀与工件之间的相对运动

（资料来源：Boothroyd，G. and Knight，W. A. Fundamentals of Machining and Machine Tools. 3rd ed. CPC Press，Boca Raton，FL，2006）

时间为：

$$t_m=(l_w+d_t)/v_f \tag{7.17}$$

式中　l_w——工件长度；

d_t——刀具直径；

v_f——工件的进给速度。

当刀具轴线路径轨迹不经过工件时：

$$t_m=\frac{l_w+2\times\sqrt{a_e(d_t-a_e)}}{v_f} \tag{7.18}$$

式中　a_e——立铣加工时的切削宽度。

在这两个例子中的金属去除率 Z_w 由式（7.16）给出。

各种立式铣床的加工如图7.13所示。

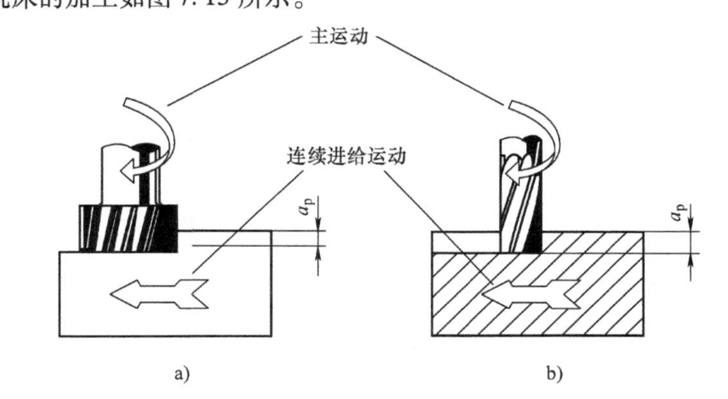

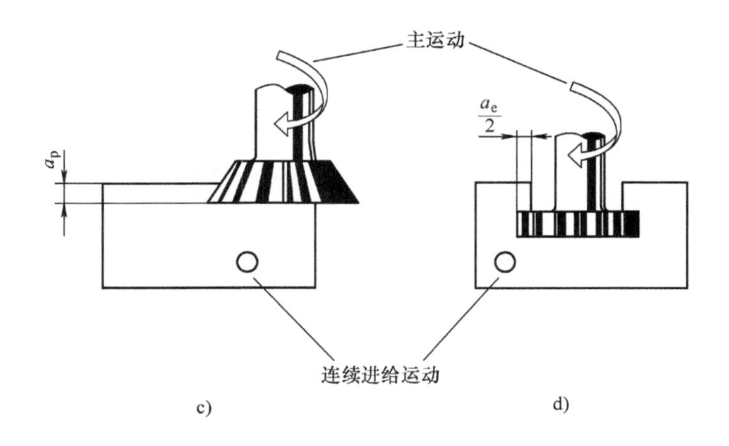

图7.13　一些立式铣削加工

a）水平表面　b）沟槽　c）燕尾　d）T型槽

（资料来源：Boothroyd，G. and Knight，W. A. Fundamentals of Machining and Machine Tools. 3rd ed. CPC Press，Boca Raton，FL，2006）

另一种采用多刃刀具的机床是拉床。在拉削时，机床提供了刀具和工件之间的主运动（通常是液压驱动），而进给是由拉刀由前至后的刀齿直径递增来实现的，每个齿去除一层薄薄的材料（图 7.14）。由于加工表面通常是刀具一次行程完成，故时间 t_m 由式（7.19）给出：

$$t_m = l_t / v \tag{7.19}$$

式中 l_t——拉刀长度；

v——切削速度。

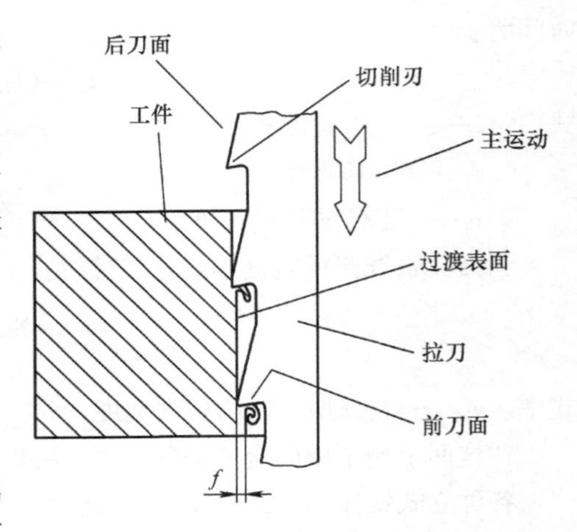

图 7.14 立式插床上的拉削加工

（资料来源：Boothroyd，G. and Knight，W. A. Fundamentals of Machining and Machine Tools. 3rd ed. CPC Press，Boca Raton，FL，2006）

平均金属去除率 Z_w 可以由除去的金属的总体积除以加工时间来估算。拉削加工可广泛用于加工非圆形孔。在这些场合，当用拉刀通过圆形孔来将孔径扩大到要求的形状或者加工键槽时，拉刀既可以拉，也可以推，如图 7.15 所示。

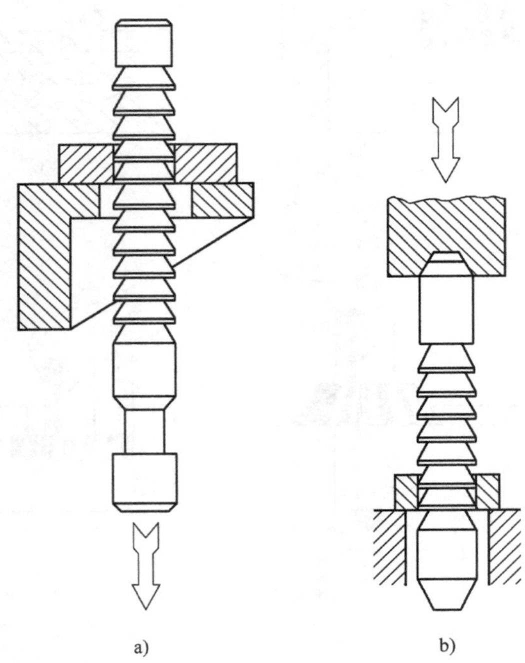

图 7.15 拉孔方法

a）拉拉刀 b）推拉刀

（资料来源：Boothroyd，G. and Knight，W. A. Fundamentals of Machining and Machine Tools. 3rd ed. CPC Press，Boca Raton，FL，2006）

拉刀必须单独为特殊工作而设计，因此制造费用昂贵，再加上拉削加工速度慢，如果允许应考虑采用其他替代工艺。

可以使用丝锥和板牙来加工内螺纹和外螺纹。这些多刃刀具可以被认为是螺旋拉刀。

在图 7.16 中，丝锥以低速切入预备孔中，刀具上的选定点与工件之间的相对运动轨迹是螺旋线，这个运动是主运动。所有的加工是由丝锥的低端来进行的，每个切削刃切除一层很薄的金属来形成螺纹的形状。丝锥上的完整螺纹齿形是用来清除碎屑的。板牙的工作原理与丝锥相同，但它用于加工外螺纹。

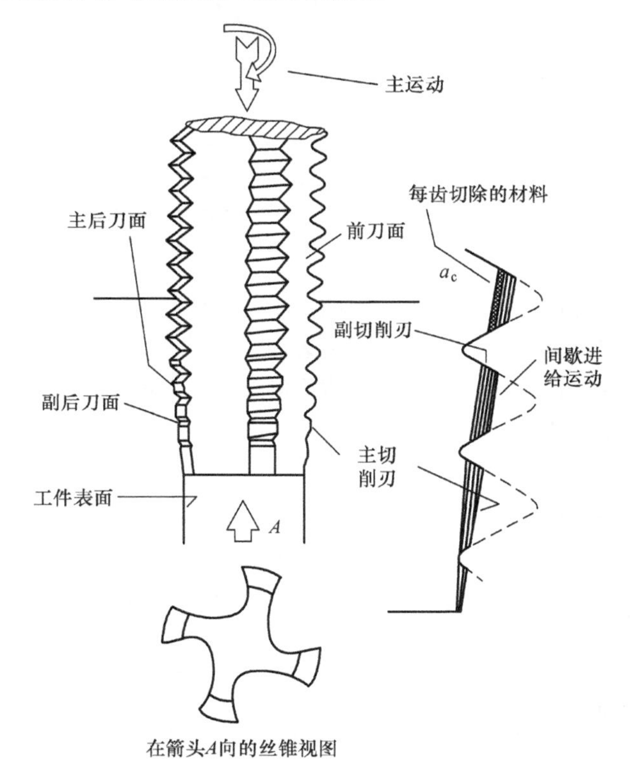

图 7.16　攻螺纹加工

（资料来源：Boothroyd，G. and Knight，W. A. Fundamentals of Machining and Machine Tools. 3rd ed. CPC Press，Boca Raton，FL，2006）

使用丝锥加工内螺纹可以在转塔车床和钻床上进行，使用板牙加工外螺纹可以在转塔车床和专用螺纹加工机床上进行。

7.4　使用砂轮加工

砂轮通常是圆柱形、盘形或杯形，如图 7.17 所示。使用砂轮加工的机床称为磨床，它们都有着一个高速旋转的主轴，砂轮就安装在主轴上。主轴被轴承支承，并装在一个外壳里，这个组件就称为砂轮磨头。来自电动机的动力通过传动带驱动主轴。砂轮是由非常坚硬材料（通常是碳化硅或氧化铝）的微小颗粒粘接成要求的形状。

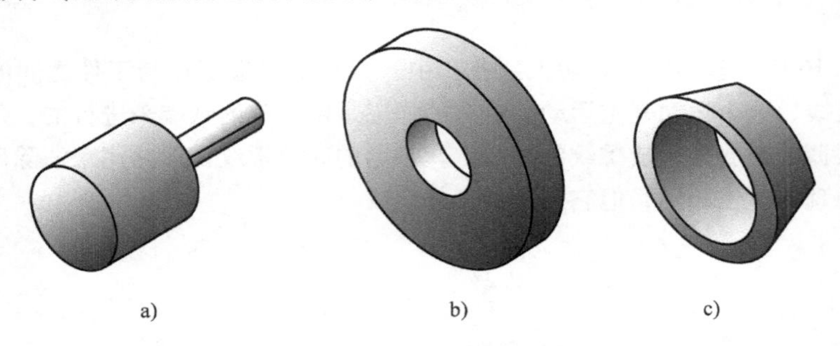

图 7.17　砂轮的普通形状
a）圆柱形　b）盘形　c）杯形
（资料来源：Boothroyd，G. and Knight，W. A. Fundamentals of Machining and Machine Tools. 3rd ed. CPC Press，Boca Raton，FL，2006）

砂轮有时也用于粗磨，这时主要是为了去除材料；更常见的是砂轮用于精加工之中，这时的目的是获得精密的尺寸和光滑的表面。

在早期设计的金属切削机床中，零件表面的产生是通过刀具或工件提供的主运动和进给运动来实现的。而在磨床上，其主运动通常是砂轮的旋转运动，而两个甚至更多的进给运动是由工件运动来提供的。

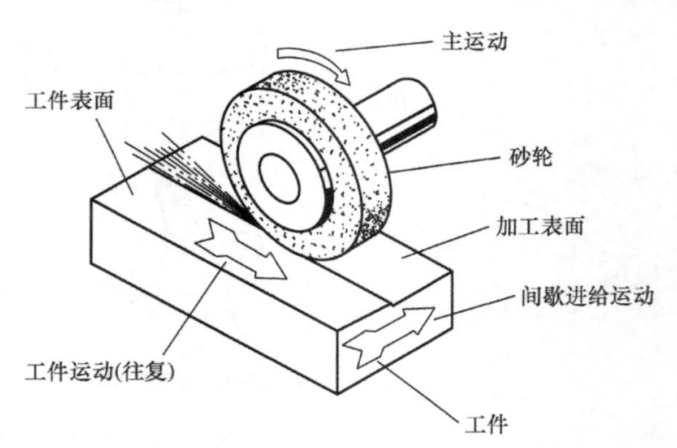

图 7.18　水平主轴平面磨床上的平面磨削
（资料来源：Boothroyd，G. and Knight，W. A. Fundamentals of Machining and Machine Tools. 3rd ed. CPC Press，Boca Raton，FL，2006）

在卧式磨床（图 7.18）上，主要的进给运动是安装工件的工作台的往复运动。而进给运动既可以施加到砂轮头使其向下移动（切入进给），也可以施加到工作台上使其平行于机床主轴运动（横向进给）。横向进给运动形成工件的水平表面。这个间歇的进给运动通常是在每个行程或工作台通过后进行的。横向进给量因此可以定义为在每个切削行程中刀具越过工件移动的距离，这个操作称为纵向进给磨削。

图 7.19 为在卧式平面磨床上的平面磨削和切入磨削的示意图，由图 7.19a 可以给出纵向进给磨削的金属去除率 Z_w。

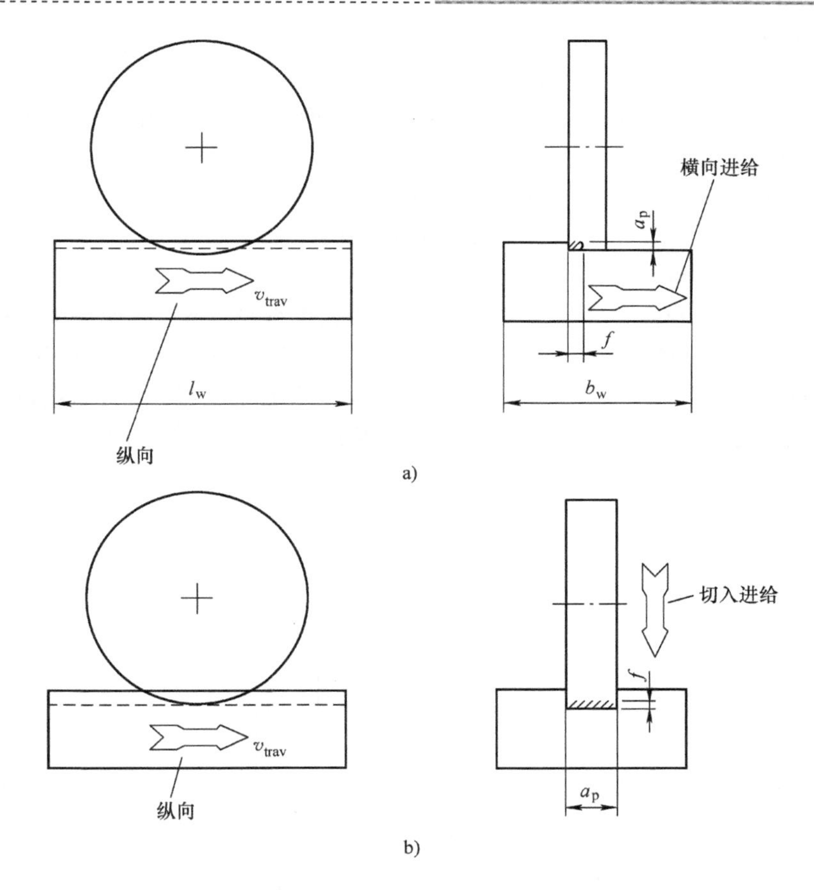

图 7.19　水平主轴平面磨床上的加工

a）平面磨削　b）切入磨削

（资料来源：Boothroyd，G. and Knight，W. A. Fundamentals of Machining and Machine Tools. 3rd ed. CPC Press，Boca Raton，FL，2006）

$$Z_w = fa_p v_{trav} \tag{7.20}$$

式中　f——每切削行程的纵向进给量；

a_p——切削深度；

v_{trav}——纵向速度。

加工时间 t_m 由式（7.21）给出

$$t_m = b_w/(2fn_r) \tag{7.21}$$

式中　n_r——往复频率；

b_w——工件宽度。

以同样的方式，切入磨削操作（图 7.19b）的金属去除率由式（7.20）得出。

在估算切入磨削加工时间之前，有必要来描述一种称为“修光”的现象。在任何磨削中，砂轮沿着垂直工件表面方向进给（切入进给），进给量 f 为一次切削行程中切除的一层材料深度，它在初始时小于机器上设置的名义进给量。这是由于加工时产生的力导致机床部件和工件变形的缘故。因此，在完成所需的理论切削行程之后，仍有一些工件材料需要被去除。消除这种材料所进行的操作可以通过持续切削行程作无进给的光磨，一直到没有火花出现，这时由于变形恢复所导致的金属去除已经变得微不足道。如果用 t_s 表示无进给的光磨时间，则由 t_m 表示切入磨削的加工时间为：

$$t_m = a_t/(2fn_r) + t_s \tag{7.22}$$

式中　a_t——工件被去除材料的总厚度。

在垂直主轴平面磨削（图 7.20）中，杯形砂轮进行着类似于端面铣削的操作。工作台作往复运动，砂轮作间断向下进给运动，这些运动分别称为纵向进给和横向进给，从而在工件上加工出水平表面。由于加工时存在机床结构的变形，实际进给量最初是小于机床上设置的理论进给量 f。这需要在卧式平面磨床上作无进给光磨。

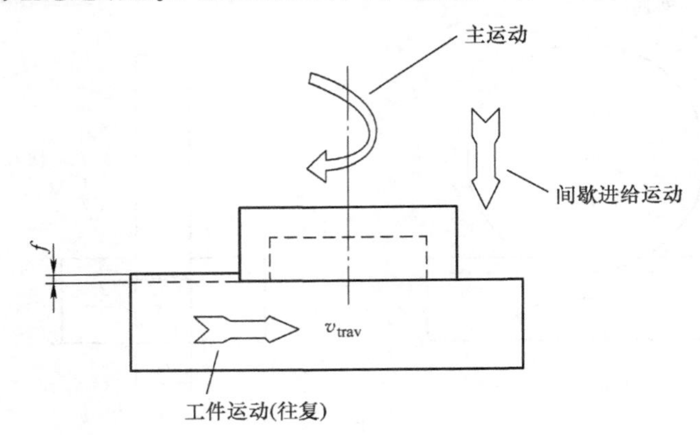

图 7.20　在立式主轴平面磨床上磨削平面

（资料来源：Boothroyd，G. and Knight，W. A. Fundamentals of Machining and Machine Tools. 3rd ed. CPC Press，Boca Raton，FL，2006）

金属去除率为：

$$Z_w = fa_p v_{trav} \tag{7.23}$$

式中　a_p——工件的宽度；

v_{trav}——纵向速度。

在水平主轴的机器上切入磨削加工时间可以由式（7.22）给出。

更大的立式主轴平面磨床适合于用回转工作台安装几个工件进行加工。这种类型的磨床的每个零件加工时间为

$$t_m = \left(\frac{a_t}{fn_w} + t_s\right)/n \tag{7.24}$$

式中　n_w——工作台转速；

n——安装在机器上的工件数量。

在图 7.21 所示的外圆磨削时，工件被两个顶尖所支承并旋转。主轴箱对工件提供

了低速旋转驱动，主轴和尾座上的顶尖一起安装工件。工作台的水平往复运动是由液压驱动的。水平的砂轮主轴与工件旋转轴平行，砂轮架的水平进给方向垂直于工件的旋转轴线，这个运动称为切入进给。

图 7.21 表示出使用往复运动加工圆柱面，它类似于外圆车削。只是单刃刀具被砂轮所替代。实际上，磨削附件也允许这种操作在车床上执行。

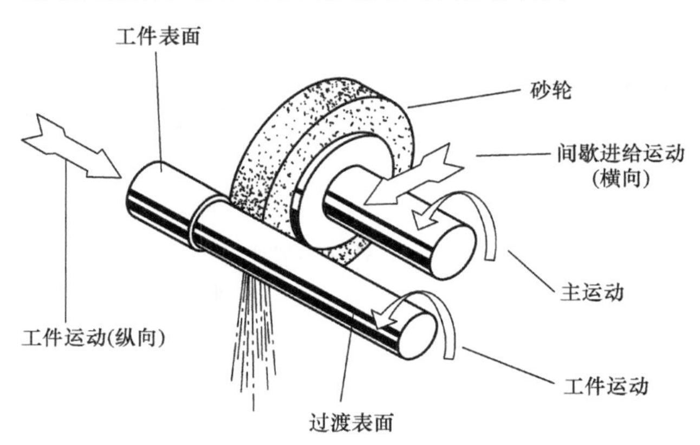

图 7.21　外圆磨削

（资料来源：Boothroyd，G. and Knight，W. A. Fundamentals of Machining and Machine Tools. 3rd ed. CPC Press，Boca Raton，FL，2006）

图 7.22 给出了外圆磨床上纵向磨削和切入磨削的加工示意图。在切入磨削中，最大的金属去除率由式（7.25）确定：

$$Z_{\mathrm{wmax}} = \pi f d_{\mathrm{w}} v_{\mathrm{trav}} \tag{7.25}$$

式中　d_{w}——工件表面直径；

v_{trav}——纵向速度；

f——机床工作台每行程的进给量（与 d_{w} 相比通常非常小）。

由式（7.22）可给出加工的时间。

图 7.22b 所示的切入磨削操作中没有纵向运动，砂轮朝工件进给以形成凹槽。如果 v_{f} 是砂轮的进给速度，d_{w} 是工作表面的直径，a_{p} 是砂轮宽度，最大的金属去除率由式（7.26）给出：

$$Z_{\mathrm{wmax}} = \pi a_{\mathrm{p}} d_{\mathrm{w}} v_{\mathrm{f}} \tag{7.26}$$

加工时间

$$t_{\mathrm{m}} = (a_{\mathrm{t}}/v_{\mathrm{f}}) + t_{\mathrm{s}} \tag{7.27}$$

式中　a_{t}——被去除材料的总深度；

t_{s}——修光时间。

在内圆磨削（图 7.23）时，砂轮头支持水平主轴在与主轴轴线平行的方向作往复运动。使用高速运转的小圆柱砂轮。工件是装在卡头或磁性面板上旋转。水平进给应用于砂轮头上，并朝着垂直于砂轮主轴方向，这个运动称为横向进给。内圆磨削加工可以

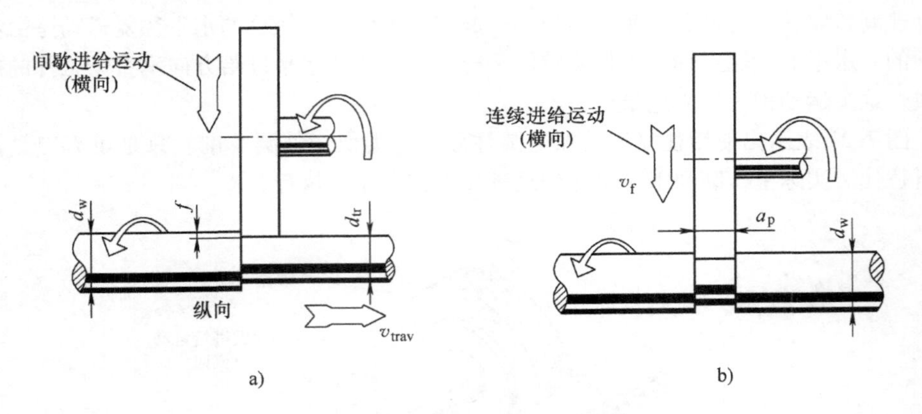

图 7.22 外圆磨削加工

a）纵向磨削 b）切入磨削

（资料来源：Boothroyd，G. and Knight，W. A. Fundamentals of Machining and Machine Tools. 3rd ed. CPC Press，Boca Raton，FL，2006）

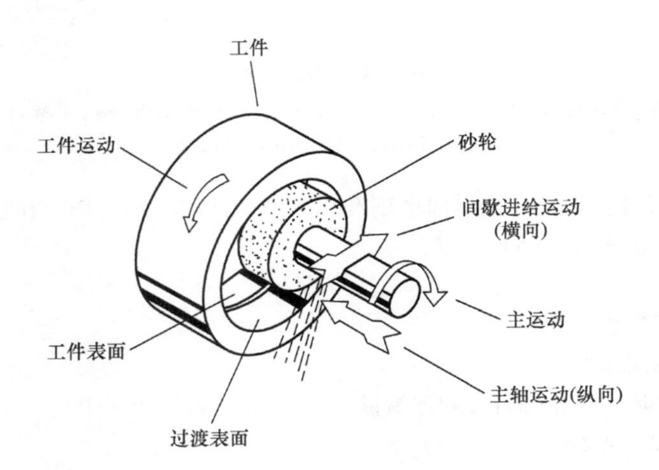

图 7.23 内圆磨削

（资料来源：Boothroyd，G. and Knight，W. A. Fundamentals of Machining and Machine Tools. 3rd ed. CPC Press，Boca Raton，FL，2006）

执行纵向磨削和切入磨削，如图 7.24 所示。

纵向磨削如图 7.24a 所示，发生在操作结束时的最大去除率为：

$$Z_{wmax} = \pi f d_m v_{trav} \tag{7.28}$$

式中 f——进给量；

v_{trav}——纵向速度；

d_m——加工的表面直径。

加工时间由式（7.22）给出。

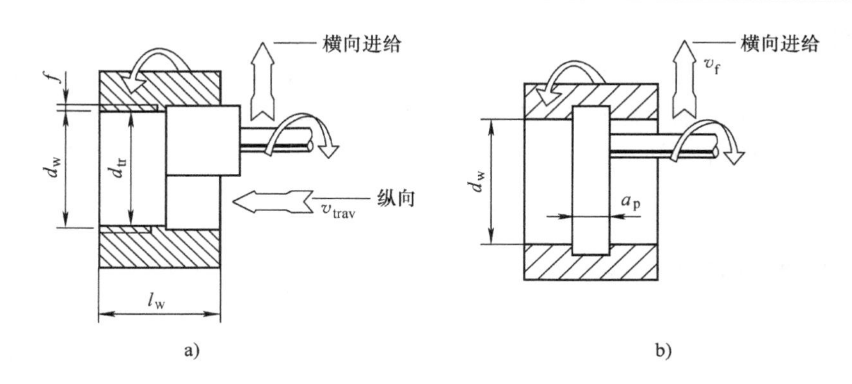

图 7.24　内圆磨削加工

a）纵向磨削　b）切入磨削

（资料来源：Boothroyd，G. and Knight，W. A. Fundamentals of Machining and Machine Tools. 3rd ed. CPC Press，Boca Raton，FL，2006）

在切入磨削（图 7.24b）中，最大去除率为：

$$Z_{wmax} = \pi a_p d_m v_f \tag{7.29}$$

加工时间由式（7.27）给出。

前面已经介绍了各种机床、加工操作以及金属去除率和加工时间的基本公式，现在，我们应把注意力转向那些影响加工成本和估算费用的设计因素上了。

7.5　标准化

第一个规则：尽可能地采用标准化零件，许多小的零件，例如螺母、垫圈、螺栓、螺钉、密封圈、轴承、齿轮和链轮，都是大批量生产并广泛应用的，这些零件的成本要比那些类似的非标准零件低得多。显然，设计者应该对这些适用标准零件编制目录，它们可从供应商那里购得，而供应商的信息可由标准贸易索引提供。索引里产品下面是对应的生产商。然而，过分强调标准化也会存在危险。应用 DFMA 所带来的许多令人印象深刻的成就却有可能是背离标准化的。例如，IBM 的打印机的成功，主要归因于设计师摆脱了传统的点阵打印机的设计方法，他们总结出一套新的机构来驱动打印头，还引进了新的塑料基座，不使用标准零件来保护重要的元件，如电源变压器和驱动电动机等。而另一个极端则是盲目遵从公司标准，抵制设计中的创新。

第二个规则：如果可能的话，尽量减少预成形工件的加工次数。工件有时能采用铸造、焊接组装或诸如挤压、拉深、冲裁和锻造等金属成形工艺来进行预成形。很明显，选择预成形工件的理由取决于要求的生产数量。但工件需要预成形时，标准化再一次起到一个重要作用。设计师或许可以使用一个预成形工件，而该工件是为以前一个类似工作所设计的，因为必需的铸造模型或工具以及金属成形过程的模具都已经可用。

最后，即使标准件或标准预成形工件不可用，设计者也应尽量对纳入到设计中的加工特征进行标准化。加工特征标准化意味着适当的刀具、夹具和固定装置是可用的。标准化加工特征的例子包括钻孔、螺纹、键槽、轴承座、花键等。标准特征的信息可以在各种参考书中找到。

7.6 工件材料的选择

选择工件材料时，设计师必须考虑适用性、成本、可用性、可加工性以及所要求的加工数量等多种因素，每个因素都对其他因素要有影响。最佳选择通常是互相冲突的需求之间的折中。各种材料的适用性取决于零件的最终功能，并由强度、耐磨性、外观、耐蚀性等特性决定。这些设计过程的特性已经超出了本章的讨论范围，但一旦限制了零件材料选择，那么设计师就必须考虑能有助于减少零件最后成本的那些因素。不能假定，便宜的工件材料会自动导致零件的成本最小。例如选择加工费用低（可加工性好）但价格较高的材料或许是更经济的。粗加工时，当切削速度恒定时，单件生产成本 C_{pr} 为

$$C_{pr} = Mt_1 + Mt_m + (Mt_{ct} + C_t)t_m/t \tag{7.30}$$

式中 M——总的机床和人工费率；

t_1——非生产时间；

t_m——加工时间（机床正在操作的时间）；

t——刀具寿命（两次刀具刃磨之间的加工时间）；

C_t——刀具成本；

t_{ct}——使得刀具锋利的成本（包括磨刀成本和/或可应用的刀片固定装置和刀片的折旧）。

加工时间为：

$$t_m = \frac{K}{v} \tag{7.31}$$

其中，对特定操作而言，K 为一个常数，v 为切削速度。

同样，刀具耐用度 t 可由泰勒刀具耐用度公式给出：

$$vt^n = v_r t_r^n \tag{7.32}$$

其中，v_r 和 t_r 分别为参照基准的相对切削速度和相对刀具耐用度，n 为泰勒刀具耐用度指数，它主要取决于刀具材料，通常，对于高速钢刀具，$n=0.125$；对于硬质合金刀具，$n=0.25$。

如果将式（7.31）和式（7.32）代入到式（7.30）中，对最终表达式求微分，可得到最小成本的切削速度 v_c 为：

$$v_c = v_r\left(\frac{t_r}{t_c}\right)^n \tag{7.33}$$

其中，t_c 为最小成本刀具耐用度：

$$t_c = \left[\left(\frac{1}{n}\right) - 1\right]\left(t_{ct} + \frac{C_t}{M}\right) \tag{7.34}$$

如果合并式（7.30）~式（7.34），则最小生产成本 C_{min} 为

$$C_{min} = Mt_1 + \frac{MK}{(1-n)v_r}\left(\frac{t_c}{t_r}\right)^n \tag{7.35}$$

其中，第一项为机床的非生产时间的成本，它不受所选择的工件材料以及加工次数的影响。第二项为实际加工操作的成本，对于给定机床和刀具的设计，它取决于 n、v_r、t_r 和 K 的值；指数 n 主要与刀具材料有关；v_r、t_r 是材料加工性的度量；K 与工件加工的次数成比例，可以视为在加工时，切削刃相对于工件所移动的距离。对于给定机床和刀具材料的加工条件，由式（7.34）可知，最小成本的刀具耐用度是一个常数。由式（7.35）可知，加工成本与 v_r、t_r^n 成反比。由于 v_r 为给定刀具耐用度 t_r 的切削速度，更易于加工的材料具有更高的 v_r、t_r^n 值，从而给出更低的加工成本。

例如，考虑使用高速钢刀具（$n = 0.125$）加工低碳钢工件，其相关数据为：$M = 0.00833$ 美元/s，$t_1 = 300$s，$t_c = 3000$s，$K = 183$m（600ft），当 $t_r = 60$s 时，$v_r = 0.76$m/s（150ft/min）。由式（7.35）可得单件最小生产成本 C_{min} 为 6.22 美元。然而，如果加工一个铝件，当 $t_r = 60$s 时，$v_r = 3.05$m/s（600ft/min）。由此可知，工件使用铝材将使单件生产成本降低到 3.43 美元。换句话说，只要因换用铝材增加的成本不超过 2.79 美元，那么采用铝材更加经济。

显然，设计师应当尽量选择那些能导致零件总成本最小的工件材料。

7.7 工件材料的形状

在机械加工之前，总是希望工件是部分成形的。例如铸件、锻件和焊接件。工件材料形状的选择主要依赖于其可用性，金属材料通常以规格多样的标准尺寸的板材、片材、棒材或管材形状出售，见表 7.1。

表 7.1 标准材料形状和尺寸范围

名称	尺寸	形状
板材	6 ~ 75mm（0.25 ~ 3in）	
片材	0.1 ~ 5mm（0.004 ~ 0.2in）	
圆棒料或杆	ϕ3 ~ ϕ200mm（ϕ0.125 ~ ϕ8in）	
六角形棒材	6 ~ 75mm（0.25 ~ 3in）	
方形棒料	9 ~ 100mm（0.375 ~ 4in）	
矩形棒料	3 × 12 ~ 100 × 150mm（0.125 × 0.5 ~ 4 × 6in）	
管材	ϕ5mm × 1mm ~ ϕ100mm × 3mm（ϕ0.1875in × 0.035in ~ ϕ4in × 0.125in）	

设计者可从原材料供应商那里查询材料的标准形状和尺寸，然后按照加工量最小的要求来设计零件。

圆形或六角形的棒料或管材零件通常在这样一类机床上加工——它们为工件提供旋转的主运动，这种类型的零件称为回转件，如图 7.25a 所示。其余零件是由方形或矩形的棒材以及板材或片材来加工的，称为非回转件，如图 7.25b 所示。在机械加工前，部分成形的零件也分为回转件或非回转件。

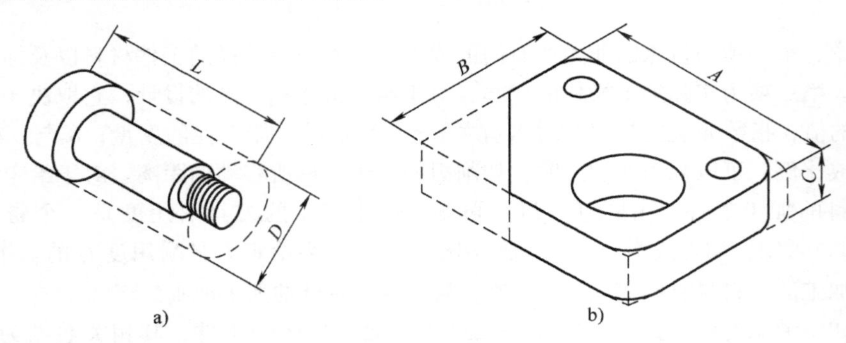

图 7.25 基本零件形状

a）回转件 b）非回转件

（资料来源：Boothroyd，G. and Knight，W. A. Fundamentals of Machining and Machine Tools. 3rd ed. CPC Press，Boca Raton，FL，2006）

下面描述一些用于改变零件初始形状的加工技术，并说明一些对零件进一步加工的设计规则。

7.8 加工基本零件形状

7.8.1 盘形回转件（$L/D \leqslant 0.5$）

长径比小于等于 0.5 的回转体可以归类为盘形回转体，对于直径近似为 300mm（12in）的工件通常是在车床的卡盘上装卡，而对于更大的直径工件，将需要把工件装卡在立式镗床的工作台上。能够进行的最简单的操作是外露面的加工、钻孔、镗孔和车削螺纹孔。所有这些操作都可在一台机床上在不重新夹持的情况下进行加工，如图 7.26所示。

该零件的非外露面或部分外圆柱表面不能被加工，设计时应注意。如果可能的话，设计零件时应不需要加工工件的非暴露面。另外，外部特征的直径应在外露面上逐步地增加，而内部特征的直径应在外露面上逐步地减小。

当然，在图 7.26 的例子中，也可能需要在卡盘上逆转零件来加工它的反面。然而，如果它的直径小于 50mm（2in），要求的表面有可能在一块棒料的端部加工出来，然后从棒料上切断工件，如图 7.27 所示。但应当记住的是，当零件在卡盘上翻面时，特征的同轴度难以保证，如图 7.28 所示。

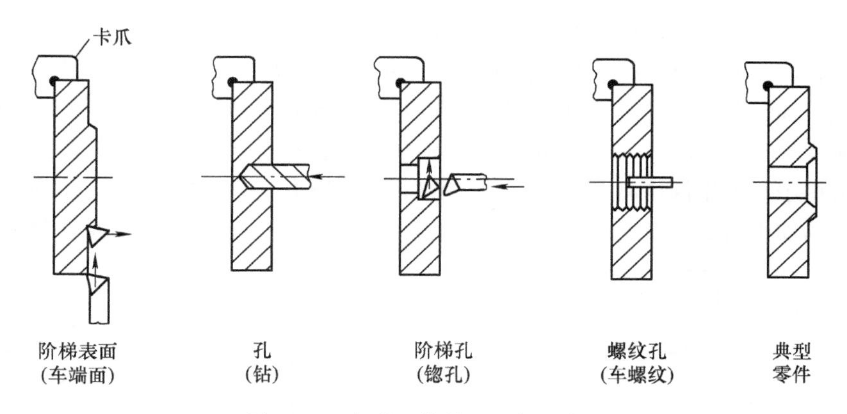

图7.26 盘形工件的一些加工方法
（资料来源：Boothroyd，G. and Knight，W. A. Fundamentals of Machining and Machine Tools. 3rd ed. CPC Press，Boca Raton，FL，2006）

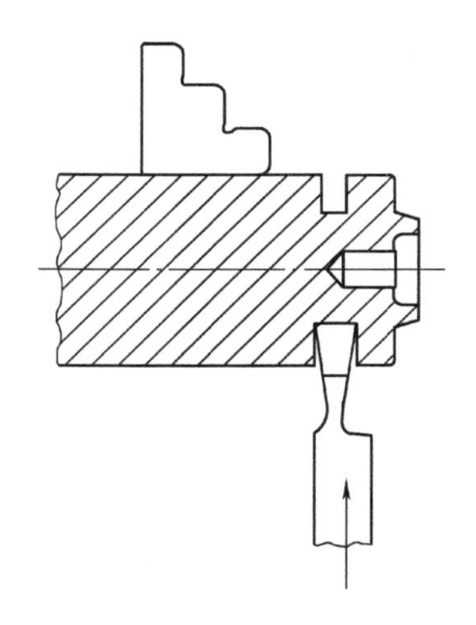

图7.27 从棒料上切断已加工的零件
（资料来源：Boothroyd，G. and Knight，W. A. Fundamentals of Machining and Machine Tools. 3rd ed. CPC Press，Boca Raton，FL，2006）

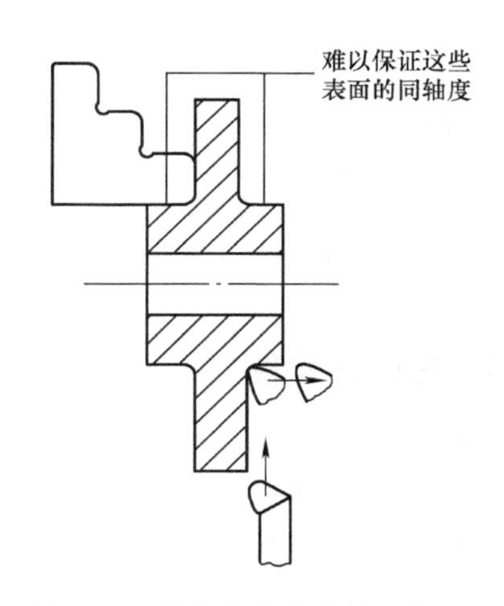

图7.28 零件的阶梯和两端的加工
（资料来源：Boothroyd，G. and Knight，W. A. Fundamentals of Machining and Machine Tools. 3rd ed. CPC Press，Boca Raton，FL，2006）

当加工的表面相交形成一个边时，边是方形的；当表面相交形成一个内转角时，边是圆弧形的（由于刀尖圆弧所致）。因此，设计师总是应标注内圆弧半径。当两个相交平面在最后装配时与另一个零件配合，这时在第二个零件上的相应结合处应进行倒角以提供间隙（图7.29）。倒角可以确保两个零件之间适当配合并且易于加工。

在回转件上，除了那些旋转工件的特征以外，还需要一些仅由机床加工出来的特征。所以，当要求这些特征的一批工件需要暂时堆放，然后送到工厂另一个地方的另一台机床上时，这些工件的存储和传输表现出一个组织问题，它会增大制造成本。因此，如果可能的话，应该尽量使零件仅在一台机床上加工。

在回转体零件上也可以进行平面加工，这些加工可以在铣床上进行。最后，或许回转体上还有辅助孔（与零件轴线不同轴）和齿轮轮齿需要加工。辅助孔可以在钻床上加工，通常会形成如图 7.30 所示的图样。轴向辅助孔通常最容易加工，因为工件的某个平面可用于在工作保持面上对其定向。所以，设计师应避免辅助孔与工件轴线倾斜。齿轮轮齿的加工需要在专用齿轮加工机床上进行，其加工过程时间较长而且费用不菲。

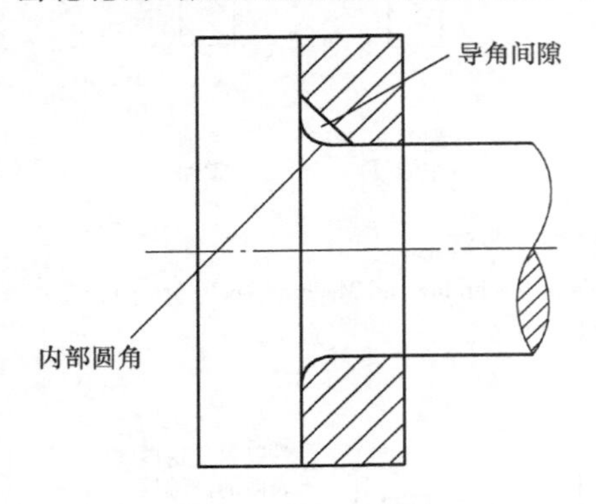

图 7.29 圆角和倒角

（资料来源：Boothroyd，G. and Knight，W. A. Fundamentals of Machining and Machine Tools. 3rd ed. CPC Press，Boca Raton，FL，2006）

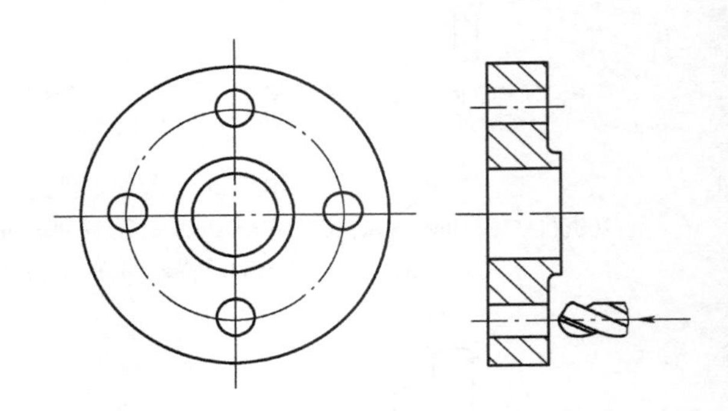

图 7.30 钻辅助孔的图样

7.8.2 短圆柱零件（$0.5 < L/D < 3$）

短圆柱零件生产时经常使用棒料，而且加工后的零件会从棒料上切断，如图 7.27 所示。这类零件的所有外表面都可以不受卡盘卡爪干扰进行加工。因此，重要的是设计师应尽可能保证，工件外露端面处的阶梯内孔直径逐渐减少，而且在切断处的表面上没有沟槽（图 7.31）

7.8.3 长圆柱回转体零件（$L/D \geqslant 3$）

长圆柱回转体零件加工时常采用两个顶尖定位装卡，或在主轴箱一端用卡盘装夹而在另一端用顶尖支承。如果长径比过大，在加工时产生的切削力将导致工件变形。因此，设计师应保证工件在夹具支承下具有足够的刚度来承受切削力。

当回转体零件采用两端定位装卡来加工外表面时，此时加工零件的内表面。加工内表面只能一端装卡，细长零件上的同轴孔由于长径比大将难以加工。所以，设计者应尽量避免回转体零件内表面具有大的长径比。

长圆柱回转体零件上通常要求有键槽或槽。键槽通常在立式铣床上采用键槽铣刀加工（图 7.32a）或在卧式铣床上使用在侧面和端面上有齿的三面刃铣刀加工（图 7.32b）。键槽的最终形状是由所使用的铣刀形状确定的。设计师可根据键槽的形状

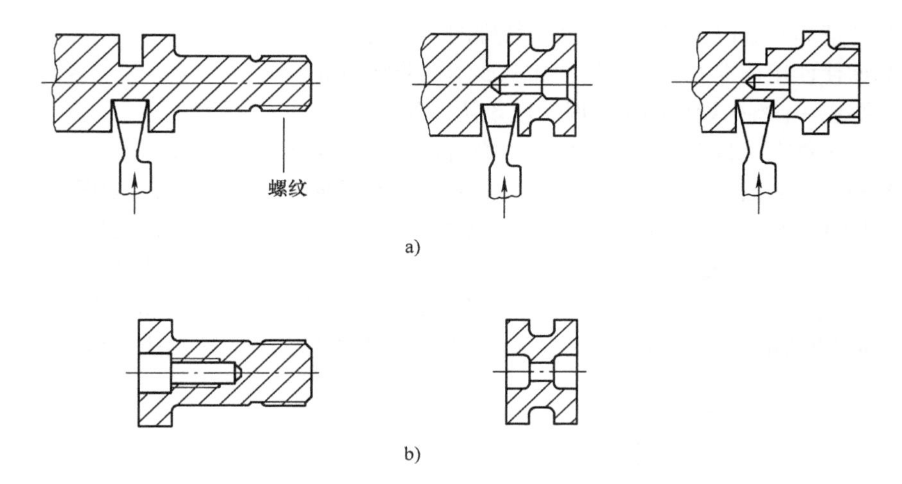

图 7.31　从棒料上加工零件

a）可以完全切离的零件　b）不能完全切离的零件

（资料来源：Boothroyd，G. and Knight，W. A. Fundamentals of Machining and Machine Tools. 3rd ed. CPC Press，Boca Raton，FL，2006）

指定相应的加工工艺。

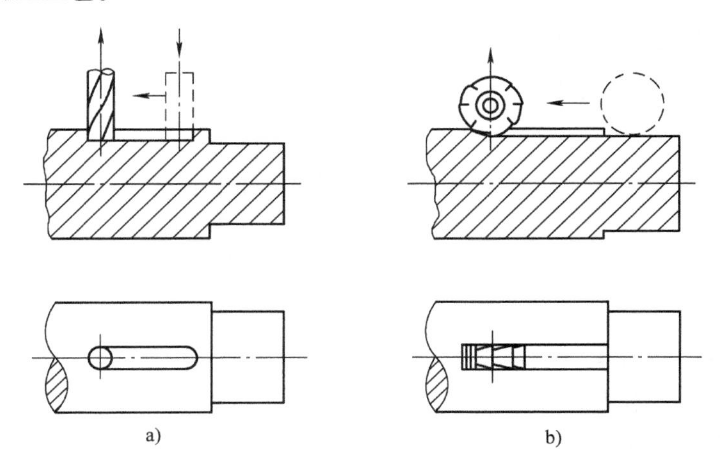

图 7.32　键槽加工

a）立式铣床　b）卧式铣床

（资料来源：Boothroyd，G. and Knight，W. A. Fundamentals of Machining and Machine Tools. 3rd ed. CPC Press，Boca Raton，FL，2006）

在讨论用加工来改变非回转体零件基本形状的方式之前，应注意一些关于回转体零件不希望的特征的一般性问题。这些不希望的设计特征可归纳如下：

① 特征不可能被加工；

② 特征非常难以加工，需要使用特殊的刀具或夹具；

③ 即使使用标准刀具，特征的加工成本也非常昂贵。

当考虑一个特殊设计的特征时，应该认识到：

① 当工件在夹具上装夹时，加工的表面必须是刀具可以达到的。

② 当工件表面被加工时，工具和刀具夹持装置不能与工件上的剩余表面发生干涉。

图 7.33a 给出了一个零件外表面不可能被加工的实例。这是因为，在加工一个圆柱表面时，刀具会与其他圆柱表面发生干涉。图 7.33b 所示的零件在车床加工极为困难，因为孔钻时，工件必须用一个特殊夹具装夹。即使工件为了钻孔而在钻床上加工，也需要事先铣削出如图 7.33c 所示的沉头平台，防止钻头在钻孔开始时轴线偏移。

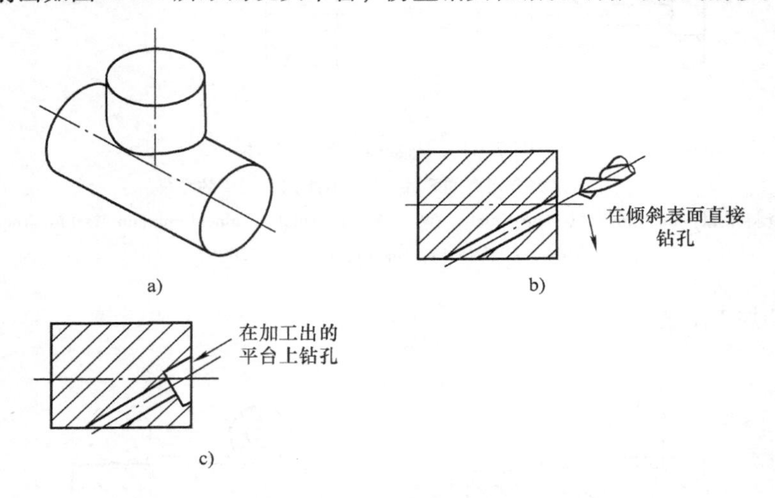

图 7.33 当圆柱面不同轴时所出现的困难

a）不能加工 b）加工困难 c）可以在钻床上加工

（资料来源：Boothroyd，G. and Knight，W. A. Fundamentals of Machining and Machine Tools. 3rd ed. CPC Press，Boca Raton，FL，2006）

图 7.34 给出了工具或刀柄会干涉工件其他表面的两个例子。图 7.34a 中的小孔将难以加工，如果不使用一个特殊的加长钻头，正常加工时会出现刀柄与工件干涉的情况。图 7.34b 所示的零件内部的凹孔不可能加工，因为不可能设计一种刀具能够进入。

图 7.35a 所示的将螺纹延伸到螺栓的根部，这样的加工是不可能实现的，因为当车床刀架与丝杠在每个行程结束后脱离时，螺纹车刀会在工件上产生一个圆槽。为此需要提供一个如图 7.35b 所示的退刀槽，以使得螺纹车刀有一个余量而不会干涉到其他已加工表面。

7.8.4 非回转体零件（$A/B \leqslant 3$，$A/B \geqslant 4$）

应该避免超薄平板零件，因为加工其外表面时，工件夹持困难。许多薄板零件是通

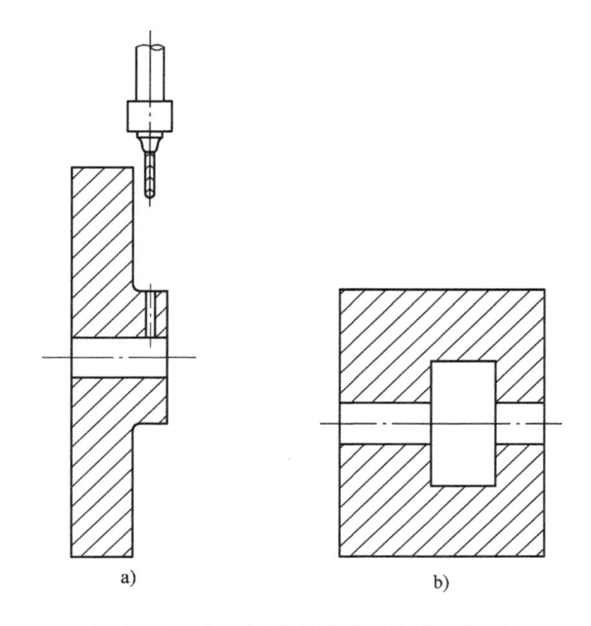

图 7.34　在回转件上应避免的设计特征

a）需要特殊加长钻头来加工径向孔　b）不可能加工内部凹孔

（资料来源：Boothroyd, G. and Knight, W. A. Fundamentals of Machining and Machine Tools. 3rd ed. CPC Press, Boca Raton, FL, 2006）

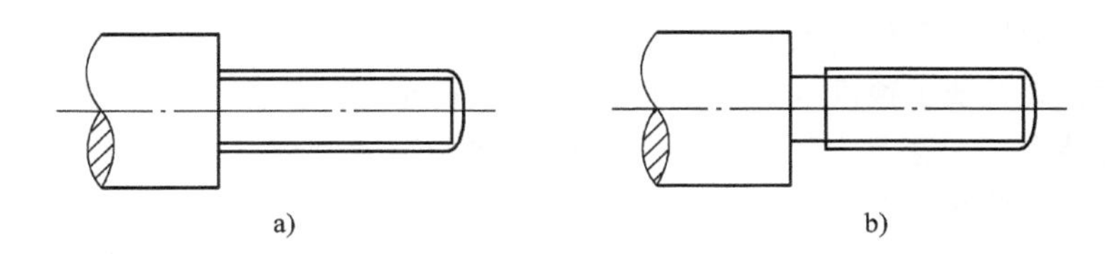

图 7.35　在阶梯零件上加工螺纹

a）不可能加工　b）具有退刀槽的良好设计

（资料来源：Boothroyd, G. and Knight, W. A. Fundamentals of Machining and Machine Tools. 3rd ed. CPC Press, Boca Raton, FL, 2006）

过板状或片状坯料进行加工的，开始加工时要求加工外缘。外缘一般是在立式铣床或卧式铣床上加工。图 7.36 给出了一些在薄板零件的边上产生的最简单形状。由图可以看到，内圆弧半径不能小于所使用的铣刀半径。

通常，卧式铣床的铣刀最小直径［对于中型机床大约为 50mm（2in）］应大于立式铣床的铣刀直径［约 12mm（0.5in）］，因此小的内径对于立铣是必需的。然而，对于图 7.36 所示的，必需沿着四周加工的薄板零件，可在机床工作台与零件之间垫一垫板，使垫板轮廓小于零件的设计尺寸。这种夹持工件的方法至少要求工件提供两个螺栓孔。在卧铣时，工件夹持在台虎钳上。

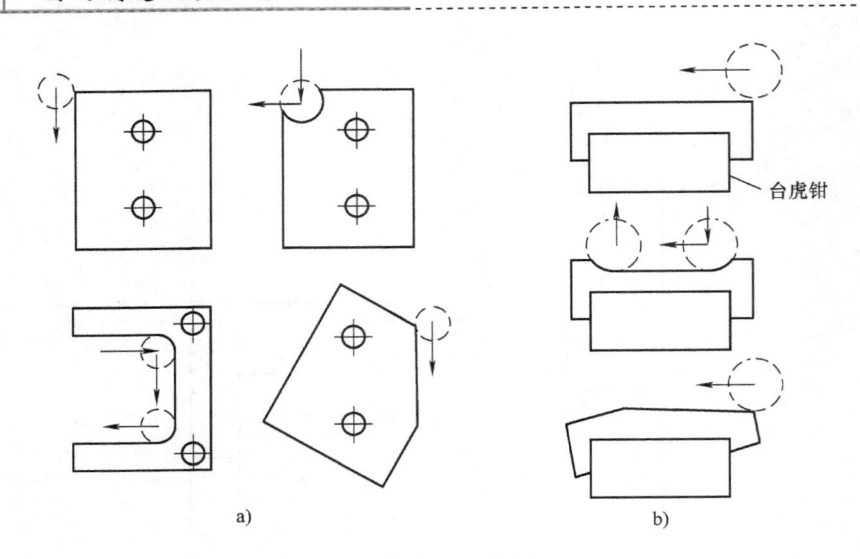

图 7.36　薄板零件外部形状铣削

a）立铣（俯视图）　b）卧铣（正视图）

（资料来源：Boothroyd，G. and Knight，W. A. Fundamentals of Machining and Machine Tools. 3rd ed. CPC Press，Boca Raton，FL，2006）

薄板零件通常要求有一个较大的合理批量，几个零件摞起同时加工，可以大大减少制造成本。

有时，非回转体零件上也要求有大孔（主要孔）。这些主要孔通常垂直于工件上的两个大平面，并且要求镗削加工。这种加工可以在车床上进行，如图 7.37a 所示。此时，工件安装在车床花盘上。这种加工也可在立式镗床上进行，如图 7.37b 所示。此时，工件安装在旋转工作台上。

对于精度要求高的小零件，它的孔可以在坐标镗床上加工。坐标镗床类似于立式铣床，但其主轴是垂直进给的，并安装镗刀，如图 7.37c 所示。从这些例子中可见，只要可能的话，主要孔应该是圆柱形的，并与零件基准垂直。同时，装夹时在工件和工作保持面之间需要垫片。

要考虑的辅助加工的其他类型是在工件的一个大表面上规定一系列平面表面，例如阶梯、槽等。如果可能的话，平面表面应限制在一个表面上，并在刨床上加工。图 7.38显示了各种平面加工。从中可见，如果可能的话，平面表面要么平行于零件基准，要么垂直于零件基准。同样，对于铣削加工，不需要标注出内圆半径，因为铣刀齿的圆角通常很尖。

最后，薄板零件上也许还要求有辅助孔，它们通常需要在钻床上加工。与之类似的盘形回转体零件辅助孔的加工也可借鉴。于是，如果可能的话，辅助孔应该是圆柱形，并与零件基准垂直，最好其布置形式可简化钻削工件的定位。

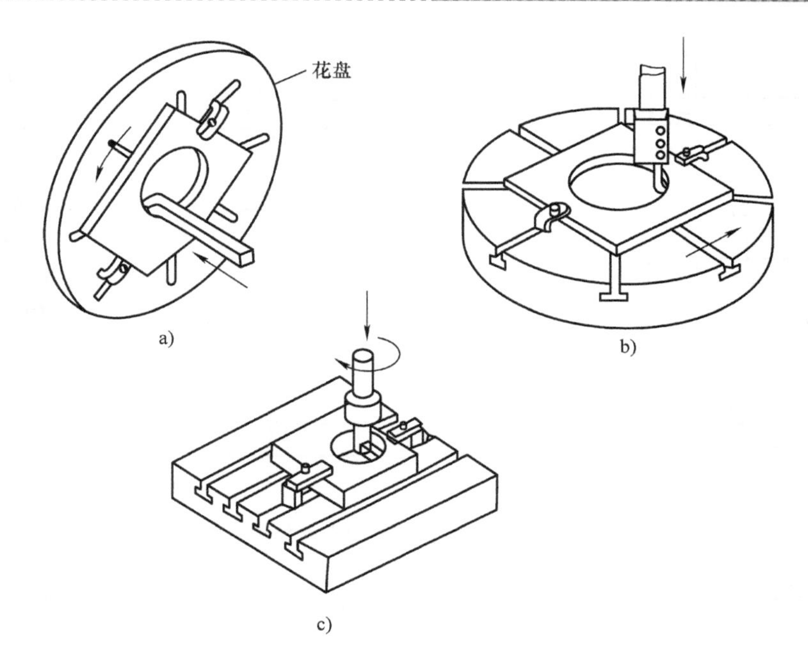

图 7.37　在非回转体零件上加工主要孔

a）车床　b）立式镗床　c）坐标镗床

（资料来源：Boothroyd，G. and Knight，W. A. Fundamentals of Machining and Machine Tools. 3rd ed. CPC Press，Boca Raton，FL，2006）

7.8.5　长非回转体零件（$A/B>3$）

长非回转体零件经常由矩形或方形棒料进行加工，由于装夹困难，应尽量避免很长的零件。这类零件最常用的加工方法是钻削和铣削，应避免加工表面与零件的主要轴线平行，因为在加工时，按整个工件长度进行夹持相当困难。此外，如果可能的话，设计者应尽量采用预成形至所要求截面的工件材料。

7.8.6　非回转的立方零件（$A/B<3$，$A/C<4$）

立方体零件上至少应有一个表面，它在开始时经过磨削或铣削后，可作为零件的装夹和后续加工的基准。

如果可能的话，零件的外加工表面应由一系列与零件基准平行或垂直的互相垂直平面组成。这样，当基准被加工后，后续加工可以最小的工件夹紧力来加工工件的外表面。例如，图 7.39 给出的立方零件，可以在立式铣床上无需夹紧地加工其所有外露表面。由图可知，与基准平行的尖的内圆弧可以很容易地加工出来，但应避免与基准面垂直的尖的内圆弧。

图 7.39 所示的零件形状是块状的，而其他零件形状也许是壳状或盒状的。立方零

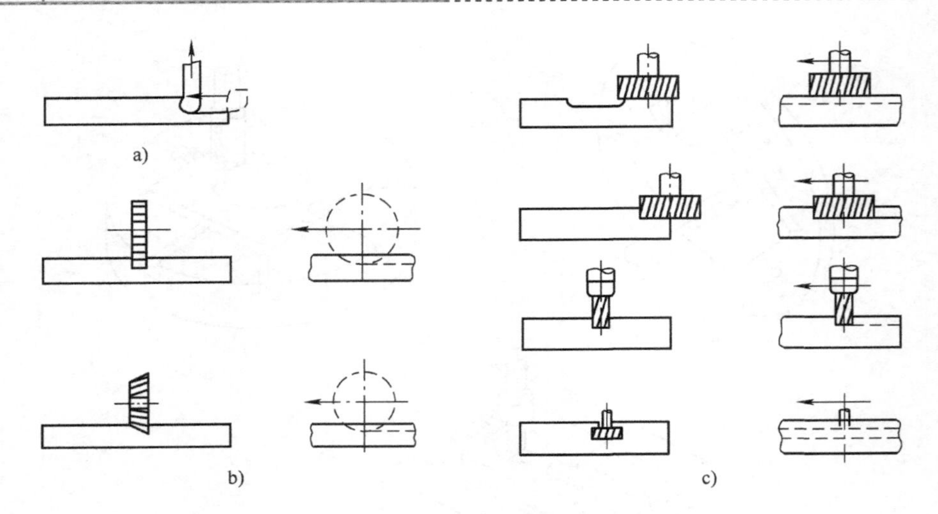

图 7.38　薄板零件的平面加工

a）刨削　b）水平铣削　c）立式铣削

（资料来源：Boothroyd，G. and Knight，W. A. Fundamentals of Machining and Machine Tools. 3rd ed. CPC Press，Boca Raton，FL，2006）

件上的主要孔常在卧式镗床上加工。为了便于加工，内圆柱表面应该是同轴的，且由工件的外露面开始直径逐渐减少。此外，还应尽量避免开不通孔。因为在水平镗削时，镗杆通常是贯穿工件的。应避免在盒状零件上加工内表面，除非设计者能保证刀具可以进入。

对于小型立方零件，可以使用图 7.40 所示的面铣刀来加工型腔或内表面。需要再次强调的是，与零件基准面垂直的内圆弧半径应不小于加工铣刀的半径。通常，在加工外形后，使用相同的铣刀来加工型腔。铣刀直径越小，则加工型腔所需要的时间越长。所以，加工成本与垂直内圆弧半径有关。因此，垂直于工件基准面的内圆弧半径应尽可能地大。

最后，立方工件上经常有一系列的辅助孔。辅助孔应是圆柱形且与工件基准面垂直或平行，同时，它们还应该处于可进入的位置上，并应具有能用标准钻头加工的长径比。一般，标准钻头可以加工的孔的长径比不大于5。

图 7.41a 给出了在非回转体零件上难以加工或加工费用昂贵的一些特征的例子，在图 7.41a 左边的图中，内部直角是尖的，这些特征无法用标准刀具加工；而图 7.41a 右图中的长径比非常大，即使使用特殊深孔钻削技术也难以加工。图 7.41b 给出了实际上不能生产的加工特征的例子。因为设计不出合适的刀具能到达所有的内部表面。图 7.42给出了一些不通孔设计。用标准钻头加工的不通孔底部应具有一个近似 120°的锥形面。具有平形端面的不通孔需要使用特殊刀具加工。因此，不通孔的内端面应具有锥面。如果不通孔是用作螺纹底孔，那么设计者应注意到，不能把螺纹深度一直标注到不通孔的最底端，否则无法攻螺纹。

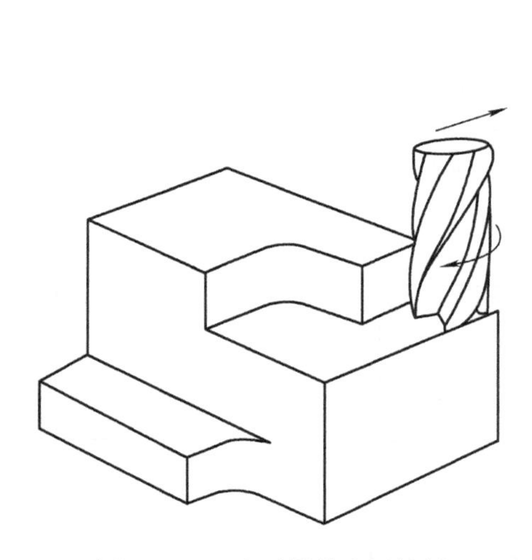

图 7.39　立方零件外表面铣削

（资料来源：Boothroyd，G. and Knight，W. A. Fundamentals of Machining and Machine Tools. 3rd ed. CPC Press，Boca Raton，FL，2006）

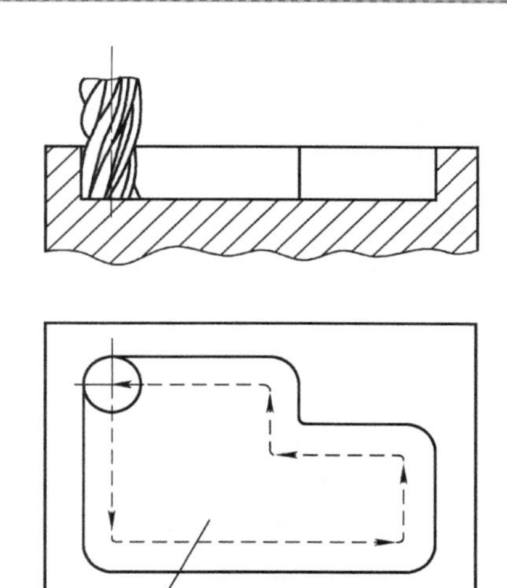

图 7.40　小型立方工件的内腔铣削

（资料来源：Boothroyd，G. and Knight，W. A. Fundamentals of Machining and Machine Tools. 3rd ed. CPC Press，Boca Raton，FL，2006）

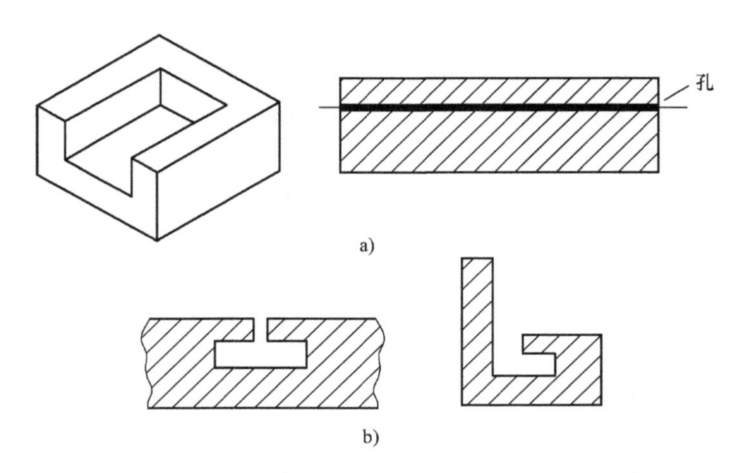

图 7.41　非回转体零件应避免的设计特征

（资料来源：Boothroyd，G. and Knight，W. A. Fundamentals of Machining and Machine Tools. 3rd ed. CPC Press，Boca Raton，FL，2006）

设计时应避免折线孔或弯曲孔，图 7.42 中的曲线孔显然是无法加工的。然而，钻削一系列不通孔和堵上不必要的出口经常能取得要求的效果，不过这种操作费用高昂。

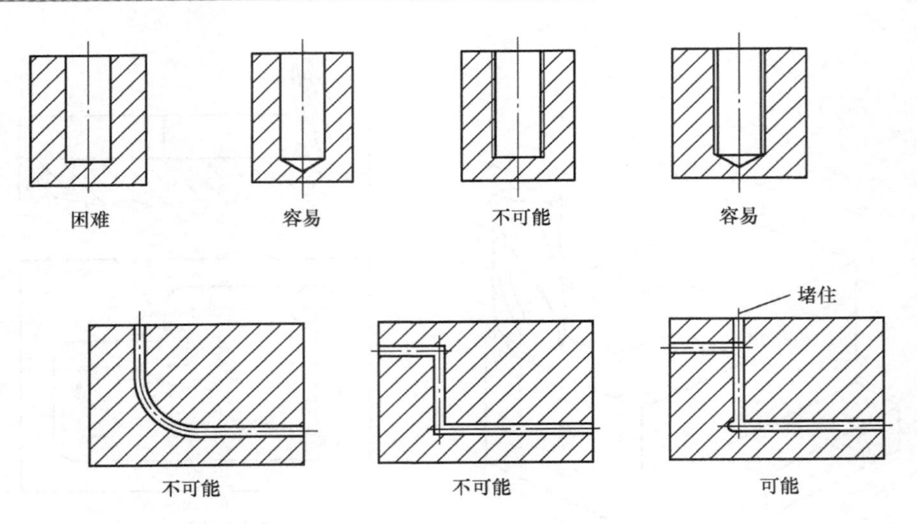

图 7.42 不通孔设计

（资料来源：Boothroyd，G. and Knight，W. A. Fundamentals of Machining and Machine Tools. 3rd ed. CPC Press，Boca Raton，FL，2006）

7.9 零件的装配

大部分加工后的零件最终都需要装配，设计者要考虑装配工艺。在本书的第 3 章，已经研究了面向易于装配的设计方法。然而，这里要讨论影响加工的若干装配问题。当然，第一个要求是零件装配应在物理上可行，显然，螺栓或螺钉上的螺纹应该与所啮合的螺纹孔中的螺纹牙型一致。无论如何，一些装配问题并不相当明显。图 7.43 给出了一些不可能装配的情形，它留给读者去分析为什么零件不能合适地装配。

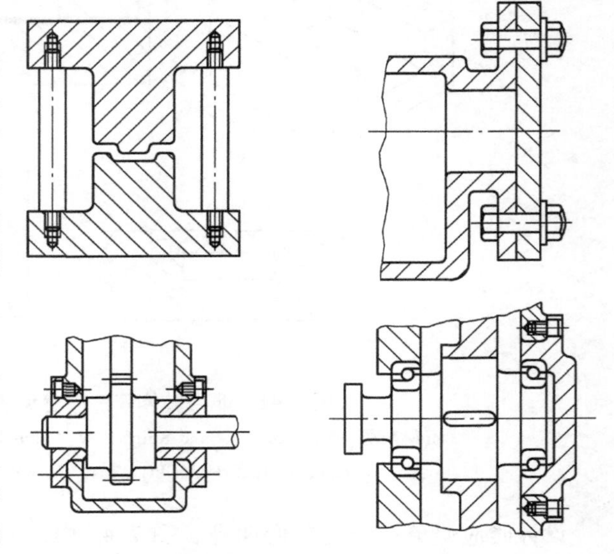

图 7.43 不能装配的零件

（资料来源：Boothroyd，G. and Knight，W. A. Fundamentals of Machining and Machine Tools. 3rd ed. CPC Press，Boca Raton，FL，2006）

更进一步的问题是：零件上每个加工的表面应该在配合零件上有对应的加工表面。例如，端盖铸件用螺栓固定，螺纹孔周围应加工出与孔轴线垂直的小平台（例如锪孔），以给螺母、螺栓头或垫片提供适当的平台。同样，内圆弧也不能与配合零件上的外圆弧出现干涉现象。图7.29给出了如何避免这种干涉的例子。最后，不正确的公差标注将导致装配困难甚至不可能装配。

7.10　精度和表面粗糙度

当确定加工表面的精度和表面粗糙度时，设计者一般不会对高精度的表面标注出很大的表面粗糙度值，同理，也不会给一个精度低的表面标注出很小的表面粗糙度值。必须考虑加工的表面将要实现的功能，设计者标注的公差太小或表面粗糙度值太小，是增加不必要制造成本的主要因素之一。例如在使用车床进行的粗车有可能得到足够的精度和表面粗糙度后，而由于这种标注将需要增加不必要的精加工工序，如外圆磨削。于是，在满足加工表面的性能前提下，设计者应尽可能地给加工表面指定要求最低的公差和表面粗糙度。

作为在要求的公差之内的加工难易程度的指导，可以陈述如下：

从0.127～0.25mm（0.005～0.01in）范围内的公差容易获得；

从0.025～0.05mm（0.001～0.002in）范围内的公差稍微难以获得，需增加生产成本获得；

从0.0127mm（0.005in）或更小范围内的公差，要求更好的设备和技艺高超的操作人员，会极大增加生产成本。

图7.44给出了不同加工所能获得的表面粗糙度范围，从中可以看到，任何表面标

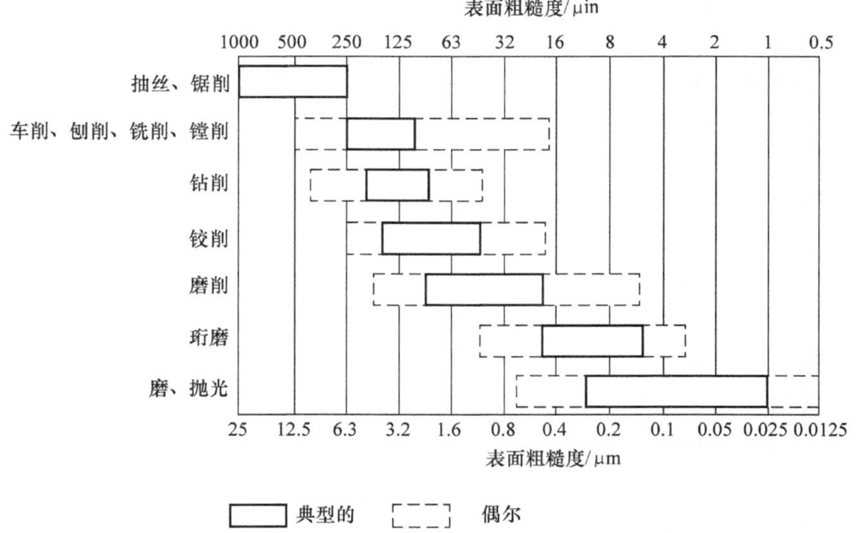

图7.44　各种加工所能获得的表面粗糙度的一般范围值

（资料来源：Boothroyd，G. and Knight，W. A. Fundamentals of Machining and Machine Tools. 3rd ed. CPC Press，Boca Raton，FL，2006）

注的表面粗糙度算术平均值为1μm（40μin）或更小的话，通常要求单独的精加工，会明显增加成本。即使当精加工能在一台机床上完成，如果表面粗糙度值很小的话，也会增加成本。

为了说明成本随着表面粗糙度数值的降低而增加，考虑一个简单的车削加工实例，如果具有刀尖圆弧的刀具在理想切削条件下，表面粗糙度的算术平均值 Ra 与进给量 f 的关系为：

$$Ra = \frac{0.0321f^2}{r_e} \quad (7.36)$$

式中 r_e——刀具刀尖圆弧半径。

加工时间 t_m 与进给量 f 成反比，两者之间的关系为

$$t_m = \frac{l_w}{fn_w} \quad (7.37)$$

式中 l_w——工件长度；

n_w——工件转速。

从式（7.36）中代换进给量 f 到式（7.37），可以给出加工时间与指定的表面粗糙度之间关系为：

$$t_m = \frac{0.18l_w}{[n_w(Rar_e)^{0.5}]} \quad (7.38)$$

于是，加工时间（加工成本）与表面粗糙度的开方成反比，图7.45给出了典型车削加工的生产成本与表面粗糙度之间的关系，由此可以看到当标注的表面粗糙度数值低时，成本迅速增加。

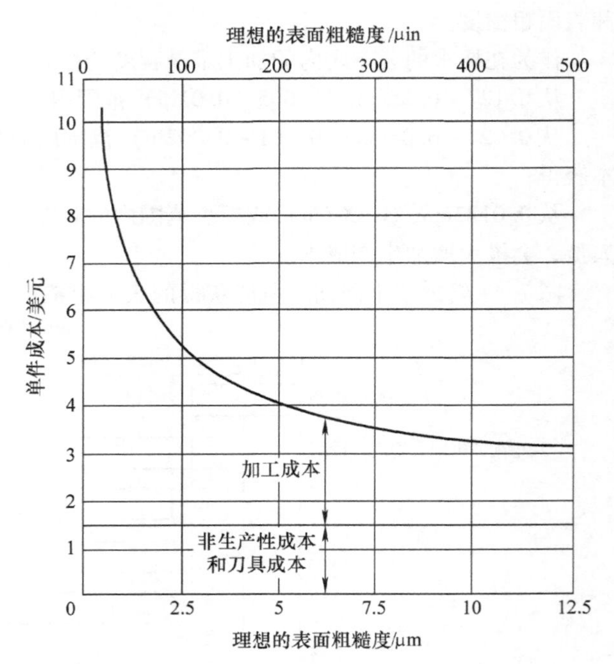

图7.45 车削加工时，标定的表面粗糙度与生产成本之间的关系刀尖圆弧半径 r_e = 0.03in（0.763mm），工件转速 n_w = 200r/min（3.33s^{-1}），工件长度 l_w = 34in（864mm）

（资料来源：Boothroyd，G. and Knight，W. A. Fundamentals of Machining and Machine Tools. 3rd ed. CPC Press，Boca Raton，FL，2006）

对于许多应用而言，光滑而精度高的表面是必不可少的。这种表面最常见的获得方式是精磨。当指定了精磨加工时，设计者要考虑被磨表面的可进入性。一般而言，被精磨的表面应该是凸起的，而且不能相交形成内部拐角。图7.46给出了使用标准砂轮所容易精磨的表面类型。

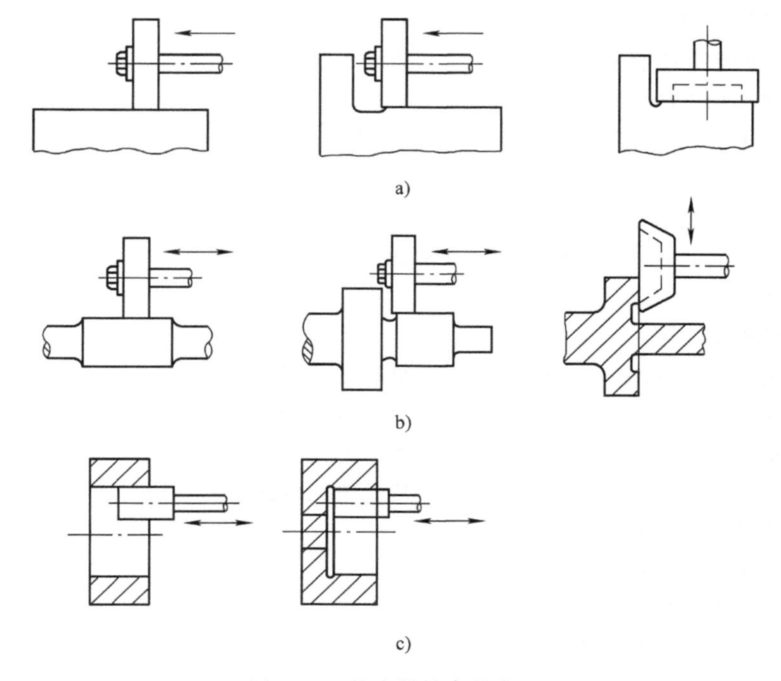

图7.46　能容易精磨的表面

a）平面磨削　b）外圆磨削　c）内圆磨削

（资料来源：Boothroyd，G. and Knight，W. A. Fundamentals of Machining and Machine Tools. 3rd ed. CPC Press，Boca Raton，FL，2006）

7.11　设计准则小结

本节列出了所介绍的各种设计准则，给设计者提供了在考虑加工零件时应该牢记的主要观点总结。

1. 标准化

① 尽可能地使用标准零件；

② 如果合适的话，尽量采用铸造、锻造和焊接等工艺对工件进行预成形；

③ 尽可能使用标准预成形工件；

④ 只要有可能就利用标准的加工特征；

⑤ 选用能使零件成本（包括生产成本和原材料成本）最低的原材料；

⑥ 使用以标准形式供应的原材料。

2. 零件设计

（1）设计原则

① 尝试去设计能在一台机床上完成加工的零件；

② 尝试去设计零件，当它被夹具装夹时，加工不需要在零件的未暴露表面里面进行；

③ 避开那些现有设备不能处理的加工特征；

④ 设计的零件应具有足够的刚度，可以承受加工时的切削力；

⑤ 核实当加工特征时，刀具、刀架、工件与工件夹具不会相互影响；

⑥ 确保工艺孔或主要孔是圆柱形的，并且长径比合适，可以用标准钻头或铣刀加工；

⑦ 确保工艺孔平行或垂直于工件轴线或参考表面，并与钻的孔图案布置有关系

⑧ 确保不通孔底部是圆锥形的，在不通孔上攻螺纹时，丝锥不能一直加工到孔底；

⑨ 避免弯曲孔。

（2）回转体工件

① 尽量确保圆柱表面同轴，平面与零件轴线垂直；

② 尽量确保外部特征的直径随着工件的暴露面的增大而增大；

③ 尽量确保内部特征的直径随着工件的暴露面减小而减小；

④ 对工件上的内部圆弧，指定的半径应等于标准圆形刀具的圆弧半径；

⑤ 长零件上避免避开内部特征；

⑥ 避免零件长径比过大或过小。

（3）非回转体工件

① 为工件夹具和参考表面提供基准；

② 如果可能的话，确保零件的暴露表面包含有一系列的相互垂直的且与基准面平行或者垂直的表面；

③ 保证与基准面垂直的内圆弧半径与标准刀具外圆半径相同，同时，对于机加工的口袋也要保证与基准面垂直的内角有尽可能大的半径；

④ 如果可能，约束工具（狭缝、沟等）平行与工件表面；

⑤ 长工件避开圆柱孔；

⑥ 通过使用与指定横截面相同的加工材料，保证在较长的零件上没有机械加工表面；

⑦ 避免工件过薄或过厚；

⑧ 确保在扁平的或者立方体的零件上，主要的钻孔与基准面垂直并且包含一个从工件的暴露的表面开始直径逐渐减少的圆柱形表面；

⑨ 大立方组件避免不通孔；

⑩ 立方盒组件避免内部加工特征。

3. 装配

① 确保装配可能；

② 确保零件上的每一个操作机加工表面在与之配合的零件上都有一个与之相应的机加工表面；

③ 确保每一个内角不和与之配合的零件上的与相应的外圆倒角干涉；

④ 指定能够使操作表面达到要求性能的公差带与表面粗糙度；

⑤ 确保要进行磨削加工的表面高于其他的表面，同时确保这些表面不会相交形成

内角。

7.12 对于加工零件的成本估算

设计者要使加工零件的制造成本最小时，应牢记一些的合理知识。前面一节已经列出了一些应当遵循的设计规则，然而，设计者需要知道：设计决策对制造成本的影响非常大。当考虑易于装配的产品设计时，对于这些成本的估算方法的需求就凸显出来。在一段时期，一些技术已经用于分析随着每个零件的加入而导致的装配件的搬移和插入成本，这些已经在第3章里讨论过。结果，这些分析导致许多简化设计的建议出现，比如减少单个零件或组件的数量等。然而，必须拥有快速估算这些零件和工具的成本方法，以便对产品成本的总体节省进行量化。

这种方法要不同于传统的成本估算方法。这些传统方法是应用于当零件已经设计并计划了它的生产之后，因此，生产中的每一步骤必须是已知的，这样可以做出准确性高的成本评估。但是，在早期设计阶段，设计师不可能详细说明所有的夹具和需要用到的工具。即使在详细设计时也做不到这一点。的确，指定工件材料的最后决定还不能在这个阶段做出。因此，我们需要的是一种近似方法，它仅要求设计师提供最少的信息，同时设定最终的设计可以避免不必要的制造费用，以确保零件是在合理的经济条件下制造。

也许最简单的方法是让设计者指定原始工件的形状和尺寸以及被加工切除的材料数量。然后，根据典型材料的单位重量的数据，就可以估计需要加工零件的材料成本。如果一个近似值可用的平均成本去除每立方英寸的加工材料，也可以估算加工成本。

不幸的是，这个非常简单的方法并不包括一系列的加工操作的非生产性成本。例如，在一个简单的车削加工中，一次进给切除 $1in^3$ 的材料，非生产性的成本很小。零件只需要一次安装到机床上，加工结束后再拆卸，刀具也需要一次设定后进给切削即可。用 $1in^3$ 的相同材料分别采用车削、螺纹切削、铣削和钻削来进行比较，在这种情况下，非生产性的成本积累，成为加工零件最终成本的一个非常大的因素，特别是当加工零件相对较小的时候。

我们需要的是这样一种方法，它可以对上述过于简单的办法和制造工程师所使用的传统详细成本估计方法进行折中，从而达到降低成本的目的。

7.12.1 材料成本

通常，机加工零件的总成本中最为重要的因素是原始工件的成本。这种材料成本经常会超过总成本的50%。因此应该对其进行合理谨慎的估算。表7.2给出了在通常可用的基本形状下各种材料的密度和近似成本。提供了设计师可以指定原始工件所需的材料用量，材料成本很容易被估计。虽然这个数字在表7.2可以作为一个粗略的指引，设计师将能够从材料供应商获得更准确的数据。尽管材料价格会随着市场条件而大幅波动，但为了这一章计算的目的，表7.2中还是给出了有关的数值。

表 7.2 多种金属材料的近似成本 (单位：美元/lb)

		密度 lb/in³	密度 mg/cm³	棒料	杆材	片材 <0.5in	板材 >0.5in	管材
钢铁材料	碳素钢	0.283	7.83	0.51	0.51	0.36	0.42	0.92
	合金钢	0.31	8.58	0.75	0.75	1.20	—	—
	不锈钢	0.283	7.83	1.50	1.50	2.50	2.50	—
	工具钢	0.283	7.83	6.44	6.44	—	6.44	—
非铁材料	铝合金	0.10	2.77	1.93	1.93	1.95	2.50	4.60
	黄铜	0.31	8.58	0.90	1.22	1.90	1.90	1.90
	镍合金	0.30	8.30	5.70	5.70	5.70	5.70	—
	镁合金	0.066	1.83	3.35	3.35	6.06	6.06	3.35
	锌合金	0.23	6.37	1.50	1.50	1.50	1.50	—
	钛合金	0.163	4.51	15.40	15.40	25.00	25.00	—

7.12.2 机器的装卸

工件每次装到机床上加工后又卸下，会导致非生产性成本产生。参考文献［1］对装卸时间进行了详尽的研究。作者发现：当工件的重量已知时，对一个特定的机床和夹具，可以相当准确地估计这些时间。参考文献［1］的一些结论在表 7.3 中给出。这可以用来估算机床的装卸时间。诸如冷却液的启闭，夹具或夹紧装置的清扫等操作会增加机床装卸时间。

表 7.3 装载和卸载时间

夹具	工件重量 0~0.2 (kg) / 0~0.4 (lb)	0.2~4.5 / 0.4~10	4.5~14 / 10~30	14~27 (kg) / 30~60 (lb)	吊车
角度板（2U 卡钳）	27.6	34.9	43.5	71.2	276.5
两顶尖之间，无夹具固定	13.5	18.6	24.1	35.3	73.1
两顶尖之间，有夹具固定	25.6	40.2	57.4	97.8	247.8
自定心卡盘	16.0	23.3	31.9	52.9	—
单动卡盘	34.0	41.3	49.9	70.9	—
卡在工作台上（3 个夹紧点）	28.8	33.9	39.4	58.7	264.6
弹簧夹头	10.3	15.4	20.9	—	—
花盘（3 钳座）	31.9	43.3	58.0	82.1	196.2
卧式夹具（3 螺钉）	25.8	33.1	41.7	69.4	274.7
立式夹具（3 螺钉）	27.2	38.6	53.3	—	—
手持	1.4	6.5	12.0	—	—
手动夹具	25.8	33.1	41.7	—	—
磁性工作台	2.6	5.2	8.4	—	—
导轨	14.2	19.3	24.8	67.0	354.3
旋转工作台或分度板（3 个夹紧点）	28.8	36.1	44.7	72.4	277.7
V 形块	25.0	30.1	35.6	77.8	365.1
台钳	13.5	18.6	24.1	39.6	174.2

（资料来源：Fridriksson，L. Nonproductive Time in Conventional Metal Cutting. Report No. 3，Design for Manufacturability Program，University of Massachusetts，Amherst，February1979）

7.12.3　其他非生产性成本

对于每一个输送、切削或在机床上进行的操作，都会导致非生产性成本进一步地增加。因为在上述每种情况下，刀具必须定位，或许进给和速度的设置会发生改变，还需要设置进给量。当操作完成，工具必须退出。如果使用不同的刀具，那么还必须考虑到刀具啮合或分度的时间。表 7.4 给出了一些不同类型的机床在进行这些任务时需要的时间。

表 7.4 还包括了每个刀具的基本设置时间和额外设置时间的估计。为了获得每个零件的设置时间，总安装时间必须除以零件批量。

表 7.4　通用机床的一些非生产性时间

机　　床	工具调整时间①/s	基本设置时间/h	每刀额外设置时间/h
水平带锯	—	0.17	—
手动转塔车床	9	1.2	0.2
数控转塔车床	1.5	0.5	0.15
铣床	30	1.5	—
钻床	9	1.0	—
卧式镗床	30	1.3	—
拉床	13	0.6	—
滚齿机	39	0.9	—
磨床	19	0.6	—
内圆磨床	24	0.6	—
加工中心	8	0.7	0.05

① 啮合刀具、切断进给、改变速度或进给量的平均时间（包括加工中心的换刀时间）

7.12.4　机器之间搬移

考虑的成本之一是由于一批半成品在机器之间的搬移所引起。Fridriksson 在参考文献［1］做了这方面的研究，假设一批工件托盘在工厂里用叉车移动，Fridriksson 开发了叉车的往返传输时间 t_f（单位：s）的表达式

$$t_f = 25.53 + 0.29(l_p + l_{rd}) \tag{7.39}$$

式中　l_p——机床之间通道长度（ft）；

l_{rd}——对应一个请求叉车行走的距离（ft）。

假设 $l_p + l_{rd}$ 平均为 450ft（137m），对于每次负载满（全）托盘的运输，都有一次负载空托盘的运输，总时间为

$$t_f = 315\text{s}^{⊖} \tag{7.40}$$

如果托盘满载零件的重量为 2000lb，运输重量 W 的工件数量为 $2000/W$，每个工件的时间 t_{tr}（单位：s）：

⊖ 此公式原文如此。

$$t_{tr}=\frac{315}{2000/W}=0.156W \tag{7.41}$$

于是，重 10lb 的一个工件，其有效的运输时间仅为 1.6s，相对于表 7.3 中的给出的典型装载和卸载时间，上述的有效的运输时间很短。然而，运输时间的容差可被加到装卸时间里，对于大型零件，这些会变得很大。

7.12.5 材料类型

所谓的工件材料的加工性一直是定义和量化最困难的因素之一。事实上，不进行加工试验，仅仅根据工具材料的机械性能和化学成分来预测加工的难易是不可能的。虽然，为了成本估计参考已公布的加工性数据是必需的，可以参考《加工数据手册》[2]。

7.12.6 加工成本

对于每次切削，每次行程或操作的加工成本是由刀具切削工件的总行程所消耗的时间引起的，而总行程中除了工件切削行程以外，还有刀具的切入和切出行程。应该注意到，在这整个时间内，刀具不仅要考虑切削行程，还要考虑刀具的切入和切出的行程余量，尤其是对于铣削加工。各种加工余量的典型数值在表 7.5 中列出，可作为连接因素应用于实际加工时间里。

表 7.5 刀具到达的余量

操 作	余 量
车和端面，切断孔	$t'_m=t_m+5.4 \quad d_m>2$
槽，螺纹	$t'_m=t_m+(1.35d_m^2) \quad d_m\leqslant 2$
麻花钻（到达）	$t'_m=t_m(1+0.5d_m/l'_w)$
麻花钻（开始）	$t'_m=t_m+(88.5/v_f)d_m^{1.67}$
螺旋、端面、锯削、铣键槽	$l'_w=l_w+2(a_e(d_t-a_c)^{0.5}+0.066+0.011d_1)$
面铣、端铣	$l'_w=l_w+d_t+0.066+0.011d_t$
平面磨削	$l'_w=l_w+d_t/4$
外圆磨削和内圆磨削	$l'_w=l_w+w_t$
所有的磨削操作	$a'_r=a_r+0.004 \quad a_r\leqslant 0.01$
	$a'_r=a_r+0.29(a_r-0.01) \quad \begin{cases}a_r>0.01\\a_r\leqslant 0.024\end{cases}$
	$a'_r=a_r+0.008 \quad a_r>0.024$
花键拉削	$l_t=-5+15d_m+8l_w$
内键槽拉削	$l_t=20+40w_k+85d_k$
孔拉削	$l_t=6+6d_m+6l_w$

注：t_m—加工时间（s）；d_m—已加工表面直径（in）；l_w—在切削方向上的已加工表面长度（in）；v_f—速度×进给量（in^2/min）（见表 7.6）；a_e—切削深度或铣削槽深（in）；d_t—切削刀具直径（in）；w_t—砂轮宽度（in）；a_r—粗磨材料去除深度（in）；l_t—刀具长度（in）；w_k—加工键槽的宽度（in）；d_k—加工键槽的深宽度（in）。

（资料来源：Ostwald，P. F. AM Cost Estimator，McGraw-Hill，New York，1985/1986.）

为了精确估计实际的加工时间，需要知道切削条件：对于单刃刀距切削时的切削速度、进给量和切削深度；对于多刃刀距切削时的进给速度、切削深度和切削宽度和多刃切削加工时对于不同的工件材料，给出了这些参数推荐值的表，将如同参考文献［2］的《加工数据手册》一样会有很多。

最优加工条件的选择分析表明：最优进给量（或每齿进给量）是加工机床和加工刀具能承受的最大的进给量（或每齿进给量）。然后，最优切削速度的选择能够通过加工成本最小化而得到，见式（7.33）。在单刃加工时，切削速度和进给量的乘积给出了以 in^2/min 为单位的加工表面产生速率。例如，Ostwald 在参考文献［3］中对于各种工件和刀具材料以及对于不同的粗加工和精加工，给出了这个速率的倒数。Ostwald 对低碳钢（170HBW）推荐采用硬质合金刀具进行粗加工，切削速度为500ft/min（2.54m/s），进给量为0.02in（0.51mm）。

对于切削深度为0.3in（7.6mm），这意味着金属切除率为 $36in^3/min$（$9.82\mu m^3/s$）。加工数据手册[2]对于这种工件材料，引用的单位能量数值为 $1.35hp\ min/in^3$（$3.69GJ/m^3$）。于是，这个例子中所得到的金属切除率将要求达到50hp（36kW）。由于典型的中型机床的电动机功率为5～10hp（3.7～7.5kW），电动机效率约为70%。由此可见，除了小切削深度的加工之外，推荐的条件不能达到。因此，在正常的粗加工环境下，如本章前面所描述的一样，对于材料，材料的切除量和加工时可用功率，对加工时间更好的估算将是通过单位切削功率来获得的。

对于诸如铣刀一类的多刃刀具而言，每齿进给量和切削速度通常由所给的刀具材料推荐。然而，在这些情况下，加工时间不直接受切削速度的影响，但受到进给速度的影响，进给速度是不受切削速度控制的。于是，假定采用最优切削速度，给出推荐的每齿进给量的进给速度就可以用于估算加工时间，还要再次检查机床功率是否足够。

7.12.7 换刀成本

由于磨损，刀具需要定期换刀。这会引起两种成本：

① 换刀时机床闲置的成本；

② 更换新的刀具或刀片的成本，特定条件下最好切削速度的选择通常是由刀具更换成本和加工成本之和的最小化来决定的。因为切削速度的变化对这两者都有影响。

在一台机床上加工一个零件上的特征的最小加工成本可由式（7.35）给出，如果把加工时间 t_m 的表达式［式（7.31）］代换到切削速度 v_c 的表达式［式（7.33）］中，则最小生产成本可以表示为

$$C_{min} = Mt_1 + \frac{Mt_{mc}}{(1-n)} \tag{7.42}$$

式中 t_{mc}——当使用最小成本切削速度时的加工时间。

可以看到，应用到加工时间公式中的因子 $1/(1-n)$ 允许总是采用最小成本的切削速度所提供的换刀成本。对于高速钢刀具，因子 $1/(1-n)$ 为1.14，而对于硬质合金刀具，因子 $1/(1-n)$ 为1.33。

由于功率的限制，在不可能使用最优切削条件下的那些环境下，通常推荐减小切削速

度。这是因为减小切削速度会比减小进给量，可以得到更低的刀具成本。加工速度的减少，使得加工时间相应增加，式（7.42）中的修正因子会过高估计刀具成本。如果 t_{mp} 是使用最大功率的切削速度 v_{po} 时的加工时间，则最大功率的生产成本 C_{po} 可由式（7.43）给出：

$$C_{po} = Mt_1 + Mt_{mp} + \frac{(Mt_{ct} + C_t)t_{mp}}{t_{po}} \tag{7.43}$$

式中 t_{po}——在最大功率条件下得到的刀具耐用度，由泰勒刀具成本公式可知：

$$t_{po} = t_c\left(\frac{v_c}{v_{po}}\right)^{1/n} \tag{7.44}$$

最小成本条件下的刀具耐用度 t_c 可由式（7.34）给出。将式（7.44）和式（7.34）代入到式（7.43）中，并用在式（7.31）中的关系可以给出：

$$C_{po} = Mt_1 + Mt_{mp}\left\{1 + \left[\frac{n}{1-n}\right]\left(\frac{t_{mc}}{t_{mp}}\right)^{1/n}\right\} \tag{7.45}$$

因此，当切削速度受到机床功率的限制时，并且当 $t_{mp} > t_{mc}$ 时，式（7.45）可被式（7.42）所替代。

7.12.8 加工数据

为了采用上面描述的方法，对于每次操作，必需能够估算最小成本条件下的加工时间 t_{mc} 以及当切削速度受到有效功限制时的加工时间 t_{mp}。在手册中介绍的单刃刀具的最小成本的切削数据能被表示为速度与进给量的乘积（$v \times f$），或是加工表面的产生速率。表 7.6 给出了一些挑选的不同类型材料以及使用高速钢刀具或钎焊硬质合金车刀的车削加工时的 vf 典型值。这些数值改编自机械加工数据手册中的数据[2]。手册数据分析显示：如果采用机夹可转位车刀，则那么硬质合金钎焊车刀的数值要乘以平均因数 1.17。

当车削一个直径为 d_m，长度为 l_w 的表面，表 7.6 给出的 vf 数据将要除以表面面积（$A_m = \pi l_m d_m$）后才给出机械加工时间 t_{mc}（s），所以

$$t_{mc} = \frac{60A_m}{vf} \tag{7.46}$$

为了估算最大功率时的加工时间 t_{mp}，必须知道机械加工时的有效功率和工件材料的单位切削功率 P_s。表 7.6 给出了所选被用的工件材料的 P_s 平均值。

当估算加工的有效功率 P_m 时，应该意识到，小零件通常是在小机床上用较低的有效功率加工，而大零件通常是在大机床上用较高的有效功率加工。例如，一台小机床的有效功率小于 2hp，而中型机床的有效功率平均为 5～10hp，大型立式车床的有效功率为 10～30hp。所选机床的典型功率值如图 7.47 所示，加工的有效功率 P_m 是按照机床的典型重量容量绘制。

最大功率时的加工时间为

$$t_{mp} = 60V_mP_s/P_m \tag{7.47}$$

式中 V_m——加工时切除材料的体积，如果 a_p 是切削深度，则 V_m 可以由 $\pi d_m l_w a_p$ 近似给出。然而，对于以恒定转速进行的端面车削或切断加工，功率限制仅适用于切削开始时，加工时间长于式（7.47）所给出的数值。

表 7.6　车、镗、钻、铰加工数据

材　料	硬度（HBW）	外圆车削、端面车削和镗孔 $(v_f)/(in^2/min)$ 高速钢车刀	钎焊硬质合金车刀	P_s $(hp/in^3/min)$	钻削和铰削（1 in） $v_f(in^2/min)$ HSS	$P_s(hp/in^3/min)$
低碳钢（易切）	150 ~ 200	25.6	100	1.1	33.0	0.95
低碳钢	150 ~ 200	22.4	92	1.35	13.4	1.2
中碳钢和高碳钢	200 ~ 250	18.2	78	1.45	15.1	1.4
合金钢（易切）	150 ~ 200	23.7	96	1.3	16.4	1.15
不锈钢（退火）	135 ~ 185	12.6	48	1.55	9.4	1.35
工具钢	200 ~ 250	12.8	54	1.45	6.2	1.4
镍合金	80 ~ 360	9	42	2.25	14.3	2.0
钛合金	200 ~ 275	12.6	24	1.35	7.9	1.25
铜合金（软）（易切）	40 ~ 150	76.8	196	0.72	7.9	0.54
锌合金（压铸）	80 ~ 100	58.5	113	0.3	38.4	0.2
镁和镁合金	49 ~ 90	162	360	0.18	75.2	0.18
铝和铝合金	30 ~ 80	176	352	0.28	79.8	0.18

因　素	对　于	外圆车、端面车、镗削	铣　削
k_f	精加工	0.60	0.89
k_i	机夹可转位车刀	1.17	1.13

钻削和铰削刀具直径 in	1/16	1/8	1/4	1/2	3/4	1	1.5	2
mm	1.59	3.18	6.35	12.7	19.7	25.4	38.1	50.8
K_h	0.08	0.19	0.35	0.60	0.83	1.00	1.23	1.47

深孔长/径比	<2	3	4	5	6	8
K_d	1.00	0.81	0.72	0.56	0.52	0.48

资料来源：Adapted from Machining Data Handbook. Vols. 1 and 2，3rd ed. Metcut Research Association Inc，1980.

注：1. $1in^2/min = 6.45 \times 10^{-4} m^2/min$；$1hp\ min/in^3 = 2.73GJ/m^3$。

2. 所有的数据都是针对粗加工的。对于精加工要乘以 k_f。

3. 对于切断或成形刀具加工，乘以 0.2。

4. 硬质合金一词指的是具有钎焊硬质合金刀片的刀具，对于机夹可转位车刀，乘以 k_i。

5. 钻削数据为钻头直径（1.0in），孔深/孔径小于 2。

6. 对于锯削，用高速钢工具车削数据乘以 0.33。

7. 对于攻螺纹加工，采用高速钢刀具车削数据乘以 10 并除以 TPI（每英寸螺纹数）。

8. 对于单头螺纹加工，螺纹板牙结果值乘以线程数，近似为 100/TPI，对于每个线程，应添加刀具啮合时间。

9. 对于铣削加工，早些时候已指出：可以根据给出的推荐每齿进给量的进给速度 v_f 来方便地估算加工时间。表 7.7 中列出了铣削选定材料的数据。

表 7.7 铣削加工数据

材　料	硬度（HBW）	端铣刀和面铣刀 高速钢刀盘焊接 硬质合金刀片		端铣刀（1.5in） 高速钢刀盘焊接 硬质合金刀片		P_s（hp min/in^3）
低碳钢（易切）	150～200	19.2	52.9	4.5	15.7	1.1
低碳钢	150～200	13.5	43.3	2.2	9.9	1.4
中碳钢和高碳钢	200～250	10.8	37.3	1.8	8.9	1.6
合金钢（易切）	150～200	13.7	40.2	2.7	10.5	1.3
不锈钢（退火）	135～185	14.0	41.0	2.4	6.0	1.7
工具钢	200～250	6.7	23.7	0.9	4.5	1.5
镍合金	80～360	4.1	7.7	1.0	—	2.15
钛合金	200～275	3.9	13.2	1.5	7.1	1.25
铜合金（软）（易切）	40～150	50.5	108.3	9.9	20.7	0.72
锌合金（压铸）	80～100	28.0	60.1	9.8	16.0	0.4
镁和镁合金	49～90	77.0	240.6	27.5	55.0	0.18
铝和铝合金	30～80	96.2	216.5	20.4	36.7	0.36

（资料来源：Machining Data Handbook. Vols. land 2，3rd ed. Metcut Research Association Inc，1980）

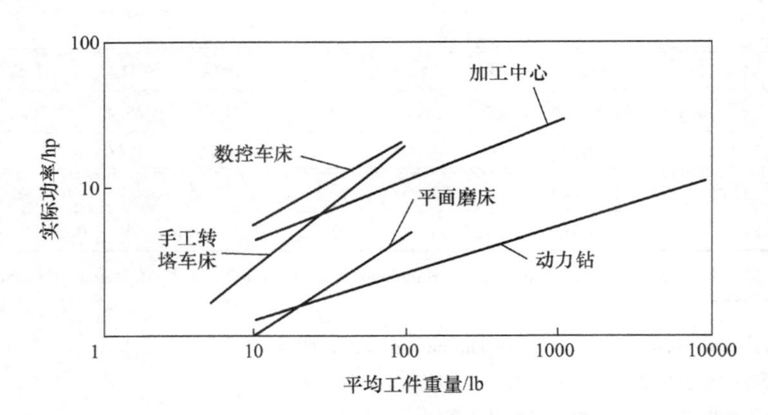

图 7.47 一些机床功率和工件重量之间的关系

推荐条件下的加工时间 t_m 可由式（7.48）给出

$$t_{mc}=60l_w/v_f \tag{7.48}$$

式中 l_w——被铣削特征的长度。

然而，需要特别注意的是：这个结果必须被修正，因为铣刀的切入和切出距离常常与刀具的直径相同。

对应最大功率的加工时间可由式（7.47）给出。但是，必需再次修正铣刀的切入和切出距离。

7.12.9 粗磨

磨削加工的速度限制取决于许多相互联系的因素，包括工件材料、砂轮颗粒类型和尺寸、砂轮黏合剂和硬度、砂轮速度和工件速度、纵向进给量和横向进给量，操作类型、机床刚度和实际功率。假设有足够的功率，这些限制可以归纳为单位砂轮宽度的最大金属去除率（Z_w/W_t）。例如，加工数据手册[2]给出了在水平主轴往复式平面磨床上粗磨退火的易切削低碳钢如下推荐值：

砂轮速度：5500～6500ft/min

工作台速度：50～150ft/min

纵向进给量：0.003 in/行程

横向进给量：0.05～0.5 in/行程（1/4 最大砂轮宽度）

砂轮：A46JV（三氧化二铝颗粒，size 46，等级 J 级，陶瓷粘接剂）

如果砂轮宽度 W_t 是 1in。使用平均工作台速度（工件速度）为 75ft/min，则当纵向进给量（向下进给）为 0.003 in，最大横向进给量为 0.25 in 时，得到金属切除率 Z_w 为 0.68 in^3/min。在切入磨削时，砂轮宽度等于被加工的槽宽，在推荐条件下的粗磨时间 t_{gc}为：

$$t_{gc} = 60V_m/Z_w \tag{7.49}$$

式中 V_m——去除的金属体积；

Z_w——金属切除率（in^3/min）。

如果槽的深度 a_d 为 0.25 in，槽的长度 l_w 为 4 in。则磨削时间为

$$t_{gc} = 60a_d w_t l_w/Z_w = 60 \times 1 \times 0.25 \times 4/0.68\text{s} = 88.2\text{s}$$

加工数据手册[2]同样也给出了各种材料的平面磨削的单位磨削功率值。单位磨削功率 P_s 在很大程度上依赖于刀具的切入进给量，对于磨削指定的碳素钢材料时，当切入进给量为 0.003in，单位磨削功率达到 13hp min/in^3。在我们的例子中，磨削 2 in 的宽槽时，金属去除率达到

$$Z_w = 60 \times 2 \times 0.25 \times 4/88.2 = 1.36\text{in}^3/\text{min}$$

然后要求的功率 P_m 可以由以下公式得出：

$$P_m = P_s Z_w = 13 \times 1.36\text{hp} = 17.7\text{hp}$$

显然见，对于一个指定的粗磨加工，当使用最大功率时需要检查磨削时间 t_{gp}，t_{gp}由以下公式得出：

$$t_{gp} = 60V_m P_s/P_m \tag{7.50}$$

估算的粗磨时间 t_{gr}可由推荐条件下的磨削时间 t_g 给出，或者是由最大功率条件下的磨削时间 t_{gp}给出，不管是哪一种都将取最大值。表 7.8 给出了水平主轴平面磨削时对选定材料的典型条件下推荐的参数。这些推荐参数为粗磨时单位砂轮宽度金属去除率 Z_w/W_t 和对应的单位功率 P_s。

表 7.8 水平主轴平面磨削的加工数据

材料	硬度（Bhn）	单位砂轮宽度金属去除率①Z_w/W_t/(in²/min)	单位功率 P_s (hp min/in³)
低碳钢（易切削）	150～200	0.68	13
低碳钢	150～200	0.68	13
中碳钢和高碳钢	200～250	0.68	13
合金钢（易切削）	150～200	0.68	14
不锈钢（退火）	135～185	0.45	14
工具钢	200～250	0.68	14
镍合金	80～360	0.15	22
钛合金	200～275	0.9	16
铜合金（软）（易切削）	40～150	0.89	11
锌合金（压铸）	80～100	0.89	6.5
镁和镁合金	49～90	0.89	6.5
铝和铝合金	30～80	0.89	6.5

（资料来源：Machining Data Handbook. Vols. 1、2，3rd ed. Metcut Research Association Inc，1980）

① 外圆磨用 Z_w/W_t 乘以 1.24，P_s 乘以 0.81；内圆磨用 Z_w/W_t 乘以 1.15，P_s 乘以 0.87。

如果操作是切入磨削，砂轮宽度将已知。如果是纵向进给磨削，砂轮宽度将主要取决于磨床。

在切入磨削时，被磨削去除的材料深度将取决于加工工件的几何尺寸。在纵向进给磨削时，必须去除前面加工留下的粗磨余量。

7.12.10 精磨

精磨加工时间通常是由工件所要求的表面粗糙度决定的。这意味着金属磨削去除率不能太快，才能达到所需要的零件表面粗糙度要求。因此，它成为了粗磨加工时影响金属去除率的独立参数。从加工数据手册[2]可知：水平主轴平面磨削时，每英寸砂轮宽度金属去除率的典型平均值为 0.16 in³/min，外圆磨削时为 0.08 in³/min，内圆磨削时为 0.06 in³/min。推荐的精磨加工余量范围：平面磨削时为 0.002～0.003in，外圆磨削时为 0.005～0.01in。

7.12.11 砂轮磨损余量

参考文献［4］通过对内圆磨削的经济学分析后指出：粗磨时，单位零件的砂轮磨损和更换砂轮的成本与金属去除率成正比，相比较而言，由于修正和磨削所引起的砂轮成本可以忽略不计。因此，磨削总成本 C_g 可由式（7.51）给出：

$$C_g = Mt_c + Mt_{gr} + C_w \tag{7.51}$$

式中　M——总的机床费率（包括直接人工费用、折旧及日常开支）；

t_c——一个恒定时间，包括砂轮修时间（假定为每个零件发生一次）、装卸时间、砂轮前进和撤回的时间和精磨时间；

t_{gr}——粗磨时间；

C_w——砂轮磨损和砂轮更换的成本。如果我们替换

$$C_w = k_1 Z_w \tag{7.52}$$

式中　k_1——常数；

Z_w——粗磨期间的金属去除率，并且

$$t_{gt} = \frac{k_2}{Z_w} \tag{7.53}$$

式中　k_2——常数。

代入式（7.51），我们可以得到

$$C_g = Mt_c + Mk_2/Z_w + k_1 Z_w \tag{7.54}$$

对 Z_w 求导，并令其相对于最小成本等于零。我们可以发现：当砂轮磨损和砂轮更换成本［由式（7.54）右边的第三项表示］等于粗磨成本［由式（7.54）右边的第二项表示］时，最优条件出现。这意味着，如果在磨削时使用最优条件，砂轮磨损和砂轮更换成本可以被允许以粗磨时间乘以2来获得。

然而，有人曾指出过，推荐条件可能会超出实际磨削功率 P_m。在这种情况下，金属去除率必须降低，从而导致砂轮磨损和砂轮更换成本减少。这会使得粗磨成本随着总加工成本的增大而随之增大。

如果 Z_{wc} 和 Z_{wp} 分别是最优金属去除率（推荐）和最大功率条件下的金属去除率，相应的成本 C_c 和 C_p 由式（7.55）、式（7.56）给出

$$C_c = Mt_c + 2Mk_2/Z_{wc} \tag{7.55}$$

$$C_p = Mt_c + Mk_2/Z_{wp} + k_1 Z_{wp} \tag{7.56}$$

另外，由于对于最优条件

$$k_1 Z_{wc} = \frac{Mt_2}{Z_{wc}} \tag{7.57}$$

带入化简之后，我们可以得到下面在最大功率条件下的成本 C_p 表达式：

$$\begin{aligned} C_p &= Mt_c + \frac{Mk_2}{Z_{wc}}\left(\frac{Z_{wc}}{Z_{wp}} + \frac{Z_{wp}}{Z_{wc}}\right) \\ &= Mt_c + Mt_{gp}\left[1 + \left(\frac{t_{gc}}{t_{gp}}\right)^2\right] \end{aligned} \tag{7.58}$$

其中，t_{gc} 和 t_{gp} 分别是由式（7.49）和（7.50）给出的推荐条件下和最大功率条件下的粗磨时间，并且 $t_{gp} > t_{gc}$。

这意味着，乘数因子等于式（7.58）中的方括号内的表达式，可以用来调整粗磨时间，从而控制砂轮磨损和砂轮更换成本。在使用推荐磨削情况下，比如，当 $t_{gp} > t_{gc}$

时，乘数因子等于2。例如，如果由于功率的限制，金属去除率为推荐金属去除率的一半时，则 t_{gp}将等于 $2t_{gc}$，修正系数为1.25。在这些情况下，粗磨成本将是推荐条件时的2倍，砂轮成本将是推荐条件时的一半。

实　例

假设不锈钢棒料直径 d_w 为 1in，纵向磨时长度 l_w 为 12in。如果砂轮宽度 W_t 为 0.5 in，可用功率 $P_m = 3$ hp，粗磨径向余量 a_r 为 0.005in，我们可以得到去除的金属体积

$$V_m = \pi d_w a_r l_w$$
$$= \pi \times 1 \times 0.005 \times 12 = 1.189\text{in}^3$$

从表7.8建议的水平主轴平面磨削时单位砂轮宽度金属去除率 Z_w/W_t 是 0.45 in^2/min。使用外圆磨削的修正系数1.24，则推荐的条件下的粗磨时间由下式给出：

$$t_{gc} = 60V_m/Z_w = 60 \times 0.189/(1.24 \times 0.45 \times 0.5)\text{s} = 40.65\text{s}$$

然而，表7.8给出了不锈钢的单位功率值 $P_s = 14\text{hp min/in}^3$。因此，当校正系数为0.81时，最大功率的粗磨时间将是

$$t_{gp} = 60V_m P_s/Z_w = 60 \times 0.189 \times 14 \times 0.81/3\text{s} = 42.9\text{s}$$

这样，在最佳磨削条件下实际功率可能不足，必需使用最大功率的条件。最后，使用乘数因子获得砂轮成本，可以得到粗磨时间的修正值 t'_{gp}：

$$t'_{gp} = t_{gp}[1 + (t_{gc}/t_{gp})^2] = 42.9 \times [1 + (40.6/42.9)^2] = 42.9 \times 1.9\text{s} = 81.3\text{s}$$

如前所述，精磨时的金属去除率基本上与材料无关的，外圆磨削时每英寸砂轮宽度上的金属去除率约为 $0.08\text{in}^3/\text{min}$。对于本例的砂轮宽度是0.5in，使用校正系数1.24可以计算出金属去除率 Z_w 为 0.05 in^3/min。假设精磨时径向加工余量为0.001in，要除去的体积为

$$V_m = \pi \times 1 \times 0.001 \times 12\text{in}^3 = 0.038\text{in}^3$$

精磨时间为

$$t_{gf} = 60 \times 0.038/0.05\text{s} = 45.6\text{s}$$

7.12.12　无火花磨削余量

在无火花磨削时，不再进刀，砂轮或构件旋转，保持原有磨削状态将加工面反复再磨几次，因为磨削过程中，加工系统刚度并非理想状态，砂轮和工件接触的过程中，在磨削力的作用下，砂轮、工件、机床床体会发生微小的变形，产生弹性让刀，使得实际的磨削深度小于设定的磨削深度，这就需要最后的无火花磨削过程来修补。

由于磨削行程次数通常给出，一般等于去除精加工余量的次数。一般以精磨时间乘以2来作为无火花磨削的时间。

实　例

我们首先估计端面车削易切钢棒料的加工成本，其直径为 3in（76.2mm），长度为 10in（254mm）。使用钎焊型的硬质合金刀具，从棒料端部切除 0.2in（5.1mm），则生成的表面面积为：

$$A_m = \frac{\pi}{4} \times 3^2 = 7.07\text{in}^2(4558\text{mm}^2)$$

被切除的金属体积为

$$V_m = \frac{\pi}{4} \times 3^2 \times 0.2 = 1.41\text{in}^3(23.1\text{cm}^3)$$

对于这种工件材料与刀具材料的组合，表 7.6 给出了（速度 × 进给量）vf 值为 $100\text{in}^2/\text{min}$（$0.065\text{m}^2/\text{min}$），由式（7.46）可得加工时间为

$$t_{mc} = 60 \times 2 \times 7.07/100 = 8.5\text{s}$$

因子 2 允许当端面加工时转速不变，切削速度将逐渐减小。

工件的重量可以被估计为

$$W = \frac{\pi}{4} \times 3^2 \times 10 \times 0.28 = 20\text{lb} = 9.07\text{kg}$$

从图 7.47 可知，数控车床加工时的输出功率可近似取：

$$P_m = 10\text{hp} = 7.76\text{kW}$$

表 7.6 给出的单位切削能量为 1.1hp min/in^3（3GJ/m^3）。此外，由式（7.47）可知，最大功率时的加工时间是

$$t_{mp} = 60 \times 2 \times 1.1 \times 1.41/10\text{s} = 18.6\text{s}$$

此外，因子 2 也已经被应用于棒料的端面加工。

显而易见，在这种情况下，因为功率限制并且要求加工时间为 18.6s，所以不能使用最小成本条件。现在我们能应用式（7.45）给出的因子计算刀具成本。

对于硬质合金刀具，泰勒刀具耐用度指数约为 0.25，由于 t_{mc}/t_{mp} 的比值是 8.5/18.6 = 0.46，则修正因子为：

$$1 + \frac{0.25}{1 - 0.25} \times 0.46^{1/0.25} = 1.01$$

修正后的加工时间是 18.6 × 1.01 = 18.9s。

在这个例子中，由于采用的切削速度低于最小成本时的切削速度，所以刀具成本的修改因子相当小。如果使用最优切削速度，则修正因子可达到 1.33，修改后的加工时间会降到 11.2s。

最后，在图 7.48 中给出了各种机床的典型成本数据，从中可以查到，当前例子中的数控车床约为 80000 美元。假设操作员和机床的总费率为 30 美元/h 或 0.0083 美元/s，则本例的端面车削的加工成本为 0.157 美元。

因此，使用本章介绍的方法，可能估算零件上的每个加工特征的成本。例如，图 7.49显示了一个回转零件所标出的每个特征的加工成本。其中，小的非同轴孔和键

槽是相对加工昂贵的特征，这是由于为了制造它们，零件必须在别的机床上进行加工，这将很大地增加非生产性成本。因此，能作出这些估计的设计者应很清楚地被鼓励重新考虑其所设计的特征是否必需，从而减少产品的总制造成本。

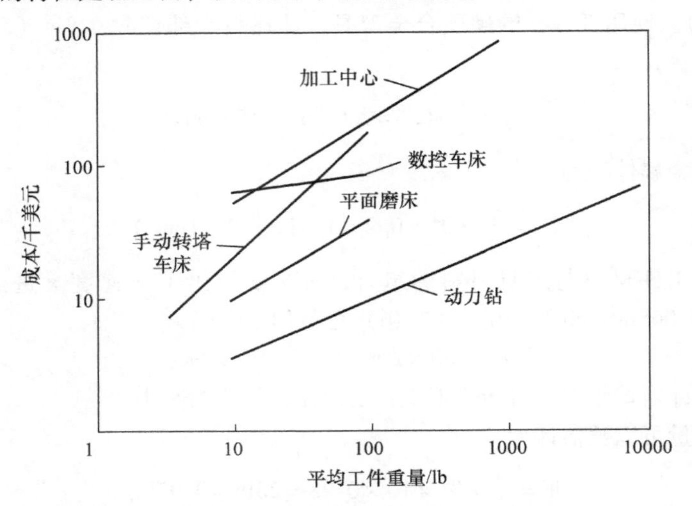

图 7.48　一些机床的成本与工件重量之间的关系

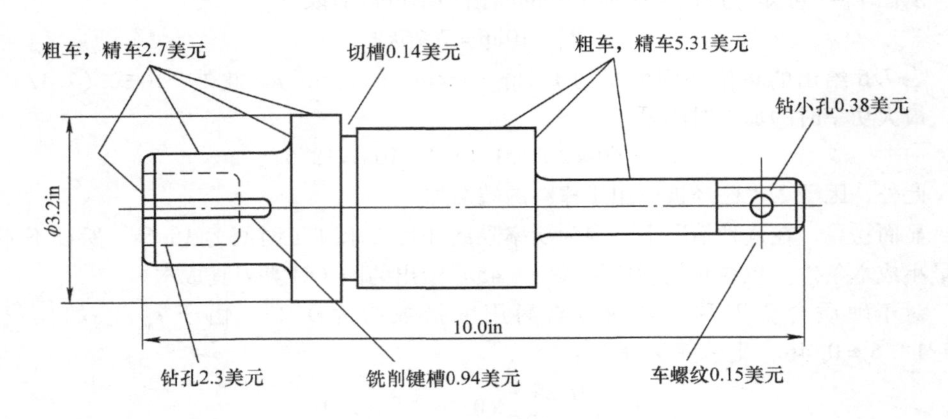

批量：1500，工件直径 3.25in，长 10.25in，材料：低碳易切钢

图 7.49　零件车削

7.12.13　加工成本估算工作表

对车削和铣削的加工成本估算所要求的各种计算可以将其归纳到如表 7.9 所示工作表的各栏中。这样我们对某个指定的加工就使用工作表来完成有关工作。对要求的数据所使用的相关表格和图形列在表 7.10 中，下面的例子说明了一个简单车削零件的成本估算工作表的使用。

表 7.9　加工成本分析工作表

零件名称： 材料： 密度： 工件重量 批量（千）		刀具类型（HCD）①	每批设计时间/h	装卸时间/s	刀具定位时间/s	尺寸/in	尺寸/in	尺寸 in	体积/in^3	单位体积切削功率/(hp min/in^3)	输出功率/hp	最大功率加工时间/s	表面生成率/(in^2/min)	铣削进给速度	面积/in^2	推荐加工时间	刀具磨损修改后时间/s	附加刀具行程修改后时间/s
机床	操作		t_{su}	t_1	t_{pt}	l_w	d_a	d_b	V_m	P_s	P_m	t_{mp}	vf	v_f	A_m	t_{mc}	t_m	t'_m
总计					总计													

① H—高速钢；C—钎焊硬质合金刀片；D—机夹可转位硬质合金刀片。

表 7.10 成本估算工作表的数据与计算总结

加工内容	面积 A_m	体积 V_m
外圆加工，螺纹加工	$\pi l_w d_b$	$\frac{\pi}{4} l_w (d_a^2 - d_b^2)$
镗削，钻削，攻螺纹，铰削	$\pi l_w d_a$	
端面加工，螺纹加工	$\frac{\pi}{2} d_a (d_a - d_b)$	$\frac{\pi}{2} l_w d_a (d_a - d_b)$

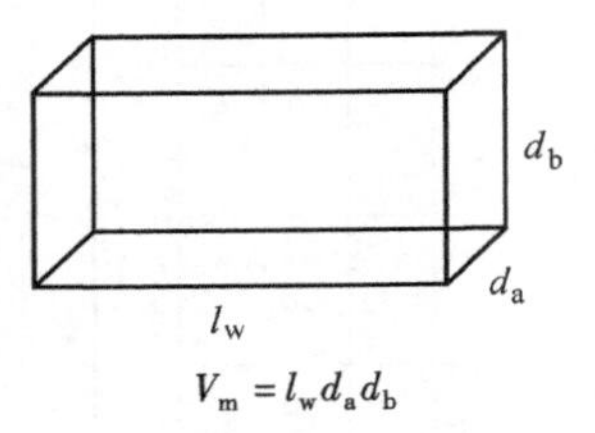

$$t_{mp} = 60P_s V_m / P_m$$

$$t_{mc} = 60A_m / f_v \text{ 或 } t_{mc} = 60 l_w / vf$$

变量	来源
设置时间（t_{su}）	表 7.4
装载时间（t_1）	表 7.3
刀具定位时间（t_{pt}）	表 7.4
单位切削功率（P_s）	表 7.6 ~ 表 7.7
实际功率（P_m）	图 7.47
表面产生速率（vf）	表 7.6
铣削进给速度（v_f）	表 7.7
刀具磨损修正后的加工时间（t_m）	式（7.42）~ 式（7.45）
趋近余量修正后的时间（t'_m）	来自表 7.6 的参数

实 例

图 7.50 给出一个阶梯回转体零件，它的加工要求外圆粗车后再精车。在工作表中各种输入见表 7.11。假设采用数控车床加工该零件。工件材料为碳素钢棒料，直径为 3.00in，长度 5.00in。从表 7.2 可得材料密度为 0.283 lb/in^3。材料单位重量成本为 0.51 美元/lb。工件重量为 10.052 lb，所以单件成本材料成本为 5.13 美元。

由图 7.48 可知，根据工件重量，机床的估计成本 80000 美元。分摊到折旧和操作人员的成本，可得到机床的费率为 30.00 美元/h。

估计设置时间为 0.65h，因此单件设置成本为

$$0.65 \times 30/1250 \text{ 美元} = 0.016 \text{ 美元}$$

表 7.11　图 7.50 所示阶梯轴加工成本分析工作表

零件名称： 材料： 密度： 工件重量 批量（千）：		刀具类型(HCD)①	每批设置时间/h	装卸时间/s	刀具定位时间/s	尺寸/in	尺寸/in	尺寸 in	体积/in^3	单位体积切削功/(hp min/in^3)	输出功率/hp	最大功率加工时间/s	表面生成率/(in^2/min)	铣削进给速度	面积/in^2	推荐加工时间/s	刀具磨损修改后时间/s	附加刀具行程修改后时间/s
机床	操作		t_{su}	t_1	t_{pt}	l_w	d_a	d_b	V_m	P_s	P_m	t_{mp}	vf	v_f	A_m	t_{mc}	t_m	t'_m
数控车床	粗车	D	0.65	31.9	1.5	4	3	2.60	7.04	1.1	8	58	117	—	32.67	16.75	58.13	63.53
	精车	D			1.5	4	2.60	2.57	0.05	1.1	8	0.4	70.2	—	32.30	27.6	36.7	42.1
总计			0.65	31.9	3	总计												105.63

① H—高速工具钢；C—钎焊硬质合金刀片；D—机夹可转位硬质合金刀片。

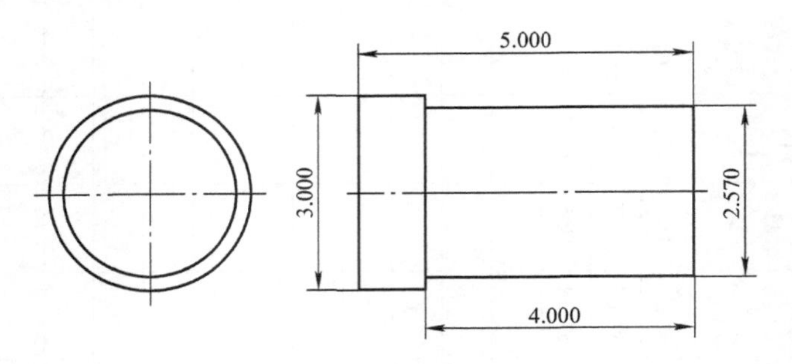

工件材料：碳素钢，ϕ3.000in×5.000in

图 7.50　用于成本估算例子的简单阶梯回转件

安装工件和刀具定位的非生产性时间为 31.9 + 3 = 34.9s。因此，单件非生产性成本为

$$34.9 \times 30/3600 = 0.29 \text{ 美元}$$

由工作表可知，包括刀具磨损和刀具趋近等余量在内的总加工时间为 105.63s。因此，加工成本为

$$30 \times 105.63/3600 = 0.88 \text{ 美元}$$

因此，工件的总成本为

$$5.13 + 0.016 + 0.29 + 0.88 = 6.316 \text{ 美元}$$

7.12.14　加工零件的近似成本模型

在最初的概念设计阶段，设计师或设计团队将考虑设计问题的各种解决方案。最有前途的设计选择或许应是加工零件的成本和用其他方法制造的成本之间的折中方案。然而，此时的设计师或设计团队还不能指定所有的细节，这些细节需要完成在前一节中表示的分析类型。事实上，早期设计阶段的信息仅由零件的近似尺寸、材料以及主要特征知识所构成。令人吃惊的是，根据有限的信息也有可能得到较为准确的零件成本估算。这些估计依赖于一些通常在加工零件中发现的特征类型和典型加工案例的历史数据。

作为一个例子，我们可以考虑一个在数控转塔车床上加工的回转件。在一项英国制造业车削要求的研究中发现[5]：对于轻型机械，去除金属的重量与初始工件的重量的平均比例为 0.62。此外，对于轻型机械，只有 2% 的工件重量超过 60lb（27kg）并因此需要起重设备搬运，75% 的工件是经由棒料进行加工的。一般情况下，因为几何因素造成需要从内部去除材料的比例相对很小。

英国的一项调查[5]也显示回转件的直径与长径比具有直接关联性。

使用这种类型的数据，图 7.51 给出了低碳钢回转件的加工尺寸对粗加工、精加工和单位体积的非生产时间的影响。从中可见，当零件的体积降低到约低于 5in^3（82cm^3）时，单位体积的时间和单位体积的成本显著增加。特别是对于非生产时间。因为它不与零件重量成比例地减少，非生产性时间的增长是可预料的。例如，即使零件尺寸减少到几乎为零，但它仍然需要一些时间，把它装到机床上，设置速度和进给，并开始切削加工。粗加工时，对于小零件而言，单位切除体积所需要的更多的加工时间可以让人们选用更小的机器，减少可用功率。精加工时间与被切削面积成比例。可以看到，零件越小，单位体积（或重量）的表面面积就越大。从而导致更多的单位体积加工时间。

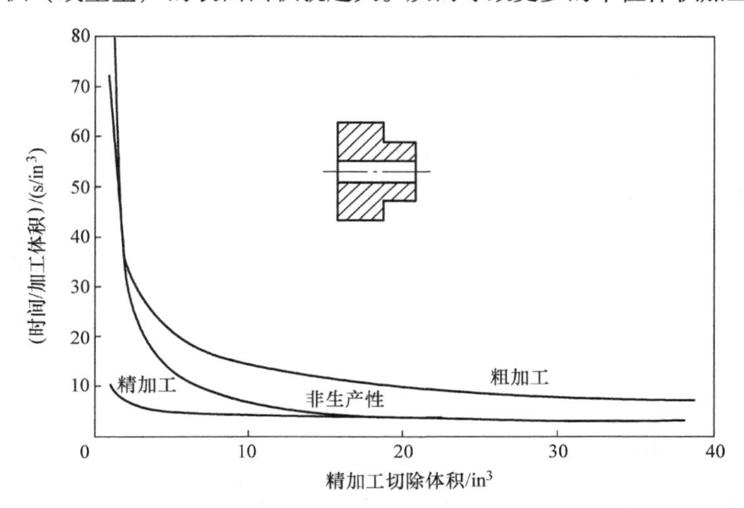

图 7.51　零件尺寸对粗加工、精加工和单位体积非生产性成本的影响

这些结果没有考虑到工件材料的成本。图 7.52 显示了加工钢件的总成本随着零件尺寸的变化。这个总成本可以分解成的材料成本和加工成本，并且可以看出，材料成本是对总成本影响最大的因素，即使初始工件的 62% 的材料要通过加工切除，这将导致粗加工成本相对比较高。事实上，对于较大的零件，约 80% 的总成本是来自于材料成本。

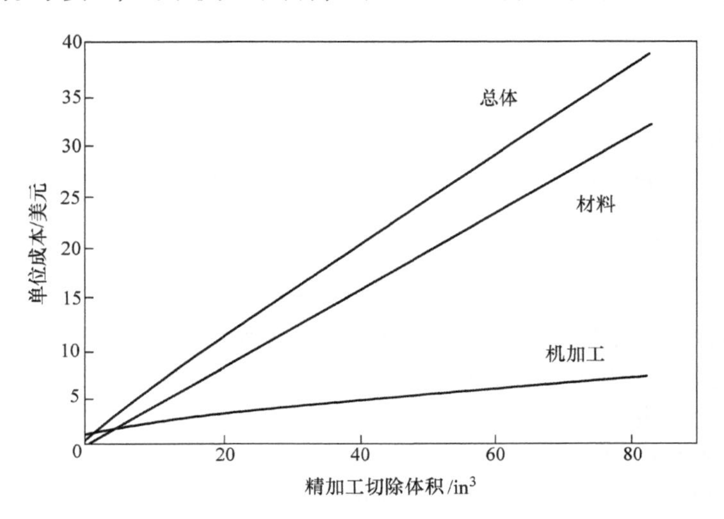

图 7.52　工件尺寸对采用机夹可转位刀具加工易切钢工件（成本为每磅 50 美分）的总成本影响

从应用近似成本模型的结果中，可以作出下列观察。

1）对于中型和大型工件，初始工件成本决定了制成品的总制造成本。

2）单位体积或单位重量的小零件成本（小于5 in^3 或82cm^3）随着尺寸的减少而迅速增加，因为：

① 非生产性时间不与零件的尺寸成比例减少。

② 随着零件的减小，可用功率和由此产生的金属切除率更低。

③ 零件越小，加工切削单位体积的表面面积就越大。

图7.53给出了若干尺寸不一的回转件，每个零件的体积都是前一个零件的十分之一。虽然材料的单位体积成本对于所有零件都是相同的，但单位体积的加工成本随着零件的变小而迅速增加。例如，最小零件的单位体积总成本是每立方英寸4.00美元，而最大零件的单位体积总成本是每立方英寸0.55美元。换句话说，当使用的相同类型的机床，加工一个最大零件要比加工1000个最小零件的费用要低。

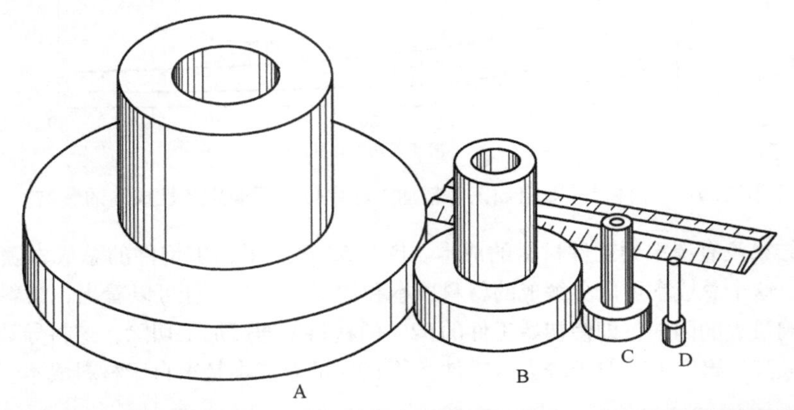

	A	B	C	D
成品体积/in^3	40.00	4.00	0.40	0.04
单位体积成品材料成本/(美元/in^3)	0.44	0.44	0.44	0.44
单位体积制造成本/(美元/in^3)	0.11	0.35	1.32	3.56
单位体积成品总成本/(美元/in^3)	0.55	0.79	1.76	4.00

图7.53　一系列车削零件的成本

3）刀具材料和最佳的加工条件的选择只影响精加工时间。由于精加工成本约占到总制造成本的25%，对于大零件而言，它反过来又只占到零件总成本的约20%，刀具材料或推荐条件变化的影响在许多条件下是相当小。

4）加工成本的早期估计应考虑的因素有：

① 要去除的材料量。这一因素直接影响成品的单位体积材料成本和粗加工时间，但后者的重要性稍小一些。

② 机床和操作人员费率。

③ 加工的可用功率和工件材料的单位切削功率。

④ 非生产性时间，尤其是较小零件。

⑤ 表面面积要精加工。

⑥ 建议的精加工条件，将反过来受到所使用的工件材料和工具材料的影响。

5）影响非生产性时间的因素是：

① 零件在机床上的夹持次数，每次夹持包括搬移、装卸和设置等内容。

② 要求单独的工具操作，每个操作需要的工具分度以及其他相关活动，会提高设置成本。

早期研究[6]发现：常见的工件可分为七个基本类别。工件分类和生产数据的知识不仅允许对工件成本进行估计，而且还允许对估算非生产性成本和加工成本需要的其余的项目所适合的大小作出预测。

例如，对于图7.49所示的工件，其精加工的总成本估算为24.32美元，该估算结果的获得需要有关工件材料、零件形状、尺寸以及单位体积的加工成本等数据。它与根据零件的实际加工特征，并基于上面列出的数据类型使用近似公式得到的零件总成本24.32美元相比较，误差在6%以内。

使用本章介绍的传统成本估算方法可以得到一个更详细的总成本估计——22.95美元。因此，使用最小信息的近似方法给出的估计与详细设计后所进行分析的结果惊人地接近。

习 题

1. 2000根直径80mm，长300mm的棒料，必须加工到直径65mm，长度150mm，其表面粗糙度和精度要求是强力粗车（除去大部分的材料）后再进行精加工。粗加工采用最大功率，精加工时也采用最大功率，切削深度0.13mm，切削速度1.5m/s。

如果车床电动机功率2kW，效率为50%，计算出这批零件的总生产时间（ks）。假设，单位工件材料体积的切削功为2.73GJ/m^3，刀具返回到切削起始位置所花费的时间为15s，工件的装卸时间为120s。

2. 直径为100mm的工件棒料，要求车削到直径70mm和长度50mm，粗加工采用最大功率和12mm的切削深度，后续精加工采用0.1mm的切削深度和1.5m/s的切削速度。

工件装卸时间为20s，设置切削条件、设置在切削起始位置的刀具以及启动进给等时间为30s。

单位材料切削功为2.3GJ/m^3，车床电动机功率为3kW，效率70%。计算：

① 粗加工时间。

② 精加工时间。

③ 每个工件的总生产时间。

3. 直径1.5m的圆盘端面在立式镗床上从外向里进行加工，其中心上有直径为600mm的孔。工作台的转动速度为0.5r/s，进给为0.25mm，切削深度为6mm。在特定切削条件下的单位材料切削功为3.5GJ/m^3，计算：

① 加工时间（ks）。

② 加工开始时的功率消耗。

③ 加工结束之前的功率消耗。

4. 钻孔加工使用麻花钻，钻头转动速度的是5r/s，进给为0.25mm，主切削刃的主偏角为60°，钻头直径12mm。假设单位材料切削功为$2GJ/m^3$，计算：

① 最大金属切除率。

② 未变形切屑厚度。

③ 钻头扭矩（N·m）。

5. 平板铣削加工，中碳钢工件的宽度为75mm，长度为200mm。5mm厚度的切削层要在一次行程中去除。

① 如果切削的可用功率是3kW，单位材料切削功为$3.6GJ/m^3$，可以使用的进给速度（mm/s）为多少?

② 如果铣刀的直径为100mm，理想的表面粗糙度为1.5μm，铣刀的转动速度应该是多少?

③ 切削速度是多少?

④ 加工时间是多少?

6. 平板铣削加工，铣刀有20个刀齿，直径100mm。铣刀旋转速度为5r/s，工件进给速度为1.3mm/s，切削深度为6mm，工件宽度为50mm。工件材料的最大未变形切屑厚度a_{cmax}和单位材料切削功率P_s（GJ/m^3）之间的关系为

$$P_s = 1.4[1 + (25 \times 10^{-6})/a_{cmax}]$$

计算：

① 最大的金属切除率。

② 刀具要求的最大功率（kW）。

7. 平板铣削加工，工件长度为150mm，宽度为50mm，要从上层表面切除一层10mm厚度的材料。铣刀直径为40mm，有10个刀齿。工件材料为中碳钢，所选择的进给速度为2mm/s，铣刀速度为2.5m/s。单位材料切削功率P_s为$4GJ/m^3$。计算：

① 所需功率（kW）。

② 操作的加工时间。

8. 端面铣削的切削深度为5mm，工作进给速度为0.65mm/s，工作宽度为50mm，铣刀直径为100mm，并有20个刀齿，如果切削速度是1m/s，计算：

① 铣刀的转动频率。

② 最大的金属切除率。

③如果工件装卸时间和铣刀返回到加工起始位置时间为180s，加工长度150mm的1000件工件所需时间。

9. 在水平主轴平面磨床上进行平面精磨加工，工件长度为100mm，宽度为50mm。工作台每一行程后的纵向进给量为0.25mm，切削深度为0.1mm，最大移动速度是250mm/s，工作台往复频率是1^{-1}（每往复行程1次），计算：

① 加工时间。

② 最大的金属切除率。

③ 最大功率消耗（W），如果在采用条件下的单位材料切削功为$25GJ/m^3$。

④ 如果砂轮直径长度为150mm，转动速度为60r/s，求砂轮的最大切向力。

10. 一批 10000 件 50×25×25 的矩形坯料的所有表面都进行平面铣削。材料板坯既可以采用 4900 美元/m^3 的软钢，也可以采用 6100 美元/m^3 的铝材。如果每个表面的平均非生产性时间为 60s，换刀时间为 600s，磨刀成本为 20.00 美元，机床和操作员费率为 0.01 美元/s，刀具寿命指数 n 为 0.125，刀具耐用度为 60s 时，切削软钢的速度为 1m/s 的铝，切削铝的速度为 4m/s，分别估计两种材料加工本批工件的总成本（假设直径为 50mm，宽度为 38mm 的铣刀对工件每个表面切削的距离大于表面长度 5mm）。

11. 用铝棒加工轴，直径在 25mm 以下时，可以取 1mm 为增量，直径范围从 26mm 到 50mm 时直径增量为 2mm。设计一个特定的轴，已确定其成品直径 D 的范围如下：

$$33-\frac{(L-229)^2}{84.75}>D>27.43+\frac{(L-254)^2}{127}$$

其中：L 是轴的长度，如果轴的直径允许加工的余量为 2mm，该轴的成品直径应如何选择？

12. 在如图 7.54 所示的气缸组件的两种设计中，从制造商的角度来看哪一种是可取的？同样，请给出两种设计中可以改善的其他制造和装配方面建议。

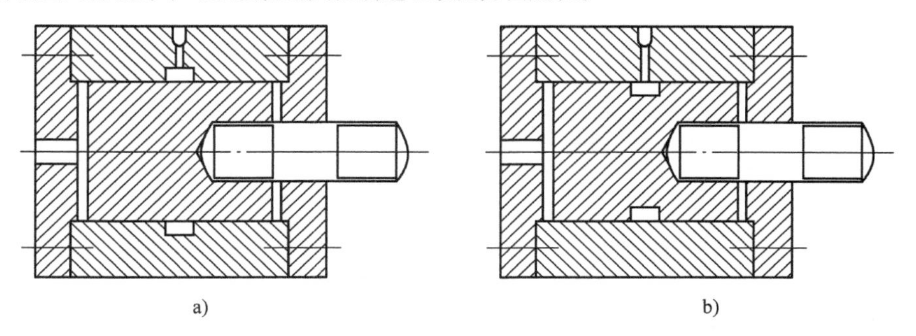

图 7.54　气缸组件的替代设计

13. 如图 7.55 所示是从 10mm 厚铝板铣削得到的端盖。从制造商的角度来看，这两种设计哪一种是最好的？另外，设计还有什么其他方面应该改变？

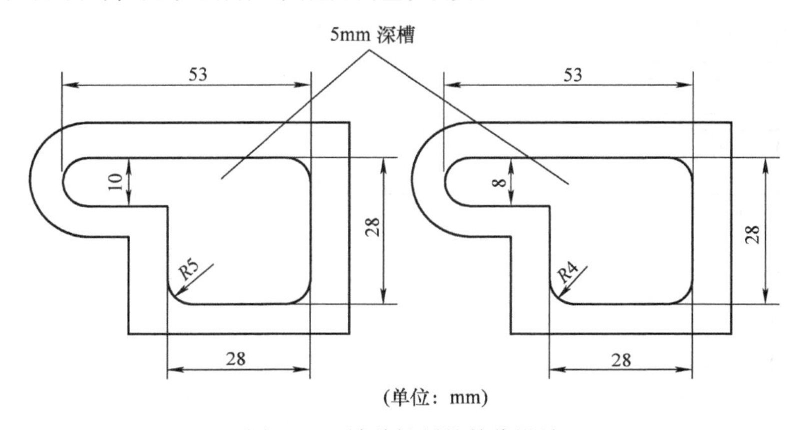

图 7.55　端盖铣削的替代设计

14. 当表面粗糙度算术平均值为 1.6μm 就足够了时，设计师标定的回转轴表面粗糙度的算术平均值为 0.4μm，请估计由于这种错误所导致的成本。当采用一个具有圆角的刀具加工 2000 根轴，如果每个工件的加工时间为600s，在两次刀具重磨之间的时间内，刀具能加工的工件数量为4，磨刀成本为2.00美元，机床和操作员费率为0.0033美元/s，换刀时间为120s，每个零件的非生产性时间为240s。

15. 图7.56所示的工件是在数控转塔车床切削加工，材料为易切削低碳钢，使用表7.9中的工作表和本章的数据，请计算加工一批500件工件的加工时间和加工成本。假设在钻通孔之前，需要从工件端面切除的厚度为0.015in。钻通孔前，假定打中心孔的加工时间5s。车刀使用机夹可转位车刀，钻头材料为高速钢。

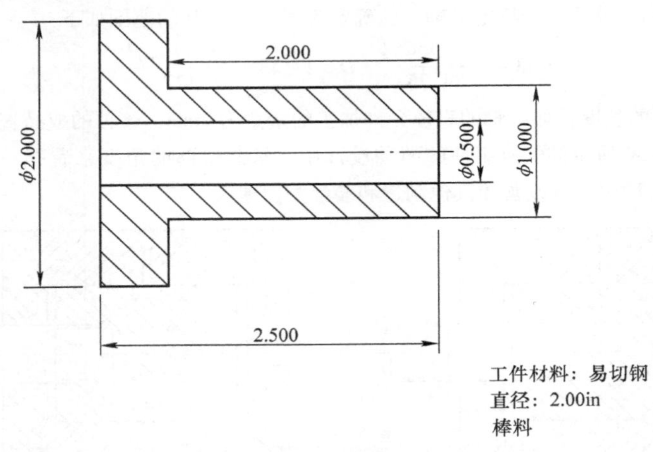

图7.56 软钢回转件（单位：in）

16. 如图7.57所示的铝合金零件，是由横截面为3in×2in的冷拉拔矩形棒材在小型加工中心上加工。加工操作要求如下：

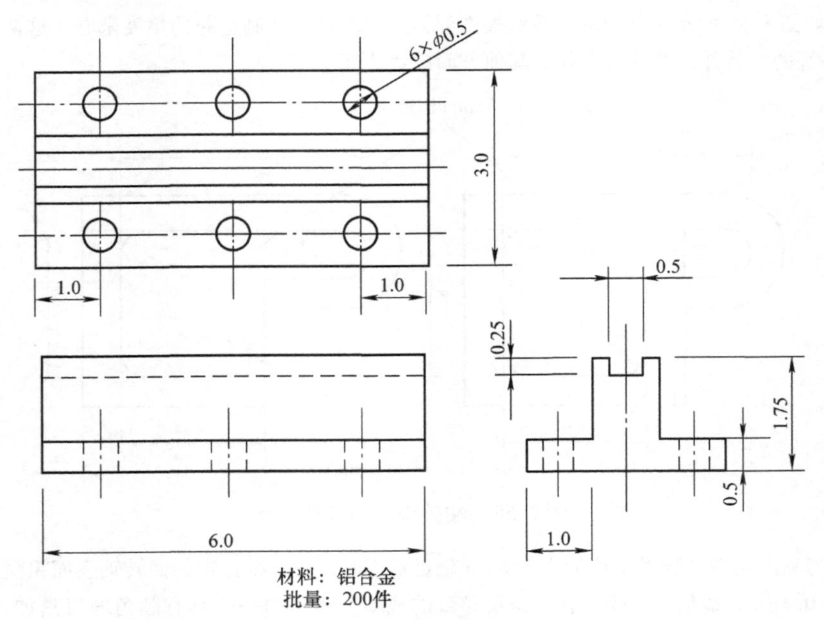

图7.57 在小型加工中心加工的铝合金零件（单元：in）

① 用钎焊硬质合金面铣刀铣削零件上表面至高度为 1.75 in。

② 用高速钢面铣刀粗铣和精铣零件上的两个 1 in × 1.25 in 的台阶面。

③ 用高速钢面铣刀，精铣 0.5 in × 0.25 in 的零件上表面。

④ 用高速钢钻头钻六个 0.5 in 直径的孔。

使用表 7.9 中的工作表和本章的数据，计算批量为 200 件的零件加工时间和加工成本。

参 考 文 献

1. Fridriksson, L. Nonproductive Time in Conventional Metal Cutting. Report No. 3, *Design for Manufacturability Program*, University of Massachusetts, Amherst, February 1979.
2. Anon, *Machining Data Handbook*. Vols. 1 and 2, 3rd ed. Metcut Research Association Inc., 1980.
3. Ostwald, P.F. *AM Cost Estimator*, McGraw-Hill, New York, 1985/1986.
4. Lindsay, R.P. Economics of Internal Abrasive Grinding. SME Paper MR 70–552, 1970.
5. Production Engineering Research Association. Survey of Turning Requirements in Industry, 1963.
6. Production Engineering Research Associatioin. Survey of Machining Requirements in Industry, 1963.
7. Boothroyd, G. and Knight, W.A. *Fundamentals of Machining and Machine Tools*. 3rd ed. CRC Press, Boca Raton, FL, 2006.

第8章 面向注射成型的设计

8.1 概述

注射成型技术是一种对热塑性聚合物的加工方法[1,2]。通过加热热塑性材料直到其熔化，然后迫使熔化的塑料注入到钢制模具里后冷却并凝固。注射成型广泛使用的原因是它具有能产生复杂的产品结构、装配简单并可减少零件数量等特点。在这一方面，开创性的产品是由 IBM 开发的信息打印机（Proprinter），它是日本个人打印机在美国市场的竞争对手。信息打印机的塑料组件合并了悬臂弹簧、轴承、支架、对中和定位等功能，成为单个的快速配合组件。与爱普生打印机相比，这种将诸多特征集成为单个复杂零件的结果是将零件个数从 152 减少到 32，相应装配时间从 30min 减少到 3min[3]。这为消费品制造革命做好了准备，甚至直至今天影响还在继续。

为了探讨注射成型技术用于批量生产的广泛用途，这就需要了解其工艺原理和成型设备以及所使用材料等相关方面内容。同时，由于注射成型工艺利用了昂贵的工具和设备，在设计的最早阶段能够获得零件和加工的成本估计至关重要。只有这样才能保证设计团队的工艺选择是正确的，并能从生产工艺中获得最大的经济优势。由于这些原因，本章首先回顾了注射成型材料和注射成型工艺，然后描述了注塑件成本估算的步骤，它适用于产品设计的早期阶段。

8.2 注射成型材料

并非所有聚合物都适合于注射成型。例如像聚四氟乙烯等一些聚合物，不能自由流动，因而不适合注射成型。其他聚合物，如呈现黏结编织或缠结形式的树脂混合物和玻璃纤维，它们的物理性质决定了其不适合在注射成型工艺中使用。一般来说，那些具有流动性的聚合物可以用于注射成型。它们包括纯聚合物和具有矿物颗粒或短随机纤维玻璃或碳纤维等增强型聚合物。

绝大多数的注射成型应用于热塑性聚合物。这类材料包括那些即使重复循环，也始终能够通过加热软化和冷却硬化的聚合物。这是由于长链分子总是保留着分离的实体，与其他分子不形成化学键。可以用冰块做一个类比，冰融化后成为液体，注入到任何形状的型腔内，然后冷却，再次变成固体。这个属性可以用于区分热固性材料和热塑性材料。热固性聚合物处理时在分开的分子链之间形成化学键。这种称为交联的化学键是硬化机理。热固性聚合物通常生产时比热塑性塑料更昂贵，其应用仅仅占到塑料加工处理的 5%。因此，本章专注于讨论热塑性材料的注射成型。

一般来说，大多数热塑性材料具有良好的抗冲击强度、耐腐蚀性、流动性能好和容易处理等特性。热塑性塑料通常分为两类：晶体和非晶体。结晶聚合物分子排列有序，有明确的熔点。由于分子的有序排列，结晶聚合物反射大部分入射光，一般为不透明。它们的收缩率较大。结晶聚合物通常更耐有机溶剂，具有良好的抗疲劳和耐磨性能。结晶聚合物一般比非晶体材料密度更大且有更好的机械性能。不过，有一个明显的例外，就是聚碳酸酯，这种非晶态聚合物具有很高的透光性和优良的力学性能。

热塑性塑料的力学性能大大低于金属，但可以通过添加玻璃或碳纤维来增强其力学性能。它采取短切纤维的形式，只有几毫米的长度，随机地与热塑性树脂混合。纤维可占据材料体积的三分之一，从而大幅度提高材料的强度和刚度。这种强化的负面影响通常是降低冲击韧度和降低了耐磨性。后者还会影响到加工，因为模具型腔寿命通常会由纯树脂零件的 1000000 次减少到玻璃纤维填充零件的约 300000 次。

也许，注射成型零件的主要弱点是零件可以承受的使用温度相对较低。热塑性塑料零件很少能在 250℃ 以上持续工作，其极限使用温度约为 400℃。热塑性塑料的使用温度可以通过热变形温度进行定性的定义。在这个温度下，对一个简支梁的材料试件中央施加负载，使其达到预先定义的变形。该温度值显然取决于试验条件和允许的挠度。为此，测试值仅仅对于在相同情况下比较不同的聚合物是真正有用的。

表 8.1 列出了更常见的热塑性塑料及其典型的力学性能。

表 8.1　注射成型常用的聚合物

热塑性塑料	屈服强度/MPa	弹性模量/MPa	热变形温度/℃	成本/(美元/kg)
高密度聚丙烯	23	925	42	0.90
高抗冲聚苯乙烯	20	1900	77	1.12
乙烯三元树脂（ABS）	41	2100	99	2.93
缩醛（均聚物）	66	2800	115	3.01
聚酰胺（6/6 尼龙）	70	2800	93	4.00
聚碳酸酯	64	2300	130	4.36
聚碳酸酯（30% 玻纤）	90	5500	143	5.54
改性聚苯醚	58	2200	123	2.75
改性聚苯醚（30% 玻纤）	58	3800	134	4.84
聚丙烯（40% 滑石）	32	3300	88	1.17
聚对苯二甲酸乙二醇酯（30% 玻纤）	113	7500	227	3.74

8.3 成型周期

如图 8.1 所示，热塑性塑料的注射成型工艺周期由三个主要阶段构成：①注射或填充，②冷却，③脱模和重置。在成型周期的第一个阶段，处于熔融状态的材料是高度非线性黏性流体。一方面它流经复杂的模具流道并通过模具壁快速冷却，而另一方面，它在流动时，内部会剪切而发热。在注射系统的很高的填充压力和保压压力作用下，聚合物熔化，然后在已冷却了的模具里固化定型。最后，开模时注塑件被顶出，机器复位，又开始下一次的循环。

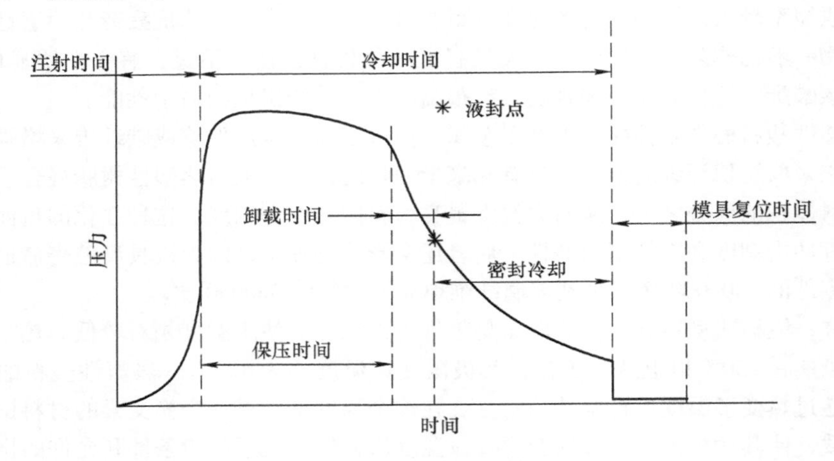

图 8.1 注射成型周期

8.3.1 注射或填充阶段

注射或填充阶段包括柱塞或螺杆注射装置的向前行程，将塑料（一般为粒料）在注射成型机的料筒内加热熔化，当呈流动状态时，通过柱塞或螺杆加压，熔融塑料被压缩并向前移动，进而通过料筒前端的喷嘴以很快速度注入温度较低的闭合模具内。注射到模具里的材料量被称为注射容量。

注射阶段伴随着压力的逐渐增加。一旦型腔被填充，压力迅速增加，保压就开始。在注射阶段的保压期间，由于局部凝固和相应的收缩会导致材料体积上的缩小，材料以较慢的速度继续流动。保压时间取决于被熔化的材料性能。经过保压之后，注射柱塞或螺杆撤回，模具型腔里的压力开始下降。在这个阶段，充填的材料送入加热腔为下一次注射作准备。

8.3.2 冷却阶段

冷却从首次型腔快速填充开始，直到保压和随后的柱塞或螺杆撤回，作用在模具和喷嘴面积上的压力去除，冷却一直持续。在压力去除的时刻，模具浇口（在型腔和输送材料到型腔的流道之间）的材料可能仍然是流体，尤其是对于大浇口的厚零件更是如此。模具浇口是指模具型腔和输送材料到型腔的流道之间的一段细短流道，是树脂注入型腔的入口。由于压力下降，在临近浇口的材料凝固并且达到液封点之前，它们仍有可能从模具里倒流出来。通过适当的浇口设计可以减小倒流，例如更快的密封作用发生在活塞撤回时[1,4]。

过了液封点之后，随着型腔里的材料继续冷却和凝固，压力也持续下降，为脱模作准备。密封冷却阶段的长度是零件壁厚、所使用的材料和模具温度的函数。由于聚合物的导热系数低，冷却时间通常是成型周期里最长的时间阶段。

在注射成型模具中，冷却系统的设计非常重要。这是因为成型塑料制品只有冷却固化到一定刚性，脱模后才能避免塑料制品因受到外力而产生变形。

注射成型的成型周期由合模时间、充填时间、保压时间、冷却时间及脱模时间组成。其中以冷却时间所占比重最大，大约为 70% ~80%。因此冷却时间将直接影响塑料制品成型周期长短及产量大小。脱模阶段塑料制品温度应冷却至低于塑料制品的热变形温度，以防止塑料制品因残余应力导致的松弛现象或脱模外力所造成的翘曲及变形。

根据实验，由熔体进入模具的热量大体分两部分散发，一部分（约 5%）经辐射、对流传递到大气中，其余（约 95%）从熔体传导到模具。塑料制品在模具中由于冷却水管的作用，热量由模腔中的塑料通过热传导经模架传至冷却水管，再通过热对流被冷却水带走。少数未被冷却水带走的热量则继续在模具中传导，最后散溢于空气中。

影响制品冷却速率的因素有：

塑料制品设计方面——主要是塑料制品壁厚。制品厚度越大，冷却时间越长。一般而言，冷却时间约与塑料制品厚度的平方成正比，即塑料制品厚度加倍，冷却时间增加 4 倍。或是与最大流道直径的 1.6 次方成正比。

模具材料及其冷却方式——模具材料，包括模具型芯、型腔材料以及模架材料对冷却速度的影响很大。模具材料热传导系数越高，单位时间内将热量从塑料传递而出的效果越佳，冷却时间也越短。

冷却水管配置方式——冷却水管越靠近模腔，管径越大，数目越多，冷却效果越佳，冷却时间越短。

冷却液流量——冷却液流量越大（一般以达到湍流为佳），冷却液以热对流方式带走热量的效果也越好。

冷却液的性质——冷却液的黏度及热传导系数也会影响到模具的热传导效果。冷却液黏度越低，热传导系数越高，温度越低，冷却效果越佳。

塑料的热传导系数——塑料的热传导系数是指塑料将热量从热的地方向冷的地方传导速度的量度。

塑料热传导系数越高，代表热传导效果越佳。或是塑料比热容低，温度容易发生变化，因此热量容易逸散，热传导效果较佳，所需冷却时间较短。

加工参数设定——料温越高，模温越高，顶出温度越低，所需冷却时间越长。

冷却系统的设计规则：

所设计的冷却通道要保证冷却效果均匀而迅速。设计冷却系统的目的在于维持模具适当而高效的冷却。冷却孔应使用标准尺寸，以方便加工与组装。

设计冷却系统时，模具设计者必须根据塑件的壁厚与体积决定下列设计参数——冷却孔的位置与尺寸、孔的长度、孔的种类、孔的配置与连接以及冷却液的流动速率与传热性质。

8.3.3 脱模和复位阶段

在这个阶段，模具打开，零件顶出，然后模具再次关闭，为下一个周期作准备。脱模时要求有相当大的功率，模具打开和零件脱模通常由液压或机械设备执行。虽然快速启闭模具可以缩短注射成型周期，但快速运动可能会导致作用在设备上的压力过大，如果模具表面快速地接触，这会损坏型腔的边缘。同样，为避免零件在脱模期间损坏，要求模具开启速度不能太快，零件从模具里脱出需要有一段短的时间延时。这个时间取决于零件尺寸，而零件尺寸又影响到零件从机器压板之间脱落的时间。对于有金属插件的注塑件，复位包括重新将插件装入到模具。复位之后，模具关闭并且锁定，如此完成一个循环周期。

脱模是一个注塑成型循环中的最后一个环节。虽然制品已冷固成型，但脱模还是对制品的质量有很重要的影响，脱模方式不当，可能会导致产品在脱模时受力不均，顶出时引起产品变形等缺陷。脱模的方式主要有两种：顶杆脱模和脱料板脱模。设计模具时要根据产品的结构特点选择合适的脱模方式，以保证产品质量。

对于选用顶杆脱模的模具，顶杆的设置应尽量均匀，并且位置应选在脱模阻力最大以及塑件强度和刚度最大的地方，以免塑件变形损坏。

而脱料板则一般用于深腔薄壁容器以及不允许有推杆痕迹的透明制品的脱模，这种机构的特点是脱模力大且均匀，运动平稳，无明显的遗留痕迹。

8.4 注射成型系统

注射成型系统是由将小球状的热塑性原材料转换、处理的机器和模具所组成。图8.2给出了一个典型的注塑成型系统原理图。注射系统的主要部件有注射装置、夹紧装置和模具。

8.4.1 注射装置

注射装置有两个功能：一是将丸状或粉状材料融化；二是将其注射进模具。最广泛使用的注射装置类型是：①常规注射装置，主要由缸体和柱塞组成；②往复式螺杆注射装置，主要由缸体和螺杆组成，它们的工作原理是借助柱塞或螺杆的推力，将已塑化好的熔融状态的塑料注射入闭合好的模腔内。

在这两种类型的注射装置中，往复式螺杆注射装置因为其对混合作用的改善而被认为是更好的设计。聚合物熔体沿着螺杆的运动有助于保持均衡的熔体温度。它还有助于

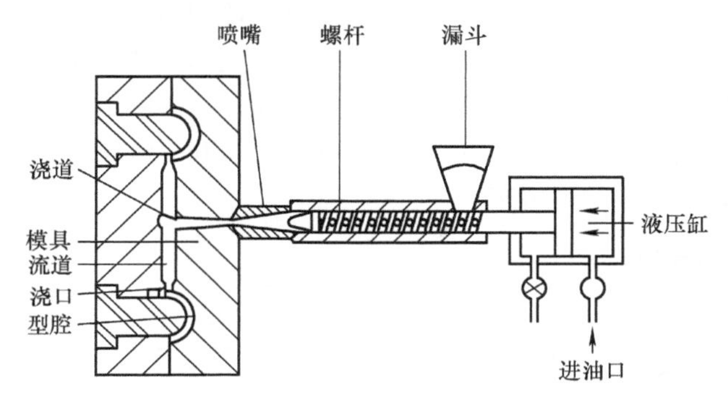

图 8.2　注塑成型系统

更好地混合材料和着色剂，导致熔体更均匀传递到模具。因为这些优点，往复式螺杆装置广泛应用于大多数现代注塑机中。

注射装置通常用两个数字来表示：第一个数字是注射能力，定义为柱塞或螺杆的向前行程所移动的聚合物最大体积，通常推荐所需的注射尺寸是额定容量的 20% ~ 80% 来选择注射装置。第二个数字是塑化率，它是指在给定的时间内通过机器的筒体加热，能塑化或软化成熔融形式的材料数量。这个数字通常用设备在一个小时内可以加热聚苯乙烯材料达到注塑温度的重量（单位：lb）来表示。

8.4.2　夹紧装置

夹紧装置有三种功能：开启和闭合模具，顶出塑件，在注射时有足够的力保持模具闭合，以抵抗模具里熔体的压力。单位零件投影面积所需的锁模力通常为 30 ~ 70MPa（约 2 ~ $5t/in^2$）在填充期间产生的压力和由于零件收缩产生在型芯上的力可能会导致零件粘贴，因而导致两个半模分离困难。初始开模力的大小取决于填充压力、材料零件几何尺寸（深度和脱模斜度），约等于名义夹紧力的 10% ~ 20%[4,8]。

有两种常见的夹紧设计类型：

1）铰链或肘节夹紧装置：该设计利用铰链的机械特性来提供在材料注射期间所需要的锁模力。机械肘节夹紧的关闭和开启速度快，且比其他夹紧装置成本低。主要的缺点是夹紧力不能精确控制，因为这个原因，它只适用于小型机器。

2）液压夹紧装置：它们使用液体压力来打开和关闭夹具，并产生在材料注射期间，所需要的锁模力。这种设计类型的优点是可靠性高和夹紧力可控制精确。缺点是与肘节夹紧装置相比，液压系统相对较慢，且价格昂贵。

模具打开后，塑件倾向于收缩和粘在模具型芯上（通常是离注射装置最远的半模），必须借助一个模具系统提供的顶出板来脱模。

8.5　注射模具

注射成型的模具按其生产的零件、复杂程度和尺寸可分多种形式。热塑性塑料模具的功能基本上是给予塑化的聚合物所需的形状，然后冷却模制品。

模具由两个部件组成：①型腔和型芯；②安装型腔和型芯的模座。模件的大小和重量限制模具中型腔的数量，并确定了所需的设备容量。从成型工艺上考虑，模具设计时必须能安全地吸收夹紧、注射和顶出的力。同时，浇口和分流道的设计必须允许满足熔体的高效流动和模具型腔的均匀充填。

8.5.1 模具结构和操作

图 8.3 表示了一个典型的注射模具里的各个零件。模具基本上由两部分组成：①固定的半模（型腔板），工作时，熔融聚合物注入到其内侧面；②移动的半模（型芯固定板），它位于注射成型设备关闭或顶出的一边。模具两者之间的分隔线称为分模线。注入的材料是通过一个中央进给通道输送，称为主流道。主流道位置由浇道套确定并且做成锥形，以便在开模时取出来自模具里的溢料。在多腔模具里，主流道将聚合物熔体送到分流道系统，再通过浇口将其送到每个模腔里。

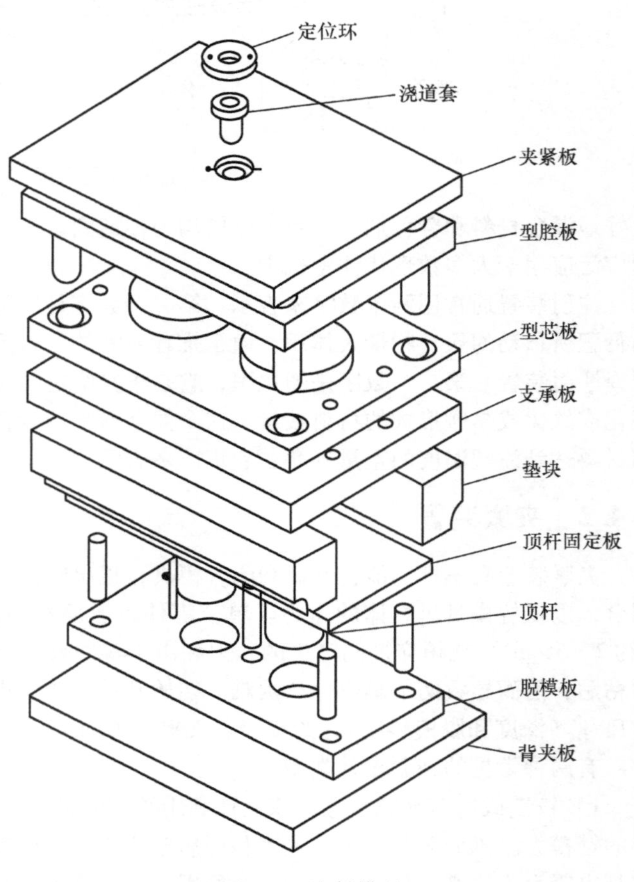

图 8.3 注射模具

型芯固定板安装主要型芯或者多腔模的所有型芯。主要型芯的目的是建立零件的内部结构。型芯固定板有一个支撑板。支撑板依次被称为支架的 U 形结构的柱形物所支撑，支架由后夹紧板和垫块所组成。被螺钉固定在型芯固定板上的 U 形结构可为顶出行程提供空间，也称为脱模行程。在凝固时，零件在主要型芯的周围收缩，因此，当开模时，零件和主流道会随着移动模具运动。随后，安装有顶杆的顶出固定板挡住了后夹紧板。型芯固定板继续向外移动，以便顶杆把零件推离型芯。

两个半模提供冷却通道，冷却水经由冷却循环水道吸收热塑性聚合物熔体传递给模具的热量，然后把零件冷却到所需的脱模温度。模具型腔也包含有细小的通气口[(0.02～0.08mm)×5mm]，以确保在注塑成型充填时在型腔中没有空气聚积。

8.5.2　模具类型

现今工业应用中最常见的注射模具类型有四种：①双板式模具；②三板式模具；③侧抽芯模具；④退扣式模具。

双板式模具一般是指在开模过程中分成了动模侧和定模侧两部分的模具。如图 8.4 所示，它是由两个安装在上面的型腔和型芯的活动板构成（如图 8.3 中的型腔板和型芯板）。在这种模具类型里，流道系统、浇道，分流道和浇口固化等与注塑零件固化成一体，作为一个整体被直接顶出。因此，双板式模具操作通常需要机器连续地（参与）保养。机器操作员必须花时间从零件上分离流道系统积聚的塑料，当浇口狭窄时容易折断，并定期到流道系统切碎成小块，以便于它们重新进入注塑机料筒。这项任务的完成需借助于一个类似小型木材削片机的辅助设备，将废料进行再粉碎。

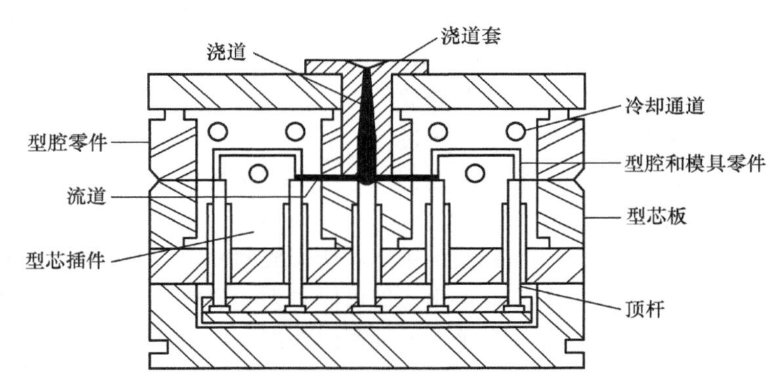

图 8.4　双板式注塑模

三板式模具包括：固定板或流道板，它包含了浇口和流道的一半；中间板或型腔模板，它包含了流道的另一半以及浇口和型腔，当开模时允许自由浮动；可移动板或型芯固定板，它包含了型芯和顶出系统。这种类型的模具设计有利于流道系统和零件的分离，当模具打开时，三板式模具有两次分型，第一次在脱料板与型腔模板之间，第二次在型腔模板与型芯模板之间。

当生产率要求很高时，可以采用热流道系统，有时也称为无流道注塑系统。它与一般注塑模具的区别是注射成型过程中浇注系统内的塑料是不会凝固的，也不会随塑件脱模，所以这种模具又称无流道模具。来实现完全自动化。这种系统使用三块主要板：流道被完全包含在固定板里，它被加热并与模具其余的部分绝缘。在成型周期内，模具的流道部分是不打开的。这种设计的优点是没有诸如浇口、流道或浇道等副产品的弃置或循环使用，不需要从零件上分离浇口塑料，从而节省流道消耗的材料，并有可能维持一个更加均衡的熔化温度。

侧抽芯模具用于具有外部凹坑或与分模面平行的孔的注塑件上。这些特征有时也被称为凹穴或交叉特征。这些凹穴可防止注塑件沿轴向从型腔里脱离，被称之为创造了锁模状况。提供侧抽芯来实现脱模的通常方法是采用安装在滑道上的侧向型芯，它们被斜导柱驱动，或者通过压缩空气缸或液压缸来驱动，在开模时向外拉动侧向型芯。由于这个动作，侧抽芯机构经常被称为侧向拉动机构。

由孔形成的具有凹穴特征的零件斜导柱侧抽芯机构如图8.5所示。装有次级侧芯销的侧滑块运动是由安装在定模上斜导柱来实现的。当开模时两个半模分离，安装在移动板上的滑块通过斜导柱被迫沿滑道移动。这使得凹穴成为一个活动的芯销，零件可以被顶出。需要注意的是，在一个特定轴上的每一交叉特征或一组交叉特征都需要一个侧抽芯，模具已经建成多达九个独立的侧拉来对特殊复杂的零件进行脱模。

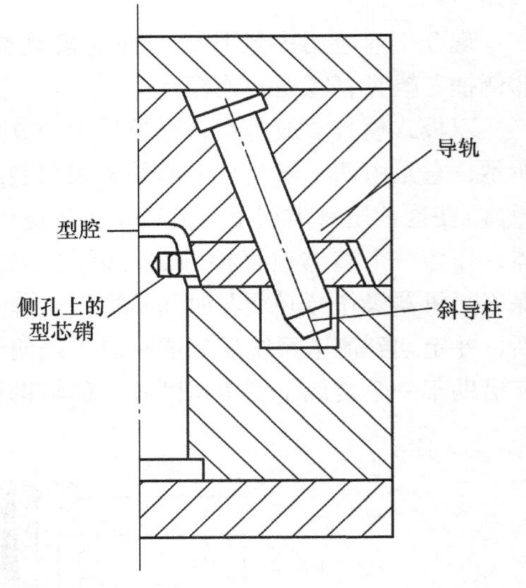

图8.5　侧向抽芯机构

退扣式模具的工作原理如图8.6所示。图中的齿轮齿条机构是最常见的用来释放内螺纹或外螺纹所形成的凹穴方法。通过这种方法，由液压缸带动的齿条与连接到螺纹型芯销上的圆柱齿轮啮合。旋转动作通过齿轮传动传递给型芯销，从而释放由于螺纹所形成的凹穴。这种附加的退扣机构在很大程度上增大模具成本和模具维修成本，但可以省去一道单独的螺纹切削操作。应该注意的是，外部螺纹形式和位于模具平面的轴可以在没有退扣装置情况下脱离模具。

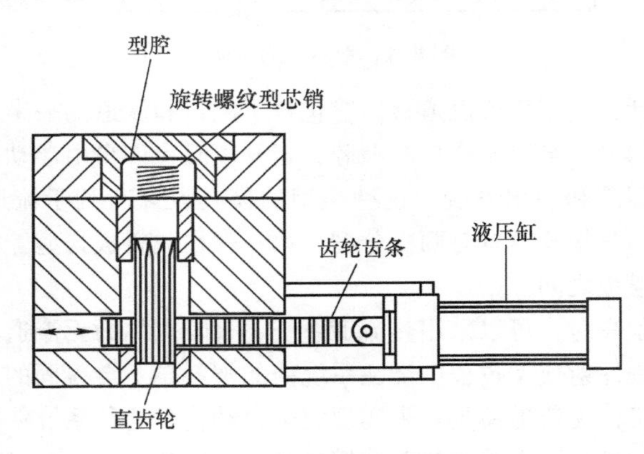

图8.6　退扣式模具

模具机构的最后一种类型是用于塑料件内部的模具凹坑或凹穴上的。具有这种类型的内部锁模特征的零件设计要求模具制造商在主型芯内建立型芯销的收缩装置。这明显要比相应的型腔外的侧拉更难制造，且成本更高。在采用型腔外侧拉的情况下，足够的板面积可以随时提供需要加工的导轨。因此，无论何时都应该尽可能要避免采用这种内部型芯收缩机构。这样做的最明显方法是用外部凹坑或通孔替代外部凹坑。

注射成型工艺可以处理不寻常的形状，因为它具有许多不同类型的浇口，注射系统和模具运动机构可以被组合在一个模具里。由此而产生的模具可能非常复杂，并且制造和维护费用都非常昂贵。然而，一般高效的制造规则是将尽可能多的特征包含在一个单一注塑件中。当然，只有在所生产的零件数量足够多的时候，这种方式的成本才是合算的。

8.5.3　浇道、流道和浇口

连接浇口和模具型腔的一个完整流道系统如图 8.4 所示。浇道套是熔料从加热腔到模具或流道系统的一个入口通道。图中胡萝卜形状的实体材料称为“浇道”，它是从加热腔来的熔融热塑性塑料到相对较冷的模具之间的过渡。流道系统被应用于多腔模具中，并且作为连接浇道套和型腔浇口的通道。浇口，作为在送料系统和模具型腔之间的缩颈，有以下几个作用：当注射压力撤除时，它迅速冻结，防止材料从型腔里流出。它提供了一个简单方法来从流道系统分离注塑件。它也可以突然增大聚合物被剪切的速率，这有助于调整聚合物的链长，从而更有效地填充型腔。

在多腔模具中，为了生产相同的零件，应该十分注意保持流道系统的平衡。横截面积相同，长度不同的流道会导致不同的型腔压力，使得多腔模所生产的零件，存在大小和密度的差异。

8.6　注射成型机尺寸

确定注射成型机的适当尺寸主要是基于所需的夹紧力。而夹紧力又取决于模具型腔的投影面积和充模期间的模具里的压力。前面的一个参数是指零件和流道系统的投影面积，或者如果使用一个多腔模的话，是指多个零件和流道系统的投影面积。当从模具开的方向观察时，也就是说，它是指在模具型腔板表面上的投影面积。这个参数值不包括在开模方向上任何铸造的通孔。

因此，对于一个直径 15cm 的普通盘，投影面积是 177cm^2。然而，如果该盘在任何位置上有一个直径 10cm 的通孔，则投影面积为 98.2cm^2，因为在填充期间该面积承受着聚合物的压力作用。

流道系统的尺寸取决于零件尺寸的大小。典型的流道体积与零件体积的百分比见表 8.2。作为首先的近似，这些数据也可作为零件投影面积与流道系统的投影面积的比例关系。然而，需要注意的是，只有在一个零件是平的或者如果流道系统与零件的厚度相同时，这个才是正确的。

在模具填充期间，型腔内的聚合物压力的估计是一个很困难的问题。聚合物的流动特性是高度非线性的，模具填充的模型只能对单个流道和型腔几何图形通过使用有限元软件来进行分析，而这又需要有模具型腔和流道系统的完整实体模型。然而，按一般规则来看，由于浇道、流道和浇口的流动阻力，机器注射装置产生的大约 50% 的压力会损失[9,10]。这个规则可以应用于下面的实例中机器设备的选择。

表 8.2 流道体积（杜邦）

零件体积/cm^3	注射量/cm^3	流道（%）
16	22	37
32	41	28
64	76	19
128	146	14
256	282	10
512	548	7
1024	1075	5

实　例

一批直径15cm、厚度4mm的磁盘要用丙烯腈-丁二烯-苯乙烯合成树脂（ABS）在一个六腔模中成型。请确定适当的机器尺寸：

1）每个零件的投影面积等于$177cm^2$，零件体积是$71cm^3$。从表8.2可知，由于流道系统所导致的注射体积增加的百分率和投影面积的增加大约为15%。因此，六型腔和相关的流道系统的总投影注射面积是$6\times1.15\times177cm^2=1221.3cm^2$。

2）根据表8.3，查到的丙烯腈-丁二烯-苯乙烯合成树脂（ABS）的推荐注射压力是1000bar。因此，最大型腔压力可能是500bar，或者是500×10^5Pa。

3）因此最大分离力F的估计值为

$$F=(1221.3\times10^{-4})\times500\times10^5N=6106.5kN$$

如果可利用的机器从表8.4中选择，那么只能选择8500kN的最大夹紧力。

表 8.3 选定聚合物的处理数据

热塑性塑料	密度/(g/cm^3)	热扩散系数（α）/(mm^2/s)	注射温度（T_i）/℃	模具温度（T_m）/℃	脱模温度/℃	注射压力/bar
高密度聚乙烯	0.95	0.11	232	27	52	965
高抗冲聚苯乙烯	1.59	0.99	218	27	77	965
丙烯腈-丁二烯-苯乙烯合成树脂（ABS）	1.05	0.13	260	54	82	1000
缩醛（均聚物）	1.42	0.09	216	93	129	1172
聚酰胺（6/6尼龙）	1.13	0.10	291	91	129	1103
聚碳酸酯	1.20	0.13	302	91	127	1172
聚碳酸酯（30%玻纤）	1.43	0.13	329	102	141	1310
聚碳酸酯ABS共混物（30%玻纤）	1.37	0.13	315	90	126	1252

（续）

热塑性塑料	密度 /(g/cm³)	热扩散系数（α）/(mm²/s)	注射温度 (T_i) /℃	模具温度 (T_m) /℃	脱模温度/℃	注射压力/bar
改性聚苯醚（PPO）	1.06	0.12	232	82	102	1034
改性 PPO（30%玻纤）	1.27	0.14	232	91	121	1034
聚丙烯（40%的滑石）	1.22	0.08	218	38	88	965
聚酯对苯二甲酸乙二醇酯（30%玻纤）	1.56	0.17	293	104	143	1172

必须检查机器设备来确保它有足够大的注射容积和夹紧行程。所需的注射量是六个盘再加上流道系统的体积，为：

$$6 \times 1.15 \times (177 \times 0.4)\,\text{cm}^3 = 489\,\text{cm}^3$$

显然，该值小于机器最大压射容积 3636cm³。

对机器适用性的最后检查内容是机器的夹紧行程。对于 8500kN 的机器而言，其机器夹紧行程为 85cm。这个行程足以加工一个深度约 40cm 的中空零件。对于这样一个零件，85cm 行程可以将注塑件从型腔和型芯中分离出来，且在型芯末端与型腔压板之间具有约 5cm 的间隙，供注塑件落下。因此，这个行程对于 4mm 厚的平面盘铸件来说是绰绰有余的。然而，行程应该是可调节的。为了缩短机器循环周期，在这种情况下，可以减少几厘米。

表 8.4　注塑机

锁模力/kN	注射量/cm³	操作成本[①]/(美元/h)	干燥周期 (t_d) /s	最大夹紧行程 (L_s) /cm	功率/kW
300	34	28	1.7	20	5.5
500	85	30	1.9	23	7.5
800	201	33	3.3	32	18.5
1100	286	36	3.9	37	22.0
1600	286	41	3.6	42	22.0
5000	2290	74	6.1	70	63.0
8500	3636	108	8.6	85	90.0

① 机器费率将随国家、地区和年份而改变，表中数值只用于设计的比较。

8.7　注射循环周期

在为一个特定的注塑件建立了适当的机器尺寸后，就可以估计注射循环周期了。在考虑的可选零件设计或可选聚合物的优点时，这种估计是至关重要的。正如在本章早期所叙述的一样，注射循环周期可以被有效地分为三个独立阶段：注射或充填时间、冷却时间、机器重置时间。这三个不同阶段的时间估计将在这一节中进行讨论。

8.7.1 注射时间

注射时间的精确估计需要对聚合物通过流道、浇口和型腔道的流动进行一个极其复杂的分析。包括模具型腔和流道系统的完整的设计，使用实体建模和非线性有限元分析等方法的研究，将其作为替代零件设计概念的最初比较基础显然是不合理的。为了规避这一问题，对有关机器性能和聚合物流动作出一些主要的简化假设。首先，注塑机配备了强大的注射装置，可以实现有效的模具填充所需的流动速度。它还假定在填充开始时，就使用注射装置的全部功率。注射器喷嘴处压力是聚合物供应商推荐的。在这种情况下，对于一个特定的模具设计可能不能实现。是用初始设备，流动速度 Q（m^3/s）可以由下式给出

$$Q = P_j / p_j \tag{8.1}$$

式中 P_j——注射功率（W）；

p_j——推荐注射压力（Pa）。

实际上，当模具被填充时，由于模具通道的流动阻力和聚合物固化时导致通道变窄，流动速度将逐渐减小。它将进一步假定：流动速度恒定减小，在模具充满时，流动速度达到最低点。在这种情况下，平均流动速度为：

$$Q_{av} = 0.5 P_j / p_j \tag{8.2}$$

填充时间估计为：

$$t_f = 2 V_s p_j / P_j \tag{8.3}$$

式中 V_s——要求的注射量（m^3）。

实　　例

对于一个直径 15cm 的六腔模的盘形注塑件，按照在 8.6 节中所述的那样，所需注射量为 489cm³。对丙烯腈-丁二烯-苯乙烯的推荐注射压力为 1000bar，或者 100MPa。8500kN 注射机的可用功率为 90kW，见表 8.4。

因此，估计填充时间为：

$$t_f = 2 \times (489 \times 10^{-6}) \times (100 \times 10^6) / (90 \times 10^3) = 1.09\text{s}$$

8.7.2 冷却时间

在冷却时间的计算中，假定在模具中冷却完全是通过热传导来进行的。因为熔体的高黏性，所以通过对流传输的热量是微不足道的。显然，在一个全封闭的模具内，辐射不会导致热损失。因为冷却时间和壁厚之间的关系是热塑性塑料注射成型中的一个主要成本驱动因素，下面我们将详细考虑这个问题。对所有热塑性塑料的加工过程所产生的这种合成简单关系是非常重要的。

冷却时间的估计可以通过考虑聚合物熔体的初始均匀温度 T_i，在两个间隔距离为 h 的金属板之间，并将温度保持在恒定温度 T_m 的冷却来进行。这种情况类似于图8.7所示模具型腔和型芯之间的注塑件的壁冷却。两个垂直的线代表型腔和型芯的表面，它们被模具壁厚 h 所分隔。垂直的温度刻度表示了初始注射温度 T_i、模具温度 T_m 和推荐的脱模温度 T_X。由于填充速度很快，可以假设模具里的聚合物在整个壁厚处具有恒定的初始温度 T_i，如图8.7中上层温度线所指出的那样。在以后的时间 t 里，横跨壁厚的温度分布曲线如图8.7所示。当壁的中心温度达到推荐的脱模温度 T_X 时，零件被从模具里顶出。这个壁厚温度随着改变的时间而变化可以用一维热传导方程来进行描述。

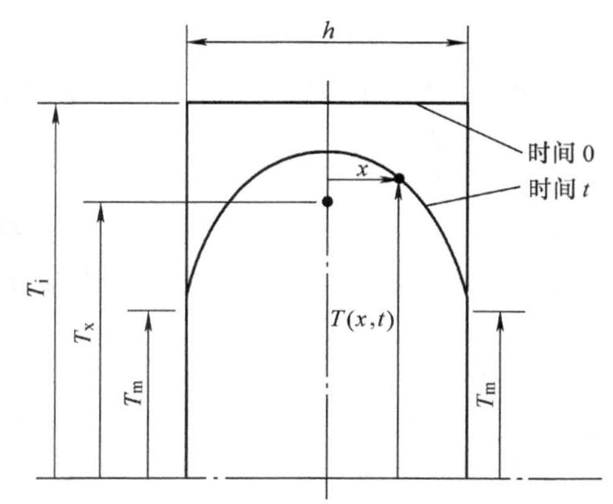

图8.7 型腔和型芯表面的壁冷却

$$\frac{\partial T}{\partial t}=\alpha\frac{\partial^2 T}{\partial x^2} \tag{8.4}$$

式中 x——垂直于板表面的壁中心板的坐标距离（mm）；

T——温度（℃）；

t——时间（s）；

α——热扩散系数（mm^2/s）。

热塑性材料的导热系数要比钢制模具低大约三个数量级。在这种情况下，忽略了模具热阻是合理的，它只相当于一个恒温 T_m 下的散热器，如图8.7所示。应用到式(8.4)中的一个经典系列边界条件解在参考文献［11］给出如下。

$$\frac{T-T_m}{T_i-T_m}=\frac{4}{\pi}\sum_0^{\infty}\frac{(-1)^n}{2n+1}e^{-(2n+1)^2\pi^2\alpha t/h^2}\cos\left\{\frac{(2n+1)\pi x}{h}\right\} \tag{8.5}$$

需要注意的是，公式左边量纲1温度组在注射（$T=0$），当 $T=T_i$ 时的值为1，聚合物温度接近模具温度 T_m 时渐近地减少为0。当 $T(0, t_c)=T_x$时，运行时间达到推荐的冷却时间 t_c。感兴趣的读者可以区分相对于 t 的总和项，同时也是相对于 x 的二倍。表明结果是满足式（8.4）的相等。它还可以看到，根据需要，型腔或型芯表面 $T=T_m$，因为当 $X=\pm h/2$ 时，所有的余弦函数都为零。在式（8.5）所给出的解中，无限数量的项只需要从 T_m 到 T_i，在模具填充的开始时（$t=0$）生产最初的平方步骤求解值。在初始时间增量以外，式（8.5）的一个引人注目的近似值可以在下面的示例中得到。在表8.3中给出了根据式（8.5）作出使冷却时间预测所需要的温度和热扩散系数参数。表8.3包含了一个最广泛的注塑成型热塑性塑料的列表。

实 例

一个ABS材料的注塑件具有3mm的均匀壁厚。使用表8.3中的数据，请估计当 $t=$

1s、$t=2$s、$t=4$s 时的壁中心温度。

在式（8.5）中设置 $x=0$，壁中心温度由下式给出：

$$\frac{T-T_m}{T_i-T_m}=\frac{4}{\pi}\left(e^{-\pi^2\alpha t/h^2}-\frac{1}{3}e^{-9\pi^2\alpha t/h^2}+\frac{1}{5}e^{-25\pi^2\alpha t/h^2}-\frac{1}{7}e^{-49\pi^2\alpha t/h^2}+\cdots\right)$$

从表 8.3 中可知，要求的参数是 $T_i=260℃$，$T_m=54℃$，$\alpha=0.13\text{mm}^2/\text{s}$。我们也能够注意到，在脱模时，推荐的墙中心温度 $T_x=82℃$，我们将在接下来的例子里采用该温度。

为了简化计算，首先估算时间 $t=1$s 时的第 4 项。注意到在每一项中，指数 $\pi^2\alpha/h^2=0.143$。当 $t=1$s 时，第 4 项的结果是 0.0001，在序列的随后项中将会更小。于是，只冷却 1s 后最多只需要前三项。早期对冷却过程选定时间的前三项的值见表 8.5。

表 8.5　冷却过程前三项

t/s	Term1	Term2	Term3
1	0.867	−0.092	0.006
2	0.752	−0.026	0.000
4	0.565	−0.002	0.000

我们于是能够看到序列中的所有项，在第 1 项之后，在最初的几秒冷却之后都变得无关紧要。如果我们只从第 1 项计算壁中心的温度 T，对于 $t=1$，2，4s，我们可以求得的温度为 281℃、251℃、和 202℃。而考虑所有这 3 项所获得的相应温度为 259℃、245℃和 202℃。因为在注射成型时的冷却时间从来都不会小于 3s，这些结果表示仅仅需要第 1 项来对冷却时间进行估算。这个近似值是由参考文献［12］所提出。

因此，我们可以写成

$$\frac{T-T_m}{T_i-T_m}=\frac{4}{\pi}e^{-\pi^2\alpha t/h^2} \tag{8.6}$$

认识到指数函数的反函数是自然对数，并且注意到：当温度 T 下降到推荐的脱模温度 T_x 时，时间 t 是要求的冷却时间 t_c，式（8.6）能够重新整理成

$$t_c=\frac{h_{max}^2}{\pi^2\alpha}\quad\ln\frac{4\ (T_i-T_m)}{T_x-T_m}\ \text{其中}\ t_c>3\text{s}$$

$$t_c=3\text{s}\qquad\text{其他时候} \tag{8.7}$$

式中　h_{max}——最大壁厚（mm）；

T_x——推荐零件脱模温度（℃）；

T_m——推荐模具温度（℃）；

T_i——聚合物注射温度（℃）；

α——热扩散系数（mm^2/s）。

注意到：对于具有可变化壁厚的注塑件来说，最大截面厚度应该被用来计算要求的冷却时间。因此，在式（8.7）中，由 h_{max} 替代 h。我们也应该注意到：式（8.7）中所

作的解析表达式会低估非常薄壁注塑件的冷却时间。对于这类零件，流道系统壁厚通常比零件本身要大，同时还需要更大的延迟来确保流道系统可以顺利地从模具中取出。建议如式（8.7）所指出的那样，取 3s 作为最小冷却时间。

关于式（8.7）的最重要的观察是，对于一个给定的具有给定成型温度的聚合物，冷却时间是随着成型零件壁厚的平方而变化的。这就是为什么注塑成型生产厚壁零件通常是不经济的主要原因。还应该注意的是，式（8.7）仅适用于矩形板，而矩形板是注塑件主要壁的代表。对于一个实体圆柱截面，因为对于这个边界条件来说，冷却更迅速，所以要在直径上使用一个 2/3 的校正系数。于是，一个 3mm 厚的平面零件与一个直径 6mm 的圆柱投影具有一个相等的最大厚度 $6\times\frac{2}{3}=4\text{mm}$。这是一个非常粗略的设计。不仅冷却时间应该增长为 $(4/3)^2=1.78$ 倍，而且在周围的主要壁已经凝固很久以后，在圆柱投影结合处的大截面厚度将继续冷却和收缩。在主要壁表面，这将导致一个大的凹陷，或者下陷痕迹。基本设计规则是注塑件必须有一个主要的壁，并使厚度尽量保持均匀。任何断开主壁的投影必须具有主壁最大厚度的 2/3，以避免不均匀冷却导致下陷和变形。

8.7.3　模具复位

模具开启、零件脱模和模具关闭的时间取决于零件与型腔和型芯分离所需的运动数量和零件从模板之间去除所需的时间。后者通常只是一个很小的延迟（1s）自由落体的时间。这三个机器操作时间的总和称为复位时间。参考文献［13］中对于三种一般零件形状的类型，如平展的，盒形的以及深圆柱体零件给出了这些机器操作的近似时间。它们在表 8.6 中给出。

显然，这些估计只能被看做是粗略的估计，因为它们不包括零件尺寸的影响。零件尺寸影响复位时间有两种方式。第一，零件投影面积连同型腔数量决定了机器尺寸以及可用于模具开闭的功率。第二，零件的深度决定了零件脱模时需要打开的模具数量。

为了解释前述的影响因素，对于不同尺寸的注塑机数据，例如典型的最大夹紧行程，干燥循环周期将会被运用。干燥循环周期被定义为要求操作注射装置，然后用一个等于最大夹紧行程的量来开启和关闭一个适当尺寸模具的时间。表 8.4 提供了范围广泛的当前可用注塑机的参数值。

表 8.6　机器夹紧操作时间　（单位：s）

	平　面	盒　状	圆　柱　体
模具开启	2	2.5	3
零件脱模	0	1.5	3
模具关闭	1	1	1

应该意识到在注塑零件的时候，干燥时间与实际循环周期相比只占很小的比例。这是因为干燥时注射装置是空的，它只需要几毫秒的时间将空气注入通过模具，这很明显

地不需要冷却延迟。在模具打开和关闭期间，机器夹钳是以最大行程和最大安全速度运行的。

实际上，这个夹紧行程可以通过给出的零件数量来调整的。如果给出的零件深度为 D（cm），那么，为了估计时间，可以假定夹紧行程调整值为 $2D+5$cm。这样能够使零件从型腔和相配的型芯中完全分离所要求的开模的 5cm 间隙，从而零件可以落下实现顺利分离。

从表 8.6 能够注意到通常模具开启要比模具关闭更缓慢。这是因为在模具开启期间，零件的脱模通常需要一个很大的力使得零件从型芯上分离，而套在型芯上的零件此时已经收缩。模具的快速开启可能因此导致注塑件变形或断裂。为了估计时间，假定模具的开启速度是闭合速度的 40%，这个结果对应于表 8.6 给出的数据平均值。

夹紧机构的精确运动取决于夹具设计及其调整。为了获得复位时间的简单估计，假定对于一个给定的夹紧机构，在夹持运动（开启和闭合）期间，不论调整的行程长度如何，速度分布图都具有相同的形状。在这些条件下，对于一个给定运动的时间与行程长度的平方根成正比。

因此，对于给定一个机器，如果最大夹紧行程值为 L_s，干燥时间为 t_d，当满行程时，卡钳闭合时间被假设为 $t_d/2$。然而，如果注塑一个深度为 D 的零件，那么调整夹紧行程为 $2D+5$cm，模具关闭的时间是

$$t_{close}=0.5t_d[(2D+5)/L_s]^{1/2} \tag{8.8}$$

如果我们现在使用 40% 的开启速度假定，并且注塑件板之间下落时停留 1s，那么，这能给出模具复位时间的估计为：

$$t_r=1+1.75t_d[(2D+5)/L_s]^{1/2} \tag{8.9}$$

实　例

假定普通的 15cm 直径的圆柱体杯子，深 20cm，采用 ABS 材料六腔模注塑成型。从 8.6 节的例子，我们得知适合的机器规格是 8500kN，从表 8.4 可以分别查得干燥时间 t_d 为 8.6s，最大夹紧行程 L_s 为 85cm。用 $D=20$cm，$L_s=85$cm 和 $t_d=8.6$s 带入式（8.9）中，可以求得复位时间是 12.0s。

如果圆柱体杯子的深度为 10cm，则复位时间将会变化为 9.2s。如果注塑成型的盘直径是 15cm，厚度仅仅 3mm，则根据式（8.9）计算的复位时间为 4.9s。这些估计值与 Ostwald 的数据存在一些差异，和后者对典型小零件的平均值是合理的。

8.8 模具成本估算

模具设计和构造所需的技能与在注射成型工艺中所有其他步骤所需要的技能存在着显著地不同。因此，模具设计通常与有关的其他各种功能相隔离，这样一方面会阻碍工具制造商与工人之间的信息和想法的交流，另一方面，也会障碍工具制造商与零件设计师之间的信息和想法的交流。

零件设计令人满意的变更往往只发生在工具和测试方面的主要投资已经完成之后。这种迟来后果在最终成本和零件质量方面是非常显著的。另一方面，在模具的实际投资之前。概念设计阶段所做的模具成本估计本身将有助于识别可接受的零件和模具配置。

模具成本可以分为两大类：①组成所需的模板、柱、导衬套等的预制模座成本；②型腔和型芯的制造成本。这些将在下面章节中分别讨论。

8.8.1　模座成本

根据参考文献［14］给出的当前可利用的预制构件模座的调查，模座成本是所选择的模座板表面面积与型腔和型芯板组合厚度的函数。图 8.8 给出了根据面积和厚度值对一个单一的参数绘制的模座成本点图。图 8.8 中的数据可以表示为：

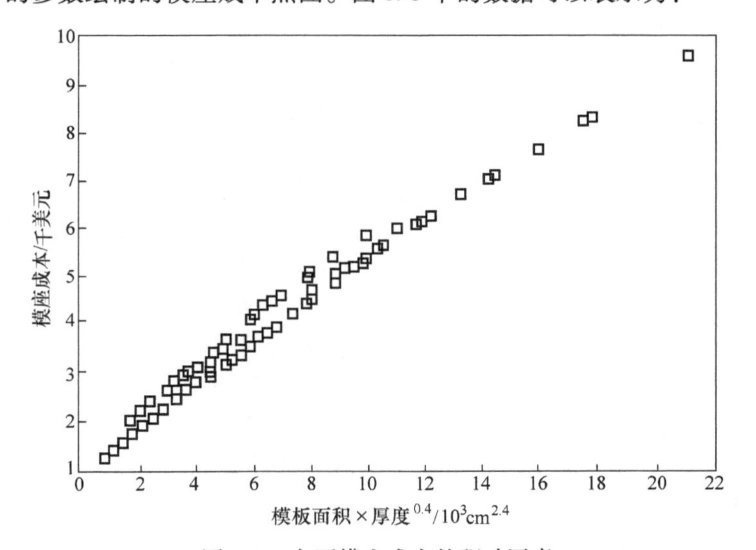

图 8.8　主要模座成本的驱动因素

$$C_b = 1000 + 0.45 A_c h_p^{0.4} \tag{8.10}$$

式中　C_b——模座成本（美元）；

A_c——模座型腔板的面积（cm^2）；

h_p——模座里型腔和型芯板的组合厚度（cm）。

选择一个合适的模座的依据是零件深度、它的投影面积以及在模具里要求的型腔数量。除了型腔的大小以外，还必须给模具的侧抽芯机构和其他复杂的机构（例如螺纹模具的拧松设备）留出额外的余量。

对于一个特定的零件，为了确定适当的模座尺寸，必须设想嵌入在模座板中的模塑件（或一个多腔操作中的那些零件），零件必须与模板表面具有足够的距离，以提供必要刚性来防止在注射期间型腔压力所造成的扭曲，并且为冷却通道以及移动型芯装置提供空间。通常，相邻型腔之间以及与型腔表面与和边缘和型腔板后表面之间的最小距离应该是 7.5cm。型芯安装板也应该至少 7.5cm。要求容纳侧抽芯和拧松装置的附加模板尺寸的大小取决于实际使用的机构。然而，为了现在估算成本，假定侧抽芯或侧面拧松装置距离边缘最小间隙的两倍。而后拧松装置要求型腔后面的材料加倍。因此，一面侧抽芯会额外增加模板宽度或长度7.5cm。在模具的另一面如果再附加侧抽芯，会导致模板尺寸的进一步增大。所以，四个或更多的侧抽芯，零件的每一侧面上有一个或多个侧抽芯，要求模板的长度和宽度都要增加15cm。还应当注意的是，使用两个相对侧面的侧抽芯将会限定模具设计的型腔为单排布置，在三个侧面上具有侧抽芯将会限定为两个相对的型腔，而在所有四个面上都有侧抽芯将要求单腔操作。

实　　例

作为前述规则的一个应用，假设直径10cm的普通圆柱形杯，深15cm，在一个六腔模注塑成型。型腔阵列为3×2，其间隙按照上述规定确定，所需的模板面积A_c为$2550cm^2$。型腔和型芯的组合厚度h_p为$D+15cm=30cm$。因此，模座成本参数$A_c h_p^{0.4}$为$9940cm^{2.4}$，通过图8.8可以查到对应的模座成本估计值为5500美元。

如果虚构一个尺寸相同但更复杂的圆柱体零件，在侧面有两个完全相反的孔和一个内螺纹，估计模板尺寸将增加。为了容纳完全相反的侧抽芯，型腔板将保持单排六型腔。型腔的每个侧面使用15cm的距离，以容纳侧抽芯机构。模板面积为$112.5\times40cm^2$或$4500cm^2$。为了支撑拧松装置，假定组合后的模板厚度增加到37.5cm，这导致$A_c h_p^{0.4}$等于$19179cm^{2.4}$。通过图8.8可查得此模座成本约为9000美元。

当型腔面积增大时，模具制造商往往增加型腔之间的距离。从大量的模具评估中，它似乎是一个典型的间隙，即每$100cm^2$型腔面积可以增加约0.5cm。这种经验法则在前面的例子中用来估计模座成本会有一个边际效应。然而，它应适用于较大的零件取得一个更好的模座尺寸和成本的估计。以上的成本仅用于方形平模板模座。制造型腔和活动型芯的成本将在下节中讨论。

8.8.2 型腔和型芯的制造成本

目前工作中的初始成本估计是基于使用标准双板模而言的。关于使用三板模、热流道系统等的决定，只能通过对增加的模具系统成本和由于半自动或全自动操作所减少的对机器监管两个方面进行比较来决定。

与上一节中讨论的一样，模具制作始于从专业的供应商购买预装配的模座。模座包括主板、导柱、轴套等。然而，除了型腔和型芯的制造，为了将模座转变成一个工作模具，大量的工作必须是在模座上进行。主要任务是冷却通道的深孔钻削和型腔及型芯插件的固定结构铣削。额外任务与脱模板和接收脱模系统的外壳、在必要时额外支撑导柱的插入以及电气装置和冷却系统的配合等订制工作有关。在模具制造中经验法则[14]是：模座的购买价格因需进行订制工作而增加一倍。在模具制造估计时要遵循程序的一致性。模座成本，包括在其上的订制工作，是近似等于模具制造时间的同等数量成本。使用参考文献［14］中给出的美国模具制造平均费率40美元/h，可以求出等量的模具制造时间M_b（单位：h）为：

$$M_b = 50 + 0.023A_c h_p^{0.4} \tag{8.11}$$

确定注射模具的成本涉及所使用顶杆数量。这个数字通常在零件设计的早期阶段无法得到的。与经验丰富的模具制造商的讨论表明：顶杆的数量受到一些因素的制约，例如零件尺寸、主要型芯的深度、肋条的深度和接近程度，以及其他影响零件复杂性的特征。通过对那些能确定相应顶杆数量的零件的分析可以得到一个顶杆数量与零件深度、零件尺寸和零件复杂性之间的大致关系。零件横截面投影面积与成本具有最密切的关系。由于具有相当大的散布，当测量单位为平方厘米时，所使用的顶杆数量近似地等于横截面积的平方根，即

$$N_e = A_p^{0.5} \tag{8.12}$$

式中　N_e——所需的顶杆数量；

　　A_p——零件的投影面积（cm^2）。

式（8.12）是用来估算注塑件脱模系统成本的。一项由参考文献［15］作者所作的模具制造成本调查建议：每个顶杆的制造时间近似为2.5h，这将用于现在的工作中。根据式（8.12），可以求出的零件脱模系统的附加制造时间

$$M_e = 2.5 \times A_p^{0.5} \tag{8.13}$$

人们认识到，零件顶出并不总是通过使用顶杆来完成。式（8.13）表示了一个在概念设计阶段估算脱模系统成本的合理基础。

成型零件的几何复杂性在现在的模具成本估算方案中用对零件的内部和外表面的复杂程度指定的复杂性系数来表示。对于一个型腔和与其相配合的型芯，模具制造时间可以由式（8.14）来进行估计。

$$M_x = 5.83(X_i + X_o)^{1.27} \tag{8.14}$$

其中X_i和X_o分别是零件内部和外部的复杂性系数。

这个经验关系式是由参考文献［16］的作者对包括从小型支架到大型家具橱柜在内的大量注射成型件的分析中所获得的。

对于快速成本估计，人们希望快速判断适当的复杂性系数的数值。为了准确得到复杂性系数，现在已经建立了一个计算公式。

在建立型腔和型芯制造的估计程序之前，重要的是要考虑模具制造的学习曲线的作用。尽管注塑模的制造是订制工作，它包括高精密的复杂任务等复合加工，往往涉及制作多个相同的特征或多个相同的工具元件。如果要作出合理的估计，就必须考虑到它所导致产生的效率增加。由于工具成本通常是由其操作使用的技术工人成本所支配的，当制造多个相同物品可以用第3章中描述的赖特（Wright）学习曲线进行建模时，降低成本就成为可能[17]。因此，如果制造一个特定的工具元件，或者增加一个特征到工具里，所需的时间用M_1表示，那么制造n个相同的元件或者添加n个相同的特征的平均时间是

$$M_{1,n} = M_1 n^b \tag{8.15}$$

在这种情况下，性能上的改善源自于多次作多个相同任务的工人改进以及使用订制切削工具、电火花电极和夹具的改进。对于这种类型的进步，是适合于第3章中所讨论的85%学习曲线，其中$b = \ln(0.85)/\ln(2) = -0.234$。因此制造，$n$个相同特征或

者工具元件的总时间是

$$M_n = nM_{1,n} = M_1 n^{(1+b)} = M_1 n^{0.766} \tag{8.16}$$

当制造一个多腔模时，这种关系是特别重要的。在这种情况下，式（8.16）中的指数0.766称为多腔指数 m，多个相同的型腔和型芯的成本可以被表示为

$$C_n = C_1 n^m \tag{8.17}$$

其中，C_1 是单一型腔和型芯模具的成本。与范围广泛的多型腔模具制造商测试这种关系表明：m 值的范围通常是0.7~0.8。稍后将会显示：当型腔数量和模座成本增加时，每个型腔的模座成本非常地吻合0.8的多型腔指数。它对应于一个87%的学习曲线关系。由于模座成本通常是占总体模具成本的一个很小比例，所以对于所有模具成本计算，我们将使用一个多腔指数为0.766的85%学习曲线。

为了模具成本估算，本书作者所使用的复杂性测量是基于定义零件几何形状的单独表面补丁（碎片）的数量来进行的。这可以帮助我们在早期的草图阶段，尺寸完全定义之前就能作出估算。在零件的内表面计算出所有单独的表面段数。在成型期间，内表面是与主要型芯和型芯板上其他凸台或凹槽的接触面。表面段既可以是平面的，也可以是具有不变或平稳变化的曲率。不同表面段的连接可能在曲率上是突变的（不连续的）。内表面的复杂性可以由式（8.18）给出

$$X_i = 0.1 N_{sp} \tag{8.18}$$

式中 N_{sp}——曲面补丁的数量。

对于零件外表面，可以重复这个方法来获得外表面的复杂性系数 X_o。当计算表面补丁（碎片）时，不应包括小连接弯曲表面。

当计算零件表面上多个相同的特征时，正如上面所讨论，幂指数0.776可以被用来解释成因加工模具相同特征所带来的节省。例如，如果零件的表面涵盖100个球形凹痕，那么，计算的同等数量表面补丁为 $100^{0.766} = 34$。

我们把它作为一个例子来看，一个具有凹槽底座的锥形平面零件是注射成型件，其形状如图8.9所示。它的内表面和外表面的复杂性级别按如下区分。内表面包括以下表面段：

① 主要锥形表面；

② 平面底部。

于是

$$X_i = 0.1 \times 2 = 0.2$$

外表面包括：

① 主要锥形表面；

② 平面环形底部；

③ 底部中的圆柱凹槽；

④ 平的凹槽底部

于是

$$X_o = 0.1 \times 4 = 0.4$$

注意：不计算内缘或外缘的小圆角半径，除非它们大于壁厚。如果在目前的例子中是这种情况，那么会有两个额外的表面补丁。也就是内表面底部和凹槽底部周围的圆角。在模具两个半模之间的分型“平面”不进行计算在内，如果它的确只是两个模板之间的平面的话。然而，如果这个分型面比较复杂，那么它的表面补丁（块）就应该被包括在 X_o 或 X_i 的估算中。在模具制造中这也涉及更大的困难，因为模具必须在相应复杂的配合面上封闭。对于这种在模具制造中增加的困难的余量将在本节末尾提出。一般来讲，对于功能性工程零件，表面段是平面、圆柱面、球形面或环形（圆角），它们通过斜率和曲率的变化从一个分离到另一个。在表面计数上，把主要形状和特征以表格的形式（包括重复和分解的表面片计数）列出对我们是会有帮助的。在设计的草图阶段所建立的这样一个表，将在本章最后的习题3中给出。

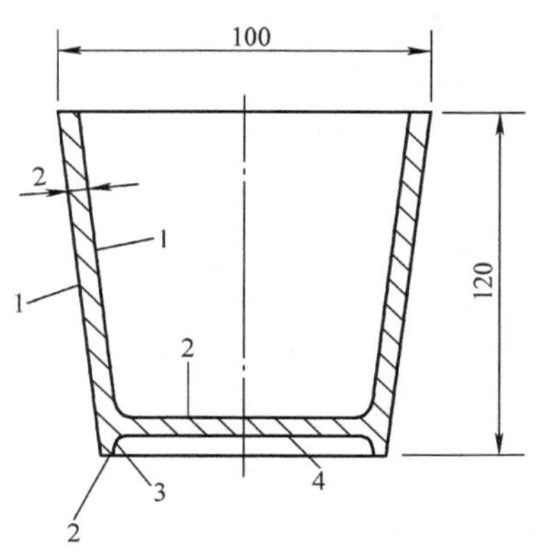

图8.9　平面锥形零件的表面段

除了几何复杂性以外，注塑件的尺寸显然也影响型腔和型芯插件的成本。参考文献［15］给出了在零件面积上所建立的关系，参考文献［16］根据各种注射模具的分析，已经表明：对于具有简单几何形状的零件，制造单个型腔和型芯的制造时间可以表示为

$$M_{po} = 5 + 0.085 \times A_p^{1.2} \tag{8.19}$$

式中　A_p——零件的投影面积（cm^2）。

从式（8.13）、式（8.14）和式（8.19）的点数总和对于具有已知的几何复杂性程度以及给出尺寸的零件，提供了制造单腔和型芯以及脱模系统的时间的基本估计。然而，为了完成一个模具成本估算系统，六个额外的重要因素需要被考虑。它们是：

① 需要可伸缩的侧抽芯或内部型芯挺杆。

② 对于产生注塑螺纹的一个或多个拧松螺纹型芯的要求。

③ 零件的表面粗糙度和外观的规定。

④ 给予零件尺寸的平均公差水平。

⑤ 要求一个或多个表面具有某种纹理结构（例如，格子、皮革纹理加工、浅刻字等）。

⑥ 横跨型腔和型芯分离的表面形状，在模具设计时是指分型面。

根据与一些模具制造商的讨论，似乎导轨和相关的斜导柱或者对于侧抽芯的抽拉机构（不包括型芯的制造），应该具有一个相关的制造时间50～80h。然而，在主型芯内构建一个内部机构（有时也被称为挺杆）来取出内部芯杆是非常困难的，并且可能的制造时间在100～200h之间。更为困难的是，需要为螺纹模型建立一个拧松螺纹机构，它可能需要200～300h的工具制作时间。为了早期的成本估算程序，侧抽芯的制造时间，内部挺杆，或拧松螺纹机构被假定符合这些估算的平均值。

模具型腔表面的纹理通常是由专业公司完成的，他们提供了广泛的标准纹理图案。

似乎纹理加工的成本与零件复杂性和尺寸成比例关系，给出基本腔制造成本5%的允差可以获得一个相当不错的估计。可能被蚀刻或被雕刻在模具里的浅刻字成本可以被认为相当于纹理加工，并且采用相同的方法来估算成本。

要求在模具零件上产生高质量表面的型腔手工精加工是非常昂贵和费时的。涉及的时间明显依赖于型腔尺寸、型腔几何复杂性和成型零件所要求的外观。在这种情况下，有必要区分透明和不透明零件。对于不透明的零件，所需的外观可以分为四类：不重要的，标准的（塑料工程师协会规格的3级光洁度标准SPE#3），高光泽度的（塑料工程师协会规格的SPE#2），和最高光泽度的（塑料工程师协会规格的SPE#1）。另一方面，透明的零件通常依据两种类别来生产：标准加工但允许具有一些内部裂纹，或者具有最高质量且不能存在不可接受的内部瑕疵。对于不透明的零件，分别与塑料工程师协会规格的1级光洁度和3级光洁度相比，这两个类别更难以加工实现。根据与模具制造商的讨论来看，加工一个型腔和型芯，以获得需要的外观所需花费的时间可以表示为适用于制造型腔和型芯的基本时间的一个百分率增量。对于目前的估计系统，这转化成为一个百分率增量到通过式（8.13）、式（8.14）和式（8.19）所预测的总制造时间中。需要注意的是，与脱模系统［式（8.13）］相关的制造时间被包括在内。改善外观的要求通常是由减少脱模的瑕疵，增加对脱模系统元件的额外注意等需要来完成的。不同零件外观类别的合理百分比值由表8.7给出。

表8.7　不同外观水平增加的百分比

外　　观	增加的百分比（%）
不光滑的	10
不透明的，标准的（塑料工程师协会规格的SPE#3）	15
透明的，标准内部缺陷或允许的表面粗糙度	20
不透明、高光泽度的	25
透明的，高质量的	30
透明的，光学质量的	40

注射成型件的尺寸公差必须控制在工艺能力的范围内。这些能力将在本章后面提出。然而，零件公差也间接地影响到模具制造的成本。其原因是模具制造商在制造过程中只允许有一小部分零件公差，为了留出其余公差来覆盖模具制造工艺的变化。更小的公差将导致对型腔和型芯制造的更高要求。模具制造商的建议证实了这种影响，虽然与表面粗糙度要求相比不太重要，取决于特征的数量和规模而不是零件的尺寸。就目前的成本估计程序而言，零件公差影响着由式（8.14）给出的几何复杂性的时间估计。对于六个不同的公差级别的可接受增加的百分比在表8.8给出，它们被应用到式（8.14）的结果当中。

最后考虑的是分离型腔和型芯插入件的平面形状。只要有可能的话，型腔和型芯插入件应该安装在平的相对模板上。这将导致一个平的分型面（直的分型线）。它仅仅只需要表面磨削，以产生更适宜的模具。平的弯曲零件或空心零件，其分离内外表面的边缘不在一个平面上，它们不能用一个平的分型面来注射成型。在这些情况下，分型面应从表8.9中给出的六种类型中选择。

对于每一种这些单独的类型，工业数据表明：要求用于制造模具的额外制造时间与模具型腔面积的算术平方根近似成比例，具有如下关系

$$M_s = f_p A_p^{1/2} \tag{8.20}$$

式中 A_p——型腔的投影面积（cm^2）；

f_p——分型面因数，由表8.9给出；

M_s——对于不平整分型面的额外模具制造时间。

表8.8 公差增加百分比

公差等级	公差的描述	增加的百分比
0	所有大于 ±0.5mm	0
1	大部分近似为 ±0.35mm	2
2	若干近似为 ±0.25mm	5
3	大部分近似为 ±0.25mm	10
4	若干近似为 ±0.05mm	20
5	大部分近似为 ±0.05mm	30

表8.9 分型面的类型

分型面类型	分型因数（f_p）
平面分型面	0
倾斜的分型面或一个单独阶梯的分型面	1.25
两个到四个简单阶梯或一个简单的曲面的分型面	2
大于四个简单阶梯的分型面	2.5
复杂曲面的分型面	3
具有阶梯的复杂曲面的分型面	4

8.9 模具成本点系统

遵循前面的讨论，现在可以建立一个模具型腔和型芯成本估算的点系统。主要成本的驱动因素按照顺序简单地列出，利用相关的图形或表格来确定点的适当数量。模具制造成本是由模具制造一个小时等同的每个点决定的。

（1）单腔模的模座板面积 A_c（cm^2）和组合的板厚 h_p（cm）

- 参考式（8.11），估计包括在其上执行的订制工作在内的等量模座制造时间。

（2）零件投影面积 A_p（cm^2）

● 参考式（8.13）和式（8.19），它们包括了对制造成本的尺寸影响点数，再加上对适当的注射系统的点数。

（3）几何复杂性系数 X

● 根据前面描述的程序，识别出内表面和外表面的复杂性等级。对于多个相同的特征，应用指数 $m=0.766$ 的 85% 学习曲线。

● 应用式（8.14），以确定合适的点数

（4）侧抽芯

● 在成型操作中识别出孔数或要求的单独侧抽芯（侧面型芯）的开口口径。

● 对于每个侧抽芯允许 65 个点数。对于多个相同的侧抽芯，应用指数 $m=0.766$ 的 85% 学习曲线。

（5）内部挺杆

● 识别要求的单独内部型芯挺杆的内部凹陷或倒凹的数量。

● 对于每个挺杆，允许 250 个关键点数。对于多个相同的挺杆，应用指数 $m=0.766$ 的 85% 学习曲线。

（6）拧松装置

● 确定一个拧松装置所要求的螺纹数量。

● 对于每个拧松装置，允许 250 个点数。对于多个相同的拧松装置，应用指数 $m=0.766$ 的 85% 学习曲线。

（7）表面粗糙度/外观

● 参考表 8.7，对所需的外观类型确定其适当的百分比值。

● 第二项和第三项所确定的点的总和百分比值，获得相关零件表面粗糙度和外观的适当的点数。

（8）公差水平

● 参考表 8.8，对所需的公差等级确定适当的百分比值。

● 将百分比值应用到第三项所确定的几何复杂性点中，获得相关零件公差的适当的点数。

（9）纹理

● 如果注塑成型件表面部分要求标准的纹理样式，如网纹、皮革纹、浅刻字等，然后从第二项和第三项中添加 5% 的点数。

（10）分型面

● 根据表 8.9 确定分型面的类型，并注意分型面因素 f_p 的值。

● 使用 f_p，从式（8.20）中获得的点数。

为了确定制造单个型腔和相匹配的型芯的成本，总比分要乘以适当的工具制造的平均小时费率。

实　　例

预计 2 000 000 个普通空心锥形零件采用聚甲醛均聚物注射成型。如图 8.9 所示的零件的材料体积为 78cm^3，在成型方向的投影面积为 78.5cm^2。模具制造点数被首先建立，见表 8.10。

表 8.10　模具制造点数

项　　目	点　　数
Ⅰ. 模座［将 $A_c=625\text{cm}^2$，$h_p=27\text{cm}$ 代换到式（8.11）中］	104
Ⅱ. 零件投影面积［将 $A_P=78.5\text{cm}^2$ 代换到式（8.13）和式（8.19）中］	43
Ⅲ. 几何复杂性系数（对于这种零件应用，采用早前建立的 $X_i=0.2$ 和 $X_o=0.4$）	3
Ⅳ. 侧抽芯的数量	0
Ⅴ. 内部挺杆的数量	0
Ⅵ. 拧松装置的数量	0
Ⅶ. 表面粗糙度/外观［不透明标准（SPE#3）；见表 8.7：　增加（43+3）×15%=7］	7
Ⅷ. 公差等级（类型 3；见表 8.7：对低复杂度的不大影响）	0
Ⅸ. 纹理	0
Ⅹ. 分型面（类型 0）	总计分数=157

假设模具制造费率平均为每小时 40 美元，一个单腔模具的估计成本为 157×40 美元或大约 6300 美元。

通过导出上面的方程，假设其 SPE#3 的外观水平和公差等级 3 的平均条件，可以获得典型注射模具成本，其结果如图 8.10 所示。由于零件投影面积与所需获得和定制模座的等量时间有关，因此有必要对零件外壳作进一步的假设。为了产生图 8.10 的曲线，假定模具型腔占据了模板上的一个方形区域，并且型腔深度为这个方形侧面的 25%；也就是说，模具型腔的比例为

$$\text{长度}=\text{宽度}=4\times\text{深度}$$

以上面的锥形杯子为例，我们可以看到：下面的 $A_P=100\text{cm}^2$ 曲线与几何复杂性系数值 3 的仔细推断会给出估计值在 6000 美元和 7000 美元之间，它与上面的运算是一致的。事实上，这个零件比图中所选择的典型的 1/4 长度还要更深一些，这使得在这种情况下存在一些差异，因为这个零件相对较小。然而，对于具有较低几何复杂度的大型零件来说，模座成本趋向于在模具成本中占据主体地位，零件深度对成本具有实质性的影响。图 8.10 还低估了具有较大内部通孔零件的成本，因为这与计划面积相比，会很大地减少投影面积。需要注意的是，模具成本估算完全是基于模具制造的小时费率。因此，如果这个零件的模具是在美国东北部制造的话，每小时模具制造费率为 60 美元。那么，模具成本会被估计为 6300 美元 $\times\dfrac{60}{40}\approx$9500 美元。

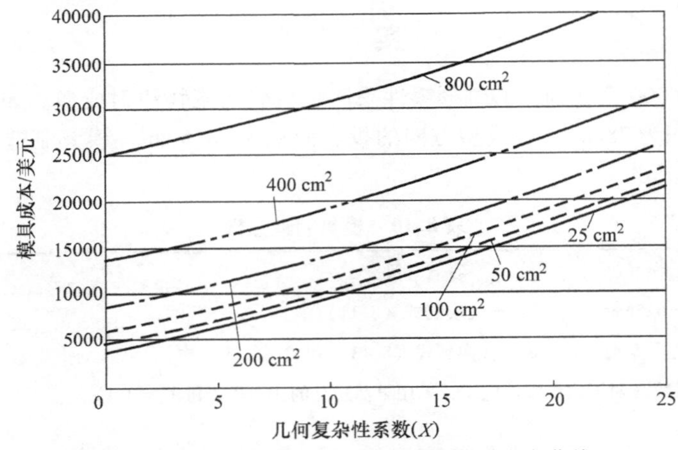

图 8.10　增加投影面积 A_p 的近似模具成本曲线

8.10　最佳型腔数量的估计

注射成型模具的一个主要经济优势是它能通过使用多腔模在一个机器周期内制造多个零件。有时，一个模具型腔里可能是不同的零件，它们可以被一起用在相同的产品里。这种类型的模具被称为多腔铸型。它不经常使用，原因是它要求其加工对象的零件组是由相同的材料所制成，且具有相似的厚度。它的另一个明显缺点是：个别不合格的零件总是需要重新制造整个零件组。

通常的做法是在各自的成型周期里，使用多腔模来制造成套的相同零件。其目的是通过最初较高的模具投资来降低加工成本。所选择的型腔数量对于零件成本的影响是非常大的。如果已知型腔的适当数目，这意味着只能估计一个特定零件的替换设计成本。对于一个特别零件的型腔适当数目的识别将在这一节中讨论。

当使用一个多腔模时，会发生三个主要的变化：

① 需要一个比单腔模更大的注塑机（小时费率也更大）。

② 其模具成本明显大于单腔模。

③ 每个零件的制造时间近似地与型腔数目成反比地减少。

为了确定最优的型腔数量，必须知道，随着注塑机尺寸增加的小时费率的增加。同时，对于相同零件来说，必须可以得到与单腔模的成本相比较的多腔模成本估计。考虑到第一个要求，图 8.11 给出了在《塑料技术杂志》上进行的注塑机费率的全国调查[18]。由图 8.11 可以看出：小时费率几乎可以精确地表示为一个基于注塑机夹紧力的线性关系，也就是说，注塑机小时费率为：

$$C_r = k_1 + m_1 F \tag{8.21}$$

式中　F——夹紧力（kN）；

k_1，m_1——注塑机费率系数。

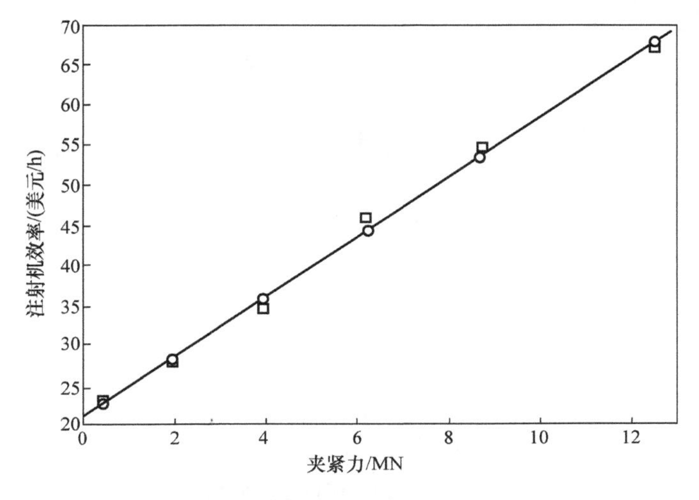

图 8.11　全国平均注塑机费率

对于在表 8.4 中所给出的注塑机数据，$k_1=25$ 美元/h，$m_1=0.0091$ 美元/（kN·h）。

现在来讨论多腔模的制造成本，参考文献［19］中的数据表明：多个型腔和型芯插件模具的成本与一个独特型腔/型芯模具的成本相比，遵循一个近似的幂函数关系。也就是说，如果一个型腔和相配型芯的成本 C_{c1} 给出，那么，生产相同型腔和型芯的相同模组的成本 C_{cn} 可以表示如下：

$$C_{cn}=C_{c1}n^{m} \tag{8.22}$$

式中　m——多腔模具的指数；

n——相同型腔的数量。

对于大范围的多腔模这种关系的测试表明：对大多数成型应用来说，m 的合理值应该在 0.7 和 0.8 之间。更加合理的是按照第 3 章和 8.9 节中所讨论的，假设 85% 学习曲线所给出 $m=0.766$ 的数值，而不是基于有限观测次数来接受的这个 m 值范围。

当型腔数量增加时，每个型腔的模座成本费用会减少。这从以前章节中对模座成本的讨论很容易确定。对于型腔占据的方形区域从 100cm^2 增加到 400cm^2 的这种情况下，图 8.12 说明了单个型腔所需的模板面积和增加型腔数量的模板面积之间的关系。可以看出幂函数曲线与这个数据非常吻合，因此，我们可以写成

$$A_{cn}=A_{c1}n^{m} \tag{8.23}$$

其中，A_{cn} 和 A_{c1} 分别代表单腔模和多腔模的模座板面积。此外，由于在两种情况下，模板厚度是相同的，根据式（8.10），模座成本可以被相同地表示为：

$$C_{bn}=C_{b1}n^{m} \tag{8.24}$$

如果我们作进一步的简化，即 m 可以合理地取为 85% 学习曲线数值的 0.766，则式（8.22）和式（8.24）可以合并为

$$C_{n}=(C_{bn}+C_{cn})=(C_{b1}+C_{c1})n^{m}=C_{1}n^{m} \tag{8.25}$$

其中，C_1 和 C_n 分别代表单腔模和多腔模的全部成本。

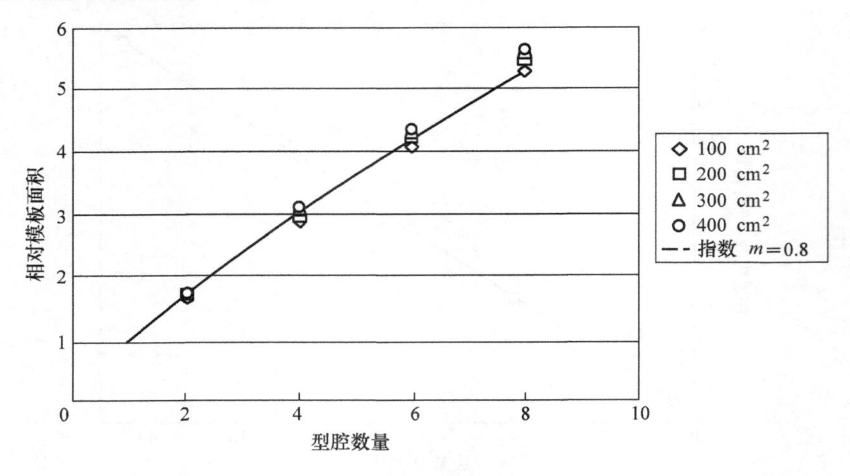

图 8.12　相对模板型腔面积

使用前述的关系，在模具投资回收期内制造 N_t 个注射成型件的总成本 C_t 可以被表示为

$$C_t = 加工成本 + 模具成本 + 聚合物成本 = (N_t/n)(k_1 + m_1 F)t + C_1 n^m + N_t C_m \quad (8.26)$$

式中　t——注塑机制造周期（h）；

N_t——在模具回收期内生产的零件数量；

n——型腔数量（等于每个注塑机周期中的零件数）；

C_1——单腔模的总成本（美元）；

C_m——每个零件所需的聚合物成本（美元）。

假设有无限多种不同夹紧力注塑机可用，那么，由于注塑机小时费率随着锁模力增加而增加，将会选择具有足够锁模力的注塑机。因此，我们能够写出式（8.27）：

$$F = nf \quad (8.27)$$

式中　f 是作用在一个型腔上的分离力。

将式（8.27）代入式（8.26）得到式（8.28）

$$C_t = N_t(k_1 f/F + m_1 f)t + C_1(F/f)^m + N_t C_m \quad (8.28)$$

对一个使用特殊的聚合物注塑成型的零件来说，其在模具投资回收期内生产的零件数量为 N_t。在式（8.22）中唯一的变量是夹紧力 F。因此，C_t 的最小值出现在当 $dC_t/dF = 0$ 时，即

$$-N_t k_1 f t/F^2 + mC_1 F^{(m-1)}/f^m = 0 \quad (8.29)$$

将式（8.27）代入式（8.29），整理后可以得到最优型腔数量的表达式为

$$n = [(N_t k_1 t)/(mC_1)]^{1/(m+1)} \quad (8.30)$$

由式（8.30）所得到的 n 值应该被四舍五入为整数。一些简化的假定被用于式（8.30）的推导，由于这个原因，最优型腔数量的预测值应该被作为第一近似值。然

而，式（8.30）在应用方面十分简单。在一个新的注射成型件的概念设计阶段，式（8.30）对于比较备选设计提供了一个合理的基础。

8.11　设计实例

图 8.13 所示为一个由美国一家汽车公司注射成型的加热器芯盖。在盖子外缘位置上有增厚的衬垫，以确保螺栓的装配安全。零件的主体厚 2mm，螺栓衬垫厚 4.6mm。

设计可以被认为是由一个 2mm 厚的基本形状生产出来的，在注射成型术语中被称为主壁。特征被添加到主壁上，在目前的设计中，这些特征是：

① 在侧壁上支撑每个衬垫的八个三角形的加强肋（也被称为角撑板）。

② 六个通孔。

③ 四个在主壁上 2.6mm 厚的衬垫，这些衬垫使得主壁上组合厚度达到 4.6mm。

往主壁上添加特征总是会增加模具的成本。此外，如果它们导致了壁厚增加，那么也会增加循环时间。

借助第 8.8 节的点系统，我们很容易就能发现，对于这个盖子，由于 18 个特征将会导致模具成本增加约 23%，大约合 1150 美元。一个型腔和型芯的模具成本大约为 8000 美元。假设每个型腔可生产 50000 个零件而言，增加的模具成本仅仅只有 2.3 美分，或者说每个特征只增加 0.0013 美分。

相反，在 8.6 节中的冷却公式表明：加厚的衬垫将会增加冷却时间 $(4.6/2)^2$ 倍；也就是说，增加冷却时间将超过 5 倍。这会导致每个零件的处理成本增加 12.3 美分。

因此，如果我们想要降低盖子的成本，最显著的方法是减少螺栓间隙孔周围加强地方的材料厚度。这种方法可以通过使用图 8.14 所示的肋结构来实现。在每个孔的周围的突出圆形肋条被称为凸台，它是由如图所示的直肋条交叉成的网状物所支撑。这种肋结构可以足够深，以产生与 2.6mm 厚固体衬垫的同等刚度。同时，推荐的肋条厚度应该是主壁厚度的三分之二，或者 1.67mm。对于生产 50000 个零件的产量来说，新设计会有一个约为 10，500 美元的相关型腔和型芯成本，它对应着每个零件增加的模具成本

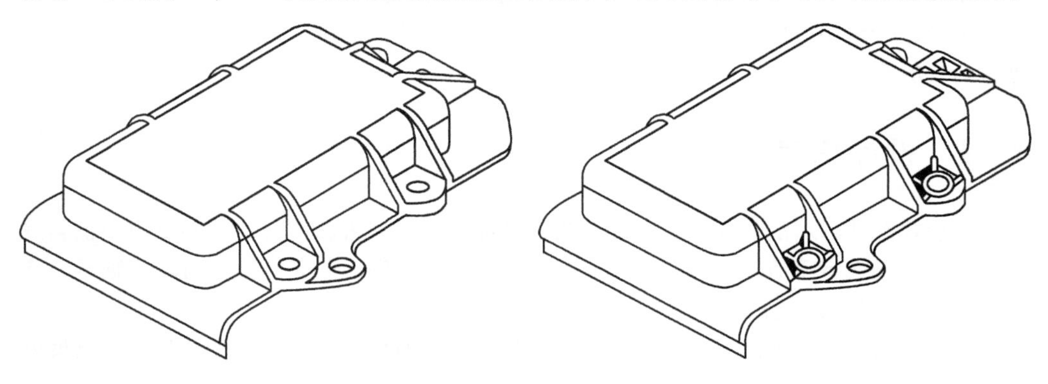

图 8.13　加热器芯盖　　　　图 8.14　加热器芯盖的改进设计

为5美分。然而，由于加工成本的减少，这将有一个大于12.3美分的抵消。同样重要的是，新设计可能导致高质量和没有畸变的注射成型。而相比之下，现有设计由于不同的壁厚难以注射成型。这个问题是由于主壁已经完全凝固后，由于衬垫的持续冷却所造成。当在周围已凝固壁的约束下，随着衬垫材料的继续收缩，这将导致残余应力或锁定应力的产生。

在这种情况下，一个额外的好处是最优型腔数量会减少。因此，即使特征数量增加了，多腔模的成本也会降低。这个零件原来实际上是在一个八腔模中制造的，而对于重新设计的盖子，四腔模将是最经济的。

8.12 嵌件成型

嵌件成型是指将预先准备好的金属嵌件（例如镶针、镶圈等）镶嵌到模具中，然后注射成型后，熔融的材料与嵌件接合固化，制成一体化产品的成型方法。最典型的是在闭模并激活注射装置之前，嵌件被手工装入到模具型腔或多个型腔中。由于这个原因，嵌件成型机都是垂直设计的，以便嵌件在模具开启时可以被放到水平型腔中。这类加工的机器速率可以被假定与传统注射成型机的速率相同。嵌件成型零件的大致成本估计可以通过对于每个嵌件增加2s到成型周期中来获得。因此，对于四个型腔，每个型腔有两个嵌件的模具来说，其成型周期将会增加16s。

对于大批量生产的嵌件成型零件，可以使用多工位的专用机器。最简单的类型是具有在型芯板下，两个单独型腔板之间交替移动的工作台，而型芯板是与注射机构相连的。使用这个系统，当嵌件装入到一个模具中时，另一个模具正在被填充，并允许冷却。在这一过程之后，嵌件的装入在制造周期中进行。但是这需要高成本的设备与大量的模具投资。对于两组型腔必须与一个单一型芯板精密匹配的额外制造工程来说，建议添加50%的成本到传统的单腔模成本预算中。

应该注意的是，嵌件成型并未受到普遍的赞同。许多制造工程师感觉由于嵌件错位导致模具损坏的高风险将会抵消这一工艺的优点。替代方法是简单地将需要容纳嵌件的凹陷部分进行成型，然后将嵌件通过超声波焊接的方法来固定。这个工艺在本章稍后会进行简要的介绍。

8.13 设计指南

工程热塑性材料的供应商，一般会为设计部门提供完善的支持。一些供应商也会发行一些小册子或者手册以供那些注射成型零件设计者参阅。肋条结构、齿轮、轴承、弹簧零件等设计的信息也可以从小册子中得到。

对这些信息感兴趣的读者，可通过信件从杜邦、通用电气塑料产品部门或者莫贝公司获取与它们的热塑性材料有关的设计信息。

公认的设计指南如下：

1）在设计具有均匀厚度的主壁时，应该具有足够的锥度或脱模斜度，以使工件可以轻易地从型腔中取出。这可以最大限度地减少零件在冷却过程中扭曲变形。

2）在使成本最小的前提下选择材料和主要壁厚。值得注意的是，那些强度与刚度更高、成本更加昂贵的材料也许经常是最好的选择。选择更薄的壁厚会降低材料的体积从而抵消材料成本的增加。更重要的是，更薄的壁厚可以显著缩短生产周期和加工成本。

3）根据主要壁来设计所有突出部分的厚度，使用主壁厚度的一半作为首选值，不能超过主壁厚度的 2/3。这将最大限度地减小突出部分与主要壁之间连接处的冷却问题，通常该连接处的截面比较厚。

4）如果可能的话，突出部分应沿着成型方向排列，或者与位于分模面上的成型方向成直角。这可以省去一些模具装置。

5）在零件的内表面上应避免凹陷部分，这将需要在主要型芯里建立活动型芯。能产生这些运动的那些装置（在模具制造时称为挺杆）在建造和维护方面都非常昂贵。用侧面的通孔取代内部的凹陷部分的侧抽芯装置总是比较便宜的。

6）如果可能的话，设计外螺纹以便于让它们位于成型面上。或者，使用一个圆形或轧制型螺纹轮廓，它们可以在没有旋转的情况下从型腔或型芯中被拆除。在后者的情况下，可以向聚合物供应商咨询材料选择和适当的螺纹轮廓，以及许用的螺纹深度与直径的比率。

除了这些一般的规则以外，还应参考有关设计技巧和创新设计理念的设计书籍。其中一些书籍涉及无需使用模具装置来产生底切和侧面特征的方法。这将在下一节讨论卡扣配合零件时作深入的探讨。

关于设计指南应该做出一个重要的警示。为了最大限度地减少单独零件成本，如果它们作为一个整体没有对于装配成本或装配质量造成较大的负面影响的话，我们必须遵守。这个特别适用于那些旨在避免模具内部机构的指南。在这方面唯一有效的规则是模具机构的必要性应该由设计师来确认，如果这些模具机构是必不可少的，那么在早期设计阶段就应该对它们的成本作出解释，证明其合理性。这个成本可能是简单的机构成本，还可能包括加工成本的增加，如果它们限制的型腔数量低于最优数量的话。最坏的情况是一种生产批量大的零件，它在所有侧面上都有侧抽芯或拧松装置，这样它不得不采用单腔模制造，经济性较差。

8.14　装配技术

注射成型的主要优点之一是它在注塑零件中很容易包含有效的自固定的能力。在目前的情况下，自固定是指不使用单独的紧固件或单独的黏合剂来获得固定装配件的能力。在这些自固定技术中，压配合和铆接这两种技术也被广泛应用于与金属零件的连接。采用压配合技术，注射成型零件要比金属零件可能具有更大的过盈。它的优点是对于压配合需要更少的精密公差控制。塑料压配合连接的缺点是：材料经常处于应力的作用下，但在一段时间内由于压力解除而处于松弛状态，从而导致连接强度的一些退化。因此，有必要在预期载荷条件下进行压配合测试。

对于铆接来说，整体铆接当然是很容易地通过对模具添加一个成本低廉的特征来产生。在装配时，铆接头也容易通过冷镦的方式或使用加热成型工具来形成，后者操作有时被称为铆固。

三分之一的自固定方法是使用超声波焊接，它们对注射成型件来说是独一无二的。这种方法可以通过在装配界面产生分子间摩擦热来连接两个或更多的注射成型件。超声波焊接设备仅仅涉及一个特殊的夹具来夹持零件，通过该夹具将约20kHz的高频振动传递给注射成型件。对接或重叠接头的详细设计是这些零件成功连接的关键。图8.15给出了推荐的典型接头设计。当要求密封连接时，因为设备相对便宜，并且生产过程快速，焊接通常在2s内完成，超声波焊接是一个很好的经济选择。

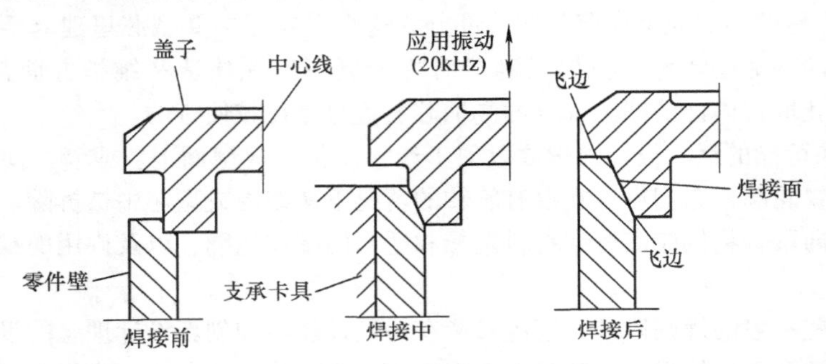

图8.15 杜邦公司的超声波焊接接头设计

最终和最广泛认可的注射成型件自固定方法是使用卡扣配合元件。可以毫不夸张地说：高度集成的卡扣配合设计的建立已经在很大的范围彻底改变了大批量消费类产品的可制造性。它们可以分为两个主要类型，第一种类型的环状卡扣配合主要用于具有圆截面的配合零件，并涉及使用底切和配对边缘。配对副中的凸形件可能沿着分型面轴线方向就可以成型，而只需要增加很少成本，也就是将沟槽特征添加到型腔和型芯的几何形状中的简单成本。然而，如果凸形的柱面不能被设计成与开模方向垂直，那么，它与模具的分离就要求使用侧抽芯。相比之下，凹形或底切零件几乎总是通过脱模系统来与型芯脱离，并因生产成本很低。这种类型的卡扣配合对适用的零件也有要求：它的边缘将在边缘方向的转角处，随着具有较大半径的封闭轮廓而发生变化。更进一步的零件形状偏离了开口曲线，零件从模具中脱模越困难，则装配配对物就越不合适。图8.16显示了一个气动活塞装配开关装置的截面图，该装置经过重新设计，将一个活塞止杆、一个平板金属盖和两个螺钉合并成为一个环形卡扣配合盖。盖子有一个深的内突出部分，以服务之前单独的活塞止杆的功能。在盖子里边和配对圆柱凸台外边的底切具有较大的倒角，以便于零件从模具中取出，方便产品拆卸。

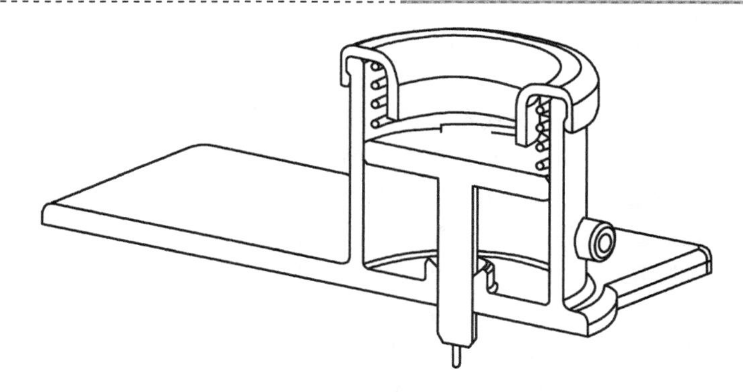

图8.16　环形卡扣配合盖的装配截面图解

第二种类型的卡扣配合设计涉及使用一个或多个如图8.17所示的悬臂式卡扣元件。如果可能的话，悬臂式卡扣元件和它的配合底切是应该为无模具机构的成型而设计的，这样一种设计如图8.17a所示。图8.17b所示为另一种设计，对于悬臂和底切的成型需要两个侧抽芯。然而，即使是在后者的情况下，只要批量足够大，后续在装配中节省的成本将容易超过额外的模具成本。对于卡扣配合设计的详细信息应该与聚合物制造商进行接触，参见参考文献［20］。

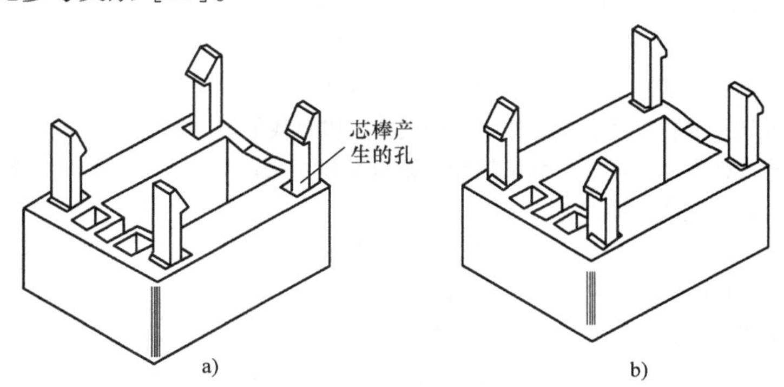

图8.17　悬臂式卡扣元件

a）芯棒形成的底切　b）侧抽芯形成的底切

习　题

在所有习题中，计算所使用材料数据和机器小时费率都由本章表格中查询，并假设模具制造费率为40美元/h。

1. 图8.18给出了一个具有八个空心圆柱凸台的环形零件。其背面没有隐藏的特征。环的外径和内径分别为200mm和160mm。主要壁厚为3mm，圆柱凸台的外径12mm，内径6mm，高30mm。设计给定的材料为高密度聚乙烯，这是一种非常廉价的聚合物。由于力学性能差必须加大壁厚。

① 估计零件的材料成本，假设注塑机流道系统的材料将被重复利用（使用表8.1和表8.3中的数据）。

② 从表8.4中，估计合适的注塑机尺寸。

③ 估计循环时间（使用表8.3的数据）。

④ 使用表8.4中的注塑机费率，估计每个零件的工艺成本。假设在这个计算中，成型车间拥有85%的设备效率，也就是说，机器一般需要15%的时间停下来用于处理批量设置、调整和一些杂项停顿。考虑到这一点需要适当增加一些工序成本。

2. 继续习题1的问题，对于图8.18中环的设计，请你使用聚对苯二甲酸乙二醇酯（PET）与30%的玻璃纤维填料，提出设计更改。PET被用于碳酸饮料瓶，你已经确定了一个高品质的再生材料供应商，可以提供2.25美元/kg的玻璃纤维填充PET。使用表8.1中的数据，计算要求的主要壁厚，使其能够达到在原始设计中高密度聚乙烯零件所具有的相同壁厚抗弯刚度，以相同的比例减少凸台的壁厚。

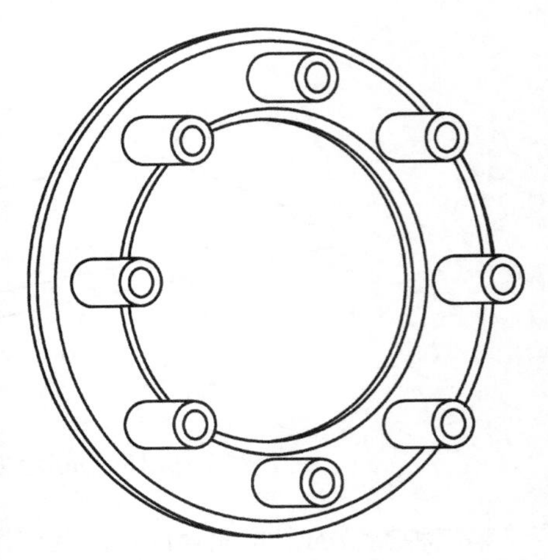

图8.18 环形圈设计

对于这个提出的再设计，使用习题1中的相同步骤，重新计算材料和工艺成本。你的再设计建议是经济合理的吗？如果回收材料不可获得的话，你必须向供应商支付3.74美元/kg的材料价格，此时的设计变更仍然是值得的吗？

（提示：回顾第2章中的等效弯曲刚度，壁厚将随着弹性模量的立方根而成正比例地变化）

3. 一个电缆公司正在考虑将其现有的压铸电线杆安装配电箱改变为注塑电线杆安装配电箱的可能性。其目的是为了减少修整和电镀（用于防腐蚀）以及固定用螺纹孔的机械加工等成本。此外，新设计将具有卡扣铰链和集成的卡扣插销板以供自我保护。箱盖的规范可以按照概念草图以及压铸模的等效强度和刚度的计算来估计。箱盖是使用聚丙烯（PP）与40%滑石填料来注射成型的。所有的规范被估计如下：

重量 = 170g； 外部总长度 = 25cm；

外部总宽度 = 15cm； 外部总高 = 4cm；

投影面积 = 322cm^2； 壁厚 = 2.54mm。

外观级别（见表8.7）是标准不透明的，公差应该是3级（见表8.8）。此外，从草图看，复杂性估计在表8.11中所给出，它们给出了零件主要壁上的内表面和外表面补丁数和组成箱盖设计单独特征的明细。复杂性在最后一列进行了计算。需要注意的是，对于重复特征来说，在一个单个特征上的那些补丁数量要乘以重复数 r，提高到85%进度曲线指数。

表8.11 复杂性估计

特征名称	表面补丁数 N_s	重复数 r	复杂性系数 X ($0.1N_s \times r^{0.766}$)
外表面	29	1	2.90
侧面投影	6	2	1.02
插销板和角板	11	1	1.10
铰链	12	2	2.04
			X_o = 7.06

（续）

特征名称	表面补丁数 N_s	重复数 r	复杂性系数 X ($0.1N_s \times r^{0.766}$)
内表面	8	1	6.08
凸缘/边缘	15	1	1.50
侧面投影	10	2	1.70
插销板和角板	3	1	0.30
铰链	8	2	1.36
			$X_i = 5.66$

最初需要 50，000 个箱盖，它们可以用单腔模最经济地制造出来。

① 估计这个零件的材料和工艺成本（也称为零件成本），使用第 8 章的材料数据和注塑机规范。从表 8.4 中选取合适的注塑机，允许 15% 的停机时间，并假设流道材料可以在注塑机中重复使用。

② 估计安装配电箱盖注射成型的单腔模成本。设计不要求模具机构。试将你的制造时间估计与图 8.10 中的快速估计进行比较。

4. 一个特殊制造公司使用一种简单的内部成本核算方法，使用这种方法，所有特殊类型的机器都给定相同的小时费率。另外，在公司内部的工具制造部门，没有为制造多个相同工具的节省设立账户。在这种成本核算系统下，所有不同尺寸的各种注塑机都被设定一个 $C_r = k_1$ 美元/h 的小时费率，n 腔模的成本是单腔模成本的 n 倍（即 $m = 1$）。

通过对 8.10 节的公式作适当的改变后显示：这个成本核算系统将会得出这样的结论——对于一个特殊零件，当每个零件的模具成本等于每个零件的工艺成本时，可以得到最优的型腔数量。

5. 图 8.16 中的活塞装配体的底座部分在图 8.19 给出。零件的外部尺寸为：长度 76mm，宽度 64mm，高度 30mm。零件体积 29mm^2。采用工程塑料 ABS 注射成型。最大壁厚为 3mm。

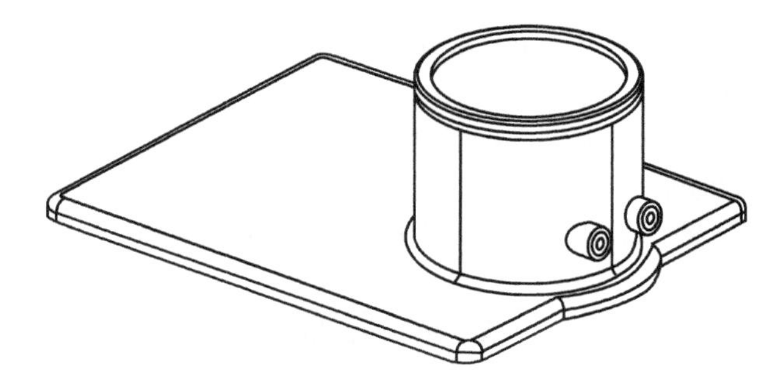

图 8.19 气动活塞装配的底座部分

如果你已经获得零件的单腔模具报价为 8000 美元。然而，对于大批量零件而言，使用四腔模被证明是合理的。对于提出的四腔模生产，请估计如下参数：

① 从表 8.4 中查找适当的注塑机尺寸，做出对于流道系统以及四腔模的投影面积的一个大

致容许量范围。

② 可能的注塑机循环周期。

③ 每个零件的加工成本，假设的工厂效率为85%，按照表8.4确定注塑机费率。

④ 可能的四腔模具成本，假设在四腔模制造时使用85%的学习曲线。

6. 图8.20给出了一个软管夹两个视图，该软管夹采用30%的玻璃纤维填充聚碳酸酯注射成型，见表8.3。零件的外廓壳尺寸为60mm×80mm，壁厚为3mm。总共400万个夹子的成本需要在30个月的模具摊销期限中分摊。你已经估计出在300kN的注塑机下操作一个单腔模的循环周期为19.6s，并已获得单腔模的报价为7，000美元。假设你公司的注射成型机的费率可以表示为

$$C_r = 33.25 + 0.012F$$

① 使用85%的学习曲线，对于用于生产这个零件的模具，确定最优型腔数量。

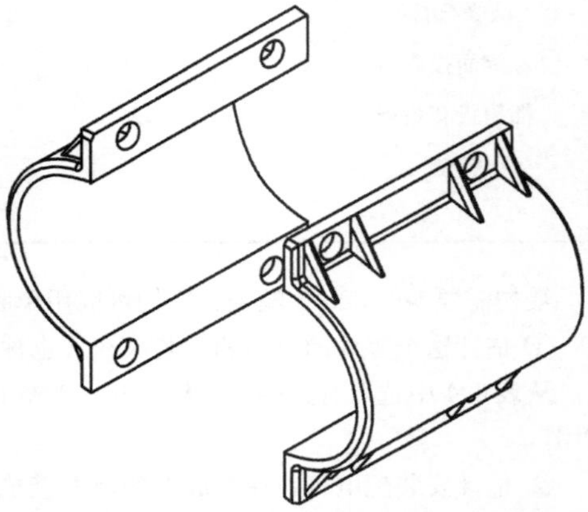

图8.20 一对相同的注塑成型软管夹零件

② 因为对于模具来讲，这是一个简单的几何形状。你决定用一个80℃的低温模来做实验。假设填充时间的影响可以忽略，并对复位时间没有影响，这将能够减少多少循环周期的时间？

③ 如果你采用低模具温度来进行加工，那么模具的最优型腔数量是多少？

7. 土星汽车在许多车身面板（包括门在内）上使用注射成型工艺。为了这样做，他们替换了1mm厚的传统低合金金属薄板。正如前面在第2章中习题中所描述的那样，他们选择使用的材料是30%玻璃纤维增强聚碳酸酯，并与工程塑料ABS，混合以促进模具的流动特性。这种混合增强的热塑性塑料的弹性模量 $E = 5\text{GPa}$，屈服应力 $Y_t = 80\text{MPa}$。而钢车身面板的公称厚度为1mm，其相应的弹性模量 $E = 200\text{GPa}$，屈服应力 $Y_t = 300\text{MPa}$。

① 当钢板车身被塑料所替换时，为了土星汽车需要使用与钢板车身具有相同的车身面板的弯曲刚度和强度，估计壁厚（提示：复习在第2章所推导的参数和选择材料的信息）。

② 在表8.3中，使用这种聚合物共混物的加工参数，确定在注射成型期间面板的冷却时间。

③ 估计土星汽车的前车门投影面积（不包括窗口的切口部）。确定可能的分模力和可能的注塑机型号。推测表8.4中的数据来估计这种注塑机可能的每小时操作费率，你的回答可能是保守的，因为这些都是订制的机器，要比当时能获得的任何标准机器要大得多。

④ 土星汽车的车顶板仍然采用钣金成型件来制造，请分析它们不改变为注射成型的原因。

参考文献

1. Rosato, D.V., Rosato, D.V., and Rosato, M.G. *Injection Molding Handbook*, Kulwer Academic Publishers, Norwell, MA, 2000.
2. Potsch, G. and Michaeli, W. *Injection Molding: An Introduction*, 2nd Edition, Carl Hanser, Munich, 2007.
3. Dewhurst, P. and Boothroyd, G. Design for Assembly in Action, Assembly Eng., January 1987.

4. Bown, J. *Injection Molding of Plastic Components*, McGraw-Hill, London, 1979.
5. MacDermott, C.P. *Selecting Thermoplastics for Engineering Applications*, Marcel Dekker, New York, 1984.
6. Bernhardt, E.C. (ed.), *Computer-Aided Engineering for Injection Molding*, Hanser Publishers, Munich, 1983.
7. *Design Handbook for Dupont Engineering Polymers*, E.I. du Pont de Nemours and Co. Inc., 1986.
8. Farrell, R.E. *Injection Molding Thermoplastics, Modern Plastics Encyclopedia*, 1985–86, pp. 252–270.
9. Khullar, P. A computer-aided mold design system for injection molding of plastics, Ph.D. dissertation, Cornell University, 1981.
10. Gordon Jr., B.E. Design and development of a computer aided processing system with application to injection molding of plastics, Ph.D. Thesis, Worcester Polytechnic Institute, Worcester, MA, November 1976.
11. Carslaw, H.S. and Jaeger, J.C. *Conduction of Heat in Solids*, Clarendon Press, Oxford, 1986.
12. Ballman, P. and Shusman, R., *Easy Way to Calculate Injection Molding Set-Up Time, Modern Plastics*, McGraw-Hill, New York, 1959.
13. Ostwald, P.F. (ed.), *American Cost Estimator, American Machinist*, McGraw-Hill, New York, 1985.
14. Dewhurst, P. and Kuppurajan, K. Optimum processing conditions for injection molding, Report No. 12, Product Design for Manufacture Series, University of Rhode Island, Kingston, February 1987.
15. Sors, L., Bardocz, L., and Radnoti, I. *Plastic Molds and Dies*, Van Nostrand Reinhold, New York, 1981.
16. Archer, D. Economic model of injection molding, M.S. Thesis, University of Rhode Island, Kingston, 1988.
17. Wright, T.P. Factors affecting the cost of aeroplanes, *J. Aeronaut Sci.*, 3, 49–73, 1936.
18. *Plastics Technology Magazine*, June 1987.
19. Reinbacker, W.R. A computer approach to mold quotations, PACTEC V, *5th Pacific Technical Conference*, Los Angeles, CA, February 1980.
20. *Snap-fit Joints for Plastics*, Bayer Corporation, Pittsburgh, PA, 2001.

第9章 面向钣金加工的设计

9.1 概述

零件可由金属板材用两种不同的方法来制造。第一种方法包含了专用模具的制造，该模具用于从带状的金属毛坯上剪切所需外形的坯件。带状毛坯可以是购回的已经切割分段后的片材，或是购回的很长卷状板料。使用这种制造方法，模具也可采用拉伸、压缩、弯曲等操作来改变坯料的形状，或采用冲孔操作来添加附加特征。那些模具被安放在立式压力机上，带状板料可由人工进给或卷料自动进给。

另一种生产方法是使用计算机数字控制（CNC）冲压机床。这种机床能直接将单个片材加工为排列好的钣金工件。这些机床通常有一系列冲压机可用的转塔，这些机床被称为转塔式冲床。操作方法是首先加工由板料上零件间距决定的位置上所有内部零件特性，然后再通过采用弧形和矩形冲头或仿形切割来加工零件的外部轮廓。接下来的操作通常由附加在转塔式冲床上的等离子体或激光切割来执行。在转塔式冲床上加工的零件基本上是平整的，虽然内部特征可能在板料表面凸出。由于这个原因，如果有要求的话，通常要在其他压力机上进行二次弯曲操作。它们通常是在薄长形的台式冲床上完成，这种冲床称为折弯机，标准的弯曲工具就安装在折弯机上面。

用上述任何一种制造方法都能生产出几何形状复杂的钣金件。然而，从成型或铸造的意义上讲，这种几何复杂性不是自由形式的，而通常由那些必须符合严格指导原则的单独特征的组合来完成的，这些指导原则会在9.6节中论述。一些指导原则是与材料相关的，不过大部分指导原则都是基于所选择的被拉伸板料在要求的成型操作期间的能力。

在大部分情况下，延展性的限度是由在塑性破坏发生之前，材料所承受的最大均匀的拉伸应力来定义的。而在9.2.5节论述的金属深拉深工艺则是一个例外，金属深拉深是随着深成型零件的周长减少而主要诱导压缩应变来完成的。对于这种情况，要用到基于工艺限制的拉伸比。在拉深过程中，坯料的中心部分成为筒形件的底部，基本不变形。而坯料的凸缘环形部分是主要变形区。拉深过程实质上就是将坯料的凸缘部分材料逐渐转移到筒壁的过程。

生产设备和工具的描述会用足够的具体内容去说明，从而了解它们对加工时间和生产成本的贡献。然而，感兴趣的读者也许想了解一些制造工艺的典型内容来获取更多的信息，可查阅参考文献［6］中有关钣金冲压技术的专业内容。

表 9.1　美国金属板料厚度标准

钢		铝合金/mm	铜合金/mm	钛合金/mm
规格号	尺寸/mm			
28	0.38	0.41	0.13	0.51
26	0.46	0.51	0.28	0.63
24	0.61	0.63	0.41	0.81
22	0.76	0.81	0.56	1.02
20	0.91	1.02	0.69	1.27
19	1.07	1.27	0.81	1.60
18	1.22	1.60	1.09	1.80
16	1.52	1.80	1.24	2.03
14	1.91	2.03	1.37	2.29
13	2.29	2.29	2.06	2.54
12	2.67	2.54	2.18	3.17
11	3.05	3.17	2.74	3.56
10	3.43	4.06	3.17	3.81
8	4.17	4.83	4.75	4.06
6	5.08	5.64	6.35	4.75

金属板材可从原料供应商那得到不同尺寸、不同厚度和许多不同合金成分的带状板料或卷状板料。表 9.1 列出了可获得的厚度规格的四种合金类型，它们代表了钣金加工中使用的几乎所有的材料。由于历史原因，钢是按照规格号来进行编排的，鉴于这个规定，其他类型的材料也有一个厚度指标。钢是金属板材类中用得最广泛的材料。在表 9.2 中给出了钢材的典型特性以及四种合金组的材料样本的比较成本。最大拉伸应变值适用于退火材料或适于成型冷加工条件的材料。最大拉伸应变值为 0.22 的商业等级钢具有极好的成型性能。其弹性模量和成本的组合使得板材具有优越的单位成本刚度，这就是钢材在汽车和主要设备的主体部件制造领域占统治地位的原因。

表 9.2 金属板材性能和典型成本

合金	成本[①] /（美元/kg）	废料价值[①] /（美元/kg）	密度 (g/cm^3)	极限抗拉强度/MPa	弹性系数 /GPa	最大拉伸应变
商业等级钢和商业等级低碳钢	0.80	0.09	7.90	330	207	0.22
低碳、拉伸等级钢	0.90	0.09	7.90	310	207	0.24
T304 不锈钢	6.60	0.40	7.90	515	200	0.40
1100 软铝	3.00	0.80	2.70	90	69	0.32
1100 半硬铝	3.00	0.80	2.70	110	69	0.27
3003 硬铝	3.00	0.80	2.70	221	69	0.02
软铜	9.90	1.90	8.90	234	129	0.45
1/4 硬铜	9.90	1.90	8.90	276	129	0.20
钛，等级 2	19.80	2.46	4.50	345	127	0.20
钛，等级 4	19.80	2.46	4.50	552	127	0.15

① 材料成本受到各种因素影响，会不断变化，也受到商品质量的很大影响，文本中的数值仅用于设计比较练习。

9.2 专用模具和压力加工

一个典型的钣金件是通过一系列的剪切和成型加工来完成的。它们也许会在若干单独的压力机上用单工序模具来完成操作，或在一个模具的不同工位来完成操作。常把后者类型的模具称为级进模，也称为连续模。在操作中，带料在冲压周期过程中以增量方式移动通过模具。采用这种方法，冲模沿着模具的不同位置在工件上产生连续的特征。我们将首先考虑使用单工序模。

9.2.1 用于外形剪切的单工序模具

钣金模具是由安装在标准模架里的冲模和模板来生产的。图 9.1 所示的模架是由两块钢或铸铁平板构成，由装在单独模板上的导柱和导套保持两平板在其相互平行方向的运动。

小模架一般有两个导柱，而大模架则有四个导柱。在加工时，下模板安装在机械压力机或液压机的床身上，上模板则装在移动压板上。在冲压周期里，导柱导套使得安装在两个模板上冲头和模具得到精确定位。图 9.2 所示的是一个典型的安装有模架的机械压力机。

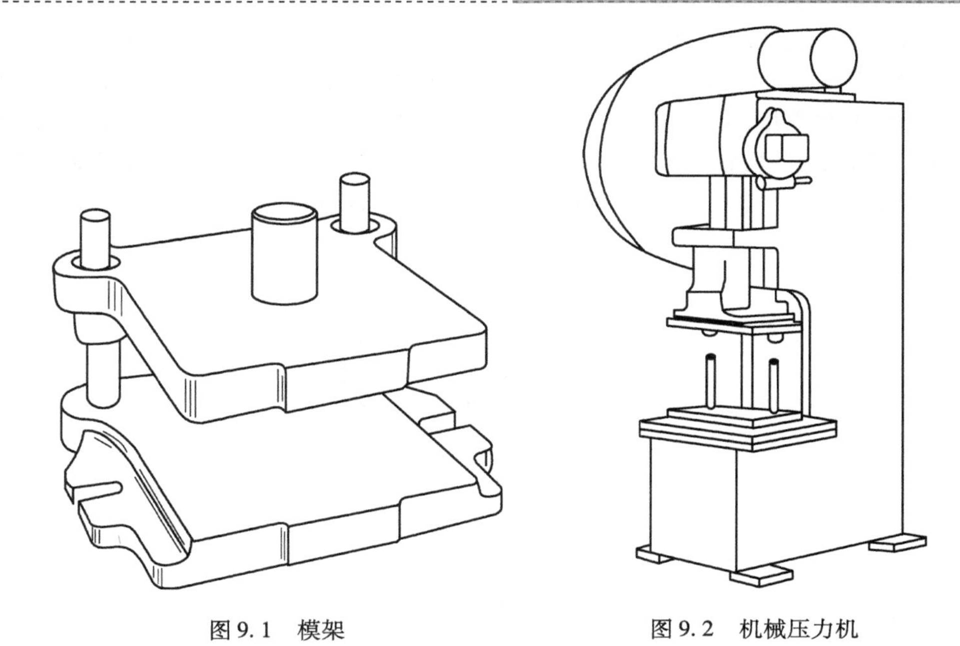

图 9.1　模架　　　　图 9.2　机械压力机

当使用一组单工序模时，第一个操作是剪切工件外轮廓。以此完成的方法根据零件的设计可分为三类。最有效的方法是简单的剪断操作，它可用于有两个平行边，且沿着带料长度方向有“拼图”的零件。对于基本的剪断操作，零件的后沿必须与前沿是精确互补的，如图 9.3 所示。

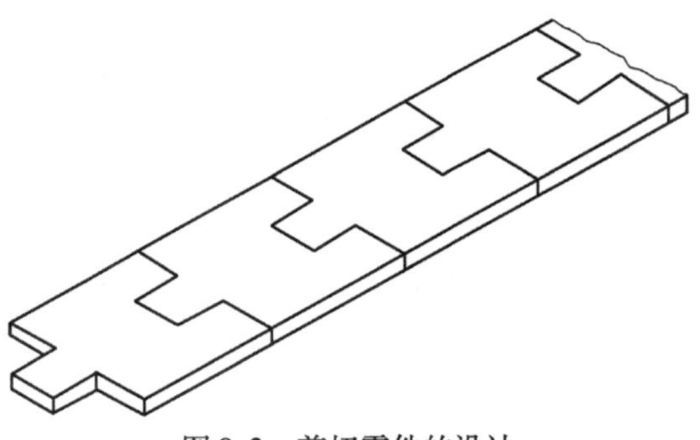

图 9.3　剪切零件的设计

剪切操作的零件设计对于一些应用来说，或许没有审美上令人合意的形状。然而，对于纯粹的功能性零件，剪切型的设计具有工装简单和最少加工废料的优点。加工废料是指在加工过程中直接产生的废金属板，它与有缺陷的工件金属板是截然不同的。对于剪切型设计，唯一的加工废料是将购买的金属板材剪切为与零件等宽的条料后所剩余的边料。一些废料也会再被剪切成工件的带料的末端产生。板材剪切通常会用到称为动力剪的特殊压力机，这种动力剪上配备有切割刃和工作台，工作台的作用是对着可调行程限制器，使板材向前滑动。

对于钣金件被设计成有两个平行边，但其末端又不能用线锯切割的情况，加工外轮廓的最有效方法是使用分离模具。这种模具使用了两个模块，冲头穿过它们之间来去除材料，使邻近工件的末端分离。这种加工方法和剪切加工工艺的主要设计规则是，让剪切端以小于15°角不碰到带料边缘。这可确保在剪切末端时可以用最小的撕裂和边缘的变形来完成较好质量的剪切边。因此，应避免有半圆形末端或倒角转接半径。用分离模能加工如图 9.4 所示的简单零件。分离加工工艺具有和剪断加工工艺同样的优点，它可采用动力剪操作以最少废料来经济地加工出零件边缘。然而，分离模由于有一个加工与配合的额外模块，而在结构上相对于剪断模显得有些复杂。由于相邻工件必须相离两倍钣金厚度的距离以保证足够的冲压强度，所以废料也有所增加。剪断模具和分离模具的主要元件如图 9.5 所示。

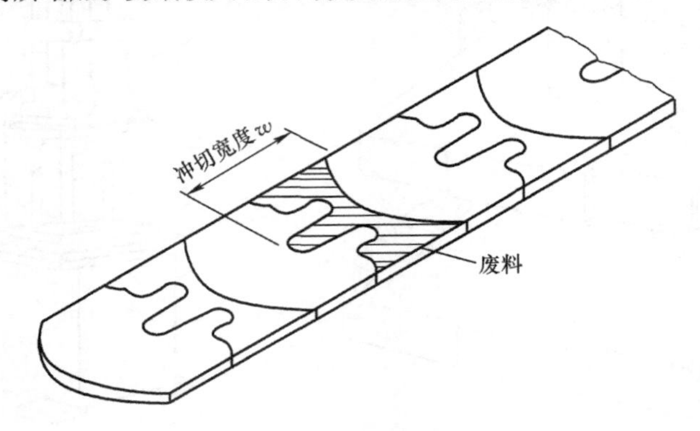

图 9.4　分离工件的设计

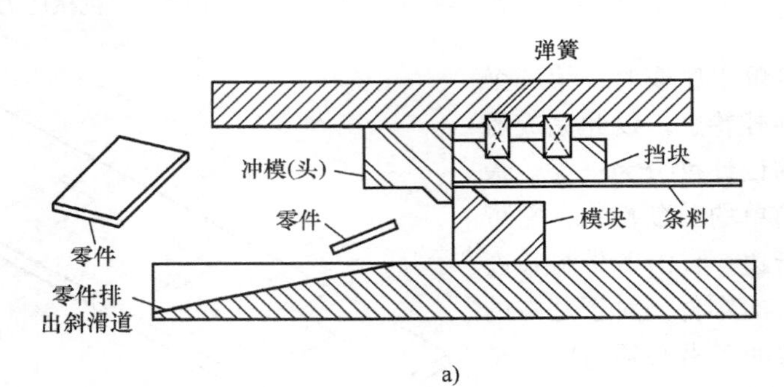

a)

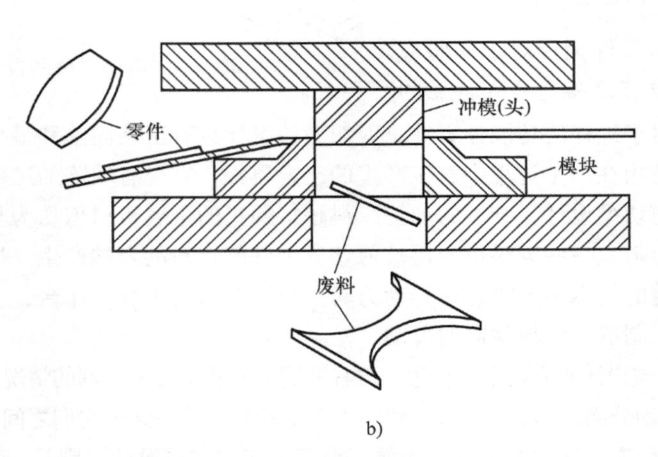

b)

图 9.5　剪切模和分离模的模具元件
a）剪切模　b）分离模

对于没有两个平行直边钣金件，用来剪切外轮廓形的一类模具称为落料模。图 9.6 给出了一种典型的落料模，图中给出的圆形盘坯件几乎都是封闭轮廓的。落料加工的缺点是增大了加工废料，这一点正好与剪切模和分离模相反。这个的产生原因是零件的边缘必须从条料的边缘分离，要以近似两倍的金属板料厚度将减小边缘的扭曲的缘故。

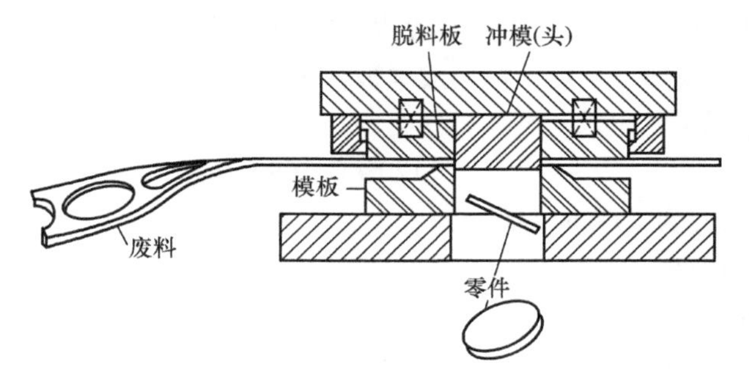

图 9.6　落料模

因此，每个零件上产生的额外废料在面积上等同于四倍的材料厚度乘以零件长度。另外，落料模的生产成本对剪切模或分离模要更高。原因是落料模需要一块称为“落料板”的额外板，它安装在模板上方，足以使得金属板料在完成落料加工后从凸模上脱离。落料板的孔径应与凸模的轮廓相匹配，以使它在压力机的向上行程中，条料从凸模脱离时能均匀地支撑长条料。需要注意的是，相比于剪切断模，落料模有一个简单的弹簧压紧块使带料在剪切操作时不会向上带起。

如图 9.7 所示，钣金件的轮廓设计很少有共同点。它使用分离模来加工末端是 180°对称的零件。如图 9.7 所示的零件另一端具有相似的形状，但是这不是必需的情况。如果两端是对称的，那么相邻的零件能在条料上以 180°方向相对排列。这样的设计可以使得前面讲到的分离模中正常去除后的废料部分成为一个额外的零件。一次冲程就可生产出两个零件的模具称为剪切落料模。对于这类工件的一般对称规则似乎并没有应用于实际，唯一的例子也许是简单的梯形零件。剪切落料操作的问题与剪切工艺的性质有关。当板料下压，顶着模具边缘时，它趋向于在初始变形的零件的模具侧面上产生圆形边缘。然而，最后是用脆性破坏使零件从条料上脱离，这会工件的冲压侧面留下锋利的边缘或毛刺。于是，有剪切落料加工生产出的零件在相邻工件的另一边上有锋利的边缘。这种边缘不一致在一些实际应用中是无法接受的。

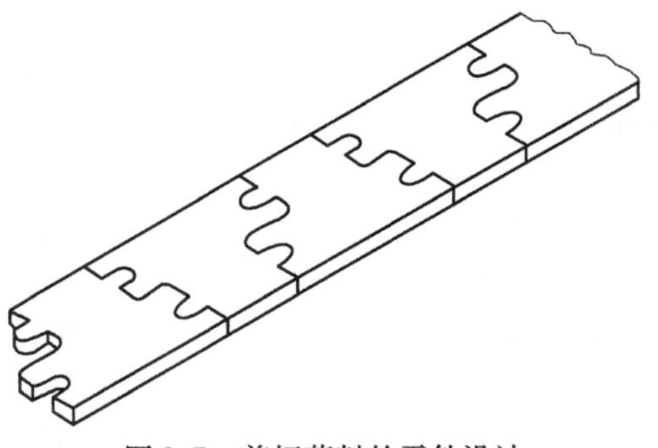

图 9.7　剪切落料的零件设计

无论使用的模具类型如何，由冲裁产生的锋利边缘必须被去除。这种除毛刺工艺，对于小型零件，只需使用磨料浆在滚筒中滚动零件即可。对于大型工件，一般操作是在成型之前，用磨料砂带机对其进行加工。上述任何一种方法所增加的成本都较小。

9.2.2 单工序剪切模的成本

参考文献［7］研究了单工序模的成本。对于每种类型的模具，成本总是包括图9.1所示的一个基本模架。目前，模架成本被认为是与导柱之间的可用面积成正比，并满足以下的经验公式：

$$C_{ds} = 120 + 0.36A_u \tag{9.1}$$

式中 C_{ds}——模架的购买成本（美元）；

A_u——可用面积（cm^2）。

为了与下面采用的冲模和模具元件成本估计程序的一致，模架“成本”被表示为工具制造时间的等量数。使用一个工具制造费率为40美元/h，可以给出了相应的模架制造时间：

$$M_{ds} = 3 + 0.009A_u \tag{9.2}$$

为了估计工具元件成本，例如模板、冲模、冲模保持板、脱料板等，开发了制造控制点系统。该系统包括用于制造模具元件的时间以及模具装配和试模的时间。装配包括模架的订制工作，如钻孔和攻螺纹、模具里金属条料的调整或引导金属板材的定位销调整等。

我们发现：基本制造控制点是由冲模的尺寸和被剪切外形的复杂性所确定的。外形的复杂性由指标 X_p 来衡量为：

$$X_p = \frac{P}{(LW)^{1/2}} \tag{9.3}$$

式中 P——被剪切长度的周长（cm）；

L、W——冲模周围的最小矩形的长度和宽度（cm）。

请注意，X_p 在本书早期版本中的定义为 $X_p = P^2/(LW)$。原始数据的重估表明：外形的复杂性与周长的平方存在一个简单的线性关系。

对于落料模，或剪切落料模，L 和 W 是包围整个零件的最小矩形的长度和宽度。对于分离模，L 是横跨条料两端的距离，而 W 是从相邻零件之间所除去区域的宽度。对于剪切模，L 和 W 是矩形所包围的工件轮廓尺寸。注意到无论是剪切还是分离操作，允许最小冲模宽度 W 约为6mm，以确保足够的冲模强度。落料模的基本制造点与周长的复杂性呈线性关系，如图9.8所示。

参考文献［8］的研究表明：分离模的基本制造点比落料模约小9%，而剪切模比落料模的基本制造控制点要小将近12%。注意到这并不代表模具成本的差异，因为冲模包围的面积 LW 比剪切模和分离模要小，X_p 通常也比那些加工工艺小。将其与图9.8给出的线性关系进行组合，可以给出与周长复杂性相关的基本模具制造时间为

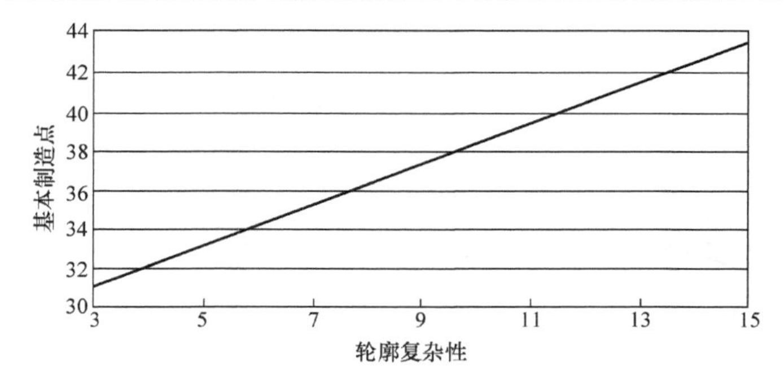

图 9.8　落料模的基本制造点

$$M_{p0} = f_d(28 + 1.03X_p) \quad (9.4)$$

其中模具类型系数f_d满足条件为：

$f_d = 1.0$ 时为落料模；

$f_d = 0.91$ 时为分离模；

$f_d = 0.88$ 时为剪切模。

基本点数乘以一个冲模规划面积 *LW* 的修正系数，修正系数f_{LW}取决于规划面积和周长的复杂性，如图 9.9 所示。

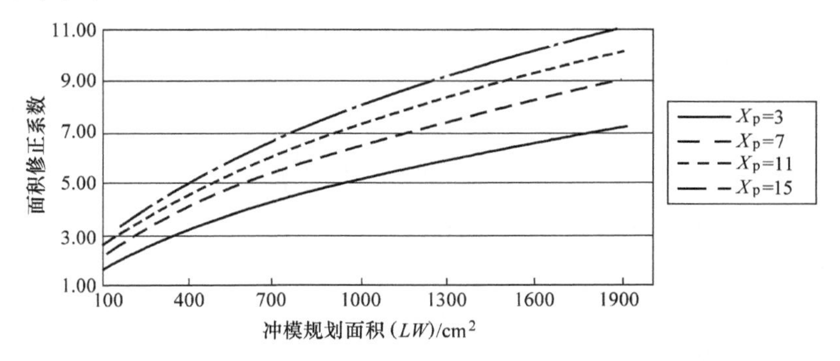

图 9.9　模具制造点的面积修正系数

图 9.8 中的基本控制点与图 9.9 中的面积修正系数相乘，再加上来式（9.2）中等价的模架控制点，就可为标准落料模的所有制造点提供一个便捷的查寻趋势图（图 9.10）。由这个图表所得到的值乘以模具类型系数f_d，就可得到对于分离模具和剪切模的适当制造点估计。注意到，为了获得这个单一的趋势图，对于模架的制造点来说，当模具可使用面积的估计是式（9.1）中的A_u时，有必要使用包围面积 *LW*。这会导致模架成本的低估，而在大多数完整模具成本的估计而言，模架成本的低估并不是那么重要。

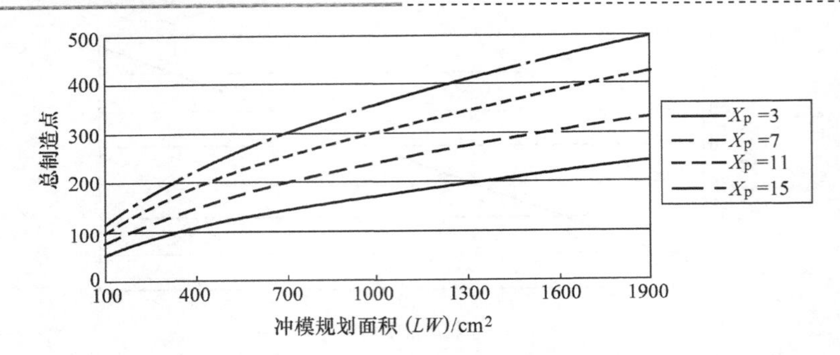

图 9. 10　落料模的全部制造点

使用计算机控制的电火花线切割加工模具时，电火花线切割加工可以在模块中切出需要的轮廓、冲模块、冲模固定板和脱料板。图 9. 10 中的每个制造点都对应于一个等量的模具加工工时。这还包括切削、轧平和打磨所用的工具钢块和钢板的时间。注意到，对于其他工艺的模具，模具材料成本与模具制造成本相比，显得并不重要。

从图 9. 8 到 9. 9 中获得的估值制造点数，不包括建造更加结实的模具去加工厚度更大或强度更高的金属板材，或制造产量非常巨大的零件的影响。为了达到这些要求，采用更厚的模块、相应更厚的冲模固定板、脱模板和更大的冲模以及更加结实的模架通常是比较实际的。这允许模板可以长期使用，也提供了额外的材料去完成更多的冲模和模具表面被磨削出更锋利的刀刃的次数。参考文献［9］推荐的模具厚度 h_p 可以很好地适合这种关系。

$$h_p = 9 + 2.5\ln\left(\frac{U}{U_{lc}} \times Vh^2\right) \tag{9.5}$$

式中　U——被剪切金属板材的抗拉强度；

U_{lc}——退火低碳钢的抗拉强度；

V——所需求产品的生产量，以千来计量；

h——金属板料的厚度（mm）。

在实际应用中，h_p 的美国工业数值通常接近 1/8in，与标准工具钢板的现货尺寸一致。

从图 9. 8 和 9. 9 中获得的制造点由下列条件决定

$$\left(\frac{U}{U_{lc}}\right)Vh^2 = 625 \tag{9.6}$$

或

$$h_p = 25\text{mm}$$

参考文献［7］的研究表明：根据厚度系数 f_p，模具成本随着模板厚度近似地变化，厚度系数 f_p 由式（9. 7）给出

$$f_p = 0.5 + 0.02h_p \tag{9.7}$$

或

$$f_p = 0.75$$

以较大者为准。如果产量未知，$f_p = 1.0$，它对应于厚度为2.5cm标准的模板。

因此，对于剪切模具（包括落料、分离和剪切）的制造点 M_p 由式（9.8）给出

$$M_p = f_p(f_{lw} f_d M_{po} + M_{ds}) \tag{9.8}$$

式中 M_{po}——图9.8中的基本制造点；

M_{ds}——式（9.2）中模架的等效制造点；

f_p——式（9.5）和（9.7）中的模板厚度修正系数；

f_{lw}——式（9.9）中的规划面积修正系数；

f_d——模具类型系数，见式（9.4）下的说明。

实　　例

一块金属板料坯件尺寸长度为200mm，宽度为150mm，并且具有简单的半径75mm的半圆端，如图9.11a所示。所以建议用16号低碳钢来生产500，000个零件。

请估计落料模的成本，它包括加工零件和由此产生的生产废料的比例等成本。

如果工件重新设计成半径80mm的半圆端，如图9.11b所示。则它就可以用分离模来加工，那么对于这种情况，模具的成本和生产废料的比例又是多少？

所需的坯料面积是200mm×150mm，如果50mm的间隔是用来确保工件周围模板的固定和带料引导的安装。则所需模架的可用面积 A_u 是

$$A_u = (20 + 2 \times 5) \times (15 + 2 \times 5)\,\mathrm{cm}^2 = 750\mathrm{cm}^2$$

因此，从式（9.2）中可知，模架的等价工具制作时间是

$$M_{ds} = 3\mathrm{h} + 0.009 \times 750\mathrm{h} = 9.8\mathrm{h}$$

对于如图9.11a所示的设计，所需的落料冲头的周长 P 等于571mm，包围尺寸 L、W 分别是150mm和200mm。因此周长的复杂度系数 X_p 是

$$X_p = \frac{57.1}{(15 \times 20)^{0.5}} = 3.3$$

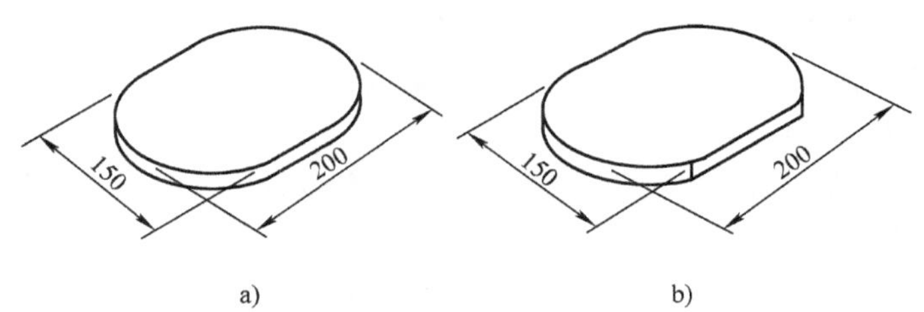

图9.11　钣金件

a）冲裁设计　b）分离设计

由式（9.4）可以得到当规划面积 LW 为300cm² 时的基本制造点数为 $M_{po} = 31.4$。由图9.9可以得到修正系数近似为2.5。因此，基本落料模的制造点数为9.8 + 2.5 × 31.4 = 88.3。注意到直接从图9.10中得到粗略估计值为90点。

对于500000个厚度为1.52mm（相当于美国标准板规16号钢板）的零件，模板厚度由式（9.3）可得$h_p=26.6$mm。从式（9.5）中还可得出模板厚度修正系数为$f_d=1.03$。

因而总的模具制造点

$$M_p=1.03\times88.3=90.9$$

设模具制造费率为40美元/h，则冲裁模具的估计成本是

$$\text{冲裁模的成本}=90.9\times40\approx3600\text{美元}$$

每个零件的面积是

$$A_p=251.7\text{cm}^2$$

由于条料上每个零件之间以及零件与条料边缘之间的间隔应是3.04mm（等于材料厚度的两倍），因此用于每个工件所用的板材面积是

$$\begin{aligned}A_s&=(200+3.04)\times(150+2\times3.04)\text{mm}^2\\&=316.9\text{cm}^2\end{aligned}$$

因此制造废料百分比为：

$$\begin{aligned}w&=\frac{(316.9-251.7)}{316.9}\times100\%\\&=20.6\%\end{aligned}$$

对于如图9.11b所示的设计方案，被剪切的周周长是两个80mm圆弧的长度，能表示为

$$P=388.9\text{mm}$$

条料端部到零件端部的间隔是3.04mm，分离冲头的横截面尺寸L、M分别为106.5mm和150mm。

因此，所需要的模具面积A_u为516cm²，$M_{ds}=7.6$。复杂度系数X_p为

$$X_p=\frac{38.89}{(10.65\times15)^{0.5}}=3.1$$

由式（9.4）可得基本制造点数，现在为$M_{po}=31.2$，规划面积LW等于$10.65\times15\text{cm}^2=160\text{cm}^2$。由图9.10中可以得到修正系数大约为2.0。于是，一个基本冲裁模的制造点为$7.6+2.0\times31.2=70.0$。

由于分离模比样作用的冲裁模（$f_d=0.91$）一般要便宜9%，并且f_d的值不变。所以总的模具制造时间为

$$M_p=0.91\times(1-0.03)\times70.0=65.6$$

假设模具制造费率和以前相同，仍为40美元/h。就可估计出分离模的成本

$$\text{分离模的成本}=65.6\times40\approx2600\text{美元}$$

在图9.11b中所示的每个零件的面积为257.9cm²。因为条料边缘相对于零件边缘，所以每个零件所用板料面积为

$$\begin{aligned}A_s&=(200+3.04)\times150\text{mm}^2\\&=304.6\text{cm}^2\end{aligned}$$

于是，分离工艺设计的加工废料百分比为：

$$w = \frac{(304.6 - 257.9)}{304.6} \times 100\%$$
$$= 15.3\%$$

我们感兴趣的是将上述模具估计方法与参考文献［10］中开发的快速确定金属板料工装成本的方法进行比较。它的方法用到了所谓的单位公式系统，系统中给出了被剪切的每英尺周长的工具制造时间限额为 5h。使用相同的工具制造费率，对于以上的模具可以分别给出落料模和分离模的成本近似估计值为 4500 美元和 3200 美元。注意到参考文献［10］里给出的值并没有考虑到模架的几何复杂性和要求模架的鲁棒性。然而，这种方法能被用来轻易地获得近似估计。

9.2.3　单工序冲孔模

冲孔模在本质上和冲裁模是一样的，除了材料通过冲压操作被剪切而在坯料上形成的内孔或开口。因此，在图 9.6 中给出的模具也可以是一个冲孔模，该模具将圆孔冲进一个预先剪切过的坯料的中心。然而，冲孔模一般使用若干冲头同时剪切出一个特定工件上要求的所有孔。

参考文献［8］认为使用冲孔模，单个冲压面积对最终模具成本只有很小的影响。主要的成本驱动因素是冲头数目、零件尺寸和任何非标准冲头的切削刃周长。为了成本估计的目的，非标准冲头的横截面形状不同于图 9.12 所示的圆形、正方形、长方形和长圆形等标准形状。这些大量的小尺寸标准冲头能以很低成本得到。除了图 9.12 所示的这些形状以外，其他任何冲头形状都被认为是非标准冲头或订制凸模。

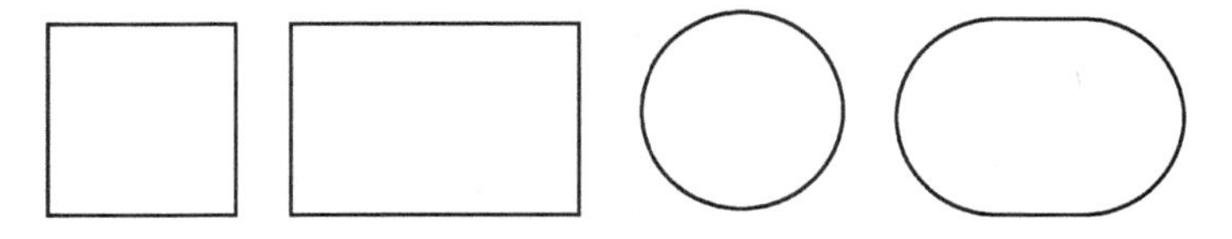

图 9.12　标准凸模形状

采用参考文献［8］开发的方法，冲孔模的制造点数可以由三个主要元素决定。首先，仅根据被冲孔的零件面积，就可得到基本的制造点数为

$$M_{po} = 23 + 0.03LW \tag{9.9}$$

式中　L、W——包围所有被冲孔的矩形长和宽（厘米）。

式（9.9）可预测出制造基本模块、凸模固定板、卸料板和模具垫板所需要的时间。同时也必须考虑到加工凸模的时间和与凸模对应的模块上的孔径所需的时间。这个时间的长短取决于所需凸模的数量和非标准凸模的总周长。通过对从凸模坯料加工凸模轮廓以及模块上的孔径加工的研究，参考文献［8］表明：订制凸模的制造点 M_{pc} 可以近似地表示为

$$M_{pc} = 8 + 0.6P_p + 3N_p \tag{9.10}$$

式中　P_p——所有订制凸模的总周长（cm）。

　　N_p——订制凸模数量。

式（9.10）被用于估算制造非标准凸模或订制凸模的制造时间以及与凸模相应的模孔的制造时间。对于图9.12所示的标准凸模形状，典型的供应商的凸模和凹模镶块（称为冲模母模）成本可以划分为适当的工具制造小时费率来获得等量的制造时间。参考文献［8］已经表明：订制凸模的制造点数 M_{ps} 可以被近似表示为：

$$M_{ps} = 3N_p \tag{9.11}$$

式中　N_p——标准凸模数量。

通过式（9.11）合并式（9.2）和式（9.9），给出了冲孔模的总制造点数为

$$M_p = 34 + 0.039LW + 0.6P_p + 3N_p \tag{9.12}$$

式中　P_p——所有订制凸模的总周长（cm）；

　　N_p——所有凸模的总数。

需要注意的是，在9.2.2节中，为了得出单一经验成本公式，我们已经用规划面积 LW 来作为模架所需要的使用面积。

实　　例

请确定如图9.13所示在零件上冲出两个孔的冲孔模成本，围绕两个孔的矩形尺寸为120mm×90mm，非标准的C形孔周长为260mm。

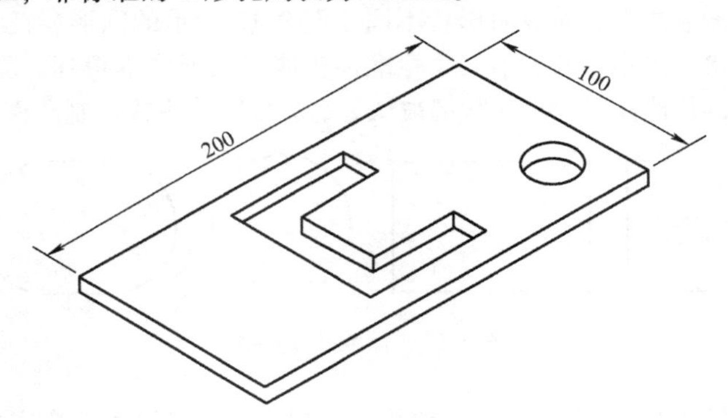

图9.13　两个冲孔的零件设计

由式（9.12）可以得出总制造点数为

$$M_{po} = 34 + 0.039 \times (12 \times 9) + 0.6 \times 26 + 3 \times 3 = 63.3$$

设磨具制造费率为40美元/h，因此，冲孔模的估计成本为

$$63.3 \times 40 \approx 2500 \text{ 美元}$$

9.2.4　单工序弯曲模

钣金件的弯曲通常由一种或两种模具成型方法来完成。最简单的方法是用如图9.14a所示的V形块和凸模的组合来实现。虽然这是弯曲模中最廉价的一种类型，但由

于难以保证金属坯件的精确定位和加工的弯曲件的精度而处于不利地位。还有一种可替代的方法，如图9.14b所示的回转弯曲成型模，它可以较好地控制工件上弯曲的位置。这个方法常用于大批量的零件生产[6]。使用专用弯曲模具，通常的做法是在一个简单的冲压行程中完成多个弯曲。用来实现上述操作的基本模块配置是图9.15a所示U形模（双回转弯曲成型模）和图9.15b所示的Z形模（双V形模）。它可以让人很容易地看出模块和凸模是如何使用V形块成型以及回转弯曲成形技术来进行组合，从而在一个模具上形成几个弯曲的组合。使用可以在重型弹簧压力下移动的模块，一个弯曲组合可以用来代替材料的向下或向上位移。例如，图9.16所示的零件可以在一个单一模具中形成。在这种情况下，一个Z形模最先完成前面的阶梯形状。而较低的模块继续克服弹簧的压力向下移动，以便相邻其他三个边的固定弯曲成形模块可以替代材料的向上移动。

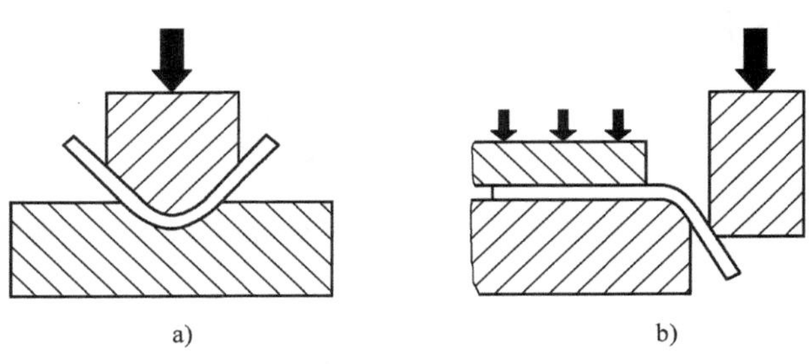

图9.14　基本弯曲工具

a）V形模　b）回转弯曲成形模

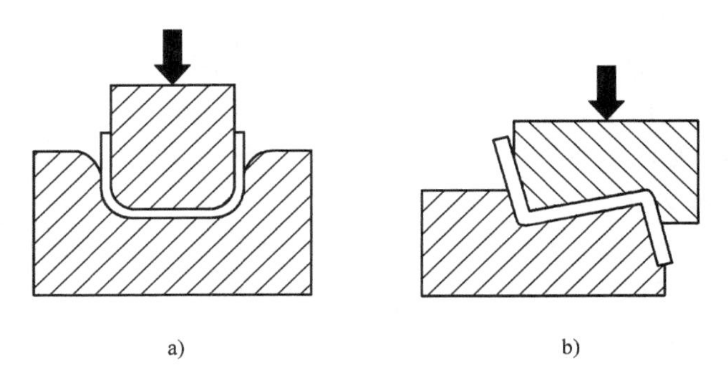

图9.15　多次弯曲加工的基本方法

a）U形模　b）Z形模

为了确定某一特殊零件所需的单独弯曲模具的数目，可以应用以下规则：

1）位于同一平面上的弯曲，如图9.16所示的围绕着一个中心区域的四个弯曲，通常可以在一个模具中产生。

2）在位移的金属二次反向弯曲中，如图9.16所示较低的阶梯形状部分，经常在相同模具中使用Z型模来加工。

3）在位移的金属的二次弯曲中，将导致锁模状态发生，通常在一个单独模具里加工。

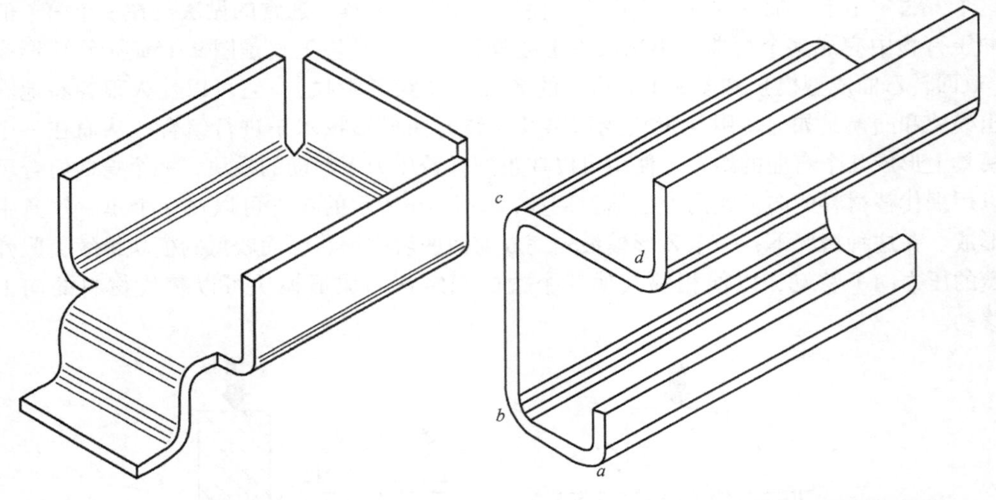

图 9.16　一个模具中完成的多次弯曲　　图 9.17　需要两个弯曲模的零件设计

例如，考虑到图 9.17 所示的零件。弯曲 a、c 和 d 或者弯曲 a、b 和 d 可通过回转弯曲成型模和 Z 形模的组合在同一个模具中形成。然后，其余的弯曲则需要二次回转弯曲成型和一个单独的冲压操作。例如，弯曲 b 可以在使用工具安排的二次模中形成，如图 9.18 所示。

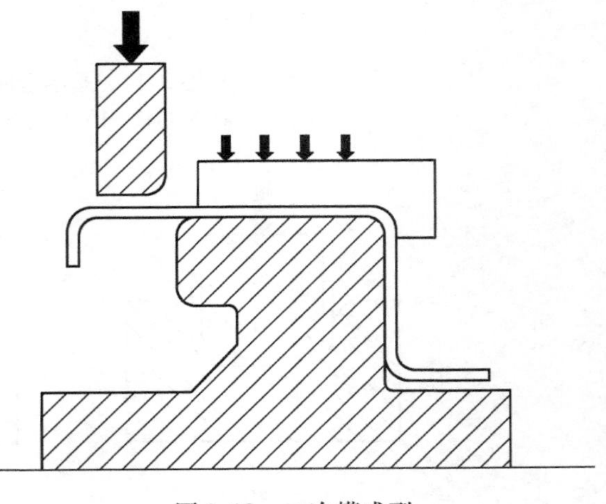

图 9.18　二次模成型

Zenger 在参考文献［7］总结了早期成本估算工作，以下关系是通过对弯曲模成本的调查而建立的。这个系统是基于前面提出的与工具制造时间直接相关的制造点数。首先，根据被弯曲的平面零件面积，弯曲的基本模具制造点数为

$$M_{po} = 18 + 0.023LW \tag{9.13}$$

式中　L、W——包围工件的矩形的长度和宽度（cm）。

对于同时形成弯曲线长度和独立弯曲的数量，则需要添加一个额外的制造点数。它们可以由式（9.14）给出：

$$M_{pn} = 0.6L_b + 5.8N_b \tag{9.14}$$

式中 L_b——弯曲线的总长度（cm）；

N_b——在模具中形成的不同弯曲的数量。

包括那些来自模架在内的总制造点数，可以表示为

$$M_p = 21 + 0.032LW + 0.68L_b + 0.58N_b \quad (9.15)$$

参考文献［7］的研究表明：对于最终弯曲深度 D 超过 5cm 的零件，则式（9.13）中的基本制造点应乘以因子（$0.9 + 0.02D$），以对应式（9.15）中的相应变化。

实 例

如图 9.16 所示的零件由一块长 44cm，宽 24cm 的平板来加工。采用五次弯曲，并且弯曲线总长度为 76cm。因此，根据式（9.14）可得

$$M_p = 21 + 0.032 \times (44 \times 24) + 0.68 \times 76 + 5.8 \times 5 = 135.5$$

仍用 40 美元/h 作为工具制造费率，则弯曲模的成本为

$$C_d = 135.5 \times 40 \approx 5400 \text{ 美元}$$

9.2.5 单工序深拉深模

深拉深成型是用于将平的金属板材压入到模具型腔中，拉深深度可以超过其坯料原始直径的冷成型过程。其加工的金属板材是由初始剪切操作来完成的。这是最复杂的钣金成型操作，由于工装成本高，所以这种工艺只限于大批量生产。这种工艺最常用于圆筒状零件，其中最常见的是日常生活中的铝饮料罐。然而，深拉深零件不限于圆形的横截面，也常见于开顶盒状的产品中，其尺寸范围小到电子元器件，大到内燃机上油盘等，深拉深成型可以应用于很多行业。

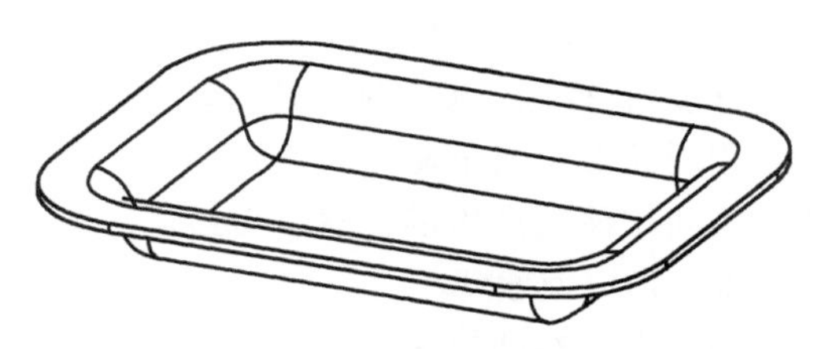

图 9.19 深拉深的矩形零件

图 9.19 给出了一个由平面矩形坯料深拉深成的一个矩形零件。在这种情况下，毛坯被部分下拉到拉深模具中，在零件顶部四周留下一个凸缘。形成这个零件所用到的工具的横截面视图（图 9.20）。这表明了金属板料拉深模具的三个要素，即相配合的凸模和凹模以及称为工具要素的防皱压板。当坯料受凸模向下力向凹模里变形时，防皱压板在毛坯的外缘上施加压力，防止其起皱。当坯料向里拉深时，外周长的减小导致板料平面上产生很大的压应力。如果没有防皱压板的压力，引起的压应力通常会导致边缘起皱，致使零件报废。防皱压板往往是安装在内置到模具里的液压或气动缓冲器上。然而，在某些情况下，有必要使用特殊的双动液压机以便能施加足够的防皱压板压力来防止起皱。

从图 9.20 的工具安排的检查中，很明显，凸模的进一步下行将会产生一个具有更窄的边缘和最终垂直壁的盒子形状。由于轧制金属板料在性能上与横向方向轧制金属板料有轻微不同，深冲压永远不能在边缘的外侧或在一个完全拉深的零件顶部周围产生完美的轮廓。它们还需要一个类似于冲裁模的工具二次修边来去

除轻微的边缘皱纹。

应当注意的是，拉深零件会被更小的凸模和凹模再次拉深，如果需要的话，可以产生更深的阶梯状零件。如图 9.21 所示的零件是由一个圆形坯料的最初完全拉深操作，和随后的两个局部二次拉深操作而产生的。如果在每次拉深操作中，零件完全被推进到拉深模中，则右边那个最后拉深成型的圆柱形零件的直径约为左边第一次拉深成型的“杯子”直径的一半，高度则为它的 3 倍。

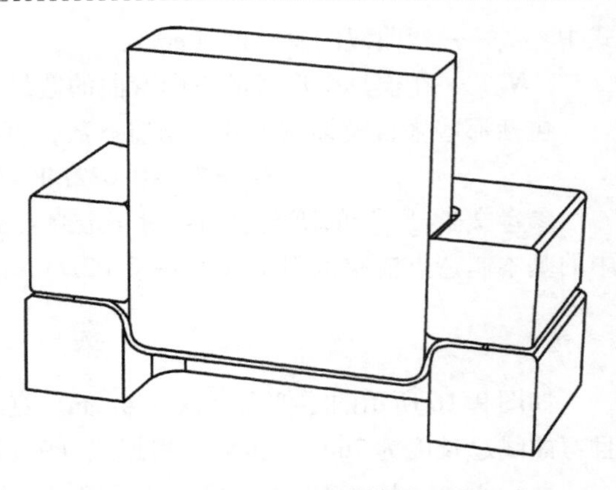

图 9.20 深拉深矩形零件的工具组成

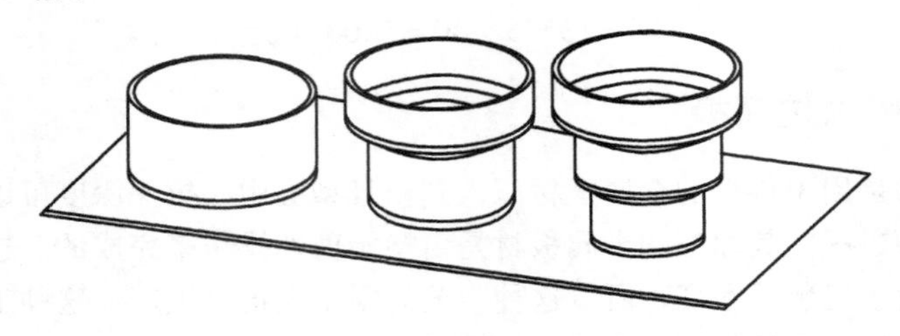

图 9.21 通过深拉深和两次再拉深的零件

因为深拉深的主要变形由模具外部的压应变造成（在内部流动的边缘），在不超过材料的延展性时也有可能获得较大的零件深度/直径比。极端例子是圆珠笔中使用圆筒形金属笔芯，它们很多是由一系列拉深而产生的，然后由最后的端部锥形成型球窝。

因为发生在凸模表面上的拉深量可以忽略不计，所以拉深件的底部基本上与原毛坯的厚度相同。因为边缘的周向压缩使它朝向模具的开口处运动，拉深件的壁厚朝向顶部略有增加。这个增厚可在一系列熨压加工中减小，或者可以应用熨压加工来很大地减少侧壁的厚度。图 9.22 给出了熨压加工横跨直径的截面，图中表示了冲头通过一个熨压模推动一个经过拉深的杯状零件。反复的熨压加工可以用于饮

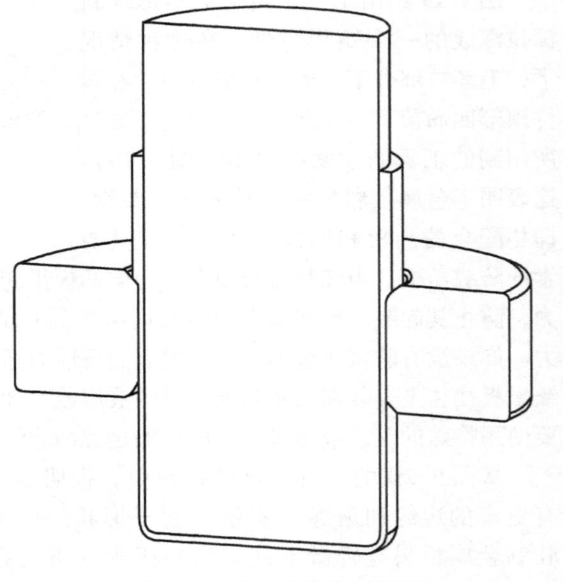

图 9.22 熨压操作的截面图

料罐生产减少侧壁的材料。然而，尚未发现有成功的方法可以将底部厚度由初始的坯料厚度再减小，从而进一步降低成本。

从上面的讨论可知，一个深拉深零件的制造工艺步骤包括如下几点：

模切坯料；深拉深初始形状；如果零件较深，有必要多次再拉深；如果需要减少壁厚，可以熨压；修剪零件的边缘或顶部以消除皱纹；进行额外的模具操作来形成孔或其他特征（见9.2.6节）。

常需要多次再拉深操作的原因，是对一次操作所能完成的横截面的减少存在一个限度。如果超过了该限度，则在凸模上所需去完成冲压操作的力会在凸模表面的周边过分拉紧坯料导致金属板料撕裂。随着不同的材料而变化的这种限度，称为极限拉伸比（β），对于圆柱形深拉深零件，它可以被表示为：

$$\beta = \frac{D_0}{D_1} \tag{9.16}$$

其中 D_0 和 D_1 分别为拉深前与拉深后的外部零件直径。对于表9.2中的各种材料的初始拉深与第一次再拉深的 β 值在表9.3中给出。

表9.3　深拉深材料性质

合　金	抗拉强度，Y/MPa	β_0 第一次拉深	β_1 第二次拉深
商业品质低碳钢	235	2.00	1.30
深拉深品质低碳钢	236	2.10	1.35
不锈钢	326	2.18	1.30
铝1100	43	2.10	1.35
铝3003	53	1.80	1.30

由参考文献［11］的调查表明：这些极限拉伸比的数值可以应用于矩形盒式零件，如果 β 被重新定义为

$$\beta = \left(\frac{A_0}{A_1}\right)^{1/2} \tag{9.17}$$

其中 A_0 和 A_1 分别是工件拉深前后的横截面积。在工业实践中，对于进一步再拉深操作的最大拉深比遵循一个4%的减量常数。例如，使用商业品质低碳钢的第二次再拉深操作的最大拉深比的限度为 $1.3 \times 0.96 = 1.248$。

至于深拉深模具的成本，应遵循参考文献［10］所建立的指导方针以及参考文献［12］所执行的广泛成本分析原理。深拉深件通常具有在任意转角处都有很大半径的简单轮廓，从而使得坯料能轻易地流入到拉深模内。由于这个原因，在凸模和拉深模边缘上的轮廓半径或在熨压模边缘上的倒角的廓形磨削只占到很少的附加成本。熨压模具或切边模具的成本也可像9.2.2节的冲裁模具一样被准确地估计。对于需要防皱压板的拉伸操作，参考文献［10］建议在基本工具成本估计上再加30%的额外成本，即式（9.8）中的 $f_d = 1.3$。

实　例

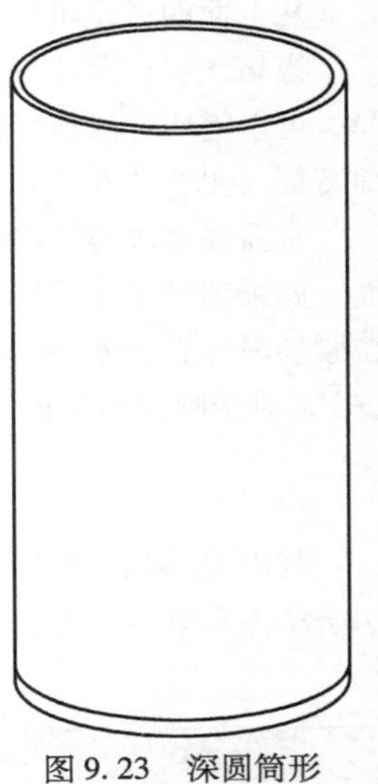

图 9.23　深圆筒形拉深零件

如图 9.23 所示的杯体直径 10cm，高 20cm，由 18 号深拉深品质低碳钢制造。确定所需拉深操作的次数，并估计前两次操作的工具成本。零件的表面积是

$$面积 = \pi \times 5^2 + \pi \times 5 \times 20 = 392.7\text{cm}^2$$

所需圆形坯料的直径是

$$D_0 = \left(\frac{4 \times 392.7}{\pi}\right)^{1/2} = 22.4\text{cm}$$

从表 9.3 可得，第一次拉深操作后的最小直径是

$$D_1 = \frac{22.4}{2.1} = 10.65\text{cm}$$

所以需要二次拉深操作。如果使用同样的因子——最大许用拉深比 λ，那么从表 9.3 我们得到：

$$\frac{22.4/(2.10\lambda)}{(1.35\lambda)} = 10.0 \quad 或者 \quad \lambda = 0.888$$

因此，设计的工具应能得到初始拉深比为 1.865，再拉深比为 1.20。第一次拉深后的直径是 22.4/1.865 = 12.0cm。

对于圆形模具轮廓，由式（9.3）得圆周复杂度的值为

$$X_p = \pi$$

基本的模具制造点数是：

$$M_{po} = 28 + 1.03 \times \pi = 31.2$$

坯料的规划面积为 $22.4^2 = 501.8\text{cm}^2$，因此，由图 9.9 所得的面积修正系数 $f_{lw} = 3.6$，所以，模具元件的制造总时间可估计得：

$$M_p = (3.6)(31.2) \approx 112\text{h}$$

使用的可用模具面积为 $A_u = (22.4 + 10)^2 = 1050\text{cm}^2$，模具的等价制造时间为

$$M_{ds} = 3 + 0.009 \times 1050 \approx 12.5\text{h}$$

最后，假设工具制造费率为 40 美元/h，则冲裁模的估计成本是

$$冲裁模的成本 = 112 + 125 \times 40 = 5000 美元$$

对于第一个拉深模，规划面积是：$12^2 = 144\text{cm}^2$。因此，从图 9.9 可得面积修正系数现在是：$f_{lw} \approx 1.5$，因此模具元件的全部生产估计时间为：

$$M_p = 1.5 \times 31.2 \times 1.3 \approx 61\text{h}$$

注意到在这个计算中的最后 1.3 这个系数允许给出了压力防皱压板的一个额外成本。

使用可用的模具面积为 $A_u = 12 + 10^2 = 484\text{cm}^2$，等效的模具制造时间是

$$M_{ds} = 3 + 0.009 \times 484 \approx 7.4\text{h}$$

最后，假设工具制造费率为 40 美元/h，那么，最初的拉深模的估计成本是

$$最初的拉深模成本 = (61 + 7.4) \times 40 \approx 2750 美元$$

根据最终直径 10.00cm 的类似计算都被用来确定再拉深模和最终切边模的成本。

9.2.6　其他特征

通常在钣金件中由正规冲裁操作生产的其他特征有切痕、凹陷、孔型凸缘和压纹区（凸起面积，压印区）。

切痕是钣金件的一个切口，需要由内成型操作来完成。这也适用于拉环的弯曲或梁的成型或百叶窗的开口等。在加工切痕时，凸模的切削刃只部分地被压在材料上，足以产生所需的剪切破裂。

凹陷是使用与凹陷轮廓相匹配的凸模将板材向下冲压，产生的局部浅成型区域。这种情况类似于注塑成型的型腔和型芯，“凹洞”被金属板料的局部拉深所填充。为了增加弯曲刚度，长而窄的凹陷图形称为槽，常在钣金件的开口表面上形成。与深拉深不同的是，材料流入模具没有变薄，而凹陷则由于在凸模周围的板料被延伸，致使其厚度减少。例如，在如图 9.24 零件左边所示的凹陷，假设材料在每一个方向上被拉伸约 15%，因为金属的体积在成型后仍然保持不变，所以厚度将减少约 30%。与此相反，如图 9.24 所示的零件右边的凸起区域厚度，由于凸模与模具之间的直接压缩而减小。在这种情况下，所需的冲压力要比在凹陷成型中涉及的材料拉深力要大得多。由于这个原因，凸起面积通常很小，仅在厚度上有适当的减小。

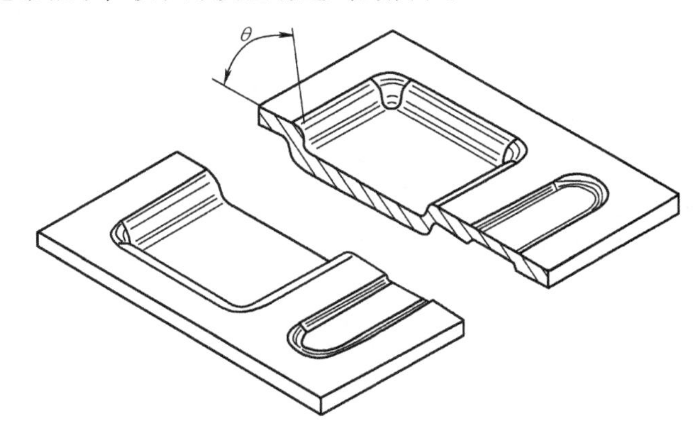

图 9.24　钣金件上浅的凹陷和凸起区域

最后，将圆锥或圆头的圆柱形凸模压入一个更小的冲孔中可以形成孔型凸缘。材料于是通过更大的凸模的进入而被拉深，并在凸模行进的方向上移动。由于金属板料延展性的限制，典型的孔型凸缘只能加工到金属板料厚度的 2 ~ 3 倍。

这些特征加工的模具成本可以由 9.2.3 节中给出的冲孔模的成本估计公式来确定。式（9.9）被用于确定模板、冲孔区等模具零件的基本成本。凸模和凹模的额外成本然后可通过式（9.10）求得。在这种情况下，参数 P_p 是所使用的成型凸模或切削凸模的周长。使用合适的工具制造费率和合适的模具成本，这些公式能为切缝、模锻孔或简单凹陷或凸起面积的成型提供合适的模具成本的估计。

然而，如果一个零件所需的成型区域具有表面细节或图案，则会增加加工模具表面的成本。在第 8 章给出的用于相配合的型腔和型芯几何形状加工的经验公式也能用于此处。利用第 8 章给出的一些适当的公式，可以给出凸模和凹模加工的额外时间 M_{px} 为

$$M_{px} = 0.313 N_{sp}^{1.27} \tag{9.18}$$

式中 N_{sp}——在凸模表面和相配合的凹模表面上加工的分离面片的总数。

9.2.7 级进模

对于大批量生产的金属板料，在不同压力机上以手工装载条料的方式在单工序模进行加工效率会很低。如果加工的数量可以证明额外的工装费用是合理的，那么在单台压力机上使用多工位模具通常是较为合理的。模具里的工位可以在板料在模具里递进进给时实现了不同的冲孔、成型和剪切操作。为了实现递进运动，金属板料由购买的所需宽度卷材来得到，并且通过安装在冲压机旁边的卷料进给装置来让其穿过模具自动地进给。

图 9.25 给出了一个多工位操作的实例。从中能看出在零件在不同工位上加工的各种特征，在最后工位将工件从条料上分割的技术。图 9.25 所示的最后工位是落料操作。然而，正如在 9.2.1 节所叙述的，如果工件能被合适地设计，那么从条料上的分割操作可以用分离操作或剪切操作来替代，它们可以减少废料和降低模具成本。

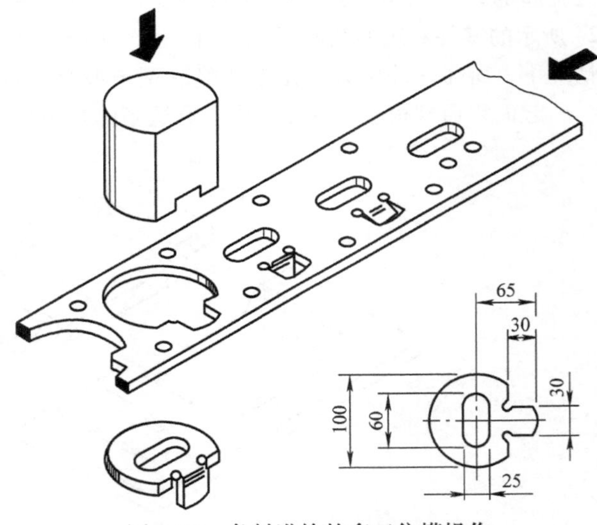

图 9.25 条料进给的多工位模操作

要注意的是，对于复杂形状的零件，它的周长通常在不同工位上逐步地剪切，只有最后的零件轮廓在最后的工位被剪切。这就需要在不同工位之间有更均匀分布的剪切力，会在模具上产生均衡的载荷。当弯曲处周围的大部分周长都被去除后，也能用回转弯管成型模来完成弯曲操作。如图 9.25 所示的条料带上的两个附加孔是在第一个工位冲裁出，然后在第二工位与圆锥凸模配合。它可引导条料在两工位之间更精确地对准，使得零件的精度不依赖于条料进给机构的精度。

级进模设计是一门要求工具工程师需要考虑工序排列、工件排列、导料方式、要求间隙、材料延展性和载荷分布的艺术形式。

由不同设计者完成的相同工件的压力铸造或注塑成型的设计基本上一样的。而相反的是，相同钣金件的级进模也许是完全不同的，也许会有不同的工位数和不同的冲裁和

成型凸模的组合。在这些情况下，只能近似地估计连续模的早期成本。对于这种估计，在零件设计的草图阶段可以使用参考文献［13］中引用的一个经验法则，它能表示为：

$$C_{pd}=2C_{id} \tag{9.19}$$

式中　C_{pd}——单个连续模的成本；

C_{id}——用于相同工件的冲裁、剪断、分离、冲孔、成型操作的单工序模的成本。

由参考文献［8］提出的因数2似乎与引用的那些零件（除了很简单或很复杂的零件以外）的成本相一致。很复杂的零件的合适因数应该是3，而对于很简单的零件，因数为1.5或许更合适。

9.3　压力机的选择

用于钣金冲压操作的典型冲压机的选择在表9.4中给出。它们被称为“单动”压力机，因为它们由打开和闭合模具的单一滑块或滑枕所组成。对于深拉深操作，有时需要使用具有内滑枕和外滑枕的双动压力机。内滑枕的作用是闭合模具，而外滑枕的作用是在当材料向内拉深时控制坯料向下以防止起皱纹。需要使用双动压力机的情况在本节稍后讨论。当需要双动压力机时，在表9.4中给出的冲压机操作成本应增加20%。对给定零件选择合适冲压机，主要考虑的是压力机床身尺寸和所需冲压力，对于剪切操作，所需冲压力一般根据剪切长度、规格厚度和材料抗剪强度就可以简单地确定了。

表9.4　单动压力机

床身尺寸		压力/kN	运行成本/（美元/h）	最大压头行程/cm	行程（每分钟次数）
宽度/cm	深度/cm				
50	30	200	55	15	100
80	50	500	76	25	90
150	85	1750	105	36	35
180	120	3000	120	40	30
210	140	4500	130	46	15
240	175	6000	140	54	8

金属的剪切材料强度S，大约是抗拉强度的一半，然而在剪切时，应变会在狭窄的剪切区域迅速增加，并且会在凸模和模具边缘之间扩展，见图9.26。这意味着必须考虑冷作硬化，使用极限抗拉强度U表示破坏时的抗拉强度会比使用初始屈服强度更合适。因此，对于冲裁（落料）、冲孔、切割等操作所需的力f为

$$f=0.5Uhl_s \tag{9.20}$$

式中　U——极限抗拉强度（kPa）；

h——规格厚度（m）；

l_s——被剪切长度（m）。

作为一个例子，冲裁直径为50cm 的6 号规格商业品质低碳钢的圆盘。由表9.1 和表9.2 得知6 号规格商业品质低碳钢的厚度为5.08×10^{-3}m，极限抗拉强度U为330×10^{3}kPa。所需的冲裁力则为

$$
\begin{aligned}
f &= 0.5\times(330\times10^{3})\times(5.08\times10^{-3})\times(\pi\times50\times10^{-2})\\
&= 1316.6\text{kN}
\end{aligned}
$$

因此，表9.4 中1750kN 的压力机被认为有足够的压力，将会是一个合适的选择。

对于弯曲操作而言，所需要的力通常小于剪切所需要的力。例如图9.27 中所示的弯曲操作，假设弯曲内径r为规格厚度h的两倍。在这些条件下，材料沿着模具的轮廓弯曲，通过增加角度θ，外表面的长度将增加到$3h\theta$。材料的中心线（在简单弯曲中的中性轴）长度依然保持大约为常数$2.5h\theta$。材料外部的纤维应变为

$$e=\frac{(3h\theta-2.5h\theta)}{2.5h\theta}=0.2 \tag{9.21}$$

应变从外部纤维到中心线减小到0，然后变成压缩应变，在内表面增加到-0.2。在这些条件下，弯曲后的材料的平均应变量为$0.5e$。为了得到所需力的合适值，我们考虑加工过程的能量平衡。当材料在模具周围形成时，材料上每单位体积所做的功就是应力与应变的乘积。如果我们假设凸模半径也等于厚度的两倍，那当凸模向下移动时，接触工件并通过约$5h$的距离后将完成90°的弯曲。在这个点上，受弯曲的材料体积为：

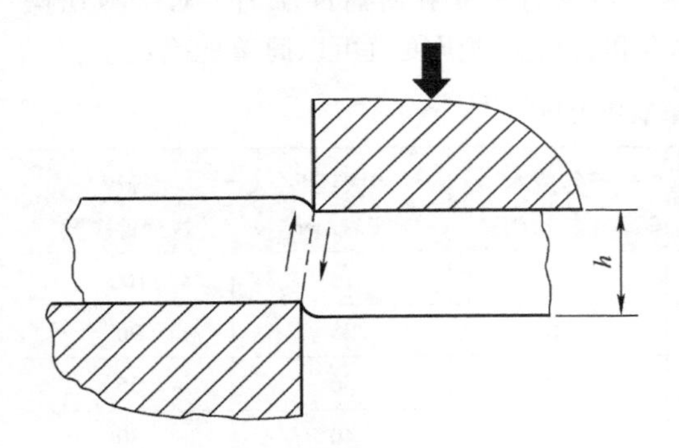

图9.26　剪切加工

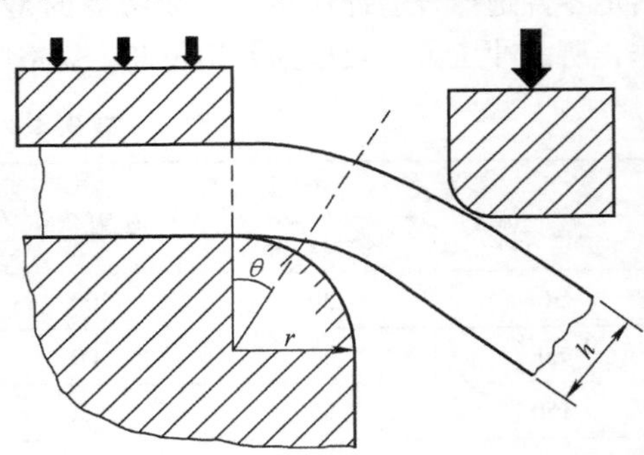

图9.27　回转弯管成形模的弯曲加工

$$V=\frac{\pi[(3h)^2-(2h)^2]L_b}{4}=\frac{5\pi h^2L_b}{4} \tag{9.22}$$

式中　L_b——弯曲长度。

能量平衡也能近似地表示为：

$$0.5e\times U\times\frac{5\pi h^2L_b}{4}=f\times5h \tag{9.23}$$

其中，f为移动距离$5h$的平均压力（单位：kN）。因此，在这些条件下，压力f为：

$$f=0.08UhL_b \tag{9.24}$$

式（9.24）与式（9.20）比较显示：在典型的弯曲条件下，所需压力仅约为剪切

相同长度和规格厚度所需要力的15%。参考文献［6］给出了回转弯管成形模的弯曲经验公式为：

$$f = \frac{0.333UL_b h^2}{(r_1 + r_2)} \tag{9.25}$$

式中 r_1——凸模轮廓半径；

r_2——模具轮廓半径。

当 $r_1 = r_2 = 2h$ 时，这个结果与式（9.24）的结果非常一致。

对于一个圆柱形零件的深拉深操作，当最大边缘半径正被拉进模具中时，在大约操作开始时的力是最大的。参考文献［14］中给出了在拉深开始时，在引导进入模具中的材料会产生轴向拉伸应力。

$$\sigma_d = Y\ln\left(\frac{D_0}{D_1}\right) \tag{9.26}$$

式中 Y——材料的屈服应力；

D_0、D_1——外坯料直径和模具直径。

由于拉伸应力作用在凸模的整个周长周围，所需冲压力可以被表示为

$$f = \lambda PhY\ln\left(\frac{D_0}{D_1}\right) \tag{9.27}$$

式中 P——凸模周长；

h——规格厚度；

λ——考虑坯料夹持器的摩擦、模具轮廓周围的弯曲和操作与形状类型的影响的因数，对于圆柱形零件，λ 的值为1.3。

该公式也能适用于矩形箱体零件。对于这些拉深作用进入弯角的情况，在边缘附近时，材料仅仅在模具半径之上弯曲。这导致拉深力通常减少50%，因此，可以使用因数 $\lambda = 0.65$。

在开始零件加工时，式（9.26）中的屈服应力增大，这是因为冷作硬化使材料的屈服应力和 f 直接增加的影响，超过了 f 因截面变小时的减少，只是在对数项里不太明显而已。对于初始的拉深操作，导致1%应变硬化的 Y（材料屈服强度）值也许会用到，也就是表9.3中的 Y_1 值。对于再拉深操作，假设材料在最初拉深操作中已被完全硬化，表9.2中的极限拉伸应力 U 应该被替换为 Y。

深拉深时压力机选择需要一个额外的考虑，那就是坯料在被径向拉伸时有起皱的可能性。参考文献［6］的研究展示了当 $D_0/h \geqslant 200$ 时存在的这种起皱倾向，而这种起皱只能采用双动压力机来避免。在这种情况下，正如本节开始已经讨论过，表9.4中的压力机操作成本将增加20%。如果 $D_0/h < 200$，在模具中的加入缓冲护垫或弹簧可以用于防止起皱。

在9.2.5节最后的深拉深例子中，合适的取值是：$h = 1.22\text{mm}$，$D_0 = 22.4\text{cm}$，$D_1 = 12.0\text{cm}$，从表9.3中选取的 Y_1 的合适值为236MPa。因此，根据式（9.27），可以求得所需压力为

$$f=1.3\times\frac{22.4\pi}{10^2}\times\frac{1.22}{10^3}\times236\times10^3\times\ln\left(\frac{22.4}{12.0}\right)=164.4 \tag{9.28}$$

当然对于 $D_0/h=200$ 的这个例子，可以使用表 9.4 中 200kN 的单动压力机。

对于如图 9.24 所示零件左边的浅成型操作，

向下移动到模具中的材料会向每个方向伸展，在这个过程中，拉深材料中的拉应力从凹陷处的周边向中心传递，如果凹陷处侧壁与零件表面的夹角为 θ（见图 9.24）。假设应力近似等于极限拉伸应力，则来自于侧壁的垂直阻力为

$$f=Uh\sin\theta L \tag{9.29}$$

其中，L 是凹陷处的周长，此式的结果等于所求的冲压力。因此，对于几乎垂直的侧壁（$\sin\theta=1$ 或 $\theta=90°$），所求冲压力将达到剪切相同周长材料所需要力的两倍。

最后，在图 9.24 所示零件的右边厚度已经减少的地方，将其称为已经被压纹或精压。这种凸模与模具之间的金属板料体积成型要用非常高的压缩应力，因为移动的材料必须侧向交叉地流过模具表面的一边，这个引入了使得这个过程比单纯压缩的效率更低的约束条件。压纹操作需要的力是：

$$f=\phi UA \tag{9.30}$$

式中　A——受压纹的面积；

　　ϕ——约束系数，$\phi>1$。

随着压纹面积的增加，约束系数 ϕ 呈指数增加。因此，应该尽可能地避免大面积压纹。替代方法就是通过浅成型产生所需表面的图案，但是采用这种形状拉深工艺，不可能加工出精细图案的细节。

当使用单工序模具进行金属板材加工时，压力机必须手动地操作，需要用手将零件装入模具。在剪切加工（落料、分离、剪断或冲孔）的情况下，零件（工件）能自动地从模具中排出，然而对于弯曲或成型加工，压力机操作者必须从模具中移走零件，这会增加循环时间。

参考文献［15］的研究表明，把一个坯料或工件装入机械压力机器、操纵设备加工以及加工后移走工件的时间是与环绕工件的矩形周长成正比的。循环时间为

$$t=3.8+0.11\times(L+W) \tag{9.31}$$

式中　L、W——矩形长度和宽度（cm）。

对于平整零件的剪切或冲孔，零件可以从自动地冲压力机中排出，可以使用式(9.31) 中求得的时间 2/3 作为循环时间。当然，对于第一次压力加工，材料应当使用将大的板材用电动剪切成合适宽度的条料。这些条料然后被单独地装入模具中，模具每完成一次冲压加工，条料就手工定距地向前移动一次。每个工件的动力剪切时间很短，因为每次剪切操作会加工出几个零件，假设第一个模具的条料加载时间被已减少的冲压时间所平衡。

对于使用连续冲模的压力机加工，循环时间是由压力机的尺寸和它在连续操作时的往复运动速度来确定的。表 9.4 中给出各种压力机尺寸的典型运行速度参数。

实　　例

对于如图9.25中所示的零件，比较使用单工序模和连续模工作的循环时间和加工成本。零件材料为8号不锈钢，极限抗拉应力为515MPa。

零件外轮廓周长等于370mm，8号不锈钢的厚度是4.17mm。由式（9.20）可以得到冲裁外周长所需的剪断力是：

$$f_1 = 0.5 \times (515 \times 10^3) \times (4.17 \times 370 \times 10^{-6})$$
$$= 397\text{kN}$$

冲裁出周长为149mm的长圆形开孔所需要的力为：

$$f_2 = 160\text{kN}$$

最后，假定使用6mm的工具轮廓半径，弯曲工件上的环耳穿过约25mm弯曲线时需要的力可由式（9.25）给出：

$$f_3 = 0.333 \times 515 \times 10^3 \times (25 \times 10^{-3}) \times (4.17 \times 10^{-3})^2 / [(6+6) \times 10^{-3}]$$
$$= 6.2\text{kN}$$

参考表9.4，就可以知道了冲裁加工将需要500kN的压力机，冲孔和弯曲加工能在最小的200kN的压力机上进行。

使用单工序模

对于冲裁和冲孔加工，假设是自动落料。这两个加工的循环时间大约是由式（9.22）给出的加载和卸载时间的三分之二：

$$t_1 = 0.67 \times [3.8 + 0.11 \times (10 + 11.5)]\text{s} = 0.67 \times 6.2\text{s}$$
$$= 4.1\text{s}$$

对于弯曲加工，要求零件的卸载，其时间为：

$$t_2 = 5.4\text{s}$$

最后，使用表9.4中的每小时的压力机费率，可以得到到每个工件的加工成本为：

$$C_p = \left[\left(\frac{3.6}{3600}\right) \times 76 + \left(\frac{3.6}{3600} \times 55\right) + \left(\frac{5.4}{3600}\right) \times 55\right] \times 100 \text{ 美分}$$
$$= 21.4 \text{ 美分}$$

使用级进模

使用级进模，需要压力约为：

$$f = f_1 + f_2 + f_3 = 563\text{kN}$$

四个模具工位所需的空间为：

$$4 \times 100\text{mm} + 3(2 \times 4.17)\text{mm} = 418.5\text{mm}$$

由表9.4可以得到合适的1750kN压力机，操作成本为105美元/h，压力机速度为35次/min。

每个工件的估计循环时间是

$$t = \frac{60}{35}\text{s} = 1.7\text{s}$$

每个工件的加工成本为：

$$C_p = \left(\frac{1.7}{3600}\right) \times 105 \times 100 \text{ 美分}$$
$$= 5.0 \text{ 美分}$$

9.4 回转头压力加工

用于钣金件加工的专用模具使用的其他选择是数控冲模回转头压力机，如图 9.28 所示。该机床在两个旋转刀库或转台上安装有冲模和配模。取决于机床尺寸的不同，转台可以容纳多达 72 个不同模具以实现不同的冲压操作。

较低的转台安置在压力机床身的中心，压力机床身表面配备有能在球形槽内自由转动，且刚刚高于床身表面的钢珠。因此，压力机床身有时也称为球式工作台。大的金属板料放在压力机床身上，能在两个转台工作表面间的不同位置很容易地滑动，滑动是通过将板料的一边置于直线导轨（X，Y）上的两个夹钳中夹紧来实现的。数字控制的导轨能在机床转台的主动凸模之下使板料精确定位。数字控制的转台使得当板料移到下一个冲裁位置时也随之转动，并提供所需要的凸模和凹模以供使用。

回转头压力机的优点是它使用通用的凸模和凹模，可以生产各种不同的零件。因此，从一种零件生产转换到另一种零件的生产，通常只需要改变一个或两个凸模和凹模即可。这个操作只需要几分钟就能完成。而且，凸模和凹模可以放入标准的固定板里，它们能从设备供应商那里以各种标准或用户订制的形式来购买。不论发生何种情况，典型的凸模和凹模的范围从低于 150 美元的简单形式到高达 750 美元的用于加工复杂形状或局部成型操作。

回转压力加工的缺点是任何成型操作必须足够浅，以使得零件能通过两个转台表面之间距离。而且，任何凹陷或产生突出部分或突出部分的工艺切口加工必须在一个朝上的方向完成。

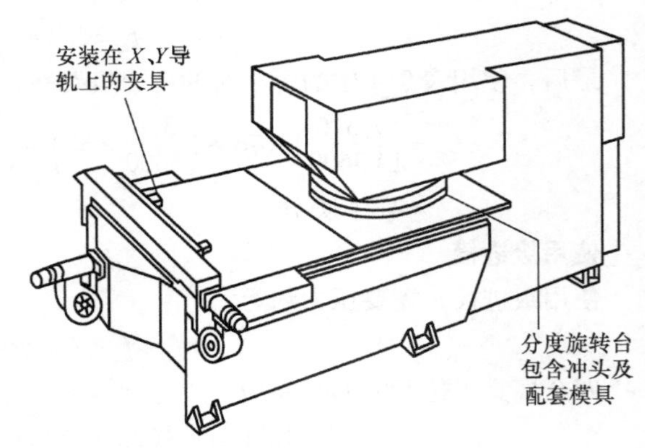

图 9.28 回转头压力机

就是说，成型凸模必须装在较低的转台中，而相应的凹模必须装在较高的转台中。这对于板料能继续顺利地滑过球式工作台是必要的。同样，已成型面积的高度要有限制，以使得它们仍能在转台工作面之间通过。

这个高度限制取决于具体的机器，但通常不大于 15mm。高度限制也同样适用于弯曲。如果零件需要弯曲，这通常必须在转台回转压力加工完成后作为一个单独的加工进行。这种弯曲加工通常是在一台称为折弯机的特殊压力机上完成，稍后将对其进行介绍。

回转头压力加工另一个缺点是冲裁加工是依次进行，因此每个零件的循环时间会比专用模具更长。

由于这些缺点，回转头压力机经常用于零件产量相对较小的场合。在这种情况下，小的工装成本很容易地补偿了循环时间较长的缺点。然而，尚没有一个简单的规则用于选择合适的加工工艺，因为从一种加工工艺到另一种加工工艺的转换点取决于特征的数量、特征的类型以及专用工具的可能需要的费用。

一个典型的回转头压力机生产的零件如图9.29所示。零件通常以图示的规则排列布置在板料上。对回转头压力机进行编程，首先在板料的每一行和列位置冲出两个类型中的一个。然后，转台旋转去冲另一个孔，并在每个零件的合适位置冲那个孔。最后，是用切离冲头剪切零件的外周边。对于直边，通常使用约6mm厚度的窄切离冲头来分离零件。正如图9.29所示的那样，冲孔位置通过编程来留下称为微标的仍连接所有相邻的零件的小区域。这允许冲裁能持续进行，而无需因为零件的去除而频繁地停下。板料然后可以在机床周期结束时和其上的所有零件一起被移走。零件能从板料上敲出来，或是通过简单地摇晃板料来使得薄规格的材料分离。按照工业专业术语，这种零件叫做摇动零件。在图9.29所示零件下面两个圆角可以使用图9.30所示的圆角工具来加工。应当注意的是，外轮廓的冲裁需要切断冲头分别在垂直边和水平边两个不同的方向加工。对于大多数回转头压力机，这将通过两个不同的切断凸模在不同的转台位置上完成。然而，一些回转头压力机上配有分度盘或数控转动刀架，这些使回转头压力机加工更多的几何形状零件成为可能。

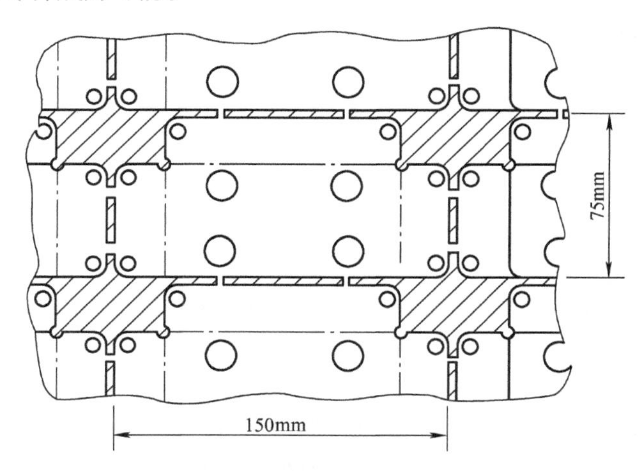

图9.29　回转头压力机加工的零件排样（—·—·—）后续弯曲线

回转头压力机对更复杂的曲边加工效率不高。在这种情况下，一种方法是使用圆弧形凸模通过连续紧密间隔的冲击来加工曲边。这种称为复杂零件分段冲裁的方法能加工出如图9.31右下角圆弧廓所示的扇形边。可以使用更大的凸模或减小冲击的间距来减小扇形的高度。对于图 9. 31 中的内曲线切口，圆形凸模的尺寸是由槽宽来确定的。

在分段冲裁加工时，槽的两边是同时加工的。大多数回转头压力机都有一个分段冲裁模式，在这种模式下，压力机以很高的速度持续地循环。这允许板料的快速定距移动，以应用于高效的分段冲裁。典型的回转头压力机的特性在表 9. 5 中给出。

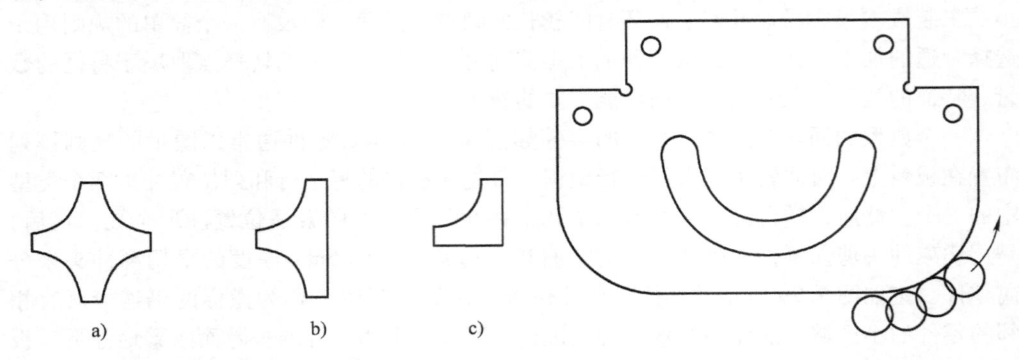

图 9. 30 回转头压力机的圆角工具

图 9. 31 要求分段冲裁或轮廓切削的零件几何形状

表 9. 5 典型回转头压力机的制造特性

机床设置时间	20min
每块板料的加载与卸载时间之和	
750mm × 750mm 的板料 1200mm × 3600mm 的板料	24s 72s
平均冲压速度	0. 5m/s
冲一个孔的时间	0. 5s
分段冲裁速度	360 次/min
最大形式高度	6mm
包括编程成本的机器费率	72 美元/h

用分段冲裁加工曲边的另一个选择是使用配备轮廓切削附件的回转头压力机。这种机器提供了等离子或激光切割设备。它们固定在与主动回转冲头的中心具有精确距离的机床结构上。这个距离就放置在数控文件中作为在轮廓切割的开始之前的坐标补偿。

板料被移动到合适的起始点后，就接通切割吹嘴，然后沿着所需轮廓轨道连续地运动。激光或等离子的切割速度随材料厚度和所加工轨道的曲率不同而变化。更严格的曲线则需要更慢的速度来保证所给定的公差等级，表 9. 6 给出了 3mm 规格厚度的不同金属的典型平均切割速度。等离子切削速度通常比激光切削速度更快，但其加工精度比激光低，而且有受热影响边缘。对于较厚的规格材料，速度差异会变得更加显著。从参考文献［16］所得的切割速度数据可以看出，厚度对切割速度 S 的影响可表示为

对于等离子切削

$$S = S_p \times \left(\frac{3}{h}\right)^{0.5} \tag{9.32}$$

对于激光切削

$$S = S_c \times \left(\frac{3}{h}\right) \tag{9.33}$$

式中　S_p、S_c——对应于表 9.6 中 3mm 厚度的材料等离子和激光切削速度值；

h——材料的规格厚度（mm）。

表 9.6　3mm 厚材料的等离子和激光切削速度

材料类型	典型速度/(mm/s)	
	等离子（S_p）	激光（S_c）
碳钢	60	40
不锈钢	60	35
铝合金	75	15
铜合金	75	20
钛合金	50	20

9.5　折弯操作

折弯机是一种床身为若干英尺宽和几英寸深的机械压力机。通用弯曲工具，如 V 形块或回转弯管成型模块和配对凸模，一般是沿着床身位置安装。为了使零件相对弯曲工具能正确定位，在每个凸模位置，在床身后面安装有定位杆。

压力机操作者的操作方法是，拿起平整的板料零件，将它转向正确的方向，在第一个工具位置，把它推向定位杆。然后通过踩压脚踏板来操纵压力机。如果需要多次弯曲，可以把工件翻转后移动到下一个冲压位置，重复上述操作。在最后一次弯曲后，工件堆放在冲压机旁边的托盘上。一个典型的折弯机的制造特点在表 9.7 中给出。

表 9.7　典型折弯机的制造特点

机器设置时间	20min
加载、定位、制动和堆叠的时间	
200mm × 300mm 的工件 400mm × 600mm 的工件	8.50s 13.00s
每个额外的弯曲的定位和制动的时间	
200mm × 300mm 的工件 400mm × 600mm 的工件	4.25s 6.50s
机器费率	28 美元/h

将线性插值法应用于表 9.7 中折弯机的数据，可以给出以下用于折弯的经验公式

$$t = 2(1 + N_b) + 0.05(2 + N_b)(L + W) \tag{9.34}$$

式中 N_b——所需弯曲操作的次数；

L、W——零件的长度和宽度（cm）。

实　例

如图 9.29 所示的零件是由 16 号规格（1.52mm 厚）的商业品质低碳钢以标准钣金尺寸 48in（1219.2mm）到 60in（1524mm）制造。

能由每块钣金生产的工件的最大个数为 135 个，排版为 15 排，每排 9 个，每个工件之间间隔 6mm。每个工件的面积为 94.6cm^2。则每个工件的体积为

$$94.6 \times 0.152 = 14.38\text{cm}^3$$

每个工件所用原材料的体积为

$$(121.92 \times 152.4) \times \frac{0.152}{135} = 20.92\text{cm}^3$$

使用表 9.2 中的数据，则每个工件的原材料成本为

$$20.92 \times 7.90 \times 10^{-3} \times 80 = 13.2 \text{ 美分}$$

每个工件的废料的转售价值为

$$(20.92 - 14.38) \times 7.90 \times 10^{-3} \times 9 = 0.46 \text{ 美分}$$

生产每个零件所需的冲压次数可以估计如下：内孔 10 次，外半径 8 次，外边缘 11 次。

在估计外边缘的 11 次冲压时，应采用同时产生环绕周长部分的相邻零件边缘。

现代计算机数控回转头冲模压力机的一个典型的板料运动速度是 0.5m/s，所以冲压之间的板料运动时间大约为 0.1s。然而，这个时间并不包括冲孔停顿时间、两次停顿之间的加速和减速时间，以及转台转动改变工具的定期延迟时间。参考文献［17］对各种在回转头压力机上加工的零件所花费的时间进行了研究，建议每次冲压平均时间 1.5s 适合于早期成本估算，孔的间距大约是 50mm 或更少。对于具有很大孔间距的大型零件，每增加 50mm 的距离，应增加 0.1s 的额外板料运动时间。

对于实例零件，每个零件冲压时间被估算为

$$t_1 = N_h \times 0.5 \tag{9.35}$$

式中 N_h——冲压次数。

因此，对于当前这个例子来说

$$t_1 = 29 \times 0.5\text{s} = 14.5\text{s}$$

从表 9.5 中的数据来看，如果板料加载和卸载的时间被认为是与板料周长成正比，它可以表示为

$$t_2 = 2.0 + 0.15(L + W) \tag{9.36}$$

式中 L、W——板料的长度和宽度（cm）。

根据例子零件所使用的板料尺寸，装载和卸载时间为

$$t_2 = 2.0 + 0.15 \times (121.92 + 152.4) = 43$$

需要注意的是，在总的机械循环周期 135×14.5s 或 32.6min 之间，有 135 个零件从板料分离。在这个时间之前，已冲裁的零件也可能通过一个自动传送带去毛刺机，去除尖锐冲裁边缘。

回转头压力机的每个零件循环时间为

$$t = 14.5\text{s} + \frac{43}{135}\text{s} = 14.8\text{s}$$

在回转头压力机上加工每个零件的成本，如果使用表 9.5 中的机器费率 72 美元/h，可估计为

$$C_1 = 14.8 \times \frac{(72 \times 100)}{3600} \text{美分} = 29.6 \text{ 美分}$$

对于实例的零件，$N_b = 3$，$L = 15$，$W = 7.5$，采用式（9.36）来预测的每个零件的折弯机循环时间为

$$t = 8\text{s} + 0.05 \times 5 \times 22.5\text{s} = 13.6\text{s}$$

查表 9.7，可得折弯机上加工每个零件所需的成本为

$$C_2 = 13.6 \times \frac{(28 \times 100)}{3600} \text{美分} = 10.6 \text{ 美分}$$

最终，估计每个零件的材料成本和加工成本之和为

$$C_{\text{part}} = (13.2 - 0.46) + (29.6 + 10.6) = 53 \text{ 美分}$$

9.6 设计准则

在金属板料的冲压设计中，首先要考虑的是外部形状。正如 9.2.1 节所讨论的那样，对于使用专用模具制造的零件，用定义零件宽度的平行直边设计外廓是有利的。在切断或分离加工中允许符合要求的剪切，轮廓的尾端与直边的角度不少于 15°。无论可能与否，轮廓形状不应包含狭窄的凸出物或缺口，因为它们要求冲头或者模板有狭窄的薄截面，如图 9.32 所示的尺寸标记“*a*”。

避免削弱工具截面的类似考虑还要应用到内部冲孔上。也就是说，应该尽量避免像小孔或狭窄切口等需要冲头强度和刚度很高的特征。此外，内部冲孔应该彼此分离，而在外面边缘的冲孔，应保证足够的间隙，以避免在冲压期间工件材料狭窄截面的变形。公认的原则是：特征尺寸和特征间距应至少是材料厚度的两倍。参照如图 9.32 所示的零件，满意的落料和冲孔要求标记着从“*a*”到“*d*”的尺寸都应该大于或等于两倍的材料厚度。注意到所有的轮廓半径，例如尺寸“*e*”，都服从同样的法则。在这种情况下，值得关注的是在模板上的相关圆角半径。至少等于两倍材料厚度的半径将把模板圆角处的应力集中减少到最小。而应力集中这将导致开裂。最后，在外轮廓内圆角处弯折线的端部，包含一个切口尺寸为“*d*”的方式不失为一种很好的改进。当落料时，这些圆形切口将会成为模具轮廓的一部分，或者这些圆形切口在邻近的外轮廓在回转压力机

加工之前被冲切。然而，就任何原因来说，如果与外轮廓相交的孔必须在以后被冲切，那么直径应至少三倍于的材料厚度，以适应冲模所受到的力。

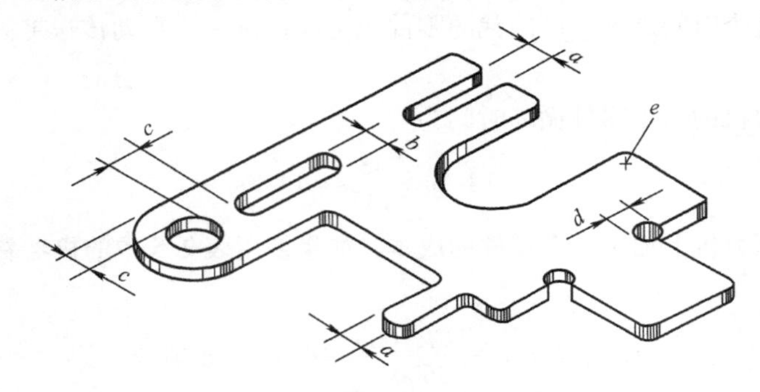

图 9.32 金属板料坯件设计的临界尺寸

当考虑形成的特征时，主要的设计约束是材料能承受的最大的拉应变，这个常被称为材料塑性。表 9.2 中给出了常用材料的典型塑性值。因此，如果在图 9.33 所示的切开成型的连接梁是由低碳钢制成的零件，其 L 到 H 的比率可以计算如下。假设从表面到连接梁顶部的过渡或坡道为 45°，沿着连接梁从一端到另一端的长度可以很容易地计算为：

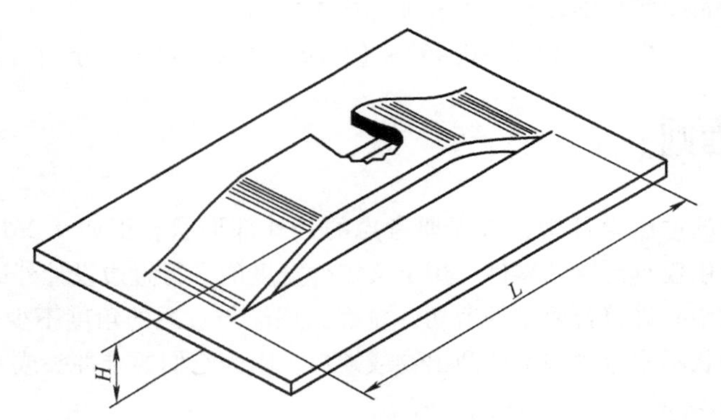

图 9.33 切开成型的连接梁

$$连接梁长度 = L + 0.82H \tag{9.37}$$

假设连接梁受到均匀拉伸，那么连接梁的拉应变为：

$$e = \frac{0.82H}{L} \tag{9.38}$$

于是，如果最大的许用拉应变为 0.22，见表 9.2，那么代入式（9.38），就能确定顺利成型时 L 和 H 的关系，见式（9.38）。

$$L > 3.7H \tag{9.39}$$

这近似对应于文献中引用的经验法则，梁的长度应该大于它的高度的四倍。然而，这些规则经常是基于退火低碳钢的压力试验。对于不同的材料或者几何形状，例如之前那个改变斜坡角的例子。应该要估算拉应变，并且将它与最大的允许值进行比较。

在钣金零件上，切开后成型的特征的常见例子是百叶挡板。为了达到空气循环和冷却的目的，百叶挡板经常是在金属板外壳侧面形成一组平行槽。图 9.34 给出了通过一个百叶挡板的截面。百叶挡板的前部边缘长度必须与百叶挡板开口高 H 满足一定关系，它由材料塑性和端部坡度角来决定，如同连接梁的计算一样准确。然而，拉伸也会出现在与百叶挡板边缘垂直的地方，在那里，材料被向上拉伸成如图所示的一个圆弧。因为百叶挡板的前缘将随着表面发生的拉应力而被向后拉伸，材料不会发生破坏。这里考虑的和在图 9.34 中选择的半径 R 是更多外观和单一百叶挡板所占用的空间量。

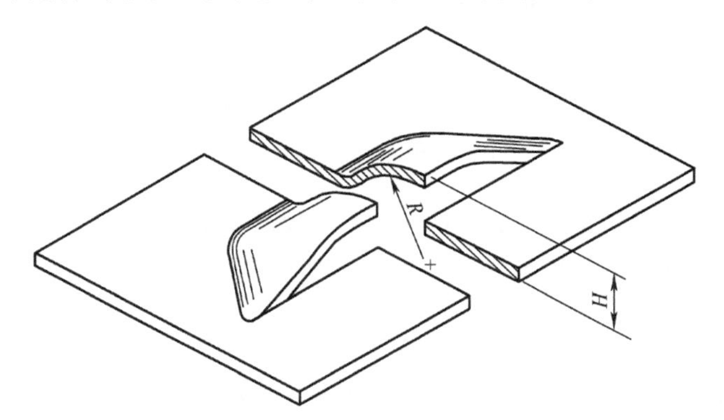

图 9.34　剪开后成型的百叶挡板

包括沿着剪切边拉伸的另一种类型的特征是孔型法兰。图 9.35 给出了这种特征的剖视图。孔型法兰经常被用于提供增大局部厚度来攻螺纹或用机器螺钉来装配。孔型法兰是通过将半径为 D 的锥形凸模冲入一个直径为 d 的较小冲好的孔中形成的。法兰顶部边缘周围的拉伸应变是：

$$e = \frac{(D-d)}{D} \qquad (9.40)$$

这个值必须小于材料的许用塑性。由于有限的塑性，比值 D/d 的限制将会限制到材料位移量，进而限制能被产生的孔型法兰高度。在钣金件中法兰高度的典型值为材料厚度的 2 到 3 倍之间。

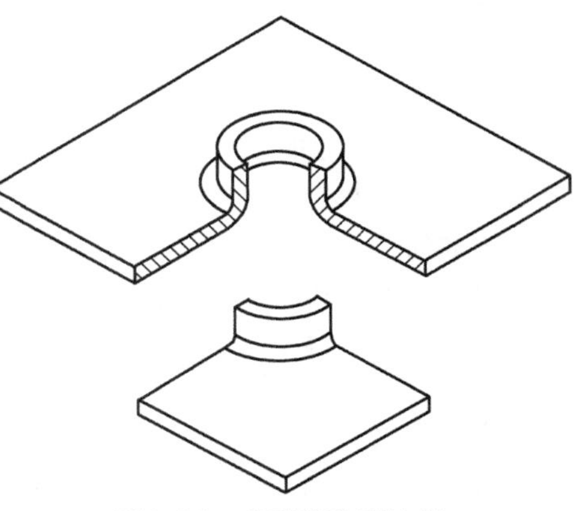

图 9.35　成型的孔型法兰

在设计中用于加强钣金件的开口表面的颗粒或肋条时，如图 9.36 所示的横截面几何形状是很重要的。肋条也许在截面上是图示的圆形，或许有时是 V 形。不管怎样，为了得到所需高度 H，必须选择肋条的宽度和形状，以使得肋条所受到的拉伸不会超过材料的塑性。在图 9.36 中肋条底部的半径也必须大于一定的数值，以防止零件底部的材料出现过度应变。这可能导致沿着肋条侧面的弯曲影响，这将在下面考虑。

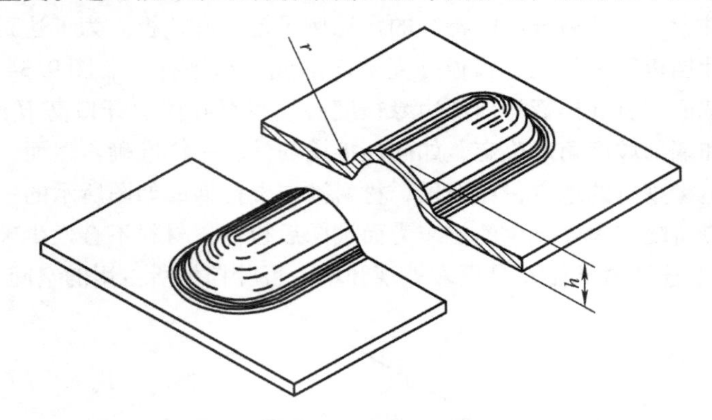

图 9.36　肋条的横截面

正如在 9.3 节中所讨论到的，弯曲时的最大拉应变是发生在弯曲外面的板的外部纤维上。并由弯曲内半径 r 与板料规格厚度 h 的比值所支配。对于弯曲任何一个角度 θ，外表面的长度为

$$L_s = (r + h)\theta \tag{9.41}$$

弯曲中性轴位于在板料中心的表面上，板料中心的表面长度为

$$L_0 = \left(r + \frac{h}{2}\right)\theta \tag{9.42}$$

因此，外表面的应变是

$$e = \frac{(L_s - L_0)}{L_0} = \frac{1}{1 + 2r/h} \tag{9.43}$$

半径 r 可以由弯曲工具的轮廓半径来精确定义：回转弯管成型模的模块凸圆半径或者是 V 形模的凸模凸圆半径。

无论如何，最小可以接受的半径值可以由式（9.43）和被弯的材料塑性所得到。例如：对于塑性为 0.22 的商业品质低碳钢，式（9.43）可给出

$$e = 0.22 = \frac{1}{1 + 2r/h}, \text{则 } r = 1.77h$$

在文献中经常被引用到的一个经验法则是：弯曲内半径应该大于或等于板料厚度的两倍。实际上，这是塑性为 20% 的材料的极限值。

在弯曲时要考虑是在弯曲线旁是否有其他特征。对于如图 9.37 所示的零件，它的槽应该在弯曲操作后被冲出。这是因为槽的边缘与弯曲线之间较小的间隔 l，如果先冲槽后弯曲，将会在弯曲时导致槽的变

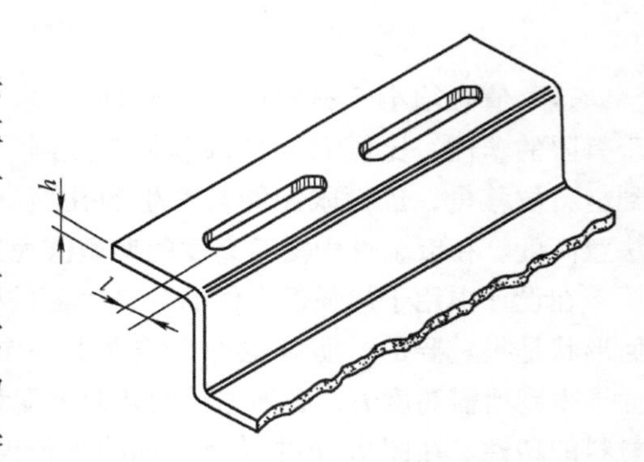

图 9.37　与弯头相邻的冲槽

形。这将需要更昂贵的冲孔模具，因为模块需要配作，并支撑不平整的零件。如果零件包含有图示不平行的表面上其他的孔或槽，那么，对于冲孔就需要两个单独的模具和操作。冲压的经验法则是：从弯头开始，圆孔的边缘应该是板料厚度的两倍较为合适。对于平行于弯头的槽，其间距应该增加到板料厚度的四倍。

小的平钣金件的生产能用较高的精度等级来完成。冲裁件或最大直径大于10cm的冲孔能保持在大约±0.05mm的公差精度范围内。然而，随着零件尺寸的增大，精度就更难以控制。对于直径50cm的零件，其允许公差范围为±0.5mm。如果公差的要求比那些指导要求更精密的话，将要求特征的加工成本更高。对于成型件或成型特性，差异将会更大。对于小零件而言，可以达到的最小公差为±0.25mm。当使用专用弯曲模具时，这还包括弯曲。因此，在因弯曲而分离的平行表面上已冲好的孔之间的小公差将会在弯曲之后以较大的成本来进行冲孔。如果孔在不平行的表面上，则加工将是必需的，以获得所要求的精度。最后，在需要在折弯机上弯曲的回转头压力机零件的设计中，需要注意的是，弯曲加工的精确性要比专用模具差很多。弯曲表面和其他表面之间，或弯曲表面和其他表面上的特征之间可以达到的公差，从小工件的±0.75mm到大工件的±1.5mm不等。

最后，在任何钣金件的设计中一个重要的因素是废料率最小化。这由工件的轮廓设计来完成，以便它们能在带料或板料上尽可能地相互靠近。另外，如果使用单独的模具，那么零件应该有可能被设计为适用于剪断或分离操作。可以考虑按图9.38所示的方案进行设计。切断设计不如圆形端轮廓美观。

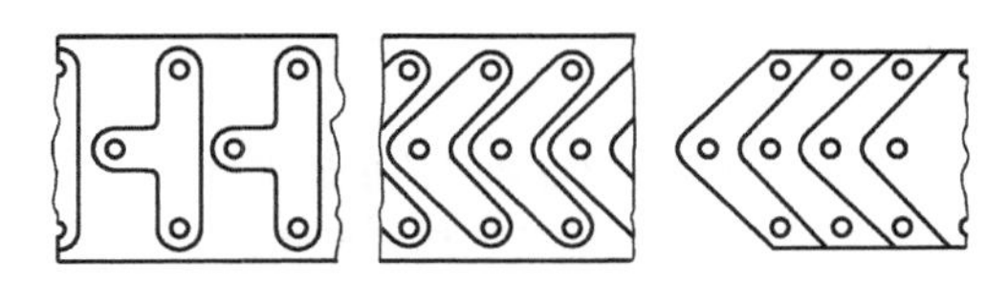

图9.38 对于生产废料最小化的三孔托架的设计变更

在去除毛刺时将除去尖锐的角。对于许多应用来说，这种类型的设计很实用。

习 题

在以下所有的问题中，使用来自本书的材料成本、材料性能、机器性能和机器小时费率等表中的数据。假设模具制造成本的估计费率为40美元/h。

1. 如图9.25所示的零件，直径单位为mm，材料为12号商业品质低碳钢，请确定如下参数：

① 假设总产量为150000个零件，级进模的可能成本。

② 外剪切、内冲孔和弯曲操作所需的冲压力。

③ 冲压循环时间和每个零件的加工成本，假设批量设置和各种故障的停机时间为冲压循环时间的15%。

④ 每个零件的制造成本，包括材料成本，忽视低回收碳钢废料的少量收益，假设模具成本已分摊在总产量上。

2. 如图9.39所示的零件是装在木制手柄上的烧烤铲的工具零件，头部长15cm，烧烤铲前部宽度为9cm，后面宽度为12cm。手柄长度为20cm，后面宽度为3cm，靠近弯角部分的宽度增加到4cm。烧烤铲面和手柄面相互平行并且有6cm的距离间隔。为了减少材料废料，工件按图9.40所示被成对地从带料上冲裁下。沿着条料方向每个铲坯的中心距离为7.0cm，条料宽度为36.0cm。

① 估计加工铲坯的冲裁模具零件的总制造时间。

② 假设采用85%的学习曲线，估计用于一对铲坯的冲裁模具零件的总制造时间。

③ 包括有足够用于嵌套一对铲坯形状的可用面积的模具，估计冲裁模的可能成本。

④ 如果铲子由16号T304不锈钢制作，使用表9.2中给出的成本和废料数值来估计每个零件的材料成本。如果零件在条料上以12.75cm的间距单独冲裁出，每个工件所使用的材料成本将是多少？

⑤ 使用在④中的估计材料值，需要生产多少铲子来证明对成对的铲坯的冲裁工具的额外投资是正确的。

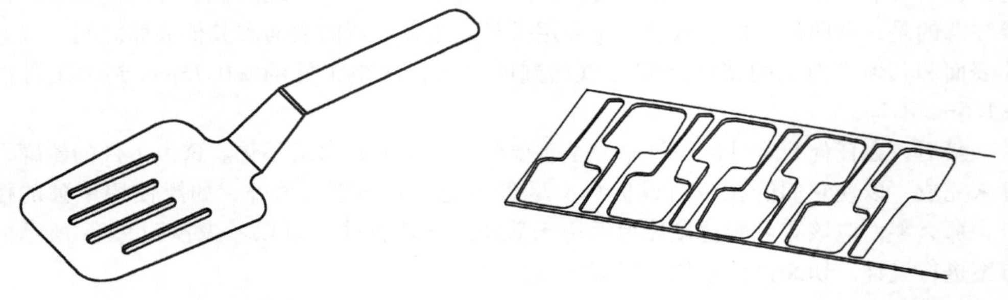

图9.39 不锈钢烧烤铲　　　　图9.40 生产废料最小的铲坯排样

3. 如图9.41所示的机器支架是使用6号商业品质低碳钢材料，采用回转头压力机的等离子轮廓切割，然后再用折弯加工来制造。在弯曲前的坯料尺寸为20cm×15cm。弯曲后，水平面底座宽5cm，垂直壁高10cm。将垂直壁削为一个斜面，其斜面水平长度为8cm，最低高度削减为4cm。垂直槽长6cm，水平槽长7.5cm。所有四个槽宽度都为1.25cm。凸模在回转头压力机上对于两个槽的尺寸都可以使用。

试估计制造工艺步骤的如下内容：

① 每个托架的等离子轮廓切割时间。

② 每个托架的回转头压力机的冲裁时间。

③ 弯曲加工前的每个零件的加工成本，假设20个一组，由订制尺寸800cm×840cm的板料制造。

④ 弯曲加工所需的压力。

⑤ 折弯操作时的循环时间和每个托架的加工成本。

4. 如果9.41所示的机械支架是由具有表9.2中退火商业品质低碳钢制造，你会建议最小的内弯半径是多少？如果对于设计的结构需要，你希望使用中等硬度商业品质钢（板材条料精辊后，不退火），它的最大许用应变减小到0.10，你需要取多大的内弯半径？

5. 如图9.42所示的转子零件的转子体是使用2.03mm厚的Al3003铝合金板材通过深拉深制造。零件高13cm。大直径为20cm，下面台阶处圆直径为17.5cm，台阶圆到底部的距离为6.5cm。

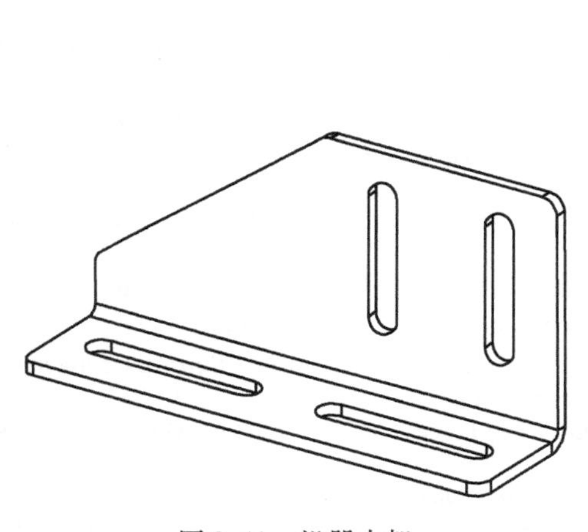

图 9.41 机器支架

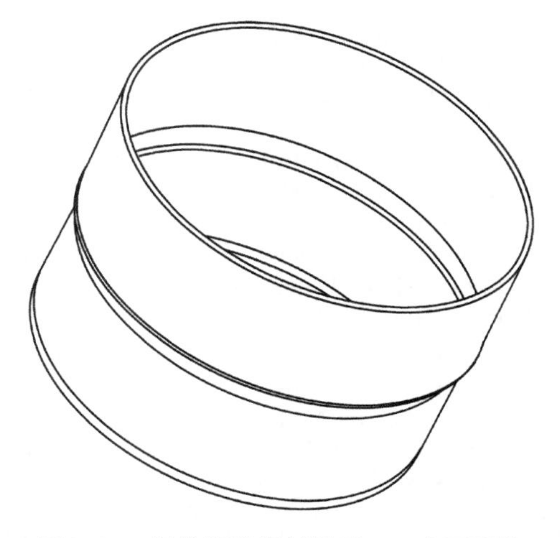

图 9.42 深拉深的铝材转子——主要形状

① 估计生产这个零件所需坯料的直径，并且确定是否能在一次拉深操作中产生初始直径为 20cm 的杯体，以便确定是否只需要一次再拉深操作。

② 制造这个转子所需要的一系列加工工序包括：冲裁、拉深、二次拉深和修边。估计每个加工的模具成本。

③ 估计每个加工所需的压力。

④ 估计每个加工的循环时间。假设除冲裁加工以外的每个加工都需要人工装载和卸载零件。

⑤ 使用表 9.4 中合适机床的费率，估计上述四个主要加工工序的加工成本。

6. 加工完成后的转子零件除了需要进行如问题 5 所描述的转子体的加工以外，还要加工如图 9.43 所示的 12 个直径为 1.5cm 的孔。它们均匀分布在上端面直径为 12.5cm 的分布圆上。

① 估计同时冲 13 个孔所需的压力，通过表 9.4 选择合适的压力机。

② 估计所需模具的成本。

③ 估计循环时间和冲孔加工的工艺成本。

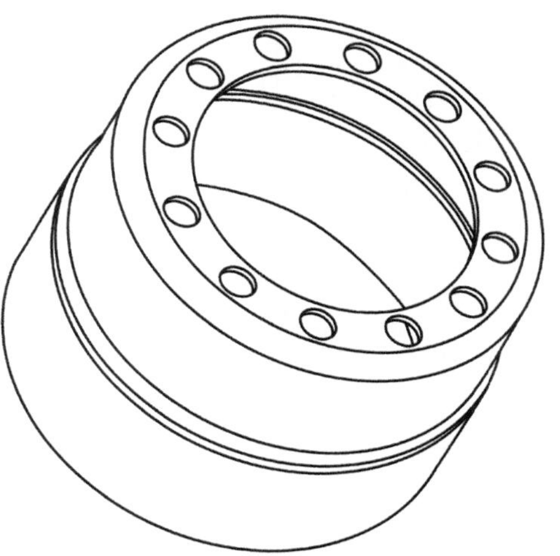

图 9.43 深拉深的铝材转子——成品

参 考 文 献

1. Lange, K. *Handbook of Metal Forming*, McGraw-Hill, New York, NY, 1985.
2. Tschaetsch, H. *Metal Forming Practice*, Springer, Berlin, 2009.
3. Kalpakjian, S. and Schmid, S.R. *Manufacturing Engineering and Technology*, 6th Ed., Prentice-Hall, Englewood Cliffs, NJ, 2010.
4. DeGarmo, E.P., Black, J.T., and Kohser, R.A. *Materials and Manufacturing Processes*, 9th Ed.,

Wiley, New York, NY, 2003.

5. Geng, H. *Manufacturing Engineering Handbook*, McGraw-Hill, New York, NY, 2004.
6. Eary, D.F. and Reed, E.A. *Techniques of Pressworking Sheet Metal*, 2nd Ed., Prentice-Hall, Englewood Cliffs, NJ, 1974.
7. Zenger, D. and Dewhurst, P. *Early Assessment of Tooling Costs in the Design of Sheet Metal Parts*, Report No. 29, Department of Industrial and Manufacturing Engineering, University of Rhode Island, Kingston, August 1988.
8. Zenger, D.C. *Methodology for Early Material/Process Cost of Estimating*, Ph.D. Thesis, University of Rhode Island, Kingston, 1989.
9. Nordquist, W.N. *Die Designing and Estimating*, 4th Ed., Huebner Publishing, Cleveland, 1955.
10. Harig, H. *Estimating Stamping Dies*, Harig Education Systems, Arizona, 1976.
11. Panknin, W. and Dutschke, W. *The Rules of Drawing Circular, Quadratic and Elliprical Components in the First Draw*, Mitt. Forschungsges, Blechverarb, 1959.
12. Hardro, P.J. *Assessing the Economics of the Deep-drawing Process in Early Design*, Master's Thesis, University of Rhode Island, 1996.
13. Bralla J.G. *Handbook of Product Design for Manufacturing*, McGraw-Hill, New York, 1987.
14. Johnson, W. and Mellor, P.B. *Engineering Plasticity*, Ellis Horwood, Chichester, England, 1983.
15. Ostwald, P.F. *AM Cost Estimator*, McGraw-Hill, New York, 1986.
16. Wick, C., Benedict, J.T., and Veilleux, R.F. *Tool and Manufacturing Engineers Handbook, Vol. 2: Forming, Society of Manufacturing Engineers*, Dearborn, MI, 1984.
17. Donovan, J.R. *Computer-Aided Design of Sheet Metal Parts*, M.S. Thesis, University of Rhode Island, Kingston, 1992.

第10章 压铸模设计

10.1 概述

压铸过程也被称为压力压铸，是一种将熔化的金属在高压下注入到可重复使用的钢制模腔里并在凝固过程中保持高压的铸造工艺。从原理上讲，这种工艺与使用不同类型材料的注射成型是一样的。事实上，压力压铸所生产的零件与注射成型所生产的零件具有相同的几何形状。反过来也是如此。从20世纪80年代中期开始，注射成型大量使用已经取代了以前压铸生产的零件类型。在许多情况下，这是一个明智的代替，导致零件成本的减少。然而，对于结构特殊，特别是那些要求厚壁的注射成型零件，压力压铸经常是比较好的选择。本章分析压力铸造成本的方法与第8章中给出的早期注射成型的成本分析方法是类似的。这样可以用最少的时间和精力来对两个工艺过程进行比较。本章内容包括压力铸造工艺、铸造材料、设备性能和模具结构等信息，可以深入了解那些影响材料和制造成本的因素。本章的结尾是基础设计原理，它是自然地由这个过程中成本驱动因素的评估而产生。如果读者想要进一步学习压力铸造工艺的话，建议进一步阅读参考文献［1-3］的有关章节。

10.2 压铸合金

用于压力铸造的四种主要合金类型是锌基合金、铝基合金、镁基合金和铜基合金。压力铸造工艺是在19世纪因为制造铅/锡合金零件而发展起来的。然而铅和锡的力学性能不太好，所以现在的压铸件很少使用铅、锡材料。通常使用的四种主要的合金组机械性能，如比重、屈服强度、弹性模量以及成本见表10.1。

最常见的压力铸造是铝合金。它具有密度低、抗腐蚀性好、铸造相对容易、机械性能和尺寸稳定性好。铝合金的缺点是要求使用冷室压铸机，由于需要一个单独的用勺盛熔融金属的操作，所以要比锌合金所使用的热室压铸机的生产周期长。

金属浇铸操作。冷室压铸机与热室压铸机的区别将在本章后面进行详细讨论。

表 10.1 通用压铸合金

合金名称	密度/(g/cm³)	屈服强度/(MN/m²)	弹性模量/(GN/m²)	成本/(美元/kg)
Zmark 锌合金	6.60	220	66	1.78
Zmark 5 号锌合金	6.60	270	73	1.74
A13 铝合金	2.66	130	130	1.65
A360 铝合金	2.74	170	120	1.67
ZA8 锌铝合金	6.30	290	86	1.78
ZA27 锌铝合金	5.00	370	78	1.94
硅黄铜 879	8.50	240	100	6.60
锰铜 865	8.30	190	100	6.60
AZ91B 镁合金	1.80	150	45	2.93

注：材料成本经常变化，并受购买质量的严重影响，本表列出的价值只用于设计比较练习。

锌基合金最容易浇铸，它们同时具有很好的塑性和抗冲击能力，所以被广泛地应用于各种类型的产品中。锌基合金可以浇铸成很薄的壁以及很光滑的表面，使得后来的电镀和着色更加容易。然而，锌基合金铸件非常容易被腐蚀，而且经常要上涂料，这样就大大增加了零件的总成本。而且，锌合金的密度大，使得其单位体积成本大大地超过铝合金压铸件。这一点可以从表 10.1 中的数据推导出来。

锌铝合金（ZA）的铝质量分数为8%～27%，要高于标准锌合金。与标准的锌合金相似，可以获得更薄的壁厚和更长的模具寿命，由于含有铝合金，必须使用冷室压铸机，要求每个周期浇铸熔融的金属。唯一例外的材料是含有 8% 铝的 ZA8，它是 ZA 系列中含铝量最少的，能被用于热室压铸机。

镁合金密度低，强度重量比高，阻尼能力超常，力学性能出色。

铜基合金，黄铜和青铜最适合压力铸造，但也很昂贵。黄铜具有高强度和很好的延展性以及很好的抗摩擦能力和抗腐蚀能力。铜基合金铸造的一个主要缺点是由于更高的铸造温度下，模具的热疲劳会引起模具寿命缩短。对于会导致很高模具成本的复杂零件，会大大增加制造成本。

合金浇铸温度对模具寿命的影响最大。在这一点上，影响最大的锌，而影响最小的是铜。表 10.2 中给出每个模具型腔所能压铸的铸件数。然而，这只是一个近似值，因为铸件的尺寸，壁厚以及几何的复杂性都会影响到模具表面的磨损和破裂。

表 10.2 每个型腔的典型模具寿命值

合金	寿命
锌	500000
锌铝	500000
铝	100000
镁	180000
铜	15000

10.3　压铸周期

在浇铸周期中，模具首先要被关闭并且锁紧。熔化的金属在一个炉子中被维持在一定温度，然后被加入到注射缸体里。根据合金的类型不同，可以采用热室压铸金属浇铸系统或冷室压铸金属浇铸系统。这会在下文中描述。在压力铸造的浇注阶段，压力被施加到熔化的金属上，通过模具的进料系统，这个压力使金属液体快速地充填整个模具而将空气从模具通气孔挤出。熔化的金属体积必须足够大，以使填满模具型腔后能溢出来，并填充溢流井。这些溢流井被设计用来接收最后面的熔融金属液体，用来隔绝型腔内的金属液体与空气接触，避免氧化，而且还可以防止熔融金属液体从开始接触模具到产生合格的铸件这段时间冷却过快。

一旦型腔被填充满后，作用在金属上的压力增加，并保持一段停留时间，直到充填整个模具型腔的金属凝固。然后打开模具，取出零件。零件的取出经常借助于自动化取放装置来进行。打开的模具将被清理，如果需要的话，还要进行润滑。然后浇铸的过程将被重复。

零件从模具中取出来之后，经常要淬火，以增加其冶金性能，然后在一个单独的压力机操作中进行修剪。修剪对于去除浇道和溢流井以及所产生的分模线飞边是必需的。随后，还可以对零件进行二次加工和表面精加工操作。

10.4　压铸机

一台压铸机包括若干部分：模具安装和夹紧系统、模具、压射系统、金属熔化和储存系统以及用于取出零件和模具润滑等机械辅助设备。

10.4.1　模具安装和夹紧系统

压铸机必须可以打开和关闭模具，并且在关闭模具后，具有足够力来抗衡在模具型腔内熔化金属产生的压力。需要用来做这个工作的机械系统或液压系统与注射成型机上的机械系统或液压系统是相同的，这已经在第 8 章中进行了介绍。这是因为注射成型机就是由压力铸造技术而发展起来的。

10.4.2　金属压射系统

两个基本类型的浇注系统是热压室浇注系统和冷压室浇注系统。在热压室压铸机中，泵（压室）浸在保温溶化坩埚的液态金属中，压射部件不直接与机座连接，而是装在坩埚上面。热压室压铸机常使用具有低熔点的金属，例如锌；冷压室压铸机则必须使用高熔点的金属和合金，如铝、铜基合金和锌铝合金（含铝量很高）。高熔点的合金如果在高温成型系统中使用，会腐蚀钢铁材料注射泵组件，从而降低泵的效率并易增加合金的含铁量。虽然镁合金能在很高温度下铸造，但是因为它们被插入到钢铁材料的组件里，它们可以在热压室压铸机和冷压室压铸机里进行铸造。

10.4.3 热压室压铸机

典型的热压室压铸机压射系统如图 10.1 所示，它包括一个液压缸、一个柱塞、一个鹅颈管和一个喷嘴。压射循环起始于位于顶部的柱塞。熔化金属从炉子中的金属坩埚流出，通过进入口进入压力缸中。然后模具封闭并锁紧，液压缸压力使得活塞向下运动进入到压力缸，密封住进入口。熔化的金属被压入，通过鹅颈管和喷嘴，进入到直浇道，补缩系统和模具型腔进行充填。直浇道是一个圆锥形扩展流动通道，通过喷嘴盖半模进入补缩系统，圆锥的形状可提供从注射点到进料通道的平滑过渡，并允许金属凝固后，将零件从模具中顺利取出。经过一个预先设定的停留时间，液压缸向上运动，柱塞被上抬，然后打开模具，取出零件，完成一个压铸循环。如果需要的话，应对模具进行清理。循环时间对于不同重量和形状的零件差异很大，重量几克的铸件循环时间从几秒到 30 秒，而对于重量超过 1kg 的厚壁大铸件，其循环时间则会更长[4]。表 10.3 中给出了各种类型热压室压铸机的规格。

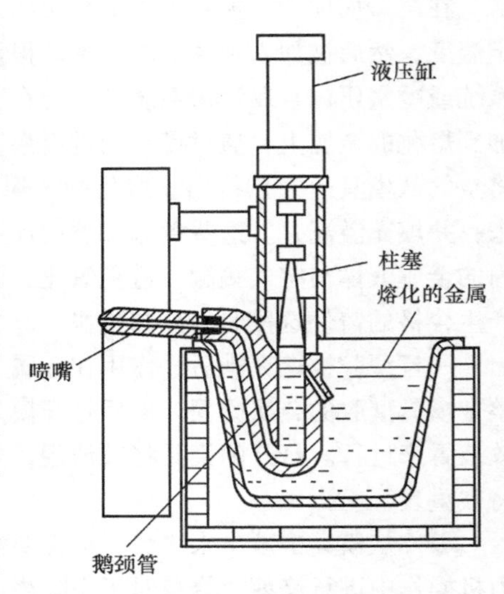

图 10.1 热压室压射系统

表 10.3 热压室压铸机

夹紧力/kN	注射容积/cm^3	机器费率/(美元/h)	干燥循环时间/s	最大开模尺寸/cm	压板尺寸/cm
900	750	58	2.3	20.0	48×56
1150	900	60	2.5	23.0	56×64
1650	1050	62	2.9	25.0	66×70
2200	1300	64	3.3	31.0	70×78
4000	1600	70	4.6	38.0	78×98
5500	3600	73	5.6	45.7	100×120
6000	4000	76	6.2	48.0	120×150
8000	4000	86	7.5	53.0	120×150

注：机器费率在不同的国家、地区和年代都不同，表中所列出的值仅供设计比较用。

10.4.4 冷压室压铸机

一个典型的冷压室压铸机如图 10.2 所示。它包括一个水平注射缸（压室），其顶部有一个浇注孔，一个水冷的柱塞（冲头）和一个加压的注射缸。操作顺序如下：当模具封闭，锁紧时，注射缸的柱塞（冲头）缩回，熔化的金属液被通过浇注孔盛入到水平注射缸（压室）中。为了使得型腔内充满金属，盛入到注射缸（压室）中的金属体积一定要大于型腔、补缩系统和冷料井的体积之和。然后，注射缸开始工作，柱塞（冲头）沿着注射缸移动，将金属液压入进入模具型腔内。当金属凝固以后，模具打开，柱塞（冲头）回到原来位置。在注射缸末端的多余金属称为余料，由于它是附在铸件上的，所以随着模具的开启，它被从缸中拉出。在压力铸造循环中，当铸件在凝固和收缩时，为了维持铸件上金属液的压力，余料就显得十分必要了。

表 10.4 中被列出一些冷压室压铸机的规格。

低吨位的压力机被用来去除横浇道系统、冷料井和飞边等修剪操作。使用的修剪压力机费率为每小时 40 美元，这与表 10.3 和表 10.4 所给出的机器费率是一致的。

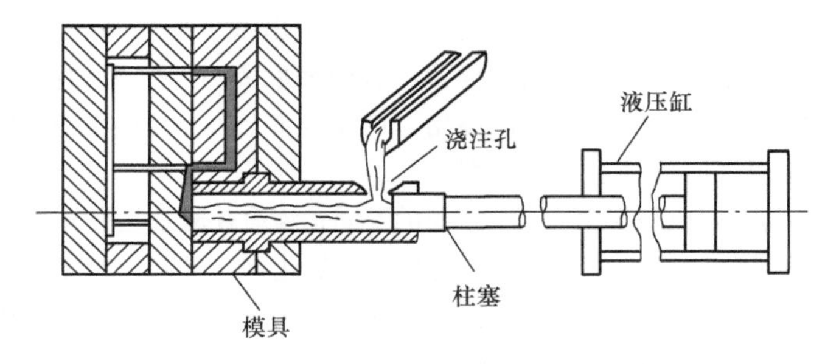

图 10.2 冷压室压力机的组成

表 10.4 冷压室压力机

夹紧力/kN	注射容积/cm^3	机器费率/(美元/h)	干燥周期/s	最大开模尺寸/cm	压板尺寸/cm
900	305	66	2.2	24.4	48×64
1800	672	73	2.8	36.0	86×90
3500	1176	81	3.9	38.0	100×108
6000	1932	94	5.8	46.0	100×120
10，000	5397	116	8.6	76.0	160×160
15，000	11，256	132	10.2	81.0	210×240
25，000	11，634	196	19.9	109.0	240×240
30，000	13，110	218	23.3	119.0	240×240

注：机器费率在不同的国家、地区和年代都不同，表中所列出的值仅供设计比较用。

10.5 压铸模和修剪模

压铸模由两个重要部分组成——动模和定模，两者在分型面相遇，如图 10.3 所示。型腔和型芯加工成为插入件，它们分别装在定模和动模上。定模安装在固定模板上，而动模被固定到动模板上。型腔和相配型芯的设计必须保证动模能从凝固零件中拉出。

压铸模的结构几乎与注射成型模具的结构相同。在注射成型的术语中，动模由型芯板和顶杆外壳组成，而定模是由型腔板和支承板所组成。

在压铸模中，具有外交叉特征的铸件侧抽芯机构与第 8 章中所描述的注射成型模具的侧抽芯机构形式是完全相同的。然而，熔融的压铸合金黏性要比注塑成型中聚合物熔体黏性小得多，并且熔融的压铸合金在模具接触表面之间有很大的流动趋势。这个现象被称为飞边，它倾向于堵塞模具结构，由于这个原因，模具结构必须是结实耐用的。飞边与很大的型芯收缩力（由于零件收缩所造成的）共同作用使得产生令人满意的内部型芯结构非常困难。因此，内螺纹或其他内部切口通常不采用铸造生产，而是采用昂贵的二次加工来生产。压铸模的顶出系统与注塑模的顶出系统是相同的。

飞边总是出现在定模和动模之间，导致在分模面四周有一个薄的不规则金属带。偶尔，这种分型面的飞边也会从模具表面溢出。由于这些原因，完全的安全门必须经常配在压铸机上，来容纳任何这种溢出的材料。

压力铸造工艺与注射成型相比，一个主要的不同是溢流井通常是沿着压铸模型腔的周边来设计的。正如前面所提到的，它们减少了铸件中的氧化物。可以让最先注入的金属或合金将空气从溢出孔挤出，并充满型腔。然后在更高的温度下，注射的剩余部分和模具容易减少金属过早冻结的概率。这种过早的冻结将会导致表面缺陷的形成，这种缺陷称为冷结（或冷疤）。在这种缺陷里，那些流动的金属不能紧密地结合在一起，因为它们只在相遇时部分凝固。冷料井也需要在小的铸件上，通过添加金属液来维持更加均匀的模具温度。

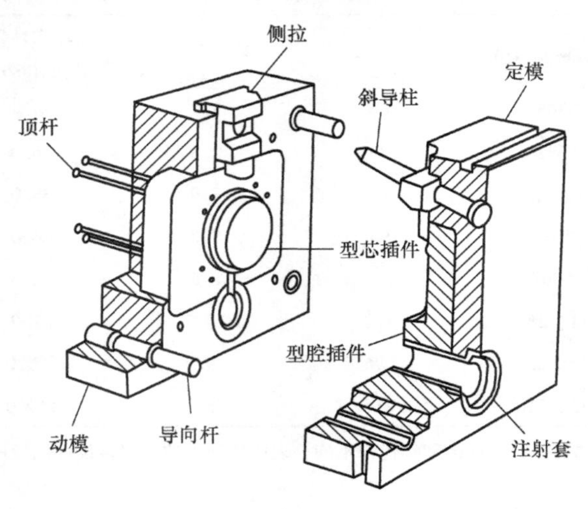

图 10.3　冷压室压力机的模具

从压铸机里取出来以后，直浇道或余料饼、横浇道、内浇道、冷料井和分模面飞边必须从组件上去除。这样做有时可以采用手动方式进行，如果生产量较大的话，也可采用修剪压力机来进行。用于修剪操作的模具与钣金加工所用的落料模具和冲孔模具相类似。它们安装在机械压力机或液压机上，因为所需要的力较低，所以，床身面积与载重的比率相对较大。要修剪的金属厚度通常为 0.75 ~ 1.5mm。

在设计铸件时，要求确定进料通道以及内浇道到型腔分模面四周的冷料井的主要内浇道的位置。并设计一个不是阶梯形的分型面，这可以简化铸造模和修剪模。

10.6　精整

在修剪之后，铸件往往还要抛光和/或涂层，以提供所需要的耐腐蚀性和耐磨性，并提高外观美感。对于铝铸件来讲，抛光有时是唯一的表面处理工艺。然而，对于铝和其他铸造合金来说，更经常使用各种电镀或涂装工艺。在任何涂覆工艺之前，零件需要通过一系列的清洗操作，除去妨碍涂层粘合的污染。通常进行的清洗操作包括脱脂、碱清洗和酸浸泡。

常用的涂层分为三种：电镀、阳极处理和油漆。电镀主要用于锌合金铸件，因为铝和镁合金氧化迅速，这会妨碍电镀层被合适地附着。尽管黄铜铸件可以在氧化物除去后进行电镀，经常被用于非精加工。

最常见的电镀类型是在锌压铸件上进行装饰性镀铬处理，它包括施加几层金属。首先，涂覆一层非常薄的铜层，有助于后续层的粘附，有时还添加第二层铜来改善的最终的表面粗糙度。之后，再涂覆两层 0.025mm 厚的镍。因为两个涂层之间存在的电势差，这些涂层可以把腐蚀转移到外层的镍上面。最后一层是涂覆厚约 0.003mm 的铬，它通过作为一个屏障来防止腐蚀。

用于铝、锌、镁合金铸件上的阳极处理，可以提供耐蚀性和耐磨性，并且还可以作为油漆的底层。铝的阳极处理是把铸件作为电解池中的阳极，与单独的铅、铝或不锈钢形成阴极的方法，在基体金属的表面上，形成一层 0.005 ~ 0.030mm 厚的稳定氧化物。这种表面通常是暗灰色的，因此通常不用于装饰目的。

施加涂层用于外形美观和保护的最常见形式是油漆。涂料可施加到裸露的金属上、金属底漆或有额外保护性涂层的表面上。涂料通常是用静电涂装的，它使用与铸件具有相反电位的喷嘴向铸件喷涂粉末涂料。

浸渍工艺不是一种表面精整工艺，有时是在任何所需的抛光工艺已经完成之后进行的。浸渍是适用于孔隙度可能会产生结构问题的铸件（如当它们被用来保持液体压力时）上。在浸渍的过程中，先要把铸件放置在真空室中，以排出气孔，将铸件浸渍在密封剂里。然后，一旦铸件处在大气压力下，密封剂就会进入到铸件的孔隙中。

表面处理的成本，通常表示为铸件表面单位面积的简单成本。表 10.5 给出了常见的表面处理和密封剂浸渍的典型成本。

表 10.5 常见精整工艺的成本

精整工艺	每 $50cm^2$ 的表面积的成本/美分
密封剂浸渍	1.8
铜/镍/铬电镀	4.5
抛光	1.3
阳极处理	1.6
底漆涂层	2.1
精加工涂料涂层	2.4

注：成本在不同的国家、地区和年代都不同，表中所列出的值仅供练习比较用。

10.7 自动化辅助设备

压铸中的若干操作可以是自动进行的，以减少循环时间，并产生更稳定的质量。这些操作可以利用机械设备或简单的可编程控制器来进行，可以完成的任务包括：从模具中取出铸件、将铸件转移至后续的操作（如修剪）、模具的润滑和将熔融金属转移到冷压室压铸机的注射缸中等。

自动取出涉及使用的拾取和放置装置来从模具中取出零件。设备的手爪是张开进入到模具的开口处，然后抓住通常是悬浮在顶出杆端部的铸件，将铸件从模具的开口处拉出，并放置到传送带或修剪模中。这些设备的范围包括从二自由度的简单机构到可以作多轴运动的可编程机器人。小型非精密压铸件可以简单地从模具上落下，其方式与小注塑模制品从模具中落下相同。

模具润滑剂可以通过位于模具附近的固定喷头来自动进行，也可以在铸件被取出后，有可以进入到模具开口处的往复喷头来进行。它们有时安装在取出臂的背面，当取出臂从模具缩回时喷洒润滑剂。

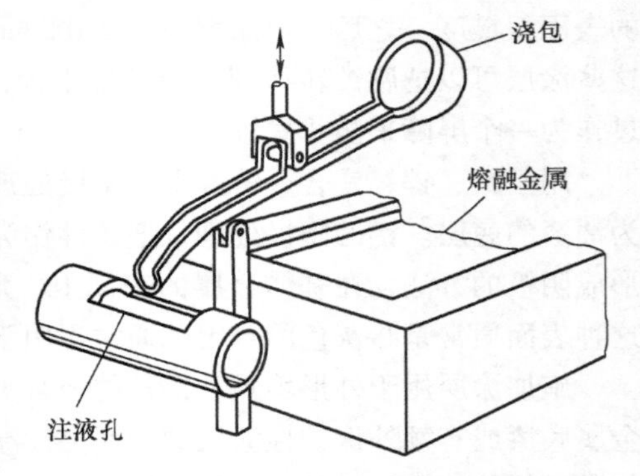

图 10.4 冷室压铸机的机械浇包

金属自动传输系统是用来从保温炉传送熔融金属到冷室压铸机的压室。这些系统可以是如图 10.4 所示的简单机械浇包，或者是各种更复杂的系统，其中的一些系统为了减少氧化物的传送，在底部填充。

10.8 最优型腔数量的确定

压力铸造的加工成本等于压力铸造周期乘以压铸机和它的操作人工费率。为了确定操作费率，就必须知道机器的尺寸。相应地，如果模腔的数量知道的话，它也就可以确定了。由于在这个工作中所开发的方法是被用于早期的设计中，或许在后期制造中要用到的模腔数是不能被确定的。仅能假设零件用一种有效的方法来制造。因此，必须采用一个最优的模腔数。这个值的确定是本节的主题，它遵循注射成型中所引入的方法。

在压铸模中所使用的模腔最优数应该等于修剪模上的孔的数量。对于一个特殊的压力铸造任务来说，模腔最优数量的确定可以首先计算最经济的模腔数量，然后分析设备的物理约束，以确保这些模腔的经济数量是可行实用的。模腔的最经济数量可以由以下的分析来确定，它几乎是与注射成型的方法相同。

$$c_t = c_{dc} + c_{tr} + c_{dn} + c_{tn} + c_{ta} \tag{10.1}$$

式中　c_t——用于所有组件的总成本（美元）；

c_{dc}——压力铸造加工成本（美元）；

c_{tr}——修剪加工成本（美元）；

c_{dn}——多腔压铸模具成本（美元）；

c_{tn}——多孔修剪模具成本（美元）；

c_{ta}——合金总成本（美元）。

压铸加工成本 c_{dc}是操作合适的压铸机尺寸的成本，它可以用式（10.2）来表示：

$$c_{dc} = (N_t/n)C_{rd}t_d \tag{10.2}$$

式中　N_t——在模具投资回收期内所铸造的总元件数量；

n——模腔数；

C_{rd}——压铸机和操作人工费率（美元/h）；

t_d——压铸机循环周期（h）。

压铸机的每小时操作费率，包括操作人工的费率，可以近似由式（10.3）确定：

$$C_{rd} = k_1 + m_1F \tag{10.3}$$

式中　F——压铸机的夹紧力（kN）；

k_1，m_1——机器费率系数。

这种关系与注射成型的型式相同，它可以由通过对机器的每小时费率数据来得到。对表 10.2 和表 10.3 中的数据进行线性回归分析，可以得到以下值：

热压室：$k_1 = 55.4$，$m_1 = 0.0036$

冷压室：$k_1 = 62.0$，$m_1 = 0.0052$

上述公式得到图 10.5 所示的压铸机成本相对于额定夹紧力的变化性质的支持。由五个机器制造商所提供的这个机器数据表示出夹紧力与压铸机成本之间的线性关系。这些机器包括夹紧力大于 15MN 的热室压铸机和冷室压铸机。然而，需要注意的是，当大型冷室压铸机的夹紧力范围在 15～30MN 时，会导致成本的大幅增加。对于这些机器，运用本节中所获得的它们之间紧密联系的结果，在使用时要慎重应用。

修剪成本 C_{tr}，可以由下面的等式表示：

$$C_{tr} = (N_t/n)C_{rt}t_p \tag{10.4}$$

式中　C_{rt}——修剪压力机和操作人工费率（美元/h）；

t_p——修剪循环周期（h）。

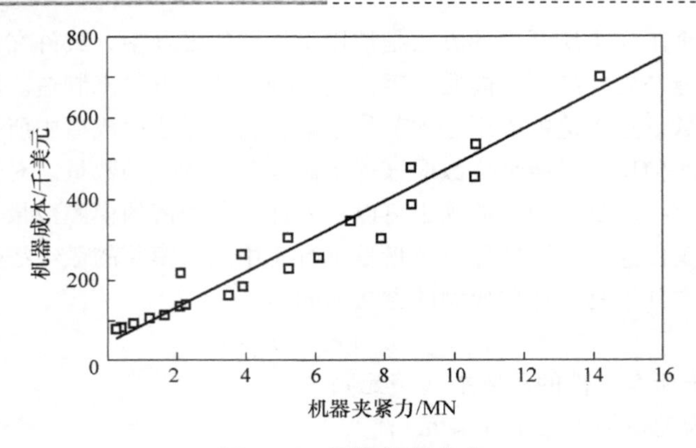

图 10.5　压铸机的成本

根据目前的分析，对于各种尺寸修剪压力机，其修剪的每小时费率近似为一个恒定的值。这是由于修剪压力机要求的力比较小，从而使得它的成本相对较低。因此，在修剪压铸合金时只需采用小容量压力机即可。出于这个原因，修剪成本 C_{rt} 主要是由修剪压力机的操作人工费率，而不是由压力机本身的成本所决定的。

修剪循环周期可以由式（10.5）表示：

$$t_p = t_{p0} + n\Delta t_p \tag{10.5}$$

式中　t_{p0}——对于单个零件的单孔修剪操作的修剪循环所用的时间；

$n\Delta t_p$——主要是由于多腔铸造增大了加载时间到压力机中，而使得在多孔修剪模的每个孔的修剪时间。

相对于一个单腔模成本 C_{d1}，多腔压铸模具成本 C_{dn} 与注射成型模具有类似的关系。根据来自于参考文献［5］的数据，这种关系可以表示为式（10.6）所示的幂函数关系。

$$C_{dn} = C_{d1} n^m \tag{10.6}$$

式中　C_{d1}——单腔压铸模成本（美元）；

m——多腔模成本指数；

n——模腔数。

多个相同模腔的制造会导致每个模腔的成本减少，这与注塑模具制造有着相同的趋势。此外，每个模腔的模板面积和每腔的成套模具成本与第 8 章所讲的注塑模模座也有着相同的趋势。因此，如同在第 8 章的讨论一样，一个合理的 m 值为 0.766，并与此对应于 85% 的学习曲线。

相对于单孔修剪模的成本 C_{t1}，多孔修剪模的成本 C_{tn}，将明显遵循下列类似的关系。

$$C_{tn} = C_{t1} n^m \tag{10.7}$$

式中　C_{t1}——单孔修剪模成本（美元）；

m——多孔修剪模的成本指数。

总合金成本的方程 C_{ta} 为：

$$C_{ta} = N_t C_a \tag{10.8}$$

式中　C_a——每个铸件的合金成本（美元）。

整理上述的方程，可以得到：

$$C_t = (N_t/n)(k_1 + m_1 F)t_d + (N_t/n)(t_{p0} + n\Delta t_p)C_{rt} + (C_{d1} + C_{t1})n^m + N_t C_a \tag{10.9}$$

如果压铸机夹紧力的利用率为 100%，则：

$$F = nf \quad 或 \quad n = F/f \tag{10.10}$$

式中　F——压铸机的夹紧力（kN）；

　　f——单腔的受力（kN）。

把式（10.10）代入式（10.9）得：

$$C_t = N_t(k_1 f/F + m_1 F)t_d + N_t C_{rt} t_{p0} f/F + N_t \Delta t_p C_{rt} + (C_{d1} + C_{t1})(F/f)^m + N_t C_a \tag{10.11}$$

对于任何给定的压铸机尺寸，为了求得最低制造成本的模腔数量，把式（10.11）对夹紧力 F 求导，并令其结果为 0；则有：

$$dC_t/dF = -N_t f(k_1 t_d + C_{rt} t_{p0})/F^2 + mF^{(m-1)}(C_{d1} + C_{t1})/f^m = 0 \tag{10.12}$$

最后，重新整理式（10.12），可以得到式（10.13）：

$$n = \left[\frac{N_t(k_1 t_d + C_{rt} t_{p0})}{m(C_{d1} + C_{t1})}\right]^{1/(1+m)} \tag{10.13}$$

式（10.13）为对于任何给定压铸任务的最经济模腔数目的表达式。

实　例

一个铝压铸零件，单腔模的压铸循环周期估计为 20s，单孔修剪模的修剪循环周期估计为 7s，该零件的单腔模具成本为 10000 美元，修剪模具成本估计为 2000 美元。当生产量分别为 10 万，25 万和 50 万时，请确定最优的模腔数量，假定 $k_1 = 62$ 美元/h，$C_{rt} = 40$ 美元/h，$m = 0.766$。

运用式（10.13），当 $N_t = 100000$ 件时，得：

$$n = \left[\frac{100000(62 \times 20 + 40 \times 7)}{3600 \times 0.766 \times 12000}\right]^{1/1.766} = 2.4$$

同理　若 N_t 为 250000 件，$n_c = 3.9$；若 N_t 为 500000 件，$n_c = 5.8$。这些数字表明，产量为 100000、250000、500000 时的最经济模具腔数分别为 2、4 和 6。

一旦对于一个特定的压铸任务，确定了其最经济的模腔数，就必须检查设备所受到的物理约束。首先要考虑的是在模具内的滑动型芯的数量及其位置。

就注射模具来说，滑动型芯必须位于模具中，这样它们可缩回，以为其驱动机构提供足够的空间。此外，在四个侧面上需要有滑动型芯的模腔被限制为单腔模，而在三个侧面上需要有滑动型芯的模腔被限制为两腔模。在两个侧面含有型芯滑块的模腔被限制为单排的模腔或是 2×2 排列的 4 个模腔，这取决于如图 10.6 所示的滑块之间的角度。

其他约束是对于任务所使用的压铸机和修剪压力机，压铸机必须足以提供铸造所需的夹紧力、压板面积和注射容积。模具的打开要足以满足指定的铸件排列。类似地，修剪压力机的工作台面积也必须足够大以容纳注射面积。如果可选用的压铸机和修剪压力机不能满足这些约束条件，那么必须降低模腔数量，直到机器可以满足要求的机器尺寸为止。如何确定合适的机器尺寸的有关内容将在下一节中详细介绍。

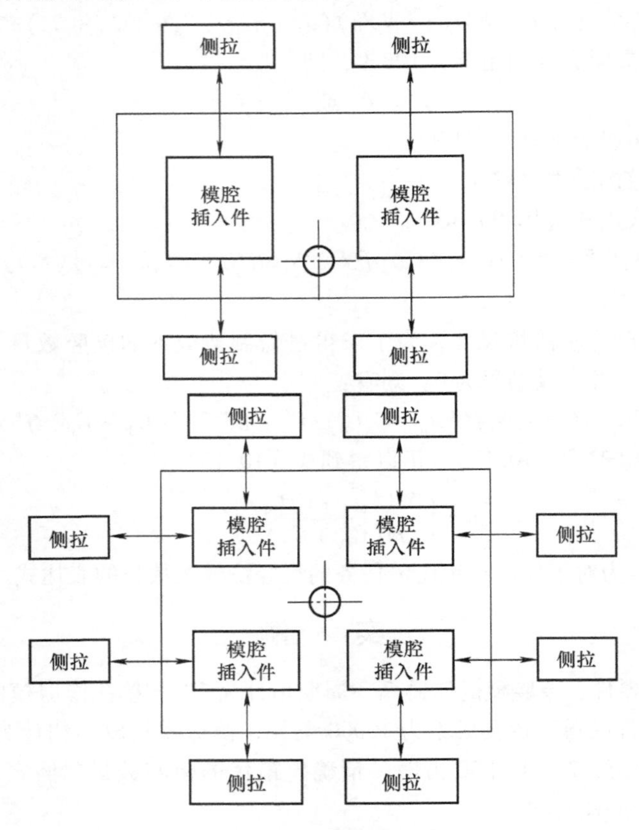

图 10.6　具有两个侧抽芯的受限布局

10.9　适当机器尺寸的确定

当选择铸造一个特殊压铸件的机器的合适尺寸时，有几个因素必须考虑。这些因素包括机器的性能以及机器所施加的尺寸约束。在机器性能中最需要考虑的是机器的夹紧力。必须考虑的尺寸因素包括可允许的注射容积、模具开模行程（也称为夹紧行程）和台板面积。

10.9.1　机床夹紧力的要求

压铸机主要是根据机器夹紧力来规定的。为了防止动模分离，机器施加在模具上的夹紧力 F 必须要大于在压射期间，熔融金属作用在模具上的分离力 f，即

$$F > f \tag{10.14}$$

对于一个给定的压铸任务，熔融金属所施加的力可表示如下：

$$f = p_m A_{pt} / 10 \tag{10.15}$$

式中 f——熔融金属作用在模具上的力（kN）；

p_m——熔融金属作用在模具上的压力（MPa）；

A_{pt}——模具内熔融金属总投影面积（cm^2）。

总投影面积 A_{pt} 是在垂直于开模方向上的模腔面积、进料系统面积和冷料井面积之和。它可以由式（10.16）表示：

$$A_{pt} = A_{pc} + A_{po} + A_{pf} \tag{10.16}$$

式中 A_{pc}——模腔投影面积；

A_{po}——冷料井投影面积；

A_{pf}——进料系统投影面积。

图 10.7 中给出了在修剪前后的典型铸件尺寸。总投影面积 A_{pt} 和冷料井投影面积 A_{po} 与模腔投影面积 A_{pc} 的比例会随着铸件尺寸、壁的厚度和模腔数量而变化。然而，在大范围分析各种不同的铸件并不能在模腔的几何形状与进给和溢出系统间建立任何逻辑关系。正如参考文献［6］所论述的那样，这种情况的一个原因可能是铸件几何形状和溢出尺寸之间的关系我们并没有精确掌握。在试模过程中，冷料井的尺寸取决于模具制造者的个人判断和反复修改。根据实际铸件的检查，（$A_{po} + A_{pf}$）的变化范围大概为（50% ~100%）A_{pc}。铸件总投影面积的平均值可以近似表示为：

$$A_{pt} \approx 1.75 A_{pc} \tag{10.17}$$

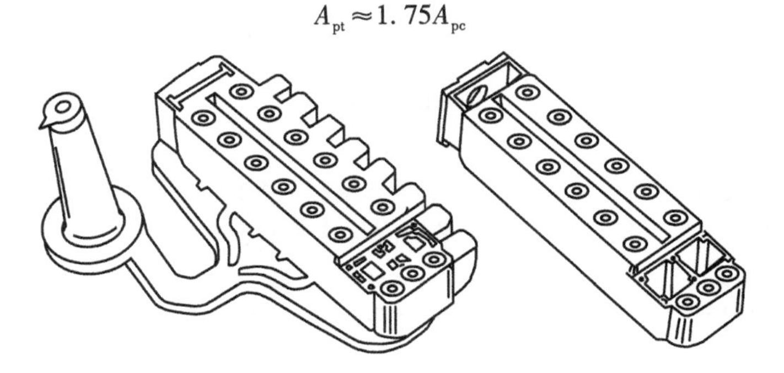

图 10.7　修剪前后的热室压铸件

表 10.6　压力铸造的典型型腔压力

合金	型腔压力/MPa
锌	21
铝	48
锌铝	35
铜	40
镁	48

从式（10.15）中为了获得所需夹紧力的初步估计，式（10.17）常被用于设计的早期阶段。将熔铸金属压射到模具里的压力主要取决于压铸件所使用的合金。表10.6中给出了一些用于压铸件的主要合金。应该注意的是，为了减少由于金属收缩而产生的金属空隙和表面缺陷，金属压力通常在金属填充模具时增大。然而，当与模具表面接触的凝固金属的表面已经形成时，会再次出现压力增强现象。这种像容器一样的表面可以容纳压力的增强，正是因为这个原因，机器制造商建议这种压力不增大现象应该用于夹紧力的计算。因此在式（10.15）的 p_m 值可以直接从表10.6中选取。要注意的是，不像用在注射成型中的热塑性塑料那样，熔融金属具有很低的黏度，可以不考虑金属液在通过模具通道时的压力损失。

10.9.2 每个零件的注射体积和材料成本

对于一个特定的铸造循环周期所要求的注射体积可以表示为：

$$V_s = V_c + V_o + V_f \tag{10.18}$$

式中 V_s——总注射体积（cm^3）；

V_c——型腔体积（cm^3）；

V_o——冷料井体积（cm^3）；

V_f——进料系统体积（cm^3）。

如同投影面积的作用一样，冷料井体积和进料系统体积是注射体积中很重要的部分。同时，对于主要壁越薄的压铸件来说，冷料井中的材料和横浇道的比例就越大。参考文献［7］分析了大量不同的铸件，冷料井和进料系统的体积可以表示为如下近似关系：

$$V_o = 0.8V_c/h^{1.25} \tag{10.19}$$

$$V_f = V_c/h \tag{10.20}$$

其中 h 是以毫米为单位的零件平均壁厚。这些关系的趋势得到了模具设计溢料体积的参考文献［6］中零件的证明，它的平均值与这条曲线非常吻合。

$$V_o = V_c/h^{1.5} \tag{10.21}$$

为了早期设计评估的目的，这些注射容积的初步关系可以进一步减少成为一个简单表达式：

$$V_s = V_c(1 + 2/h) \tag{10.22}$$

通过式（10.20），利用 $h = 1 \sim 10$ 范围的不同取值，可以发现式（10.22）和式（10.18）的差异只有4%～7%。需要注意的是，在整个典型的压铸件厚度从1.0mm到5.0mm壁厚范围内，注射体积的变化范围为 $3V_s$ 到 $1.4V_s$。

还应该注意的是，从铸件上修剪下的进料系统和冷料井不能像注射成型制品那样立即回收利用。因为压铸件上的废弃材料必须返回到供应商那里，去除氧化物后重新鉴定化学成分。这样做的成本可以达到购买材料费用的15%～20%。因此，每个零件的材料成本应根据其重量来估计，再加上20%的冷料井和进料系统重量。使用表10.1给出的成本数据，就可以进行计算了。因此，每个零件的材料成本 C_p 可以表示为：

$$C_p = [V_c + 0.2(V_s - V_c)]\rho C_m \quad (10.23)$$

式中 ρ——材料密度；

C_m——单位重量的材料成本。

10.9.3 机械尺寸约束

对于一个在特定机器上压铸出来的零件，该机器除了应有足够的夹紧力和注射容积。还必须满足另外两个条件。首先，为了零件能够不受干扰地取出，最大开模距离或夹紧行程一定要足够大。因此，对于一个深度为 D（cm）的空心零件，其所需的夹紧行程 L_s 还要考虑再加上操作人员或机械取出装置的12cm的间隙，可以表示为：

$$L_s = (2D + 12) \quad (10.24)$$

式（10.24）中的12是考虑到型腔和型芯分离的要求。

第二个条件是夹紧装置上的拐角连接杆之间的面积（有时也是指压板面积），必须足够大，可以容纳要求的模具。模具的尺寸可以按照与注射成型模座相同的方法进行计算。因此，相邻的型腔之间的间隙或型腔与压板边缘之间的间隙应该小于7.5cm，且对于每个100cm² 的型腔面积要增加0.5cm的间隙。所需压板尺寸的合理估计，可以按下面几种情况给出：对于冷料井，允许增大20%的零件宽度；对于直浇道和余料饼，允许添加12.5cm的压板尺寸，如图10.8所示。

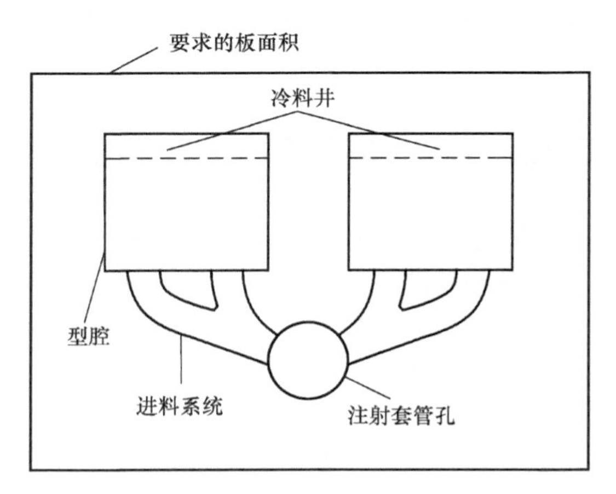

图10.8 两腔模的布局

实 例

一个长20cm、宽15cm、深10cm的箱形压铸件，使用A360铝合金来制造。零件的平均壁厚为5cm，零件体积为500cm³。如果使用两腔模具，试确定合适的机器尺寸，并估计单位零件的材料成本。

型腔的投影面积由下式给出

$$A_{pc} = 2 \times 20 \times 15\text{cm}^2 = 600\text{cm}^2$$

于是，估计的注射面积是

$$A_{pt} = 1.75 \times 600\text{cm}^2 = 1050\text{cm}^2$$

因此，由式（10.15）和表10.6可以求得模具分离力

$$F_m = \frac{48 \times 1050}{10}\text{kN} = 5040\text{kN}$$

注射容积可以由式（10.22）来求得

$$V_s = 2 \times 500 \times (1 + 2/5)\text{cm}^3 = 1400\text{cm}^3$$

夹紧行程 L_s 不小于

$$L_s = 2 \times 10\text{cm} + 12\text{cm} = 32\text{cm}$$

型腔和压板边缘之间的间隙可以表示如下（对于每个 100cm^2 的型腔面积，允许增加0.5cm）：

$$间隙 = 7.5\text{cm} + 0.5 \times (20 \times 15)/100\text{cm} = 9.0\text{cm}$$

于是，两个型腔可以布置成边缘之间相隔间距9cm。对于冷料井，还允许增加20%的宽度。然后，如果增加一个额外的12.5cm，施加到余料饼的压板宽度上，则可以求得最后的压板尺寸为67cm×42.5cm。图10.8给出了该压板内的布局图。从表10.4中可以选择夹紧力为6，000kN的合适机器，该机器可容纳压板的尺寸可以达到100cm×120cm。

10.10 压力铸造循环周期估计

压铸机的循环周期由以下步骤组成：

① 用勺将熔融金属液倒入压射室里（仅用于冷室压铸机）；

② 将熔融金属液压射到进料系统、模腔和冷料井里；

③ 冷却在进料系统、模腔和冷料井中的金属；

④ 开模；

⑤ 取出压铸件（压铸件通常是在伸出的顶料杆上）；

⑥ 润滑模具表面（对于某些材料，不是每次都需要）；

⑦ 闭模，等候下一个周期。

10.10.1 熔融金属的浇注

参考文献［6］对人工用勺将熔融金属液浇注倒入冷室压铸机的压射室里所需要的时间进行了研究。给出了对于不同注射体积的时间标准，这可以表示成为一个几乎精确的线性关系如下：

$$t_{1m} = 0.0048V_s \tag{10.25}$$

式中 t_{1m}——用勺将金属液倒入冷室压铸机的压射室的时间；

V_s——总注射体积（cm^3）。

这个时间不包括将勺输送到机器浇注孔的时间，这种情况出现在当模具和机器上的安全门闭合的时候。

表 10.7　典型的压铸件的热性能

合金	压射温度/℃	液相线温度/℃	模具温度/℃	脱模温度/℃
锌	440	387	175	300
铝	635	585	220	385
锌铝	460	432	215	340
铜	948	927	315	500
镁	655	610	275	430

10.10.2　金属压射

在压力铸造时，金属压射和相应的进料系统、模腔和冷料井的填充迅速完成。这样可以避免金属液的过早凝固，从而避免出现不完整的型腔填充或引起铸件缺陷。铸件缺陷的原因是部分凝固的金属流混合在一起，发生不完全的接合所导致。显然，对于更薄的压铸件来说，过早凝固问题将会更大。在填充期间，具有较少热容量的更薄的熔融金属流，接触到冷的模具壁，从而发生不完全的接合。压力铸造工程师协会[9]建议：填充时间应该与平均铸件壁厚成正比，给出如下的公式：

$$t_f = 0.035h(T_i - T_l + 61)/(T_i - T_m) \tag{10.26}$$

式中　t_f——进料系统、型腔和溢流井的填充时间（s）；

T_i——推荐的金属压射温度（℃）；

T_l——压铸合金的液相线温度（℃）；

T_m——压射前的模具温度（℃）；

h——压力铸造的平均壁厚（mm）。

表 10.7 中给出了不同压铸合金的 T_i、T_l、T_m 以及推荐的脱模温度 T_x 的典型数值。将这些值代入式（10.25）中，可以得到填充时间，其范围从 0.005h 到 0.015h。可以看出，压力铸造时的填充时间很少超过0.1s，通常以毫秒表示。因此，为了估计循环周期的目的，填充时间可以忽略。

10.10.3　金属冷却

正如以上所描述的，压力铸造循环周期是这样进行的：当熔融金属，以金属压射温度 T_i 快速地压射到模具中，而此时模具的初始温度 T_m 为压射前的模具温度。压铸件然后被允许冷却至一个推荐的脱模温度 T_x，通过循环冷却水，可以将热量从模具中带走。

在金属凝固过程中，熔解热会随着金属的结晶而释放。这种额外的热量可以由一个等量的温度增加 ΔT 来表示，并由式（10.27）给出：

$$\Delta T = H_f/H_s \tag{10.27}$$

式中　H_f——熔解热（J/kg）；

H_s——比热容［J/(kg·°C)］。

等效压射温度 T_{ir}，然后可以表示成

$$T_{ir} = T_i + \Delta T \tag{10.28}$$

用这种方法得到在冷却计算的熔解热的结论一直在文献中广泛使用。术语 ΔT 通常被称为“过热”。

对来自铸件热流的主要阻力是铸件与模具之间的界面层。该结论与参考文献［10］一致。这与注射成型形成直接对比。在注射成型中，热流动的阻力是来自于聚合物本身。这是因为在注射成型时，热塑性塑料的热导率为0.1W/(m·K)，而压铸合金的典型热导率约为100W/(m·K)。两者根本不在一个数量级上。

而压铸合金热导率高会导致压铸件的冷却问题，这与现有的注射成型的情况完全是相反的。在注射成型时，其目标是尽可能迅速地冷却聚合物，以便减少循环时间的主要组成部分。而在压力铸造时，“润滑剂”被喷到模具上来保护模具表面，同时为了实现满意的模具填充，还提供一种耐热涂层，以减缓冷却。

模具界面的热阻可以用传热系数 H_t 来表示，它的单位是 $kW/(m^2 \cdot K)$。热量进入到模具表面的速率可由式（10.29）给出

$$W = H_t A(T - T_m) \tag{10.29}$$

式中 T——邻近模具表面的合金温度（℃）；

T_m——相邻模具表面的模具温度（℃）；

A——与模具表面接触的面积（m^2）；

H_t——传热系数［$kW/(m^2 \cdot ℃)$］；

W——热量（kW）。

参考文献［11］表明，对于铝合金的金属模（不加压）铸造，抛光的模具表面的传热系数高达 $13kW/(m^2 \cdot K)$。然而，使用了非晶质碳的薄涂层后，传热系数就变成了 $1 \sim 2kW/(m^2 \cdot K)$。参考文献［12］证实了由热金属接触模具润滑剂所产生的薄碳层对传热的明显影响。他们还表明了当在金属上施加力时会增加传热系数。典型的压力铸造的压力介乎于20～50MPa之间，而碳层厚度为0.05～0.2mm。参考文献［12］的结果显示，平均传热系数约为 $5kW/(m^2 \cdot K)$。这个数值已经被用于下面的冷却时间系数的建立中。

参考文献［13］已经表明：根据传热系数来作为主要热阻机理，冷却时间可以用简单的公式表示如下：

$$t_c = \frac{h_{max}}{2H_t/(\rho H_s)} \ln\left(\frac{T_{ir} - T_m}{T_x - T_m}\right) \tag{10.30}$$

式中 ρ——密度（t/m^3）；

H_s——比热容［J/（kg℃）］；

T_{ir}——“过热”压射温度（℃）；

T_m——模具温度（℃）；

T_x——铸件脱模温度（℃）；

h_{max}——最大铸件壁厚（mm）；

H_t——传热系数［$W/(m^2 \cdot K)$］。

读者也许注意到这个公式与对应的注射成型时的冷却时间（有类似的形式）的主

要差异。在压力铸造中，当壁厚急剧增大时，无需增加很大的加工成本，因为时间与厚度线性相关，而非与厚度的平方线性相关。

实　　例

试确定锌压铸件的典型的冷却时间。

对于一个典型的锌压铸合金，可以使用下面的参数值：

$$\rho = 6.6\mathrm{t/m^3}$$

$$H_s = 419\mathrm{J/(kg \cdot K)}$$

$$T_i = 440℃$$

$$T_x = 300℃$$

$$T_m = 175℃$$

$$H_f = 112 \times 10^3\mathrm{J/kg}$$

$$H_t = 5000\mathrm{W/(m^2 \cdot K)}$$

因此，由式（10.27）和式（10.28），可以求得：

$$T_{ir} = 440 + (112 \times 10^3)/419 = 707.3℃$$

将上面求得的数值代入式（10.30），可以给出名义冷却时间的估计。

$$t'_{cz} = 0.4h_{max}$$

对于其他压铸合金，用合适的参数值代入到式（10.30）中，可以得到如下的冷却时间简单表达式：

$$t'_c = \beta h_{max} \tag{10.31}$$

式中　β——冷却系数。

对于锌合金，$\beta = 0.4$；对于锌合金，$\beta = 0.47$ 铝合金；对于锌铝，$\beta = 0.42$；对于铜合金，$\beta = 0.63$；对于镁合金，$\beta = 0.31$。

式（10.31）是基于这样一个假设：通过钢模进入到冷却通道的热阻可以忽略不计。对于平面铸件来说，这是一个很好的假设。可以将冷却通道安排通过型腔和型芯块来覆盖铸件表面。

然而，对于复杂的铸件形状，模具的冷却变得不那么有效，并且冷却时间增加。参考文献［6］表明，冷却时间将随着铸件的复杂程度的增加而增加，而铸件的复杂程度又与模腔表面积 A_f 除以模腔投影面积 A_p 的比值成正比。然而，工业案例的比较研究表明：对于几何形状复杂的零件，这倾向于高估冷却时间。而用表面与投影面积的比值的平方根来表示会更合理一些。然而，对于薄壁铸件，用于进料系统的冷却时间会长于铸件本身。对此，一个来自于产业资源的经验法则表明：冷却时间不会少于一个 3mm 厚的平铸件。于是，冷却时间的估计表示如下：

$$t_c = \begin{cases} \beta h_{max}(A_f/A_p)^{1/2} \\ 3\beta \quad 如果\ h_{max}(A_f/A_p)^{1/2} < 3 \end{cases} \tag{10.32}$$

式中 A_f——模腔表面积；

A_p——模腔投影面积，包括进料系统和冷料井。

实 例

对于一个直径50mm，深100mm的圆筒状杯体，其壁厚为2mm，使用铝合金压铸成型。试确定其冷却时间。

$$模腔表面积\ A_f = 17671\text{mm}^2$$

$$模腔投影面积\ A_p = 1963\text{mm}^2$$

因此，由式（10.32）选择 $\beta = 0.47$。

$$h_{max}(A_f/A_p)^{1/2} = 2 \times (17671/1963)^{1/2} = 6.0$$

于是，$t_c = 6 \times 0.47\text{s} = 2.8\text{s}$

10.10.4 零件取出和模具润滑

当开模时，顶杆穿过型芯伸出，推动铸件和它的进料和溢料系统，进入到模腔和型芯板之间的间隙处。小型非精密铸件可以落到模具下面的间隙处，通常是进入到水箱，在那里有传送带把零件输送到一个箱子里。然而，因为模具的顶杆（销子）端部四周有飞边，压铸件经常会粘在顶杆上。必须使用二次顶出机构来使铸件脱开。这通常需要在顶杆背后的一小部分安置一个小型齿轮齿条执行机构，它将在主要顶杆行程的结尾时，使这些杆进一步朝前移动。

对于较大的或精密的零件，必须由机器操作员或一个自动机器上的取放装置，通过顶杆来去除铸件。在这种情况下，去除铸件所需要的时间主要取决于铸件尺寸。模具铸造商的讨论建议：卸载一个10cm×15cm的铸件的典型时间为3s，卸载一个20cm×30cm的铸件需要5s。假定，根据参考文献［8］估计的手工搬移时间，卸载时间将随着铸件的外壳周长的增加呈线性增加。于是，这些值可以给出如下的关系。

$$t_x = \begin{cases} 1 + 0.08(W + L), & 当(W + L) > 25\text{cm} \\ 3.0, & 其他 \end{cases} \tag{10.33}$$

式中 t_x——铸件取出时间（s）；

W、L——最小矩形的宽度和长度（cm），它们将包含进料系统、模腔和冷料井。

实 例

一个盒状的铝合金铸件，宽8cm、长10cm、深2cm，在一个六腔模里压铸，试估计将铸件从压铸机里取出的时间。

使用10.8节给出的铸件布置的设计指南，每个型腔加上冷料井的尺寸近似为（8×1.2）cm×10cm，或者9.6cm×10cm。假设铸件布置为2行3列，每个相距8cm（7.5+0.5cm），每个型腔面积近似为100cm²。

给出一个型腔的阵列尺寸为28cm×44.8cm，最后，对于直浇道或余料饼和横浇道，允许宽度增加 12.5cm。由此求出总铸件尺寸为 40.5cm×44.8cm。

根据式（10.33），可以求得取出零件的时间为：

$$t_x = 1 + 0.08 \times (40.5 + 44.8) = 7.8s$$

模具的开启和闭合时间可以用注射成型的相同方式进行估计。唯一的区别是，在压力铸造时，通常使用完整的夹紧行程来提供足够的接近，以移除铸件。而在注塑成型时，模具必须以小于夹紧全速的速度被打开，以允许注塑件从型芯上安全分离。如果为全速的 40%，正如在 8.6.3 节中所讨论的那样，则模具的开启和闭合时间可以由式（10.34）求得

$$t_{open} + t_{close} = 1.75t_d \tag{10.34}$$

式中　t_d——机器干燥周期（s）。

于是，如果上面的六腔模是采用表 10.3 中的 6，000kN 冷室压铸机进行操作加工，则模具的开启和闭合时间可由下式求得：

$$t_{open} + t_{close} = 1.75 \times 6.2s = 10.85s$$

表 10.8　压力铸造时润滑油应用/每次润滑的机器周期数

零件尺寸	基本时间	增加时间	
		每次侧抽芯	每个外腔
小（10cm×10cm）	3s	1s	1s
中（20cm×20cm）	4.5s	1s	2s
大（30cm×30cm）	6s	1s	3s
每次润滑的机器周期数 n_1			
铝	1		
铜	1		
锌铝合金	2		
镁	2		
锌	3		

零件取出后，在模具关闭之前，要在模具表面喷洒合适的润滑剂。产生的润滑膜有两个目的。它形成一个热流的屏障，正如在 10.10.3 节中所讨论的那样，模腔填充允许更长的时间。它还可以保护模具表面不受高压的铁液侵蚀。模具润滑的时间取决于铸造的合金性质、模腔的数量和尺寸。它还会随着侧抽芯数量的增加而增加，因为侧抽芯的滑道需要额外的集中润滑。表 10.8 中给出了从工业往来中所获得典型时间。对于小型的模具，可以看到润滑剂的数据是与零件外壳周长呈线性关系的，模具润滑的时间可以被写为

$$t_1 = \{1.5 + [0.075 + 0.05(n_c - 1)](L + W) + n_c n_s\}/n_1 \tag{10.35}$$

式中　L、W——矩形零件外壳的长度和宽度（cm）；

n_c——模腔数量；

n_s——侧抽芯的总数量；

n_1——每次润滑的机器周期数量。

实 例

上面所讨论的盒形铝铸件在侧壁有一个孔，六个型腔每个都要求一个侧抽芯。平均壁厚为4mm，最大壁厚为10mm。每个模腔的投影面积 A_p 为 $80cm^2$，模腔表面面积 $A_f = 280cm^2$，每个铸件的体积为 $85cm^3$。于是，根据式（10.22），注射体积可以求得

$$V_s = 6 \times 85 \times (1 + 2/4)\,cm^3 = 765cm^3$$

参照式（10.35），每个时期轴的模具润滑时间为：

$$t_1 = 1.5 + (0.075 + 0.05 \times 6)(8 + 10) + 7 \times 1 = 15.3s$$

注意到如果箱子是由锌合金铸造而成，那么润滑将每三个循环进行一次。t_1 的值等于4.8s。

对于箱型铸件的冷却时间由式（10.32），可以求得：

$$t_c = (280/80)^{1/2} \times 0.47 \times 10s = 8.8s$$

将熔融的金属液舀入冷室压铸机的冷室的时间可由式（10.25）求得：

$$t_{1m} = 0.0048 \times 765 = 3.7s$$

最后，从10.10.2节可以知道，填充时间近似等于0.004s，可以忽略不计。

于是，对于六腔模，制造操作的整个循环周期如下：

冷却时间 =8.8s

零件取出时间 =7.8s

模具润滑时间 =14.3s

模具开闭时间 =10.85s

舀注金属时间 =5.7s

总计 =47.5s

10.10.5 修剪循环时间

在压力铸造工艺中，对修剪操作的需求是区别压力铸造成本估计和注塑成型的一个重要因素。修剪工艺成本是修剪时间与机器和操作者人工小时操作费率的乘积。正如早前对于型腔最优数的讨论，因为机器的吨位小和机器尺寸范围相对比较小的缘故，所以小时修剪费率对于所有机器尺寸都近似为一个常数。这种小型压力机的尺寸要求意味着小时费率主要是由修剪压力机操作者的小时劳动费率所决定，而不是由压力机本身的成本所决定。

参考文献［8］指出：包括加载注射剂量到压力机在内的修剪循环时间是类似于钣金加工冲压机的加载和循环时间。这些时间将随着零件的长度和宽度之和的变化而呈现出线性变化，并可以用由这些数据所推导出的下列关系式来表示：

$$t_s = 3.6 + 0.12(L + W) \tag{10.36}$$

式中 t_s——钣金压力机循环时间（s）；

L——矩形外壳的长度（cm）；

W——矩形外壳的宽度（cm）。

与产业资源的讨论表明：压铸金属微粒的压力机加载时间通常要大于钣金压力机的加载时间。其原因之一是压铸的金属微粒是形状不规则的，因此更加难于在模具中对中的。当飞边和其他废料累积到一定程度时，还要求一个修剪模周期清理的附加时间。

从一定数量铸件的数据可以看到，修剪压力机的循环时间要比金属板料的手动样机操作的循环时间要长 50%。于是，为了早期的成本估计，修剪压力机循环时间可以由式（10.37）估计：

$$t_{p}=5.4+0.18(L+W) \tag{10.37}$$

为了与表 10.3 和表 10.4 中的压铸机小时费率一致，在式（10.37）中使用每小时 40 美元的修剪压力机费率，来估计修剪工艺成本。

注意到对于由侧抽芯所产生铸件上的侧面孔，要求在开模和侧抽芯两个方向进行修剪。在一些情况下，这些单独的修剪任务将在单独的压力机上使用单独的修剪工具来进行。在这些情况下，从式（10.37）估计的大量时间可以给出合适的总修剪循环时间。修剪模成本和对多修剪方向的模具成本影响将在 10.11.3 节中讨论。

10.11　模具成本估计

压力铸造所使用的工具要比注塑成型所使用的工具更加昂贵，其原因有三点。首先，由于压铸模要承受非常大的热冲击，必须使用比注塑成型需要的更优质钢材，来用于压铸模具、型腔和型芯插入件。对于一个注射成型模座来说，即使基本构造是相同的，这也会增加模具成本。由于所用材料难加工，它还会导致型腔和型芯制造的更大成本。其次，压铸模的冷料井和直浇道或余料要比注塑成型占据更多的模板面积，而压铸模具要求比注塑成型件所对应的模座更大的模架。第三，对于除了最小生产量以外，必须制造单独的修剪工具对压铸好的铸件去除飞边，进料系统和冷料井。

10.11.1　模组成本

一个互换性模具组件和模座的主要供应商向他们提供三种钢：第一种为 SAE 1030 钢，第二种为 AISI4 130 钢，第三种为 P-20 AISI 4130 钢。第一种和第二种钢推荐给注射成型模，而第二种和第三种钢推荐给压铸模。在图 10.9 中，对于同样的压板面积和厚度，第一种或第二种钢模座的平均成本与第二种或第三种模具组件的平均价格进行了比较。

在图上绘制的直线斜率等于 1.25，它意味着对于压板尺寸，压铸模具的模架要比注塑模座贵 25%。因此假设，由于钢的加工比较难，在模架上进行的订制加工工作要比注塑成型模座贵 25%。于是，根据第 8 章的式（8.11），完成后的下模座成本可以被表示为由以下公式给出的加工小时的等量数。

$$M_{d}=62.5+0.029A_{c}h_{p}^{0.4} \tag{10.38}$$

式中　A_{c}——下模座型腔压板的面积（cm^2），可由 10.9.3 节中给出的铸件布置规则来进行估计；

h_{p}——在下模座中的型腔和型芯板的组合厚度（cm）。

对于注塑成型，典型的模板厚度应该是7.5cm。它是根据压板材料从外压板表面分离注塑件来确定的。于是，10cm的普通圆柱杯将典型地作为主要型芯安装在一个7.5cm厚的型芯板上，型腔下沉到17.5cm厚的型腔板中。

同样，对于注塑成型，压板面积将增加，以允许任何需要的侧抽芯，见8.7.1节的描述。

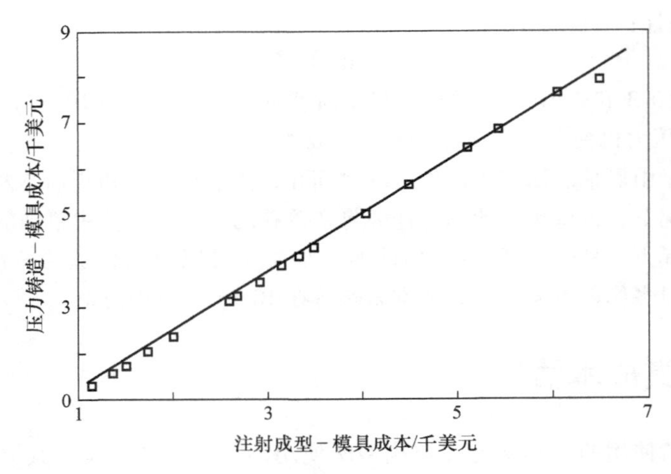

图10.9 压铸模具的相对成本

10.11.2 型腔和型芯成本

在第8章中对注塑成型的型腔和型芯成本估计所开发的公式可以仅作很小变化就直接应用到压力铸造中来。最重要的变化是使用了一个因子，允许是使用更难加工的材料和冷料井的加工。通过调查发现，模具制造商相当一致地认为，压铸模比注塑成型模要贵20%～30%，同时一致同意下一节中对模具与模座的成本比较。典型压铸模设备，型腔和型芯要贵25%以上。第8章中8.8.2节的公式使用一个1.25的乘数因子。同样，对于模具里任何要求的侧抽芯机构，将分配80h的制造时间，这也比注塑模具高25%，在模具成本估计时，对于重复的相同侧抽芯，允许使用一个85%的学习曲线，当然，也允许零件的几何形状具有重复和相同的特征。

在压铸中能获得的公差范围近似与注塑成型相同，在8.9节中给出了对型腔和型芯制造的影响。然而，对照适用于注塑成型的六种不同表面粗糙度和外观因素，仅有三种表面粗糙度类别能够用于压力铸造，它们能够表示如下：

① 最大的表面粗糙度要求能获得从模具上清洁分离；

② 中等表面粗糙度允许零件被磨光或抛光；

③ 最低表面粗糙度通常是预留给锌合金零件，使其镀铬达到镜面。

在表10.9中，给出了用于型腔和型芯精加工的8.9节的点成本系统的增加百分比。

表10.9 型腔和型芯表面精加工点成本增加百分比

表面状况	百分比增加量
初级精加工	10
中级精加工	18
高级精加工	27

10.11.3 修剪模成本

基本修剪模具有与板料冲模相似的功能。然而，修剪模因其工作时受力更小，所以它的制造要比冲模便宜。对大量工业修剪模的检查表明：修剪平分模面和没有内部孔的铸件的模具成本近似为一个等量板料冲模成本的一半。然而，如果修剪铸件中的内部孔需要额外的凸模，则成本近似与凸模和配合标准凸模到板料模具中的成本相同。

于是，根据第9章中推导的公式，钣金件的轮廓的复杂性可以定义为所修剪的所有边的之和与最小包络矩形面积的平方根。

$$X_p = P/(LW)^{1/2} \tag{10.39}$$

式中 P——所修剪的总边长（cm）；

L，W——最小矩形的长度和宽度（cm）。

对于冲模，取50%的基本制造点，可以给出式（10.40）。

$$M_{t0} = 14 + 0.52X_p \tag{10.40}$$

使用用于第9章对于冲模面积修正的曲线平均值，可以给出：

$$f_{lw} = 1 + 0.04(LW)^{0.7} \tag{10.41}$$

对于凸模和标准凸模的配合，使用2.0等量制造时间的钣金值，可以给出基本修剪工具的估计时间：

$$M_t = f_{lw}M_{t0} + 2N_h \tag{10.42}$$

式中 M_t——工具制造时间；

N_h——被修剪孔的数量。

两个额外的因子会显著增加基本修剪工具的成本，这两个因子就是分模面的复杂性和由侧抽芯所产生的通孔，这种孔要求在非轴线方向修剪。对于这些额外的因子从模具铸造商获得的有关修剪工具成本数据，建议有下列近似的关系。

① 每个额外的修剪方向将要求额外近40h的工具制造时间，这是生产一台具有一个或多个修面模具的额外修剪工具，或将一个机构行动合并到对于角度凸模的主要修剪工具所需的时间。

② 近似17h的额外工具制造时间与根据第8章表8.8所定义的每个单元分模面复杂因子相关联。于是，对于修剪工具来说，一个单阶梯分模面的铸件将要求大约1.5×17h=25.5h的制造时间，这个时间用来加工为适应阶梯分模面而在不同层装有切削刃的模具。如果孔或切口在不同的层而不是在周边被剪切的话，对于每个层的变化而言，都选用这个相同的25.5h的时间。

实　例

某铸件具有下列特点：

外部周长 $P = 68.6\text{cm}$

外壳长度 $L = 24.0\text{cm}$

外壳宽度 $W = 13.5\text{cm}$

被修剪的孔数 $N_h = 9$

每腔的侧抽芯数 $n_c = 2$

分型面因子 = 2

估计要求的修剪工具成本

外轮廓复杂性 $X_p = 68.6^2/(24 \times 13.5)^{1/2} = 3.8$

面积修正因子 $f_{lw} = 1 + 0.04 \times (24 \times 13.5)^{0.7} = 3.3$

基本制造点 $M_{t0} = 14 + 0.52 \times 3.8 = 16$

对于单个铸件的修剪工具的基本制造时间由式（10.42）给出：

$$M_t = 3.3 \times 16\text{h} + 2 \times 9\text{h} = 70.8\text{h}$$

侧抽芯特征要求两个额外的修剪方向，以供要求增加 40h 的工具制造时间。分型面有若干个阶梯，由此给出分型面因子等于 2，于是，需要增加 34h 来取得阶梯修剪模具表面。

假设典型的刀具制造费率为 40 美元/h，那么，对于一个铸件的修剪工具成本可以大致表示如下：

$$C_{t1} = (70.8 + 80 + 34) \times 40\,美元 = 7392\,美元$$

在这种情况下，使用两腔模，因此，修剪工具必须有两个修面模具和两套冲模，以容纳两个零件的铸造，为了允许对多腔铸件的修剪工具制造，所使用的多腔成本指数与多腔模具成本估计时一样，于是，使用 0.766 的多腔指数，整个修剪工具的总成本估计如下：

$$C_{tn} = 7392 \times 2^{0.766}\,美元 = 12500\,美元$$

如同在第 8 章注塑成型中进行的一样，可以通过估算制造时间，乘以模具制造小时费率，设定典型的铸件几何形状来求得有用的近似模具和修剪工具的成本估计。对于由图 10.10 给出的近似压铸成本，假设型腔具有正方形外壳（$L = W$），深度 $D = L/4$，在第 8 章表 8.7 中取第 3 级的典型公差，表面粗糙度设定为表 10.9 中的中等。对于要求的任何侧抽芯机构，如同 10.11.2 节中所描述的那样，添加一个附加的成本。对于除了两个模板之间的平分模面以外的分模面，也按照 8.8 节给出一个适当的附加制造成本。

在图 10.11 中给出修剪模的近似成本只是对于铸件周长的修剪，对于去除冷料井、横浇道和飞边也是必需的。对于修剪每个单独的标准孔，应该增加 80 美元。对于如上所述的任何要求的侧抽芯，或不同层的修剪，成本还会进一步添加。图 10.10 和图 10.11 中的成本是基于模具制造费率为每小时 40 美元，而对于其他模具制造费率的成本能够按比例的变化。

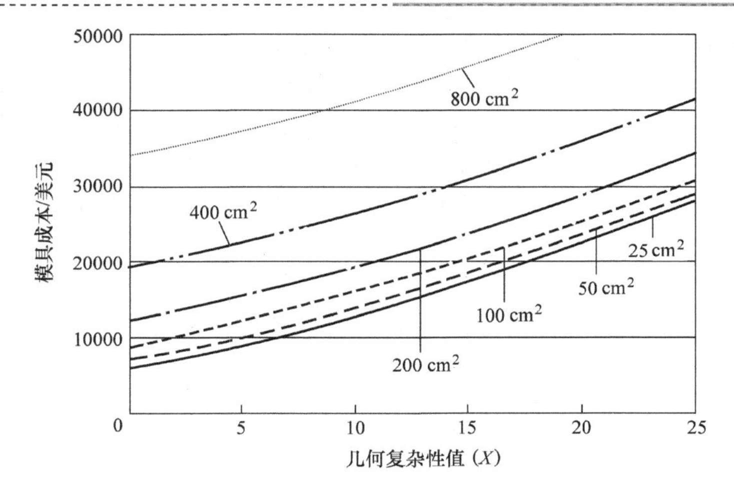

图 10.10 对于增加投影面积 A_p 的近似压铸成本曲线模具（对于文中描述的典型零件组成本采用每小时 40 美元的模具制造费率）

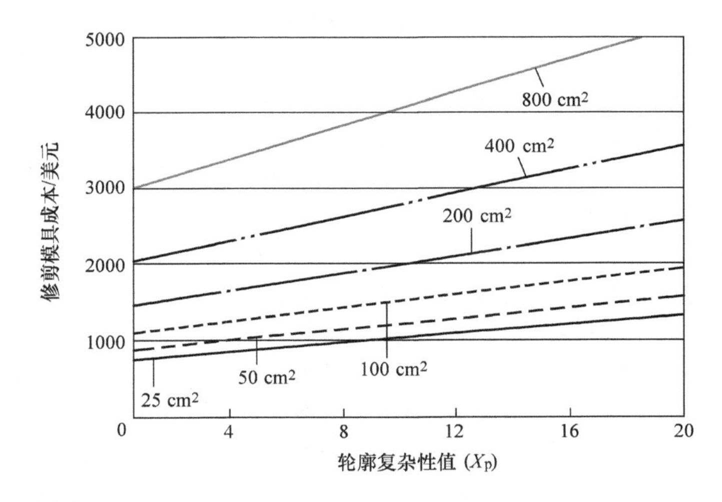

图 10.11 对于增加计划区域 *LW* 的近似修剪模成本曲线（成本是针对单个修剪平面，模具制造费率为 40 美元/h，必须为标准孔、不同的修剪层或侧抽芯动作增加额外的成本）

10.12 装配技术

压铸件生产可根据一些有助于装配的特征来协助进行，例如斜销、孔、槽、投影对齐边线等对准特征，虽然它们成本很低，却可以确保轻松地装配。

但不幸的是，在压力铸造时没有与注塑成型的按扣配合元素所对应的等价元素。唯一能得到的集成紧固方法似乎是利用浇铸冷成型来实现永久紧固。当然，铸造合金必须拥有足够的延展性，这样就限制了锌和 ZA 合金的装配方法。利用这些合金，可以对突出的铆钉柱、拉环或者突出边缘在组装后进行翻转或弯曲，从而形成很强的附着性。

正如注塑成型一样，压铸工艺本身适合插入件使用，插入件可以在压铸之前，简单装入到模具里。这种做法被广泛用于为了安装而生产的带刀双头螺栓的铸件。然而，与注塑成型不同的是，由于铸件中的芯孔能攻螺纹，以形成更高强度的结合，而不使用螺纹轴衬，使得安装更牢固。

从上面的例子中可以发现带有弹簧钢插件的压铸件，代替这些弹簧钢插件能满足组装的功能要求。这表明可能利用弹簧钢插件来生产快速卡扣安装的压铸件。但是，作者还不知道与此相关的应用。

10.13 设计原则

压力铸造与注塑成型是可相互参照的两种工艺，两者为确保高效生产的详细设计原则都是类似的。压铸设计的公认准则在下面列出：

1）压铸件应该采用薄壁结构。为了确保在填充期间金属顺利流动，并使得在冷却和收缩时变形最小，壁厚应该均匀。锌压铸件的壁厚在 1 ~ 1.5mm 之间。类似尺寸的铝压铸件和镁压铸件应该比锌压铸件的壁厚多 30% ~50%。铜压铸件通常厚度为 2 ~ 3mm。这种厚度范围导致一个细晶粒结构（具有最小孔隙度和良好机械性能）。压铸件的更厚截面的表层应具有细腻颗粒结构，其厚度约为前面推荐数值的一半；而在中心截面处，有着较粗的颗粒结构、一些数量的孔隙率和较低的力学性能。因此，设计者应该知道机械强度并不是与壁厚成比例地增长。然而，一些大型压铸件的设计通常壁厚达到了 5mm，截面厚度达到了 10mm。在这些情况下一个重要的考虑是，与注塑成型相比，厚截面的压铸件与成本损失几乎没有联系。回想一下，压力铸造的冷却时间与厚度成正比。而注塑冷成型的冷却时间是与厚度的平方成正比。因此，一个 5mm 厚注塑成型件通常需要大约 60s 的时间来冷却，而 5mm 厚的压铸件可能只需要花大约 5s 的时间来冷却。也许更有意义的是，一个 2mm 厚的压铸件可能与 5mm 厚的注塑成型件具有相同的刚度，但仅需 3s 的冷却时间。这种比较表明了压铸件的一个经济优势——可用于要求良好的机械性能或厚壁的场合。

2）从压铸件的主要壁的特征投射不应显著增加在连接点处的壁的体积。而对于注塑成型而言，这样会产生主要壁局部加厚截面的延迟冷却。从而导致表面收缩（凹陷）或内部出现气孔。一般规则是主要壁的凸起厚度不应超过主要壁厚度的 80%。

3）当从开模的方向看去的时候，如果可能的话，铸件侧壁的突起的特征不应该存在于彼此的背后。应用这种方式，可以避免特征之间的模具锁定的凹陷。否则将要求模具采用侧抽芯。当朝着开模方向看时，被隔离凸起经常是由在通过凸起中心的分模面上作出一个台阶而产生的。

4）在铸造设计的过程中，应尽量注意避免有内部壁凹陷或内部切口。由于移动压铸件的内部型芯机构几乎是不可能操作的，这些特性无一例外地需要后续的加工操作，并且产生很大的额外成本。

尽管有前面的指导，压铸的特点在于它有能力制造出具有多种特征的复杂零件，并获得很高的精度和表面质量。因此，在压力铸造设计时，最重要的原则就是在压力铸造工艺中尽可能地节约成本。通过这种方式，装配结构会在考虑所有综合成本和产品质量的基础上得以简化。这一章所建立的方法的主要目的是帮助设计者确定压铸工艺的经济应用，如果有必要的话，也可以对替代设计进行成本量化。

习 题

在下面所有问题使用的数据都是来自于表 10.1 到表 10.7 中的材料成本、材料性能、循环时间计算和机器费率，并假设模具制造费率为每小时 40 美元。

1. 如图 10.12 所示的转子铸件外壳是用 A360 铝合金压铸而成，零件高 13cm，大径为 20cm，在零件中部直径缩小为 17.5cm。外壳底部是开口的，而顶部开口有一个直径为 12.5cm 的大孔，其圆周均匀分布有 12 个 ϕ1.5cm 的小孔。该零件具有均匀壁厚为 2.50mm，它的重量约为 584g。考虑到通孔的缘故，它的投影面积 $A_p = 170.3\text{cm}^2$。

① 根据表 10.4 确定合适的冷室压铸机，在该设备上使用单腔模来压铸零件。

② 估计压铸的循环时间，并使用它来获得压铸工艺成本。

③ 估计修剪的时间和工艺成本。

④ 估计材料成本。

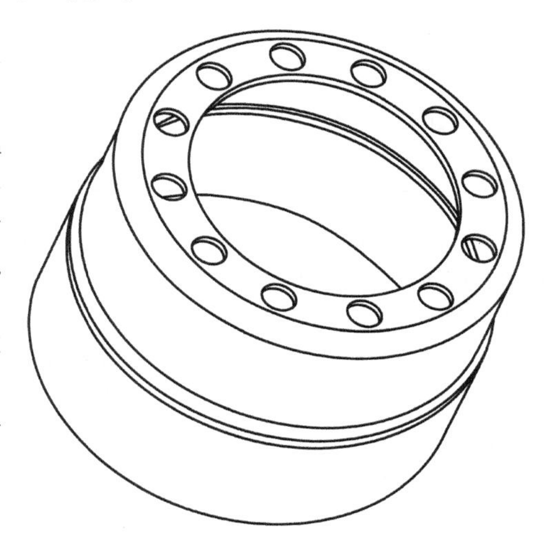

图 10.12 转子组件外壳

2. 对于习题 1 中的转子组件外壳，请估计下述条件时的成本：

① 单腔压铸模，假设公差等级为 2（见第 8 章表 8.8），中等表面粗糙度（见表 10.9）；

② 相应的修剪模，注意到需要在零件边缘底部和顶部的大孔处进行修剪。并就这一步骤对修剪模制造作出适当的成本变动范围。

3. 图 10.13 所示是一个精密电子仪器的支撑平台，高 100mm。平台底座和顶部的外部尺寸均为 75mm×60mm，顶部平面上有一个 45mm×30mm 的方孔。该零件采用 Zmark 5 锌合金压铸而成，在其上有八个通孔。

除了沿着长度方向的加强肋和两侧的支脚的厚度为 3mm 以外，该零件各处的截面厚度均为 5mm。根据零件的实体模型，可知其体积 V_p 为 42.0cm^3。机器尺寸选择的投影面积 A_p 等于顶部板的面积 31cm^2。

① 根据表 10.3 确定合适的热室压铸机，在该设备上使用单腔模来压铸零件。

② 估计压铸的循环时间，并使用它来获得压铸工艺成本。

③ 估计修剪的时间和工艺成本。

④ 估计材料成本。

4. 对于图 10.13 所示的支撑平台零件以及在习题 3 中给出的条件，估计单腔压铸模和修剪模的可能成本。模具的开口位于垂直方向，因此顶部和底部表面按要求为平面，并且相互平行。模具上有两个相对的侧抽芯机构，来形成T形支脚以及它们之间的开口。假设使用单腔模，具有一个机构能在垂直修剪进行的同时，从前面和后面对支脚边缘进行修剪加工。修剪的总长度 P_r 为82cm，八个标准通孔也被修剪。

对于这样一个零件的立体几何图形，很难分辨内外表面。在这种情况下，使用主特征分解或许更容易。整体复杂性 X 可以按照这种方式计算，见表10.10。

表10.10 整体复杂性

特性名称	表面补丁数（N_s）	同样结构	复杂性 X（$0.1N_s \times r^{0.766}$）
顶板	6	1	0.60
支柱	12	4	3.47
拐角	5	4	1.45
孔	1	8	0.49
$X=6.0$			

5. 假设图10.12中的转子外壳的生产由使用单腔模和修剪工具开始，实际的循环时间的测量，对于压铸为22s，对于修剪为14s。此外，实际压铸模具成本为16000美元，修剪模具成本为5000美元，现在要求你公司对450000个外壳进行报价。

① 使用85%的学习曲线，对于这个订单，请估计所使用的型腔最优数量。

② 根据表10.4选择合适的机器，用于你所选择的型腔数。

③ 快速估计多腔模具和多孔修剪工具的可能成本。

④ 你的多腔模能够完成整个订单吗?

对于冷室压铸的小时费率（见10.8节），使用系数 $K=62.0$ 和 $m_1=0.0036$。假设修剪压力机费率为40美元/h。

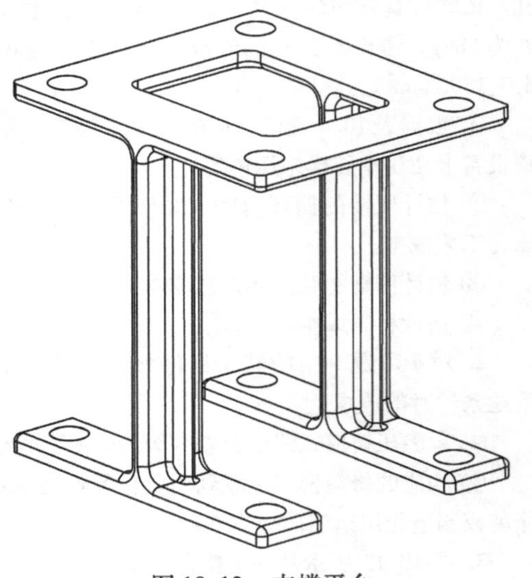

图10.13 支撑平台

参考文献

1. Vinarcik, E.J. *High Integrity Die Casting Processes*, Wiley, New York, NY, 2003.
2. Andresen, W. *Die Cast Engineering*, Taylor & Francis, New York, NY, 2005.
3. Bralla, J.G. *Design for Manufacturability Handbook*, Chapter 5.4, McGraw-Hill, New York, NY, 1999.
4. *Product Design for Die Casting*, American Die Casting Institute, Wheeling, IL, 2009.
5. Reinbacker, W.R. A computer approach to mold quotations, *PACTEC V, 5th Pacific Technical Conference*, Los Angeles, February 1980.

6. Herman, E.A. *Die Casting Dies: Designing*, Society of Die Casting Engineers, River Grove, IL, 1985.
7. Blum, C. *Early Cost Estimation of Die Cast Components*, M.S. Thesis, University of Rhode Island, Kingston, 1989.
8. Ostwald, P.F. *American Machinist Cost Estimator*, American Machinist, McGraw-Hill, New York, NY, 1986.
9. Pokorny, H.H. and Thukkaram, P. *Gating Die Casting Dies*, Society of Die Casting Engineers, River Grove, IL, 1981.
10. Geiger, G.H. and Poirier, D.R. *Transport Phenomena in Metallurgy*, Addison-Wesley, Reading, MA, 1973.
11. Reynolds, C.C. *Solidification in Die and Permanent Mold Castings*, Ph.D. Dissertation, Massachusetts Institute of Technology, Cambridge, 1963.
12. Sekhar, J.A. Abbaschian, G.J. and Mehrahian, R. Effect of pressure on metal-die heat transfer coefficient during solidification, *Mater. Sci. Eng.*, 40, 105, 1979.
13. Dewhurst, P. and Blum, C. Supporting analyses for the economic assessment of die casting in product design, *Annals CIRP*, 38, 161, 1989.

第11章 面向粉末冶金加工的设计

11.1 引言

大量的结构件、轴承和齿轮等都是由粉末状原材料生产出来的。这种工艺称为粉末冶金，不过零件也可以利用非金属粉末，例如陶瓷等，通过同样的方法来生产。在所使用的主要加工过程中，原材料粉末混合后被压制到要求的形状容器中。随后压实的形状在可控环境下加热，将颗粒粘接在一起，生产出满足要求特性的零件。目前，该工艺的一种变体，粉末注射成型已经被广泛地应用，它对于小型复杂零件的制造尤其具有优势，这种工艺将在11.14节中讨论。

粉末冶金工艺具有许多其他工艺所不具备的特点，包括[1-4]：

1）可以对材料和产品性能进行精确地控制。通过对粉末材料成分压缩程度的精确控制，可以实现对最终产品性能的精确控制。

2）独特的材料成分。尽管大部分的粉末冶金零件是按标准的金属成分生产[5,6]，粉末冶金工艺生产的配方成分范围很广，包括一些其他工艺无法实现的多种类型材料的复合，从而充分发挥各种材料的各自特性。例如，金属和陶瓷可以通过压缩烧结组合在一起。

3）不寻常的物理特性。零件的物理特性，从低密度多孔隙率到高密度低孔隙率，拉伸强度也可以从低到很高，均可由粉末冶金技术很容易地实现。也可能将不同的材料压缩到不同的层中，进而得到不同部位有不同特性的零件。对于浸泡在油或润滑剂中的轴承来说，可控的孔隙率使得轴承可具有自润滑功能。

4）可以实现近净成形制造。不要求后续加工的复杂形状零件可以通过粉末冶金工艺来生产。对于那些通常用锻造的棒料经过昂贵机械加工生产的齿轮、凸轮等零件，通过金属粉末可以很容易地生产出来。沉孔、孔、法兰盘以及一些类似的特征也能在零件压制时形成。

5）很少的材料浪费和损失。通过表11.1中对各种工艺的材料浪费程度的比较可知[7]，粉末冶金加工的材料浪费是很少的。

6）很高的精度和可重复性。很容易得到小公差和高可重复性，尤其是横向的。

7）总能量利用率高，和其他成型和加工工艺相比，这种工艺使用的能耗低（见图 11.2）[7]。

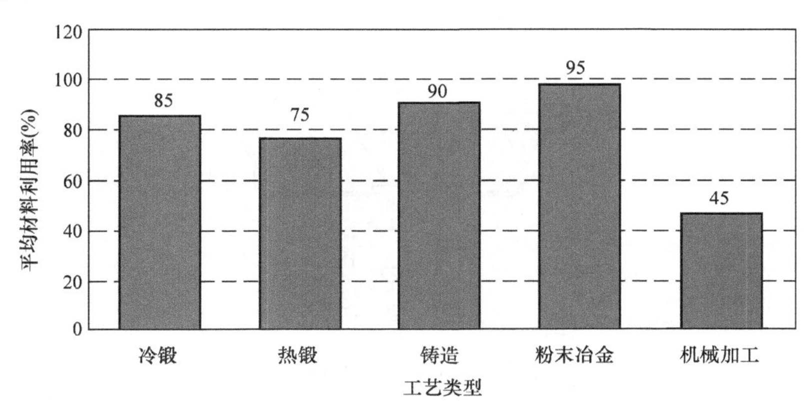

图 11.1 基本形状加工工艺的材料利用

（资料来源：Kloos，K. H. VDI Berichte77，No. 77，p. 193，1977）

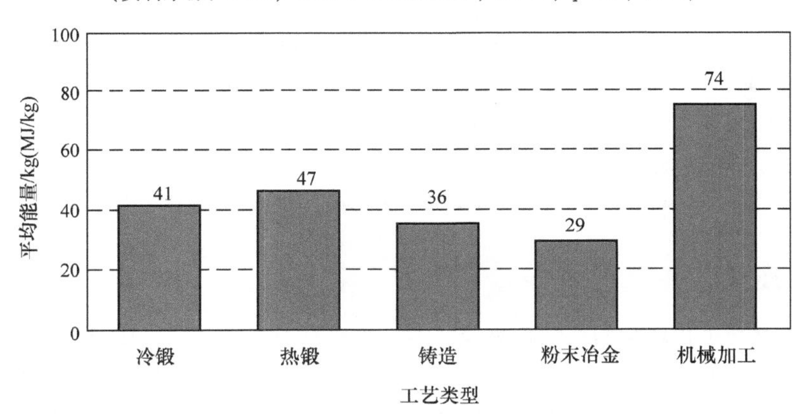

图 11.2 基本形状加工工艺的零件单位重量的能量利用

（资料来源：Kloos，K. H. VDI Berichte77，No. 77，p. 193，1977）

11.2 粉末冶金工艺的基本阶段

与其他的材料成型工艺，如注塑成型或铸造不同，粉末冶金工艺是由几个使用不同设备的独立阶段所组成。基本生产阶段如图 11.3 所示。

11.2.1 混合

粉末冶金工艺的初始阶段是搅拌混合粉末材料，并且加入各种添加剂，它们还包括辅助压缩工艺的润滑剂。各种金属硬脂酸盐（例如硬脂酸锌）常被用做压实时的润滑剂，通常形成0.5%～1.5%的混合物。预混合粉料可以作为标准原料从供应商直接获得，然而，一般情况下，在工厂里混入组成元素或预合金化的粉末是有必要的。各种搅拌器可用于不同的配置和容量。混合的目的是为了得到尽可能均匀的粉末和润滑剂的混合物。

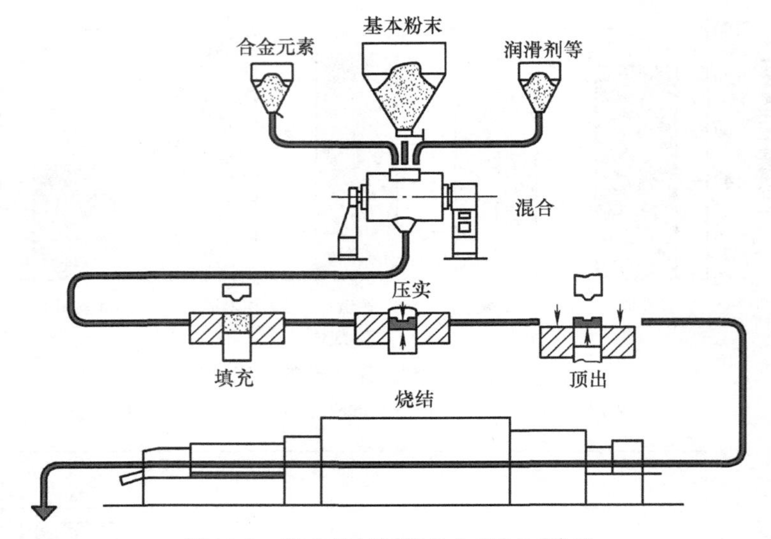

图 11.3 粉末烧结零件的主要加工阶段

（资料来源：Mosca，E，Powder Metallurgy：Criteria for Design and Inspection，Associozone Industriali Metalligici Meccanici Affini，Turin，1984）

11.2.2 压缩

对于大多数工程粉末冶金零件来说，下一阶段是混合粉末的冷压缩。通常可以通过模具压制实现，但也有一些其他的方法。可以省略后续烧结阶段热压缩，主要应用于一些特殊场合。本章主要详细讨论最常用的压缩方法——模具冷压缩。通过改变不同程度的压缩或压力就可以实现各种不同的密度、孔隙率和抗拉强度。粉末注模成型将会在本章末进行讨论。

在压制过程中，根据零件的复杂程度，混合后的粉末受到两个方向的独立运动凸模的压力的压缩。这个阶段的输出的是“未烧结”生坯，有足够的“压坯强度”特性使其烧结之前搬移而不会受到损害。最终的材料特性与所取得的压缩密度直接相关，将会在11.4节更详细地讨论。

11.2.3 烧结

在烧结期间，压实的零件通过一个可控的常压炉，加热温度低于成分粉末的熔点，单个的颗粒相互扩散而粘结。可使用各种类型的烧结炉。最常见的情况是，连续流动炉用于大批量生产，但有时也采用间歇式炉，尤其是如果要求特殊大气条件或高温时。

11.3　次级加工阶段

许多次级制造工艺可与主要的加工步骤配合使用，通常细化材料性能和加工特征不可以从基本工艺得到。常用的次级工艺过程如图 11.4 所示。

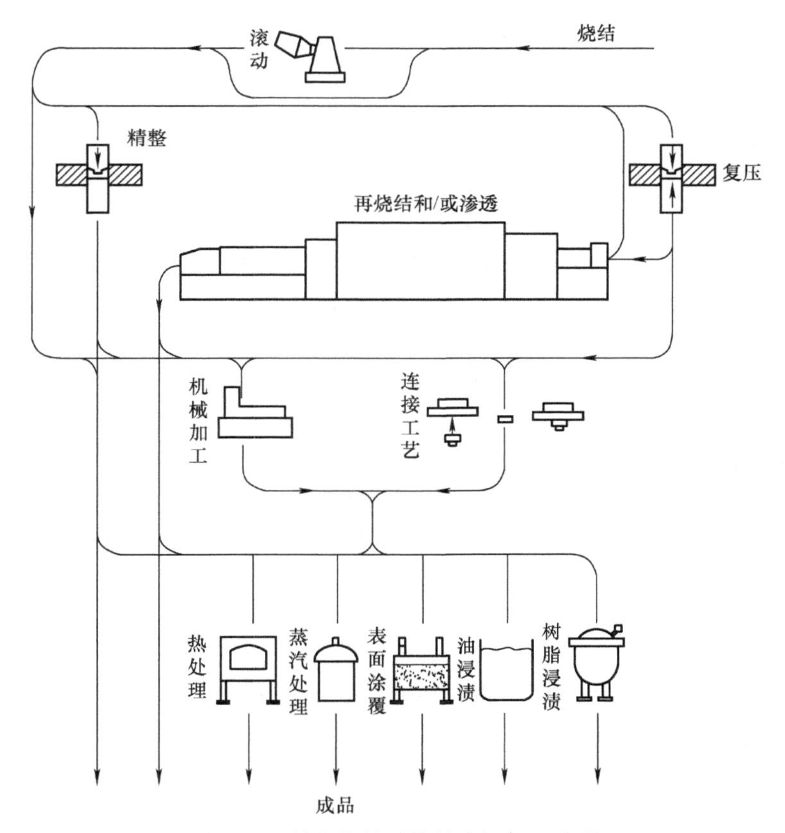

图 11.4　粉末烧结零件的次级加工阶段

（资料来源：Mosca，E.，*Powder Metallurgy：Criteria for Design and Inspection*，Associozone Industriali Metallugici Meccanici Affini，Turin，1984）

11.3.1　复压复烧

为了实现零件的高密度，局部烧结后通常需要进行复压和进一步的烧结。零件压制到一个中等密度，然后复压。随后，零件返回到模具里（通常不同于最初的压实模具）并再次压制。而进一步的最后烧结阶段可以获得所要求的材料性能。这种工艺的组合只应用于当零件密度非常重要的时候，因为额外的加工阶段会很大地增大零件成本。

11.3.2 精整和整形

次级加工工艺（精整）是用来细化烧结零件的尺寸精度或弥补翘曲等，而几乎不增加密度。整形也可能被用来在零件表面雕刻或浮雕小特征。在这每种情况下，除了压制工具以外，还需要设计和制造一个合适的模具。

11.3.3 熔渗

对于一些结构的应用，需要消除粉末冶金零件的剩余孔隙度并增加强度特性。这可以将低熔点金属（如铜）通过毛细作用熔渗到烧结零件孔隙中去。熔渗经常是通过将一个合适的低熔点金属块放在基材压实件上来进行的。然后加热，温度要高于熔渗材料的熔点。熔渗可在最初烧结过程中进行，但最常用于第二次通过炉时进行。在这两个案例中，除了需要额外的压制过程和相应的模具的主要零件压坯以外，必须准备一个熔渗材料压坯。通过这一工艺可以生产一系列的标准铜熔渗钢[5]。这些材料只能由粉末冶金工艺结合使用熔渗来生产。

11.3.4 浸渍

自润滑性能可以通过用油浸渍多孔烧结零件来获得。通常是把烧结零件浸入在一个油池里几个小时，但为取得最好的结果，应该使用真空浸渍。现在已经使用了一系列的标准自润滑轴承材料[6]，但大多数中等密度零件，如果需要的话，也可以通过浸渍来获得自润滑性能。

11.3.5 树脂浸渍

零件还可以用塑料（如聚酯树脂）来进行浸渍，以提高切削加工性或去除孔隙度，这可能会对精加工（如电镀）产生不利的影响，或者干扰气密性的要求。这个工艺类似于浸油，通过毛细作用使得相互连通的孔隙填充树脂。

11.3.6 热处理

烧结零件可能需要热处理，特别是铁基粉末冶金零件和一些铝合金零件。其热处理工艺与锻造零件的热处理工艺大体相同。

11.3.7 机械加工

对于零件上用烧结方法不可能产生的特征，或是不能经济地产生的特征，可能还需要机械加工。然而，由于粉末冶金是一个净成型工艺，加工要求的数量通常比较小。这种加工通常仅限于侧凹或者螺纹孔。烧结材料的加工性能与锻造材料的加工性能相似，有时可以通过树脂浸渍提高其加工性能。

11.3.8　滚筒抛光和去毛刺

压制过程中产生的毛刺可以通过在滚筒里抛光或振动去除。在这个过程中，烧结后的零件，连同一些磨料颗粒，装载到一个容器里，然后容器转动抛光或者振动，可以去除毛刺和尖锐的边缘。

11.3.9　电镀和其他表面处理

常见的电镀工艺和其他表面保护处理（如涂漆）可以用于粉末冶金零件。由于剩余孔隙度会导致电镀液截留，因此，电镀之前往往是先使用树脂浸渍。

11.3.10　蒸汽处理

蒸汽氧化可以用来增加铁基零件的表面抗磨损和耐腐蚀能力，强度和致密程度也可以得到改善。等于在表面涂上一层硬的黑色磁性氧化铁（Fe_3O_4）。这个工艺可以封闭一些相互关联的孔隙和所有表面孔隙。零件被加热到 480 ~ 600℃，并放入一定压力的过热蒸汽里。热处理过的零件不能用蒸汽处理，因为这会改变热处理会所获得的性能。

11.3.11　装配过程

粉末冶金零件之间通常不用进行连接，因为相对于其他成型过程而言，粉末冶金方法可以获得复杂的零件形状。如果锻造零件常使用许多焊接工艺流程，这时采用粉末冶金零件就需要连接。由于粉末冶金零件的剩余孔隙度，一般需要一个独特的连接过程。零件组装后，与较低熔点的金属浸渍，从而影响粘接，这个过程类似于钎焊。

11.4　粉末的压制特性

在压制过程中，松散的粉末注入到模腔，压制冲头收回（图 11.5）。然后，冲头相对于模具运动，来压实粉末，增加其密度。随后，在被送去烧结之前，生坯被工具顶出。

最后零件的材料性能是由压制密度所决定的。例如，表 11.1 中的数据来源于金属粉末工业联合会（MPIF）的材料标准[5]，它给出了一些标准粉末金属碳素钢的材料名称和材料性能。可以看到，这些标准材料的一些成分是相同的，但强度的增加和其他性能的修改是通过压制、增加密度来实现的。例如，表 11.1 中的材料名称为 F-0005-15，F-0005-20，F-0005-25 的材料都是 $w(C) = 0.05\%$ 的低碳钢，它们不同的性能都与其最后压制的密度有关。其结果是，对于合理均匀的粉末冶金零件性能来说，必须在坯料时就要有均匀的密度。粉末压制过程的基本技术性细节影响着它的实现方式。

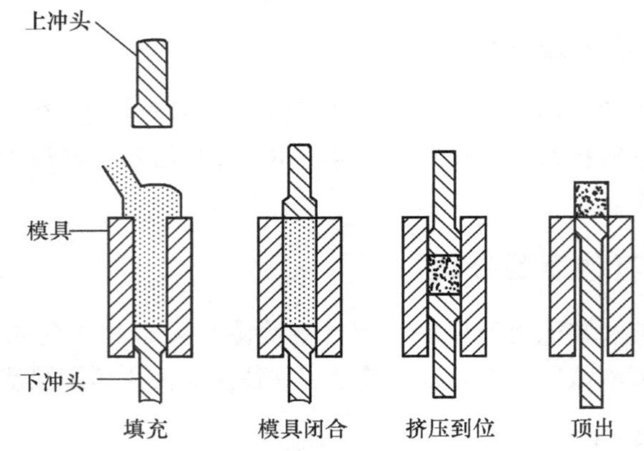

图 11.5　粉末金属制品的基本的压制顺序

（资料来源：MPIF，*Powder Metallurgy*：*Principles and Application*，Metal PowderIndustries Federation，Princeton，NJ，2007）

表 11.1　标准铁基材料的数据

材料名称	材料条件（AS 或 HT）	屈服应力/MPa	极限抗拉强度/MPa	零件密度/（g/cm^3）
F-0000-10	AS	89.6	124.1	6.10
F-0000-15	AS	124.1	172.4	6.70
F-0000-20	AS	172.4	262.0	7.30
F-0005-15	AS	124.1	165.5	6.10
F-0005-20	AS	158.6	220.6	6.60
F-0005-25	AS	193.1	262.0	6.90

11.4.1　粉末压制机理

粉末压制机理取决于模具与粉末之间的摩擦以及粉末颗粒的个体之间摩擦。摩擦损失导致局部压制力的减少，因此在整个压坯上应力分布不均匀。首先，除了非常薄的零件（厚度 <6mm）以外，所有零件都需要从两边压制粉末。图 11.6[8] 给出了从一边压制镍粉压坯的密度分布。由于壁的摩擦引起颗粒的最大相对运动，导致最高密度是在上面的圆周外部。最低密度发生在远离运动冲头的压坯底部。由于容器壁摩擦的影响，最低密度处是位于零件的中部，如图 11.7 所示。即使双面压制，密度梯度也对压坯总长度给出了一个限制。当压坯的长径比超过 5∶1 时[1]，难以实现连续的压制。

许多粉末冶金零件是由一些在压制方向上不同的厚度层所组成。为了取得均匀的压制密度和均匀的性能，这些不同的层必须被分别运动的冲头来压制。例如，图 11.8 显示了一个具有两个层的零件截面图[8]。如果只用一个在其上表面上加工有台阶的下冲头来压制，在图示的粉末立柱上不同的层将得到不同的压缩比，在压坯薄的部分将导致更高的密度。为了取得更均匀的密度，有必要采用分开的单独运动的下冲头，使其具有相对运动控制，从而实现每一层都能获得相同的压缩比。

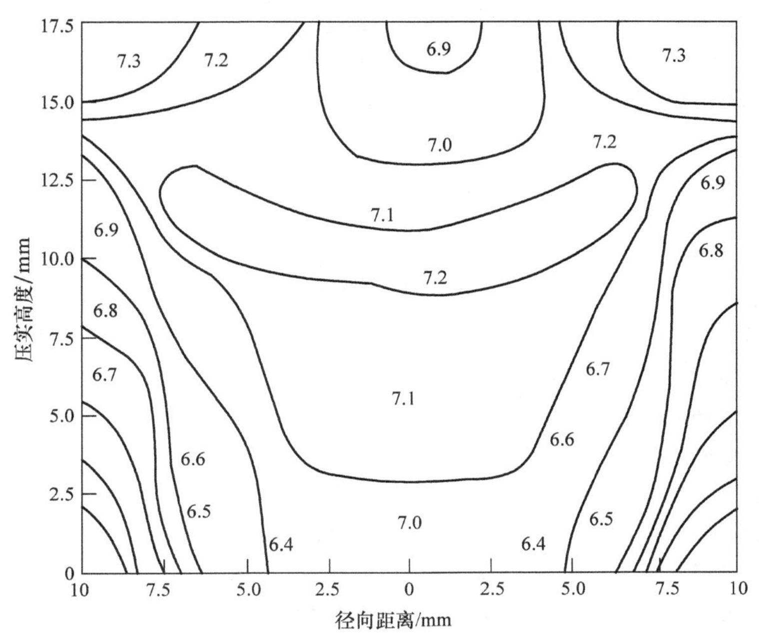

图 11.6 仅从一边压制镍粉末试件的密度分布

（资料来源：Bradbury，S. *Powder Metallurgy Equipment Manual*，Metal Powder Industries Federation，Princeton，NJ，1986.）

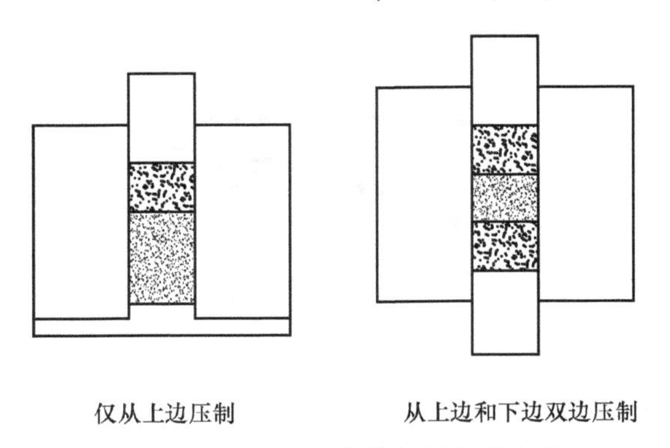

图 11.7 在两边压制期间的密度变化

从这可以看出，为了达到零件的均匀性能，工装的整体复杂性必须随着所生产的零件不同厚度的数量或层数而增大。

11.4.2 金属粉末的压缩特性

在压缩时所需负荷取决于达到零件要求密度所需要的压力。图 11.9 给出了一些典型的不同材料的压制曲线[8]。这样的曲线通常是使用短圆柱试件进行标准试验所获得。

可以看到，随着压制压力增加，密度起初增大迅速，然后减缓，因此曲线最终趋近于一个密度——略微低于材料的锻造密度。难以获得高密度零件的原因是，在零件密度较高时，当施加很大的载荷也只能获得很小的零件密度的增加。因为这个原因，使用单一的压制操作和烧结所获得的最大密度通常大约是材料当量锻造密度的 90%。表 11.2 给出了一系列材料的典型压制压力。

为了实现接近全密度的零件，需要使用额外的处理步骤，特别是使用复压和复烧。图 11.10 给出了铁基粉末的单压和复压的压制曲线。从中可以看到：要一次压制获得零件密度 7.3g/cm³，必须使用的压制压力要达到 65t/in² (896MPa)，这将产生很高的载荷，需要增加工具的强度。通过复压和复烧，可以使得初始压力减少到 6.85g/cm³，这相当于中等压力约 35t/in² (483MPa)。然后以相同的压力进行复压，达到所需的密度。但零件的总成本将大幅增加，因为需要额外的加工阶段和第二套复压的压制工具。

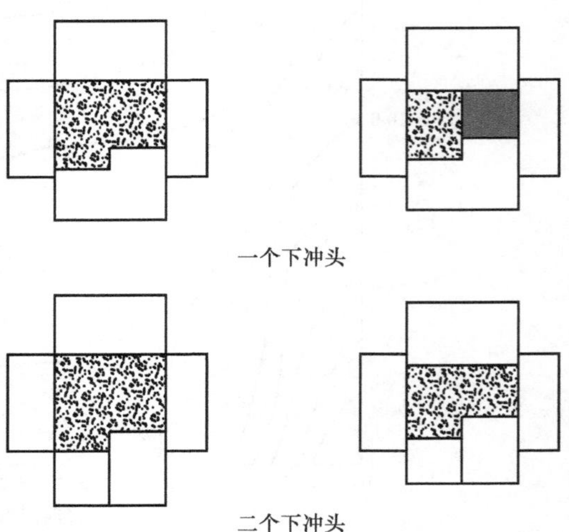

图 11.8 两层零件的密度变化

（资料来源：Bradbury，S. *Powder Metallurgy Equipment Manual*，Metal Powder Industries Federation，Princeton，NJ，1986.）

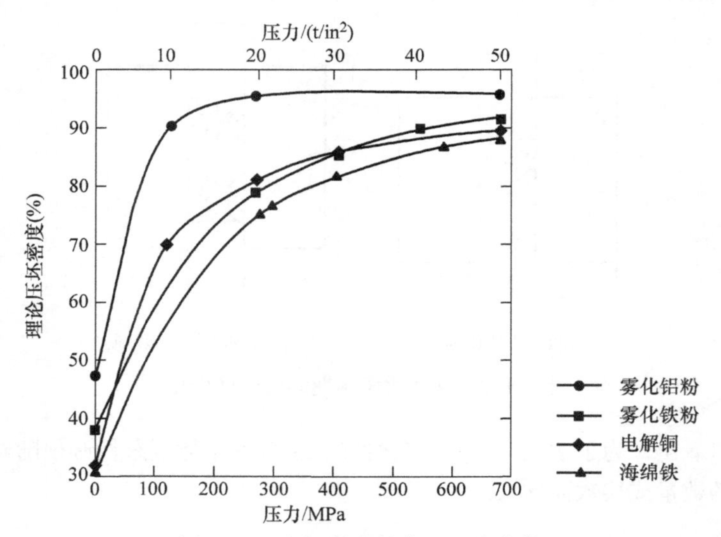

图 11.9 金属粉末的典型压缩曲线

（资料来源：Bradbury，S. *Powder Metallurgy Equipment Manual*，Metal Powder Industries Federation，Princeton，NJ，1986）

表 11.2　粉末金属的典型压实压力

材　料	t/in²	MPa
铝	5-20	69-276
黄铜	30-50	414-687
青铜	15-20	207-276
碳	10-12	138-165
碳化物	10-30	138-414
氧化铝	8-10	110-138
滑石	3-5	41-69
铁氧体	8-12	110-165
铁（低密度）	25-30	345-414
铁（中密度）	30-40	414-552
铁（高密度）	35-60	483-827
钨	5-10	69-138
钽	5-10	69-138

（资料来源：Adapted from American Society of Metals，*Metals Handbook*，Vol. 7，2nd Ed.，Powder Metal Technologies and Applications，ASM，Metals Park，OH，1998）

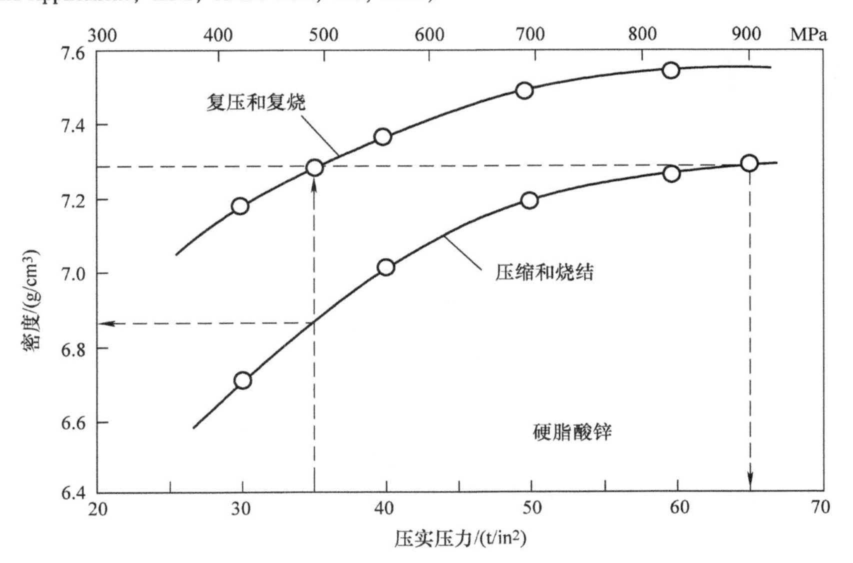

图 11.10　铁基粉末的单次压制和复压的压制曲线

大多数材料的压制曲线遵循图 11.9 所示的图形。精细的曲线形状依赖于材料和原始粉末颗粒的形状。压制曲线可以近似地用幂函数来表示：

$$p = A\rho^{b} \tag{11.1}$$

这里，p 是压制压力，ρ 是零件密度。常量 A 和 b 可以从合适的试验中获得的 p 和 ρ 值中确定。

压制曲线通常可以从对高度等于直径的圆柱形状的试验中获得。因此，对于较厚零件所需的密度，必须增加负载来弥补增加的容器壁的摩擦。当零件长径比为4∶1时，修正值应该约为25%。因此，要求的压实压力可以通过增加p_1值来获得，如图11.11a所示。p可以通过因子K，由基本压制后曲线来获得，而因子K可以由图11.11b获得。

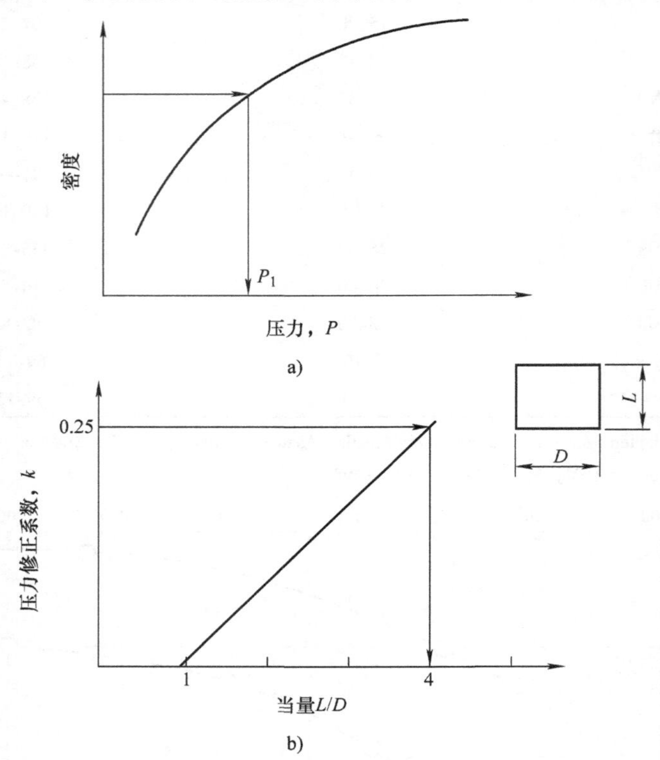

图11.11 增加零件厚度的压实压力的修正

$$K=\frac{0.25}{3}(L/D-1)\text{，当 } L/D>1 \text{ 时} \tag{11.2}$$

$$K=0\text{，当 } L/D<1 \text{ 时}$$

因此，要求的总压力 $$p=p_1(1+K) \tag{11.3}$$

对于非圆柱体零件，可以使用式（11.4）的等价L_e/D_e。

$$\frac{L_e}{D_e}=\frac{V}{2}\sqrt{\frac{\pi}{A^2}} \tag{11.4}$$

式中 V——零件体积；

A——在压制方向上的投影面积。

11.4.3 粉末压缩比

要求给出压制零件最终厚度的松散粉末深度（填充高度）是由所需密度的粉末压缩比来确定的，如图11.12所示。粉末的压缩比表示为：

$$k_r = \frac{\rho}{\rho_a} \tag{11.5}$$

式中　ρ_a——松散粉末的表观密度，它与混合物的粉末颗粒的大小和形状有关。

压缩比确定了最终零件所需的任何厚度变化的充填高度。

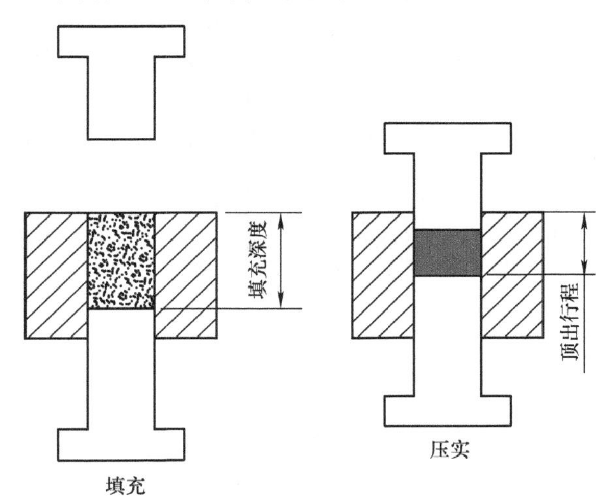

图 11. 12　粉末压实时的填充高度和顶出行程

（资料来源：Bradbury，S. *Powder Metallurgy Equipment Manual*，Metal Powder Industries Federation，Princeton，NJ，1986）

11. 5　粉末压制工具

维持相对均匀密度的要求意味着粉末冶金零件中不同厚度通常都必须由不同的运动冲模元素来压制。如果只有较小的厚度变化（<零件厚度的 15%），可以采用凸模表面开阶梯的方法来实现，当然会有一点密度均匀性的损失。各种机械装置都被用来实现压制工具必要的相对运动。

典型多层零件的成套工具的主要组成部分如图 11. 13 所示。该成套工具由一套模具及其一些辅助零件所组成。在模具内利用冲头零件的相对运动来压制粉末。零件上的通孔可由芯棒来形成，在压制周期内，芯棒与上凸模表面保持着同样的相对位置。其他辅助零件，如凸模座圈、芯棒夹和挡圈等，都是成套工具中的不可缺少的组成部分。

在压制周期里，凸模最初收回到某一位置以容纳松散粉末的填充，在填充时，下凸模的收回位置是由相应零件厚度与粉末压缩比 k_r 的乘积所确定的。填充之后，通过模具内各种凸模相互之间作相对运动，可以提供给零件各种厚度的相近压制密度。最后，在压制之后，“生坯”被顶出，压制循环重复下一个零件。

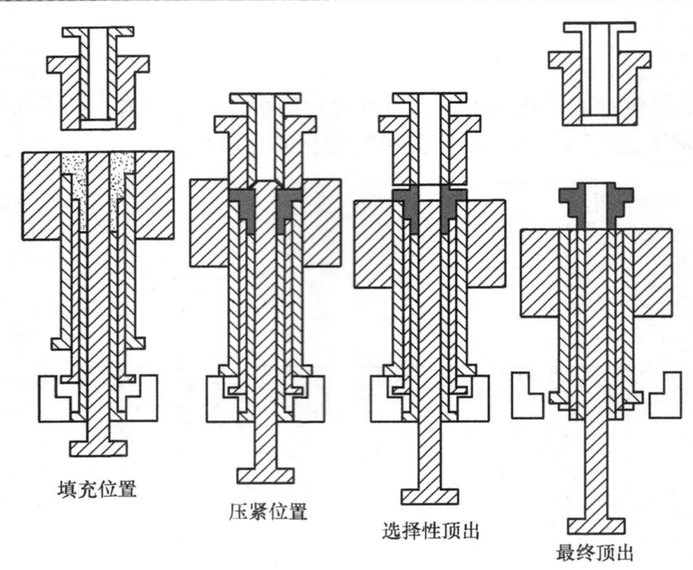

图 11.13 多层零件的典型压制工具的元素

（资料来源：Bradbury，S. *Powder Metallurgy Equipment Manual*，Metal Powder Industries Federation，Princeton，NJ，1986）

压制工具的复杂性和成本是随着零件中的层数或厚度变化的增加而增加，因为每个单独的层都必须由单独运动的凸模分别压制。很多压力机利用标准模具，再加上一个用合适的工具钢夹紧环固定的插入模。这些模具可以是可拆卸的，也可以是不可拆卸的。在这两种情况下，由于工具零件之间要求的间隙小，所以模具必须很好地导向。可拆卸的模具通常用于300t以上的压力机，因为超过了300t压力机的模具将会太大而不容易搬移。

11.5.1 压制模

模具控制零件的外缘形状可以包含几乎任何复杂细节。压制模通常是圆柱形的，其整体厚度取决于零件厚度和要求的粉末充填高度。模具表面必须高度耐磨，首选材料是硬质合金。然而，由于硬质合金成本是工具钢的10倍以上，模具的构造通常采用内镶硬质合金，镶块配合到工具钢环上。这个工具钢环有一个标准的外径，以适应在所使用的模具或压力机床身上的凹槽。可以安置在一个特殊压力机的压模嵌入件尺寸是有限制的。

对于特殊零件所要求的模具插入件尺寸取决于被压制件的形状。最好任何芯棒尽可能地靠近压力中心，对于具有多个通孔的零件，应该在模具中心上定位零件投影面积的质心。确定硬质合金插入件尺寸的一个基本的规则是将环绕零件的圆直径，对中在质心上，再加上额外数量的材料，如图 11.14 所示。通常是不少于10mm。作为一个实用的规则，外模环直径至少是硬质合金插入件的三倍。

11.5.2　压制凸模

对于每一层或每一厚度的零件而言，必需单独的凸模。这些凸模在压制期间彼此相对运动，较长的凸模穿过较短的凸模。凸模必须仔细研磨，以确保彼此精密配合和与模具内轮廓精密配合。凸模通常是由圆柱工具钢坯，通过车削、铣削、轮廓磨削和抛光等加工来制造。

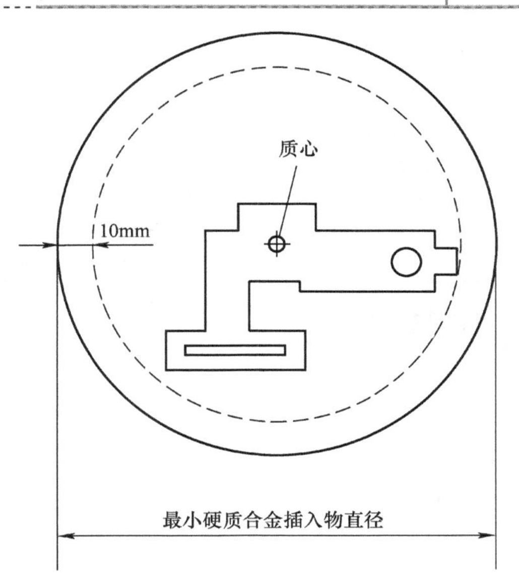

图 11.14　压制模插件尺寸

11.5.3　通孔芯棒

粉末冶金零件可以得到几乎所有轮廓的通孔，它能够很容易地获得其他工艺非常难以加工或加工成本很高的一些特征。

零件中的通孔可以用适当截面的芯棒来生产。芯棒是成套工具中最长的零件。它们可能有非常小的横截面，但是这样小的截面比较难以加工，而且制造成本高。此外，由于芯棒在压制过程中受到压应力，而在零件顶出时受到拉应力。小截面芯棒的使用寿命可能会因疲劳严重缩短。采用工具钢和硬质合金制造的芯棒的加工方法与凸模类似。在所有的情况下，都必须在凸模上加工芯棒通过的适当形状孔。

11.5.4　模具配件

所有的模具加工需要一些额外的配件，包括持有芯棒座、冲杆接头、挡圈和紧固件等。在一般情况下，它们都是用工具钢和其他合金钢生产的。

11.6　粉末冶金压力机

粉末冶金压力机可以是机械驱动或液压驱动的，主要区别在压力机的同时动作的数量。压力机的公称压力最高可达 25000kN（2800t）。单动压力机和工具仅限于从一边压制相对薄的单层零件。双动压力机和工具则允许两边压制零件。虽然两层零件最常压制加工，但各种成套工具机构允许多层零件的压制。能生产最复杂零件的多动压力机（可调整调挡圈）也是可以得到的。

11.6.1　选择合适压力机的因素

表 11.3 列出了粉末冶金压力机的一系列有代表性的相关数据。对于一个特定零件要确定合适压力机的主要项目如下：

垂直凸模的可能运动数量；机器的负载能力；最大可能填充高度；最大可能顶出行

程；可容纳的最大模具直径。

1. 凸模运动

有些机器只能在一个方向上施压，因此只能被用于相对较薄的单面零件。其他机器可以按从上面和下面使用单独的凸模同时施压，配合使用合适的工具，它们可以被用来产生多层的零件。

表 11.3 一些典型粉末冶金压力机的数据

压力机类型	公称压力/kN	最大行程速率/(次/min)	最小行程速率/(次/min)	最大填充高度/cm	最大模具插件直径/cm
SA	36	150	25	1.524	5.72
DA	45	90	15	3.810	7.30
SA	53	150	20	1.905	9.52
DA	89	60	10	5.080	11.18
DA	134	60	10	6.985	15.24
SA	142	100	15	1.905	13.34
DA	178	50	8	8.255	20.99
DA	267	50	8	8.255	20.32
SA	312	60	10	1.905	15.24
DA	400	40	7	11.430	15.24
DA	534	40	7	15.875	20.32
MA	534	40	7	15.875	20.32
DA	587	34	12	11.430	19.20
DA	890	30	7	15.875	20.32
DA	979	30	12	15.240	21.74
MA	1113	40	7	15.875	21.59
DA	1335	30	7	15.875	21.59
MA	1780	30	7	15.875	22.86
DA	1958	30	10	15.240	26.67
DA	2670	25	7	11.430	25.40
DA	3115	25	7	15.875	25.40
MA	4450	20	7	15.875	25.40
DA	4895	18	6	11.430	50.80

注：SA—单动；DA—双动；MA—多动。

2. 负载要求

零件要求的总负载是由把零件压制到要求密度所需的压力与在压制方向上零件的投影面积的乘积所确定的。压制压力的确定已在 11.4.2 节中讨论。

3. 填充高度

如图 11.14 所示的填充高度或填充深度是指压制后，给出零件厚度或需要的松散粉末高度。这个值是由所要求密度的松散粉末的可压缩性来确定的。填充高度是加工后的零件高度乘以材料的压缩比来获得，即：

$$h_f = tk_r \tag{11.6}$$

式中　t——零件厚度；

k_r——压缩比。

如果填充高度大于根据压制载荷来选择的压力机的最大值时，必须选择更大容量的机器。这对于具有相对小的截面积的厚零件来说是必要的。

4. 顶出行程

顶出行程等效于零件厚度加上上冲头压入模具中的距离，如图 11.12 所示。如果需要的顶出行程比根据压制载荷来选择的压力机可获得的行程更大的话，则应该使用更大容量的机器。但这个问题往往可以通过合适的工具设计来解决。因此，顶出行程不是压力机选择的一个主要决定性因素。

5. 最大模具直径

压力机和成套工具有一个可容纳的最大模具尺寸。对于特定零件所需的模具尺寸是由 11.5.1 节所介绍的方法来确定。如果所需的模具尺寸是大于根据压制载荷计算选择的压力机所使用的尺寸的话，必须使用更大容量的压力机，以容纳所需的模具尺寸。这对于具有大的外接圆直径，但在压制方向上有一个相对小的投影面积的零件可能是必需的。

11.6.2　用于整形、精整和复压的压力机

用于包括整形、精整和复压等二次压制操作的压力机与粉末冶金压力机是类似的。但粉末填充机构被零件装载系统所替代。这些操作比相似容量的粉末冶金压力机需要更短的行程，从而使周期更短。工具的设计也与压制类似，但由于要求的工作行程更短，所以冲头和芯棒的长度相当小。表 11.4 列出了在一个选定的范围内二次操作压力机的数据。选择这些压力机的方法与选择粉末冶金压力机的方法基本上是相同的，通常假设所需的载荷与压制载荷相同。

表 11.4　一些典型的整形和精整压力机数据

压力机类型	公称压力/kN	最大行程速率/(次/min)	最小行程速率/(次/min)	最大间隙高度/cm	最大模具插件直径/cm
DA	30	112	47	1.600	5.08
DA	45	200	50	1.600	5.08
DA	80	90	15	3.000	6.35
DA	134	200	50	2.540	7.62
DA	150	100	17	4.000	8.89

（续）

压力机类型	公称压力/kN	最大行程速率（次/min）	最小行程速率/（次/min）	最大间隙高度/cm	最大模具插件直径/cm
DA	267	60	10	3.810	11.43
DA	300	60	22	6.500	12.70
DA	356	150	30	4.140	15.24
DA	534	100	15	5.080	21.59
DA	890	60	10	5.080	20.32
DA	1000	50	17	7.500	20.32
DA	1780	60	10	5.080	20.32
DA	2500	30	5	10.000	20.32

注：DA—双动。

11.7 粉末冶金零件的形状

适合于粉末冶金工艺制造的零件一般是由一个或多个层级所构成，每个层级都具有一个平面的轮廓。每层的轮廓可能是复杂的，并包含复杂的形状特征。例如，齿轮轮廓可以很容易地生产。图 11.15 给出了一些典型的工业上常用的粉末金属零件。

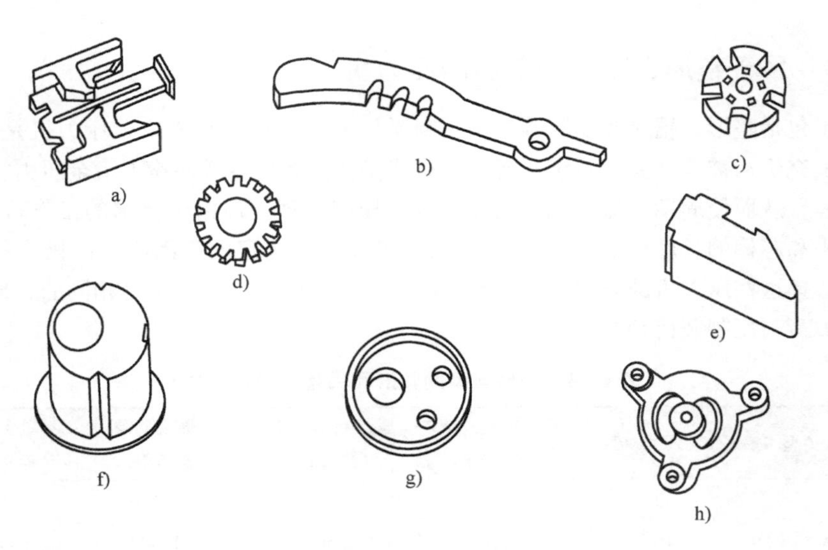

图 11.15 典型的粉末冶金零件

压制的主要目的是压缩粉末和取得压坯相对均匀的密度。薄型（<6mm）单层零件可以成功地从一侧只用一个凸模来压制，并只需要相对简单的单动压力机。小于零件

厚度 15% 的台阶可由凸模表面的台阶来完成，而没有太大的密度变化。更厚的单层零件需要从两侧，由两个凸模同时从上面和下面进行压制。而多层零件的每一层都需要一个单独的运动凸模去压制。这些零件需要更复杂的工具和具有多动压制功能的压力机。在一个模具中可容纳的单独运动的凸模数量是有限制的，零件的每边最多只能有三层，才能生产出来。大多数零件的每边层数都小于 3，如图 11. 16 所示。通孔也可以在压制过程中形成，每个孔需要一个单独的芯棒，它通过模具中的凸模。

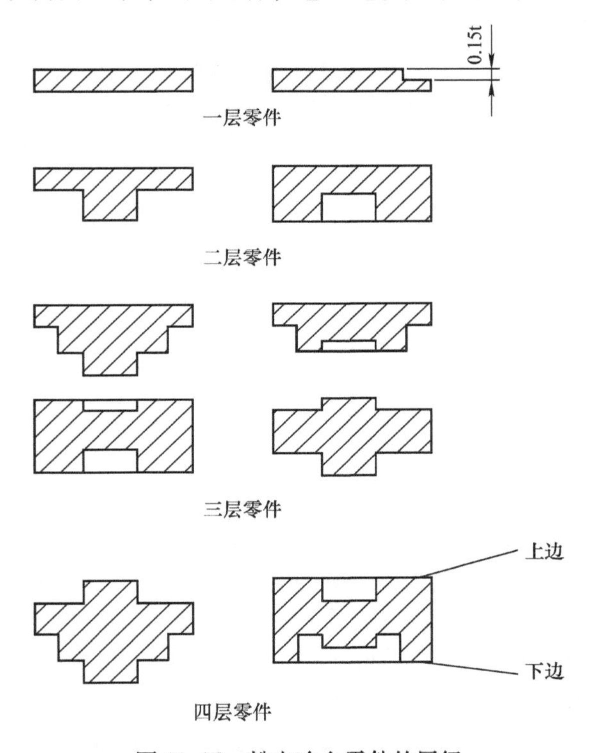

图 11. 16　粉末冶金零件的层级

工具成本将随着零件层数和通孔的数量的增加而增加。小尺寸的芯棒刚度差，它们的存在往往会增加工具的维护成本。

美国金属粉末工业联合会[9]（MPIF）把零件的复杂程度分为如下四级：

Ⅰ级—— 任何轮廓的一层薄型零件；

Ⅱ级——任何轮廓的一层厚型零件；

Ⅲ级——任何厚度和轮廓的两层零件；

Ⅳ级——任何厚度和轮廓的多层零件。

表 11. 5 表示压制这些类的零件的压力机要求。然而，考虑零件轮廓复杂性和芯棒数量将会增加工具的复杂性。

表 11.5 美国金属粉末工业联合会零件分类的压力机要求[1]

零件级别	层数	压力机动作
Ⅰ	1	单动
Ⅱ	1	双动
Ⅲ	2	双动
Ⅳ	>2	双动或多动

几乎任何形状的复杂轮廓都可以通过零件外部轮廓、类似的通孔和单独的层来获得。轮廓复杂性增加的迹象指示可以由一个合适的复杂性因子来决定。表示轮廓复杂性的关系可以用周长与含有相同面积的圆周长之比来表示。这是包含相同的面积的最短周长，也就是

$$F_c = \frac{P_r}{2\sqrt{(\pi A)}} \tag{11.7}$$

式中 F_c——是复杂性因子；

P_r——轮廓周长；

A——包含在周长内的面积。

11.8 烧结设备的特点

烧结是一种工艺过程，在此期间，粉末颗粒以低于主要成分元素的熔点温度粘结在一起。为了获得所需的材料性能，压坯所处的气氛被加热到规定的温度（烧结温度），并在该温度下保持一段规定的时间（烧结时间）。在正常情况下，为了烧掉添加到压坯中用于协助压实的润滑剂，在烧结阶段之前应该使用一个预加热阶段，同时也还需要一个控制冷却阶段。表 11.6 给出了一些主要加工材料类型的典型烧结温度和烧结时间。

表 11.6 对不同材料的典型烧结温度和时间

材料类型	烧结温度/℃	烧结时间/min
青铜	815	15
铜	870	25
铝	600	20
黄铜	870	20
铁基	1150	25
镍	1040	38
不锈钢	1150	40
铁氧体	1370	10 ~ 600
硬质合金	1460	90

（续）

材料类型	烧结温度/℃	烧结时间/min
钼	2050	120
钨	2350	480
钽	2400	480
钛	1200	120

用于烧结的炉子可分为两种主要类型：连续流动式炉和间歇式炉。当生产率要求高时，连续流动式炉因为首选，因为它可能达到很高的生产速率。然而，当要求很高的温度或非常纯净的大气条件时，可能需要使用间歇式炉（表11.7）。

表11.7　烧结炉的典型操作温度

炉子类型	最高操作温度/℃
连续流动式	
网带式	1150
推杆式	1150
辊道式	1150
步进梁式	1650
间歇式	
钟罩式	2800
厢式	2800
真空式	2800

1. 连续流动式炉

图11.17给出了平时经常使用的四种不同类型的连续流动式炉：网带式炉、辊道式炉、推杆式炉和步进梁式炉。表11.8列出了一些商用连续流动式炉的基本特征。网带式炉的应用最广泛，特别是对于小型零件，主要是因为它容易在整个炉内保持一致的温度区间。零件可以直接放置在网带上或网带上的薄陶瓷或石墨板上。网带式炉对于带上的负载最高温度有限制，带上的负载通常小于20lb/ft^2（73.34kg/m^2），最高温度通常为1150℃。

在辊道式炉中，零件被放置到托盘上通过辊道驱动。这些炉具有很大的容量，可以比输送带式加热炉携带更多的负荷。最高温度被限制在大约1150℃（2100°F）。在推杆式炉中，零件被放置在托盘或陶瓷板上，它们是由固定式炉来推动。生产速率一般较低，但这些炉子可以在更高的温度1600℃（3000°F）下工作。在梁式炉中，零件被放置在陶瓷载体板上，并且通过步进梁机构在炉内移动。这些炉具有很高的负载能力，可以比网带式炉维持更高的温度，最高温度可达1600℃（3000°F）。

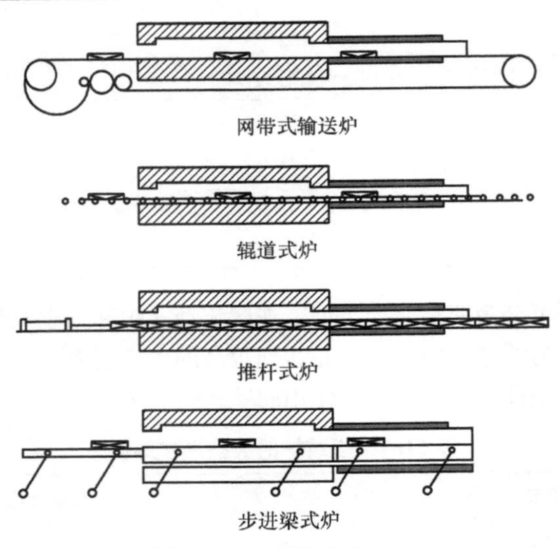

图 11.17 连续流动式炉

（资料来源：Bradbury，S. *Powder Metallurgy Equipment Manual*，Metal Powder Industries Federation，Princeton，NJ，1986）

表 11.8 典型连续炉数据

炉子类型	最高炉温/℃	最大加热区长度/m	总长/m	送料器宽度/cm	炉口高度/cm	负载能力/(kg/m^2)	操作成本/(美元/h)
网带式	1150	0.91	4.57	15.24	7.62	73.24	100
网带式	1150	1.83	9.14	30.48	10.16	73.24	120
网带式	1150	2.44	12.19	45.72	15.24	73.24	144
网带式	1150	3.05	14.78	60.96	15.24	73.24	170
网带式	1150	3.66	14.78	60.96	15.24	73.24	180
网带式	1150	4.57	15.54	66.04	15.24	73.24	216
网带式	1150	5.49	17.17	60.96	15.24	73.24	240
梁式	1204	2.23	8.03	30.48	15.24	244.15	156
梁式	1232	3.05	13.11	60.96	15.24	244.15	192
梁式	1232	3.66	15.54	43.18	12.70	244.15	240
梁式	1371	4.27	18.59	38.10	10.16	244.15	300
梁式	1371	9.14	24.54	76.20	10.16	244.15	300
推杆式	1399	1.52	4.82	20.32	7.62	97.66	120
推杆式	1427	2.44	7.32	30.48	10.16	97.66	168
推杆式	1427	3.05	10.06	30.48	10.16	97.66	240

大多数连续流动式炉被分为三个区域：烧化区、烧结或高热区和冷却区。通过炉子的零件的典型温度曲线如图 11.18 所示。在烧化区，维持着 650～950℃ 的中等温度。该区域的目的是在最后烧结发生之前，去除任何残留在压坯中的润滑剂等物质。在烧结

区，零件必须维持在烧结温度上一段时间，该时间等于适合零件材料的烧结时间。这两个参数就可以决定零件速度，零件以这个速度通过炉子，而考虑炉子输送带的整个宽度上可容纳的零件数量，就可以确定零件的整体通过量了。

在冷却区，零件被维持在一个可控气氛里，直到温度足够低，以防止零件卸下后，暴露在空气中出现氧化。

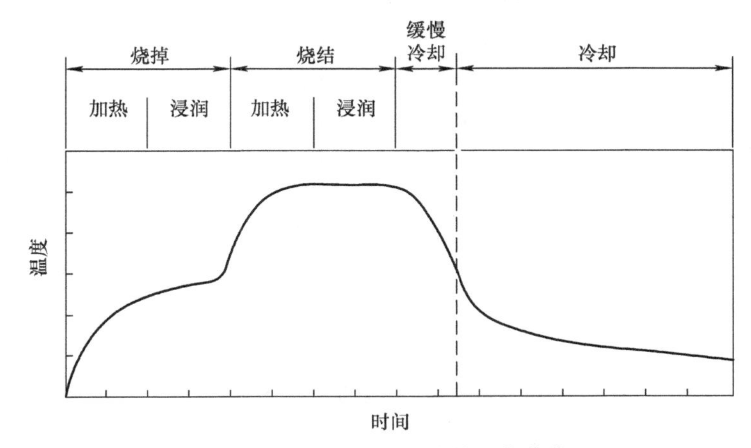

图 11. 18　连续流动式炉的温度曲线

（资料来源：Bradbury，S. *Powder Metallurgy Equipment Manual*，Metal Powder Industries Federation，Princeton，NJ，1986）

间歇式炉通常比连续流动式炉具有更高的操作温度（表 11. 7），但生产率相对较低。间歇式炉有这两个主要类型：钟罩式（图 11. 19）和厢式。在这两种情况下，成批的零件被层叠在炉基座上，当它们被装入炉之前。大多数真空炉也是属于间歇式炉，仅有很少一些连续流动真空炉在使用。

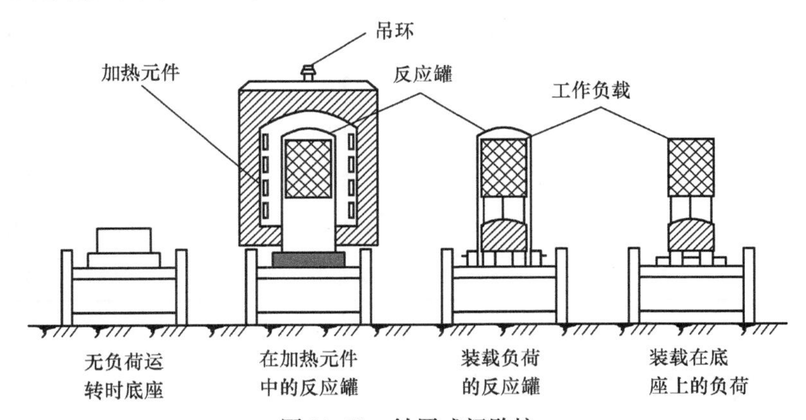

图 11. 19　钟罩式间歇炉

（资料来源：Bradbury，S. *Powder Metallurgy Equipment Manual*，Metal Powder Industries Federation，Princeton，NJ，1986）

间歇式炉的周期长，可达10h或更多。图11.20显示了一个典型的间歇式真空炉的加热和冷却周期。零件必须保持适合的烧结温度和烧结时间。然而，时间是由间歇式炉的较长加热和冷却时间所决定的。表11.9显示了一系列商业间歇式炉的参数。

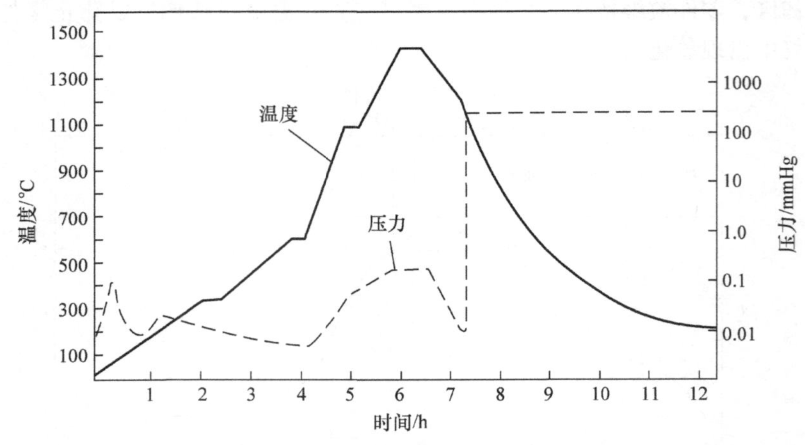

图11.20 加热和冷却周期为一个真空批量炉

（资料来源：Bradbury，S. Powder Metallurgy Equipment Manual，Metal Powder Industries Federation，Princeton，NJ，1986）

表11.9 典型间歇式烧结炉数据

炉 型	最高温度/℃	加热空间尺寸			操作成本/（美元/h）
		长/m	宽/m	高/m	
真空式	1316	0.36	0.20	0.15	96
真空式	1316	0.61	0.46	0.23	108
真空式	1316	0.91	0.61	0.51	120
真空式	1316	1.22	0.90	0.61	168
钟罩式	1538	1.22	1.75	1.75	216
厢式	1528	1.22	1.22	1.40	240
钟罩式	1316	1.22	1.22	1.22	216
真空式	1316	1.22	0.70	0.70	260

11.9 粉末金属加工用材料

几乎所有的金属和一些陶瓷都可以制成粉末，并使用基本粉末冶金方法来加工成零件。最经常使用的金属材料组别为碳素钢、合金钢、不锈钢、铜合金和铝合金。表

11.10 列出了利用粉末冶金方法加工的一些基本组材料。美国金属粉末工业联合会（MPIF）已建立的一系列的标准结构材料[5]，包括铁、碳素钢、铜钢、镍钢、低合金钢、渗铜钢、不锈钢、黄铜、青铜、镍银材料。此外，还有一系列的标准自润滑轴承材料[6]。美国金属粉末工业联合会尚未建立铝合金标准，但相关的行业标准可以帮助设计师选择这些材料。

表 11.10　粉末材料的主要类型

铁和碳钢①
铁铜和碳钢①
铁镍和镍钢①
合金铁和工具钢①
不锈钢①
渗铁、钢和其他金属（用铜①等）
黄铜、青铜、镍银（结构应用①）
铝和铝合金
难熔金属（钨、钼、铌、钽等）
高温合金（铁、镍和钴基）
自润滑轴承材料①
其他有色金属
金属间化合物（包括与金属的混合物）
非金属和金属/非金属混合物

①代表基于 MPIF 标准材料类

估计粉末冶金零件的加工成本需要重要的材料参数数据库。表 11.11 ~ 表 11.13 给出了三种重要的标准材料类别的参数。表 11.11 涵盖了美国金属粉末工业联合会（MPIF）标准铁和碳素钢。表中所给出的密度和压实压力这两种数值可以推导出压实压力和密度之间的一个幂函数关系，正如 11.4.2 节中所阐述的那样。

表 11.12 给出了 MPIF 指定的标准渗铜钢参数。在这种情况下，列出的零件密度是渗透密度，但压力数据是对应于渗入之前的铁基骨架材料的。最终零件的渗入材料的质量百分比用做每种材料的参数。

表 11.13 列出了一些标准的自润滑轴承材料的相关参数。在这种情况下，所给出的密度与油浸渍后的湿密度。对于每种材料都给出了渗油含量的体积。压实的数据再次对应于浸渍之前的基材。

表 11.11　美国金属粉末工业联合会(MPIF)标准铁和碳素钢粉末金属材料的数据

材料型号	材料状态(AS 或 HT)	屈服强度/MPa	抗拉强度/MPa	零件密度/(g/cm³)	成本/(美元/kg)	烧结温度/℃	烧结时间/min	理论密度/(g/cm³)	表面密度/(g/cm³)	密度(A)/(g/cm³)	压力/(A)/MPa	密度(B)/(g/cm³)	压力(B)/MPa
F-0000-10	AS	89.6	124.1	6.10	0.84	1121	25	7.87	2.95	6.00	234.4	7.00	551.6
F-0000-15	AS	124.1	172.4	6.70	0.84	1121	25	7.87	2.95	6.00	234.4	7.00	551.6
F-0000-20	AS	172.4	262.0	7.30	0.84	1121	25	7.87	2.95	6.00	234.4	7.00	551.6
F-0005-15	AS	124.1	165.5	6.10	0.84	1121	25	7.87	2.95	6.00	234.4	7.00	551.6
F-0005-20	AS	158.6	220.6	6.60	0.84	1121	25	7.87	2.95	6.00	234.4	7.00	551.6
F-0005-25	AS	193.1	262.0	6.90	0.84	1121	25	7.87	2.95	6.00	234.4	7.00	551.6
F-0005-50HT	HT	413.7	413.7	6.60	0.84	1121	25	7.87	2.95	6.00	234.4	7.00	551.6
F-0005-60HT	HT	482.6	482.6	6.80	0.84	1121	25	7.87	2.95	6.00	234.4	7.00	551.6
F-0005-70HT	HT	551.6	551.6	7.00	0.84	1121	25	7.87	2.95	6.00	234.4	7.00	551.6
F-0008-20	AS	172.4	200.0	5.80	0.84	1121	25	7.87	2.95	6.00	234.4	7.00	551.6
F-0008-25	AS	206.9	241.3	6.20	0.84	1121	25	7.87	2.95	6.00	234.4	7.00	551.6
F-0008-30	AS	241.3	289.6	6.60	0.84	1121	25	7.87	2.95	6.00	234.4	7.00	551.6
F-0008-35	AS	275.8	393.0	7.00	0.84	1121	25	7.87	2.95	6.00	234.4	7.00	551.6
F-0008-55HT	HT	448.2	448.2	6.30	0.84	1121	25	7.87	2.95	6.00	234.4	7.00	551.6
F-0008-65HT	HT	517.1	517.1	6.60	0.84	1121	25	7.87	2.95	6.00	234.4	7.00	551.6
F-0008-75HT	HT	586.1	586.1	6.90	0.84	1121	25	7.87	2.95	6.00	234.4	7.00	551.6
F-0008-85HT	HT	655.0	655.0	7.10	0.84	1121	25	7.87	2.95	6.00	234.4	7.00	551.6

(资料来源:MPIF Standard No. 35, *Material Standards for P/M Structural Parts*, Metal Powder Industries Federation, Princeton, Princeton, NJ, 2007)

表11.12　美国金属粉末工业联合会(MPIF)渗铜钢的数据

材料型号	材料状态(AS或HT)	屈服强度/MPa	抗拉强度/MPa	零件密度/(g/cm^3)	原料成本/(美元/kg)	烧结温度/℃	烧结时间/min	理论密度/(g/cm^3)	表面密度(g/cm^3)	密度(A)/(g/cm^3)	压力(A)/MPa	密度(B)/(g/cm^3)	压力(B)/MPa	渗透剂含量(质量分数,%)	渗透剂密度/(g/cm^3)	渗透剂成本/(美元/kg)
FX1000-25	AS	220.6	351.6	7.30	0.84	1121	25	7.87	2.95	6.00	234.4	7.00	551.6	11.5	8.86	3.53
FX1005-40	AS	334.8	530.9	7.30	0.84	1121	25	7.87	2.95	6.00	234.4	7.00	551.6	11.5	8.86	3.53
FX1005-110HT	HT	827.4	827.4	7.30	0.84	1121	25	7.87	2.95	6.00	234.4	7.00	551.6	11.5	8.86	3.53
FX1006-50	AS	423.7	599.0	7.30	0.84	1121	25	7.87	2.95	6.00	234.4	7.00	551.6	11.5	8.86	3.53
FX1008-110HT	HT	827.4	827.4	7.30	0.84	1121	25	7.87	2.95	6.00	234.4	7.00	551.6	11.5	8.86	3.53
FX2000-25	AS	255.1	317.2	7.30	0.84	1121	25	7.87	2.95	6.00	234.4	7.00	551.6	20.0	8.86	3.53
FX2000-45	AS	413.7	517.1	7.30	0.84	1121	25	7.87	2.95	6.00	234.4	7.00	551.6	20.0	8.86	3.53
FX2000-90HT	HT	689.5	689.5	7.30	0.84	1121	25	7.87	2.95	6.00	234.4	7.00	551.6	20.0	8.86	3.53
FX2008-60	AS	482.6	551.6	7.30	0.84	1121	25	7.87	2.95	6.00	234.4	7.00	551.6	20.0	8.86	3.53
FX2008-90HT	HT	689.5	689.5	7.30	0.84	1121	25	7.87	2.95	6.00	234.4	7.00	551.6	20.0	8.86	3.53

(资料来源:MPIF Standard No. 35, *Material Standards for P/M Structural Parts*, Metal Powder Industries Federation, Princeton, Princeton, NJ, 2007)

表 11.13 美国金属粉末工业联合会(MPIE)标准自润滑轴承材料的部分数据

材料型号	材料状态(HT或AS)	抗拉强度/MPa	零件密度/(g/cm³)	材料成本/(美元/kg)	烧结温度/℃	烧结时间/min	理论密度/(g/cm³)	表面密度/(g/cm³)	密度A/(g/cm³)	压力A/MPa	密度B/(g/cm³)	压力B/MPa	含油量(质量分数,%)
CT-1000-K19 bronze	AS	131.0	6.2	3.40	827	15	8.71	3.40	5.90	68.9	7.65	413.7	24.0
CT-1000-K26 bronze	AS	179.3	6.6	3.40	827	15	8.71	3.40	5.90	68.9	7.65	413.7	19.0
CT-1000-K37 bronze	AS	255.1	7.0	3.40	827	15	8.71	3.40	5.90	68.9	7.65	413.7	12.0
CTG-1001-K17 bronze	AS	117.2	6.2	3.24	827	15	8.69	3.40	5.90	68.9	7.65	413.7	22.0
CTG-1001-K23 bronze	AS	158.6	6.6	3.24	827	15	8.69	3.40	5.90	68.9	7.65	413.7	17.0
CTG-1001-K33 bronze	AS	227.5	7.0	3.24	827	15	8.69	3.40	5.90	68.9	7.65	413.7	9.0
CTG-1004-K10 bronze	AS	68.9	6.0	3.20	827	15	8.63	3.40	5.90	68.9	7.65	413.7	11.0
CTG-1004-K15 bronze	AS	103.4	6.4	3.20	827	15	8.63	3.40	5.90	68.9	7.65	413.7	7.0
F-0000-K15 iron	AS	103.4	5.8	0.84	1121	25	7.86	2.95	6.00	234.4	7.65	551.6	21.0
F-0000-K23 iron	AS	158.6	6.2	0.84	1121	25	7.86	2.95	6.00	234.4	7.65	551.6	17.0
F-0005-K20 Fe-C	AS	137.9	5.8	0.84	1121	25	7.86	2.95	6.00	234.4	7.65	551.6	21.0
F-0005-K28 Fe-C	AS	193.1	6.2	0.84	1121	25	7.86	2.95	6.00	234.4	7.65	551.6	17.0

(资料来源:MPIF Standard No. 35, *Material Standards for P/M Self-Lubricating Bearings*, Metal Powder Industries Federation, Princeton, NJ, 1998)

11.10　基本粉末冶金制造成本的组成

由粉末冶金方法所生产的零件总制造成本是由材料成本再加上与加工序列操作有关的成本所确定的。一般来说，这些过程可以单独处理。零件成本将随着几何复杂程度的增加而增加，但也随着所需的强度性能和密度的增加而增加，这可能会涉及如图 11.21 所示的次级加工。加工成本的讨论最初将集中在基本结构材料上，对于浸渍材料和自润滑轴承材料所进行的必要修改将在稍后讨论。

11.10.1　材料成本

粉末冶金零件的材料成本包括原始粉末成本、添加到混合物中的润滑剂成本以及在加工过程中的材料损失余量的成本。在本行业中，粉末损失率通常为 2% ~3%。根据应用的需要，粉末混合物可以由基本粉末或预制合金粉末所组成。对一些标准的材料，预先混合的粉末可以从供应商那里获得。如同大多数原材料一样，实际的成本严重依赖于所订购的数量。每个零件的材料成本都可以通过零件的重量、单位重量的材料的成本以及加工期间 2% 的粉末损失率来确定。在数据库中的每单位重量材料成本包括的混合和处理成本。混合的总成本通常较小，其典型范围为 0.09 ~0.13 美元/kg。因此，基本的粉末冶金零件材料成本可以由式（11.8）给出：

$$C_m = V\rho(1 + l_p)C_p \tag{11.8}$$

式中　V——零件体积；

ρ——零件密度；

l_p——加工过程中的粉末损耗率，通常为 0.02；

C_p——包括混合成本在内的单位重量材料的成本。

它们在表 11.11、表 11.12 和表 11.13 中给出。

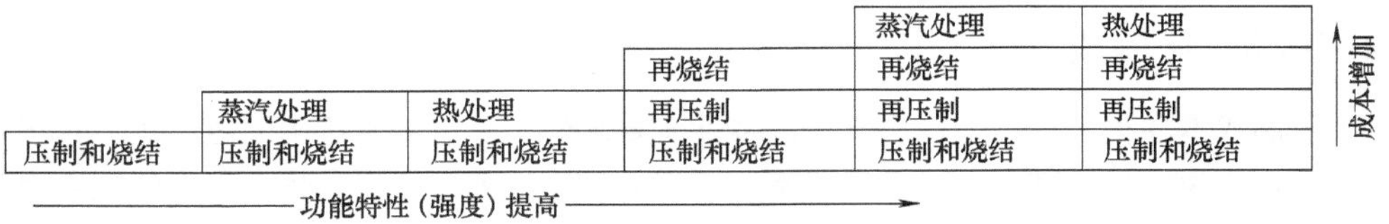

				蒸汽处理	热处理
			再烧结	再烧结	再烧结
	蒸汽处理	热处理	再压制	再压制	再压制
压制和烧结	压制和烧结	压制和烧结	压制和烧结	压制和烧结	压制和烧结

成本增加 ↑

——功能特性（强度）提高→

图 11.21　增加零件材料特性的相关成本

（资料来源：Fumo，A. Early Cost Estimating for Sintered Powder Metal Components，M. S. Thesis，Department of Industrial and Manufacturing Engineering，University of Rhode Island，Kingston，1988）

实　　例

考虑如图 11.22 所示的双层零件。该零件的近似体积为 4.97cm^3。假设零件的材料为 F-0005-20，那么，零件的最终密度为 6.60g/cm^3，材料成本为 0.84 美元/kg（表 11.11）。因此，该零件的材料成本是：

$$C_m = 4.97 \times 6.6 \times (1 + 0.02) 0.84/10 \text{ 美分} = 2.8 \text{ 美分}$$

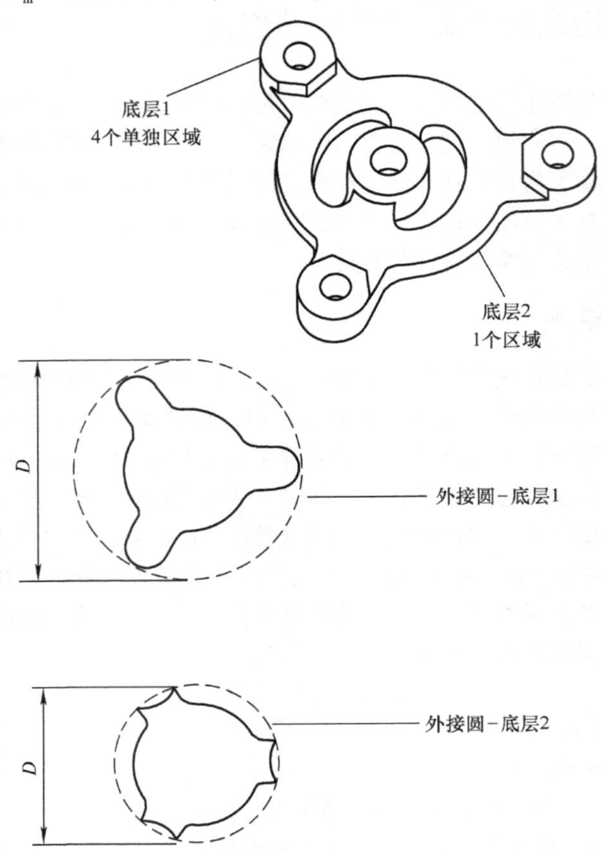

图 11.22　典型的两层粉末金属零件

11.10.2　压制成本

压制成本在很大程度上取决于压制零件所要求的工具以及所使用的压力机。对于每一批零件来说，也还需要一个设置成本。所需的压力机类型和容量是由零件的复杂程度和需要的压力所决定的。工具成本也由零件的复杂程度所决定。

1. 压力机选择

压力机必须满足零件的压实要求。对于一个特定零件，确定合适的压实压力机的主要特点如下：

① 可能的垂直冲模运动的数量；

② 机器的负荷能力；

③ 最大可能的填补高度；

④ 可以容纳的最大模具直径。

压力机载荷可以通过将所需的压实压力乘以零件的投影面积来获得。如果能够容纳所要填充高度和模具尺寸，再加上一个超出的余量，一般选 10%，就可以选用。如果可以，就需要选择一个更大载荷的压力机，以提供更大的填充高度或模具尺寸。

可以直接根据零件密度确定压实压力，除非要求复压和复烧结。一个基本的规则是，如果要求密度大于 89% 的等效锻造材料密度的话，就应该使用复压。

假定初始压实压力对应于锻造材料密度的 89%。随后是预烧结和复压。一般假定复压负载和初始压力相同。

对于所选择的压力机，压制成本是由每个零件的周期与单位时间的操作成本的乘积所确定的。该操作成本包括人力成本和间接成本。循环时间可以从以下常见应用规则中进行估计：

行程速率按下面情况选取：对于零件的每一层为最大压力机速率减去 10%；当大于 1 层时，每 13mm 的填充深度减去 15%；当大于 13mm 时，减去最大负载能力所要求的 50%。

如果得到的值小于所选择的压力机的最小行程速率，那么就使用这个最小速率。压力机的每个周期生产一个零件。

实　例

对于如图 11.22 所示的零件，假设是由 F-0005-20 低碳钢制造而成，请确定下面的参数。

零件的投影面积为 7.02cm^2，根据表 11.11，可以定义如下的 F-0005-20 材料的压制特点：

密度（A）6.00g/cm^3，压力 234.4MPa，

密度（B）7.00g/cm^3，压力 551.6MPa。

假设压实压力为 $p = A\rho^b$，那么对这些值，$p = 0.01\rho^{5.558}$。对于一个密度为 6.6g/cm^3 的零件，其相应的压实压力为 $0.011 \times 6.6^{5.558} = 395\text{MPa}$。在这种情况下，对于零件厚度无需修改。要求的压制负荷为 $7.02 \times 395/10\text{kN} = 277\text{kN}$。因此，假定安全余量为 15%，则要求的压力机载荷为 320kN。从表格 11.3 来看，提供这个负载的最小压力机为 400kN，并具有以下特点：

最大填充高度 11.43cm

最大模具插件直径 15.24cm

它们必须按照零件的要求进行检查。要求的充填高度可以由下式给出

粉末压缩比 $= 6.6/2.95 = 2.24$

零件厚度 = 8.89mm，要求的充填高度 $= 8.89 \times 2.24/10\text{cm} = 2.0\text{cm}$

要求的模具插件尺寸可以通过下面的计算获得：零件的封闭圆直径为 4.76cm。因此，要求的插件直径为 $(4.76 + 2.0) \times 3\text{cm} = 20.3\text{cm}$。于是必须使用一个更大的压力机，才能够容纳这个模具插件的尺寸，由表 11.3 可以查到该压力机的以下特点：

负载容量：534kN；

最大行程速率：每分钟 40 次；

最小行程速率：每分钟 7 次；

操作成本：63 美元/h。

该零件的压力机的行程速率然后可以由下式求出

$$40\times(1-0.1-0.05-0.5\times277/534)=24\ \text{行程/min}$$

因此，每个零件的压制周期时间为 60/24 = 2.54s，通过它可以求得压制成本为 $63\times2.54/3600=0.04$ 美元/件。

2. 设置成本

随着零件的层级和复杂性增加，由于需要更复杂的工具，从而需要更多调整时间，而使得每批零件的设置成本也增加。用于估计设置时间的规则如下：

$$\text{设置时间}=1\text{h}+1\text{h}(\text{当每一层大于 1 时每层需增加})+1\text{h}(\text{当厚度公差}\leqslant0.25\text{mm 时})\tag{11.9}$$

然后，用设置时间乘以单位时间的压力机成本，除以所生产零件的批量数就可以确定单个零件的设置成本了，作为一个示例，考虑图 11.22 所示的零件，这个零件有两层，假设在压实方向没有太小的公差，设置时间估计是 2h。因此，假设一批零件的数量为 24，000 件，则每个零件的设置成本是：

$$2\times100\times63/24000\ \text{美分/件}=0.53\ \text{美分/件}$$

11.10.3 压制工具成本

粉末压制的总工具成本主要由下面三个要素决定：

① 模具、冲模和零件要求的芯棒的初始工具成本。

② 模具配件的成本，包括冲模固定板、芯棒固定板、送粉装置等。

③ 工具更换成本，尤其是在冲模和芯棒，在实践中它们的寿命相对较短。

模具寿命通常很高（ >50 万件），但型芯和冲模可能需要更加频繁的更换，尤其是如果它们横截面较小的时候。小尺寸通孔的型芯和小宽度台阶的冲模比较脆弱，需要更频繁地更换并增加维护。

在这三个成本中，每个成本主要是由该零件的尺寸和复杂性所决定，其次是由零件压制所需要的压力机所决定。

1. 初始工具成本

压制一个零件的初始工具成本可以分成工具材料成本和工具制造成本。

2. 工具材料成本

工具材料成本可以由一些通用的设计规则所确定[10]。这些规则的基础是行业公认的惯例，利用这些规则能够估计大量所需要的工具材料。进行估计时所需要的基本信息如下：

填充高度：h_f

整个零件的封闭直径：D。

单独层的封闭直径：D_{li}，$i=1，2，3\cdots$

对于模具，可按下面计算：

模具厚度：$t = h_f + 17.8\text{mm}$

硬质合金插件直径：$D_c = D_o + 20\text{mm}$

模具模套直径取 $3D_c$ 或取对应的压力机凹槽的尺寸。

根据这些数据，所需材料的体积就很容易被确定：

$$\text{硬质合金插件成本} = \frac{\pi D_c^2 t C_c}{4} \tag{11.10}$$

式中 C_c——每单位体积的硬质合金成本，通常为 1.22 美元/cm^3。

$$\text{工具钢模套的成本} = \frac{\pi(D_d^2 - D_c^2) t\rho_t C_t}{4} \tag{11.11}$$

式中 D_d——所选择压力机的模套直径；

ρ_t——工具钢密度，7.86g/cm^3（0.283lb/in^3）；

C_t——工具钢成本，通常为 17.6 美元/kg。

对于单独的下冲模，冲模长度可以由式（11.12）求得：

$$\left.\begin{aligned} L_1 &= h_f + 88.9\text{mm} \\ L_2 &= h_f + 119.4\text{mm} \\ L_3 &= h_f + 127.0\text{mm} \end{aligned}\right\} \tag{11.12}$$

每个冲模的毛坯直径为 $D_{pi} = D_{li} + 38.1\text{mm}$，这里 D_{li} 是冲模表面封闭圆直径。

类似地，对于单独的上冲模（通常大于 2），其长度可以由式（11.13）给出：

$$\left.\begin{aligned} U_1 &= 0.5h_f + 68.6\text{mm} \\ U_2 &= 0.5h_f + 87.4\text{mm} \end{aligned}\right\} \tag{11.13}$$

每个凸模的毛坯直径 $D_{pi} = D_{li} + 38.1\text{mm}$。

下面的基本规则可以用于确定对应于每层的冲模：

① 最长的冲模对应于具有最小封闭圆直径的层，最短的冲模对应于具有最大封闭圆直径的层。

② 如果两个层具有相同的封闭圆直径，则具有最小封闭面积的层对应最长的冲模。

再从这些数值就可以估计冲模材料的体积。冲模材料成本可以由式（11.14）求得：

$$\text{材料成本} = \frac{\pi D_{pi}^2 L_i \rho_t C_t}{4} \tag{11.14}$$

式中 D_{pi}——冲模毛坯直径；

L_i——冲模长度（从 L_1 到 L_3，U_1，U_2）。

实　例

对于考虑的实例零件，要求有一个上冲模和两个下冲模，具有六个单独的芯棒通过冲模。

填充高度 = 20mm

整个零件的封闭直径 47.6mm

低层 1 的外接圆直径 = 47.6mm

低层 2 的外接圆直径 = 18.1mm

根据这些数据，对于模具材料成本，可以求得下列参数：

模具厚度 = (20 + 17.8) mm = 37.8mm

硬质合金插件直径 = (47.6 + 20) mm = 67.6mm

对应于选定压力机的模套直径 = 20.32cm

硬质合金插件材料成本 = $\pi \times 67.6^2 \times 37.8 \times 1.22/4000 = 165.5$ 美元

模套材料成本 = π $(203.2^2 - 67.6^2) \times 37.8 \times 7.86 \times 17.6/(4 \times 10^6) = 19.18$ 美元

对于冲模材料成本，可以求得下列参数：

上冲模的长度 = (0.5 × 20 + 68.6) mm = 78.6mm

下冲模 1 的长度 = (0.5 × 20 + 88.9) mm = 98.9mm

下冲模 2 的长度 = (0.5 × 20 + 119.4) mm = 129.4mm

上冲模的毛坯直径 = (47.6 + 38.1) mm = 85.7mm

下冲模 1 的毛坯直径 = 85.7mm

下冲模 2 的毛坯直径 = (38.1 + 38.1) mm = 76.2mm

这些冲模的材料成本如下：

上冲模成本 = $\pi \times 85.7^2 \times 78.6 \times 7.86 \times 17.6/(4 \times 10^6) = 62.76$ 美元

下冲模 1 成本 = $\pi \times 85.7^2 \times 98.9 \times 7.86 \times 17.6/(4 \times 10^6) = 78.92$ 美元

下冲模 2 成本 = $\pi \times 76.2^2 \times 129.4 \times 7.86 \times 17.6/(4 \times 10^6) = 81.63$ 美元

3. 工具制造成本

估算工具元件制造成本的方法是考虑生产每个工具元件所需的加工操作，然后利用第 7 章中所给出的估计方法，开发出加工与轮廓复杂性和其他几何特性相关的每个元素的时间表达式[10]。然后，制造成本可以通过将制造时间乘以一个适当的工具车间成本费率来确定。

4. 模具

模具轮廓被假定是采用电火花线切割（EDM）来进行加工，然后精加工，并研磨冲模。图 11.23 给出了一个典型的电火花线切割（EDM）切削时间与模具厚度之间的关系。下面的表达式可以用来估计加工和精加工时间：

$$\text{电火花切削时间} = \left[1.6 + \frac{P_r \times e^{(0.5t/25.4+3)}}{60 \times 25.4}\right]\text{h} \tag{11.15}$$

$$\text{完成时间} = \left(1.0 + \frac{P_r F_c t}{25.4^2}\right)\text{h} \tag{11.16}$$

式中 F_c——整个零件外部轮廓的复杂性因子。

实 例

以实例零件作为例子，求得下列参数：

零件投影面积 = 7.02cm^2

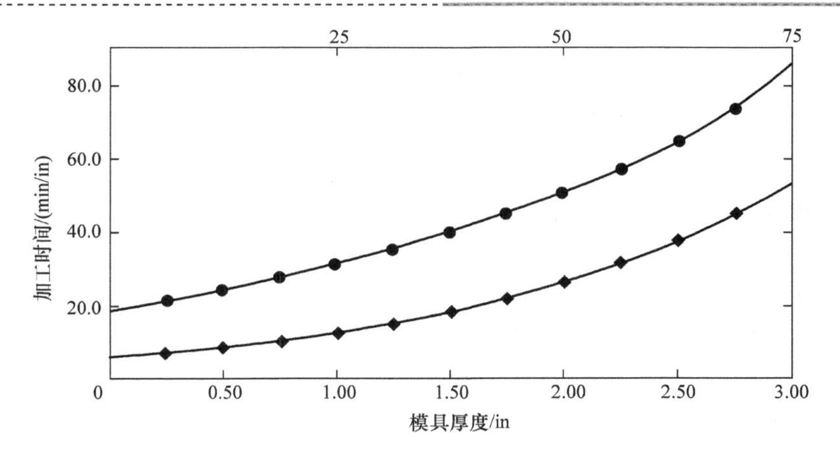

图 11.23　电火花线切割的加工切削时间与材料厚度之间的关系
（资料来源：Fumo，A. Early Cost Estimating for Sintered Powder Metal Components，M. S. Thesis，Department of Industrial and Manufacturing Engineering，University of Rhode Island，Kingston，1988）

零件的外周长 = 13.4cm

模具厚度 = 37.8mm

那么，零件外部轮廓复杂性因子，$F_c = 13.4/2\sqrt{\pi \times 7.02} = 1.43$。对模具轮廓的电火花切割时间 = $[1.6 + e^{(0.5 \times 37.8/25.4+3)} \times 134/(60 \times 25.4)]$ h = 5.32h

模具精加工时间 = $(1.0 + 134 \times 1.43 \times 37.8/25.4^2)$ h = 12.23h。因此，假设模具的车间制造费率为 45 美元/h，则模具制造成本为 16.55 × 45 美元 = 745 美元。

5. 冲模

对于外部冲模轮廓和那些必须通过一些冲模的孔的加工和精加工的近似表达式已经被开发。这些孔的加工是需要用来通过芯棒，对于更长的冲模来说，则是通过下一个要求的更短冲模。在每种情况下，确定制造时间的关系需要利用周长、封闭区域面积和每个单独层和通孔的复杂性因子。

加工和精加工冲模的外部轮廓时间（h）可以由式（11.17）、式（11.18）求出：

$$\text{加工时间} = 1.25 + 0.1\sum\frac{P_r}{25.4} + 0.89\left(\frac{0.6L_i + 9.53}{25.4^3}\right)\left(\frac{\pi D_{pi}^2}{4} - A_t\right) + \frac{0.18L_i\sum P_r}{25.4^2} \tag{11.17}$$

$$\text{精加工时间} = \frac{0.4L_i\sum(P_rF_c)}{25.4^2} \tag{11.18}$$

在这些表达式中，$\sum P_r$是冲模作用的层所有单独区域的周长之和。同样的，A_t是冲模作用的所有单独区域的封闭的总面积。对于一层零件，$\sum P_r$是整个零件的外部周长，A_t是总的封闭面积。$\sum(F_cP_r)$ 是冲模作用层的所有区域的周长和复杂性因子的乘积的总和。

实　　例

对于实例零件，考虑对应层 2 的下冲模外部轮廓的制造。在这种情况下，本层存在一个单独的区域。所以，$\sum P_r$这层的周边长度等于 119. 1mm。

以下数据在前期已经被确定：

冲模长度 $L_i = 129.4$mm

封闭直径 $D_{li} = 38.1$mm

本层周长封闭的面积为 689mm^2。根据这些数据，可以求得本层的复杂性因子为 $119.1/2\sqrt{\pi \times 689} = 1.29$。因此，对于本层，$\sum (P_r F_c)$ 是 $1.29 \times 119.1 = 153.6$。

这个冲模的加工时间可以由下式给出：

$1.25 + 0.1 \times 119.1/25.4 + 0.89 \times (0.6 \times 129.4 + 9.53)(\pi \times 38.1^2/4 - 689)/25.4^3 +$

$0.18 \times 129.4 \times 119.1/25.4^2 = 8.16$h

这个冲模的精加工时间为 $0.4 \times 129.4 \times 153.3/25.4^2$h $= 12.3$h，于是，因此总冲模制造成本为（12.3 + 8.16）× 45 美元 = 920.7 美元。

这些孔被要求通过芯棒通过的冲模，对于更长的冲模来说，这些孔被要求通过更短的冲模。对于非圆孔来说，它们采用钻削和电火花线切割的组合方法来加工。在大多数情况下，一个孔是通过冲模从背面部分地来钻削，实际孔轮廓是由电火花线切割完成加工。最后，这些洞必须精加工，并且对于相应的冲模元件和芯棒进行研磨。

对于圆孔，加工时间（h）由式（11.19）给出：

$$加工时间 = 0.006 D_h^2 L_i / 25.4^3 \tag{11.19}$$

每个孔要加上 15min 的设置时间，

$$精加工时间 = P_r L_i / 25.4^2 \tag{11.20}$$

式中　L_i——冲模的长度；

P_r——孔周长；

D_h——孔直径。

实　　例

考虑对于实例零件通过一个长的下冲模圆孔的生产成本。零件孔径为 4.76mm，孔的周长为 14.95mm，冲模长度为 129.4mm。

因此，加工时间 $= 0.006 \times 4.76^2 \times 129.4/25.4^3$h $= 0.001$h；

精加工时间 $= 14.95 \times 129.4/25.4^2$h $= 3$h。

对于非圆形孔，作出如下的假设：

冲模长度 $L_h = 0.5(t + 12.7)$ mm，孔轮廓将通过电火花加工。而其余的冲模长度，被钻削出一个等于孔轮廓外接圆直径 D_h 的孔。对于大尺寸的孔，由电火花加工的冲模长度部分最初是通过一个较小的钻头钻削，以减少电火花放电加工的加工量。一个当量的孔直径可以计算为：

$$D_{eh}=2(A_h/\pi)^{0.5}$$

式中 A_h——孔要求的截面积。

如果 D_{eh}小于 19mm，那么可以应用以下的参数：

$A_{hol}=A_h/3$，$Q=0$，否则 $A_{hol}=A_h$，$Q=8A_hL_i/(3\pi)$

孔的加工时间（h）可由式（11.21）求得：

$$加工时间=0.8+[0.006D_h^2(L_i-L_h)+0.006Q+12.56A_{hol}L_h]/25.4^3+0.16(A_{hol}L_h/25.4^3)^{0.5} \quad (11.21)$$

孔的精加工时间（h）可由式（11.22）求得：

$$精加工时间=P_rF_cL_h/25.4^2 \quad (11.22)$$

对于所有的冲模要求的孔都可以重复这些计算。

实 例

考虑如图 11.22 所示的实例零件的一个月牙形孔的制造时间以下数据可以使用：

模具厚度 t = 37.8mm

孔的封闭直径 $D_h=15.08\text{mm}^2$

孔的横截面积 $A_h=53.74\text{mm}^2$

孔周长 $P_r=44.5\text{mm}$

冲模长度 $L_i=129.4\text{mm}$

因此，$L_h=0.5\times(37.8+12.7)\text{mm}=25.25\text{mm}$，$D_{eh}=2(53.74/\pi)^{0.5}\text{mm}=8.27\text{mm}$，它小于 19mm。因此，$A_{hol}=53.74/3=17.91$，$Q=0$。孔的加工时间可以由下式求出：

$$加工时间=0.8+[0.006\times15.08^2\times(129.4-25.25)+12.56\times17.91\times25.25]/25.4^3+0.16\times(17.91\times25.25/25.4^3)^{0.5}=1.18\text{h}$$

孔的复杂性系数为 $44.5/2(\pi\times53.74)^{0.5}=1.71$，因此孔的精加工时间为：

$$精加工时间=44.5\times1.71\times53.74/25.4^3=0.25\text{h}$$

于是，总的孔加工时间是 1.43h。

6. 芯棒

根据对大量芯棒的成本检查[10]，其等效加工时间（包括对材料的余量）可以从下面关系中确定：

$$等效加工时间=(4.375D_{eh}/25.4+2.7)F_c \quad (11.23)$$

式中 D_{eh}——芯棒的当量孔径；

F_c——孔的轮廓复杂性系数。

如果孔的面积小于 6.45mm^2，考虑到生产难度增加，则认为加工时间增加一倍。

实 例

图 11.22 中的零件需要六个芯棒。首先考虑圆的芯棒，在这种情况下，复杂性因子为 1，当量孔径为 4.775mm，孔的截面积为 17.42mm^2。因此，芯棒制造时间为：

$$4.375\times4.775/25.4+2.7=3.52\text{h}$$

当芯棒制造费率为45美元/h，这可以求得当量成本为158美元。

类似地，对于月牙形孔，可以使用以下数据：

孔的当量直径 = 8.27mm

横截面积 = 53.74mm^2

孔的复杂性系数 = 1.71

因此，芯棒制造时间为（$4.375\times8.27/25.4+2.7$）$\times1.71=7.05\text{h}$，利用它可以求出当量芯棒成本为317美元。

7. 总体工具制造成本

在这个过程的结尾，可以求得包括加工和装配所有工具的总时间。这个结果乘以一个适当的工具制造费率，就可以确定总体工具制造成本。这些成本可以添加到工具材料成本中，按照如上所述的方法，求出总体工具成本。

11.10.4 工具配件成本

除了零件所要求的模具、冲模和芯棒以外，还需要各种工具配件，包括填充机构、冲模和芯棒支架等。根据粉末金属加工公司的数据调查表明：工具配件成本将随着零件所要求的压力机的尺寸的增大而增加。在这种分析中所采用的方法是通过下面的关系把不同的工具配件成本与压力机容量联系起来。

① 无通孔的一层零件的基本成本（单位：美元）（包括填充机构，一个上、下冲模座等）

$$\text{成本}=0.4C_{20}(C_{\text{Ap}})^{0.3} \tag{11.24}$$

② 芯棒支架

$$\text{成本}=0.04C_{20}(C_{\text{Ap}})^{0.3} \tag{11.25}$$

③ 额外的下冲模座（每个下层超过1时）

$$\text{成本}=0.16C_{20}(C_{\text{Ap}})^{0.2} \tag{11.26}$$

④ 附加的下冲模座（每个上层超过1时）

$$\text{成本}=0.2C_{20}(C_{\text{Ap}})^{0.3} \tag{11.27}$$

在这些表达式中，C_{20}是对于使用一个典型的20t（178kN）压力机来加工一个一层零件的工具配件成本，这个值是由用户提供来校准这些关系的。参数C_{Ap}为所需要的压力机容量，单位：t（kN/8.896）。

实　例

对如图11.22所示的样品零件，所选择的压力机容量为534kN（60t），需要一个二次下冲模座，也还需要一个芯棒支架。因此，假设C_{20}是500美元，则工具配件成本为：

基本成本 = $0.4\times500\times60^{0.3}$美元 = 683美元

芯棒支架成本 = $0.04\times500\times60^{0.3}$美元 = 68美元

下冲模座成本 = $0.16\times500\times60^{0.2}$美元 = 181美元

总工具配件成本为 932 美元。

11.10.5 工具更换成本

估算方法还可以估计工具的更换费用和维护成本。一般来说，用于压实的模具寿命能达到 50 万件[10]。对于冲模，其有效寿命可以达到 200000 到 300000 件[10]，但当冲模截面的面积和厚度减少时，寿命会明显缩短。在压制周期里，芯棒受到相当大的应力和摩擦，并且在每个周期里，应力性质从受压到受拉交替变化。因此，细截面的芯棒经常在磨损变大之前就折断了，而厚的芯棒具有更长的寿命，当过度磨损发生时才需要更换。一个简单的工具更换和维修模型已经内置到估计程序中，对于小截面的工具元素，它会增大冲模和芯棒的更换频率。模具寿命通常比较高（大于 500000 件），但型芯和冲模可能需要经常地更换，特别是如果它们比较脆弱的话。小尺寸通孔的型芯和具有小台阶宽度的冲模都是相对比较脆弱的，需要更频繁地更换和增加维修。

假设各种工具元件的寿命满足一个对数关系，并与一些寿命数据相拟合，则可得到下列表达式。

对于芯棒 $\ln(l_f) = 14.5 - \ln(25.4P_r/A_h)$ (11.28)

式中 l_f——可生产零件数量（寿命）；

P_r——孔周长；

A_h——周长包围的面积。

对于冲模，对于所作用的每个单独的区域，那么

$$\ln(l_f) = 14.9 - 1.2\ln(25.4P_r/A_h) \quad (11.29)$$

当冲模大于一个单独的区域时，用这种方式所确定的最低寿命可以作为冲模（凸模）寿命。

工具更换成本可以根据第一个确定的所要求的更换项目数来获得：

$$N_r = \mathrm{Int}(P_V/l_f) \quad (11.30)$$

式中 P_V——要求的产量。

然后乘以最初的工具元素成本就可以确定工具更换成本了。

实 例

对于图 11.22 中的样品零件，圆弧芯棒的工具寿命为

$$\ln(l_f) = 14.5 - \ln(25.4 \times 14.96/17.41)$$

由上式可求出工具寿命为 90846 件。因此，假设要求的产量为 200000 件，更换项目数为：

Int（200000/90846）或每个孔 2 个额外的芯棒。

类似地，对于下层 1 的冲模，该层的单独区域可以单独考虑来确定冲模寿命如下：

① 圆形中心区域冲模寿命

$\ln(l_f) = 14.9 - 1.2\ln(25.4 \times 32.41/84.52) \Rightarrow l_f = 192630$ 件

② 对于三个外部区域，冲模寿命为

$\ln(l_f) = 14.9 - 1.2\ln(25.4 \times 29.69/63.23) \Rightarrow l_f = 151065$ 件

因此，根据这些单独的区域来确定冲模寿命，更换冲模数为 Int(200000/151065) = 1。类似的计算可以在其他冲模和芯棒上进行，以确定更换工具元素的总数。

11.10.6 工具成本估算程序的验证

这种工具成本估计程序的可靠性已经被粉末冶金行业制造的许多零件的应用所验证。图 11.24 将用这个程序估计的工具成本与从图 11.15 所示的零件所获得的相应成本估计进行比较。仅仅考虑了模具（凹模）、冲模（凸模）和芯棒。在图 11.25 中给出了一个更大范围的零件的类似比较。

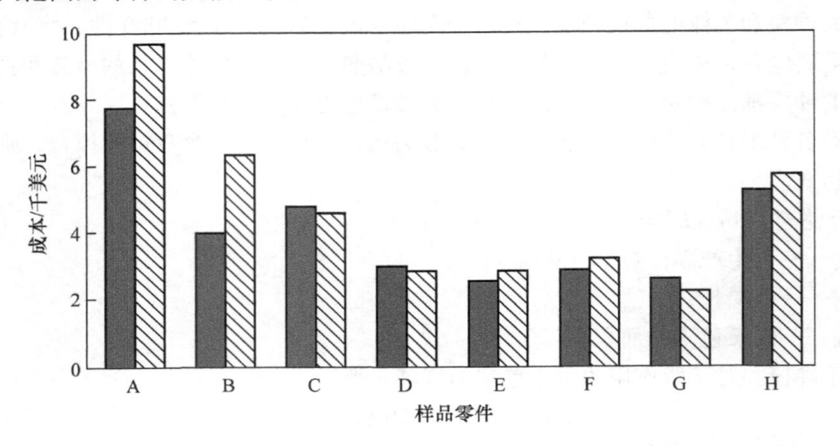

图 11.24 一系列粉末冶金零件的工具成本估计与工业价值的比较

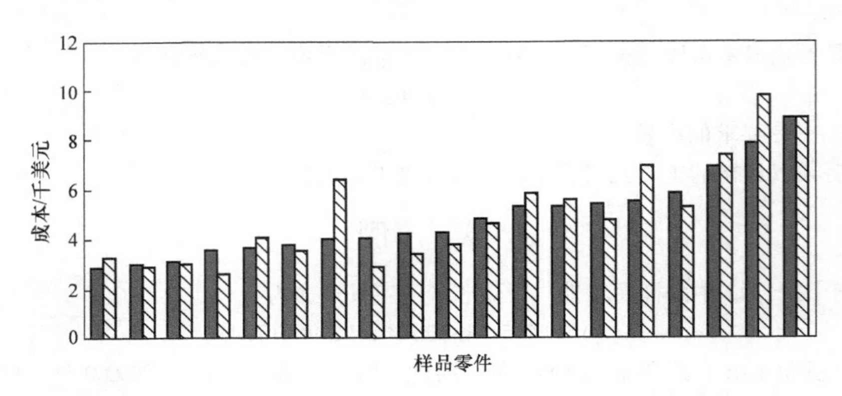

图 11.25 大量粉末冶金零件的工具成本估计与工业价值的比较

11.10.7 烧结成本

在烧结期间，压制的零件在一个受控的气氛中通过炉子。烧结成本是由所使用炉子的运行成本和零件的通过速率来确定的。单位时间的炉子操作成本包括气氛成本、人工成本和维护津贴。零件的通过速率可以由单位网带面积上的零件数目和单位时间通过炉膛的网带面积来求得。对于给定的炉子来说，单位面积的零件数量取决于零件材料、零件的投影面积和网带宽度。几个基本的规则可以应用：

① 对于 w（Fe）<4% 的合金元素，零件能堆垛到网带或炉子搬运系统所推荐的负载容量。

② 对于青铜、黄铜和铝，零件之间必须有 3mm 的间隙。

③ 对于 w（Fe）>4% 的合金元素，零件之间必须有 3mm 的间隙。

1. 连续流动式炉

一个合适的连续流动式炉通常是根据零件材料所要求的烧结温度来确定的。网带式炉使用最广的。选择熔炉时要考虑一些尺寸特点，它们确定了每个零件的烧结成本。这些尺寸包括：

熔炉总长：L_{FL}

烧结区长度：L_{HT}

网带或送料器宽度：w_F

熔炉开口高度：H_F

单位面积零件最大重量：W_{max}

网带或送料器速度 v_F 取决于烧结时间 T_s、适合的材料以及熔炉烧结区长度。

$$v_F = \frac{L_{HT}}{T_s} \tag{11.31}$$

零件的通过速率是由零件堆叠方式或零件放置在网带或送料器上的方式来确定的。对于推杆式、辊道式和步进梁式炉，零件必须放置在托盘或板上，应该给这些板的厚度留出大约 1cm 余量。

放置在熔炉宽度的零件数量 N_{fw} 受到熔炉开口高度的限制，N_{fw} 的大小依赖于零件是否能被堆叠或者必须被网带或送料器隔开。也还要作出可能的任何零件嵌套的余量。根据 N_{fw}，批量零件要占据的熔炉长度可以确定如下：

$$B_L = \frac{B_s L}{N_{fw}} \tag{11.32}$$

式中 B_s——零件批量；

L——零件长度。

因此一批零件通过熔炉的时间为 $(B_L + L_{FL})/v_F$，每个零件的通过时间为

$$t_{FL} = (B_L + L_{FL})/(v_F B_s) \tag{11.33}$$

通过 t_{FL} 就可求得每个零件的烧结成本为 $t_F C_{LF}$，其中 C_{LF} 是单位时间熔炉运行成本，包括人工和气氛气体成本。

实　例

假定下面的网带式炉从表 11.8 中选取，具有如下参数：

最大加热区长度 1.83m

总长：9.14m

炉宽度：30.48cm

炉喉高度：10.16cm

负载能力：73.24kg/m²

运行成本：120 美元/h

样品零件采用标准材料 F-0005-20 制造，该材料的烧结温度为1121℃，烧结时间为25min。此外，零件的有关参数如下：

长度：47.625mm

宽度：47.625mm

厚度：8.89mm

重量：0.033kg

在这个例子中，网带速度为 1.83 ÷ 25m/min = 0.0732m/min。零件材料允许零件堆叠。因此，能横放在炉子宽度上的零件数量为 304.8/47.625 = 6 件。能够垂直堆放的零件数量为 Int(101.16/8.89) = 11 件。因此每行的零件数量为 66 件，单位面积的载荷为 66 × 0.033/(0.3048 × 0.047) kg/m² = 152kg/m²，它已经大大超出了许用载荷 73.34kg/m²。因此，零件的层数必须减少到 5，以满足单位面积载荷的约束。于是，网带上每行的零件数量为 30。

假定一批零件的数量为 24000 件，在熔炉里的每批长度为 47.625 × 24000/30mm = 38.1m，由此可以求得单位零件的通过时间

$$(38.1 + 9.14)/(0.0732 \times 24000) = 0.026\text{min}$$

在根据单位零件的通过时间，可以求得每个零件烧结成本为 0.026 × 120/60 = 0.05 美元/件。

2. 间歇式炉

对于间歇式炉来说，能够被放入炉中的零件数量取决于零件尺寸和加热室尺寸。在零件层之间所要求的任何板都要留出一定的余量。这个数字或批量大小，取两者中的较小值作为熔炉负载 N_{BF}。

为了估计在炉内加工零件所需要的时间，可以使用如图 11.26 所示的一个大概的加热和冷却循环时间。假定一个恒定的加热速率 R_1(℃/h) 和冷却速率 R_2，如果烧结温度是 θ_s，烧结时间是 T_s，烧化温度是 θ_b，烧化时间是 T_B，那么熔炉循环时间为：

$$t_{FB} = \theta_s/R_1 + T_B + T_s + \theta_s/R_2 \tag{11.34}$$

间歇式炉的每个零件的烧结成本为 $\dfrac{t_{FB}C_{FL}}{B_s}$ (11.35)

11.10.8 复压、整形和精整

复压、整形和精整等这些次级压制工艺必须像冷压工艺来处理。确定合适的压力载荷，选择相应的压力机，根据压力机的运行成本和估计的循环时间，确定每个零件的成本。对于复压来说，复压载荷可以采用初始压制的相同载荷；对于精整来说，可以使用

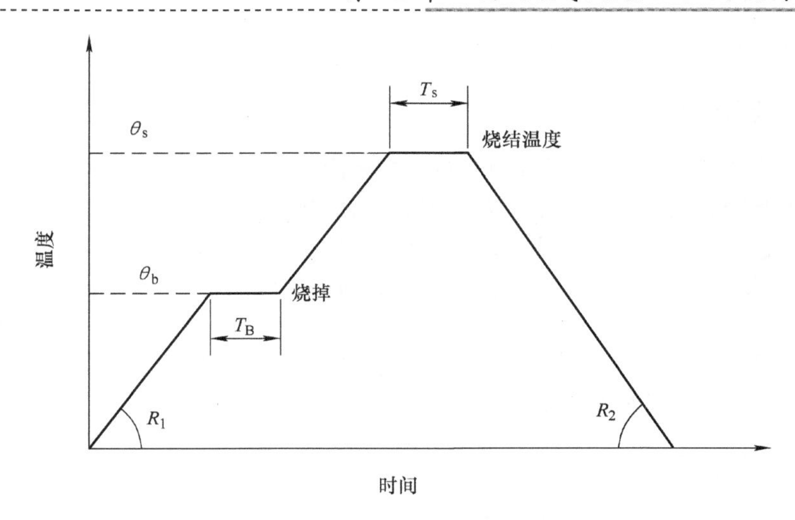

图 11.26　间歇式烧结炉的近似加热和冷却循环时间

压制载荷的 80%。假设这些操作的工具成本为初始压制成本的 80% 是合理的。

11.11　渗透材料的修改

渗透能够在初始烧结过程中实施，或者在初始烧结之后，作为单独的工艺来进行。在上述任何一种情况下，除了压坯是简单的单层零件之外，都必须制备渗透材料（通常是铜）的压坯，估计所要求的铜数量，并用压制主要零件的类似方法来确定压制成本。对于单独的渗透操作，必须估计二次通过炉子的成本，以及一些相关的对于渗透压坯的额外处理成本。

11.11.1　材料成本

对于渗透材料，例如在表 11.12 所列举的渗铜钢，材料成本可以被确定如下：

骨架材料的压紧密度　$$\rho = \rho_w = (1 - q_i)\rho_p \tag{11.36}$$

$$\text{渗透剂重量} = V\rho_p q_i = V\rho_i \tag{11.37}$$

因此，零件的总材料成本为

$$C_m = V\rho(1 + l_p)C_p + V\rho_p(1 + l_p)q_i C_i \tag{11.38}$$

式中　ρ_w——骨架材料的锻制密度；

q_i——渗透材料的质量分数；

ρ_p——包括渗透剂的零件密度；

ρ_i——渗透剂材料的锻制密度；

C_p——单位重量的粉末成本；

C_i——单位渗透剂材料重量的成本；

l_p——粉末冶金加工时的粉末损失。

这些数值都能从表 11.12 中获得。

11.11.2 压制成本

在渗透之前的零件被压制到上面所确定的密度 ρ。这个压制的成本可以用 11.10 节中所讨论的相同方式来确定。对于渗透剂材料的压制还要求一种额外的压制操作。为了这一目的，假设渗透剂材料压制一层的零件，如果渗透剂压坯的投影面积为零件投影面积的 80%，那么，根据前面章节所描述的方法确定的体积，就可以获得渗透剂压坯的高度。假设渗透剂的压制密度为渗透剂原材料的当量锻制密度的 80%，压力机的选择和工具成本计算等方法都可以按照前面所描述的层的压坯加工方法进行处理。主要零件的压制可以按照非渗透零件来确定。

11.11.3 烧结成本

对于渗透零件的烧结操作可以按照非渗透零件的类似方式进行，其渗透步骤可以作为烧结后的一个单独操作进行，或者就在初始的烧结过程中进行。在这两种情况下，当渗透完成后，仅仅只有一个层的零件能通过炉子。在炉子选择过程中，必须给出一个额外的渗透剂压坯高度和重量，否则，烧结成本的估计将很大程度上是由前面所描述的方法来确定的。

11.12 浸透、热处理、抛光、蒸汽处理和其他表面处理

11.12.1 加工成本

次级工艺的成本主要是由最终零件的复杂程度所决定的。对于早期成本估计而言，一个简单的单位零件重量成本，或单位零件表面积的成本就足以估计加工成本了。表 11.14 给出了这些操作的典型加工成本。

表 11.14 次级工艺的典型成本

次级工艺	成本/(美元/kg)
滚动抛光	0.22
浸渍（注入）	2.22
蒸汽处理	4.41
淬火回火	2.31
渗碳	1.54
渗氮	2.31
沉淀硬化	2.31
退火	1.54

（续）

次级工艺	成本/(美元/kg)
镉板	0.54
硬铬板	1.55
铜板	0.70
镍板	0.78
锌板	0.39
阳极电镀	0.93
铬酸盐	0.39
底漆	1.40

11.12.2　附加材料成本

有些零件采用具有自润滑性能的油来浸润，或者采用聚合物或树脂来烧结压坯上的表面连接的孔隙，渗透剂材料的成本必须连同浸润操作的实际成本来一起考虑。

1. 自润滑轴承材料

对于如那些列在表 11.13 中的标准的自润滑轴承材料，可以适用下列关系：

$$\text{零件压实密度}\ \rho=\rho_p-\rho_o q_o \tag{11.39}$$

$$\text{零件中的油含量}\ V_o=q_o V \tag{11.40}$$

因此，总材料成本 $C_m=V\rho(1+l_p)C_p+q_o VC_o$

式中　ρ_o——油密度，通常为 0.875g/mL；

q_o——溶剂油的体积分数；

C_o——单位体积的油成本，通常为 1.10 美元/L。

零件的压实和烧结成本可以按照以前描述的非溶剂油的同一方式来确定，但使用在本节概述中所确定的压实密度。

2. 材料或聚合物浸渍油

对于采用与其他材料，如油、树脂或聚合物浸渍的粉末冶金零件，基本粉末材料成本可以按照 11.10.1 节的方法来确定。额外的材料成本确定如下：

聚合物或油的体积　$V_o=V(1-\rho/\rho_w)$

因此，溶剂成本　$C_r=V(1-\rho/\rho_w)C_o$

式中　C_o——每单位体积的油或聚合物成本，这个成本必须被添加到零件的基本粉末材料成本中。

11.13　粉末冶金零件的设计指南

粉末冶金零件的复杂性会随着零件层数和零件通孔数量的增加而增加，因为这些特征需要在模具上的单独工具元素来处理，从而增加模具及其他成本。包括那些重要细节的复杂廓形能容易地制作出来。然而，如果可能的话，应该尽量避免那些会导致压实工具元素出现薄截面的特征，这会对模具寿命产生不利的影响。例如，在多层次零件中，零件的小阶梯宽度需要非常薄的冲模来加工，这容易使其过早失效，降低模具寿命，如图 11.27 所示。因此，对于所有层变化的最小阶梯宽度应该指定。同样，那些可能需要细薄截面冲模加工的零件厚度的变化应该尽量避免。例如，近球形的压实，可以通过如图 11.28 所示的适当再设计来完成。同样，单独层轮廓的形状也可能会导致图 11.29 所示的非常脆弱的冲模轮廓，尤其是在边缘满足相切的情况下。为避免出现很薄的冲模截面，在适当地方应该对零件的层轮廓作出一些小的变化。

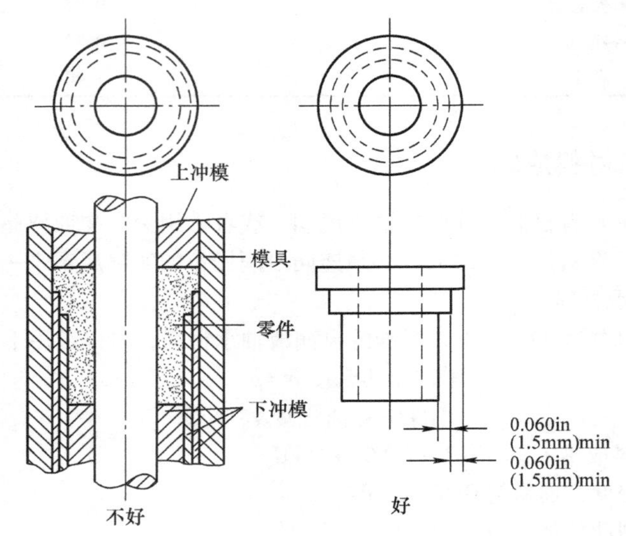

图 11.27 最小层宽的设计推荐

（资料来源：MPIF，*Powder Metallurgy*：*Principles and Application*，Metal PowderIndustries Federation，Princeton，NJ，2007）

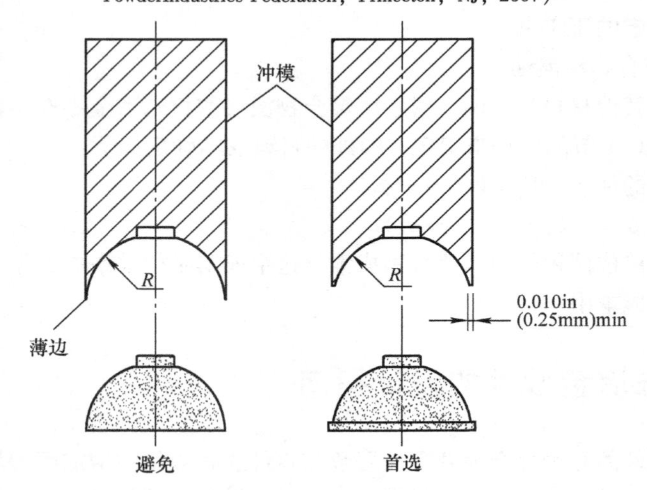

图 11.28 减少薄弱冲模截面的设计修改

（资料来源：MPIF，*Powder Metallurgy*：*Principles and Application*，Metal PowderIndustries Federation，Princeton，NJ，2007）

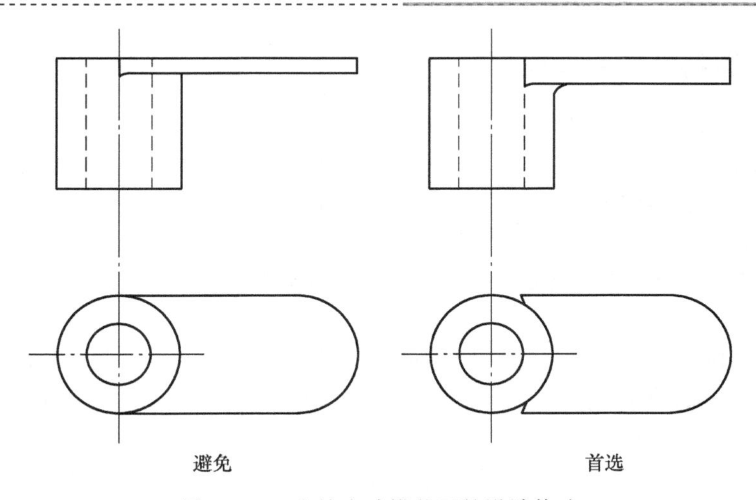

图 11.29　去掉小冲模截面的设计修改
（资料来源：MPIF，*Powder Metallurgy：Principles and Application*，Metal Powder Industries Federation，Princeton，NJ，2007）

11.14　粉末注射成型

也使用输入粉末形式原料的工艺是金属注射成型（MIM）或更精确的粉末注射成型（PIM），而非金属粉末也能加工。粉末注射成型工艺结合了塑料注射成型可能获得的复杂几何形状与高性能金属合金和陶瓷的机械性能的优点于一身。使得大批量生产各种金属合金和陶瓷材料变为可能。

零件是在一个类似于塑料零件的工艺中采用热注射原料所生产。基本上，任何用塑料能注射的形状都能被金属和陶瓷所制造。然而，粉末注射成型（PIM）工艺对于相对小的零件来说是最经济的。零件设计会极大地影响工艺能力。最后密度通常是等效锻制材料的 97%～100%，这取决于所使用的合金。

如同常规粉末金属加工一样，粉末注射成型（PIM）是由几个阶段所构成。图 11.30 给出了主要加工步骤如下[13]：

- 原料制备和造粒
- 浇注
- 脱脂
- 烧结
- 次级操作

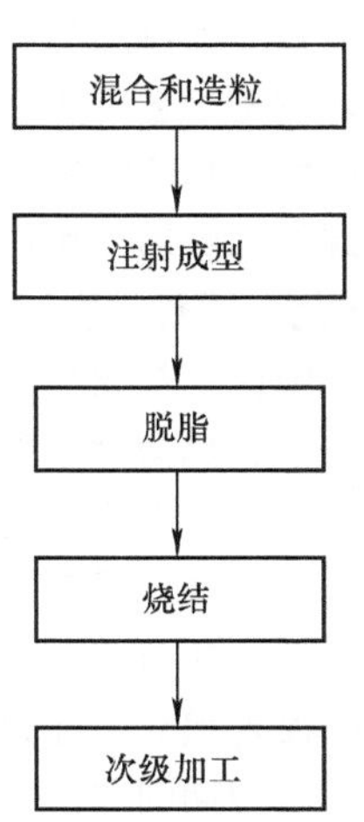

图 11.30　粉末注射成型工艺的步骤

11.14.1 原料制备和造粒

粉末注射成型加工的原料是金属或陶瓷粉末和粘合剂的混合物。精细的粉末与由塑料和蜡特殊配制的粘合剂相结合，几乎任何能够以一个合适的、微米级的细粉生产出来的金属或陶瓷都能够被加工。最后原料体积大约60%为金属，40%为粘合剂。对于大部分零件来说，粘合剂是有机化合物的混合物，这些有机化合物可以包括从合成聚合物（例如聚烯烃）到天然蜡（例如蜂蜡等）等任何材料，再加上表面活性剂和其他改性添加剂。

确保原料的均匀性，以避免在后续加工中的缺陷非常重要。在混合物的所有部分都需要颗粒和粘合剂的均匀数量，但如果所使用的粉末颗粒尺寸小的话，这很难实现。因此，需要把原料充分混合。

混合通常是在升高的温度下进行。首先，粘合剂与最高熔点的组元开始混合，然后粘合剂的温度下降，添入较低熔点的组元，以避免蒸发和降解。一旦粘合剂混合后，就添加粉末与粘合剂进行混合。此时，由于粉末的比热容更高，混合物冷却。为了避免这些问题，建议连续地加粉。最后的混合经常是在真空中进行，以使得混合物完全脱气。

一旦原料混合充分后，就可以造粒，以便存储和转移到注射成型机器。造粒还允许回收的材料被添加到原料里。这些可回收的材料来自于浇道、流道和废品。使用这种可回收使用的材料在经济上是必要的，因为原材料，尤其是粉末的成本相对较高。此外，由于大多数粉末注射成型（PIM）零件相对较小，实际零件只占注射容积的一小部分。

11.14.2 成型

在原料制备后，材料就像塑料那样被注射到模具里。标准注射成型机使用标准工具，成型工艺基本上是与在第8章中所描述热塑性塑料的成型工艺一样。然而，粉末注射成型（PIM）零件的成型与塑料成型由于原材料的性质而有所不同。成型机配有耐磨的螺杆和料筒，可能还有一些特殊的选项。成型后，粉末注射成型（PIM）零件被称为“绿色”零件，在这一阶段，模制品包含有粘合剂和粉末。由于在烧结阶段零件收缩很大，因此，初始模制品要比成品大15%~20%。典型的注射压力范围为15~30MPa，相比之下，热塑性塑料的典型注射压力范围为90~130MPa。结合粉末注射成型零件相对较小的尺寸来看，这意味着它所使用的成型机有着相对较低的夹紧力和注射量。由于原料的流变性，通常需要较高的注射速度。

粉末注射成型原料的高热导率和较低的比热容允许更快的冷却，但这也会导致不完整的模具填充，如果原料温度和注射压力不是足够高的话。因此，精确的温度和压力控制在成型期间非常重要。成型参数的预测需要大量的经验和对每个零件的测试。这不同于塑料行业，那里的原材料供应商通常提供推荐的成型参数。表11.15对粉末注射成型工艺与热塑性材料注射成型工艺的注射成型参数进行了比较。

成型的工具成本估计和型腔最优数量的确定可以使用与第8章所描述的塑料注射成型的相同方法来进行。

11.14.3　脱脂

注射成型后，粘合剂必须大量地去除，在烧结过程的初始阶段，最后残留的粘合剂被蒸发[11-13]。脱脂时间是设计来消除低熔点成分，它通常占到粘合剂重量的 80%。残留的成分通常是热塑性塑料，它们残留在压坯里，在烧结的第一个阶段被最后去除。

从未干的零件中去除粘合剂是脱脂工艺的一个关键阶段，要求最精细的控制。从历史上看，随着截面厚度增大和粉末粒径减小，脱脂时间短的要用 2h，长的达到 50h，这在粉末注射成型加工中一直是一个缓慢的步骤。

在脱脂期间，未干的零件（“绿色零件”）收缩，变成所谓的“棕色零件”——干燥的零件，随着零件变得更多孔而导致强度降低。然而，生成的多孔体仍保留了足够的机械强度，这样它可以处置和运输，但是在处置它们的时候，必须十分地注意。尽管它们已经收缩了，但干燥的零件仍然要比成品零件大得多，因为在烧结时它们还会有更大的收缩。脱脂有两种基本工艺：热脱脂和溶剂脱脂。

（1）热脱脂　脱脂的经典方法是慢慢蒸发粘合剂，使其在空气中氧化，其次是在保护气氛下，加热到较高的温度以分解或挥发剩下的粘合剂。在脱脂的第一阶段所产生的氧化物必须在烧结之前，采用氢化还原来去除。热脱脂所使用的设备通常是用于干燥的烤炉，为了避免零件的变形，这个过程必须非常认真地进行。粘合剂与一些能够在不同的温度下分解或挥发的成分在一起使用是有利的。这个过程通常需要几个小时的时间，该时间的长短与零件最厚截面的厚度有关。最近引入的使用气态硝酸或草酸的聚缩醛粉末注射成型（PIM）原料所进行的催化脱脂可以极大地减少脱脂时间，其设备也已经开发。据此，催化脱脂和烧结可以在连续生产的基础上执行。催化脱脂相比传统的热脱脂，其速度更快，而且在中等温度下进行。可以明显减少由于零件的破损或变形而导致的废品。

（2）溶剂脱脂　溶剂脱脂是第二种脱脂工艺，只可应用于某些的粘合剂系统。它采用合适的液体溶剂来溶解粘合剂。另外，零件能够被暴露在加热溶剂的热蒸汽里。浸泡的溶剂要求一些粘合剂在溶剂里是不可溶的，以便烧结之前，一些粘合剂仍保持为颗粒状态。常用的溶剂液体如二氯乙烷，三氯乙烷和庚烷，工作时它们被加热以增加脱脂速度。浸泡以后，当压坯被烘干时，粘合剂的不溶性部分仍然保持着颗粒状态。溶剂脱脂所使用的设备通常是工业用的改进型除油器，来溶解清洁金属零件。

表 11.15　粉末注射成型和塑料注射成型的注射成型参数

	粉末注射成型	塑料注射成型
机筒温度/℃	100～180	20～40
喷嘴温度/℃	145～175	420～625
模具温度/℃	35～40	80～220
注射温度/℃	70～90	125～290
注射压力/MPa	15～30	90～130
保压压力/MPa	3～7	—
注射时间/s	0.5～5	1～5

（续）

	粉末注射成型	塑料注射成型
保压时间/s	2～12	—
冷却时间/s	18～45	15～60
总的周期/s	25～65	18～70

虽然已经开发了脱脂模型，但它们仍然不能确保在防止缺陷的同时使得脱脂时间最短[13]。脱脂周期还经常需要由试验以及每个零件和材料的误差来确定。在实践中，脱脂时间的增加与零件的最大壁厚的平方成正比。

当一个粉末注射成型压坯放置在溶剂里的时候，粘合剂的可溶成分通过扩散的方式从压坯中逸出。在压坯内部和周围溶剂之间的粘合剂浓度梯度符合一个等温溶剂脱脂的近似模型[14]：

$$C_d = C_i - \frac{D_{bs} t \pi^2}{h_{cm}^2} \tag{11.41}$$

式中 C_d——压坯中剩余粘合剂的平均浓度；

C_i——粘合剂的初始浓度；

D_{bs}——粘合剂-溶剂相互扩散系数；

t——萃取时间；

h_{cm}——截面厚度。

因为溶剂是连续不断地清洗，D_{bs}大体上是常数，其典型值范围在10^{-2}～$10^{-4}$$mm^2/s$。因此，式（11.41）可以重新给出一个溶剂脱脂时间t_{dc}的表达式：

$$t_{dc} = \frac{h_{cm}^2}{-D_{bs}\pi^2 \ln\left(\frac{c_c}{c_t}\right)} \tag{11.42}$$

如果这个表达式与生产数据相吻合，并假设最终去除95%的粘合剂，则溶剂脱脂时间（单位：h）可由式（11.43）表示[13]：

$$t_{dc} = 0.084 h_{cm}^2 \tag{11.43}$$

然而，考虑到小型零件的基本脱脂时间，应该添加一个最小时间。改进为适用于所有脱脂过程的类似形式方程：

$$t_{dc} = t_0 + C_{db} h_{cm}^2 \tag{11.44}$$

式中 t_0——最小周期时间；

C_{db}——由工业数据所确定的脱脂系数。

脱脂周期可以通过输入一个零件最大截面厚度值来进行估计。

11.14.4 烧结

成型后，粉末注射成型（PIM）零件在600～2200℉温度下进行烧结。所使用的工艺和设备与常规的粉末金属加工一样，包括可控气氛连续流动式炉或间歇式高温炉。

在烧结过程中，粉末颗粒被融合成一个密集的均匀零件，其尺寸大约要比注射后的零件小 15%。实际的过程远比简单地消除内部孔隙要复杂得多，涉及在各种粉末组元和反应气体之间的原子扩散和化学反应。

粉末注射成型（PIM）零件的烧结与传统的粉末金属零件的烧结基本上是一样的。主要的区别为工艺的第一阶段包括在将零件保持在烧结温度之前，先加热零件到一个中等温度，以去除剩余的粘合剂。最后的烧结通常发生在一个受控的保护气氛中。因为在成型期间只有很少的压实发生，而在烧结期间，粉末注射成型零件的收缩很大。

烧结的成本估计可按 11.10.7 节中所描述的传统的粉末金属零件相同的方法进行。

11.14.5　次级加工

烧结后，还需要进行一些额外的操作（如机械加工、热处理或电镀）来取得更高的精度或增强性能。次级工艺基本上是与那些常规粉末金属零件所使用的方法一样。然而，由于粉末注射成型零件几乎达到全致密，那些利用零件孔隙进行加工的工艺就不能使用，如渗透和浸渍。

11.14.6　原料特性

几乎任何能以合适的粉末型式生产的金属，都可以通过粉末注射成型来进行加工。铝是一个例外，因为其附着的氧化膜，总是在表面上阻碍烧结。已使用的金属列表包括了普通钢和低合金钢、高速钢、不锈钢、超级合金、金属间化合物、磁性合金和硬金属（硬质合金）。然而，从经济的观点来看，最有前途的候选材料是更昂贵的材料。这是因为在工艺中几乎就没有浪费的材料，这有助于抵消将粉末生产为所需型式的高成本。很多材料都已经被加工过，其中一些列在表 11.16 上，并加上一些相关加工参数[15]。

表 11.16　用于粉末注射成型工艺的一些材料

材料	密度/(g/cm^3)	热导率/[W/(m·K)]	比热容/[J/(kg·K)]	烧结温度/℃	烧结时间/min	临界粉末体积分数 ϕ_c(%)	成本/(美元/kg)
316L 不锈钢	7.999	15	490	1370	30	65	30
17-4PH 不锈钢	7.805	14	500	1350	30	65	30
M2 工具钢	8.193	22	500	1239	45	64	26
2%镍-铁	7.899	75	440	1239	60	63	13
8%镍-铁	7.899	76	450	1260	60	63	14
钨-7%镍-3%铁	16.884	150	480	1770	60	62	32
Al_2O_3	3.792	27	200	1750	120	56	12
ZrO_2	5.204	10	210	1750	120	55	16
SiC	3.211	10	200	1750	120	56	11
WC-Co	10.103	100	480	1750	120	62	34

成型的原料是一种粉末和粘合剂的混合，它们之间必须要有一个合适的比例，以便

更好地加工。用于粉末注射成型的粉末具有较小的颗粒尺寸，它们通常小于10μm。相比之下，常规粉末冶金零件的平均粒径约为100μm。对于复杂零件的完整型腔填充和高效烧结来讲，小的颗粒尺寸是必需的。

粘合剂的作用是将粉末颗粒固定在一起，直到烧结发生，并提供适当的造型特性。许多不同的粘合剂成分已经被使用，一般来说，这是一种蜡和聚乙烯或聚丙烯的蜡状短聚合物链的混合物。表 11.17 列出了一些已应用于粘合剂体系中的材料。大量含有个别公司开发的专有混合物的粘合剂成分一直在被使用。表 11.18 列出了一些用于粉末注射成型加工的典型粘合剂成分，表 11.19 列出了这些粘合剂相应的工艺相关参数。

表 11.17 用于粉末注射成型粘合剂系统的一些材料

材料	热导率/[W/(m·K)]	比热容/[J/(kg·K)]	密度/(g/cm³)	熔融温度/℃
石蜡	0.12	300	0.910	59
巴西棕榈蜡	0.12	300	0.970	84
聚乙烯蜡	1.75	2500	0.900	–
蜂蜡	1.10	300	0.900	–
微晶蜡	2.25	300	0.910	–
聚丙烯	1.15	2470	0.900	147
聚乙烯	0.90	2500	0.910	–
硬脂酸	0.85	300	0.941	75

表 11.18 粉末注射成型的样品的粘合剂成分

粘合剂	质量分数							
	固体石蜡	巴西棕榈蜡	聚丙烯蜡	蜂蜡	微晶蜡	聚丙烯	聚乙烯	硬脂酸
蜡/聚丙烯	69	10				20		1
聚丙烯/蜡					22	67		11
混合蜡	33		33	33				1
聚乙烯/巴西棕榈蜡		50					50	
聚乙烯/石蜡	55						35	10

表 11.19 样品粘合剂组合物的工艺参数

粘合剂	热导率	比热容	密度	成本	注射温度	模具温度	脱模温度
	k_b	H_b	ρ_b	C_b	T_i	T_m	T_x
	W/(m·K)	J/(kg·K)	g/cm³	美元/kg	℃	℃	℃
蜡/聚丙烯	0.13	731	0.905	1.65	130	30	80
聚丙烯/蜡	0.18	1754	0.907	1.35	140	35	90
混合蜡	0.12	300	0.927	1.45	100	30	60
聚乙烯/巴西棕榈蜡	0.19	1400	0.940	2.20	140	35	80
聚乙烯/石蜡	0.17	1070	1.51	1.25	130	30	85

为了成功造型，应该选择原料的体积分数。原料的理论密度为：

$$\rho_f = \phi_v \rho_p + (1 - \phi_v)\rho_b \tag{11.45}$$

式中 ϕ_v——粉末体积分数（%）；

ρ_p——粉末材料的真实密度；

ρ_b——粘合剂密度。

这给出了一个密度和体积分数之间的线性关系。然而，在高的粉末体积分数下，这种关系就不成立了。图 11.31 给出了一个粉末/粘合剂混合物的典型负荷曲线[11]。当粉末被添加到粘合剂里面的时候，原料密度线性地增加。但是在高负荷的情况下，粉末不能流动来填充所有的空间，也没有足够的粘合剂来填充颗粒之间的空隙。由于空隙，使得混合物的密度小于由式（11.45）求出的理论密度。最大密度点称为临界固体体积分数 ϕ_c，其数值范围通常为 55% ~65%，它取决于所使用的粉末颗粒的类型。已经发现：成型时的适当负荷约为临界体积分数的 96%[11]；于是

$$\phi_v = 0.96\phi_c \tag{11.46}$$

注塑成型的周期估计模型也可以用于原料的周期估计。这些模型已在第 8 章中进行了介绍。特别是，注射零件的冷却时间取决于所给出材料的热扩散率。

$$\alpha = \frac{k}{H\rho_f}10^3 \tag{11.47}$$

式中 k——热导率［W/(m·K)］；

H——比热容［J/(kg·K)］；

ρ_f——原料理论密度（g/cm^3）。

因此，必须确定的原料热导率和比热容。

原料的比热容 H_f 遵循混合物相对于固体质量分数的规则：

$$H_f = \phi_m H_p + (1 - \phi_m) H_b \tag{11.48}$$

基于粉末负荷的质量可以由式（11.49）求出

$$\phi_m = \phi_v \left(\frac{\rho_p}{\rho_f}\right) \tag{11.49}$$

原料热导率的估计更加困难。在许多复合系统中，如纤维复合材料，离散相在整个零件当中是与基体连续接触的，在这种情况下，导热率可按照类似于上述混合物的规则来确定。然而，这对于粉末注射成型的原料不适用，它是一种颗粒状复合材料，其离散相互相不关联，因此不能形成连续的传导路径。混合物规则会大大高估原料的热导率。人们发现参考文献［16，17］的作者所推导的公式可以对原料热导率给出一个更好的估计：

$$k_f = k_b\left(1 + 3\xi\phi_v + \phi_v^2\left(3\xi^2 + \frac{3\xi^3}{4} + \frac{9\xi^3(\lambda+2)}{16(2\lambda+3)} + \frac{3\xi^4}{2^6}\right)\right) \tag{11.50}$$

其中：$\xi = (\lambda - 1)/(\lambda - 2)$，$\lambda = k_p/k_b$，$k_p$ 是粉末材料的热导率，k_b 是粘合剂的热导率。

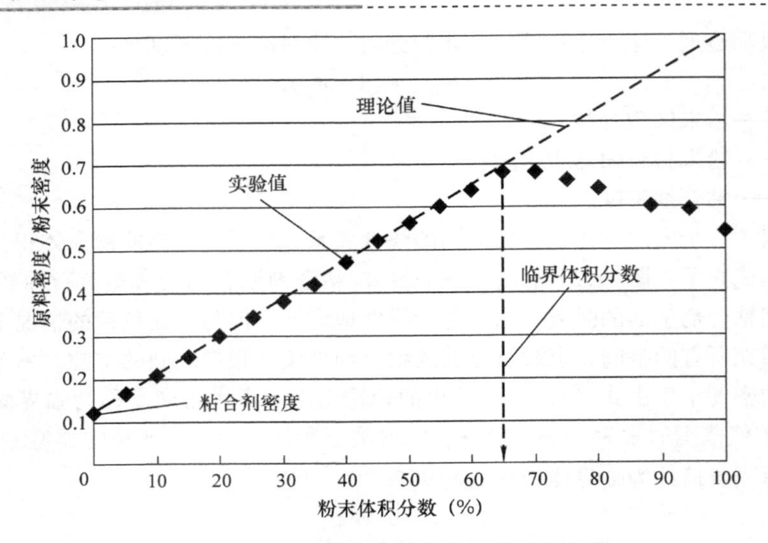

图 11.31 随着粉末负载的增加的原料密度

（资料来源：German，R. M. *Powder Injection Molding*，Metal Powders Industry Federation，Princeton，NJ，1990）

实 例

一个金属粉末零件由 316 不锈钢和蜡/聚丙烯粘合剂制成，从表 11.16 查得该粉末临界体积分数为 65%。因此，根据式（11.46），可以求得粉末体积分数 $\phi_v = 0.65 \times 0.96 = 0.624$。根据表 11.16 可知，粉末材料的真实密度为 7.999g/cm³；根据表 11.19 可知，粘合剂材料的真实的密度为 0.905g/cm³。根据方程 11.46，可以求得原料密度为 $\rho_f = \phi_v\rho_p + (1-\phi_v)\ \rho_b = 0.624 \times 7.999 + (1-0.624) \times 0.905 = 5.33\text{g/cm}^3$。固体质量分数 ϕ_m 可以由式（11.49）求得，$\phi_m = \phi_v\ (\frac{\rho_p}{\rho_f}) = 0.624 \times (7.999/5.33) = 0.937$。

由表 11.16 可知，粉末材料的比热容 H_p 为 490J/(kg · K)，由表 11.19 可知，粘合剂的比热 H_b 为 731J/(kg · K)。由式（11.48）可以求得粘合剂的比热容 $H_f = \phi_m H_p + (1-\phi_m)\ H_b = 0.937 \times 490 + (1-0.937) \times 731 = 505.28\text{J/(kg} \cdot \text{K)}$

由表 11.16 可知，粉末材料的热导率 K_p 为 15W/（m · K），由表 11.19 可知，粘合剂的热导率 k_b 为 0.13W/(m · K)。因此，$\lambda = k_p/k_b = 15/0.13 = 115.38$

$$\xi = (\lambda-1)/(\lambda-2) = (115.38-1)/(115.38-2) = 1.0088$$

由式（11.50），可以求得原料的热导率

$$k_f = k_b(1 + 3\xi\phi_v + \phi_v{}^2(3\xi^2 + \frac{3\xi^3}{4} + \frac{9\xi^3(\lambda+2)}{16(2\lambda+3)} + \frac{3\xi^4}{2^6})) = 0.13(1 + 3 \times 1.0088 \times 0.624 + 0.624^2 \times (3 \times 1.0088^2 + \frac{3 \times 1.0088^3}{4} + \frac{9 \times 1.0088^3 \times (115.38+2)}{16 \times (2 \times 115.38 + 3)} + \frac{3 \times 1.0088^4}{2^6})) = 0.483\text{W/(m} \cdot \text{K)}$$

原料的热扩散系数可由式（11.47）来求得

$$\alpha = \frac{k}{H\rho_f}\times 10^3 = \frac{0.586}{505.28\times 5.33}\times 10^3 \mathrm{mm^2/s} = 0.218\mathrm{mm^2/s}$$

11.14.7 材料成本

原料的单位成本可以由混合物规则来确定：

$$C_f = \phi_m C_p + (1-\phi_m)C_b \tag{11.51}$$

式中 C_p——粉末材料的单位成本；

C_b——黏合剂材料的单位成本；

ϕ_m——体积粉末负荷，可以由式（11.49）求得。

在成型工艺之后的烧结期间，零件经历了很大的收缩，模腔中材料的体积 V_c 为

$$V_c = V_p\left(\frac{f_f}{\phi_v}\right) \tag{11.52}$$

式中 V_p——成品零件的体积；

ϕ_v——成型零件的初始相对密度，$\phi_v = \rho/\rho_p$；

f_f——成品零件的相对密度，$f_f = \rho_s/\rho_p$；

ρ_s——烧结密度；

ρ_p——包括浸渗剂在内的零件，即零件的真实密度；

ρ——基体材料密度。

型腔中的原料质量或成型零件的质量为：

$$M_m = V_c\rho_f \tag{11.53}$$

对于塑料注射成型，流道系统中的材料体积与型腔体积有关。似乎粉末注射成型的流道系统中的材料体积大致是塑料注射成型的两倍[13]。流道系统中的材料体积可以由式（11.54）进行估计：

$$V_r = 2.1V_c^{0.52} \tag{11.54}$$

其中：V 的单位为 $\mathrm{cm^3}$，流道系统中的材料质量为：

$$M_r = V_r\rho_f \tag{11.55}$$

原料相对而言是比较昂贵的，流道中的废料和报废的成型零件必须重新磨碎后重复使用，从回收这种受污染和质量退化的材料会存在一些损失的，过度使用回收的原料可能会导致黏性的不可接受地增加。因此，每个零件的材料成本为：

$$C_{rp} = C_f\left(\frac{M_m}{\gamma_d\gamma_s} + (M_m(1-\gamma_m) + M_r)(1-\gamma_r)\right) \tag{11.56}$$

式中 γ_m——成型工艺成品率；

γ_r——回收料的可用率；

γ_d——脱脂产出率；

γ_s——烧结成品率。

实　例

一个圆柱杯状零件的直径是20mm，高为20mm，均匀壁厚3mm，该零件是由316不锈钢原料以单腔模制成。该零件体积 $V_p = \pi \times 20^3/4 - \pi \times 14^2 \times 17/4 = 3.67\text{cm}^3$。假设在烧结后的分数密度为0.98，型腔体积 V_c = 可根据式（11.52）求得：$V_c = 3.67 \times 0.98/0.624 = 5.76\text{cm}^3$。

根据式（11.49），可以求得原料的固体负荷基的质量为：

$$\phi_m = \phi_v\left(\frac{\rho_p}{\rho_f}\right) = 0.624 \times \frac{8.0}{5.33} = 0.937$$

根据表11.16和表11.19，可以查得动力成本 C_p 为30美元/kg，粘合剂成本 C_b 为1.65美元/kg。根据式（11.51）可以求得原料成本 C_b

$$C_f = 0.937 \times 30 + (1 - 0.937) \times 1.65 = 28.21\ 美元/kg$$

根据式（11.53）可以求得零件的成型质量为 $M_m = 5.76 \times 5.33\text{g} = 30.7\text{g}$

流道中的材料体积可以由式（11.54）求得。$V_r = 2.1 \times (5.76)^{0.52}\text{cm}^3 = 5.21\text{cm}^3$。由式（11.55），可以求得在流道中的材料质量 $M_r = 5.21 \times 5.33\text{g} = 27.77\text{g}$。

假设烧结成品率 $\gamma_s = 0.98$，脱脂产出率 $\gamma_d = 0.98$，成型工艺成品率 $\gamma_m = 0.98$；回收料的可用率 $\gamma_r = 0.95$，则由式（11.56），可以求得零件的材料成本

$$C_{rp} = C_f\left(\frac{M_m}{\gamma_d\gamma_s} + (M_m(1-\gamma_m) + M_r)(1-\gamma_r)\right)$$

$$= \frac{28.21}{1000}\left(\frac{30.7}{0.98 \times 0.98} + (30.7 \times (1-0.98) + 27.77) \times (1-0.95)\right) = 0.94\ 美元$$

11.14.8　模具型腔几何尺寸

在烧结粉末注射成型压坯期间，会发生相当大的收缩。可以根据成品尺寸来确定适当的模具型腔尺寸。为此，可以推导出体积膨胀因子 K_v。

$$K_v = \frac{\rho_s}{\rho_p\phi_v} = \frac{f_f}{\phi_v} \tag{11.57}$$

式中　f_f——成品零件的分数密度，它等于烧结密度 ρ_s 与零件材料真实密度 ρ_p 的比率。

从体积膨胀因子 K_v 可以求得相应的型腔体积：

$$V_c = K_v V_p \tag{11.58}$$

其中　V_c——型腔体积；

V_p——最后成品体积。

注射成型机要求的注射体积可以由添加流道中的材料体积来确定。

模具型腔的投影面积 A_c 可以由零件的投影面积 A_p 来确定：

$$A_c = A_p K_v^{2/3} \tag{11.59}$$

具有附加流道投影面积的这个面积可以用来估计注射成型机所要求的最小夹紧力。

任何模具型腔的线性尺寸都可以通过用相应的零件尺寸乘以 $K_v^{1/3}$ 来获得。

11.14.9　成型成本

为了估计粉末注射成型零件的注射成型成本，要求下列参数：

- 注射成型机的每小时操作成本 M（美元/h）。
- 成型的循环时间 t_m(s)。
- 模具型腔数量 n。

这些参数可以按照第 8 章对注塑成型机所描述的相同方式来进行推导，除了对于粉末注射成型工艺的成型循环时间必须被修改以外。如同塑料注射成型一样，粉末注射成型循环时间被分为四个单独的阶段：注射、保压、冷却、重置（图 8.1）。

按照参考文献［13］中的工业数据，来对一个特定的粉末注射成型零件进行分析，可以认为平均填充速度为 15cm³/s 是一个合适的填充速度，则填充时间 t_i 可以被估计为：

$$t_i = \frac{Q}{15} \tag{11.60}$$

式中　Q——注射量，它可根据式（11.54）由整体型腔体积加上在流道中的材料体积来决定。

一旦材料被注射到模具里，它将在一个或多或少的恒定压力下保持一段时间（保压时间），以提高零件的精度，并给成型零件提供更均匀的压力场。保压时间 t_p 受到许多因素的影响，包括型腔体积 V_c、零件复杂度系数 X_c 和保压压力 P_p。在参考文献［13］中给出了一个通过生产数据所推导的一个保压时间的经验关系表达式：

$$t_p = 1.4 + 3.4\lg V_c + 1.7X_c + 1.9P_p \tag{11.61}$$

复杂度系数 X_c 可以按照第 8 章所描述的在零件上的表面数量来进行推导，其数值范围从 0 到 10。

粉末注射成型的冷却时间可以按照第 8 章中所描述的注射成型的相同方式来进行确定，冷却时间 t_c 可以由式（11.62）求得：

$$t_c = 3 + \frac{h_{cm}^2}{\alpha\pi^2}\ln\frac{4(T_i - T_m)}{\pi(T_x - T_m)} \tag{11.62}$$

式中　h_{cm}——成型件的最大截面厚度（mm）；

T_x——零件的脱模温度；

T_m——模具温度；

T_i——注射温度；

α——原料的热扩散系数。

原料的热扩散系数可以按照 11.14.6 节中介绍的方法来确定，注射温度、脱模温度和模具温度可以通过表 11.18 中所列出的粘合剂系统的性质和一些样品粘合剂的适当数值来确定。

重置时间 t_r 包括要求用于开模、脱模和闭模的时间。对于注射成型件的一个重置时间的模型在第 8 章中已经给出，对于粉末注射成型工艺的重置时间模型可以稍微修改如下：

$$t_r = 3 + 1.75t_d\left[\frac{2D_c + 5}{L_s}\right]^{1/2} \tag{11.63}$$

式中 t_d——注射成型机的干燥循环时间；

D_c——型腔中的零件深度（cm）；

L_s——脱模行程的长度（cm）。

总循环时间 t_m 是 t_i、t_p、t_c、t_r 的总和。

实　例

对于杯形零件，其注射量 Q 是型腔体积 V_c、流道体积 V_r 的总和。因此，$Q = 5.76 + 5.21 = 10.97\text{cm}^3$。根据式（11.60），注射时间 $t_i = Q/15 = 10.97/15 = 0.73\text{s}$。

使用第 8 章所描述的方法，零件有两个内表面和 3 个外表面。因此，复杂性系数 X_c 等于 0.5。假设保压压力为 5MPa，由式（11.61）可以求得保压时间 t_p：

$$t_p = 1.4 + 3.4 \times \lg V_c + 1.7X_c + 1.9P_p = 1.4 + 3.4 \times \lg 5.76 + 1.7 \times 0.5 + 1.9 \times 5 = 14.34\text{s}$$

零件的最大壁厚是 3mm，在型腔里，由于烧结期间的收缩，这就变得更大了。体积膨胀因子 K_v 可以由式（11.57）来求得：$K_v = 0.98/0.624 = 1.57$。因此，最大型腔厚度 h_{cm} 是 $3 \times 1.57^{1/3} = 3.49\text{mm}$。从表 11.19 中可以查到注射温度 T_i 是 130℃。模具温度 T_m 是 30℃，脱模温度 T_x 是 80℃，原料的热扩散系数可以确定为 $0.179\text{mm}^2/\text{s}$，成型的冷却时间可以用式（11.61）求得：

$$t_c = 3 + \frac{h_{cm}^2}{\alpha\pi^2}\ln\frac{4(T_i - T_m)}{\pi(T_x - T_m)} = 3 + \frac{3.49^2}{0.179 \times \pi^2}\ln\left[\frac{4 \times (130 - 30)}{\pi(80 - 30)}\right] = 9.89\text{s}$$

零件深度是 2cm，由此可以求得腔体深度 D_c 为 $2 \times 1.57^{1/3} = 2.32\text{cm}$。假设成型机的干燥循环时间是 1.7s，脱模行程为 15cm，那么，模具重置时间 t_r 可以由式（11.63）求得：

$$t_r = 3 + 1.75t_d\left[\frac{2D_c + 5}{L_s}\right]^{1/2} = 3 + 1.75 \times 1.7 \times \left[\frac{(2 \times 2.32 + 5)}{15}\right]^{1/2} = 5.39\text{s}$$

成型循环时间为 $0.73 + 14.34 + 9.89 + 5.39 = 30.35\text{s}$，然后，成型成本可以通过将循环时间乘以成型机操作成本费率来确定。

习　题

1. 图 11.32 所示的两层零件是由具有所给压实特性的铁粉注射成型，该零件的压实到密度为 7.0g/cm^3。

① 确定在压制工具中填充的散粉尺寸；

② 如果散粉成本为 2.2 美元/kg，那么估计零件的材料成本，假设粉末损失率为 1.5%。

2. 根据图 11.32 所给定的信息，从表 11.3 中为零件选择最合适的压力机；

确定压制循环时间、设置时间和每个零件的压制成本。假设每批 5000 个零件，设定压力机的操作成本费率和设置费率为 90 美元/h。

3. 对于图 11.32 所示的零件，估计压制工具（凹模、凸模和芯棒）的初始成本，假设工具钢成本为 20 美元/kg，模具插件的硬质合金材料成本为 20 美元/cm^3。

4. 图 11.32 所示的零件使用网带式连续流动炉烧结，具有以下特点：

炉子长度 9.14m

高热区长度 1.83m

网带宽度 30.48cm

炉子开口高度 10.16cm

负载容量 73.24kg/m^2

操作成本 120 美元/h

假想零件必须被分离至少 2mm，对于一批 5000 件来说，估计每个零件的烧结成本。

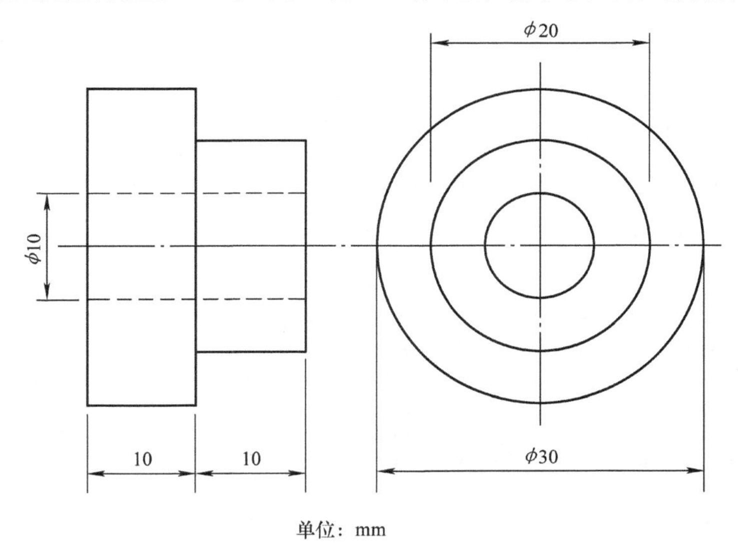

图 11.32　由粉末压制和烧结生产的两层的铁质零件

5. 粉末注射成型件的喂料（原料）是由 8% 镍铁合金粉和聚乙烯/巴西棕榈蜡粘合剂所组成，应用表 11.16 和表 11.19 中的数据，确定如下参数：

① 原料的体积分数；

② 原料密度；

③ 原料的粉末质量分数；

④ 原料的热导率；

⑤ 原料的比热容；

⑥ 原料的热扩散系数。

6. 当原料由 7% 钨、3% 镍的铁合金粉和一种混合的蜡制粘合剂所组成。重复习题 5 中的问题。

7. 成品体积为 10cm^3 的零件是由一个单腔模具的粉末注射成型所制造，采用的材料与习题 5 中相同。最终的烧结零件所具有的密度是金属合金真实密度的 99%，应用表 11.16 和表 11.19 中的数据，确定如下参数：

① 每千克的原料成本；

② 每个零件的材料成本，假设成型、脱脂和烧结的废品率为1%，成型后废料回收利用率为95%。

8. 求出习题7中零件的成型循环时间，零件最大壁厚5mm，深度4cm。零件复杂性系数为2.0，在成型过程中使用的保压压力为7MPa，所使用的成型机的干燥循环时间为2s，脱模行程为15cm。

参考文献

1. MPIF, *Powder Metallurgy Design Manual*, 3rd ed., Metal Powder Industries Federation, Princeton, NJ, 2007.
2. Mosca, E., *Powder Metallurgy: Criteria for Design and Inspection*, Associozone Industriali Metallugici Meccanici Affini, Turin, 1984.
3. MPIF, *Powder Metallurgy: Principles and Applications*, Metal Powder Industries Federation, Princeton, NJ, 1980.
4. Anon, *Iron Powder Handbook*, Hoeganaes Iron Corp., Riverton, NJ, 1962.
5. MPIF Standard No. 35, *Material Standards for P/M Structural Parts*, Metal Powder Industries Federation, Princeton, NJ, 2007.
6. MPIF Standard No. 35, *Material Standards for P/M Self-Lubricating Bearings*, Metal Powder Industries Federation, Princeton, NJ, 1998.
7. Kloos, K.H. VDI Berichte, No. 77, p. 193, 1977.
8. American Society of Metals, *Metals Handbook*, Vol. 7, 2nd Ed., Powder Metal Technologies and Applications, ASM, Metals Park, OH, 1998.
9. Bradbury, S. *Powder Metallurgy Equipment Manual*, Metal Powder Industries Federation, Princeton, NJ, 1986.
10. Fumo, A. Early Cost Estimating for Sintered Powder Metal Components, M.S. Thesis, Department of Industrial and Manufacturing Engineering, University of Rhode Island, Kingston, 1988.
11. German, R.M. *Powder Injection Molding*, Metal Powders Industry Federation, Princeton, NJ, 1990.
12. German, R.M. *Powder Injection Molding—Design and Application*, Innovative Materials Solutions, Inc., State College, PA, 2003.
13. Marlow, D. Cost Estimation for Powder Injection Molding, M.S. Thesis, Department of Industrial and Manufacturing Engineering, University of Rhode Island, Kingston, 1994.
14. Kimoto, M. and Uchida, S. Binder removal of injection molded ceramics, *Journal of Japan Society of Powders and Powder Metallurgy*, 34, 369–372, 1984.
15. MPIF Standard No. 35, *Material Standards for Metal Injection Molded Parts*, Metal Powder Industries Federation, Princeton, NJ, 2007.
16. Rhee. B.O. and Chung, C.I. Comparison between injection molding process of powders and plastics—Freezing time, *Proc. Powder Injection Molding Symposium*, 1992, pp. 295–312, Metal Powder Industries Federation, Princeton, NJ.
17. Anon, *Thermal Conductivity—Technical Data Book*, American Petroleum Institute, Washington, DC, 1983.

第12章 砂型铸造设计

12.1 概述

砂模铸造是一种将熔化的金属注入到砂型模具的工艺，当金属凝固后可从砂型中取出铸件。砂型模具由两个半模组成，在半模里，压痕由模样所制成，当两半模合模时，压痕就形成了熔化金属所注入的型腔。模样与零件相像，但略微大一点，是因为冷却时金属会出现收缩现象。对于大批量的经济铸造生产，还可以在模样里包含多个压痕，以形成多腔模。

型砂和粘合剂的混合物在单独的金属箱里围绕着模样压实后，形成了两个半模。在下半模形成把熔融金属输送到型腔（或是多腔模的多个型腔）的通道。进给通道到其型腔的开口处称为浇口，但常常是把完整的进给通道装置称为浇注系统。浇口杯和上半模里的垂直锥形通道是用于将熔融金属输送到进给通道。在砂箱模中，有时还需要两个额外的特征。首先，在安装铸模时，需要把一个或更多单独的砂芯放置在成型的位置——芯座上；第二，一个称为冒口的额外型腔，当铸件凝固和收缩时，位于上半模的冒口给熔融金属提供压力。

砂芯在砂模铸造中被用于生产内腔或凹陷，因为铸件凝固后要打破型腔取出，所以很容易生产复杂的内腔。主要要求是内表面的可进入性，以方便后续的去移动粘附砂粒的清理工序。一个拥有砂芯和冒口并组装在一起的上下模如图 12.1 所示。当模具中的金属凝固和在铸造中冷却后，铸件从砂中取出，浇注系统被切除，铸件上粘附的砂粒被清除。

砂型铸造可以单独地在造型工地上生产上吨重的铸件，或在自动线上大批量生产数量达几十万的小铸件。后者的铸件很多是汽车生产的核心零件，例如泵壳、飞轮毛坯，曲轴等，小型黄铜铸件也能用类似的方法，进行管道及相关产业的大批量生产。

砂型铸造能够制成非常复杂的外部形状。为了经济地大批量生产，形状应该包含环绕它周边的分型面，每边都应有锥度，也就是拔模斜度，以便于砂型模具的分离。这不

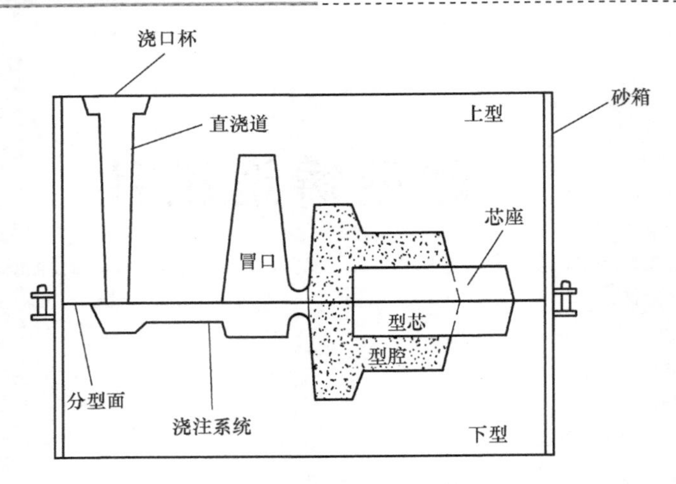

图 12.1 上模和下模的装配

仅是为了铸成品从模具中分离，更是为了当型砂环绕模样压实以后取出的方便。没有拔模斜度的铸件通过应用多个模样的组合也可能生产出来。在这些情况下，这些模样能从压实的模具里的不同方向被拆卸，这是一个劳动密集且缓慢过程，仅仅被用于生产非常复杂的零件。在本章后面讨论砂型铸造的经济性时，我们将主要讨论现代自动化铸造的批量经济生产上。

12.2 砂型铸造合金

几乎任何金属合金都能被砂型铸造，有时需要特殊的合金元素来提高金属流动性，并改进填模性能。表 12.1 给出了通用的铸造合金，表中每种合金都代表具有某些特殊性能的细分类型。

在表 12.1 中的铸造性能等级是与流动性、收缩量以及合金凝固的温度范围有关。例如，钢并不和铁一样适合铸造。因为其凝固温度范围广，被叫做凝固区间（范围）大，超过了这个范围后才凝固。这会导致在凝固时填充有很大困难，易产生空腔。

铸件的金属锭成本随着购买的数量的不同变化很大，批量越大，价格越低。在表 12.1 中还给出了不同合金的典型废料价值。这些价值可以在本章后面所示的实例中计算铸造零件的材料成本。

表 12.1 常用的砂型铸造合金

通用合金	屈服强度/MPa	弹性模量/MPa	可铸造性	金属锭成本①/(美元/kg)	废料价值①/(美元/kg)
球墨铸铁	515	165	卓越	0.29	0.07
灰铸铁	/	130	卓越	0.22	0.07

（续）

通用合金	屈服强度/MPa	弹性模量/MPa	可铸造性	金属锭成本[①]/(美元/kg)	废料价值[①]/(美元/kg)
可锻铸铁	310	180	好	0.35	0.07
碳素钢	345	175	一般	0.73	0.09
不锈钢	515	200	一般	2.53	0.40
铝	95	70	卓越	1.87	0.50
镁	95	45	卓越	4.00	1.00
青铜	345	115	好	6.00	1.30
镍合金	600	195	一般	14.00	3.00

① 材料成本可能经常变化，并受购买数量的很大影响。本文给出的值仅供设计比较的练习使用。

12.3 基本特点和模具制备

模具是为了每个铸件或多腔模中每套铸件而制造的。因此，砂型铸造的成本受模具制备效率的影响最大。这涉及从型砂混合到加入额外模具特征，控制冷却，避免由于金属压缩所导致的缺陷等多项操作。这些将要在下面分别讨论。

12.3.1 型砂制备

型砂必须仔细地控制成分稳定，以使得每个模具使用时都具有相同的性质。典型的型砂是由88%的石英、9%的黏土和3%的水所组成。型砂均匀地分散在黏土添加剂里，并且提供均匀的砂粒涂层。在压实期间将砂粒结合在一起，由此达到需要的模具强度。

多数铸造用砂可以被再利用。然而，这些砂在被再次使用之前必须满足一些条件。由于从铸件中移除的型砂含有杂质，并倾向于以大块残留，可以使用块料破碎机来打破砂块，并通过筛子或磁力设备去除金属颗粒。还需要不断地添加一些新砂，以帮助维持型砂的质量。因为即使经过处理，被用过的砂仍然包含一些煅烧黏土。尽管在铸造操作中仅失去一小部分型砂，这仍然会带来大量的材料废弃，在最近几年，由于废弃处置填埋和环境保护的费用增长，铸造厂应尽可能地去重新利用型砂。

12.3.2 浇注系统

砂型铸造的浇注系统是为了填充型腔和冒口而开设于铸型中的一系列通道，通常由浇口杯、直浇道、横浇道、内浇道和冒口所组成。浇注系统的设计会影响到许多因素，它们又会影响铸件质量后续加工的难易程度。浇注系统的构成如图12.2所示。熔融金属通过浇口杯进入模具。然后它顺着锥形的直浇道进入冷料井。从那里，横浇道将金属分送到内浇道，然后进入模具型腔。横浇道延展，存储前端的金属流。这是非常重要的，因为在浇注系统混入任何松散颗粒都会降低金属性能。

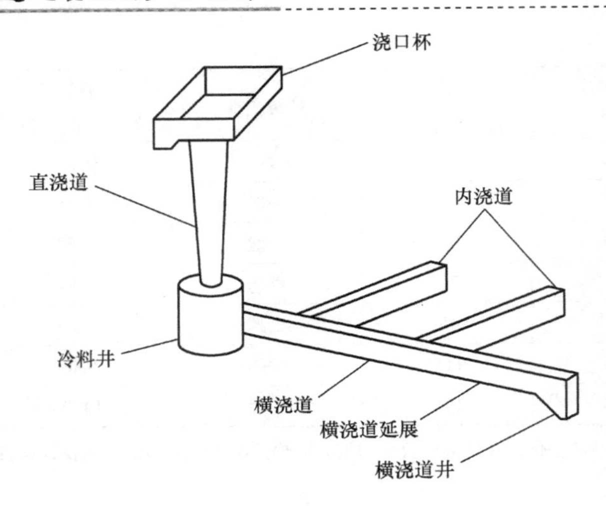

图 12.2 典型的浇注系统

系统的设计可决定金属流动速度和金属流进入模具型腔之前冷却程度。如果在到达模具型腔时，它失去了过多的热量的话，液态金属可能在输送通道就开始凝固。这可能会堵塞通道（这种条件称为冷隔）和切断向模具中的零件的液体金属供应，导致不完整的铸件。

浇注结构也必须阻止熔融金属变得动荡。这将可能导致过度吸收气体到液态金属里，从而产生具有更多孔的不致密铸件。湍流也会增加金属氧化，可能会腐蚀模具腔壁。

另一个防止颗粒进入模具的方法是使用过滤器。两种类型的陶瓷过滤器可以被插入到浇注系统里。一种陶瓷过滤器看起来像一个矩形海绵。它是用来在熔融金属穿过它时捕获外来颗粒。一个更简单、更便宜的过滤器由带有一组孔的矩形陶瓷砖所构成。两种类型的过滤器通过创建一个更好的层流流动，来减少模具的腐蚀和金属的气体吸收。

12.3.3 模具冒口和冷铁

为了理解模样和浇注系统的设计，必须重视金属收缩对铸件的影响。在铸造过程中，可能出现三种类型的金属收缩。

液态收缩源于熔融金属随着温度的下降，接近凝固温度而造成体积的收缩。发生在液态金属上的收缩是微乎其微的，不影响工艺或进给输送系统的设计，因为新金属不断流入模腔进行填充。金属连续的冷却，液态金属改变成为高密度的固体这时发生凝固收缩。对于纯金属，这个过程发生在单一温度，但对合金却发生在一定范围温度内（称为凝固温度间隔）。金属和合金的凝固温度间隔短，像纯金属和共晶合金一样，随着它们收缩有一种称为空洞的倾向。定向凝固可以用来解决这个问题。这是通过填充系统的设计使最远离进给内流道的金属最先凝固，使凝固连续不断朝着进给点。最后的空隙消失在浇注系统，而不是作为一个缺陷的铸件。

具有较宽凝固温度范围的合金导致了混合态金属（部分固态和部分液态）的产生，它们在模具中流动不是那么容易。随着在更冷的区域更多的金属凝固，新的液态金属很难填补形成的空隙，从而导致铸件有许多小缺陷。这种类型的收缩难以通过浇注系统的设计来控制，多孔铸件是不可避免的。如果要求铸件是气密（不透气的）的，那么这种金属可能需要在二级加工中与另一种材料浸渍。

固态收缩，也称为模型收缩公差。发生在固体铸件从其凝固温度冷却到室温期间，因此，铸造模样应该稍大于所要求的产品。

正如在前言中所提到的，有时，一个额外的型腔在砂模形成作为存储液态金属的容器，这个型腔称为冒口，它位于铸件的浇注系统，在金属收缩期间将熔融金属填入铸件的空隙中，起到补缩作用。为了实现这一目标，冒口必须在铸件之后凝固。在理想状况下，模腔开始凝固的部分应远离冒口，然后持续地趋近冒口。这样，将总可以得到液态的金属来填补因收缩而产生的空隙。有时一个冒口不能完全实现这种补充，此时需要多个冒口。在这种情况下，应在不同截面的铸件的凝固方向分别设置冒口[3-7]。

除了冒口以外，冷铁有时被用来生产致密铸件。冷铁用来帮助定向凝固，可以减少冒口的数量。这是通过增加铸件凝固的速度来实现的。外冷铁是由具有较高的比热容和热导率的材料构成，当这些材料被放置在模具型腔附近，它们会提升定向凝固速度，从而扩大了冒口影响进给的距离。内冷铁是放置在模腔里面的金属块，它们吸收热量，有助于增加凝固速度，它们相比于外冷铁通常具有更高效率，但必须谨慎，因为它们最终将成为铸件的一部分。

12.3.4 模样类型

用来形成砂模的模样可由木材、金属或塑料制成。拔模斜度或锥度必须添加在模样的垂直边上，它可以不造成损害地从砂型中撤回。拔模斜度数量取决于模样的类型或者砂模的类型。模样上可能有芯座（凹进模具里容纳型芯）、浇道以及包括在模板上的冒口，这样，它们不需要分别形成。

用做模样的材料取决于由模样所创造的铸型数量。硬木或塑料模样可用于生产几千件的模具中，而铸铁模样适合产量超过 100000 件的模具[8]。对于产量最大的铸造自动生产线，模样往往由不锈钢制成。

模样一般分成两件或两个半模，沿着分型面分开。分型面是由零件的几何形状决定的，它必须可使每个模样半模能够从模具中撤回。

另外，模样可以安装在普通板对边。这种安排被称为双面模板模，从一个单个成型机提供了模具制造的一致性，由于板表面定义了（确定）模具的分型面。双面模板模具有成为一个单件工具的优点。它的缺点是两个半模不能同时制造，如图 12.3 所示。

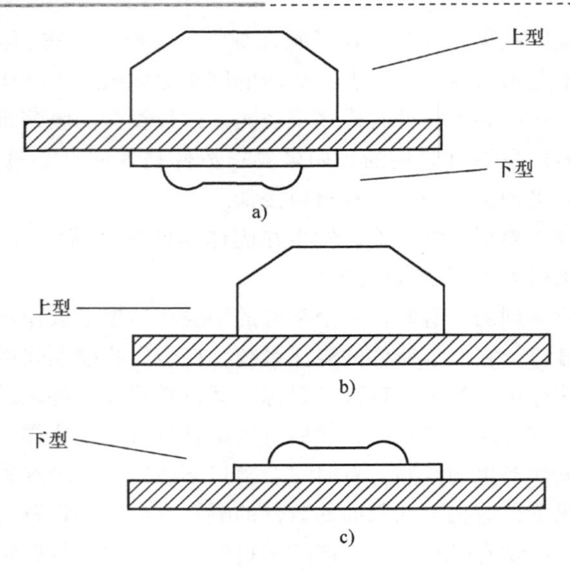

图 12.3 模板实装型式

12.3.5 型砂压实方式

砂型是通过在模样四周压实砂子来建立的。这需要尽可能地密集和均匀地压紧砂，以获得好的细节和精度。因为这个原因，如果没有机器的协助，模具压实（夯实）将是非常困难的。成型机能够极大地提高模具质量，降低对操作者操作技能的要求[9]。这些机器通常包括振动和压缩的共同作用。例如，上下型机器，开始时将砂灌进安装在单独的半模样旁的砂箱里，然后砂箱被抬起和落下几次产生振动作用。然后，使用挤压头来进一步压缩砂子。接下来，模样从上型和下型中取出。最后，上型提升，旋转 180°。以使得上型的压痕对着下型的压痕，然后，上型采用销和衬套定位在下型半模之上。

需要注意的是，振动作用趋向于将最接近模样的砂子压紧。而压缩则有相反的影响，它会压实砂子最接近砂箱的外部。这两个作用的组合可以产生更均匀的砂密度。

最现代的自动浇注系统被称为无箱垂直分型。垂直分型无箱造型是一种传统模具制造方法的突破。正如其名字所暗指的那样，无箱被用于包含成型期间的型砂。机器采用液压活塞同时挤压砂块一侧的上型和另一侧的下型。然后砂块被挤出机器，一种新块然后形成，并与最初的块配对（如果需要的话，型芯在合模之前插入），在界面处创建一个完整的模具型腔。模具形成一个出自于成型机的长矩形砂块。浇注站位置接近成型机。相互连接的模具沿着输送机下行。输送机长度取决于在模具拆散之前的铸件冷却所需要时间。在输送尾端的一个站拆散模具。铸件从型砂中分离出，这个过程更有效的原因是因为完整的模型是由每个块砂形成的。其他方法，无论台式或成型传送线，要求单独的上型和下型截面来形成一个模具。垂直分型无箱造型常用于相对比较简单的铸件，适合没有或只有少量型芯的大批量生产。

12.4　砂芯

砂型铸造的一个最显著的优点是它的创造内部型腔和外部凹陷的能力。这是通过使用被称之为型芯的砂型来实现的。型芯可以制造其他任何工艺都不能产生的结构。不过，型芯会大大增加铸件成本，设计者应该尽量避免采用。

开发铸造的工具时，始终要求用一个大型芯来取代多个小型芯。这是因为型芯数量的增加会使得人力费用大幅增加，也会增加尺寸不准确的可能性。

现代制芯系统使用压缩空气，将来自于加料斗里砂子与树脂或黏结剂混合后，吹到制芯模具（芯盒）里面。在一个典型的制芯过程中，型芯应迅速从芯盒中移除，放置在烘干机托板上。然后型芯在炉内烘烤，直到达到所要求的强度。另外，采用所谓的热箱工艺，加热工具用硬化模腔里的型芯。热箱工艺也可以与随后的炉内烘烤相结合，达到最终固化强度。

12.5　金属的熔炼与浇注

用于熔炼金属锭的设备种类很多，从生产散装铁的冲天炉，到各种坩埚、电炉和感应炉[10]。其选择需要考虑经济性和所要求的生产率。无论采取哪种方法，最后的结果是液态金属能在正确的温度下进行浇注。

铸件的稳定生产很大程度上取决于金属进入到模具里并凝固的过程。因此，熔融金属的浇注和处置是铸造过程中一个极其重要的阶段。无效的搬移会导致过多的热量流失，结果导致在模具里过早凝固和不完全填充，称之为冷隔。错误的浇注会将空气泡封在铸件中从而导致空穴。在浇注过程中如果直浇道没有完全充满的话，最可能发生空穴现象。浇铸不足是另外一个不良浇注的常见例子[11]。

浇注操作可以是手工操作、机械辅助或者是自动化进行。在手工浇注的情况下，工人手持一个盛满液态金属的勺子，将其移动到模具上，并且把液态金属倒入模具。被倒入金属的数量受到工人力量的限制。因为这种限制，手工浇注通常只适用于小批量小型铸件。

借助于机械辅助，一个更加巨大的圆筒形容器（仍然称为大勺）通常被悬在一个高架单轨系统。金属通过旋转一个手轮来进行浇注，或者通过一个杠杆来进行浇注。与手工方法比较，这种方法可以填充更多的铸件。

大批量生产的铸造厂采用自动化浇注方法。浇注时不是把金属液送到模具，而是把模具被移送到浇注站进行浇注。模具被送到浇注站后，确定数量的金属被倒入模具。这种方法可以对金属进入模具进行最大的控制。如果初始的设计和执行正确的话，它可以生产非常均匀一致的铸件。

12.6 铸件清理

铸件清理是指将铸件从铸型中取出，清除掉本体以外的多余部分，并打磨精整铸件内外表面的过程。一旦铸件冷却，它必须在后续操作被执行之前进行清理。清理包括清除所有粘在铸件上的砂子，同时还要去除浇道系统和分型面四周金属上的飞边（有时候叫做砂型铸造器的鳍状物）。这种应用在清理或者落砂上的技术可以描述如下[12,13]。

落砂是清理的第一步。落砂是一个铸造词汇，它是指用机械方法使得铸件和型砂和砂箱分开的操作。这个操作不应该损坏铸件，并且保持噪声和灰尘的排放达到最小程度。理想的落砂应该达到如下标准。

① 分离型砂，铸件和砂箱；

② 尽可能彻底地清除粘在铸件上的型砂；

③ 清理砂箱上的所有型砂；

④ 清除大型铸件表面的异物。

从模具中取出铸件必须尽可能快，因为一旦它们冷却，型芯会变硬而不易从铸件中取出。然而，在一些情况下，铸件却留在模具里防止它快速冷却。在大多数现代铸造厂，落砂常常在振动或者旋转滚筒系统中完成。

落砂完成后通常紧接着是喷丸清理。喷丸机被用来给铸件提供好的表面粗糙度，并去除仍遗留在铸件内部的型砂。通常喷丸机是铸造厂清理室中最昂贵的设备，而且维护费用也很高。由于这个原因，在喷丸清理之前，应尽可能多地从铸件上清除型砂是非常重要的。粘砂会磨损轮叶片、喷丸衬板以及灰尘收集系统，并且使工作环境恶化。

磨料金属丸集中在中心区域，利用叶轮或压缩空气压力来抛射它。铸件在一个传送带的夹具上，旋转、翻滚通过喷丸密集区域，最终移出喷丸机。

在清理的第一阶段后，下一个操作是从铸件中移除浇道系统和铸件上的飞边，通常称为精整。铸件的修整过程的优化非常重要，因为这些铸件直接手工操作内容要占到最后手工工艺阶段的高达40%。

铸件有时在移除浇道系统和飞边突起物后，还必须经历一个磨削工艺，这样做是为了去除那些不需要的表面金属多余物，如去掉飞边以及浇道系统遗留的痕迹等。磨削可以手工操作或者通过自动操作来进行。手工磨削通常用手握砂轮机对大型铸件进行磨制。小型铸件可以使用标准砂轮机，手工操作来磨削。

根据零件的几何形状和被去除材料的性质，也可能进行固定的自动操作。使用确定的自动操作，零件被放在一个夹具里，并且能被几个磨轮同时接触。设计良好的铸件去芯能够增加使用自动操作的可能性。如果需要去除的飞边附着在铸件的表面，那么砂轮能够轻易地移除它。在铸件表面边界下面横向生长出来的飞边是很难自动去除的，几乎总是采用手工来完成。然而，带有小磨头的机器人能够被编程来完成零件的轮廓上的清理工作。

对于钢、铸铁和一些铜基铸件，切削仍然是一种去除飞边的常用方法。切削是采用气动凿子来很快地切除不需要的金属。一组装备有切削工具的操作工人能够处理不同种类的铸件。这提供了大量的灵活性，因为可以同时对若干种不同铸件来进行清理，但是这种灵活性是以花费更多的手工劳动为代价的。

12.7　成本估计

确定砂型铸件的生产成本是一个非常复杂的程序，因为在铸造过程中存在大量不确定因素。设备数量以及不同设备和工艺之间可能的组合使得准确估计成本非常困难。在这里提到的成本估计被分为三类：金属成本、工具成本和加工成本。

12.7.1　金属成本

铸造厂熔化车间的金属熔化是铸造过程的一个非常重要的步骤。铸造厂的生产合格铸件的能力通常依赖于熔化车间生产的金属化学性质。除了是铸造过程的基础工作以外，熔化车间还占有铸成品成本很大的比例。熔化车间通常要占到包括砂型铸造在内的加工成本的 30% ~50% 。

决定总的金属成本的第一步是计算生产铸件需要多少材料。参考文献［14］中对很多种类铸件进行了考查，以确定最小数量的冒口和进给要求。由于不同金属进给要求的差异以及模板压痕布置的差异，会导致铸件尺寸的变化。

生产连体铸件是常见的情况。两个对称的零件作为一个单独件生产出来，然后被分开（切离）。在理想情况下，连体铸件合并的尺寸应该被用于原料计算里。然而，这是铸造技术的一个例子，零件设计者一般对此不关心。对于这样的情况，这里采用的模型对浇道系统的尺寸估计过高，因此给出一个小的成本高估。

我们发现仅用最后零件外壳尺寸就可以预测整个铸件重量。精度可以达到实际值15%之内。从参考文献［14］的研究中得到的浇铸件重量的关系为：

$$W_{\mathrm{p}}=\rho V_{\mathrm{fc}}\left[1+1.9\left(\frac{L+W}{D}\right)^{-0.701}\right] \tag{12.1}$$

式中　ρ——金属密度（$\mathrm{kg/m^3}$）；

V_{fc}——铸成品金属体积（$\mathrm{m^3}$）；

L——零件长度（mm）；

W——零件宽度（mm）；

D——零件高度（mm）。

一旦估计好浇注重量，就能确定金属的成本了。金属的成本必须包括原材料成本、将金属温度提升到浇注温度所需要的能量成本以及熔炉运转和辅助设备的成本。这些成本之和就为浇注金属的成本。并且被称之喷口的金属成本，与计算在管口喷出金属成本相关的步骤在下面给出。

式（12.2）为以美元/kg 为单位的熔炉能量成本。

$$C_{\mathrm{en}}=E_{\mathrm{ct}}M_{\mathrm{me}}/F_{\mathrm{ff}} \tag{12.2}$$

式中　E_{ct}——电力成本（美元/kWh）；

M_{me}——最小熔化能量（kWh/kg）；

F_{ff}——熔炉效率。

在美国的铸造业中，电价一般为 0.067 美元/kWh，熔炉效率一般为 80%。表 12.2 中给出一系列典型铸造金属的最小熔化能量 M_{me} 值。

表 12.2　砂型铸造合金的熔炉成本数据

通用合金	密度/(kg/m³)	最小熔化能量/(kWh/kg)	浇注的金属成本/(美元/kg)
球墨铸铁	7，110	0.391	0.38
灰铸铁	6，920	0.390	0.31
可锻铸铁	7，280	0.395	0.44
碳素钢	7，830	0.393	0.82
不锈钢	7，750	0.405	2.62
铝	2，710	0.326	2.02
镁	1，800	0.332	4.21
青铜	8，800	0.185	6.07
镍合金	9，250	0.341	14.08

除了能量成本以外，固定的熔炉成本通常被用来覆盖投入的资本。这个成本能够被给出：

$$C_{fk} = F_{fc}/\rho \tag{12.3}$$

式中　F_{fc}——固定熔炉成本（美元/m³）；

ρ——材料密度（kg/m³）。

在美国，1000kg 的熔炉，通常取固定熔炉成本 $F_{fc}=284$ 美元/m³。

最后，每千克浇注金属的熔炉操作人工成本 C_{1k} 必须要计算出。可在铸造厂按每班进行估计，也就是说，每班熔炉的工人成本除以每班浇注金属的重量。对于一个中等规模的美国自动化铸造厂来说，熔炉的人工成本为 0.02 美元/kg。

管口喷出的金属成本能够被表示成：

$$C_{ms} = C_{rm} + C_{en} + C_{fk} + C_{1k} \tag{12.4}$$

式中　C_{rm}——原材料成本（美元/kg），可在表 12.1 查取。

例如，对于灰铸铁使用从表 12.1 和表 12.2 中的 C_{rm}、M_{me} 和 ρ 值，可以得出

$$C_{ms} = 0.22 + 0.067 \times 0.39 \div 0.8 + 284 \div 6920 + 0.02 \text{ 美元/kg} = 0.31 \text{ 美元/kg}$$

对于表 12.2 中给出的其他种类金属计算出的典型成本值。

铸成品的金属成本要高于这个值，是因为由于式（12.1）所定义的填充系统中会有浪费的金属，废料残值见表格 12.1。调整后，铸成品的金属的成本可以由式（12.5）给出：

$$C_{mf} = \frac{C_{ms} W_p - C_{cv}(W_p - \rho V_{fc})}{1 - S_g/100} \tag{12.5}$$

式中　C_{ms}——管口喷出的金属成本（美元/kg）；

W_p——浇注金属的重量（kg）；

ρ——金属密度（kg/m^3）；

V_{fc}——铸成品体积（m^3）；

C_{cv}——废弃金属的残值（美元/kg）；

S_g——铸件废品百分比，通常为 2%。

如果在估算成本的程序中，金属锭的成本 C_{rm} 被用来代替式（12.5）中的 C_{ms}，那么，能量和熔炉操作的成本就要添加到如 12.4.7 节中讨论的其他铸造操作的成本中。

12.7.2　型砂成本

根据型砂颗粒的精细程度不同，新的型砂成本范围在 13 美元/t 到 35 美元/t 之间。这个成本不包括运费，而运费是供应商之间的价格差异的主要原因，运输成本非常重要，这是因为型砂性能取决于其开采地点。

铸造厂商往往愿意花更多钱来购买来自美国中西部地区的砂子，因为相对于新泽西的棱角分明砂子，它有更好的颗粒性能。而且新泽西的砂子在制造过程中，需要更多的粘合剂，而粘合剂需求量的增加可能导致更高的成本，并会产生污染问题。由此说明从中西部地区运送价格高的砂子是合理的。使用过的砂子被认为是有害的废物，清理费用为 300 ~ 500 美元/t。

砂子中必须加入一定量的粘合剂才能具备需求的成型性能，然后才能被输送到铸造区域以备使用。使用过后，这些砂子将与已成型的铸件分离，重新输送回原来堆砂区域冷却。砂子在再次检查和使用之前，必须将其中的杂质去除。重新使用之前应补充一定量新的砂子颗粒和粘合添加剂。

因为模砂成本在铸件制造成本中占的比例很低，根据来自美国铸造厂调查中的简单计算，通常少于整个制造成本的 3%。根据参考文献［14］的数据，型砂成本大概接近于浇铸金属价格 0.08 美元/kg。因此，单件型砂成本计算公式为

$$C_{msd} = 0.018 W_p \text{ 美元/件} \tag{12.6}$$

芯砂通常比型砂要贵得多，这是因为需要更细的砂子来生产型芯，足以承受浇铸金属的压力。

根据参考文献［14］来自相同铸造厂的数据，芯砂平均成本为 0.084 美元/kg。

在生产过程中，型芯经常会被损坏。根据型芯构造复杂程度和型芯制造工艺的类型不同，其报废率为 4% ~40%。大多数情况下，报废率的平均水平接近 8%。生产铸件的芯砂成本计算公式为

$$C_{csd} = \frac{\rho_{cs} V_c C_{cs}}{(1 - S_c)} \tag{12.7}$$

式中　ρ_{cs}——芯砂密度（kg/m^3），$\rho = 1387 kg/m^3$；

V_c——型芯体积（m^3）；

S_c——型芯报废率（%），平均值为 8%；

C_{cs}——芯砂成本（美元/kg），$C_{cs}=0.084$ 美元/kg。

12.7.3 工具成本

铸造过程中的工具成本通常用本行业过去制造的类似工具成本来比较确定。然后，用一个称之为“工具专家”的估算器来调整新工具成本，这取决于新估计工作与已完成的早期工作比较的难易程度。不过这并不容易实现。因为开发模型的用户不一定是铸造工艺方面的专家。因此，在确定工具成本时必须给出一个替换方法。下面给出的成本公式假设，模样和砂芯盒插件是由不锈钢制成，并且安装板是铸铁件，适用于大批量生产。为了确定其他工具材料的成本，对于一个更小的生产批量，一个整体倍增或相对成本因素被应用到最终的成本估计中，这将在以后讨论。

计算工具成本的第一步是确定工具将应用于哪一种装备上。这个信息需要用于确定工具的尺寸和每小时能够生产的铸件数量。如果铸件需要型芯，那么还必须计算用于支持型芯生产线型所需芯盒成本。

为了确定要求的模样成本，必须要回顾一下模样设计的几个要点。模样设计是一门艺术，不能轻易地分解为几个经验规则。本节给出的规则提供了将模样定位在基板上的保守方法。然而，这些规则并不是绝对的，任何专家都可能违反这些规则。

模样布局的第一步是确定模样线在铸件上的位置。这决定了被安装到上型板和下型板上的几何形状。对于多腔模，需要确定模样之间的适当间距。记住填充系统也是必需的。

而铸件设计者期望去设计这个系统，他们应该给填充系统将要通过的区域留有一定的空间，必要时，还需要给冒口留有一定的额外空间。最后，还需要设计和定位芯座，以使得型芯能够安全地固定到位。以下为确定模样板布局的几个规则。

对于较厚的铸件而言，模样间距应该与铸件的相邻部分高度相等。例如，一个20cm高的铸件可能会在靠近另一个模样位置的边缘被削减到10cm，这样，模样之间间距应为10cm。对于较薄的铸件而言，当它们高度低于5cm时，间距应为相邻部分高度的2倍，并且两个截面之间的间距不能小于1.5cm。

模样和底板边缘之间应该保持2.5～10cm的距离，间距大小取决于使用装备的尺寸和类型。对于这个模型而言，推荐的距离为5cm。芯座与底板边缘之间的间距也应该接近5cm。

浇注系统的主要流道周围应该有2.5cm厚的型砂环绕。然而，流道系统更靠近，甚至接触芯座也是可以的。

芯盒的布局成本比模样底板更简单，型腔布置应该使得最浅的尺寸位于垂直的平面。如下为推荐的芯盒设计规则。

开发模具型腔布局时应包括芯座。

型腔之间保持2cm的壁厚。

芯盒边要求有5cm的边界，而底部为2cm。

为了早期的成本估算，模样、型腔或者底板边缘之间，采用5cm标准间距可以简化进程，而又不会有显著的成本影响。

模样压痕或者是芯盒型腔插入件的铸铁安装板成本，根据新制造数量的不同，其成本范围为1.30～4.40美元/kg[14]。对于这种成本计算模型而言，假设铸件是大批量生产，假定大规模制作模具，并且铸铁安装板成本为4.40美元/kg。加工和操纵一个安装板的成本为每平方厘米安装板0.05美元。假定使用一个典型的7.5cm厚灰铸铁板。将成本由每千克转换为每立方厘米，那么两个安装板所需要的成本可以用式（12.8）计算[14]：

$$C_{pm}=(0.1+0.064h_p)A_{pl} \tag{12.8}$$

式中 C_{pm}——一副模样半模安装板的成本（美元）；

h_p——模板厚度，通常为7.5cm；

A_{pl}——单个或多个压痕的模板区域面积（cm^2）。

一旦知道了模样底板的成本，下一步就是计算模样压痕的成本，这可以按照表面补丁的数量，通过估计铸件外表面的复杂程度来确定。至于在前几章分析的净形工艺的工具估计，表面补丁被定义为一个段，或是平面，或者有一个常数或平稳变化的曲率，两个表面补丁的交集表现为斜率或曲率的快速变化，计算程序描述如下。

首先计算由模样形成的与表面补丁等量数 n_{sp}，但忽略由型芯所产生的表面补丁。当多个相同特征位于零件的表面时，对应于85%的学习曲线的幂指数0.766，可以被用于估计由于加工相同特征所带来的节省。例如，对于在一个铸件上会出现十次的有六个表面补丁的套筒，所有套筒的表面补丁总数可以计算为$6\times10^{0.766}=35$而不是60。这个指标数也应用于在确定加工多个相同的压痕的成本减少公式时获得复杂性系数。一组相同的模样压痕的成本计算公式为：

$$C_{pi}=R_t(5+5.83(X^{1.27})+0.085A_p^{1.2})n_{pi}^{0.766} \tag{12.9}$$

式中 R_t——模样车间的工具生产费率（美元/h）；

X——几何复杂性系数，$X=0.01n_{sp}$；

A_p——压痕的投影面积（cm^2）；

n_{pi}——相同压痕数。

为了与本章给出的其他费率一致，应使用模样车间40美元/h的费率。

对于大批量生产，浇道系统是由另外的模样压痕形成的。浇道系统的成本是由几个因素决定的，首先是浇注金属的类型，例如，灰铸铁通常不需要冒口，所以它的浇道系统要比起其他金属更容易设计和建造。另一个因素是浇注的型腔数量和型腔之间的距离，参考文献［14］对于一个自动铸造生产线的成本数据调查显示：浇注系统压痕的成本，通常要在模样工具成本上再加上20%～35%。压痕的成本越低，最终浇道系统的成本就占有越大的百分率。使用25%的中间值，总模样成本可以表示为：

$$C_{pt}=G_f(C_{pm}+C_{pi}) \tag{12.10}$$

其中：G_f 为浇道系数，手工浇注时为1，自动浇注生产线时为1.25。

当模样要求被铸造的零件外表面几何形状机械加工时，芯盒型腔要求空心的内表面几何形状进行机械加工。其机械加工操作基本是相同的，它们取决于表面的尺寸和复杂程度。这样，把式（12.8）代入模样成本的式（12.10），就可以同样适用于芯盒和型腔了。但在这种情况下，要使用型芯的投影区域 A_p，型芯表面补丁数以及芯盒里的型腔数 n_c。

芯盒的额外作业包含当砂子被吹进型腔时，下半模脱离型芯的顶销系统和上半模的砂子流经通道，随着型芯尺寸和复杂程度的增加，这些额外任务的复杂程度也随着增加。此时，应在式（12.8）和式（12.10）上进行估计的基础上，再增加25%。

所以芯盒的整体成本公式为：

$$C_{box} = 1.25(C_{pm} + C_{pi}) \quad (12.11)$$

式中 C_{pm}——型腔安装板的成本，根据式（12.8）求得，但使用板深度 h_p = 型芯深度 +7.5cm；

C_{pi}——型芯型腔模块成本，根据式（12.9）求得，但使用型芯的几何参数。

表 12.3 工具寿命和相关成本

模样或芯盒材料	相关成本系数	每个型腔的工具寿命
木材	0.20	2.500
塑料	0.35	5.000
铸铁	0.85	150.000
不锈钢	1.00	180.000

对于小批量生产，模样压痕和型腔可以由铸铁、工程塑料或木材制成，由替换材料制成的生产工具的成本接近于如表 12.3 所示的使用相关工具的成本。使用式（12.10）和式（12.11）的工具成本估计时要乘以相对工具成本系数的合理值 R_{tf}。

表 12.3 还提供一种工具在替换之前可能使用次数的信息。这个数据是针对一个模样压痕或者是一个芯盒型腔而言的。例如，预测的生产四个型腔的铸铁芯盒寿命是 600，000 件。

12.7.4 加工成本

加工成本由三部分组成，它们分别为加工型芯的成本、生产模型和浇铸金属的成本、清理铸件的成本。

确定加工型芯的成本时有很多变化的因素，型芯成本受其尺寸大小的影响，尺寸大小同时也影响着每个芯盒的最经济的型腔数。机器生产率在很大程度上取决于所采用的型芯制造工艺的类型。型芯制造工艺的类型和型芯的设计又影响着废品率。从简单的型芯到复杂的型芯，其废品率为 4% ~40%。

一些型芯需要耐火涂料，这需要设备和人力来完成在型芯上涂覆涂料，然后再烘干。所有的这些因素组合在一起，使得获得每个型芯成本的精确估计成为一个艰巨的挑战。为了达到估计的目的，通常是把模具车间每小时生产的型芯平均重量分摊到从事型芯工艺的工人人数上，这给出了表示为每人每小时的型芯重量（以千克计）的模具车间的生产费率。于是，加工一个特定的型芯成本如下：

$$C_{\text{core}}=\frac{\rho_{\text{cs}}V_{\text{c}}R_{\text{cm}}}{P_{\text{cm}}(1-S_{\text{c}})P_{\text{ff}}} \tag{12.12}$$

式中　ρ_{cs}——芯砂密度，$\rho_{\text{cs}}=1387\text{kg/m}^3$；

V_{c}——型芯体积（m^3）；

P_{ff}——工厂效率（%），$P_{\text{ff}}=\dfrac{\text{实际生产时间}}{\text{总体可利用时间}}\times100\%$，一般为 85%；

R_{cm}——型芯制造的人工费率（使用 50 美元/h）；

P_{cm}——型芯生产率，通常为 53kg/人 · h；

S_{c}——型芯废品率（%），一般为 8%。

根据对几个大型铸造厂的调查发现[14]：型芯的平均生产率近似等于 53kg/人 · h，并具有一个关联的负担人工费率 50 美元/h。多型腔芯盒因还需要去毛刺、添加涂层和固化等二级加工，所以其与其他铸造工艺相比成本上没有什么优势。为了近似估计成本，式（12.12）可以忽略不考虑芯盒成本。正如以前所讨论的那样，当考虑芯砂的成本时，8% 的废品率 S_{c} 对早期成本估价是合理的。

成型机可以建成为一个传送线，制模区域上包含很多操作，因为在加工系统里的变化更少，制模区域成本比型芯区域成本更容易确定。然而，因为大多数操作过程是在制模铸造区域完成的。加工成本取决于铸模的数量和其相应的每小时所生产的铸件、生产线上的工人数量和每个工人所负担的人工费率。一个典型的美国中西部的上、下砂箱铸造生产线，要求 21 个工人实现每小时 285 个铸模的生产率，每个工人每小时 13.6 个铸模。这条生产线上每个工人的生产率为 208 美元/h，铸件的报废率，如同型芯的废品率一样，在很大程度上取决于零件的几何形状和浇注金属的种类。根据大量的铸造厂的调查发现证明[14]：对于早期的成本估价，2% 的废品率是合理的。制模生产线的单位铸件加工成本为

$$C_{\text{mp}}=\frac{R_{\text{mp}}}{N_{\text{c}}P_{\text{mp}}(1-S_{\text{m}})\times P_{\text{ff}}} \tag{12.13}$$

式中　R_{mp}——制模生产线工人费率（美元/h）；

N_{c}——模具型腔数量；

P_{mp}——制模生产线生产率，$P_{\text{mp}}=13.6$ 铸模/人 · h；

S_{m}——铸件废品率（%），通常为 2%；

P_{ff}——工厂效率（%），通常为 85%。

应该注意的，$R_{\text{mp}}=208$ 美元/h 是对大型的中西部铸造厂而言的，它们能够提供 60cm × 60cm 大小的大型铸件，并且具有较高的生产率。大型的核心设备能够提供这种能力导致了很高的额外劳动率，对美国其他地区的较小型的自动铸造厂的调查建议[14]：对于大批量的中型铸件来说，合适的效率 R_{mp} 接近 95 美元/h，假设每个工人生产率和前者相同，铸模尺寸为 20cm × 20cm。对于早期的成本估算，我们假定对于相同的铸模生产率，零件尺寸和每小时工人负荷费率具有线性关系如下：

$$R_{\text{mp}}=38.5+1.413(L+W) \tag{12.14}$$

式中 L——零件长度或每套型腔周围的封闭长度；

W——零件宽度或每套型腔周围的封闭宽度。

模具生产线最后的操作是从模具里取出铸件，这通常是采用夯锤将砂模敲出砂箱并且与模具分离，型砂可以回收再利用，铸件运送到清理区域。

清理铸件的成本主要取决于零件的尺寸和几何形状。然而，浇注材料的类型和所采用的工艺也会影响到铸件清理的难易程度。

铸件清理是铸造厂的最大的劳动密集型工作。即使有自动机械来帮助去除浇道系统和铸件上的氧化皮，这仍是一个需要大量手工的工作。凿子和磨边机用来去除飞边和浇注系统接触区域。当然，完成的程度取决于去除飞边的重要程度。在某些情况下，铸件的加工程度并不是很关键的，这样就能节省很多费用。

清理过程中的主要影响成本的因素是铸件的几何形状。分型面的长度决定了必须去除的飞边数量。如果零件是空心的，那么铸件空心开口附近的地方所形成的飞边就必须去除。然而，其他因素也影响清理的时间。一些铸件比其他铸件需要更多的再定位来清理飞边线，执行这些再定位的时间取决于铸件的尺寸和重量。

铸件上深的凹坑或小的开口也会带来清理的麻烦。具有大的内部型腔和小孔的铸件也会对清理造成很大的麻烦。这是因为铸件内的砂子通常不能完全脱落，因此不容易被去除。

对于大多数铸件的调查显示：清理铸件的全部劳动时间（包括去砂、去除横浇道系统和飞边、抛丸清理）近似与铸件重量的平方根成正比，对于中型自动铸造厂的铸件数据的回归分析提供了关于清理劳动时间的关系为：

$$T_{cl} = 88.4 \times W_p^{0.44} \tag{12.15}$$

式中 T_{cl}——总清理时间（s）；

W_p——浇注的铸件重量（kg）。

那么清理成本为

$$C_{cl} = \frac{R_{cl} T_{cl}}{3600} \tag{12.16}$$

式中 R_{cl}——清理室工人费率（使用37.5美元/h，如果具有其他提供的成本的话）。

12.8 砂型铸造的设计规则

一篇有关北大西洋公约组织（NATO）的报道表明[15]：砂型铸造选择的首要因素是降低成本。但是决定铸件成本的最重要因素是设计。研究表明，铸件成本可以很容易因为设计者的控制因素而加倍。

以下的设计规则来自于工业手册[16-18]。不按这些设计规则铸件也能生产，但废品率和生产成本都会大幅提高。

12.8.1 避免尖角和多截面连接

铸件截面的形状会影响金属的结构。熔融金属的凝固从铸型表面开始，晶体在铸型里垂直侧面成长为铸件。一个厚度均匀的直边段（图 12.4a）会导致均匀冷却。这样反过来又会带来均匀材料性能。在另一方面，尖角会引起铸件很大的温度变化，这会产生铸造缺陷。热点出现在铸造自然冷却时被打断的地方，因为砂子部分比其他区域承载着更多的能量。同时，冷淬区出现在暴露的两个冷却平面形成的外转角处（见图 12.4b），产生的晶粒组织不均匀，特别是冷却速度过快的地方，铸件中会产生缺陷区域。

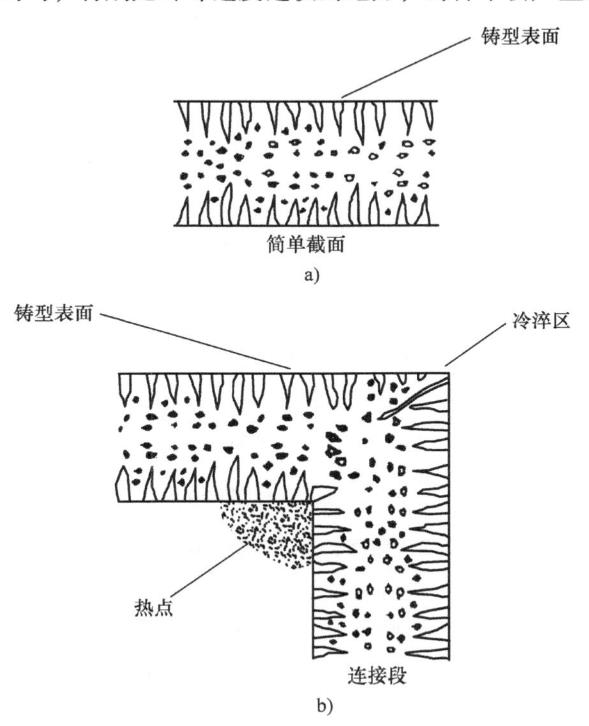

图 12.4 铸件截面形状的影响

a）具有均匀冷却的恒定铸件厚度 b）突然截面变化引起的不均匀冷却的影响

一个设计良好的模具，会尽量地减少断面数量和避开尖角。在一些断面聚合的地方，合适的解决方法是创造一个大孔，就像一张网的中心似的。图 12.5 展示了一些断面外形。

12.8.2 均匀厚度的截面设计

设计铸件时，应使其所有的截面厚度尽可能地一致，这会促进铸件冷却，降低产生缺陷的可能性。如果所需金属质量太多，那么设计者应该使得它们能够保证浇铸可进入或者使用冒口进行浇铸。

均匀厚度的设计也能减少铸件材料的用量，减少重量和机加工，得到更高强度的铸件。然而，如果截面厚度过小，可能会出现浇铸问题。由于金属凝固会阻止截面被完全填充，从而引起不完全浇铸。其产生的废品所增加的成本通常要高于采用更轻的铸件所

差的(6个肋条交叉)

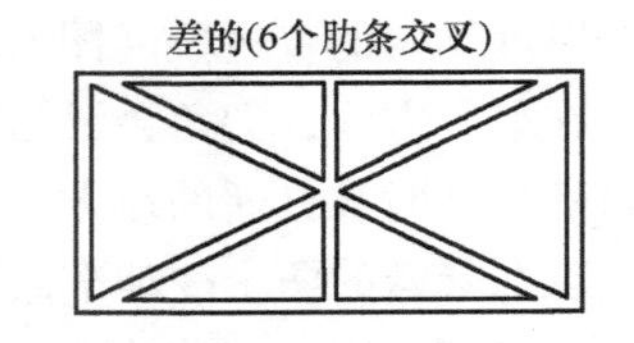

较好的(4个肋条交叉)

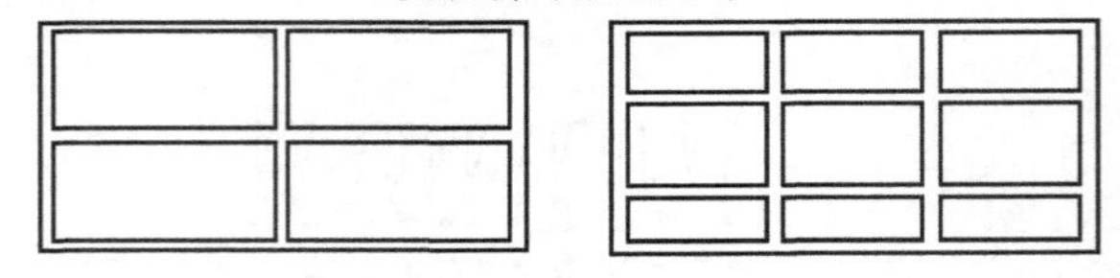

最好的(3个肋条交叉)

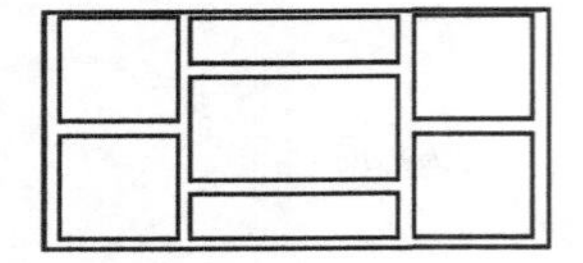

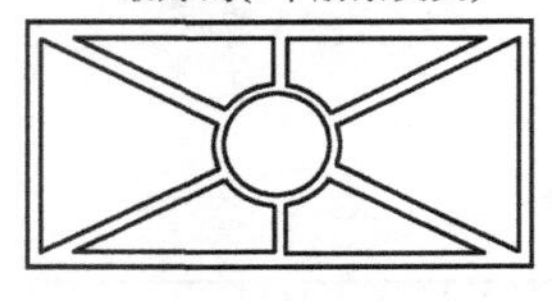

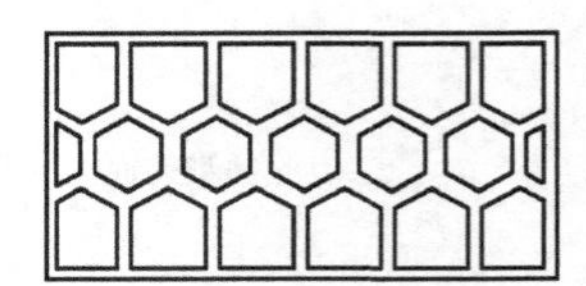

图 12.5 不同的截面形状

（资料来源：Customers Foundry Orientation Manual，Robinson Foundry，Alexander City，AL，1989）

节约的材料费用。表 12.4 给出了不同金属砂型铸造的最小经济截面厚度。

表 12.4 不同截面长度 S_L 的最小经济截面厚度 （单位：mm）

金属种类	对于截面长度小于等于 2.5cm 时的厚度	对于截面长度在 2.5 ~ 15cm 之间的厚度	对于截面长度大于 15cm 的厚度
球墨铸铁	4.8	12.5	19.0
灰铸铁	4.0	9.5	19.0
可锻铸铁	3.3	6.4	14.0
碳素钢	8.0	12.5	25.0
铝	4.0	8.0	16.0
镁	4.0	8.0	16.0

12.8.3 合适的内壁厚度

铸件内部截面要比模具表面的冷却速度更慢。如果必须有一个复杂的几何形状，设计者应该将内部截面厚度减小到外部壁厚的 80%。同样，型芯截面厚度应该总是大于周围金属的截面厚度。如果型芯太小，它就会变得过热，并且减缓周围金属的凝固速度，导致缺陷的产生。

12.8.4 设计时考虑金属收缩

几乎所有的合金在凝固时都会收缩。那么设计者必须在设计中对其进行补偿。在一个好的设计中，截面厚度随着浇注系统的距离或冒口数量的增加而减少。为了完成这一工作，设计者必须对铸造工艺非常熟悉，能够想象铸件是如何进行浇铸，从而能够调整铸件的尺寸来促进金属的流动。金属收缩得越多，设计者在设计铸件时就必须考虑得越多。表 12.5 列出了几种常见铸造合金组的收缩量。收缩量的大小取决于铁和钢中的精确碳含量，以及它们在给出的范围内变化。

表 12.5 铸造合金的容许收缩量

金属种类	收缩率（%）
灰铸铁	0.83 ~ 1.3
可锻铸铁	0.78 ~ 1.0
碳素钢	1.6 ~ 2.6
铝	1.3
镁	1.3

12.8.5 使用简单的分型面

分型面是把模具分割成两部分的直分型面的一个平面，要比波状轮廓分割表面更具有经济性。更复杂的分型面经常会导致每一铸模里的零件较少，精度更低，废品增加。因此应该认真选择好分型面的位置，以使得它对零件的功能特性产生最小的影响。

将分型面安置在铸件的不重要位置有两个主要原因。首先，分型面附近的尺寸是最难控制的。另外，飞边出现在分型面上。如果分型面周围的表面不重要，则去除飞边的费用将会降低。

12.8.6 确定适当的加工余量

加工余量是用来补偿铸坯零件的尺寸和表面变化所添加的材料。所添加余量的作用是保证更少程度的机械加工方法和达到最终精度要求。如果仅仅要求平坦，可能有一些不需要加工的表面，则只需要补充最少的材料；如果整个表面都要求加工，且没有瑕疵，则需要更大的加工余量来保证。正常的加工余量范围，对于小型铸件（<15cm）为 0.25cm；对于大型铸件（>250cm）为 2.5cm，中型铸件可根据情况选择。

12.8.7 使用经济公差

铸造厂所能获得的公差会随着设备使用的工艺不同而产生变化。例如，自动成型机所能加工出的铸模要比手工成型具有更小的公差。大多数铸造厂愿意采用保守公差，因此也是最经济的，将用于下面的讨论。

机加工可以获得精确的公差，但这会极大地提高铸件成本。

最基本的公差是线性公差，它表示了两点之间的距离可以达到的精确程度。正负1.0mm的线性公差在小型铸件中是容易实现。对于超过15cm的更大零件，每厘米允许有0.03mm公差。

对于通过或来源于分型面的尺寸线性公差，必须添加一个额外公差。这些额外公差反映出在凝固过程中金属和模具的膨胀与收缩所引起的变化，以及模样制造公差和在脱模过程中模样的振动。这些额外公差的大小取决于在分型面的铸件投影面积。典型的公差分配是在每10cm^{2}的投影面积为正负0.25mm。

由于间隙的存在，凸模会产生公差变化。这些间隙对于凹模能安置到模具中是必要的。凸模表面产生的特征应该比模具表面产生的特征具有更严格的公差，这是因为凹模强度更大，可以产生比模具更严格的公差。然而，由于型芯移动，型芯产生的表面有可能被模具产生的表面所替代。对于型芯移动的公差将随着垂直于被考虑尺寸的型芯投影面积而发生变化。建议值与上面给出的额外分型面的公差值相同。

下面给出了必须应用到图12.6所示的零件的不同尺寸公差。

A：线性公差

B：线性公差+型芯位置公差

C：线性公差+型芯位置公差

D：线性公差

E：线性公差+分型面公差

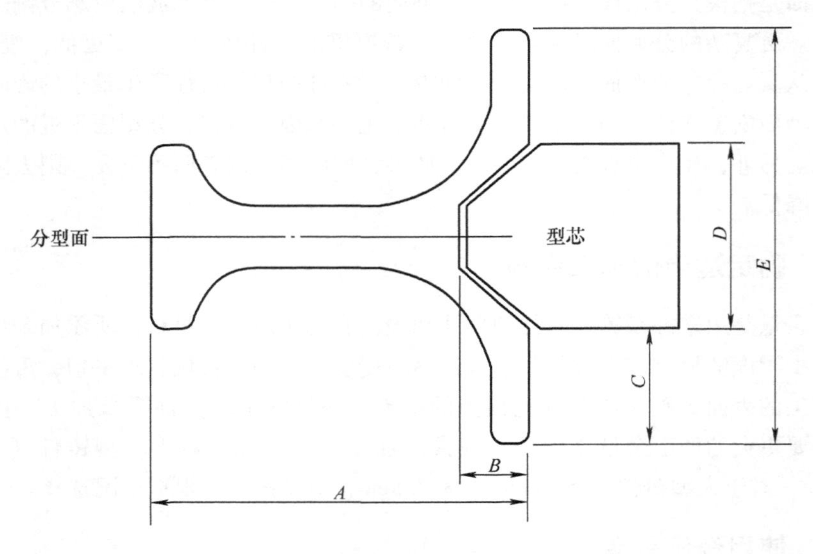

图12.6　一个有型芯铸件的适当公差

12.9　计算实例

图 12.7 所示的是一个泵体的概念草图。它由铸造碳素钢制造，共需 10，000 件。建议泵体采用单腔模具、分成上下箱体进行铸造。12.7 节中的公式被用于零件成本和要求的工具投资进行初步估计。

在这些计算中会用到的零件和型芯的尺寸见表 12.6

表 12.6　计算中会用到的零件和型芯的尺寸

零　件	型　芯
加工后零件体积 $V_{fc}=439cm^3$	型芯体积 $V_c=683cm^3$
零件投影面积 $A_p=222cm^2$	型芯投影面积 $A=222cm^2$
零件长度 $L=250mm$	型芯长度 $L=250mm$
零件宽度 $W=150mm$	型芯宽度 $W=150mm$
零件深度 $D=50mm$	型芯深度 $D=50mm$

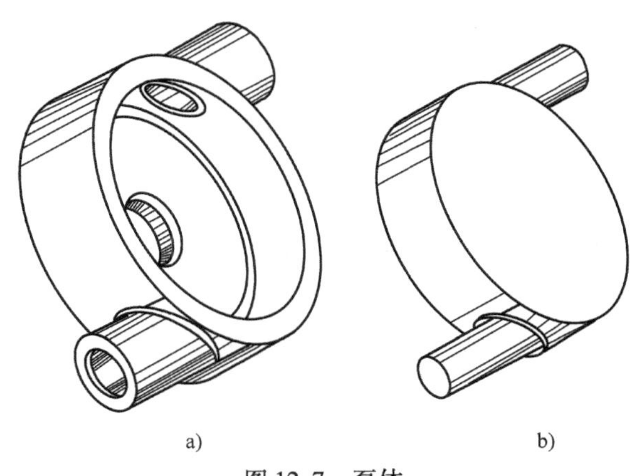

图 12.7　泵体

a）泵体铸件　b）铸造型芯

1. 铸造材料成本

由表 12.2 可知，碳素钢密度为 $7830kg/m^3$，代入式（12.1），经过适当的单位转换，可以求得单个零件浇注金属的重量。

$$W_p=7830\times(439/10^6)\left(1+1.9\left(\frac{400}{50}\right)^{-0.701}\right)kg=4.95kg$$

由表 12.2 可以得到最小熔化能量为 0.393（kW・h)/kg，使用推荐的电价 E_{ct}值为 0.035 美元/kW・h，熔炉效率 E_{ff}为 80%。由式（12.2）可以求得熔炉能量成本为：

$$C_{en}=\frac{0.035\times0.393}{0.8}=0.017\text{ 美元/kg}$$

涵盖资本投资的固定熔炉成本可由式（12.3）求得，使用 $F_c = 284$ 美元/m^3。

$$C_{fk} = \frac{284}{7830} = 0.036 \text{ 美元/kg}$$

由表 12.1 可得铸锭成本 $C_{rm} = 0.73$ 美元/kg，建议的熔炉劳动成本 $C_{lk} = 0.02$ 美元/kg，喷口的碳素钢熔化成本被估计为：

$$C_{ms} = 0.73 + 0.017 + 0.036 + 0.02 = 0.803 \text{ 美元/kg}$$

浇铸完成后，加工后的铸件重量为：

$$W_{fc} = \rho V_{fc} = 7830 \times \left(\frac{438}{10^6}\right)\text{kg} = 3.43\text{kg}$$

通过式（12.5），使用废料钢（残值 $C_{cv} = 0.09$ 美元/kg，废品率 $S_g = 2\%$），于是，每件加工后产品的金属成本为：

$$C_{mf} = \frac{0.803 \times 4.95 - 0.09 \times (4.95 - 3.43)}{1 - 0.02} = 4.00 \text{ 美元/件}$$

2. 模具和芯砂成本

由式（12.6）求得每个零件型砂的估计成本为：

$$C_{msd} = 0.018 \times 4.95 = 0.09 \text{ 美元/件}$$

现在，将我们的注意力转向型芯的材料成本。图 12.6 所示的单个型芯的体积 $V_c = 683\text{cm}^3$。使用芯砂成本 $C_{cs} = 0.084$ 美元/kg，型砂密度 $\rho_{cs} = 1387\text{kg/m}^3$，型芯废品率 $S_c = 8\%$。则由式（12.7）可以求得每个零件所用型砂成本的估计值为：

$$C_{csd} = 1387 \times (683/10^6) \times \frac{0.084}{(1 - 0.08)} = 0.09 \text{ 美元/件}$$

3. 型芯和模具的制造成本

为了确定可能的零件成本，我们接下来估计型芯和和模具的加工成本。铸造一个泵体所使用的每个型芯的重量为

$$W_c = 1387 \times (683/10^6)\ \text{kg} = 0.95\text{kg}$$

使用 12.7.4 节给出的型芯生产的典型数值，由式（12.12）可以求得每个型芯的加工成本为

$$C_{core} = \frac{0.95 \times 50}{53 \times (1 - 0.08) \times 0.85} \text{美元} = 1.15 \text{ 美元}$$

假设泵体由一家美国的自动铸造厂制造，根据式（12.14）可以给定一个合适的 R_{mp} 值，

$$R_{mp} = 38.5 + 1.413 \times (25 + 15) = 95 \text{ 美元/h}$$

由式（12.13），然后可以求得每个铸件的加工成本为

$$C_{mp} = \frac{95}{13.6 \times (1 - 0.02) \times 0.85} \text{美元} = 8.40 \text{ 美元}$$

4. 清理成本

最后，根据式（12.14）和式（12.15），可以计算清理铸件的成本和去除飞边和浇道系统的成本。使用推荐值 $R_{cl} = 25$ 美元/h，可以求得清理成本为：

$$C_{cl}=25\times 88.4\times\frac{4.95^{0.44}}{3600}=1.24\text{ 美元/件}$$

5. 零件成本

铸件的零件成本包括总体材料成本和加工成本，根据前面已有的计算，可以估计这些成本为：

$$\text{材料成本}=4.00+0.09+0.09=4.18\text{ 美元}$$

$$\text{加工成本}=1.15+8.40+1.24=10.79\text{ 美元}$$

$$\text{零件成本}=10.79+4.18=14.97\text{ 美元}$$

6. 模样和型芯盒成本

我们现在继续估算所需工具的成本，按照 12.7.3 节所推荐的，在压痕和模样板边缘之间预留 5cm 间隔，可以得到模样板面积

$$A_{pl}=(25+2\times 5)\ (15+2\times 5)\ \text{cm}^2=875\text{cm}^2$$

于是，由式（12.8）可知，7.7cm 标准厚的模样板的成本可以被估计为

$$C_{pm}=(0.1+0.064\times 7.5)\times 875=508\text{ 美元}$$

组成泵体的曲面片数量是 12。其中主体 5 个，每边中空的凸台 3 个，底部圆柱孔 1 个。于是，复杂性 $X=1.2$。使用 $A_p=222\text{cm}^2$（本例开始给出的值），$R_t=40$ 美元/h。由式（12.9）可以求得模式压印的制造成本：

$$C_{pi}=40\times(5+5.83\times 1.2^{1.27}+0.085\times 222^{1.2})=2718\text{ 美元}$$

于是，用不锈钢压痕制作的上下砂箱两块铸铁模样板的成本，可以由式（12.10）求得为

$$C_{pt}=1.25\times(508+2718)=4032\text{ 美元}$$

图 12.7 中的型芯在垂直方向上的投影面积为 175cm^2，型芯的长度、宽度和深度分别为 25cm、13.4cm 和 4.2cm。要求安装型腔和型芯插入件的模板面积为

$$A_{pl}=(25+2\times 5)\ (13.4+2\times 5)\ \text{cm}^2=819\text{cm}^2$$

型腔插入件的模板所需厚度为：

$$h_p=4.2+7.5=11.7\text{cm}$$

于是，由式（12.8）可以估计型芯箱体模板的成本为：

$$C_{pm}=(0.1+0.064\times 11.7)\times 819=695\text{ 美元}$$

组成型芯的曲面片数量是 6。其中两个侧面投影，各有 3 个主体。使用式（12.9）中的 $A_p=175\text{cm}^2$，于是，型腔和型芯插入件的成本可以估计为：

$$C_{pi}=40\times(5+5.83\times 0.6^{1.27}+0.085\times 175^{1.2})=1993\text{ 美元}$$

采用不锈钢型腔插入件，由铸铁制造的型芯盒的成本为

$$C_{box}=1.25\times(1993+695)\ \text{美元}=3361\text{ 美元}$$

于是，总的工具投资费用为 4032 + 3361；大约为 7500 美元。

最后，工具投资可以被分摊被加工的泵体的总数上，则每个铸件所分摊的工具成本为：

$$C_{tc}=\frac{7500}{10000}=0.75\text{ 美元}$$

习　题

对于下列问题，使用表12.1和表12.2中的铸造金属数据，结合12.7节的公式变量定义所提供的生产数据来回答。

1. 图12.8中的大型惰轮转臂，是建筑机械装置中的一个零件，由可锻铸铁通过砂型铸造获得。预期铸件总产量为2000件，零件上铸有3个大孔，轴向孔要求圆柱形型芯制造。通过二次加工实现三个孔的精加工，包括键槽、铣削所有凸台表面和钻削较小的交叉孔。模样和型芯尺寸为留出精加工余量而进行了调整，但这不影响铸件的成本估计。

零件和型芯的基本几何参数见表12.7。

表12.7　零件和型芯的基本几何参数

	零　件	型　芯
加工后零件体积/cm³	16100	1861
零件投影面积/cm²	1188	258
零件长度/cm	80	28
零件宽度/cm	30	9.2
零件高度/cm	22	9.2
曲面片个数	42①	3

① 允许重复的特征。

估算下列各项值：

① 铸件中可锻铸铁的成本；

② 单件模具和砂芯成本；

③ 型芯和铸件的制造成本；

④ 铸件清理成本；

⑤ 零件成本。

2. 针对习题1中的惰轮转臂，求出：

① 模样可能需要的费用；

② 用于制造轴向型芯的型芯盒可能需要的费用。

3. 图12.9所示零件是一个机器支架，由不锈钢铸造而成。该零件在中型自动铸造厂铸造生产，可以按照标准模具尺寸进行成对加工。图12.10给出了所使用的设计布置图，要求用两个型芯来制造每个铸件中两端的横向孔，每个铸件的横向孔直径为1.8cm，长度分别为7.4cm和10cm。注意到型芯投影超出了铸件，而处在模具压痕的芯座位置。零件基本几何尺寸见表12.8。

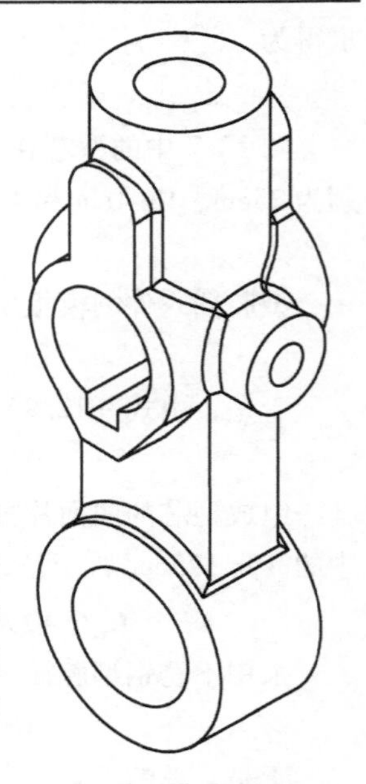

图12.8　惰轮转臂

表 12.8 零件基本几何参数

加工后零件体积	$V_{fc}=55.6\mathrm{cm}^3$
零件投影面积	$A_p=54.8\mathrm{cm}^2$
零件长度	$L=19.0\mathrm{cm}$
零件宽度	$W=6.0\mathrm{cm}$
零件深度	$D=3.0\mathrm{cm}$
曲面片数	48①

① 允许重复的特征。

① 估算两个型腔模的模样可能需要的费用（对于重复的模样压痕，使用 85% 的学习曲线。使用你的估算长度，并用环绕图 12.10 所示的一对压痕的外壳来估算模板成本）；

② 估算两个型芯盒的可能需要的费用。

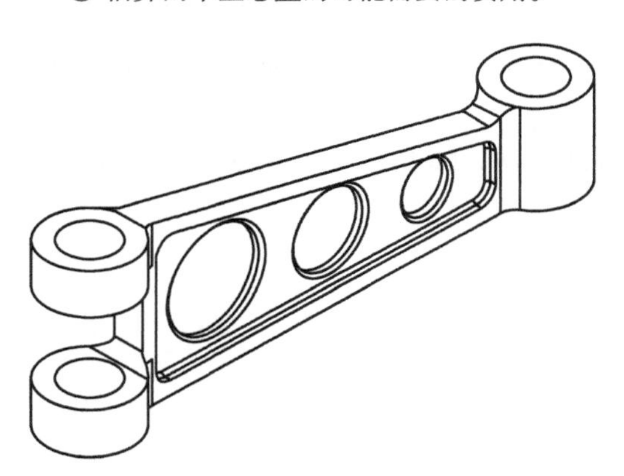

图 12.9 机器支架

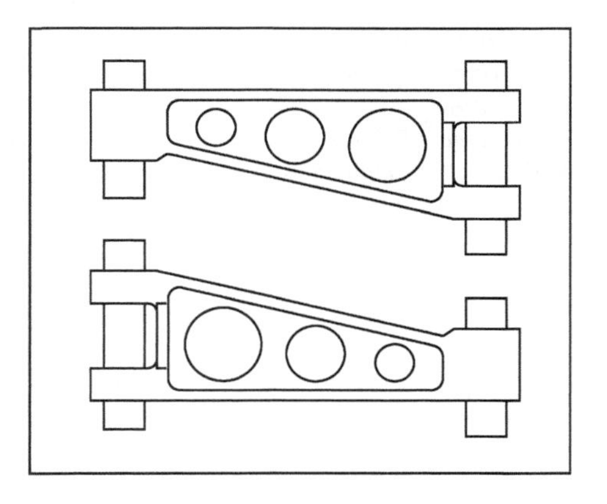

图 12.10 两个型腔布局设计，给出了还带有型芯的已加工铸件

4. 针对习题中的机器支架，求：

① 铸件中不锈钢的成本；

② 单件模具和砂芯成本（允许在适当的设备上每个模板有两个模样压痕）；

③ 型芯和铸件的制造成本；

④ 铸件清理成本；

⑤ 零件成本。

参考文献

1. Brown, J.R. *Foseco Ferrous Foundryman's Handbook*, 11th Ed., Butterworth-Heinemann, Oxford, England, 2002.
2. Brown, J.R. *Foseco Non-Ferrous Foundryman's Handbook*, 11th Ed., Butterworth-Heinemann, Oxford, England, 2002.
3. Wukovich, N. Evaluating side risers and necks, Part 1, *Modern Casting*, p. 42, December 1988.
4. Wukovich, N. Evaluating side risers and necks, Part 2, *Modern Casting*, p. 49, January 1988.
5. Wukovich, N. Evaluating side risers and necks, Part 3, *Modern Casting*, p. 56, February 1988.
6. American Society of Metals, Vol. 15 Casting, ASM International 2008.
7. Suschil, T. Designing gates and risers in an artful compromise, *Modern Casting*, pp. 27–29, March 1989.

8. Wieser, P.F. *Steel Castings Handbook*, 5th Ed., Steel Founders Society of America, 1980.
9. Bralower, P.M. Sand molding: From hand ramming to near net shape castings, *Modern Casting*, pp. 53–58, May 1989.
10. Burditt, M.F. Designs and operation of melting furnaces differ markedly, *Modern Casting*, pp. 51–55, August 1989.
11. Burditt M.F. and Bralower, P.M. Good pouring practice contributes to quality castings, *Modern Casting*, pp. 59–63, October, 1989.
12. Mrdjenovich, R. Shakeout: Separating the casting from its mold, *Modern Casting*, pp. 45–47, October 1989.
13. Luther, N. Cleaning and finishing: Getting the casting ready for shipping, *Modern Casting*, pp. 53–58, November 1989.
14. Kobrak, G. *Design and Early Cost Estimation of Sand Castings*, M.S. Thesis, University of Rhode Island, Kingston, 1993.
15. Mietrach, D. *AGARD Handbook on Advanced Casting, AGARD-AG-299*, North Atlantic Treaty Organization Advisory Group for Aerospace Research and Development, Bremen, Germany, 1992.
16. *Casting Engineering and Foundry World*, Continental Communications, Inc., Bridgeport, CT, 1982.
17. *Customers Foundry Orientation Manual*, Robinson Foundry, Alexander City, AL, 1989.
18. Bralla, G.B. *Handbook of Product Design for Manufacturing*, McGraw-Hill, New York, 1986.

第13章 面向熔模铸造的设计

13.1 引言

熔模铸造工艺能生产出具有较高的尺寸精度和表面质量的复杂铸件，并满足零件的很高的性能标准。飞机涡轮发动机叶片制造是其典型的应用之一。该工艺的其他优点包括具有铸造那些不可能锻造和难以加工的材料的能力，还能通过石蜡模样的直接加工去生产样机。

熔模铸造是一种可灵活生产高度复杂零件的工艺，适合于小批量的设计，这也是面向制造和装配的设计最主要的目的之一。

熔模铸造工艺的类型可以分为实体型熔模铸造和多层型壳熔模铸造两种类型。这两种工艺的主要区别是模具形成的方式不同。在实体模型工艺中，石蜡或塑料所做的模样放入到容器中，然后把模料倾倒在模样四周，固化后成为固体的模块；而在多层型壳工艺中，模样被浸入或包围在模料里，留下一层均匀厚度的涂层，涂层允许被干燥，然后如此反复多次浸入，多层涂层将形成坚硬的陶瓷壳型。在本章的描述的陶瓷壳型工艺是工程应用中熔模铸造的主要形式。

13.2 工艺概述

图13.1给出了一个简化的陶瓷壳型铸造工艺过程。该过程的第一步是石蜡或塑料模样的制造，蜡模与最终铸件具有相同的形状，但由于在铸造过程中存在一定的收缩，因此蜡模应该具有一定的尺寸余量。通常，将一定数量的蜡模组装成模组，模组包括所有必要的浇口和流道，以使得金属可以注入到模组中的每个模样里。将完成后的模组浸涂到陶瓷料浆里，取出后撒上料状耐火材料。如此反复多次。使耐火涂挂层达到需要的厚度为止，在模组四周包覆若干层耐火材料制成的型壳。一旦陶瓷型壳完全干燥硬化后，可将蜡模样熔化排出型壳，即可获得与零件相同形状的型壳，型壳经高温焙烧后达到最终的强度。当型壳仍然热的时候，将熔化的材料注入到型腔内。凝固后，去除型壳以及浇口和流道等材料，获得最终的零件。

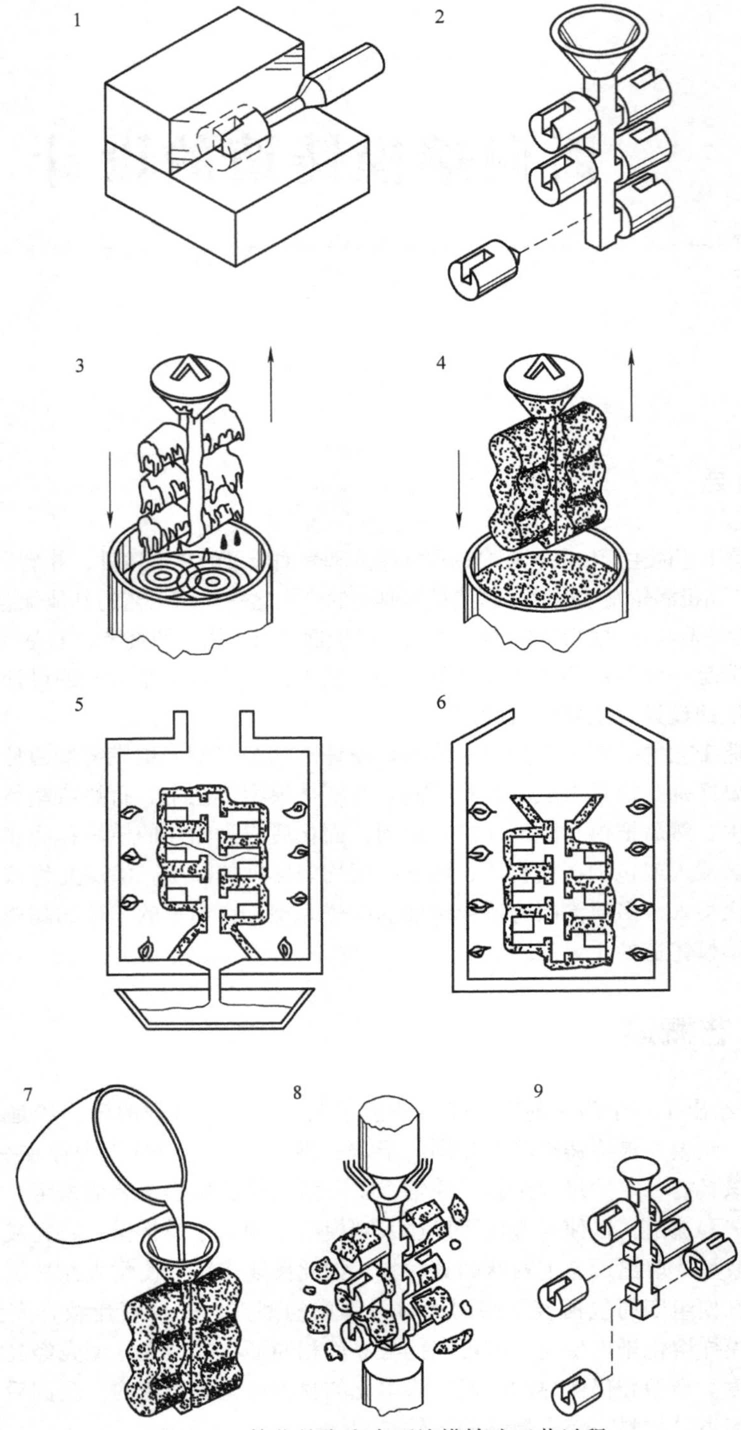

图 13.1 简化的陶瓷壳型熔模铸造工艺过程

13.3　模样材料

熔模铸造的模样一般采用蜡料或塑料注射成型。石蜡油和微晶蜡是最常见的模样基本材料[1]。

它们的低熔点和低黏度使得石蜡很容易融进模样里，装配成模组，并在不毁坏模型的情况下熔化后流出模壳。由于石蜡可以在低压低温条件下注射成型，因此具有损耗低和工具成本低等特点。

模样蜡的强度和韧性可以通过加入合成树脂来改善。模样的凝固收缩可以通过加入树脂和粉状固体填充物来减少。在石蜡混合时还可以加入其他的添加剂来用于不同的用途。例如，通过加入染色剂来区分不同配方的石蜡，抗氧化剂用来帮助减少热降解作用，而油和增塑剂可以用来调节注射性能[1]。

除石蜡之外，合成树脂也已成为另一种广泛应用的模样材料，尤其是聚苯乙烯最为常用。当要求非常薄的截面的零件时，树脂基模样比起蜡基模样有着更好的强度和抗磨损性能。当然，树脂基模样的工装费用要比蜡基模样的工装费用高。

13.4　模样注射机

熔模铸造的模样通常是往金属模中浇注石蜡或合成树脂来制造的。石蜡通常以液态、砂浆状、糨糊状或固态形式进行浇注。典型的浇注温度范围在 43～77℃（110～170℉），浇注压力范围在 275kPa～10.3MPa（40～1500psi）之间。液态蜡浇注通常在高温低压条件下使用，而固体蜡浇注与之恰好相反，是在低温高压条件下使用。简单的注蜡设备是由一个密封的加热石蜡箱的气动单元所构成，如图 13.2 所示。这个箱子里包含恒温调节器、压力调节器、热力阀和喷嘴等零件。车间的气源提供所需要的压力。工人用一个手将金属模固定着对准喷嘴，再用另一个手操纵热力阀。通常这种设备被限制在 690kPa（100psi）以下的环境下使用，而且只能浇注液态蜡。这类设备广泛应用于各种小型零件的生产[1]。

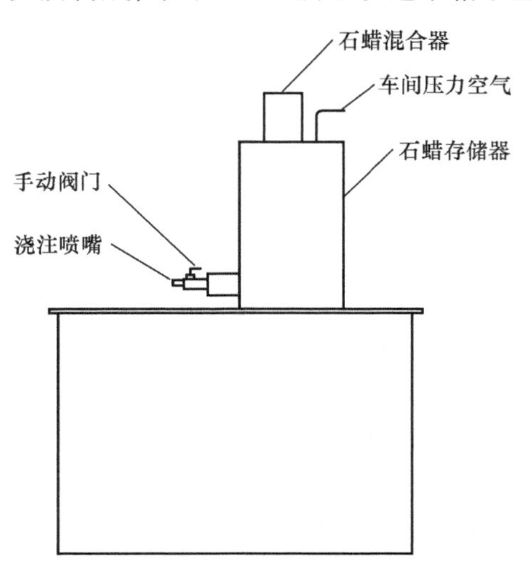

图 13.2　简单的熔模铸造浇注设备

由于规格、复杂程度、尺寸要求以及数量的不同，而不能在简单设备制造的模样，应使用液压机械来进行生产，如图 13.3 所示。液压机可以使用更高的注射压力，可以改善质量并缩短注射时间。它们可用于大型模具和更高的注射压力的场合，很容易获得 10～400t 夹紧力。

具有手动或半自动操作模式的液压机通常具有一些台板。低处的台板是固定的，用于安装模具的下半模。而另一个台板可以垂直移动，并用于固定模具的上半模。在注射蜡之前，依靠外力作用，下降夹住模具使其关闭。半自动液压机除了手动去除模样以外，其他都是自动进行的。自动液压机通常具有垂直的台板。一个台板固定不动，而另一个台板可以上下运动以开闭模具，而且模样是自动顶出的。

液压浇注机通常具有一个储存液态和半凝固态石蜡的容器。石蜡必须持续地混合以保持其均匀，并保持成糊膏状态。一些设备具有中央蜡源供应，用于糊状蜡注射的设备接收来自于可移动的金属缸的石蜡供应，这些石蜡是经过预处理了的。这些石蜡通过活塞运动从缸体里射出。固态蜡注射使用的是装进机器里的通过预先准备的石蜡坯料。糊状和固态蜡浇注机都需要单独的容器或箱来对蜡或坯料进行预处理或预回火。

聚苯乙烯模样可以通过第 8 章讲述的标准塑料注射成型机来成型。

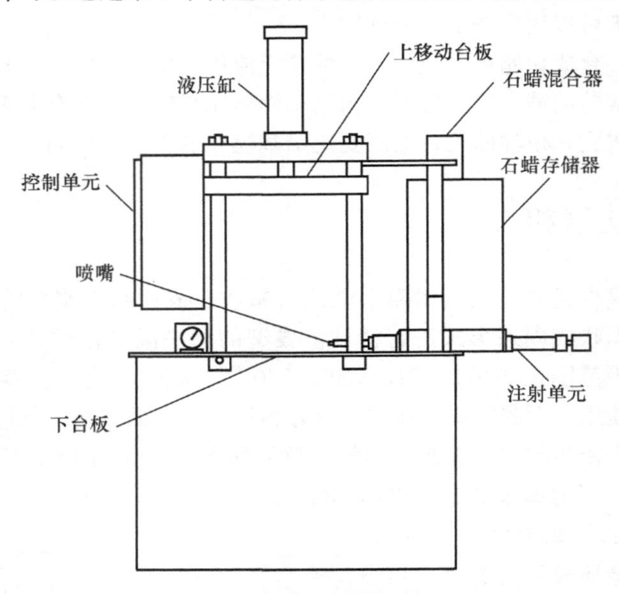

图 13.3　液压蜡模注射机

13.5　模样模具

大部分铸造的模具可以直接加工零件形状而成。铝是最广泛使用的石蜡浇注模具材料，而工具钢则是最常使用的塑料注射模具材料。蜡模样模具保持时间由于磨损而远低于塑料制的熔模，后者大约可以保持一百万年之久。

13.6　模样和模组的组装

大部分模样是通过把形成铸件的熔模和形成浇道系统的熔模组合在一起来浇注成型

的。大尺寸熔模或复杂形状熔模可能需要若干熔模块组合而成，这些熔模块采用的材料可以是蜡，或是聚苯乙烯，也可以是这两者兼而有之。当零件上有许多精细小巧的局部细节，而且零件由于太大而又不能做成一个整体的塑料模样时，可以将精细的塑料细节组装到一个大的蜡模中。

一旦单独的模样组装完成，需要添加金属浇注系统，它是由所需的横浇道、直浇道和浇口杯所构成。当大量的模样共用一个浇注系统时，更小的零件通常组装成模组。在一个给出的模组上的模样数量取决于零件尺寸和加工工艺的约束。

大多数模样、浇注系统和模组的组装是由人工完成的。蜡组件是通过蜡焊来实现组装的。通过使用热空气、薄片状的烙铁或气体火焰将熔模的连接表面熔化。两个蜡模件被压在一起，直到蜡凝固，使熔模焊在一起。

一旦模组或单独的零件被完全组装，它必须被清理。模组必须除尘、脱蜡和除油。模组有时需要轻微腐蚀，以提高陶瓷模具泥浆的附着力。

13.7　陶瓷型壳

将模组或单个的熔模组装体浸泡在粉状的陶瓷涂料里，然后再撒砂粒覆盖，陶瓷涂料含有非常细小的颗粒，可以复制出模样的微小细节，并得到理想的表面粗糙度。涂料还包含可以增加模具强度的黏合剂，泥沙颗粒可以防止泥浆干燥的时候裂开和分离。它们也有助于提供涂层之间的粘接，并增加模具的厚度。每一个模层，都是由一层涂料再跟随着一层撒砂涂层所构成。在添加下一层之前，需要硬化。每层都不断地添加，一直达到所要求的厚度和模具强度为止。

对于陶瓷型壳有三种最常用的耐火材料：二氧化硅、氧化锆和硅铝矾土硅石，它们通常组合使用[1]。二氧化硅常用于硅玻璃和熔融石英。它是由天然石英石熔制，凝固后成为玻璃。然后将其粉碎成为不同尺寸的颗粒作为砂粒；粉碎成为精细粉末作为涂料混合物。由于它容易溶解，因此能很容易地将那些不能用机械方法清理的铸件型腔进行清理。氧化锆是天然沙子，可以磨成粉末形成涂料混合物，它通常与熔融石英组合使用。在使用涂料的地方，氧化锆只能被用做底层涂料。它不能达到很大的尺寸，所以不适合用来做加固层涂料。为了保持硅的平衡，硅酸铝包含42%～72%的铝。

涂料需要额外的黏合剂去增加强度，最普通的黏合剂是水解硅酸乙酯、胶体氧化硅和硅酸钠[1]。

模样和模组的浸渍、排水和撒砂可以用手动的方法进行，也可以用机械自动操作进行，或者通过组合方式来进行。机器人已经越来越多地被用于模壳制造[1]。它们提高了生产率，提供了制造大型零件或模组的生产能力，可生产出了更加均匀的涂层。

当模组浸渍在打底涂料中时，应将它们放在浆槽中，保证所有的表面和型腔被涂料所覆盖。模组持续旋转，确保涂料均匀地涂在模组上。当多余的涂料被去除之后，模组被灰泥砂粒覆盖，上时应阻止任何涂料的流失。

撒砂颗粒被用于把模组浸渍在流动床或在高处下降的微粒下旋转模组。打底涂料具有更细的耐火粉料，并用比后面的加固层更细的颗粒浸渍。这可以提供尽可能光滑的模样表面，并有助于抵抗金属的渗透。加固层的初级功能是提供必要的模具强度，以避免当金属浇注时模样熔出。通常，一种或两种底层涂料加到第一层涂料上，打底涂料和备份涂料的层数在 5 ~ 15 之间。

13.8 陶瓷型芯

型芯被广泛地应用于熔模铸造，型芯有两个基本类别：自成型型芯和预成型型芯。

自成型型芯是通过建立模型工艺形成的，其内部通道已经放置了蜡模样，当模样浸渍在陶瓷涂料里，而陶瓷涂料又填充在内部通道中时，就可以形成自成型型芯了。自成型型芯的型腔可以用两种方法生产，一种是在模样模具中使用抽芯，另一种是在浇注蜡之前，就放置在模样中的可溶性蜡型。石蜡被浇注在可溶性蜡型四周后，模样就从模具中取出，可溶性蜡型就从模样中溶解出来。

可溶性蜡型是由固体聚乙烯醇加上用做装填粉末的碳酸钠或者碳酸氢钠所制造。型芯通常在酸性水溶液溶解出来，而酸性水溶液不会侵袭用做模样体的底蜡[1]。当开口足够大能允许陶瓷模塑浆料完全进入到内部型腔特征时，这时应该优先考虑自成型型芯。它们被大量应用于小金属制品铸件[1]，当进入内部特征受到限制时，就必须使用预成型型芯了。

预成型的陶瓷型芯需要它们自己的模具，并通常在工艺中注射成型的，在该工艺中，用细的耐火粉末与有机添加剂混合，注入到淬火钢模具上，注入的混合物非常粗糙，会影响模具的寿命。成型之后，型芯在一个两阶段工艺中进行热处理。在第一个阶段，有机物被去除；而在第二个阶段，型芯被烧结以获得其最终的强度和尺寸[1]。预成型陶瓷型芯通常放置在样模里，而蜡被注射在其周围。

13.9 模样熔出

用做模样的蜡的热膨胀是模具材料的许多倍。为了减少模具开裂的趋势，模具被迅速加热，因此模样表面的主体温度明显上升之前就熔化了。随着模样的受热和膨胀，熔化的表面层被挤出模具。为膨胀的模样腾出空间，从而阻止了模具开裂[1]。

从模具里熔化模样的主要方法是用蒸汽高压脱蜡和高温快速脱蜡。其中，蒸汽高压脱蜡是最常用的一种方式。常常使用压强为 550 ~ 620kPa（80 ~ 90psi）的饱和蒸汽，全部压力可以在 4 ~ 7s 内达到[1]。按照模具的尺寸大小不同，其脱蜡时间约 15min，蜡可以被回收重复利用。

在高温快速脱蜡时，模具放置在温度为 870 ~ 1095℃（1600 ~ 2000℉）的炉子里。炉子底部有一个开口，可以让蜡从炉子中倾泻下来时可以在炉子外面被收集，一些蜡会在从炉子中下落时燃烧。这意味着用这种方法回收的蜡会有点变质。聚苯乙烯模样也可以通过这种方式从模具中移除。

13.10　模样烧尽和模具烧制

在模样熔化之后，模具被烧制，以去除剩余的水分，并烧出任何模样的残余物。用于泥浆中的任何有机材料都被烧掉，并且模具被烧结。有时，模具允许被冷却以供检查，而在金属浇注之前，需要一个单独的预加热周期。间歇或连续型气体熔炉装置被经常用做模具的烧制、模样烧尽和预热。烧尽和烧结温度在 870 ~ 1095℃（1600 ~ 2000℉）之间。

13.11　脱模和清理

在铸件冷却之后，它必须从模具中取出，这就涉及脱模。模具通常使用气动振锤来打破。抛丸被用来清理粘附着在零件表面的材料。喷砂操作在手动周期和自动周期中都要安排。

如果型芯需要被去除，则需要将整个模组浸入到熔融碱浴槽里，使型芯熔化。

13.12　切断和精整

当模具被清理后，必须去除冒口和浇口。对于模组零件而言，每个零件从模组浇口处去除。然后需要切去任何单独的冒口。例如铝、镁合金和一些铜合金等材料，通常使用带锯切除。砂轮可以用来去除其他的铜合金、钢、球墨铸铁和超级合金。如果脆性合金的浇口上有槽口，则可以使用锤子来敲除。当浇口不接近时就可以使用火焰切割器。切完之后，可以使用砂轮或砂带来打磨浇口的残余物。

13.13　模样和型芯材料成本

可以用的不同蜡模样和型芯材料有数百种之多，表 13.1 列出了聚苯乙烯的材料性能和成本以及一些典型的蜡用于模样的蜡混合物。表 13.2 列出了这些模样材料的常见应用。表 13.3 和表 13.4 表示了型芯材料的相同信息。在这些表格中所给出的材料成本已经包括了典型订购数量的余量以及在输送到蜡注射机之前的调节蜡的余量。

模样或型芯的材料成本 C_{pm} 由式（13.1）给出：

$$C_{pm} = \frac{D_{pm} M_{cp} V(1 + S_a)}{1000} \tag{13.1}$$

式中　D_{pm}——模样或型芯材料密度（g/cm^3）；

M_{cp}——单位重量的模样或型芯材料成本（美元/kg）；

V——零件体积（cm^3）；

S_a——铸造金属的体积收缩余量。

表 13.1 模样材料性能

模样材料		密度/(g/cm³)	热扩散系数(率)/(mm³/s)	注射温度/℃	喷出温度/℃	模具温度/℃	注射压力/MPa	成本(美元/kg)
聚苯乙烯		1.59	0.090	218	77	27	96.5	1.12
1 型蜡	液态	0.99	0.092	65	50	25	1.4~3.4	3.09
2 型蜡	液态	0.97	0.092	67	50	25	1.4~3.4	2.87
	糊状物	0.97	0.092	60	50	25	1.4~3.4	2.87
	固体	0.97	0.092	49	48	25	2.7min	2.87
3 型蜡	液态	1.00	0.092	68	50	25	1.4~3.4	3.17
4 型蜡	液态	1.13	0.092	64	50	25	1.4~3.4	2.45
	糊状物	1.13	0.092	58	50	25	1.4~3.4	2.45
	固体	1.13	0.092	51	50	25	2.7min	2.45
5 型蜡	液态	1.00	0.092	64	50	25	1.4~3.4	4.74

（资料来源：An industry source of pattern materials and Chapter 8.）

表 13.2 模样材料的应用

材料	描述
聚苯乙烯	塑料，用于大批量的非常小或易碎的零件上
模样蜡 1	非填充，液体注射。适合薄壁零件，在要求的型芯应用上较为合适；适合于要求表面质量很好的飞机上铸件
模样蜡 2	非填充，液体、糊状物或固体注射。适合薄壁零件，脆性低。适合于模样工具上有许多松散或可移动的部分。是常用的商业应用
模样蜡 3	填充，液体注射。适合于具有易碎型芯的模样。可以用于薄截面和厚截面的模样。适合于要求表面很高的飞机上铸件
模样蜡 4	填充，液体、糊状物或固体注射。适合于大截面或者厚壁以及薄壁零件。是常用的商业应用
模样蜡 5	非填充，液态注入珠宝饰品蜡。表面质量高，容易被修补，非常灵活。能够被锉削和铣削而不出现淬裂

（资料来源：An industry source of pattern materials and Chapter 8.）

表 13.3 型芯材料性能

型芯材料		密度/(g/cm³)	热扩散系数/(mm³/s)	注射温度/℃	喷出温度/℃	模具温度/℃	注射压力/MPa	成本/(美元/kg)
可溶性	液体	1.00	0.092	67	50	25	1.4~3.4	3.66
	固体	1.00	0.092	52	51	25	2.7min	3.66
石英陶瓷		1.60	0.110	232	52	27	140	1.00

（资料来源：Compiled from an industry source of pattern materials and Chapter 8.）

表 13.4 型芯材料应用

材 料	描 述
可溶性蜡	对于液体或固体注射，它要比陶瓷泥浆更早溶出模组
陶瓷硅	以熔凝的硅石英为基础。适用于大多数应用。硅可以被沥滤出铸件。假定注射基于有机物载体的聚乙烯或蜡

（资料来源：An industry source of core materials.）

表 13.5 给出了典型的金属收缩余量 S_a，它被假定浇口和流道系统的材料是由回收蜡所形成的。

表 13.5 金属固体收缩的体积余量

金属或合金	收缩率（%）	金属或合金	收缩率（%）
铝合金	3	镁青铜	6
铝青铜	6	锌镍铜合金	6
黄铜	4	镍	6
灰铸铁	3	磷青铜	4
白口铸铁	6	碳钢	5
锡青铜	5	铬钢	6
铅	8	镁钢	8
镁	6	锡	6
铝合金（25%）	5	锌	8

（资料来源：Royer，A. and Vasseur，S.，Centrifugal Casting，ASM Handbook，Vol. 15，Casting，ASM International，Metals Park，OH，1988.）

实 例

图 13.4 所示的零件是由磷青铜铸造，它的体积为 3.326cm³，并且两个孔与成形方向垂直。这些孔可以由模具的一边一个的侧抽芯所形成。模样的 2 型蜡材料成本为：

$$C_{pm}=\frac{0.97\times2.87\times3.326\times(1+0.04)}{1000}\text{美元}=0.00963\text{ 美元}$$

13.14 蜡模注射成本

需要确定的第一个因素是注塑机型号和速率。夹紧力是这个确定的关键因素。其估算已经在第 8 章的注塑成型中讨论过。表 13.6 中给出了蜡模注射机的有关数据。

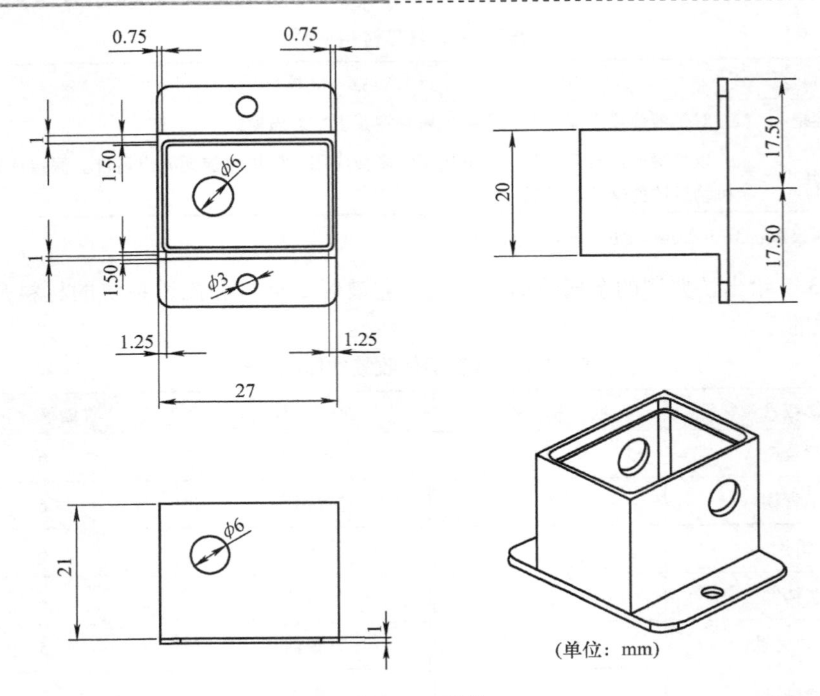

图 13.4 样件

表 13.6 蜡模注射机数据

夹紧力/kN	注射容积（注射量）/cm³	开启速度/（cm/s）	关闭速度/（cm/s）	最大夹紧行程/cm	最大流速/（cm³/s）
107	1885	2.54	2.54	38.1	82
311	1885	2.54	2.54	51.1	82
445	1885	2.54	2.54	51.1	82
890	18275	3.81	3.18	863.6	82
1334	18375	2.54	2.54	1371.6	82
2670	37697	2.54	2.54	863.6	82

（资料来源：1994 industry supply literature.）

对于注射成型而言，假定由于流道和浇口的限制，模具的压力约为注射压力的50%。而对于蜡模注射来说，这些限制条件不会造成明显的压力下降。因此，模具中的压力被认为和注射压力相等。

总的投影注射面积（投射量）A_s 为：

$$A_s = n_{pd} A_p (1 + P_{rv}) \tag{13.2}$$

式中　n_{pd}——每个模具的模样（型腔）数量；

A_p——在成型方向上，一个零件的投影面积（cm^2）；

P_{rv}——流道体积的比例。

注射容积（注射量）和流道体积的比例被认为是与注射成型时相同，表8.2中给出了近似值。

实　　例

1. 零件的投影面积为$8.88cm^2$，粗略推断表8.2中的数据，流道体积的比例大约比为60%，假设一模两腔，式（13.2）给出了总的投射注射面积为

$$A_s = 2 \times 8.88 \times (1 + 0.6)\ cm^2 = 28.42cm^2$$

2. 2型液态蜡的推荐注射压力P_i平均为2.4MPa，于是，最大分离力F可以由注射面积乘以注射压力：

$$F = (28.42 \times 10^{-4}) \times 2.4 \times 10^6 N = 6.82kN$$

如果可供选择的蜡注射机在表13.6中列出，则最小的机器也能轻易地满足例子中的零件。该机器的注射容积为$34cm^3$，夹紧行程为20cm，可以完全满足要求。

13.15　填充时间

液态蜡在很低压力下，能够很容易地流动。甚至当它在模具里固化后，它也能相对容易地用剪切的方式流动。与注塑不同的是，我们可以假定流速最大值为$82cm^3/s$（见表13.6），成型填充时间t_f(s)为：

$$t_f = \frac{V_s}{Q_{mx}} \tag{13.3}$$

式中　V_s——要求的注射容积（注射量）（cm^3）；

Q_{mx}——最大蜡模注射流速（cm^3/s）。

实　　例

两腔模的注射容积约为模样体积的三倍，大概为$10cm^3$。因此，预计填充时间为：

$$t_f = \frac{10}{82} = 0.122s$$

13.16　冷却时间

与通常是薄壁的注射成型零件不同，熔模铸造的模样也许是厚壁的或圆柱状的。对于薄壁模样，式（13.4）可以给出合适的冷却时间，式中假定热流是垂直于零件壁。

图13.5给出了三种不同的考虑。图13.5a为薄壁截面，热流垂直于长截面；在图13.5b中，热流垂直于截面的长度和宽度；在图13.5c中，热流从圆柱形截面表面呈放

射状流出。

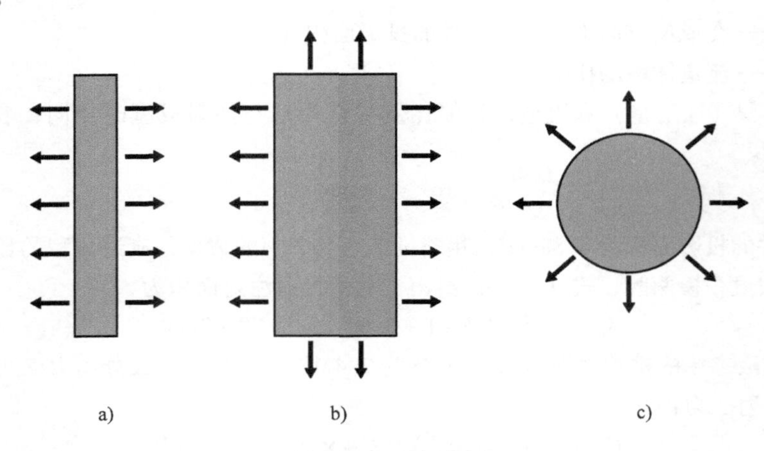

图 13.5 冷却截面

下面的公式用来计算冷却时间 t_c(s)：

对于薄壁截面：

$$t_c = \frac{h_{max}^2}{9.87\alpha} \ln \frac{1.273(T_i - T_m)}{(T_x - T_m)} \tag{13.4}$$

对于厚壁截面：

$$t_c = \frac{L_s^2 W_s^2}{9.87(L_s^2 + W_s^2)\alpha} \ln \frac{1.62(T_i - T_m)}{(T_x - T_m)} \tag{13.5}$$

对于 $L/D>1$ 的实心圆柱截面：

$$t_c = \frac{h_{max}^2}{23.1\alpha} \ln \frac{1.6(T_i - T_m)}{(T_x - T_m)} \tag{13.6}$$

式中 h_{max}——最大壁厚（mm）；

L_s——截面长度（mm）；

W_s——截面宽度（mm）；

α——热扩散率（mm^2/s）；

T_i——注射温度（℃）；

T_m——推荐模具温度（℃）；

T_x——推荐模样或型芯注入温度（℃）。

这些公式所给出的冷却时间可以在塑料，液态蜡或糊状蜡注射时无需修正地使用。对于固态蜡注射，这些公式可能会过高地估计冷却时间，此时，可以分别在式（13.4）到式（13.6）中使用修正系数 0.46、0.6、0.49。

实 例

例子中的零件是具有最大厚度 1.5mm 的薄壁零件，则冷却时间由下式给出。

$$t_c=\frac{1.5^2}{9.87\times 0.092}\times\ln\left(\frac{1.273\times(67-25)}{50-25}\right)=1.884\text{s}$$

13.17 脱模和复位时间

对于半自动蜡模注射，蜡模的脱模和复位时间的处置与注射成型不同。机器的开启和关闭时间 t_{oc}(s) 可以由要求的行程距离除以由表 13.6 中给出的各自速度来估计。并且还要加上 1s 的驻留时间，因此

$$t_{oc}=(c_f h_d+c_h)\left(\frac{1}{v_c}+\frac{1}{v_o}\right)+1 \tag{13.7}$$

式中 c_f——模样间隙因子；

h_d——模样深度 (cm)；

c_h——手的间隙 (cm)；

v_c——压力机关闭速度 (cm/s)；

v_o——压力机开启速度 (cm/s)。

模样间隙是模样厚度 1 ~2 倍，手的间隙约为 10cm。

对于半自动模具操作，蜡模通常是在半模开启时手动移去的。脱模时间包括操作者伸手到模具里，拾取蜡模，移去模样、将其放置在工作台上，并按下按钮启动下一个周期。假设操作者的手到达模具时，模具仍然开启，需要操作者取出的模样，并按下双头按键启动机器周期的时间为约 2s。如果需要放置型芯在模具里，则每个型芯需要约 3s 的额外时间。大约每 10 个周期，模具就需要喷射剥离剂（如硅）。该操作需要大约 4s 钟，或者说每个周期为 0.4s。

对于半自动模样注射，总复位时间 t_r(s)，能够通过将脱模时间添加到开启和关闭时间中来确定。

$$t_r=t_{oc}+0.4+(3n_c+2)n_{pd} \tag{13.8}$$

式中 n_c——放在模具里的每个模样的型芯数量；

n_{pd}——每个模具的模样（型腔）数量。

实 例

从表 13.6 可以查得压力机的关闭和开启速度为 2.54cm/s。我们假设模样间隙因子为 2，从模具上移去 2.2cm 深的模样。因此，机器的开启和关闭时间为：

$$t_{oc}=(2\times 2.2+10)\left(\frac{1}{2.54}+\frac{1}{2.54}\right)+1=12.34\text{s}$$

由于模具里有两个模样，没有型芯，所以，总复位时间为：

$$t_r=12.34+0.4+(3\times 0+2)\times 2=16.74\text{s}$$

对于手动模具，脱模时间和复位时间略有不同。模具假定不固定到注塑机台板上，模具滑动到下台板，并紧靠注射喷嘴。然后，操作员按下按钮激活注射周期。上台板只

需要移动约一厘米，使模具能够滑动。则开启和关闭时间为：

$$t_{oc}=0.5\left(\frac{1}{v_c}+\frac{1}{v_o}\right)+1 \tag{13.9}$$

对于手工模具，模样的顶出是由手动完成。首先，模具的两个半模必须分开，须除去任何侧抽芯或插入件，并重新组装模具后，就可以按下双头按键，启动下一个周期。

为了估计完成手工脱模时间，允许15s的时间来将模具滑进和滑出压力机，分离和更换两个半模，从模具中移去零件，再按下双头按键。移去和更换每一个侧抽芯插入件的时间估计每个插入件为4s。如果是一个挺杆，则该时间为6s。如果是一个拧螺纹装置，则为10s。大约每五个周期，需要使用一次喷涂硅脱模剂。式（13.10）可用于估计一个模样的手动模具的总复位时间 t_r(s)：

$$t_r=t_{oc}+15.8+3n_c+4n_{sp}+6n_1+10n_{ud} \tag{13.10}$$

式中 n_{sp}——每个模样侧抽芯的数量；

n_1——每个模样的挺杆数量；

n_{ud}——每个模样的拧螺纹装置数量。

实　　例

对于一个手工模具，其开启和关闭时间为：

$$t_{oc}=0.5\left(\frac{1}{2.54}+\frac{1}{2.54}\right)+1=1.4\text{s}$$

对于一个模具、一个模样、两个侧抽芯，总复位时间为：

$$t_r=1.4+15.8+3\times0+4\times2+6\times0+10\times0=25.2\text{s}$$

13.18 每个模样或型芯的工艺成本

总循环时间 t_t(s) 可以把三个时间：注射时间、冷却时间和复位时间相加而求得。因此：

$$t_t=t_f+t_c+t_r \tag{13.11}$$

最后，每个模样或型芯的工艺成本 C_{ip}（美元）是周期成本除以每个模具的模样数目，即：

$$C_{ip}=\frac{M_i t_t}{3600n_{pd}} \tag{13.12}$$

式中 M_i——机器和操作员费率（美元/h），可由表13.7或表13.8获得。

将表13.7和表13.8中合并的机器和操作员费率按假定100%的机器和操作员间接费用进行计算。每小时人工费率取为11.50美元/h。

表 13.7　注蜡机的费率

夹紧力/kN	机器成本/美元	合并的操作员和机器费率/(美元/h)
107	31000	30
311	43000	31
445	51000	33
890	83000	38
1334	143000	47
2670	220000	58

(资料来源：1994 industry supply literature.)

实　例

半自动操作的总周期为：

$$t_t = 0.122 + 1.884 + 16.74 = 18.75\text{s}$$

当机器和操作员费率为 30 美元/h 时，每个模样的工艺成本为：

$$C_{ip} = 30 \times \frac{18.75}{3600 \times 2} = 0.078 \text{ 美元}$$

13.19　型芯注射成本估计

注射可溶蜡的成本与注射蜡模样的相同。陶瓷型芯是不同的，它们需要更高的压力，所用的机器也更昂贵。机器费率在表 13.8 中给出。复位和脱模时间应该像蜡模样一样处理。冷却和注射时间也类似于塑料模样，应当使用注射零件的方法来进行估计。陶瓷型芯需要额外的加工处理后才能用在蜡模样内。它们必须经过一个两阶段的热处理。第一个阶段是一个潜在的漫长过程来消除有机注射媒介物，第二个阶段是烧结过程，给予型芯最后的强度。陶瓷型芯也可能有着一个很高的废品率。可以假定废品率在 10% 和 15% 之间。陶瓷型芯可能在模具热处理或处置时由于顶出脱模而折断。

表 13.8　高压陶瓷型芯注射机参数

夹紧力/kN	机器成本/(美元/h)	合并的操作员和机器费率/(美元/h)
667	90000	39
1423	160000	49

(资料来源：1994 industry supply literature.)

13.20　模样和芯模成本

注射成型模具的成本估计方法已经在第 8 章中提出。而蜡模样和型芯的模具与注射成型模具类似。然而，由于蜡模样所需的压力和温度较低，而且由于铝可代替钢材用做模具，其成本远远低于注射成型模具。

蜡模样可以使用半自动或手动模具来制作。为了估计使用半自动模的模样注射模架成本，假定模架是由铝制成的两套板所构成。模架成本 C_b（美元）可以用以下公式来估计

$$C_b = C_{vp} + C_{fp} \tag{13.13}$$

式中 C_{vp}——包含型芯和型腔的模板成本

$$C_{vp} = 0.0215A_c h_p + 0.428A_c n_{pl} + 14.27h_p + 32.18n_{pl} \tag{13.14}$$

式中 C_{fp}——顶模杆、冒口和卸料板的成本，它们的厚度不依赖于模样深度，

$$C_{fp} = 0.66A_c + 366 \tag{13.15}$$

A_c——模架的投影面积（cm^2）；

n_{pl}——型芯板和型腔板的数量；

h_p——型芯板和型腔板的组合厚度（cm）。

手动模只需要可变板，所以 C_{fp}为零。

模架投影面积 A_c可以由在垂直成型方向的平面上测量的零件长度和宽度再加上适当的间隙来确定。我们可以使用相同的间隙值 7.5cm 用于注射成型模具。这个间隙允许型腔和型芯插入在模具底板上。然而，对于侧抽芯不需要额外的空间。这些特征通常是由安装在模具外表面的气缸所操纵。当使用手动模具时，它通常只有一个型腔。模具边缘的间隙被设定为 2.5cm。型腔板和型芯板的组合厚度 h_p(cm) 等于零件深度与模板外表面所要求的间隙之和。式（13.16）可以用于计算所有类型的蜡模。

$$h_p = h_d + n_{cl}h_{cl}n_{pl} \tag{13.16}$$

式中 h_d——零件深度（cm）；

n_{cl}——需要的间隙数；

h_{cl}——最小间隙（cm）。

一般情况下，间隙数取为 2。手动模的最小间隙为 2.5cm，而半自动蜡模注射时的最小间隙为 7.5cm。

实　例

我们试件的深度为 2.2cm。利用式（13.16），对于半自动蜡模注射，型芯和型腔板的组合厚度为：

$$h_p = 2.2 + 2 \times 7.5 = 17.2\text{cm}$$

零件的长度和宽度分别为 3.5 和 2.7cm。模架的面积为：

$$A_c = (3.5 + 15)(2.7 + 15) = 327.5\text{cm}^2$$

利用式（13.15），可以求得顶模杆、冒口和卸料板的成本：

$$C_{fp} = 0.66 \times 327.5 + 366 = 582 \text{ 美元}$$

假设两个型腔和型芯板，它们的成本是（式 13.14）：

$$C_{vp} = 0.0215 \times 17.2 \times 327.5 + 0.428 \times 327.5 \times 2 + 14.27 \times 17.2 + 32.18 \times 2 = 711 \text{ 美元}$$

模架的总成本是（式 13.13）：

$$C_b = 582 + 711 = 1293 \text{ 美元}$$

模架的高度或者总厚度 h_{pt}(cm) 等于所有板的组合厚度之和：

$$h_{pt} = h_p + h_{fp} \qquad (13.17)$$

式中 h_{fp}为顶模杆、冒口和卸料板的厚度（cm）。

对于半自动蜡模，如果要求脱模系统，则每个顶模杆、冒口和卸料板的厚度平均为10cm，对于手动模，则每个顶模杆、冒口和卸料板的厚度为零。

实 例

对于半自动蜡注射，顶模杆、冒口和卸料板的总厚度为20cm。模架高度则为：

$$h_{pt} = 17.2 + 20 = 37.2\text{cm}$$

一旦模架要求的尺寸和它成本已经被建立，则能建立定制工作成本。对于半自动蜡注射，这包括电气连接、脱模系统和气动连接的制备。对于半自动铝制模具，这个成本仅占模架成本的10%。定制工作的模架成本 C_{ab}（美元）现在可以由式（13.18）给出：

$$C_{ab} = 1.1C_b \qquad (13.18)$$

实 例

定制模座的成本 C_{ab}为

$$C_{ab} = 1.1 \times 1293 = 1422 \text{ 美元}$$

模座成型进入到已加工模具中的成本取决于执行每道要求的操作所要花费的时间。考虑的第一个操作是做出形状的细节，这一步和注射成型模具的方法类似。下面的公式给出了产生形状所要求的制造时间 M_x：

$$M_x = 0.1n_s \qquad (13.19)$$

式中 n_s——零件上的表面补丁数。

为了计算零件的尺寸和要去除的材料，式（13.20）可以用于制造时间计算：

$$M_{po} = 5 + 0.014A_{tp}^{1.2} \qquad (13.20)$$

式中 A_{tp}——模具中所有零件的总投影面积（cm^2），$A_{tp} = A_p n_{pd}$。

对于侧抽芯的伸缩，内部升降器和拧送螺纹装置的操作需要额外的制造时间。对于半自动蜡模，侧抽芯平均每次需要16h。由于它们是由外部气缸驱动，所以结构比较简单。然而，气缸的成本约为30美元，对于没有气动驱动器的手动模具，其制造时间约为8h。

在熔模铸造的蜡制模样模具里，很少使用内部升降器和拧松螺纹装置。如果使用它们，可以预计，对于半自动模具，它们需要40h，而对于手动模具，它们需要8h。升降器的驱动器成本估计约为30美元，而拧松螺纹装置成本估计约为50美元。

蜡注射成型通常使用注射系统。当要求喷射系统时，销子数量远少于用于注射成型上的。铝模具材料也更容易制作顶出销，要求来制造这些销子，并使它们与模具配合的时间 M_e(h) 由式（13.21）表示如下：

$$M_e = 0.5A_{tp}^{0.5} \tag{13.21}$$

对于半自动石蜡注射，调整系数为0.5。

对于不同的外观、纹理或表面粗糙度要求，对于需要的公差水平所要求的制造时间被假设是和塑料注射成型相同的，并根据表8.7和表8.8中给出的因素来进行估计。对于网纹（纹理）表面，可以增加5%的复杂性和材料去除时间。

对于熔模铸造模样，要求的表面粗糙度很少比标准不透明更好。

影响制造时间的最后特征是分型面的形状，在一个铝制模具中，制造一个不平的分型面的时间 M_s(h) 为：

$$M_s = 0.2f_pA_{tp}^{0.5} \tag{13.22}$$

式中 f_p——分型面的调整因素。

模具制造的总时间 M_{tot} 现在可以通过添加各种单独贡献因素在一起而求得。模具制造成本 C_{dm}（美元）可由式（13.23）所确定：

$$C_{dm} = R_{ds}M_{tot} \tag{13.23}$$

式中 R_{ds}——模具制造费率（美元/h）。

模具的最终成本 C_d（美元）为：

$$C_d = C_{dm} + C_{ab} + C_{ac} \tag{13.24}$$

式中 C_{dm}——模具制造成本（美元）；

C_{ab}——模座的成本（美元）；

C_{ac}——标准模具零件或执行机构的成本（美元）。

实　　例

样件有30个表面补丁，因此利用式（13.19）可以估计复杂性制造时间。

$$M_x = 0.1 \times 30\text{h} = 3\text{h}$$

在模具中的所有零件的总投影面积为：

$$A_{tp} = 8.88 \times 2\text{cm}^2 = 17.76\text{cm}^2$$

移除材料所需要的制造时间为：

$$M_{po} = 5 + 0.014 \times 17.76^{1.2} = 5.44\text{h}$$

两个侧抽芯需要32h，对于顶出脱模系统：

$$M_e = 0.5 \times 17.76^{0.5}\text{h} = 2.1\text{h}$$

根据表8.7和表8.8，正负0.25mm的公差会导致需要增加一个额外的时间，它约等于（$M_x + M_{po}$）的10%，标准的不透明表面粗糙度也会需要增加一个额外的时间，它约等于（$M_x + M_{po}$）的15%。于是：

要达到要求的公差需要的工时 $= 0.1 \times (3 + 5.44)\text{h} = 0.84\text{h}$

要达到要求的表面粗糙度需要的工时 $= 0.15 \times (3 + 5.44)\text{h} = 1.27\text{h}$

最后，我们有一个平的分型面，所以不需要一个额外的时间。因此，总制造时间为

$$M_{tot} = 3 + 5.44 + 32 + 2.1 + 0.84 + 1.27 = 44.65\text{h}$$

当模具制造费率为40美元/h时，根据式（13.23），可以求得模具制造成本为

$$C_{dm}=40\times44.65=1786 \text{ 美元}$$

两个侧抽芯和执行机构的成本 C_{ac}是 60 美元，根据式（13.24），可以求得最终的模具成本为：

$$C_{d}=1786+1422+60=3268 \text{ 美元}$$

13.21　芯模成本

可溶的型芯基本是蜡制的模样，模具的成本可以通过前面的公式进行估计。陶瓷型芯模具类似于注射成型模具。陶瓷型芯材料在高压和高温下注入。陶瓷型芯材料也是极其粗糙的，而且通常需要铸钢模具。陶瓷型芯模具的成本可以使用在第 8 章注射成型中所描述的方法进行估计。

13.22　模样和模组组装成本

在模样完成之前，复杂的模样可能需要单独的模样件来组装，而这可能需要使用专用夹具。这些夹具在尺寸和复杂性上有很大差别，这取决于所组装的模式。对这些夹具的成本估计已经超出本书的范围，但可以进行一个粗略的估计。据估计，对于一个小的两件式模样，其模样组装夹具成本为 300 美元，每增加一件，需要再加上 100 美元。有时，特征可以被设计到模样件里，以使得进行组装时容易对准，此时，或许可以不用夹具。

组装操作开始于将模样的主体放置到组装夹具里面。将一个热抹刀放到松件和模样件的配合面上，然后将其压到模样主体上，并在那个位置保持不动，直到蜡凝固。模样组装是一种精致的细活。出于这个原因，一般需要每件 20s 的时间。也可以假定对每个不同类型的模样搭建在工作台上需要约 10min 的时间。

模样组装成本 C_{tpa}（美元）可由式表示：

$$C_{tpa}=\frac{W_{pa}t_{pa}}{3600}+\frac{W_{pa}S_{pa}}{B_{s}}+\frac{C_{af}}{P_{v}} \quad (13.25)$$

式中　W_{pa}——模样或模组组装的操作费率（美元/h）；

S_{pa}——模样组装的建立时间；

B_{s}——生产批次中的零件数量；

C_{af}——组装夹具的成本；

P_{v}——一个零件的生产总量。

模样组装所需要的时间 t_{pa}(s) 可以由式（13.26）求得

$$t_{pa}=20(n_{pa}-1)+5 \quad (13.26)$$

式中　n_{pa}——待组装的模样件数量。

偶尔需要组装塑料模样件，但这被假定和蜡焊接操作的成本相同。

实　例

在下面的例子零件中，仅要求一个模样件。然而，我们可以通过举例说明的方式，估算三个模样件的模样组装时间。使用23美元/h（11.5美元+100%的间接费用），生产批次中的零件数量为1000，零件总产量为10000。式（13.26）将给出模样组装时间。

$$t_{pa}=20\times(3-1)+5=45\text{s}$$

式（13.25）给出了成本C_{tpa}为：

$$C_{tpa}=23\times\frac{45}{3600}+\frac{23(10/60)}{1000}+\frac{400}{10000}=0.3313\text{ 美元}$$

一旦每个模样被完成，它就要准备装配到金属输送系统中。这包括浇道（如果还没有模样的零件）、下流道或浇口、浇注槽。大型零件通常是单独铸造。典型的中型和小型零件是由2个到成百个零件组成的多个模组进行铸造，它们都共享相同的输送系统。

由于输送系统的零件采用再生蜡制成，假定不存在原料成本。还有一些与熔化蜡的回收和再处理相关的成本，但它被假定很小，可以被包括在一般的操作运行费用中。此外，由于输送系统的零件形状是标准的，而蜡注塑模具几乎能无限期地使用，因此可以假定用以制造标准蜡挤出和模组基础的模具成本能被分摊到以百万计的零件上，当与处理成本相比较时可以忽略不计。

组装夹具被假定为标准的，并可用于许多不同的铸造模样。组装操作包括将所有的模样蜡焊到模组基础的横浇道上，以及将陶瓷浇口杯或环蜡焊到模组基础的浇注盆上。在组装时最少要求两次重新定位。据估计，在模组组装时蜡焊操作需时约10s时间，每次重新定位都是在同一模组基础上。模组基础的成本约为1美元，陶瓷浇口杯的成本为0.5美元。对于每一种新的类型零件设立工作站的时间估计为7min。根据这些假设，模组组装的总成本C_{tea}（美元）可由式（13.27）给出：

$$C_{tea}=\left(\frac{W_{pa}t_{ca}}{3600}\right)+1.5+W_{pa}S_{ca} \tag{13.27}$$

式中　S_{ca}——需要组装的模组所要求的设定时间（h）；

t_{ca}——组装一个模组的时间（s），可由式（13.28）求得：

$$t_{ca}=10(n_{pc}+3) \tag{13.28}$$

式中　n_{pc}——每个模组的零件数量。

13.23　每个模组的零件数量

模组或安装在模组上的零件越多，则每个零件的处理成本越低。每个模组的零件数量受到能够被搬移的模组最大重量和尺寸的限制。

当模组必须手工搬移时，其总重量不得超过18kg（40lb），这是一个人平常可以搬移的最大重量。如果使用机器人搬移，则重量的限制可以被超过。然而，为了早期的成本估计，假定填充有金属的干壳模重量不得超过 16kg（35lb）。

为了估计每个模组的零件数量，需要有两个重要的比率值：

① 铸件实收率 γ_d，这是每个模组的成品铸件重量除以金属的总浇注重量的比率。

② 壳型实收率 γ_{sm}，它是每个模组的成品铸件重量除以干壳模重量的比率。

基于这些比率的工业数据的经验公式为：

$$\gamma_d = 0.0483(\ln W) + 0.455 \tag{13.29}$$

$$\gamma_{sm} = 0.148(\ln W) + 0.843 \tag{13.30}$$

式中　W——零件的重量（kg）。

每个模组的零件数量 n_{pc}，可以表示为：

$$n_{pc} = \frac{16}{(W/\gamma_d + W/\gamma_{sm})} \tag{13.31}$$

实　例

所取样本零件的体积为 3.326cm³，密度为 8.94g/cm³，每个零件的重量为0.0297kg。

实收率：

$$\gamma_d = 0.0483\ln 0.0297 + 0.455 = 0.285$$

$$\gamma_{sm} = 0.148\ln 0.0297 + 0.843 = 0.323$$

每个模组的零件数量是：

$$n_{pc} = 16/(0.0297/0.285 + 0.0297/0.323) = 81$$

组装一个模组的时间 t_{ca}，可以由式（13.28）表示为

$$t_{ca} = 10 \times (81 + 3)\text{s} = 840\text{s}$$

模组的组装总成本 C_{tca}可由式（13.27）给出：

$$C_{tca} = 23 \times 840/3600 + 1.5 + 23 \times 7/60 = 9.55 \text{ 美元}$$

最终，模组组装的每个零件成本 C_{pca}为：

$$C_{pca} = 9.55/81 \text{ 美元} = 0.118 \text{ 美元}$$

13.24　模样件成本

每个模样件的总成本 C_{tp}（美元），是注射成本、模样材料、设置以及分摊到的产品总数量上的模具成本的总和。

$$C_{tp} = \frac{(C_{ip} + C_{pm})}{(1 - P_{psr})} + \frac{M_i S_{ds}}{B_s} + \frac{C_d}{P_v} \tag{13.32}$$

式中　C_{ip}——每个模样件的工艺成本（美元）；

C_{pm}——每个模样件的蜡成本（美元）；

P_{psr}——模样件的废品率；

M_i——注射机械和操作人工费率（美元/h）；

S_{ds}——在注射机设置模具的时间（h）；

B_s——批量；

C_d——模样件模具成本（美元）；

P_v——总生产量。

对于半自动模具来说，设置时间估计为15min；而对于手动模具，设置时间估计为5min。这些数字包括了将模具固定到注射机上的时间，调整注射量和注射压力的时间以及从机器中移去模具的时间。

为了估计的目的，假设没有型芯的模样平均废品率为5%，而有型芯的模样平均废品率为8%。

实　例

所取样本零件只有一个模样件，没有型芯，采用半自动操作，总模样成本为：

$$C_{tp}=\frac{(0.078+0.00963)}{(1-0.05)}+30\times\frac{0.25}{1000}+\frac{3268}{10000}=0.4265\text{ 美元}$$

13.25 清洗和蚀刻

在用浆料熔模铸造蜡模样之前，它必须被清洗。通常是被蚀刻，以提供一个良好的表面，便于浆料去粘附。如果有可溶性的型芯，它们必须被溶解。出于估算的目的，假设这些操作可以在一个步骤中，用单个蜡模样的装入和卸下来完成。假定清洗和蚀刻溶液以及设备的成本很小。装入和卸下的时间为8s，包括管理费在内的平均人工费率为23美元/h，每个模组成本约为0.06美元。

13.26 壳模材料成本

组装后的模样模组在清洗和蚀刻之后，它被第一层的底漆涂层蘸满并涂刷，然后允许其在下一层底漆涂刷之前，使其干燥。为了成本估算的目的，假设使用三层锆石基底漆涂，随后使用四层硅基备份涂和一层熔硅密封涂，所有操作都是手动进行。

壳型实收率 γ_{sm} 被定义为模组上铸件重量与干壳模具重量比值。因此，壳模的干重 W_{sm}，可由式（13.33）给出。

$$W_{sm}=\frac{n_{pc}W}{\gamma_{sm}} \tag{13.33}$$

式中　n_{pc}——每个模组的零件数量；

W——单个零件的重量（kg）。

壳模材料成本的详细估计将涉及主要涂层和备份涂层数量、每个涂层的厚度和面积、材料的密度以及单位重量的成本等知识。然而，为了快速地估计，我们可以假设壳模材料的成本为1美元/kg。

实 例

所取样本零件的重量为 0.0279kg，壳型实收率为 0.323，每个模组的零件数量为 81，壳模重量估计为：

$$W_{sm} = 81 \times 0.0297/0.323\text{kg} = 7.45\text{kg}$$

这个壳模的成本为 7.45 美元。

13.27 蜡模组的成本

给模组施加底漆涂层的成本为

$$C_{pr} = \frac{M_{pr}[t_{cl} + (n_{cp} - 1)t_{cp}]}{3600} \tag{13.34}$$

式中 M_{pr}——施加底漆涂层的机器和操作人工费率（美元/h）；

t_{cl}——施加底漆涂层的时间（s）；

t_{cp}——施加每个后续底漆涂层的时间（s）；

n_{cp}——底漆涂层的数量。

涂覆第一层涂层的时候要最当心，估计涂覆灰浆和灰泥要用大概 20s 的时间。这其中包括把模组从架子上移走，将其浸到一个泥浆罐里，移动，为了覆盖它而进行操作，把它浸在灰泥罐里，再把它放在一个干燥架上的时间。接下来使用泥浆和灰泥的两层涂层将各需要 15s 的时间。使用这些值和 31.20 美元/h 的操作人工费率，可以求得施加三个涂层的底漆花费为：

$$C_{pr} = 31.20 \times \frac{20 + (3-1) \times 15}{3600} = 0.43\text{ 美元}$$

施加加固层是假定采用自动进行或机器人进行的。其成本 C_{bu} 为：

$$C_{bu} = \frac{n_{cb}M_{bu}t_{cb}}{3600} \tag{13.35}$$

式中 n_{cb}——备用涂层的数量；

M_{bu}——施加备用涂层的机器和操作人工费率（美元/h）；

t_{cb}——施加备用涂层的时间（s）。

假设机器人和传送机的每小时费率为 35.15 美元，操作人工费率为其 50%，每个加固层的施加时间为 10s，单个备用涂层的成本大约是 0.10 美元。如果平均使用五层加固层，则施加应用涂层的总成本为：

$$C_{bu} = 5 \times 35.15 \times 10/3600\text{ 美元} = 0.49\text{ 美元}$$

13.28 模样的熔出

蜡模样的熔出成本包括将模组装入到高压釜或熔炉中以及从高压釜或熔炉中取出的

人工成本，使用熔融单元的成本以及所消耗能源成本。

如果装入和取出的时间估计需要 8s。包括日常管理费在内的平均操作人工费率为每小时 23 美元，则每个模组的装入和取出的费用为 0.05 美元。

价值一万美元的脱蜡炉，其平均容量为 10 个模组，该机器的费率大约为每小时 1.52 美元。假设机器的日常管理费为 100%，折旧期为 10 年，每年的折旧率为 10%。每个模组的 15min 循环时间成本大约是 0.04 美元。据报道：煤气炉的闪烧脱蜡的效率只有 5% ~10% [2]。假设二氧化硅和石蜡的比热容分别为 840J/kg · K 和 2890J/kg · K，熔化一个平均尺寸模组的蜡需要大约 10200000J 的热量。对于大批量的用户，其成本为每撒姆（therm）0.60 美元（撒姆为煤气热量单位，1 撒姆 = 105500000J。等于 10 万英制热单位，在美国相当于 1000kcal——译者注），每个模组的平均能量成本为 0.60 美元。

13.29 烧尽、烧结和预热

烧尽、烧结和预热被假设是形成一个单独的操作，通常在烧结炉中，对模组的这样一组操作需要花费约 1h。烧结炉的设备费率与脱蜡炉的设备费率大致相同。因此，每个模组的成本大约为 0.15 美元。

操作员将模组装入到炉中，取出操作是在金属浇注的铸造车间里进行。装入一个模组的时间大概需要 4s，如果使用我们常用的操作人工费率，这个成本为 0.03 美元。

假设炉效率为 15%，并使用二氧化硅的比热容，将一个平均尺寸的壳模加热到 1090℃时，每个模组需要花费 0.43 美元。将劳动力、机器以及能量成本相加，就可求出每个模组的烧尽、烧结和预热的总成本。

13.30 壳模总成本

下边表格给出了壳模的成本汇总（美元）。

组装模组	9.55
清洗和蚀刻模样	0.06
涂覆 3 层底涂层	0.43
涂覆 5 层加固涂层	0.49
模样熔出（脱蜡）	0.15
烧尽、烧结和预热	0.61
壳模材料	7.45
总计	18.74

实　例

样本零件的每个模组具有 81 个模样，包括模组组装在内的每个零件的壳模成本为

18.74/81 美元 =0.23 美元

13.31　熔化金属的成本

熔化一个合金或金属的成本包括三个部分：能量、设备和劳动力。

大多数熔模铸造设备使用感应炉来熔化金属。感应炉具有环保、清洁的特点，效率较高，而且不会有燃烧杂质污染金属，并且材料损失低。

出于估算的目的，假设使用感应炉，所使用的能量成本为电力公司供应的电能成本。在 1994 年的北美地区，在高峰期，当用电量达到 500kW 或者 500kW 以上时，电费为 0.035 美元/kWh。式（13.36）给出了当熔化一种合金时，确定每千克成本 C_e（美元/kg）的关系式：

$$C_e = \frac{C_p E_m}{n_e} \tag{13.36}$$

式中　C_p——电能成本（美元/kWh）；

E_m——熔化一种金属所需的最小能量（kWh/kg）；

n_e——感应炉效率。

感应炉效率取决于被熔化的金属材料和感应炉的使用频率。为了成本估计的目的，使用表 13.9 所给出的感应炉效率。熔化金属的能量成本只构成材料成本的一个相对较小的部分。因此，这些近似值也足以达到估计的目的。

在表 13.10 中给出了材料达到浇注温度所需要的最小能量，这些数据只是近似值。从一种操作到下次操作的浇注温度可能是不一样的，材料的成分也是一个影响因素。

表 13.9　各种材料感应熔化的近似效率

材　料　组	感应炉效率的近似值
黑色金属	0.80
铝	0.60
其他有色金属	0.70

（数据来源：Industry supplier of induction furnance）

表 13.10　熔化合金所需的最小能量

金　属	最后温度	需要的能量/(kWh/kg)	需要的能量/(Btu/lb)
铝青铜	1200	0.237	367
铝合金（通用）	750	0.326	605
纯铝	750	0.326	505

（续）

金　　属	最后温度	需要的能量/(kWh/kg)	需要的能量/(Btu/lb)
黄铜（58%铜）	1030	0.173	268
黄铜（63%铜）	1030	0.177	274
黄铜（73%铜）	1080	0.183	283
黄铜（85%铜）	1120	0.170	263
黄铜（90%铜）	1140	0.194	300
青铜	1100	0.185	287
纯铜	1200	0.204	316
纯金	1150	0.066	102
灰铸铁	1500	0.390	604
纯铁	1600	0.391	605
纯铅	450	0.023	35.6
纯镁	700	0.332	514
可锻铸铁（黑）	1550	0.395	612
可锻铸铁（白）	1550	0.405	627
70%铜~30%锰	1030	0.193	299
纯镍	1600	0.341	528
纯银	1050	0.107	166
球墨铸铁	1550	0.400	620
普通钢	1600	0.393	609
不锈钢	1650	0.405	627
纯锌	500	0.093	144
纯锡	400	0.037	57.3

注：Btu—英热单位，1Btu = 251.99cal = 1055J，1Btu/lb = 2326J/kg。

（数据来源：Industry supplier of induction furnance）

实　　例

样本零件的合金为磷青铜，从表13.9中可以查得感应炉效率为0.7，所需最小熔化能量为0.185kWh/kg。因此，熔化金属以用于浇注所需能量为：

$$C_e = 0.035 \times \frac{0.185}{0.7}\text{美元/kg} = 0.00925\ \text{美元/kg}$$

包括熔化炉、能量供应和安装在内的一个完整感应熔炼设备的成本 C_f 可以由式（13.37）确定。这个公式仅仅适用于100到4000kg容量范围的熔化炉。

$$C_f = 100000\lg(S_z^{1.64/851}) \tag{13.37}$$

式中　S_z——以容纳铁的重量计量的熔化炉规格（kg）。

实　例

如果样本零件的熔化炉的可装入铁的容量为 250kg，则熔化炉子的成本为

$$C_f = 100\ 000 \lg (250^{1.64/851})\ 美元 = 479.58\ 美元$$

式（13.37）所求出的成本适用于高质量无型芯的感应炉，它们比许多小熔模铸件所使用的熔化炉要昂贵得多，但是它们满足严格的欧洲标准，它们的初期购置费用高，但寿命更长，整体维护费用和操作费用较低。

这种感应炉每小时可以手动装入 1500kg 铁。它配置有自动熔化循环系统，每小时只需要 4 分钟就可以设置和监控了。

还需要一些额外的工作去检查和证实熔化的成分，许多熔模铸造厂家从供应商那里以坯料、板料和钢锭形式购买验证了的合金，在使用感应炉熔化时成分变化很小。然而，如果用废料（横浇道和浇道）去重新熔化，则反复熔化后金属的成分会明显改变。如果铸造车间没有能力检测金属成分，可以重新将其调整到规格之内，再进行证实，然后经过一定次数熔化之后，必须将其按废料处理。有时，一些重要的应用只允许金属材料熔化一次。假设可以咨询冶金专家，每个熔体能够在 10min 内检测、调整、并再次检验金属的成分。这个假设允许所有的横浇道和浇道可以回收，用于无限制次数的重新熔炼。

锻造厂工人的国家平均工资为每小时 13.50 美元，而冶金专家的工资为每小时 18 美元。间接人工费率估算为 100%，熔化炉的折旧期限假设为 10 年，每年的折旧率为 10%。机器间接费用估计为 100%，本例中的机器间接费用包括改变耐火内衬和电源电缆等维护费用。动力费用由材料类型单独来决定，所以不计在内。

表 13.11 的数据是针对铁的。不同的材料有着不同的密度，熔化炉所能容纳的每种材料的重量是不同的，每个熔化炉都有自己的容量。对于给定的熔化炉，假定容积不变，熔化炉能容纳某种材料的重量可以用它的密度与铁的密度进行比较来决定。对于一种特殊合金的设备成本 C_{mf}（美元/kg）可以由每千克铁的成本乘以铁的密度与要求的合金密度的比值来确定，见式（13.38）：

$$C_{mf} = C_{mi}\left(\frac{\rho_i}{\rho_a}\right) \tag{13.38}$$

式中　C_{mi}——每千克铁的熔化炉成本（美元/kg）；

ρ_i——铁的密度（g/cm³）；

ρ_a——合金的密度（g/cm³）。

大多数熔模铸造厂家所使用的熔化炉容量都低于 500kg，假设平均熔化炉容量为 250kg，则通过式（13.38）可以对于铁的密度 7.08g/cm³ 推导出式（13.39）：

$$C_{mf} = \frac{0.51}{\rho_a} \tag{13.39}$$

表 13.11　感应炉的设备费率

感应炉容量/$kg_{铁}$	感应炉购买和安装成本/美元	包括间接费用在内的机器费率/(美元/h)	感应炉周期/h	单位周期设备成本/(美元/周期)	每千克铁的设备成本/(美元/kg)
2000	250000	38	1.6	61	0.031
1000	200000	30	1.4	51	0.041
500	150000	23	1.2	28	0.056
250	100000	15	1.2	18	0.072
150	64000	10	1.1	11	0.073

实　例

如果使用平均容量为250kg 的铁炉，磷青铜密度为8.94g/cm³，利用式（13.39）可以求出使用感应炉的每千克合金的设备成本：

$$C_{mf}=\frac{0.51}{8.94}=0.057\text{ 美元/kg}$$

表 13.12 中的数据也是针对铁的。假设浇注速率是相对不变的，所以密度的差异对于浇注的工作时间没有太大影响。密度的差异也不影响熔化物的监测和鉴定，但装料时间或许会受到影响。假设搬移同样数量的具有相同尺寸、不同重量的坯料，那么对于不同的合金来说，将料装炉的劳动时间的差异不会很大。出于估算的目的，假设不管材料如何，每个循环周期的将料装炉的劳动时间是相同的。因此，表 13.12 给出的对于铁材料每个循环周期的成本，适用于所有的材料。对于熔模铸造来说，典型的炉容量大致为250kg。对于任何材料的每千克人工成本约为 0.048 美元/kg。

表 13.12　感应炉的人工费率

感应炉容量/$kg_{铁}$	每个熔化周期的人工成本/美元	每千克铁的人工成本/(美元/kg)
2000	34	0.017
1000	21	0.021
500	15	0.030
250	12	0.048
150	11	0.070

13.32　基础原材料成本

因为熔模铸造厂家要经常处理许多不同的合金，他们从废料中提炼金属通常数量不够。他们通常是按照想要铸造的最终零件材料等级来购买有关的金属。一些熔模铸造厂家的确有能力来调整熔化物的成分，并使其符合要求的材料规范。但是为了便于估算，假定从供应商处购买来的合金已经符合最终零件的材料规范。所以金属原材料成本就是从供货商处的购买合金价格。

13.33 准备浇注的液态金属成本

准备浇注的液态金属成本等于熔化成本和未加工合金成本之和。熔化金属的成本 C_m（美元/kg）是能源、设备、劳动力和原材料的成本总和。

$$C_m = C_e + C_{mf} + C_{ml} + C_{rm} \tag{13.40}$$

式中 C_e——每千克熔化金属所消耗的能源成本（美元/kg）；

C_{mf}——每千克合金所消耗的设备成本（美元/kg）；

C_{ml}——每千克合金所消耗的劳动力成本（美元/kg）；

C_{rm}——合金原材料成本（美元/kg）。

由于劳动力成本被设定为不变，不论合金种类如何，熔炉容量被设定为250kg，所以式（13.40）可写为如下：

$$C_m = C_e + C_{mf} + C_{rm} + 0.048 \tag{13.41}$$

实　　例

磷青铜的原材料成本为 1.764 美元/kg，准备浇注的液态金属成本为：

$$C_m = 0.00925 + 0.057 + 1.764 + 0.048 = 1.878 \text{ 美元/kg}$$

13.34 浇注成本

出于估算的目的，假定浇注需要 4 名工人操作并且他们每小时可以浇注 1500kg。铸造工人的平均铸造车间费率为 27 美元/h，其中包含 100% 的间接费用，可以求得每千克浇注成本为：

$$C_{mp} = 0.072 \text{ 美元/kg}$$

13.35 最终材料成本

最终的材料成本等于浇注后的材料成本再减去废料回收的价值。浇道和横浇道都被假定为可回收到熔体中再使用。以这种方式回收时，它们可以千克对千克地替代购买的原材料。当材料不能返回到熔体中，必须按一定折扣卖回给供应商。为了便于估算，假定废料回收到熔体。

浇注总重量只有一小部分制成最终的零件。一些材料在熔化时损失，而另一些材料在切除时损失。在感应炉的熔化期间，这种损失往往小于 1%。为了便于估算，假定总的金属损失为 2%。没有进入到零件重量的其余金属可以认为是回收到熔体里的浇道和横浇道。零件重量与浇注金属重量的比值被定义为铸件实收率。熔模铸造的铸件实收率一般为10%~90%。

考虑到前面的假设和简化，式（13.42）给出了每千克最后零件材料成本 C_{mat} 的关系式。

$$C_{mat}=\frac{[C_m+C_{mp}-V_{sc}(1-P_1-Y_d)]}{Y_d} \tag{13.42}$$

式中 C_m——未浇注液态金属的成本（美元/kg）；

C_{mp}——浇注成本（美元/kg）；

V_{sc}——废料的价值（美元/kg）；

P_1——金属损失率；

Y_d——铸件实收率，$Y_d=\frac{n_{pc}W}{W_{pc}}$； (13.43)

式中 n_{pc}——每个模组的零件数；

W——单个零件的重量（kg）；

W_{pr}——浇注到单个模具中的材料重量（kg）。

由于零件的重量和形状的不同，铸件实收率对于不同零件来讲差异很大。相同重量的两个零件，由于它们的形状可能造成不同的铸件实收率。一个零件可能需要额外的浇道，更长的横浇道和多个冒口。在熔模铸造中，铸件实收率也可能由于每个模组的零件数量和所使用工艺的特殊类型而受到影响。材料也对铸件实收率有着影响。例如，具有广泛的冻结范围的铝材可能会比铁基合金制成的相同零件要求更多的冒口和浇道。

式（13.29）作为零件重量的函数，被指定用于估计铸件实收率 Y_d。这种关系没有考虑到零件的形状。此外，可获得的数据是用于钢合金零件和传统壳模的熔模铸造。

实　　例

式（13.29）给出了铸造实收率为0.285，或者是28.5%。

如果废料的残值为0.7美元/kg，则最终零件的材料成本为：

$$C_{mat}=\frac{1.878+0.072-0.7\times(1-0.02-0.285)}{0.285}=5.14\text{ 美元/kg}$$

可求出每个零件的金属成本为5.14×0.0297=0.153美元

13.36 脱模

在过程的这个节点，壳模的强度大大降低，并且经常会破裂成碎片。经常使用气锤将凝固的金属模组从壳模中打破取出，模组被放在一个夹具里，该夹具在浇口杯处与模组顶部接触，而在中央向下的横浇道和直浇道处与模组底部接触。机器周期开始于按下按钮，气锤在浇口杯处击打模组，使得壳模脱离。

气动脱模的成本假定包括设置成本和人工成本。设置成本是用于调整机器使其适应特殊尺寸模组的成本，人工成本是用于操作机器的劳动力成本。用于这个操作的机器是相对地便宜，相对于操作者成本来说，假设机器成本比较小。机器成本被包括在一般间接费用中。气动脱模的每个模组成本 C_{bo}，可由式（13.44）给出：

$$C_{bo}=C_{nh}+\frac{C_{ns}n_{pc}}{B_s} \tag{13.44}$$

式中　n_{pc}——每个模组的零件数量；

B_s——每个生产批量的零件数量；

C_{nh}——气锤的一个循环的每个模组的操作人工成本，$C_{nh}=\frac{t_{nh}R_{nh}}{3600}$；

C_{ns}——达到正确尺寸的模组而设置气锤的成本，$C_{ns}=S_{nh}R_{nh}$；

t_{nh}——气锤脱模的循环周期；

R_{nh}——脱模的操作人工费率；

S_{nh}——气锤的设置时间。

气锤的设置时间被估计为大约 5min，其循环周期时间包括约 10s 的模组装料和卸料时间以及 3s 的机器周期，总循环周期时间为 13s。如果操作者费率为每小时 25 美元。假定基础工资为每小时 11.5 美元，管理费用再加上度假、假期和病假等时间共计约合基础工资的 100% 的话，式（13.44）可以转化为式（13.45）。

$$C_{bo}=0.09+\frac{2.08n_{pc}}{B_s} \tag{13.45}$$

实　　例

我们每个模组有 81 个零件，生产批量为 1000 件。因此，脱模的每个模组成本为：$C_{bo}=0.09+2.08\times81/1000=0.259$ 美元。

13.37　清理

大多数的壳模在脱模期间会被移除，一些模具材料仍然会遗留在缝隙和孔里，这类残留材料的移除可以采用喷砂装置移除或者溶解移除。如果曾使用过陶瓷型芯或存在深孔，可能需要在碱槽里将陶瓷溶解出来。

在喷砂柜批量清理与在热碱槽中清洗的处理成本近似。在它们的清理周期中，假定机器运行时无人看管，而且在清理周期内由简单的计时器控制。假设喷砂介质或烧碱材料的成本很小，它们连同喷砂柜和浸出罐被包括在一般间接费用中。对于这些操作，假定任何设置都不是必需的。这样可以减少对于一个简单模组装料和卸料等操作估算的成本。使用前面提到的工资率和装卸料的周期（10s），喷砂清理的成本或浸出操作的成本可以被估计为：

$$C_{cl}=0.07\ 美元/模组$$

13.38 切除

假设切除成本包括设置成本、材料（或刀具磨损）成本和操作人工成本。由于通常对于软的非铁材料（有色金属）采用带锯，而对于较硬的材料采用切割砂轮，所以机器成本假定很小，它被包含在一般间接费用中。考虑专用切割工具的成本和寿命、零件材料和尺寸以及浇道横截面，将可能进行详细的成本分析。由于缺乏可用的数据，获得这种分析的数据很难，只能进行一个粗略的切除成本估计。式（13.46）给出了一个对于每个模组切除成本 C_{co} 的估算。材料的类型在切除时间估计中没有被考虑，尽管它会有一定的影响。带锯刀刃和切割砂轮的磨损成本被粗略地估计为等于操作的人工成本。

$$C_{co}=C_{cf}+C_{tw}+\frac{C_{fs}n_{pc}}{B_s} \tag{13.46}$$

式中 C_{co}——切除每个模组的总成本（美元）；

C_{tw}——切除每个模组刀具磨损成本（美元）；

n_{pc}——每个模组的零件数量；

B_s——每个生产批量的零件数量；

C_{cf}——切除每个模组的人工成本（美元），$C_{cf}=\dfrac{t_{co}R_{co}}{3600}$；

R_{co}——切除操作的操作人工费率（美元/h）；

C_{fs}——对于特殊模组的切除机器设置成本（美元），$C_{fs}=S_{co}R_{co}$；

S_{co}——切除操作的设置时间（h）；

t_{co}——从切除一个模组所有零件的周期（s），$t_{co}=t_{cl}+(t_{cg}+t_{gp})n_{gp}n_{pc}+(t_{sc}+t_{so})n_{so}$；

t_{cl}——装入一个模组来切除的时间（s）；

t_{cg}——切穿单个浇道的时间（s）；

t_{gp}——从一个浇道到下一个浇道的模组复位时间（s）；

n_{gp}——每个零件的浇道数量；

t_{sc}——辅助切穿横浇道流或直浇道的时间（s）；

t_{so}——从模组上一次辅助切削到下一次辅助切削之间的重新定位的时间（s）；

n_{so}——每个模组的辅助切除次数。

假定对于切除的操作人工费率与脱模的操作人工费率相同，都为每小时 25 美元，设置时间 S_{co} 也被估计约为 5min，装入模组的时间 t_{cl} 被估计约为 4s，切穿单个浇道的时间 t_{cg} 可用式（13.47）来进行粗略估计。

$$t_{cg}=\frac{\omega^2}{m_{rc}} \tag{13.47}$$

式中 m_{rc}——切除速率（cm^2/s）；

ω——浇道厚度（cm）。

平均去除率被估计约为 $0.2\mathrm{cm}^2/\mathrm{s}$。

尽管零件的大小和重量会有影响，但我们估计操作人员在浇道切割之间的模组定位大约需要2s时间。实际上这是一个保守的数字，因为零件通常是以直线排列，以在浇道切割之间非常快地进行定位。

辅助切削是指那些不能将零件从模组中去掉，但可以为切割带锯进入到浇道或使其更容易切割所进行的切削。这些切削通常经过模组中的横浇道，而横浇道通常比浇道更厚。据估计，辅助切削花费的时间约为切穿一个浇道残余部分的三倍。由于这些切削完成之前，模组很难搬移。所以在每次辅助切削之间对模组进行定位也被假定为对于一个浇道切削所需定位模组时间的三倍。切削和定位时间的估计值为：

$$t_{co}=4+(5\omega^2+2)(n_{gp}n_{pc}+3n_{so}) \tag{13.48}$$

因为只能获得很少的有用数据，所以辅助切削次数只能粗略估计。这些切削次数部分地取决于工艺封装、零件尺寸以及其他特定工艺因素。在这里，我们假定辅助切削次数可以单独地根据零件重量来估计，其范围在1～6次之间。式（13.49）假设了一个零件重量和辅助切削次数之间的简单线性关系表达式：

$$n_{so}=\mathrm{INT}(-0.7W+6.5)\qquad 当\ W>7\ 时, n_{so}=1 \tag{13.49}$$

式中　n_{so}——辅助切削次数（四舍五入到最接近的整数）；

W——单个零件的重量（kg）。

实　例

式（13.49）给出了最小辅助切削次数的估算：

$$n_{so}=\mathrm{INT}\ (-0.7\times0.0279+6.5)=6$$

假设单个浇道厚度为0.5cm，式（13.48）给出了从模组中切除所有零件的时间。

$$t_{co}=4+(5\times0.5^2+2)\times(1\times81+3\times6)=325.8\mathrm{s}$$

每个模组的操作人工成本为：

$$C_{cf}=325.8\times\frac{25}{3600}美元=2.26\ 美元$$

设置成本为：

$$C_{fs}=\frac{5}{60}\times25\ 美元=2.08\ 美元$$

每个模组切断的总成本为：

$$C_{co}=2.26+2.08\times\frac{81}{1000}美元=2.43\ 美元$$

将模组的脱模、清理和切除的成本相加，我们可以得到 0.259＋0.07＋2.43＝2.76 美元，而每个零件的成本为 2.76/81＝0.034 美元。

最后，零件的总成本可以概括如下，精确到小数点后三位。

金属 0.153 美元

模样（包括工具）0.427 美元

壳模 0.230 美元

脱模、清理和切除 0.034 美元

总成本为 0.844 美元

应该注意的是，这种分析不包括浇道残段过道的磨削、拉直（如果需要的话）、检验或热处理的费用。

13.39 设计指南

熔模铸造比任何其他金属成型操作的设计自由度更大，精确和复杂的铸件可由在高温熔化的合金制成，零件的铸造精度可以达到很高，以至于只需很少的后续加工，甚至无需加工。

熔模铸造工艺以前称为失蜡工艺，已经使用了几千年。它超过其他铸造工艺的优势是能够生产精致细节的复杂铸件。然而，除了生产批量非常小之外，通常采用注射成型的方法来生产蜡或塑料模样。因此，设计指南与注射成型法的应用是类似的。这些指南可以应用到构成最后模样形状的模样件上。因此，模样件必须容易从它的模具中移除。其主要壁厚应该均匀，这可以使整个模样件冷却时能减少畸变。

此外，好的砂型铸造设计原理也适用于熔模铸造。例如，应最小化非功能质量，以协助提供足够的浇道来“运送”零件。具有大半径和大圆角的均匀壁部也能协助金属流动，减少应力集中。

单独的型芯会大大增加成本，凸台及倒凹也会增大成本。最小截面范围从 0.25 ~ 1mm，这取决于铸造的金属材料，最大截面可近似达到 75mm。

铸件的重量范围可从 0.5g 到 100kg，但熔模铸造工艺对于重量小于 5kg 的零件是最好的。

对于每个模样件来说，一个平的分型面有助于减少成本。

习 题

1. 对于本章的例子，请估计模样成本（包括每个零件的工具成本），如果零件的材料和几何形状相同，但按照线性尺寸则相差两倍大小（即 8 倍体积）。假设使用相同的注射机来制造蜡模样，并且一模两腔。

2. 对于本章的例子，请估计每个零件的金属成本，如果零件的材料和几何形状相同，但按照线性尺寸则相差两倍大小（即 8 倍体积）。

3. 对于本章的例子，请估计每个零件的壳模成本（不包括模样成本），如果零件的材料和几何形状相同，但按照线性尺寸则相差两倍大小（即 8 倍体积）。

4. 对于本章的例子，请估计脱模、清理和切除费率成本，如果零件的材料和几何形状相同，但按照线性尺寸则相差两倍大小（即 8 倍体积）。

5. 对于本章的例子，如果去掉两边的孔，这将会产生什么结果？在铸造后使用机械方法来加工孔是否更便宜，你是如何考虑的？

参考文献

1. Horton, R.A. *Investment Casting, ASM Handbook, Vol. 15, Casting*. ASM International, Metals Park, OH, 1998.
2. McCloskey, J.C. Productivity in investment casting, *American Jewelry Manufacturing*, Vol. 38, No. 6, June 1990, p. 32.
3. Niebel, B.W., Draper, A.B. and Wysk, R.A. *Modern Manufacturing Process Engineering*, McGraw-Hill, New York, 1989.
4. Royer, A. and Vasseur, S. *Centrifugal Casting, ASM Handbook, Vol. 15, Casting*, ASM International, Metals Park, OH, 1988.

第14章 面向热锻的设计

14.1 概述

热锻也称为落锤锻造，是一种生产大多数类型金属零件的工艺。锻件尺寸范围小到几个毫米，大到2m，在一些情况下，可以达到3m甚至更多。从19世纪开始，热锻的原理和实践就已经建立，从那以后，热锻的设备、润滑以及加工难以锻造材料的能力都有了明显改进。热锻的基本程序相对简单。在任何形式钢坯的金属首先要加热到能改善韧性的温度范围内，然后材料再经一系列的挤压或锤锻，转换到成品的形状。飞边的产生是锻造不可避免的，最后处理阶段是移除飞边完成锻造。热锻是一种近净成型工艺，但所有锻件都需要一些后续加工，特别是在最终产品需经过外表面加工。

14.2 锻造工艺的特点

大多数锻件需要一系列的成型过程，称为执行，将初始材料锻造为成型材料的形状。一些执行需要取决于几个因素，包括整体形状，形状复杂程度和零件材料等，锻造的复杂性增加了一些功能，包括：

① 零件中的薄截面。

② 零件横截面积部分的较大变化。

③ 要求分模线弯曲的零件形状（图14.1）。

基本锻造工艺的主要类型是开式模锻与闭式模锻。在开式模锻中，采用一系列相对简单的模具，多次击打而逐渐形成最后的锻件。由于这种工艺主要用来生产形状相对粗糙的锻件，故本章内容不包括开式模锻，主要讨论可以制造各种形状的零件闭式模锻工艺。

在闭式模锻中，一系列形状的模具是用来把最初的坯料转变为最终的完整锻形。“闭式模锻”这一术语有点语义不确切，因为在最后的锻造阶段中，模腔并不是完全封闭的，飞边形式的材料会在分模面流出。飞边是锻造工艺的关键部分，适当控制飞边可以在锻造工艺中确保模具填充。在闭式锻造中，还使用两个其他术语：预锻成型和精密锻造。与传统锻造相比较，预锻成型有着更厚的截面和更大的半径。它们被称为预锻成型是因为在锻造成型之前的形状加工传统上称为成坯型（锻）。

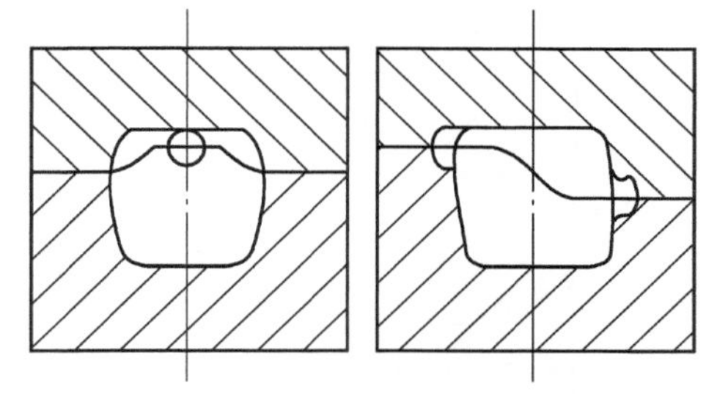

图 14.1　要求曲线型分模线的锻件

预锻成型与等量的常规锻件相比更容易成型，需要更少的形成阶段和更低的负荷。当小批量零件生产时，为了减少模具成本，或者对于难变形材料，当它很难获得很薄的截面时，或者还有其他问题时，可以采用预锻成型。与常规锻件相比，预锻成型需要更多的后续机械加工来获得最终零件形状。

与等量的常规锻件相比，精密锻件可以具有较薄的截面和更高的精度，即接近于净形。此类锻件需要认真处置，在最后成型阶段其峰值负荷是等量的传统锻件负荷的 2.5 ~ 3 倍（见 14.7 节）。因此需要更大的设备和更精确的模具定位。尽管，精密锻造这一术语意味着对任何材料能获得更高的精度。实际上，与其他材料相比，精密锻造更经常地用于加工轻合金（如铝合金，镁合金等）。

14.3　锻造中飞边的作用

在闭式模锻中产生的飞边是废料。在许多情况下，其体积可能达到最终零件体积的 50% 以上。产生飞边的数量随着零件的复杂性而增加。然而，飞边的产生是不可避免的，它的控制对于确保良好的模具填充是非常必要的，尤其是对于高而薄的形状特征。

图 14.2[1] 给出了锻造一个相对简单的轴对称锻件时所发生的变形。在变形开始时，初始坯料（钢坯）被镦粗，其相应的锻造负荷比较低。镦粗型变形是在模具和材料横向流动之间形成了一个扁平形状的最自然的变形。然而，如果材料是被迫朝着模腔的末端运动，这个侧向的材料流动必须被限制，这是飞边形成的作用。模具分模线周围的狭窄飞边桥会限制材料的侧向流动。在模具闭合的最后阶段，材料通过飞边桥挤压进入锻造型腔四周的锻模飞边槽。随着变形的进行，飞边桥之间的狭窄间隙通过增加摩擦和其他力，限制材料的侧向流动。锻造负荷开始上升，并且模具内部压力增加。这个增大的压力会导致材料沿着合模方向流入到模腔的末端。在闭模的最后阶段，锻造负荷达到高峰值。这对应于模具填充的完成。在这一点上，飞边的最后部分通过飞边桥被挤压。选择适当的飞边桥几何形状（间隙和宽度）对于在锻造中没有过多的锻造负荷和模腔压力情况下，良好的模具填充是至关重要的。

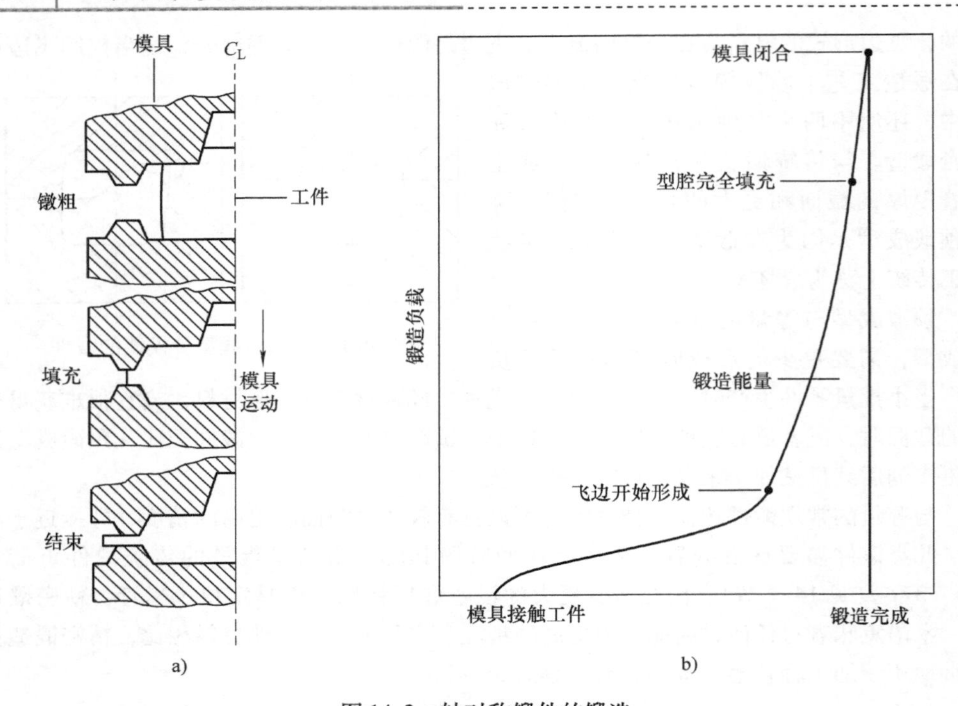

图 14.2 轴对称锻件的锻造

a）一个简单的轴对称零件的锻造 b）锻造零件行程的负荷变化

（资料来源：Kalpakjian，S. and Schmid，S. Manufacturing Processes for Engineering Materials，5th Ed.，PrenticeHall，Englewood CljffS，NJ，2007.）

14.3.1 飞边桥几何形状的确定

图 14.3 显示了锻件上飞边桥和飞边槽的一个典型的布置。飞边槽必须大到足以容

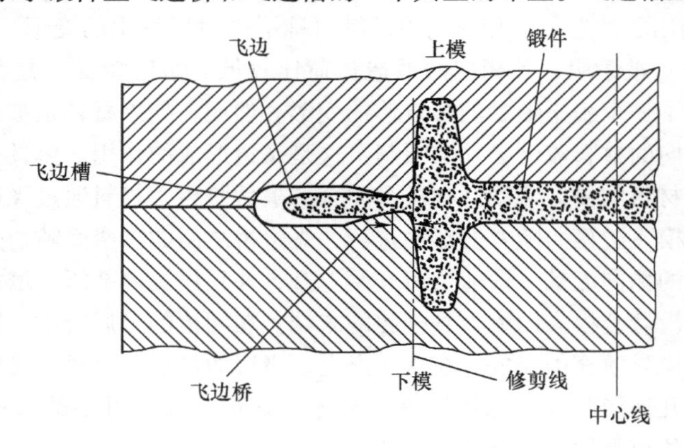

图 14.3 飞边桥和飞边槽的布置

纳产生的飞边。选择适当的飞边桥宽度和厚度是锻造工艺设计的一个重要部分。如果几何参数有误，可能导致模具不能完全填充或锻造负荷过大。此外，飞边桥里的飞边投影面积通常包括要求的锻造载荷估计的零件总投影面积。因此，它是选择加工设备的一个决定性因素。飞边桥尺寸的确定一直是基于相似类型锻件的经验来估计的。因此有一些经验公式可用于计算飞边的几何尺寸，见表 14.1[2]。

表中前两个公式没有考虑锻造的复杂性，而第三个公式是基于有限数量的轴对称锻件得到的，第四个和第五个公式是基于大量锻件的统计分析而得到，并且已被证明是可靠的[2,8]，它们每个都给出了相似的结果。第四个公式因其运算简便而用于下面所描述的成本估算，这个公式虽然依据的是钢锻件数据，但它可以被假设应用于所有材料，并以下面形式来使用，其主要的输入变量是零件体积 V_f，而不是零件的重量。

飞边厚度：
$$T_f = 1.13 + 0.0789V^{0.5} - 0.000134V \quad (14.1)$$

飞边桥比率：
$$\frac{W_f}{T_f} = 3 + 1.2e^{-0.00857V} \quad (14.2)$$

表 14.1　选择的几个飞边桥几何尺寸的经验公式

参考来源	飞边厚度 T_f/mm	飞边桥比率 W_f/T_f
Brachanov and Rebelskii[3]	$0.015A_p^{0.5}$	------
Voiglander[4]	$0.016D + 0.018A_p^{0.5}$	$63D^{0.5}$
Vierrege[5]	$0.017D + 1/(D+5)^{0.5}$	$30 \times \left\{D\left[1 + \frac{2D^2}{h(2r+D)}\right]\right\}^{-0.33}$
Neuberger and Mockel[6]	$1.13 + 0.89W^{0.5} - 0.017W$	$3 + 1.2e^{-1.09W}$
Teterein and Tarnovski[7]	$2W^{0.33} - 0.01W - 0.09$	$0.0038ZD/T_f + 4.93/W^{0.2} - 0.2$

注：A_p—锻件投影面积（mm^2）；W—锻件重量（kg）；D—锻件直径（mm）；Z—复杂性系数。

这个公式是用来确定锻造时飞边的面积。飞边桥宽度 W_f乘以精锻模具飞边线长度（零件周长，P_r）。

实　　例

图 14.4 显示了一个简单钢锻件，用以说明本章的计算过程步骤，该零件基本数据如下：

零件体积：$V = 49.9\text{cm}^3$

投影面积：$A_p = 78.6\text{cm}^2$

周长：$P_r = 31.4\text{cm}$

该零件的飞边几何参数可由式（14.1）和式（14.2）求得。

$$T_f = 1.13 + 0.0789 \times 49.9^{0.5} - 0.000134 \times 49.9 = 1.68\text{mm}$$

$$\frac{W_f}{T_f}=3+1.2e^{-0.00857\times49.9}=3.78$$

从上式中可求得 $W_f=3.78\times1.68=6.35\text{mm}$，飞边桥投影面积 $=0.635\times31.4=19.9\text{cm}^2$。

14.3.2 飞边数量

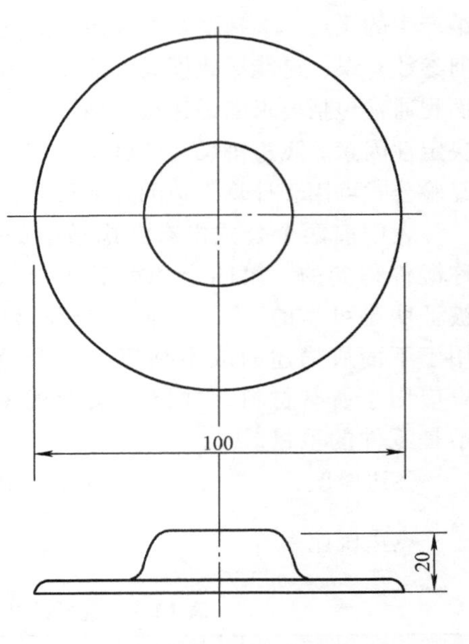

图 14.4 钢锻件的样件计算

锻造时材料成本主要是由完成后的锻件重量和在零件加工中所浪费的材料所决定的。材料损失的主要原因是由锻造时产生的飞边所致，但进一步的损失可能由于材料在加热时明显地氧化而导致的氧化皮而产生。对于锤锻而言，还会由于棒料端部所致等原因。对于一个特定的锻件，估计其飞边是比较困难的。通常是根据一个相似类型锻件制造的经验来进行类比，所产生的飞边数量是随着零件形状而变化的。有两种基本的系统方法来估计已经被利用的飞边数量。

① 使用对于不同类型零件的锻件总重量与净重量平均比率的统计数据。对于钢锻件，这种方法已经被参考文献[9-11]以不同的型式应用于钢锻件上。

② 使用对于不同锻件重量的单位飞边线长度上的飞边数量平均值（示例见参考文献［8］和［12］）。

对于在本章中所描述的估计步骤，使用了上述方法中的第二种。表 14.2 给出了不同锻件重量的单位长度飞边线的飞边重量相关数据。这个数据已经被英国国家锻造和冲压协会（NADFS）推荐，并经过数家公司使用来进行飞边估计，证明其是可靠的[8]。这些数据是针对钢锻件的，但可以假定对于其他材料也可产生等效体积。

飞边的等效体积可以除以钢的密度来获得。下面的表达式与这些数据吻合，可用于估计单位长度飞边线长度的飞边体积 V_{fl}，关系式为：

$$V_{fl}=0.1234V^{0.5}\text{cm}^3/\text{cm} \tag{14.3}$$

实　　例

对于图 14.4 所示的零件，由式（14.3）可以求得每厘米飞边线长度的飞边体积 $V_{fl}=0.1234\times49.9^{0.5}=0.87\text{cm}^3/\text{cm}$ 或者产生的飞边总体积为 $0.87\times31.4=27.3\text{cm}^3$

表 14.2　钢锻件单位飞边线长度的飞边重量

锻件重量/kg	飞边重量/(kg/cm)
小于 0.450	0.0047
0.450 ~ 2.273	0.0063
2.273 ~ 4.545	0.0098
4.545 ~ 6.818	0.013
6.818 ~ 11.364	0.0168
11.364 ~ 22.727	0.0223
22.727 ~ 45.455	0.0324
大于 45.455	0.0477

（资料来源：Choi, S. H. and Dean, T. A. Computer aids to data preparation for cost estimation, International Journal of Machine Tool Design and Research, 24, PP. 105-119, 1984）

14.3.3　锻件腹板

腹板是在模具闭合方向上具有很大投影面积的薄截面。腹板经常被设计到零件里以增加强度和其他原因，常常伴随有周边肋条。这些腹板将在锻造操作时大大增加负荷需求，因为很大的模具接触面积将提高冷却速度和摩擦等。如果加工后的零件上具有锻造通孔，那么这些孔在模具分型面必须充满腹板。然后，在飞边移除过程中这些腹板也通过修剪而被去除。这些腹板材料是额外浪费的材料，会增加单位零件的材料成本。

适当的腹板厚度取决于图 14.5 所示的被填充孔的投影面积，从中可以得到以下关系：

$$\text{腹板厚度 } T_w = 3.54A_H^{0.227} \tag{14.4}$$

式中　A_H——孔的面积（cm^2）。

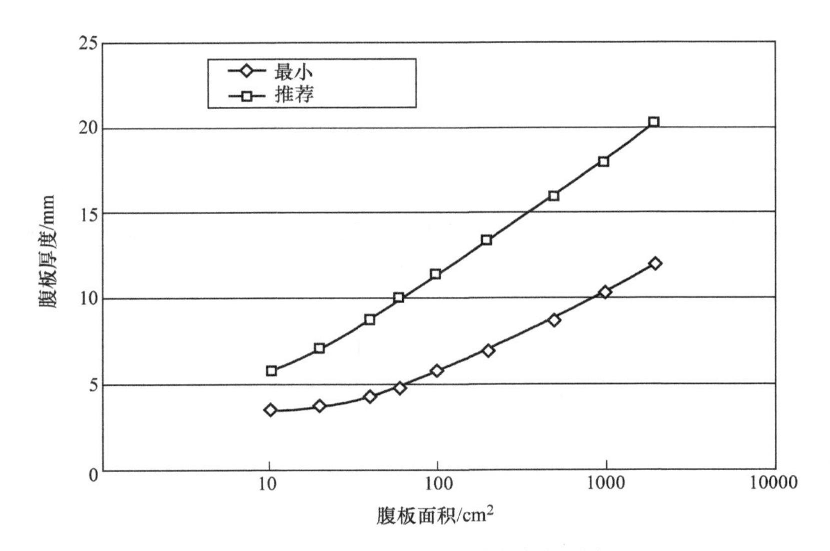

图 14.5　与投影面积有关的腹板厚度

（资料来源：Thomas, A. Die Design, Drop Forging Research Association, Sheffield, UK, 1980）

14.4 锻造余量

热锻生产的零件在最终产品里与其他零件配合的表面需要进行加工。因此，在这些位置应留出加工余量，从零件的尺寸来开发详细的锻件形状特征，尽管一些余量也形成了对于那些不需要加工表面的锻件设计的零件。图 14.6 显示了一个假定全部需要被加工的简单锻件截面。添加到已加工表面的第一个余量是精加工余量。这个量是加在任何尺寸公差里，必须在精加工后足以产生光滑表面。加工余量依赖于几个因素，但特别依赖于由于加热零件到锻造温度所导致的氧化量。氧化程度取决于材料类型和锻件的总体尺寸。图 14.7 给出了不同材料的典型加工余量[13]。

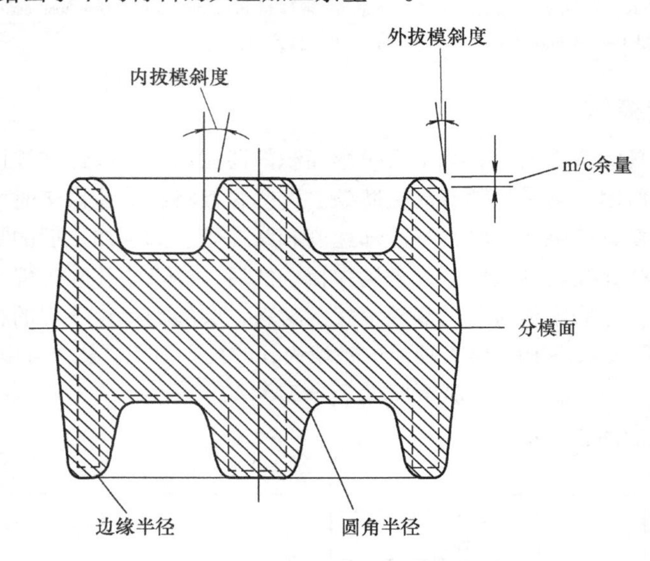

图 14.6 精加工和拔模的锻造余量

拔模角是一个角度余量，它位于与模具闭合方向平行的表面和与锻造后零件从模具中脱开的方向之间。在一般情况下，内表面的拔模余量大于外表面的拔模余量，由于当冷却发生时，零件的趋势是收缩到模具中突出部分。表 14.3 给出了压力机和锻锤的拔模角度推荐值[2]。

最后，零件所有的边缘和角落都必须添加圆角半径。这些半径对于提高材料的流动和确保模具的填充是十分必要的。此外，模具里的尖角会由于应力集中，高压力等原因而导致裂纹可能会造成模具的早期失效。表 14.4 给出了不同材料的内圆角半径和外圆角半径的典型推荐值。通常而言，难锻造材料建议采用更大圆角半径。

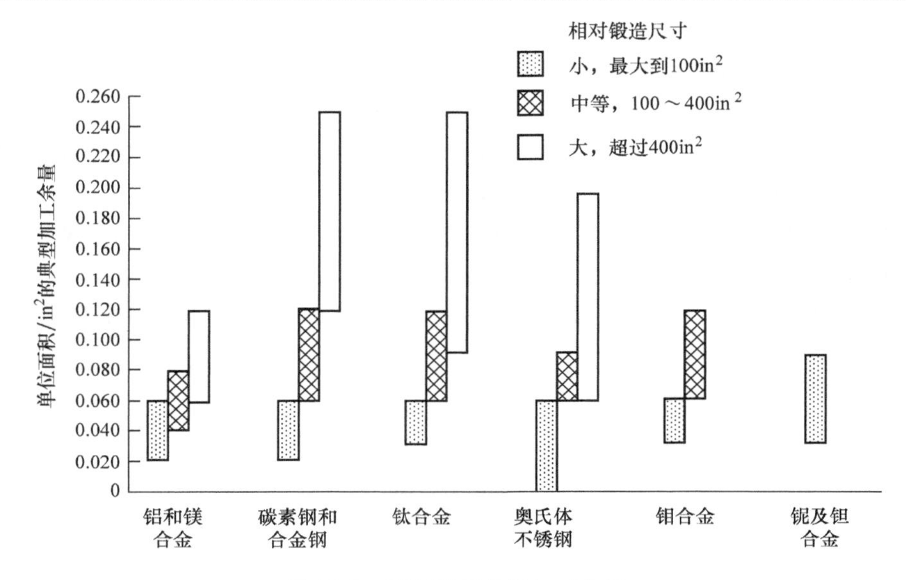

图 14.7　不同材料的精加工余量

（资料来源：Jensen，J. E. Forging Industry Handbook，FIA，Cleveland，1970）

表 14.3　锻件的拔模余量

材料	锻锤模具		压力机模具	
	外部	内部	外部	内部
钢 铝合金 钛合金 镍合金	5°～7°	7°～10°	3°～5°	5°～7°
所有情况的公差	±1°	±1°	±1°	±1°

（资料来源：Thomas. A. Die Design，Drop forging Research Association，Sheffield UK，1980）

表 14.4　肋条/腹板型锻件的典型最小内、外圆角半径

材　　料	刀尖圆弧半径/mm	圆角半径/mm
铝合金	2.3	9.7
低合金钢	3.0	6.4
钛合金	4.8	12.7
镍基超级合金	6.4	19.0
铁基超级合金	4.8	17.0
钼	4.8	12.7

（资料来源：Jensen，J，E. Forging Industry Handbook，FIA，Cleveland，1970）

14.5 锻造中的预成型

实际上，很少锻件是在如图 14.2 所示的一个阶段里制造出来的。那样通常会导致过多的飞边（确保模具填充）或者更大模具负荷。

因此，在大多数情况下，一系列的预成型加工是十分必要的，在精加工模具型腔的最后成型阶段之前，逐渐将坯料形状接近最后形状。预成型加工的数量和类型在很大程度上取决于加工后的锻件形状。图 14.8 显示了一个简单连杆锻件的典型加工顺序[1]。

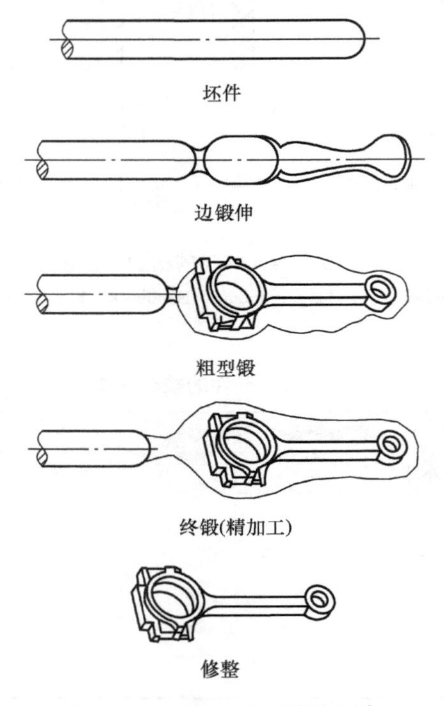

图 14.8 连杆的典型锻造顺序

（资料来源：Kalpakjian，S. and Schmid，S. Manufacturing Processes for Engineering Materials，5th Ed.，PrenticeHall，Englewood CljffS，NJ，2007）

在大多数情况下，起始锻坯是一个简单的形体——具有一定长度的圆形或方形截面棒料或者是棒坯上切下的坯料。预成型的目标是改变毛坯材料形状，使其更接近于成品的形状。预成型设计仍是像魔法的东西一样，严重依赖设计人员的经验和技能。近些年来，将有限元分析和上限塑性分析等方法应用到预成型设计已经已取得若干进展，但这仍然是一个研究主题[14,15]。

大多数扁平的锻件从坯料开始，通常需要 2 ~ 4 个成型阶段来生产。第一个锻造阶段通常是一个简单模，它可能就只有一个平面，称为堵口或去氧化皮模。该模具的目的是作了一些初步的坯料展平，较大地去除加热中产生的氧化皮。对于简单的形状，材料可以在终锻模具中锻造。然而对于大多数零件，都需要一次或两次以上的预成型阶段。在终锻之前的预成型称为预锻模（有时也称为半终锻，在英国称为成型模压）。预锻模基本上就是一个具有较厚截面和较大半径的平滑修整器。有一些公认的粗（预）锻模截面设计规则[16]。图 14.9[17]给出了与修整器截面进行比较的一些典型预锻模截面。如果最终零件薄（和/或）高（即薄的肋条和腹板），那么可能还需要一个预锻模腔，这种模具将比预锻模具有更厚的截面和更大的半径。

对于较长的零件，起点通常是等截面棒料的加热末端。最初预成型阶段是相对简单的开式模锻操作，目的是使材料沿锻件长度分布，以更好地对应加工后零件的质量分布。这是通过使用相对简单的压槽模（套锤锻）这种模具来实现的，随后是使用切边机模具（在英国称为辊模）。图 14.10[17]是一个典型的连杆锻造顺序。压槽模（套锤锻）用于将棒料坯拔长到一个适当尺寸。压槽模（套锤锻）有中凸的表面，坯料放置在模具之间，击打一次或两次。坯料旋转 90°，重复上面的过程。通常，只使用一个压槽模阶段，但是沿着零件长度方向的横截面如果有两个或更多的变化的话，需使用多个压槽模。压槽锤击后，使用切边模或辊模，使得毛坯材料光滑和进一步拉长。

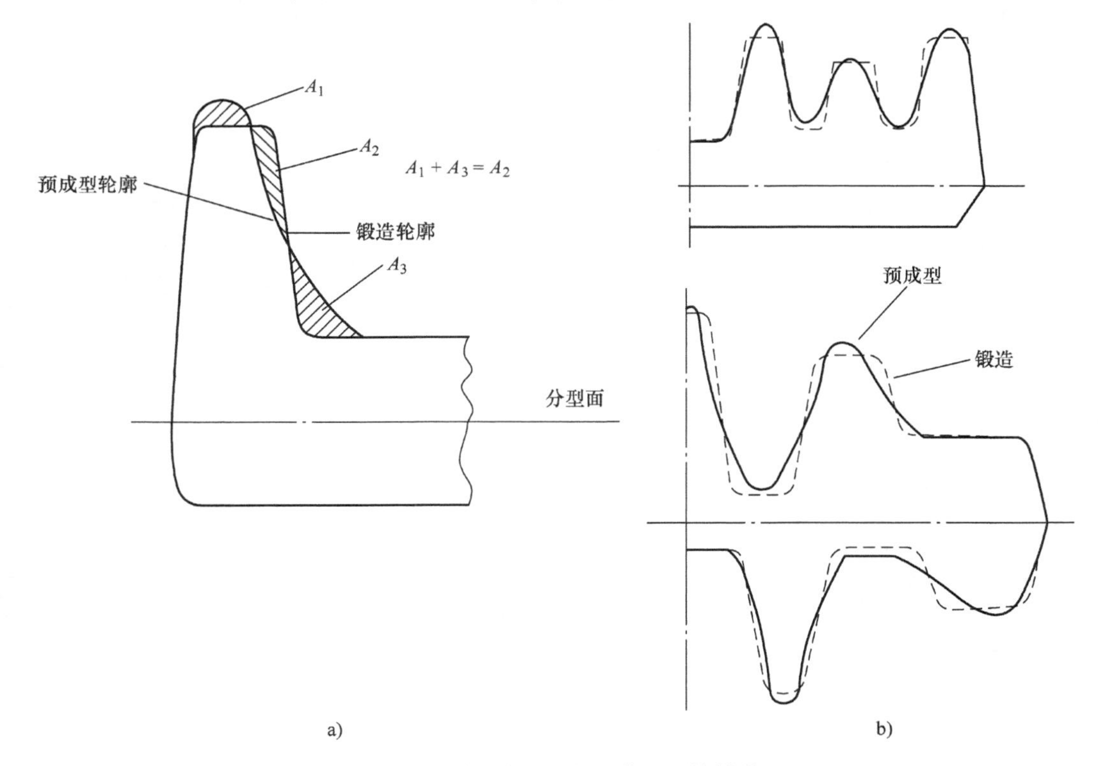

图 14.9　与精锻截面比较的典型预锻模截面

a）通用设计流程　b）样件截面

（资料来源：Biswas，S. K. and Knight W. A. Towards an integrated design and production system for hot forging dies，International Journal of Production Research，14，PP. 23-49，1976）

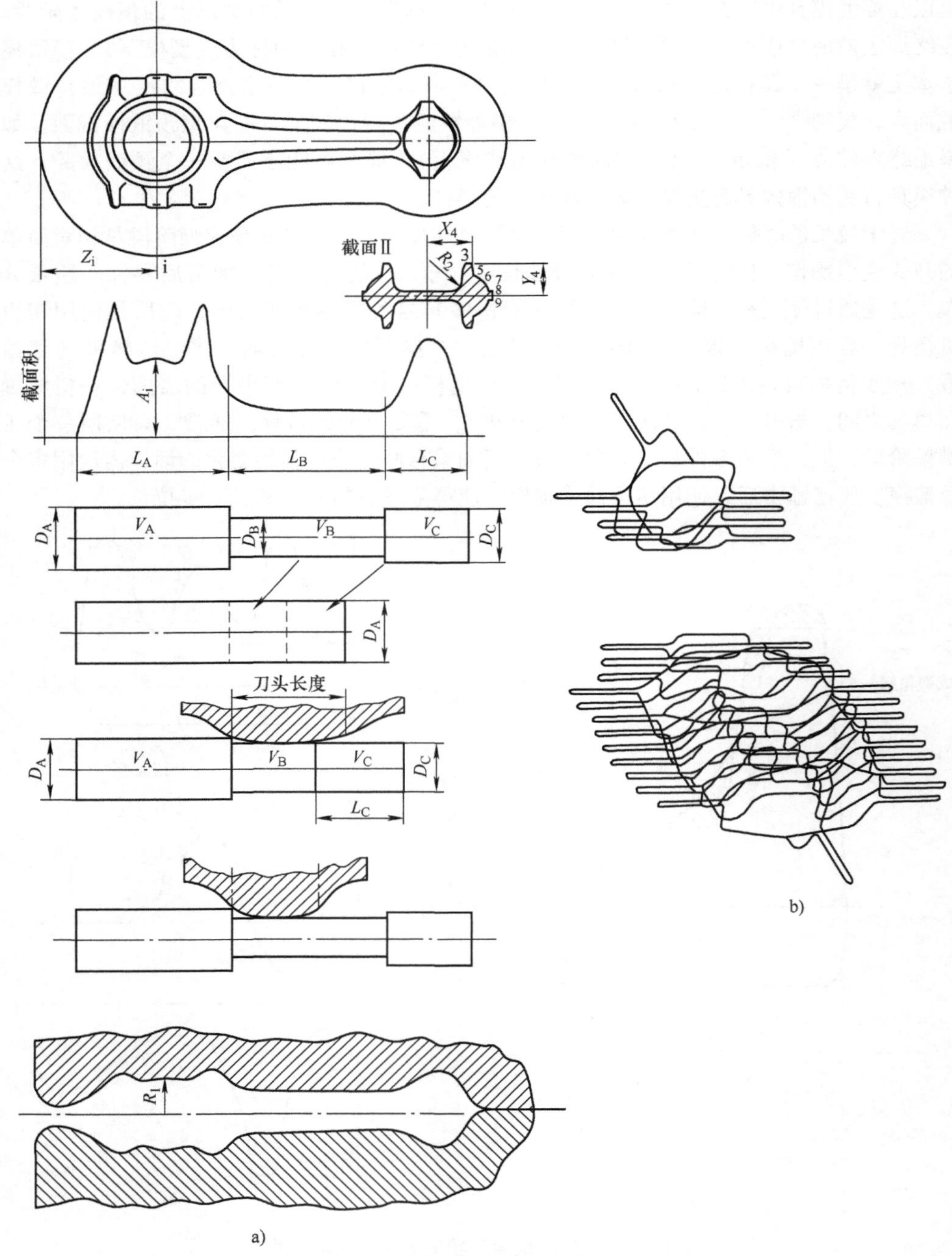

图 14.10 连杆的锻造顺序设计

a）质量分布阶段 b）预锻模截面

（资料来源：Biswas，S. K. and Knight W. A. Towards an integrated design and production system for hot forging dies，International Journal of Production Research，14，PP. 23-49，1976）

在图 14.10 所示的连杆例子中，经过两个压槽锤击阶段和一个切边模加工后，形状是一个近似圆截面的哑铃形，并具有类似于加工后形状的轴向质量分布。这些最初的质量分布预成型阶段可以在减速器轧辊上进行，它采用一系列成型辊子来拔长棒料。减速器轧辊有时与机械压力机联合使用以提高生产率。

继这些初始质量分布预成型阶段之后，零件横截面被成型为相应的形状。对于简单形状，可以直接在终模型腔中进行，但通常使用一个预锻模。对于具有很薄截面的锻件，还需要一个雏形预锻模。采用预锻模锻的目的是提高终锻模的寿命。是否需要预锻模通常基于相似零件的经验和所要求锻件的总量来决定的。对于简单锻件不需要预锻模。参考文献［16］给出了基于肋条高度/肋条厚度比率的肋条/腹板型锻件的预锻模使用的推荐值。当比率超过 2.5 时，就推荐使用预锻模。

预锻模锻件的横截面基本上是具有更厚截面和更大半径的精加工锻件所对应的光滑截面。通过使用经验设计规则，修改相应的加工截面来设计预锻模截面。对于图 14.10 中的连杆锻件，可以选择沿着零件长度上的若干个横截面以及末端的径向截面。从这些截面，设计了相应的预锻模截面。它们定义了预锻模的形状。对于肋条/腹板型横截面，在参考文献［16］建议的基础上，我们使用对数曲线开发了预锻模截面。

如果最终锻件沿着纵向轴线弯曲，则需要添加折弯操作工序。在这种情况下，借助于将零件轴线拉直后再弯曲压印，开发了质量分布预成型工艺（套锤和磨边机）。任何预锻模工艺都是在弯曲坯料上进行的，又从加工模膛的截面开发了相应的模具。

如上所述，需要若干个模腔才能完整地处理一个热锻锻件。对中小尺寸的自由锻件而言，这些模腔都放在单个模块上。图 14.11 给出了两个典型的例子[18]。对于更大的锻件，需要在单独的机器上采用更多的阶段来完成，并在各个阶段之间，还需要重新加热锻坯。对于压力锻造而言，各种模腔需要加工成一个模块或加工成模具嵌件附加到机座上。

对于多腔模，各个模腔必须放在模具表面，用最小尺寸的模块确保连续的锻造。模块深度应足够大，以确保磨损发生时，可以对型腔进行若干次修复。在模腔布置时应考虑一些影响因素，例如型腔之间的最小间距，这取决于型腔深度上的其他因素。一般来说，修整模腔和预锻模腔是放置在滑块的中心上。压

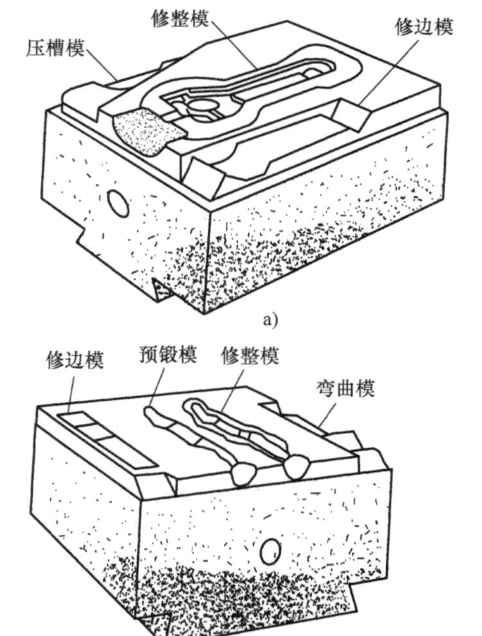

图 14.11　典型的多腔锤锻模

（资料来源：American Society of Metals ，Metals Handbook：Metalworking-Bulk Forming，V01.14，Part A，ASM，Cleveland，2005）

槽模在一边而修边模和/或弯曲模在另一边，如图 14.12 所示。修整模定位时，应使载荷中心正对定位销，而后者用于对锻锤底座上模具背面的燕尾进行定位。如果一次有多个锻件同时加工，修整模和预锻模有可能嵌套在一起以节省空间。压槽模通常是在模块的左上角倾斜 10° ~15°，同样也可以节省空间。为了估计模块尺寸的大小，可使用从参考文献［2］中从所提供的数据推导出下列型腔尺寸的估算方法：

- 型腔深度 $d_c = 0.5T$，其中 T 为零件厚度；
- 型腔间距 $S_d = 3.1 \times d_c^{0.7}$
- 模腔边缘的距离 $S_e = 3.4 \times d_c^{0.76}$
- 模块深度 $= 5d_c$

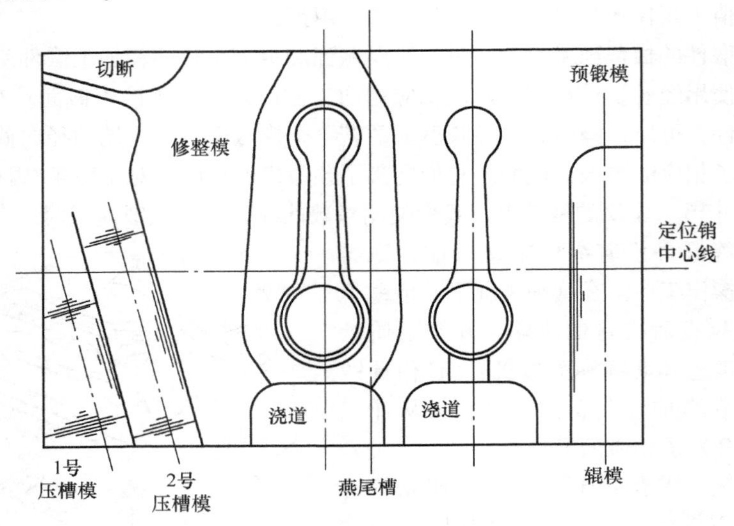

图 14.12 锤锻模具的布置

（资料来源：Biswas，S. K. and Knight W. A International Journal of Production Research，14，PP. 23-49，1976）

在一些模具上还提供了锁模，以防止对于具有弯曲分离线的零件进行锻造时配合不当。锁模可以吸收所产生的侧向载荷，但会增大模块尺寸，提高模块的加工成本。图 14.13 给出了一个典型的锁模构造。为了有效，锁模必须在上模刚要接触到锻坯之前就啮合。推荐重叠 10 ~12mm。为了达到足够的强度，锁模宽度至少应该是其深度的 1.5 倍[1]。如果分模线只是轻微弯曲，可能就不需要锁模了，但为了下面的锻件分类需要，锁模对于具有曲形分模线的锻件是必要的。

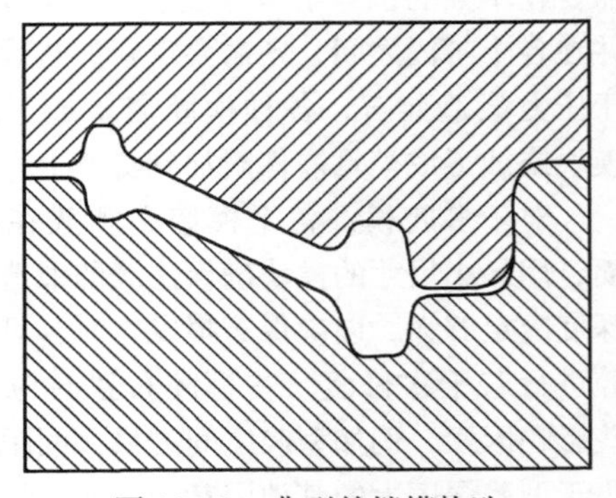

图 14.13 典型的锁模构造

（资料来源：Thomas，A. Die Design，Drop Forging Research Association，Sheffield，UK，1980）

14.6　飞边去除

热锻的最后阶段是去除飞边，得到精确的锻件。去除的飞边是废料，对于某些锻件而言，飞边量可能超过所使用材料的 50% 以上。去除飞边通常采用修边模来进行，它在锻件的分模面上切除飞边。通孔的腹板也同时切除。修边操作通常是在与邻近主要锻压机的机械压力机上进行。在某些情况下，修边操作也可以在零件冷却之后进行。该操作和所使用的模具与热飞边修边和冷飞边修边相类似。但压力机载荷要高于冷飞边修边。飞边去除也可以采用机械加工方法进行，例如带锯。但这速度较慢而且成本相对昂贵。因此，带锯只应用于小批量生产的零件或较大的锻件。

修边模和冲孔模在对应的锻件分模线上具有剪切边。因此，对于曲形分型线来说，就会增加复杂性。对应的凸模会迫使锻件通过修边模来去除飞边，凸模的设计必须保证在去除飞边时不会使锻造零件产生变形或损坏。

14.7　锻件的分类

一些锻件的分类方案已经开发多年[19]。这些方案的范围从相对简单的图案系统到十分复杂的数字编码方案。总的目标是用一些方式指出锻造的复杂性，以便将这种难度与不同方面的锻造工艺设计相联系。几个已经提出的早期系统可以系统地提供不同类型锻件总重量和净重量的典型数据，以便进行估算[9-11]。

为了指出锻造总成本[21]，一个相对复杂的分类和编码方案被收录到一本锻压设计手册[20]。这个分类方案涵盖了锻件的单个形状特征，如孔、沟槽、凸台和肋条等。零件根据这些特征被分配到不同的类别里面。对于目前的程序而言，使用的一个更加简化的办法并不依据特定特征的存在，而是依据复杂性的数字评价[12]。零件首先根据长方形外壳所包围的零件的整体尺寸，将其划分主要类别，见表 14.5。对于具有弯曲轴的长锻件，可以将零件拉直后在确定其外壳尺寸。这个早期的广泛分类方案是根据加工所要求的基本操作顺序来划分零件的。

表 14.5　锻件分类的第 1 码位分配

<table>
<tr><th>第 1 码位</th><th colspan="2">描　述</th></tr>
<tr><td>0</td><td colspan="2">紧凑零件
$L/W \leqslant 2$，$L/T \leqslant 2$</td></tr>
<tr><td>1</td><td colspan="2">平板零件
$L/W \leqslant 2$，$L/T > 2$</td></tr>
<tr><td>2</td><td rowspan="2">长零件
$L/W > 2$</td><td>主要轴是直的</td></tr>
<tr><td>3</td><td>主要轴是弯的</td></tr>
</table>

注：L—外围包络长度；W—外围包络宽度；T—外围包络厚度。

类别0：紧凑零件（$L/W \leqslant 2.0$，$L/T \leqslant 2.0$）（见表14.6）

这一类别的基本操作顺序：

去氧化皮（堵口）

预锻模（1或2个）

修整模

修剪和去除通孔的飞边和腹板

这一类别的锻件复杂性因薄截面而增加

曲形模具分割线

在侧边模腔锻造

类别1：扁平零件（$L/W \leqslant 2.0$，$L/T > 2.0$）（见表14.6）

这一类别的基本操作顺序：

去氧化皮（堵口）

预锻模（1或2个）

修整模

修剪和去除通孔的飞边和腹板

这一类别的锻件复杂性因薄截面而增加

肋条和腹板

曲形模具分割线

在侧边模腔锻造

类别2和3：长零件：（$L/W > 2$）（见表14.7）

这一类别的基本操作顺序

压槽模（1或2个）

修边模（轧辊）

预锻模（1或2个）

修整模

修剪和去除通孔飞边

在某些情况下，通过减速器，轧辊可能取代头两个阶段，这一类别的锻件复杂性会随着横截面积的改变而增加

薄剖面

肋条和腹板

曲形模具分割线

表14.6　紧凑和扁平零件的第2码位分配

第2码位	描述	
0	平的分模面	无侧边模腔
1	非平的分模面	
2	平的分模面	有侧边模腔
3	非平的分模面	

实 例

尺寸为：$L=W=100\text{mm}$，$T=20\text{mm}$。所以，$L/W=1$，$L/T=5$，查表 14.5 可知第 1 码位为 1（扁平零件）。没有侧边模腔，平的分模线，查表 14.6 可知第 2 码位为 0。

锻件复杂性用两个参数来表示：形状复杂性因子和零件表面补丁数。

1. 形状复杂性因子

这个因子是对采用欧洲锻造公差标准来表示复杂性的修改[22]。复杂性系数可按下式计算。

$$F_{fc}=\frac{\text{零件的矩形包络体积}}{\text{零件体积}}=\frac{LWT}{V}$$

表 14.7 长零件的第 2 码位分配

第 2 位码	描 述
0	平的分模线
1	非平的分模线

对于弯曲零件，轴在复杂性系数计算之前被拉直。这个系数用一般型式表明：当存在薄的截面和横截面积有大的变化导致复杂性增加时，对于特定类别的锻件所需要的变形量。在图 14.4 所示的例子中的零件，$F_{fc}=4.00$。

2. 零件表面补丁数

这个数字示值类似于在第 8 章讨论的注射成型成本的表面补丁计数程序。构成模具上下型腔形状的一些表面补丁被计数。所有标准的表面元素（如平面、圆柱面、圆锥面等）都被给出相同的评级，但自由形状或曲面元素是按照四个标准表面补丁进行计数，这个数字反映了形态特征更加复杂锻件的复杂性。例如，多肋条零件相对于简单锻件对增加更多的表面元素。

14.8 锻造设备

热锻加工可以在各种设备上进行，包括机械压力机和液压机，摩擦压力机和锻锤。这种锻压设备可分为两种基本类型：工件限制型和行程限制型。对于工件限制型机器而言，机器每个行程或撞击所能取得的变形量受可获得的能量或最大力的限制。如果能量或力小于零件变形的需要，则需要不只一次的行程或撞击。属于工件限制型设备的有锻锤、摩擦压力机和液压机。对于行程受限型机器而言，其变形量是由机器行程所固定。如果锻造加工时不能获得足够的力或功率时，会出现机器失速现象，这时应采用更大的设备。机械压力机属于这一类型设备，其撞击运动的大小是由曲柄或偏心量来决定的。

锻锤是最常见的锻造设备[23]。锻锤基本技术早在18世纪就已被开发。锻造设备的选择取决于许多因素，包括零件尺寸和复杂性、所生产零件的材料和质量。锻锤由于其工具设置快和管理费用低，经常用于中小批量生产，它们也用于拉长和枝形锻件，因为对于大量要求这种形状的预成型模，它可以提供要求的模具面积。另外，当负载很大时，不能使用机械压力机。因此，大型锻件必须使用锻锤或大型液压机。

14.8.1 重力锤

重力锤是最古老的锻造设备[18]。其操作的原理是，运动的模块（锤头）被升降机构抬起，然后释放，落在安装在铁砧上的固定模上面。能够完成的变形量大小是由动模块在其最大高度所具有的势能所决定。当模块落下时，这种势能转化为动能，然后又转化为工件的变形势能。所使用的各种升降机构包括与板摩擦方式、带摩擦方式，或者提升气缸（可以采用蒸汽、压缩空气或液压油），各种类型的重力锤升降机构如图14.14所示。这些机器可以获得的打击能量从0.6kNm（60kgm）到400kNm（40000kgm）。

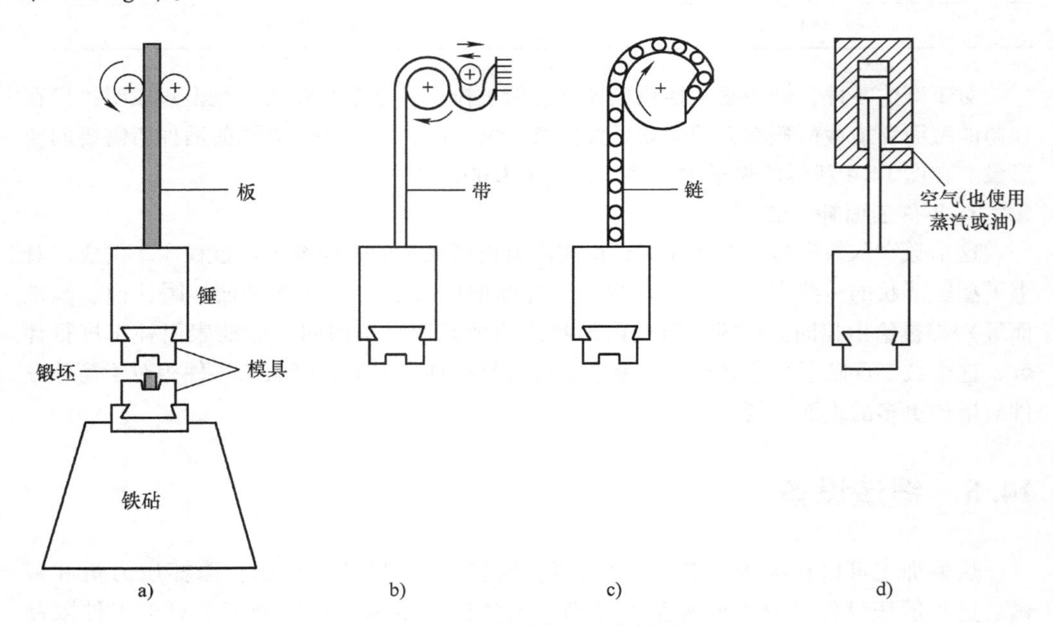

图14.14 各种类型的落锻锤

a）板式 b）带式 c）链式 d）气动

（资料来源：Kalpakjian，S. and Schmid，S. Manufacturing Processes for Engineering Materials，5th Ed.，PrenticeHall，Englewood CljffS，NJ，2007）

14.8.2 双动式动力锤

该设备在提升气缸抬起动锤上类似于重力锤，但在锤头向下运动时也施加动力[18]。锤头动能要大大超过重力锤，闭模速度也更高。能量来自于双动式蒸汽、压缩空气或液压缸。双动式动力锤可以在能级范围从3kNm（300kgm）到825kNm（82500kgm）之内制造。

14.8.3 立式对击锤

在这种机器中，具有几乎相同质量的两个锤头由双作用气缸驱动在机器中心相互碰撞。与单动式动力锤相比，更多能量是由工件吸收，而不是由地基吸收。在大型设备上可以获得非常高的能量，其范围从30kNm（3000kgm）到2000kNm（200000kgm）。

14.8.4 水平对击锤

这种机器也被称为卧式锻造机。两个夯锤由双作用气缸驱动。加热的坯料由自动转换机构在两个模具之间垂直定位，典型的能量范围从4kNm（400kgm）~54kNm（5400kgm）。

14.8.5 机械压力机

在机械压力机里，使用曲柄、叉形铰接件、拨叉，或移动斜楔机构在上面动模和下面固定模之间提供一个垂直挤压运动。图14.15a、b给出了典型的机械压力机的机构。一般来说，此种设备两个模具之间的导向要好于锻锤，因此可以改进锻模匹配。压力机的规格从3~140MN（300~14000t）可选。因此，机械压力机不可用于大部分零件的锻造加工。

14.8.6 螺旋压力机

在螺旋压力机[18]中，上面的夯锤和冲模连接到一个大型竖直丝杠上，而丝杠可以由飞轮驱动。所以，夯锤可以相对于机床床身上的固定模上下运动，如图14.15c所示。夯锤对于每个冲程都施加一定数量的能量；因此，通常像锻锤一样采用多次撞击。螺旋压力机的规格从0.63~63MN（63~6300t）。

14.8.7 液压机

液压机的适用范围最大可以到50000t，有的甚至容量更大。运动冲模被安装在夯锤上，并由大型液压机所驱动，如图14.15d所示。在液压机上可以获得各种冲程、力以及关闭速度。在某些情况下，液压机安装有辅助的水平移动夯锤，它们能利用侧边模腔来锻造一些零件，不过这样做的方式不是很多。

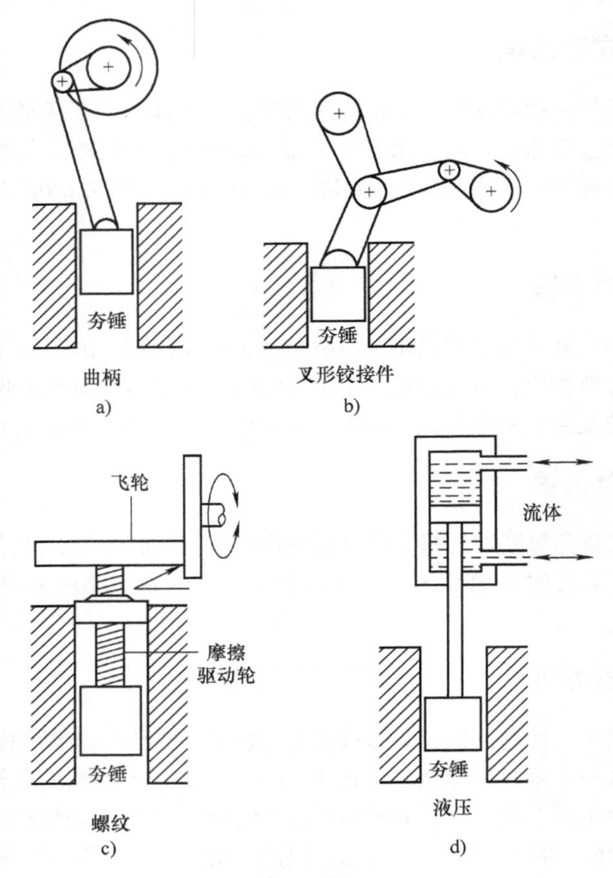

图 14.15 图示各种类型的锻造压制机制

a）曲柄压力机 b）肘节压力机 c）摩擦压力机 d）液压机

（资料来源：Kalpakjian，S. and Schmid，S. Manufacturing Processes for Engineering Materials，5th Ed.，PrenticeHall，Englewood CljffS，NJ，2007）

14.8.8 锻造机类型的选择

一般来说，不论是使用锻锤还是压力机，都依赖于很多因素，但还是存在一些准则可供选择使用[23]。

当需要采用动力锤或反击锤的时候，圆形和环形的钢锻件特别适合于曲柄压力机，直到锻件尺寸导致的负载超出机械压力机的能力为止。

由于比适当负载能力的机械压力机需要更多的总模具面积，所以不对称或者分枝锻件更倾向于使用锻锤来生产。

由于需要大的锻压力，所以大的圆形锻件通常使用锻锤加工。

近似叶片型锻件倾向于使用螺旋压力机来生产。如果锻件精度不高的话，也可以使用锻锤来生产。

具有边缘肋条的薄板型锻件以及轻合金精密锻件通常在液压机锻造。

更小批量的锻件倾向于使用锻锤而不是使用液压机来生产。

14.8.9 锻压设备的比较

表 14.8 给出了一些不同类型的锻造设备的比较数据[24]。从中可以看出，锻锤的闭模速度明显高于液压机。这与应变率敏感性材料的锻造具有相关性。表 14.9 表示可利用的不同类型锻造设备的适用范围。不同设备是根据它们的最大变形的能量来区分的，与每次撞击或机器冲程无关，而是根据指定的机器规格对于零件的典型加工所需要能量来进行的。机器之间的比较来自在达拉斯和其他报告中的评价[24]。在每一列的顶部的数值都是在工业上通常使用的。锻锤通常用锤头和压力机的重量，以负载能力（单位：t)来进行评价。可以看出，机械压力机通常容量小于 14000t。因此，大型锻件必须在具有最大限制的反击锤的锻锤上或大型液压机上生产。

表 14.8 锻压设备的一些比较数据

锻造设备	最大撞击能量/kJ	闭模速度/(m/s)
重力锤	47 ~ 120	3 ~ 5
功率锤	1150	4.6 ~ 9
反击锤	1220	4.6 ~ 9
卧式锻造机	34	10 ~ 17
压力机	力（MN）	—
机械压力机	2.2 ~ 143	0.06 ~ 1.5
螺旋压力机	1.3 ~ 280	0.5 ~ 1.2
液压机	2.2 ~ 623	0.03 ~ 0.8

（资料来源：Wick, C. ed., Tool and Manufacturing Engineers Handbook: Forming, 2nd Ed., Society of Manufacturing Engineers, Detroit, August, 2003）

表 14.9 压力机和锻锤的等效容量

最大能量		液压机/t	对击锤/(kgm)	电动锤/ld	机械压力机/t	重力锤/lb	摩擦螺旋压力机/t
(ft1b)	(kgm)						
3850	533	170	450	455	210	1000	170
5870	812	260	650	680	320	1500	250
8830	1200	400	1000	910	475	2000	390
11000	1540	400		1000	600	2200	490

（续）

最大能量		液压机/t	对击锤/(kgm)	电动锤/ld	机械压力机/t	重力锤/lb	摩擦螺旋压力机/t
(ft1b)	(kgm)						
11320	1570	550		1130	660	2500	500
14200	1960	680		1360	820	3000	620
16700	2310	750	2000	1500	900	3300	730
19400	2690	900		1800	1080	4000	850
21700	3000	935	2500	1870	1120	4100	950
22500	3120	1000		2000	1200	4400	990
24700	3420	1125		2250	1350	5000	1050
26200	3630		3000				1150
28500	3950	1250		2500	1500	5550	1250
30000	4160	1350	3500	2700	1620	6000	1520
34400	4770	1500	4000	3000	1800	6600	1600
41600	5770	1800		3600	2160	8000	1830
46000	6370	2000	5500	4000	2400	8800	2020
52000	7200	2250	6000	4500	2700	10000	2290
58000	8030	2500		5000	3000		2590
70000	9700	3000	8000	6000	3600		3080
86800	12000	3700	10000	7400	4400		3800
94000	13000	4000		8000	4800		4180
118000	16000	5000	13000	10000	6000		5000
138000	19100	5850	16000	11700	7000		6060
142000	19600	6000		12000	7200		6220
173000	23900	7300	20000	14600	8700		7590
220000	27120	8300	25000	16600	10000		9650
240000	32200	10000	32000	20000	10600		10220
300000	41500	12500	13650	25000	13650		
361500	50070	15000	40000	30000			
425000	59000	17500		35000			

（续）

最大能量		液压机/t	对击锤/(kgm)	电动锤/ld	机械压力机/t	重力锤/lb	摩擦螺旋压力机/t
(ftlb)	(kgm)						
	60330	18000		36000			
484000	67036	20000	50000	40000			
546800	75500		63000				
610000	84500	25000		50000			
694400	95800		80000				
738000	10200	30000					
868000	120200	35000	100000				
1280000	172000	50000	144000				

（资料来源：Knight，W. A. and Poli，C. Design for Forging Handbook，University of Massachusetts，Amherst，1982. Wick，C. ed.，Tool and Manufacturing Engineers Handbook：Forming，2nd Ed.，Society of Manufacturing Engineers，Detroit，August，2003. Leone，J. L. Relative Forging Costs Analysis and Estimation，MS Thesis，University of Massachusetts，Amherst，1983）

图 14.16 给出了典型的锻压设备平均击打率或冲程速率，这些数据大部分是依据参考文献［23］中的数据，以及与来自达拉斯的一些辅助计算[24]。这些击打的数值不是

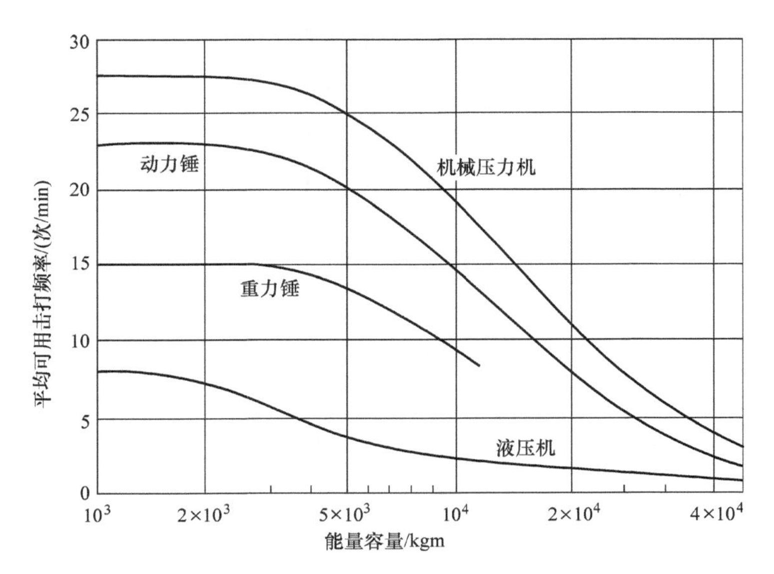

图 14.16 锻造设备的平均可用击打率

（资料来源：KnightW. A. International Journal of Advanced Manufacturing Technology，7，PP. 159-167，1992）

从设备可以获得的最大值，而是典型的可用击打率，它反映了用于操作在两个模腔之间的零件所花费的时间因素。从中可以看出，机械压力机能够为更小的零件提供可使用的最高击打率，这就是为什么它们更广泛地在更高的生产效率情况下使用的原因。对于较大的零件，可以用可使用的击打率对各种类型的设备进行比较，因为用于操作两次击打之间所需要的时间占主导地位，而不是设备的击打率。一旦选择了一个合适的设备后，这些曲线就能估计锻造的周期。

图 14.17 给出了不同类型的锻造设备相对于 1000lb 动力锤的单位操作成本数据[25]。在这种情况下，操作表示锻造阶段（例如，预锻模、修整模等）。这些数据是从各种工业原始资料中收集而来，并反映了这样一个事实：锻锤在预成型阶段平均使用 2 ~ 3 次，而压力机每次操作只使用一次。图 14.18 表示了图 14.17 上数据的一些组合曲线[26]。锻锤曲线是所有种类的锻锤数据的组合。在能量容量的区间上限，曲线对应着反击锤，而在区间下限则对应着动力锤。机械压力机曲线终结在与液压机曲线的交点处。一旦锻造阶段的次数已经确定之后，就可以用这些曲线来估计锻造加工成本。

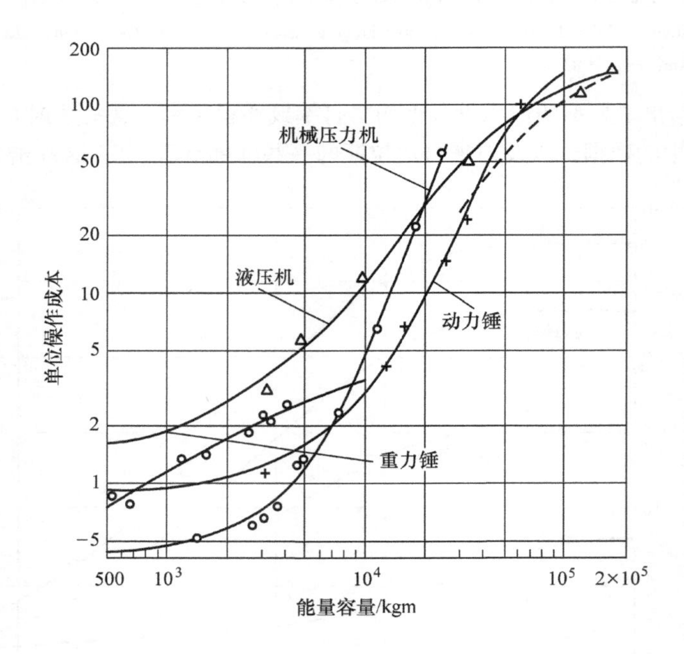

图 14.17 相对于 1000lb 动力锤的单位操作成本

（资料来源：Leone，J. L. Relative Forging Costs Analysis and Estimation，MS Thesis，University of Massachusetts，Amherst，1983）

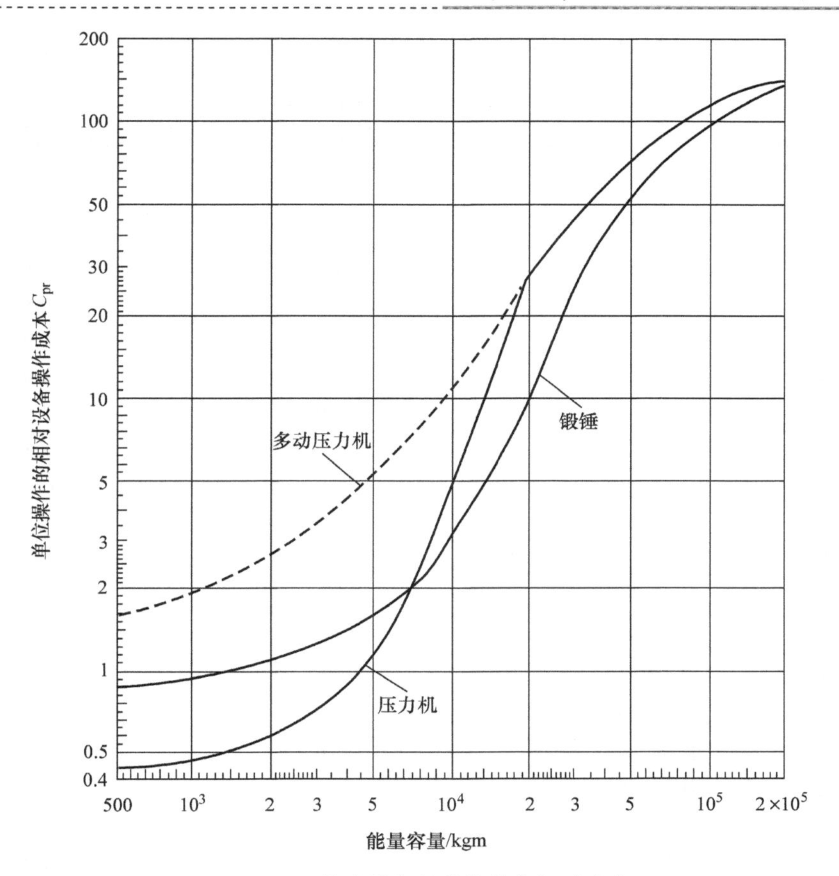

图 14.18　锻造设备的单位操作相对成本

（资料来源：Knight, W. A. and Poli, C. R. A systematic approach to forging design, Machine Design, January 24, PP. 94-99, 1985）

14.9　材料分类

锻造可以使用的材料范围广泛，但迄今为止其加工的材料大部分是碳素钢和合金钢，另外使用了相当数量的轻合金材料。表 14.10 给出了用于热锻的材料常用类型[11,20]。这些材料类型大致按照锻造难度递增的顺序排列。然而，在这些类型中还有着相当大的重叠。例如，许多高强度铝合金比钢更难于加工。锻造难度的增加可以通过锻造负荷要求的增加来表示，这通常会降低模具寿命。此外，对于变形更困难的材料，要想获得非常薄的截面是不可能的。因此，最终产品要比容易锻造的材料的形状精度更差。于是，所谓的精锻通常仅限于使用轻合金材料。

表 14.10 包含两个用于估计成本的因数。第一个因数是载荷因数 α_m，对于特定材料的一个相对简单形状，它给出了单位面积所需要的近似变形能量。第二个因数是材料

模具寿命因数β_m，对于不同材料的相似形状锻造，它近似表示了模具寿命的减小。

表 14.10　锻件材料的分类

类　型	材　料	载荷因数 α_m（kgm/mm^2）	模具寿命因数 β_m
0	铝合金		
	A 组	0.054	1.0
	B 组	0.087	1.0
	镁合金	0.065	1.0
1	铜和铜合金	0.065	1.0
2	碳素钢和合金钢	0.065	1.0
	A 组	0.065	1.0
	B 组	0.076	0.8
	C 组	0.087	0.7
	D 组	0.098	0.6
3	铁素体和马氏体不锈钢	0.109	0.3
	工具钢	0.109	0.3
	马氏体时效钢	0.109	0.3
4	奥氏体不锈钢	0.130	0.3
	PH 不锈钢	0.141	0.3
	铁镍合金	0.130	0.3
5	钛及钛合金		
	α 和 α/β 合金	0.163	0.2
	β 合金	0.195	0.2
6	铁基超级合金	0.152	0.2
7	钴基超级合金	0.195	0.2
8	镍基超级合金	0.220	0.1
9	铌合金	0.195	0.1
	钼合金	0.217	0.1
	钽合金	0.124	0.1
	钨合金	0.260	0.1
	铍	0.065	0.5

（资料来源：Knight，W. A. and Poli，C. Design for Forging Handbook，University of Massachusetts，Amherst，1982）

14.10　锻造成本

图 14.19 给出了工业热锻的平均成本的明细清单[27]。材料成本通常占到锻造成本的 50% 左右，而在材料中，很大比例是以飞边、疏松的氧化皮和其他的废料。模具成

本约占 10% 的锻造成本。其余包括直接的人工成本、设备运行成本和间接成本。为了估计早期成本，有三个主要成本因素应被考虑。

① 材料成本，包括飞边和氧化皮损耗。

② 设备运行成本，包括人工、加工成本、辅助设备和间接成本（日常费用）。

③ 模具成本，包括原始工具成本和维护、修理模具成本。

这些内容下面将被更详细地考虑。对热锻早期成本估计方法在当前被限制在由锻锤和锻造压力采用传统模具所生产的零件。在辊锻机上进行的预成型不予考虑，也不考虑环锻和热顶锻等工艺。

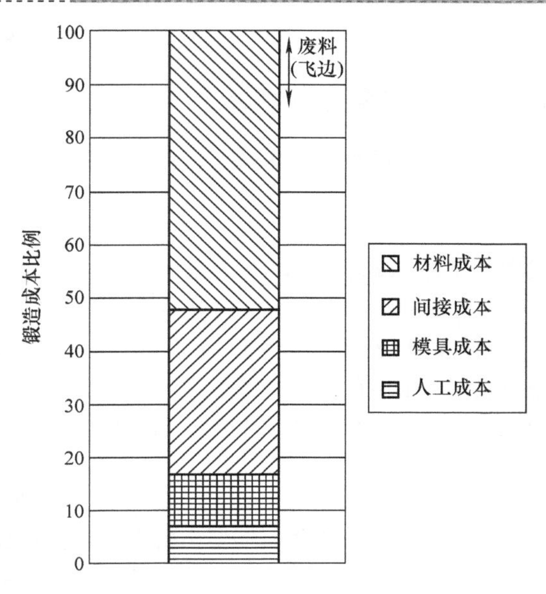

图 14.19　热锻平均成本

（资料来源：Hobdell. A. C. and Thomas , A. Approaches to cheaper forgings, Metal Forming, 36 (1), P. 17, 1969)

14.10.1　材料成本

锻件的材料成本可确定如下：

$$\text{材料成本}\ C_{mat} = C_m\rho[(V + P_r V_{fl} + A_H T_W)(1 + S_{sl} \times 100)] \tag{14.5}$$

C_m——单位重量的材料成本；

ρ——零件密度；

V——零件体积；

P_r——飞边线长度（零件周长）；

V_{fl}——单位飞边线长度的飞边体积，式（14.3）；

A_H——通孔面积；

T_W——推荐的腹板厚度，式（14.4）；

S_{sl}——材料的氧化皮损耗（%）。

实　　例

对于图 14.4 所示的零件，可以求得如下数据。

$$\text{零件体积}\ V = 49.9\text{cm}^3$$

$$\text{单位飞边线长度的飞边体积}\ V_{fl} = 0.87\text{cm}^3/\text{cm}$$

$$\text{飞边线长度}\ P_r = 31.4\text{cm}$$

没有通孔

假设 $C_m = 1.1$ 美元/kg，$\rho = 7.86\text{g/cm}^3$，$S_{sl} = 5\%$。于是

$$C_{mat} = 1.1 \times 7.86[(49.9 + 31.4 \times 0.87) \times 1.05]/1000 = 0.43 \text{ 美元}$$

14.10.2 设备运行成本

单位零件的生产成本基本上可以表示为：

$$C_{pr} = \frac{M}{R_p} \tag{14.6}$$

式中 M——设备单位时间的运行成本；

R_p——生产率（单位时间生产的零件）。

单位时间运行成本 M 包括直接人工成本、搬移和加热辅助设备成本，而不仅仅只是直接用于锻造的压力机或锻锤的运行成本。通常，飞边修剪和冲孔通常是在单独的压力机上进行。这部分的成本是分别确定的。因此，所使用设备的运作成本可表示如下：

$$C_{pr} = \frac{MN_b}{B_r} \tag{14.7}$$

式中 N_b——形成零件所需要击打次数或行程数量；

B_r——所使用压力机或锻锤的有效击打率或行程速率。

需要注意的是，如果使用机械压力机或液压机的话，行程的次数通常等于操作次数。对于工件限制性机器，例如锻锤，每个操作要使用若干次击打。一般，每个操作的平均击打次数为 2 ~3 次。图 14.18 中的数据就是由这个假设确定的。

因此，设备运行成本是取决于锻造所选择的设备及其有效行程或击打速率，所需要的设备必须根据加工零件所要求的载荷或能量来进行选择。对于一个特定的锻造，有许多种方法可以用来估计所需要的载荷[18,24,28-32]，包括一些相对复杂的塑性分析。为了估计早期成本，对美国金属协会手册[18]描述的步骤进行了修改。

锻件的规划面积（包括飞边桥里的飞边面积）乘以材料因素，就可以求得用于锻造零件的锻锤能量容量。

这种方法的变化通常用做工业中的估算器，确定所使用的合适设备。然而，除了锻造的材料之外，锻造所需要的负荷或能量还受到零件形状的复杂性影响。因此，这个早期成本估算系统可使用下面的公式。

$$\text{能量容量 } E_f = A_p \alpha_m \alpha_s \tag{14.8}$$

式中 A_p——包括飞边在内投影零件面积；

α_m——材料载荷因子；

α_s——形状载荷因子。

一旦所需的设备的能量容量已知，就可以从表 14.9 选择一个特定的设备，每次操作的相对成本可以从图 14.18 中确定。

材料载荷因子可以从表 14.10 给出的材料分类中获得。形状载荷因子反映了要求精锻更复杂的形状所增加的载荷。这一因子可以从表 14.5 ~ 表 14.7 中所描述的分类方案中得到。表 14.11 ~ 表 14.18 给出了与分类相关的数据。

锻件数据：

表 14.11　紧凑锻件（形状类别 0）数据

锻件形状复杂性系数 F_{fc}				
第 2 码位	≤1.5	>1.5～2.5	>2.5～5.0	>5.0
0	1.6　0.95 2	1.7　0.9 3	1.9　0.75 3	2.2　0.55 4
1	1.6　0.7 2	1.7　0.6 3	1.9　0.5 3	2.2　0.3 4
2	1.6　2 2	1.7　0.6 3	1.9　0.5 3	2.2　0.3 4
3	1.6　0.65 2	1.7　0.5 3	1.9　0.45 3	2.2　0.25 4

注：

α_s	β_s
N_{op}	

α_s—形状载荷因数；β_s—锻模寿命的形状因数；N_{op}—锻造操作数。

表 14.12　紧凑锻件（形状类别 0）操作方案

锻造操作数 N_{op}			
	2	3	4
去氧化皮，n_{sb}	1	1	1
预锻模，n_{bk}	0	1	1
半成品，n_{sf}	0	0	1
成品，n_{fs}	1	1	1

注：弯曲机，$n_{bnd}=0$；修边机，$n_{edg}=0$；压槽模阶段 1，$n_{f1}=0$；压槽模阶段 2，$n_{f2}=0$。

表 14.13　扁平锻件（形状类别 1）数据

锻件形状复杂性系数 F_{fc}				
第 2 码位	≤1.5	>1.5～3.0	>3.0～6.0	>6.0
0	1.0　1.0 2	1.25　0.75 3	1.4　0.45 3	1.6　0.3 4
1	1.05　0.9 2	1.3　0.7 3	1.45　0.4 3	1.65　0.3 4
2	1.0　1.0 2	1.25　0.75 3	1.4　0.45 3	1.6　0.3 4
3	1.05　0.9 2	1.3　0.7 3	1.45　0.4 3	1.65　0.3 4

注：

α_s	β_s
N_{op}	

α_s—形状载荷因数；β_s—锻模寿命的形状因数；N_{op}—锻造操作数。

表 14.14　扁平锻件（形状类别 1）操作方案

	锻造操作数 N_{op}		
	2	3	4
去氧化皮 n_{sb}	1	1	1
预锻模 n_{bk}	0	1	1
半成品 n_{sf}	0	0	1
成品 n_{fs}	1	1	1

注：弯曲模，$n_{bnd}=0$；修边模，$n_{edg}=0$；压槽模阶段 1，$n_{f1}=0$；压槽模阶段 2，$n_{f2}=0$。

表 14.15　长直锻件（形状类别 2）数据

	锻件形状复杂性系数 F_{fc}			
第 1 码位	≤2.0	>2.0～.5	>5.0～10	>10
0	1.0　0.9 3	1.1　0.85 4	1.2　0.75 5	1.3　0.6 6
1	1.2　0.65 2	1.3　0.6 3	1.45　0.5 3	1.7　0.35 4

注：

α_s　β_s
N_{op}

α_s—形状载荷因数；β_s—锻模寿命的形状因数；N_{op}—锻造操作数。

表 14.16　长直锻件（形状类别 2）操作方案

	锻造操作数 N_{op}			
	3	4	5	6
压槽模阶段 1n_{f1}	0	1	1	1
压槽模阶段 2n_{f2}	0	0	1	1
修边模 n_{edg}	1	1	1	1
预锻模 n_{bk}	1	1	1	1
半成品 n_{sf}	0	0	0	1
成品 n_{fs}	1	1	1	1

注：弯曲模，$n_{bnd}=0$；去氧化皮，$n_{sb}=0$。

表 14.17　长弯锻件（形状类别 3）数据

	锻件形状复杂性系数 F_{fc}			
第 2 码位	≤2.0	>2.0～5.0	>5.0～10	>10
0	1.05　0.9 4	1.15　0.85 5	1.25　0.75 6	1.4　0.5 7
1	1.25　0.65 4	1.35　0.6 5	1.5　0.5 6	1.7　0.35 7

注：

α_s　β_s
N_{op}

α_s—形状载荷因数；β_s—锻模寿命的形状因数；N_{op}—锻造操作数。

表 14.18　长弯锻件（形状类别 3）操作方案

	锻造操作数 N_{op}			
	4	5	6	7
压槽模阶段 1n_{fl}	0	1	1	1
压槽模阶段 2n_{f2}	0	0	1	1
弯边模 n_{bnd}	1	1	1	1
修边模 n_{edg}	1	1	1	1
预锻模 n_{bk}	1	1	1	1
半成品 n_{sf}	0	0	0	1
成品 n_{fs}	1	1	1	1

注：去氧化皮，$n_{sb}=0$。

14.10.3　设备选择的例子

图 14.20 ~ 图 14.22[12] 给出了用这种方法所确定的锻造设备能力的对比，比较了加工不同类别锻件的实际设备。可以看出，除了轻合金材料的精密锻造以外，相关性总体上是好的。其中，一个 2 ~2.5 的因子对于求得所需要的结果是必要的（图 14.20 中零件 F 和零件 M）。因此，为了估计早期成本，基本的计算被应用于传统锻造。对于精密锻造，此值增加 2.5。对于预锻模类型的锻造要乘以一个 0.9 的因子，以反映在这种情况下需要的载荷较低。

14.10.4　锻造加工成本

一旦适当的锻造设备类型和尺寸以及锻造的复杂性已经确定，锻造加工成本就可以估计。式（14.7）可以修改成下列形式：

$$C_{pr}=\frac{C_{op}N_{op}}{N_c} \tag{14.9}$$

式中　C_{op}——每个操作的锻造设备成本；

N_{op}——操作需要的次数；

N_c——每个循环周期的相同锻件数量。

每个操作的锻造设备的操作成本 C_{op} 从式（14.10）获得。

$$C_{op}=C_{ro}C_{1000} \tag{14.10}$$

这里，C_{ro}是与 1000lb 动力锤相比较的每次操作的相对成本，可以从图 14.18 中得到。C_{1000}是 1000lb 动力锤每次操作的操作成本。

实　例

对于图 14.4 所示的样品零件，如下数据可以利用：

投影面积 = 78.6cm²

飞边桥的投影面积 = 19.9cm²

材料载荷因子 = 0.065kgm/mm² （表 14.10）

形状分类数 = 10

锻造复杂性系数 = 4

形状载荷因子 = 1.9 （表 14.13）

锻造操作 = 3 （表 14.13）

设备能量容量要求 E_f，可由式（14.8）求得：

$$E_f = (78.6 + 19.9) \times 100 \times 0.065 \times 1.9 = 1216\text{kgm}$$

从表 14.9 可知，该零件要求使用动力锤的额定值刚刚低于 1000 lb，或者使用 450t 的机械压力机。从图 14.18 可知，对于这种尺寸的锻锤，每个操作的相对操作成本为 0.95。因此，假设对于 1000 lb 动力锤，每个操作锤的加工成本为 0.15 美元，那么，每个铸件的加工成本是：

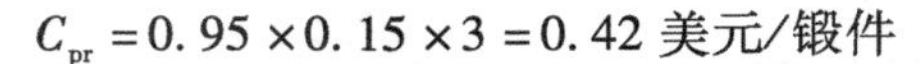

$$C_{pr} = 0.95 \times 0.15 \times 3 = 0.42 \text{ 美元/锻件}$$

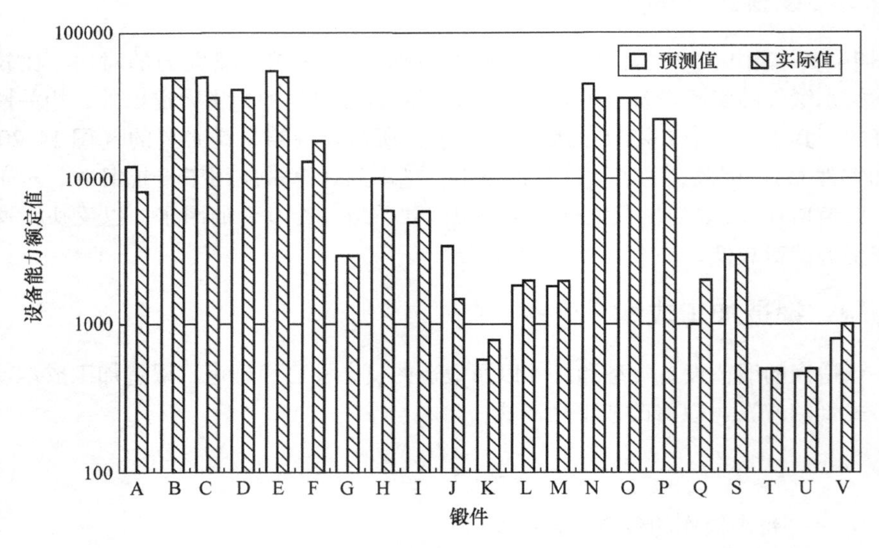

图 14.20 对扁平铸件和圆铸件的预测及实际锻造设备能力的比较

（资料来源：Knight，W. A. International Journal of Advanced Manufacturing Technology，7，PP. 159-167，1992）

14.10.5 锻压机设置成本

这个模锻压力机或锻锤都必须在生产一批锻件之前进行设置。单件设置成本为：

$$C_{set} = \frac{T_{set}M}{B_s} \tag{14.11}$$

式中　T_{set}——设置时间（h）；

B_s——生产批量。

根据锻压设备可获得的平均设置时间[31]，设置时间和锻压设备能力之间的关系可由以下形式表示：

$$T_{set}=0.3925(E_f)^{0.28} \tag{14.12}$$

其中，E_f是由式（14.8）中确定的能量容量。

实　例

对于图 14.4 所示的零件，要求的能量容量被确定为 896kgm。因此，由式（14.12）可以得到相应的设置时间为 0.3925 $(E_f)^{0.28}=2.6$h。假设运行成本费率 M 为 85 美元/h，锻件批量为 10000。于是，单件设置成本为 85×2.6/10000＝0.02 美元。这个数值很小，但对于小的生产批量而言，将会显著增加。

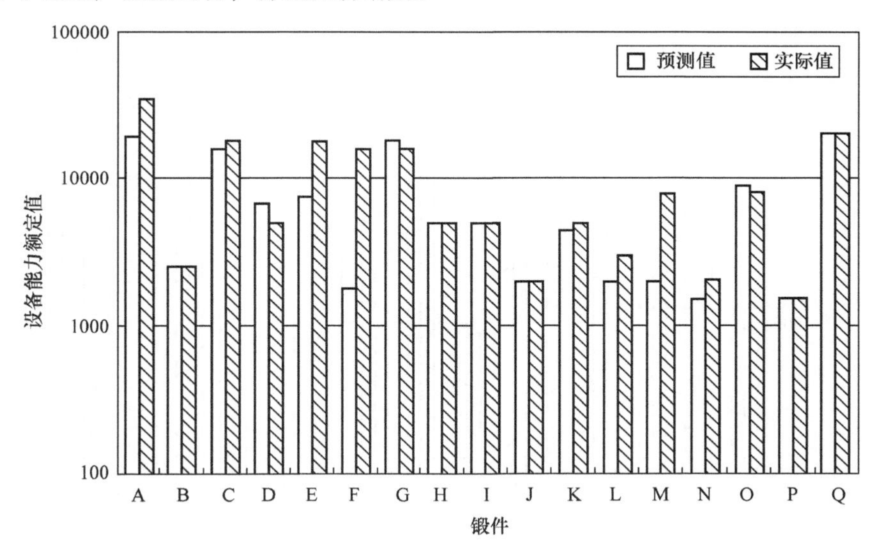

图 14.21　对于平的非圆形锻件的预测及实际锻造设备能力的比较
（资料来源：Knight，W. A. International Journal of Advanced Manufacturing Technology，7，PP. 159-167，1992）

14.11　锻模成本

每个零件的锻模成本与若干因素有关，其中包括：

① 初始工具成本。

② 生产锻件的总数量或工具的预期寿命。

③ 刀具整修和/或修理成本，连同可能合成的数量。

这些因素都受到锻件复杂性和所使用材料的影响。

14.11.1 初始模具成本

用于估计初始模具成本的方法如下：

① 确定模具的材料成本。

② 估计加工工具和模具所需要的时间，包括所有手工抛光和其他因素。

在锻造顺序操作中，每个操作都有一个模腔，但一些初始模具只有相对简单的形状。实际上，在锻造时压力机和锻锤的使用之间是有区别的，对于锤锻，最常用的使用为一块的多模腔模块。在某些情况下，精加工型腔可能被插入到模块里，但是这经常是初始腔磨损后的一个修复结果。锤锻的预成型操作包括压槽、修边和弯曲等。在压力机上，对于每个操作使用单独的模具插入件是比较正常的，它们被安装到压力机床上的标准模具容器里。预成型阶段是堵口、预锻模等。因此，压力机和锻锤对于刀具材料的要求是不同的，但加工主要型腔的复杂性考虑是相似的。

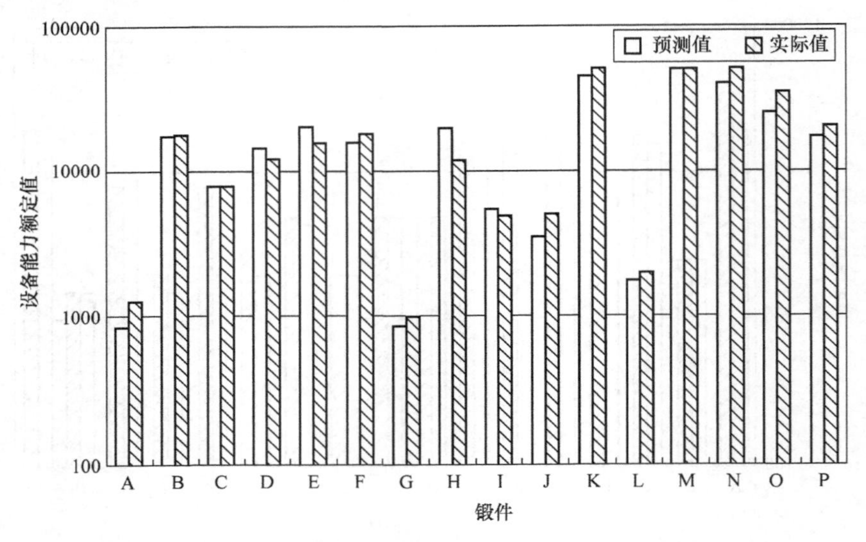

图 14.22 对于长锻件的预测及实际锻造设备能力的比较

（资料来源：Knight，W. A. International Journal of Advanced Manufacturing Technology，7，PP. 159-167，1992）

14.11.2 多模腔锻模的成本估算

针对锻造工业协会（FIA）对锻件估计[11]进行修改之后，得到了现在确定初始模具成本的步骤。根据锻件的规划面积、种类和用型腔形状的表面补丁数表示的复杂度，就可以确定要求的每种模具类型的加工时间。模块的尺寸可以根据在工业中使用的指南来估计。

1. 模具材料成本

模具材料成本可以使用模腔之间的间距等参数，根据要求的模腔数和零件的尺寸来确定[2]。模腔数 N_{imp} 可以由式（14.13）确定：

$$N_{imp} = n_{bd} + n_{bk} + n_{sf} + n_{fin} + n_{sb} \tag{14.13}$$

式中适当的值可以通过从表 14.5 到表 14.18 中给出的锻件分类数据来获得。

类似地，压槽模的数量

$$N_{fl} = n_{fl} + n_{f2} \tag{14.14}$$

当每个循环周期生产的锻件多于 1 个时，长零件或其他类型零件的等量棒直径 D_{bar} 由式（14.15）给出：

$$D_{bar} = \left(\frac{4d_{ave}W_{plt}}{\pi}\right)^{0.5} \tag{14.15}$$

式中　d_{ave}——平均型腔深度，$d_{ave} = V/A_P$；

W_{plt}——圆盘宽度。ave 如果每个循环周期只生产 1 个锻件，圆盘宽度就等于零件宽度。否则，该圆盘宽度和长度需要考虑可能的零件形状嵌套来确定。

模块宽度 W_{blk} 由式（14.16）给出：

$$W_{blk} = n_{edg}(D_{bar} + 19) + (N_{imp} - 1)S_d + N_{imp}W_{plt} + 2S_e + N_{fl}(D_{bar} + 19)\cos\psi_{fl} \tag{14.16}$$

式中　W_{plt}——圆盘宽度；

ψ_{fl}——压槽模到模具表面的夹角，通常为 15°。

模块长度 L_{blk} 由式（14.17）给出：

$$L_{blk} = L_{plt} + 2S_e \tag{14.17}$$

但如果需要锁模来抵消曲形分型面的侧向力，然后把 S_e 添加到模块长度以容纳平衡锁扣。如果每个循环周期只生产一个零件，圆盘的长度 L_{plt} 和宽度 W_{plt} 就分别等于零件的长度 L_{plt} 和宽度 W_{plt}。然而，如果每个循环周期生产一个以上的零件，那么考虑到可能的零件轮廓的嵌套，应该适当地分配长度 L_{plt} 和宽度 W_{plt}。

假定模块深度 T_{blk} 等于型腔深度 d_c 的 5 倍。则模块材料成本 C_{dmat} 由式（14.18）给出：

$$C_{dmat} = 2C_tL_{blk}W_{blk}T_{blk}\rho_t \tag{14.18}$$

式中　C_t——单位重量的工具钢成本；

ρ_t——工具钢密度。

实　例

对于图 14.4 所示的零件，模具材料成本计算如下。

对于这个零件，$n_{bd} = 0$，$n_{bl} = 1$，$n_{sf} = 0$，$n_{fin} = 1$，$n_{edg} = 0$，$n_{sb} = 1$，以及 $n_{fl1} = n_{fl2} = 0$（见表 14.13、表 14.14）。因此，$N_{imp} = 3$，$n_{fl} = 0$。如果每个循环周期只生产一个零件，则圆盘宽度等于零件宽度 = 100mm。对于这个零件，型腔间距 $S_d = 3.1 \times 10^{0.7} = 15.5$mm，型腔边缘距离 $S_e = 3.4 \times 10^{0.76} = 19.6$mm（14.5 节）。因此，模块宽度可由式（14.16）求得：

$$W_{blk} = 2 \times 15.5 + 3 \times 100 + 2 \times 19.6 = 370\text{mm}$$

模块长度 $L_{blk} = 100 + 2 \times 19.6 = 140$mm，模块厚度 $L_{blk} = 100$mm = 100mm。假设工具

钢成本为 20 美元/kg，工具钢密度为 7.9g/cm^3，则此零件的模具材料成本为：

$$C_{dmat}=2\times20\times7.9\times(5\times14\times37)/1000=818\text{ 美元}$$

2. 多腔模制造成本

多腔模制造成本可以由模具制造所需要的时间乘以模具制造费率来确定。使用的步骤是锻造工业协会（FIA）估计步骤的修改版[11]。模具的总制造时间是此过程中不同步骤所需时间的总和。

① 坯料准备时间。模块初始准备时间为：

$$T_{prep}=T_{bt}+0.0078W_{blk}L_{blk} \tag{14.19}$$

式中 T_{bt}——基本时间。

如果 $F_{fc}<2.0$，$T_{bt}=4h$；如果 F_{fc}介于 2.0 和 6.0 之间，$T_{bt}=5h$；如果 F_{fc}大于 6.0，$T_{bt}=6h$。

实　　例

对于图 14.4 中的例子零件，当 $F_{fc}=4$ 时，$T_{bt}=5h$。则 $T_{prep}=5+0.0078\times37\times14=9h$。

② 布局时间。布置模块的时间如下：

$$T_{lay}=0.008N_c^mA_pF_{fc}S_cS_{lk} \tag{14.20}$$

式中 N_c——每个循环周期的锻件数量；

S_c——型腔标准；

S_{lk}——锁紧标准；

m——多腔指数，通常取为 0.7。

对于模具分模面在一个平面的零件，锁紧标准 $S_{lk}=1$，如果模具分模面不在一个平面，则 $S_{lk}=1.5$。

型腔标准 S_c计算如下：

$$S_c=0.6(n_{fn}+n_{sf})+0.4(n_{sb}+n_{blk}+n_{bnd}+n_{edg}+n_{f1}+n_{f2}) \tag{14.21}$$

实　　例

对于此例零件，当分模面是平面时，$S_{lk}=1$。在式（14.21）中，$n_{sb}=n_{fn}=n_{blk}=1$，其他项为 0。于是，$S_c=1.4$。零件的投影面积 $A_p=78.6cm^2$。因此，布局时间计算如下：

$$T_{lay}=0.008\times78.6\times4\times1.4=3.52h$$

③ 铣削时间。模具型腔的铣削时间为：

$$T_{mill}=0.155N_{mill}^mA_pS_{ml}S_cS_{lk} \tag{14.22}$$

式中 S_{ml}——铣削标准，计算如下：

$$S_{ml}=K(6.45M_s)^b\text{，或 }0.2\quad\text{取最大值} \tag{14.23}$$

式中 M_s——单位投影面积的表面补丁数，$M_s=N_{sp}/N_{sp}$。

$$K=0.9\ [1-\exp\ (-0.0098d_{ave})]$$

$$b = 0.4 + 0.7\exp(-0.0039d_{ave})$$

实　例

此例中零件的如下数据可以得到：表面补丁数 $N_s = 7$。故 $M_s = 7/78.6 = 0.089$。平均深度 $d_{ave} = V/A_p = 49.9/78.6 = 6.35\text{mm}$。因此，

$$K = 0.9[1 - \exp(-0.0098 \times 6.35)] = 0.0543$$

$$b = 0.4 + 0.7\exp(-0.0039 \times 6.35) = 1.083$$

这样可以计算得到铣削标准 S_{ml} 为 0.03，它小于 0.2，故取 S_{ml} 为 0.2。所以，铣削时间 $T_{mill} = 0.155 \times 78.6 \times 0.2 \times 1.4 = 3.41\text{h}$。

④ 钳工工作时间。模具的钳工工作时间 T_{bw} 计算如下：

$$T_{bw} = N_c^m S_{bn} S_c S_{lk} \tag{14.24}$$

式中　S_{bn}——钳工工作标准，它取决于锻件复杂性和型腔平均深度。

钳工因数 $F_{ins} = A_p/6.45 + 0.5N_s$，$S_{bn} = B_0 + 0.26 \times (F_{ins} - 15)$。常数 B_0 取决于平均深度 d_{ave}，计算如下：

$d_{ave} \leqslant 12.7\text{mm}$ 时 $B_0 = 0.056d_{ave}$

$d_{ave} > 22.86\text{mm}$ 时 $B_0 = 4.5 + (0.04d_{ave} - 0.9) \times 2.19$

$22.86\text{mm} \geqslant d_{ave} > 12.7\text{mm}$ 时 $B_0 = 0.5 + (0.04d_{ave} - 0.35) \times 7.27$

实　例

此例中，零件 $d_{ave} = 6.35\text{mm}$。于是 $B_0 = 0.056 \times 6.35 = 0.356$，且 $A_p = 78.6\text{cm}^2$，$N_s = 7$。对于它来说，$F_{ins} = 78.6/6.45 + 0.5 \times 7 = 15.52$，$S_{bn} = 0.356 + 0.26 \times (15.52 - 15) = 0.49$。于是，钳工工作时间为 $0.49 \times 1.4 = 0.69\text{h}$。

⑤ 计划时间。模块的计划时间为

$$T_{pl} = 0.008T_{cav}^{1.5} \tag{14.25}$$

式中　T_{cav}——型腔时间，$T_{cav} = T_{lay} + T_{mill} + T_{bw}$。

实　例

此例中零件的模块计划时间 $T_{pl} = 0.008 \times (3.52 + 3.41 + 0.69)^{1.5} = 0.17$ 或 $T_{pl} = 0.23\text{h}$。

⑥ 定位时间。如果模具材料体积小于 4260cm^3，那么定位时间 T_{dl} 为 3h，否则为 4h。

实　例

在此例零件中，模具材料总体积为 10350cm^3，故 $T_{dl} = 4\text{h}$。

⑦ 锻模飞边槽时间。在模具型腔上加工飞边槽的时间为：

$$T_{fl} = \max\left(\frac{N_c P_r}{635}, 0.8\right) \tag{14.26}$$

式中 P_r为锻件外缘周长（mm）。

实 例

在此例零件中，$T_{fl}=\max(314/635,0.8)$ 所以，$T_{fl}=0.8\text{h}$。

⑧ 修边模时间。如果要求修边模，则制造时间为 T_{edg}，可由式（14.27）计算：

$$T_{edg}=n_{edg}L\left(\frac{D_{bar}}{25.4+1}\right)0.005 \tag{14.27}$$

此例中的零件不需要修边模。

⑨ 抛光时间。模具型腔的抛光时间 T_{pol}可计算如下：

$$T_{pol}=N_c[1+(F_{fc}-1)0.6] \tag{14.28}$$

实 例

此例中零件 $F_{fc}=4$。因此，$T_{pol}=[1+(4-1)\times0.6]=2.8\text{h}$。

模具制造的总时间是以上步骤所花时间的总和。因此，模具制造总成本为

$$C_{dman}=C_{man}(T_{prep}+T_{lay}+T_{mill}+T_{bw}+T_{pl}+T_{dl}+T_{fl}+T_{edg}+T_{pol}) \tag{14.29}$$

此时模具制造总成本如下：

$$C_{DIE}=C_{dmat}+C_{dman} \tag{14.30}$$

实 例

假设模具制造成本费率为每小时 45 美元，则此例零件的

$C_{dman}=45\times(9+3.52+3.41+0.69+0.23+4+0.8+0+2.8)=1100$ 美元。

因此，总的模具成本 $C_{DIE}=C_{dmat}+C_{dman}=818+1100=1918$ 美元。

14.12 模具寿命和工具替换成本

热锻造模具寿命相对较短，因此在估计步骤中有必要将预期工具寿命、工具替换和修复的一般策略考虑进去。尤其是，精加工型腔的寿命取决于锻件的复杂性和被锻造的材料。例如，不同材料所生产的相同形状会导致不同的模具寿命。这可以用材料模具寿命因数 β_m和表 14.10 所示的锻造行业协会（*FIA*）[12]给出的典型值来进行调节。

类似地，工具寿命将随着锻造复杂程度（例如，薄截面，肋条等）的增加而减少。这种减少可以用模具寿命形状因数 β_s来进行调节，它可以从锻件分类中获得。使用这些参数，模具成本可以由对于相对简单的低碳钢锻件指定的工具替换和修复的策略来确定。对于这样一个零件，如果模具寿命能加工 40000 件，其间它们可能需要 5 次以上主要模具型腔的修理。这之后，就需要一个新的模具了。对于其他零件，普遍认为基本工具寿命和整修间隔将会随着模具寿命因数的增大而减小。模具再修理数量 Q_{rs}计算如下：

$$Q_{rs}=Q_{rb}\beta_s\beta_m \tag{14.31}$$

式中　Q_{rb}——基本寿命（比如，40000）；

β_s——模具寿命形状因数；

β_m——模具寿命材料因数。

因此，总模具寿命为

$$L_D = (N_{rs} + 1) Q_{rs} N_c \tag{14.32}$$

式中　N_{rs}——可能修理的数量，等于 5。

每个修理成本 C_{rs}，假设为：

$$C_{rs} = C_{man}[0.9(T_{mill} + T_{bw} + T_{fl}) + T_{pol}] \tag{14.33}$$

如果要求的锻件总数 Q_{lv} 大于总模具寿命，则单件锻造模具成本 C_D 为：

$$C_D = \frac{C_{DIE} + (N_{rs} + 1) C_{rs}}{L_D} \tag{14.34}$$

然而，如果 Q_{lv} 小于总模具寿命，则需要的修理数量 $n_{rs} = Q_{lv}/(Q_{rs}N_c)$。则单件锻造模具成本 C_D 可计算如下：

$$C_D = \frac{(C_{DIE} + n_{rs} C_{rs})}{Q_{tv}} \tag{14.35}$$

实　例

对于表 14.13 中的零件 $\beta_s = 0.45$，$\beta_m = 1.0$（见表 14.10）。修理数量 $Q_{rs} = 40000 \times 0.45 \times 1.0 = 18000$。由式（14.32）可以求得总模具寿命 $L_D = (5 + 1) \times 18000 = 108000$ 件。

锻模的修复成本 $C_{rs} = 45\ [0.9 \times (3.41 + 0.69 + 0.23) + 2.8] = 301$ 美元。所以，假设总锻造需求量为 25000 件，那么根据式（14.35），单件模具成本为 $(1918 + 301 \times 25000/18000)/25000 = 0.09$ 美元。

14.13　去除飞边成本

14.13.1　去除飞边加工成本

主要锻造工艺以后，必须去除飞边以得到完整的锻件。这项工作通常是在配备有专用的修边模和冲孔模的机械压力机上进行。如果可能的话，任何通孔上的腹板都被同时被去除。大于小批量零件和大型锻件，飞边可以用带锯或类似的加工方法来去除，但这通常耗时且成本更昂贵。为了确定剪除飞边的加工成本，必须估计修剪压力机所要求的尺寸。这可以从剪切分型面上的飞边所需要的载荷来决定。修剪载荷 F_{trm} 可以由式（14.36）求得：

$$F_{trm} = (T_f P_r + T_w P_w) \gamma_s N_c 1.15 \tag{14.36}$$

式中　P_w——通孔的周长；

γ_s——锻件材料的等效切应力。

常数 1.15 被用来给出一个 15% 的安全因子。等效屈服应力通常取为材料抗拉强度

（UTS）的70%。对于冷剪切而言，应该使用室温抗拉强度（UTS）；对于热成型而言，抗拉强度（UTS）应被假定为在一个适当的应变速率下的材料流动应力。

一旦修剪载荷已知，就可以确定等同于机械压力机的能量为：

$$E_f = 0.096F_{trm}^{0.98} \tag{14.37}$$

根据上式，从图 14.17 就可以确定每个操作的相对成本，将这个相对成本乘以1000lb 锻锤的每次的操作成本，就可以求得修剪成本。如果把修剪成本除以每个循环周期中所生产的锻件数量，就可以求得单件修剪成本。

对于飞边修剪，还存在一个小的设置成本。这可以如同对于主要锻造设备那样，按照 14.10.5 节所描述步骤的相同方式来确定。

实　例

对于示例中的零件，其周长为31.4cm，飞边厚度为1.68mm。对于低碳钢的热剪切而言，材料流动应力大约为97MPa。因此，根据式（14.36），可以求得修剪载荷 F_{trm}。

$$F_{trm} = 314 \times 1.68 \times 0.7 \times 97 \times 1.15 = 41191\text{N}$$

从式（14.37）可以求得 $E_f = 3197\text{kgm}$。从图14.18，它可以得出相对于1000lb 锻锤的每次操作相对的修剪成本为0.73。因此，假设1000lb 锻锤的每次操作的成本是0.15美元，则单件修剪成本为0.73×0.15=0.11美元。

14.13.2　去除飞边的工具成本

确定修剪工具成本的方法是对 FIA 估算过程进行修改[11]。首先，估计工具所需的材料。修剪模具材料体积 V_{trd}如下：

$$V_{trd} = 1.2L_{plt}W_{plt}\frac{T}{2} \tag{14.38}$$

修剪冲模材料体积 V_{trp}，如下：

$$V_{trp} = L_{plt}W_{plt}T \tag{14.39}$$

由上面所求的参数，可以确定修剪工具材料成本 C_{trm}：

$$C_{trm} = (V_{trd} + V_{trp})\rho_t C_t \tag{14.40}$$

实　例

对于例子中的零件，$L_{plt} = W_{plt} = 10\text{cm}$。零件厚度 $T = 2\text{cm}$。由它们可以求得 $V_{trd} = 120\text{cm}^3$，$V_{trp} = 200\text{cm}^3$。假设工具钢成本为20美元/kg，密度为7.9g/cm³，则修剪工具的材料成本为：

$$C_{trm} = 20 \times 7.9 \times 320/1000 = 50.6\text{ 美元}$$

修边模的制造时间 T_{trd}，可以由式（14.41）求得：

$$T_{trd} = T_{int} + (A_0 + M_p A_{tb} + T_{lk})N_c \tag{14.41}$$

式中　T_{int}——初始时间余量（冷剪切4h，热剪切5h）；

A_0——基本时间（h）；

M_p——模块面积因子（h/cm^2）；

A_{tb}——模块面积（cm）；

T_{lk}——锁定锻模的附加时间（h）。

对于不同的分模面轮廓复杂性系数 F_c、A_0、M_p、T_{lk} 的值可以从表 14.19 中获得，F_c可由式（14.42）确定：

$$F_c = \frac{P_r}{2(\pi A_p)^{0.5}} \tag{14.42}$$

表 14.19　估计修剪模制造时间的数据

轮廓复杂性系数 F_c	基本时间 A_0/h	块面积因子 M_p/(h/cm²)	锁定模具附加时间 T_{lk}/h
1.0～1.5	0.62	0.0143	2
1.5～1.8	2.52	0.0146	3
>1.8	5.08	0.0168	0
>1.8 + 锁模	8.86	0.0203	0

修剪冲模制造所要求的时间可以由下式进行估计。

$$T_{tp} = (0.004A_{pb} + 0.33) + 0.05 + \left[\frac{(A_{pb} - A_pN_c)}{6.56}\right] + \left[\frac{(P_r - P_w)}{2.54} + 14F_c - 13\right]$$

$$N_cF_{lck} + 0.005N_cA_pF_{fc} \tag{14.43}$$

这里，A_{pb}为冲模块面积，$A_{pb} = L_{plt}W_{plt}$。F_{lck}为锁因子，如果模具分割线不是曲形，它等于 0.06。在本例情况下，$F_{lck} = 0.065$。总初始修剪工具成本为：

$$C_{trim} = (T_{td} + T_{tp})C_{man} + C_{trm} \tag{14.44}$$

修剪模具寿命 $L_{trm} = L_{tbas}\beta_m N_c$，由此，如果要求的寿命 Q_{lv}小于 L_{trm}时，可以求得单件修剪工具成本为 C_{trim}/L_{trm}或者 C_{trim}/Q_{lv}。

实　例

对于例子中的零件，当锻件轮廓是曲线时，轮廓复杂性系数 F_c为 1.0。因此，从表 14.19 可以知道，$A_0 = 0.62h$，$M_p = 0.0143h/cm^2$，而且，锻模没有被锁定，因此，$T_{lk} = 0$。假定为热剪切，剪切模的制造时间为

$$T_{td} = 5 + (0.62 + 0.0143 \times 7.86) = 6.74h$$

F_{lck}的值为 0.06，因此剪切冲模的制造时间为：

$T_{tp} = (0.004 \times 100 + 0.33) + 0.05 + [(100 - 78.6)/6.56 + 14 - 13]0.06 + 0.005 \times 78.6 \times 4 = 2.61h$

因此，飞边剪切工具的总费用为：

$$C_{trim} = 45 \times (6.74 + 2.61) + 50.6 = 472 \text{ 美元}$$

假定锻件生产数量 Q_{lv}为 25000 件，则单件剪切工具成本为 472/25000 = 0.02 美元。

14.14 其他锻造成本

与锻造有关的还有一些附加的小成本。

14.14.1 坯锭制备

对于大多数锻造操作，具有坯锭制备的小附加成本。对于长型零件，可直接加热适当长度的棒料来制造锻件。而对于其他类型零件，适当尺寸的坯锭必须由棒料切割而成。这可以通过几个方法来实现，包括锯、砂轮切割和冷剪切，采用冷剪切产生的废料最少。冷剪切通常在机械压力机上进行，加工成本可以按照14.13.1节中描述的修剪飞边的类似方法来进行计算。由于使用标准工具，因此单件工具成本很少。

14.14.2 坯锭加热成本

将坯锭或棒料加热到适当的锻造温度的成本可以通过确定加热能源成本来进行估计。加热成本可以通过将坯锭重量乘以材料比热容和所需的温升而得到。对于小型锻件，这个成本相对较小。但对于大型锻件，几个操作之间可能需要再加热，这使得大型锻件的加热成本可能变得很大。

习　题

14.1 对于图14.23所示例子锻件A，请确定以下参数：

① 飞边厚度；

② 飞边桥宽度；

③ 飞边桥的投影面积；

④ 锻件的飞边体积；

⑤ 锻件的毛重；

⑥ 锻件材料成本。

零件数据	
材　料	中　碳　钢
材料成本/(美元/kg)	1.00
材料密度/(g/cm^3)	7.83
长度 L/mm	254
宽度 W/mm	51
厚度 t/mm	23
零件体积 V/cm^3	43
投影面积 A_p/cm^2	48
外部周长 P_r/mm	594
通孔面积 A_H/cm^2	30

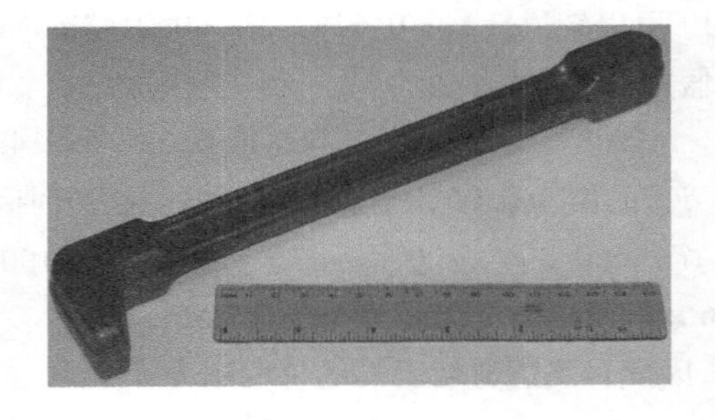

图14.23　锻件A

14.2 对于图 14.23 所示例子锻件 A，请确定以下参数：

① 锻件的类型；

② 锻件复杂性系数 F_c；

③ 该零件的锻造操作的顺序（序列）；

④ 该锻件所需要的锻造设备的等效能量容量 E_f；

⑤ 生产此锻件的锻锤的合适规格，并估计单件锻造成本，假定 1000 lb 动力锤每次操作的操作成本为 0.15 美元；

⑥ 生产此锻件的机械压力机的合适的规格，并估计单件锻造成本，假定 1000 lb 动力锤每次操作的操作成本为 0.15 美元。

14.3 对于图 14.23 所示例子锻件 A，假设零件使用多腔模在锻锤上生产，请确定以下参数：

① 假设模具制造费率为每小时 50 美元，求锻模的初始估计成本；

② 假设模具寿命为 200000 件，求单件模具成本。

14.4 对于图 14.24 所示例子锻件 B，请确定以下参数：

① 飞边厚度；

② 飞边桥宽度；

③ 飞边桥的投影面积；

④ 锻件的飞边体积；

⑤ 零件通孔所需要的肋板厚度；

⑥ 锻件的毛重；

⑦ 锻件材料成本。

零件数据	
材　　料	304 奥氏体不锈钢
材料成本/(美元/kg)	4.0
材料密度/(g/cm^3)	7.79
长度 L/mm	88
宽度 W/mm	83
厚度 t/mm	20
零件体积 V/cm^3	28
投影面积 A_p/cm^2	47
外部周长 P_r/mm	320
通孔面积 A_H/cm^2	16
通孔周长 P_w/mm	145
表面补丁数	30

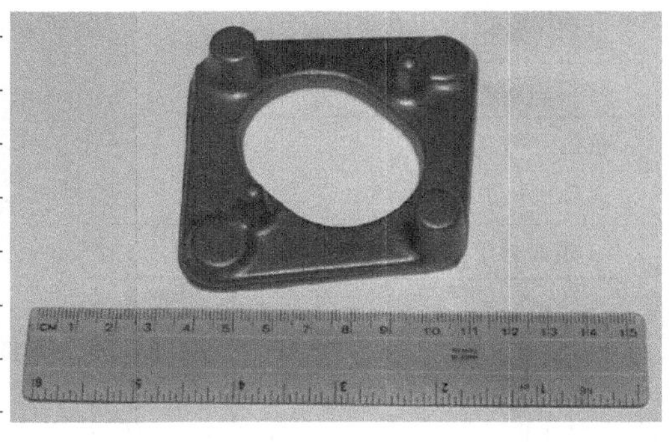

图 14.24　锻件 B

14.5 对于图 14.24 所示例子锻件 B，请确定以下参数：

① 锻件的类型；

② 锻件复杂性系数 F_c；

③ 该零件的锻造操作的顺序（序列）；

④ 该锻件所需要的锻造设备的等效能量容量 E_f；

⑤ 生产此锻件的锻锤的合适的规格，并估计单件锻造成本，假定 1000lb 动力锤每次操作的操作成本为 0.15 美元。

14.6 对于图 14.25 所示例子锻件 C，请确定以下参数：

① 飞边厚度；

② 飞边桥宽度；

③ 飞边桥的投影面积；

④ 锻件的飞边体积；

⑤ 零件通孔所需要的肋板厚度；

⑥ 锻件的毛重；

⑦ 锻件材料成本；

⑧ 生产此锻件的机械压力机的合适规格，并估计单件锻造成本，假定 1000lb 动力锤每次操作的操作成本为 0.15 美元。

零件数据	
材　　料	中　碳　钢
材料成本/(美元/kg)	1.00
材料密度/(g/cm^3)	7.83
长度 L/mm	76
宽度 W/mm	50
厚度 t/mm	50
零件体积 V/cm^3	65
投影面积 A_p/cm^2	34
外部周长 P_r/mm	240
通孔面积 A_H/cm^2	5
通孔周长 P_w/mm	80
表面补丁数	50

图 14.25　锻样件 C

14.7 对于图 14.25 所示例子锻件 C，请确定以下参数：

① 锻件的类型；

② 锻件复杂性系数 F_c；

③ 该零件的锻造操作的顺序（序列）；

④ 该锻件所需要的锻造设备的等效能量容量 E_f；

⑤ 生产此锻件的锻锤的合适的规格，并估计单件锻造成本，假定 1000lb 动力锤每次操作的操作成本为 0.15 美元；

⑥ 生产此锻件的机械压力机的合适规格，并估计单件锻造成本；假定 1000lb 动力锤每次操作的操作成本为 0.15 美元。

14.8 已知条件同习题 14.6，假设两个相同的锻件同时制造。你需要把零件嵌套在一起，形成一个合适的锻件盘，在计算中可能需要习题 14.1 中确定的一些数据。

参考文献

1. Kalpakjian, S. and Schmid, S. *Manufacturing Processes for Engineering Materials*, 5th Ed., Prentice-Hall, Englewood Cliffs, NJ, 2007.
2. Thomas, A. *Die Design*, Drop Forging Research Association, Sheffield, UK, 1980.
3. Bruchanov, A.N. and Rebelskii, S.K. *Gesenkschmieden und Warmpressen*, Verlag-Technik, Berlin, 1955.
4. Voiglander, O. Discussion on "Der Schmiedevorgang in Hammer und Pressen, insbesondere hinsichtlich des Steigen," *Werkstattstechnik*, 49, p. 775, 1951.
5. Vierrege, K. Die Gestaltung der Gratspalt am Schmiedegesenk, *Industrie Anzeiger*, 90, p. 1561, 1970.
6. Neuberger, F. and Mockel, L. Riehtwerte zur Ermittlung der Gratdicke und der Gratbahnverhaltnisses beim Gesenkschmieden von Stahl, *Werkstattstechnik*, 51, p. 725, 1961.
7. Teterin, G.P. and Tarnovski J.J. Calculation of flash gap dimensions in forging of axisymmetric parts under hammers, *Kuznechno-shtamp. Proizvod.*, 10, p. 6, 1968.
8. Choi, S.H. and Dean, T.A. Computer aids to data preparation for cost estimation, *International Journal of Machine Tool Design and Research*, 24, pp. 105–119, 1984.
9. Morgenroth, E., *Ermittlung des Einstaz- und Kontingentgewichtes von Gesenkschmiedestucken aus Stahl, Werkstattblatt*, pp. 180–182, Carl Hanser-Verlag, Munich, August 1951.
10. Kruse, O. Uber den Einfluss des Gratgewichtes auf die technischwirtschaftlichen Kennziffern und Materialverbrauchsnormen von Gesenkschmiedeteilen aus Stahl, *Fertigungstechnik*, 4, p. 126, 1954.
11. Forging Industry Association, *Estimator's Handbook*, FIA, Cleveland, 1962.
12. Knight, W.A. Simplified early cost estimating for hot-forged parts, *International Journal of Advanced Manufacturing Technology*, 7, pp. 159–167, 1992.
13. Jensen, J.E. *Forging Industry Handbook*, FIA, Cleveland, 1970.
14. Osman, F.H. and Bramley, A.N. Preform design for forging rotationally symmetric parts, *Annals of CIRP*, 44(1), p. 227, 1995.
15. Yang, D.Y. et al. Development of integrated and intelligent design and analysis system for forging processes, *Annals of CIRP*, 49(1), p. 177, 2000.
16. Chamouard, A.N. *Estampage et Forge*, Dunod, Paris, 1964.
17. Biswas, S.K. and Knight, W.A. Towards an integrated design and production system for hot forging dies, *International Journal of Production Research*, 14, pp. 23–49, 1976.
18. American Society of Metals, *Metals Handbook: Metalworking-Bulk Forming*, Vol. 14, Part A, ASM, Cleveland, 2005.
19. Gallagher, C.C. and Knight, W.A. *Group Technology*, Butterworths Press, London, 1974.
20. Knight, W.A. and Poli, C. *Design for Forging Handbook*, University of Massachusetts, Amherst, 1982.
21. Knight, W.A. and Poli, C. Design for economical use of forging: Indication of general relative forging costs, *Annals of CIRP*, 31(1), 1982.
22. British Standards Institution, BS EN 10243-1, *Steel Die Forgings: Tolerances on Dimensions: Drop and Vertical Press Forgings*, 1999.

23. Scott, K. and Wilson, A. Hammers vs. presses, *Metallurgia and Metal Forming*, 42(6), p. 198, 1975.
24. Wick, C. ed., *Tool and Manufacturing Engineers Handbook: Forming*, 2nd Ed., Society of Manufacturing Engineers, Detroit, August, 2003.
25. Leone, J.L. *Relative Forging Costs Analysis and Estimation*, MS Thesis, University of Massachusetts, Amherst, 1983.
26. Knight, W.A. and Poli, C.R. A systematic approach to forging design, *Machine Design*, January 24, pp. 94–99, 1985.
27. Hobdell, A.C. and Thomas, A. Approaches to cheaper forgings, *Metal Forming*, 36(1), p. 17, 1969.
28. Drabing, L.A. *Guide to die making for multiple-impression drop forging*, Chambersburg Bulletin, 157-L-7, 1966.
29. Altan, T. and Akgerman, N. Modular analysis of geometry and stress in closed die forging: Application to a structural part, *ASME Transactions, Journal of Engineering for Industry*, 94B, p. 1025, 1972.
30. Altan, T. et al. *Forging Equipment, Materials and Practices*, Metals and Ceramics Information Center, Columbus, Ohio, 1973.
31. American Society of Metals, *Forging Design Handbook*, ASM, Cleveland, 1972.
32. Schey, J.A. *Introduction to Manufacturing Processes*, 3rd Ed., McGraw-Hill Science, New York, 1999.